N. BOURBAKI

ÉLÉMENTS DE MATHÉMATIQUE

N. BOURBAKI

ÉLÉMENTS DE MATHÉMATIQUE

Topologie algébrique

Chapitres 1 à 4

Springer

N. Bourbaki
École normale supérieure
Paris Cedex 05, France

ISBN 978-3-662-49360-1 ISBN 978-3-662-49361-8 (eBook)
DOI 10.1007/978-3-662-49361-8

Library of Congress Control Number: 2016934592

Springer Heidelberg New York Dordrecht London

Printed on acid-free paper

Springer-Verlag GmbH Berlin Heidelberg is part of Springer Science+Business Media (www.springer.com)

TOPOLOGIE ALGÉBRIQUE

MODE D'EMPLOI

1. Le traité prend les mathématiques à leur début et donne des démonstrations complètes. Sa lecture ne suppose donc, en principe, aucune connaissance mathématique particulière, mais seulement une certaine habitude du raisonnement mathématique et un certain pouvoir d'abstraction. Néanmoins, le traité est destiné plus particulièrement à des lecteurs possédant au moins une bonne connaissance des matières enseignées dans la première ou les deux premières années de l'université.

2. Le mode d'exposition suivi est axiomatique et procède le plus souvent du général au particulier. Les nécessités de la démonstration exigent que les chapitres se suivent, en principe, dans un ordre logique rigoureusement fixé. L'utilité de certaines considérations n'apparaîtra donc au lecteur qu'à la lecture de chapitres ultérieurs, à moins qu'il ne possède déjà des connaissances assez étendues.

3. Le traité est divisé en Livres et chaque Livre en chapitres. Les Livres actuellement publiés, en totalité ou en partie, sont les suivants :

Théorie des ensembles	désigné par	E
Algèbre	—	A
Topologie générale	—	TG
Fonctions d'une variable réelle	—	FVR
Espaces vectoriels topologiques	—	EVT
Intégration	—	INT
Algèbre commutative	—	AC
Variétés différentiables et analytiques	—	VAR
Groupes et algèbres de Lie	—	LIE

Théories spectrales	—	TS
Topologie algébrique	—	TA

Dans les *six premiers* Livres (pour l'ordre indiqué ci-dessus), chaque énoncé ne fait appel qu'aux définitions et résultats exposés précédemment dans le chapitre en cours ou dans les chapitres *antérieurs dans l'ordre suivant* : E ; A, chapitres I à III ; TG, chapitres I à III ; A, chapitres IV et suivants ; TG, chapitres IV et suivants ; FVR ; EVT ; INT. À partir du septième Livre, le lecteur trouvera éventuellement, au début de chaque Livre ou chapitre, l'indication précise des autres Livres ou chapitres utilisés (les six premiers Livres étant toujours supposés connus).

4. Cependant, quelques passages font exception aux règles précédentes. Ils sont placés entre deux astérisques : *... *. Dans certains cas, il s'agit seulement de faciliter la compréhension du texte par des exemples qui se réfèrent à des faits que le lecteur peut déjà connaître par ailleurs. Parfois aussi, on utilise, non seulement les résultats supposés connus dans tout le chapitre en cours, mais des résultats démontrés ailleurs dans le traité. Ces passages seront employés librement dans les parties qui supposent connus les chapitres où ces passages sont insérés et les chapitres auxquels ces passages font appel. Le lecteur pourra, nous l'espérons, vérifier l'absence de tout cercle vicieux.

5. À certains Livres (soit publiés, soit en préparation) sont annexés des *fascicules de résultats*. Ces fascicules contiennent l'essentiel des définitions et des résultats du Livre, mais aucune démonstration.

6. L'armature logique de chaque chapitre est constituée par les *définitions*, les *axiomes* et les *théorèmes* de ce chapitre ; c'est là ce qu'il est principalement nécessaire de retenir en vue de ce qui doit suivre. Les résultats moins importants, ou qui peuvent être facilement retrouvés à partir des théorèmes, figurent sous le nom de « propositions », « lemmes », « corollaires », « remarques », etc. ; ceux qui peuvent être omis en première lecture sont imprimés en petits caractères. Sous le nom de « scholie », on trouvera quelquefois un commentaire d'un théorème particulièrement important.

Pour éviter des répétitions fastidieuses, on convient parfois d'introduire certaines notations ou certaines abréviations qui ne sont valables qu'à l'intérieur d'un seul chapitre ou d'un seul paragraphe (par exemple, dans un chapitre où tous les anneaux sont commutatifs, on peut convenir que le mot « anneau » signifie toujours « anneau commutatif »). De telles conventions sont explicitement mentionnées à la tête du chapitre ou du paragraphe dans lequel elles s'appliquent.

7. Certains passages sont destinés à prémunir le lecteur contre des erreurs graves, où il risquerait de tomber ; ces passages sont signalés en marge par le signe Z (« tournant dangereux »).

8. Les exercices sont destinés, d'une part, à permettre au lecteur de vérifier qu'il a bien assimilé le texte ; d'autre part à lui faire connaître des résultats qui n'avaient pas leur place dans le texte ; les plus difficiles sont marqués du signe ¶.

9. La terminologie suivie dans ce traité a fait l'objet d'une attention particulière. *On s'est efforcé de ne jamais s'écarter de la terminologie reçue sans de très sérieuses raisons.*

10. On a cherché à utiliser, sans sacrifier la simplicité de l'exposé, un langage rigoureusement correct. Autant qu'il a été possible, les *abus de langage ou de notation*, sans lesquels tout texte mathématique risque de devenir pédantesque et même illisible, ont été signalés au passage.

11. Le texte étant consacré à l'exposé dogmatique d'une théorie, on n'y trouvera qu'exceptionnellement des références bibliographiques ; celles-ci sont parfois groupées dans des *Notes historiques.* La bibliographie qui suit chacune de ces Notes ne comporte le plus souvent que les livres et mémoires originaux qui ont eu le plus d'importance dans l'évolution de la théorie considérée ; elle ne vise nullement à être complète.

Quant aux exercices, il n'a pas été jugé utile en général d'indiquer leur provenance, qui est très diverse (mémoires originaux, ouvrages didactiques, recueils d'exercices).

12. Dans la nouvelle édition, les renvois à des théorèmes, axiomes, définitions, remarques, etc. sont donnés en principe en indiquant successivement le Livre (par l'abréviation qui lui correspond dans la liste donnée au n° 3), le chapitre et la page où ils se trouvent. À l'intérieur d'un même Livre, la mention de ce Livre est supprimée ; par exemple, dans le Livre d'Algèbre,

E, III, p. 32, cor. 3

renvoie au corollaire 3 se trouvant au Livre de Théorie des Ensembles, chapitre III, page 32 de ce chapitre ;

II, p. 24, prop. 17

renvoie à la proposition 17 du Livre d'Algèbre, chapitre II, page 24 de ce chapitre.

Les fascicules de résultats sont désignés par la lettre R ; par exemple : EVT, R signifie « fascicule de résultats du Livre sur les Espaces Vectoriels Topologiques ».

Comme certains Livres doivent être publiés plus tard dans la nouvelle édition, les renvois à ces Livres se font en indiquant successivement le Livre, le chapitre, le paragraphe et le numéro où devrait se trouver le résultat en question ; par exemple :

AC, III, § 4, n° 5, cor. de la prop. 6.

INTRODUCTION

La *Topologie algébrique* vise à étudier les espaces topologiques en leur associant fonctoriellement diverses structures algébriques (modules, groupoïdes, etc.) dont les propriétés reflètent celles des espaces considérés.

Les chapitres I à IV de ce Livre concernent la théorie des revêtements et du groupe de Poincaré ; ils aboutissent à une formulation générale du théorème de van Kampen. Les chapitres suivants traiteront d'homologie et de cohomologie, des groupes d'homotopie supérieurs et des espaces cellulaires.

La notion de *revêtement* fait l'objet du chapitre I. Bien que cette notion porte sur certaines applications continues $p\colon \mathrm{E} \to \mathrm{B}$, où E et B sont des espaces topologiques, la terminologie adoptée considère que l'espace E est le revêtement, l'espace B étant sa base, et l'application p est le plus souvent sous-entendue. Nous sommes ainsi amenés à étudier de façon générale la structure de B-espace (§1). Les B-espaces *étalés* sont définis au §2, mais il est souvent utile de les étudier du point de vue équivalent des *faisceaux* sur B (§3). La notion d'espace fibré localement trivial est introduite au §4 ; ce sont les B-espaces localement isomorphes à un produit $\mathrm{B} \times \mathrm{F}$, où la *fibre* F est un espace topologique. Les revêtements sont ceux dont la fibre est un espace topologique discret. Au §5, nous définissons la notion de *revêtement galoisien* et démontrons que si la base B est non vide, connexe et localement connexe, tout revêtement est associable à un revêtement galoisien. Les espaces simplement connexes sont définis au §6 : ce sont ceux dont tout revêtement est trivialisable ; un intervalle de $\mathbf{R}$, une partie convexe de l'espace numérique $\mathbf{R}^n$, la sphère $\mathbf{S}_n$ de dimension $n \geqslant 2$ sont des espaces simplement connexes, mais pas le cercle $\mathbf{S}_1$.

La notion algébrique de groupoïde est définie au chapitre II ; elle généralise celle de groupe et avait été introduite par H. BRANDT dans son étude des idéaux fractionnaires inversibles des algèbres de quaternions. Les notions de carquois, graphes et catégories sont définies aux §1, 2 et 3 du chapitre II ; un groupoïde est une catégorie dont toute flèche est inversible. Les résultats des §4 et 5 permettront de déduire du théorème de van Kampen, formulé en termes de groupoïdes, des présentations explicites des groupes de Poincaré dans diverses situations.

La classification des revêtements d'un espace topologique donné B se fait par l'introduction, au chapitre III, §3, de son *groupoïde de Poincaré* $\varpi(\mathrm{B})$, qui est défini en termes de classes d'équivalences de *chemins* dans B modulo la *relation d'homotopie stricte.* Lorsque b est un point de B, le *groupe de Poincaré* $\pi_1(\mathrm{B}, b)$ apparaît comme le groupe d'isotropie en b du groupoïde $\varpi(\mathrm{B})$. La notion d'homotopie est introduite au §1 ; on y étudie en particulier l'importante propriété d'extension des homotopies. Le §2 est consacré à la notion de chemin dans un espace topologique et aux notions d'espace connexe par arcs et d'espace localement connexe par arcs. On y établit aussi un théorème de relèvement des chemins.

Le lien entre homotopie et revêtements est étudié aux §4 et 5. Si E est un revêtement d'un espace topologique B et si $b \in \mathrm{B}$, la fibre E_b est munie d'une opération naturelle du groupe $\pi_1(\mathrm{B}, b)$; cette construction donne lieu à un foncteur de la catégorie des revêtements de B dans celle des ensembles munis d'une action de $\pi_1(\mathrm{B}, b)$. Lorsque B est un espace topologique connexe et localement connexe par arcs, ce foncteur est pleinement fidèle ; son image est constituée des opérations du groupe $\pi_1(\mathrm{B}, b)$ sur un ensemble discret qui sont continues pour une certaine topologie, dite « admissible », sur le groupe $\pi_1(\mathrm{B}, b)$.

Le chapitre IV est consacré aux *espaces délaçables ;* ce sont les espaces topologiques localement connexes par arcs pour lesquels la topologie admissible des groupes de Poincaré est la topologie discrète. Pour ces espaces, la correspondance entre revêtements et opérations du groupe de Poincaré est ainsi parfaite : le foncteur décrit ci-dessus fournit une équivalence de catégories entre la catégorie des revêtements de B et celle des ensembles munis d'une opération du groupe $\pi_1(\mathrm{B}, b)$.

On dit qu'un espace topologique B est simplement connexe par arcs s'il est connexe par arcs et si le groupe $\pi_1(\mathrm{B}, b)$ est trivial pour tout point b de B. On démontre qu'un espace délaçable non vide possède un *revêtement universel* qui est simplement connexe par arcs et galoisien. On prouve aussi que le groupe de Poincaré d'un espace topologique compact et délaçable est de présentation finie (§2) ; sans l'hypothèse que l'espace est délaçable, ce groupe de Poincaré peut avoir la puissance du continu (théorème de SHELAH). On démontre au §3 que le groupe de Poincaré en l'élément neutre d'un groupe topologique connexe est abélien et (dans le cas délaçable) que son revêtement universel possède une structure naturelle de groupe topologique.

Lorsque $f\colon \mathrm{Y} \to \mathrm{X}$ est une application continue et E est un Y-espace, on décrit au §4 en termes de *données de descente* les éventuels X-espaces dont E provient par changement de base. Nous traduisons ainsi dans le cadre de la Topologie générale un procédé utilisé systématiquement par A. GROTHENDIECK en Géométrie algébrique. On donne aussi des conditions garantissant qu'un revêtement de Y provient d'un revêtement de X. Sous certaines hypothèses sur f, cela permet de démontrer la formulation générale du théorème de van Kampen : le groupoïde de Poincaré de X est isomorphe à un certain groupoïde (coégalisateur, chapitre II, §5) construit à l'aide du groupoïde de Poincaré de Y et de celui du carré fibré $\mathrm{Y} \times_{\mathrm{X}} \mathrm{Y}$.

Pour les applications, il est toutefois nécessaire d'en déduire une *présentation* du groupe de Poincaré de X en un point. Au §5, on applique ainsi les calculs généraux du chapitre II pour obtenir de telles présentations dans de nombreux exemples. On y calcule en particulier le groupe de Poincaré de X lorsqu'on s'est donné un recouvrement de X par une famille de parties ouvertes et connexes par arcs. Ainsi que l'a notamment montré R. BROWN, le point de vue des groupoïdes permet de ne faire aucune hypothèse sur la connexité des intersections deux à deux de ces parties. Sous certaines conditions de délaçabilité, on traite également le cas de recouvrements localement finis de X par des parties fermées. On y calcule aussi le groupe de Poincaré du quotient d'un espace délaçable par l'action propre et libre d'un groupe discret. On y explicite enfin le théorème originel de van Kampen, sous des hypothèses un peu différentes.

Enfin, on étudie au §6 la notion d'espace classifiant pour un groupe topologique G : lorsqu'on dispose d'un tel espace $\mathrm{B_G}$, l'étude des classes d'isomorphisme d'espaces fibrés principaux de groupe G et de base paracompacte B se traduit en un problème d'étude des classes d'homotopies d'applications de B dans B_G. Lorsque G est discret, on construit un espace classifiant qui est un espace métrisable.

Les résultats des chapitres I à IV dépendent des quatre premiers Livres (E, A, TG, FVR) ; certains exemples et remarques utilisent en outre des résultats d'EVT, VAR, LIE III et LIE IV.

Il était initialement prévu que ce Livre fît l'objet du chapitre XI du Livre de *Topologie générale.* Dans les Livres précédents, les références à TG, XI, doivent ainsi être modifiées comme suit :

LIE, III, §1, n°9, p. 114, note 1. Lire « Cf. TA, IV, p. 379, prop. 6. »

LIE, III, §6, p. 192, note 1. Lire « Rappelons (TA, I, p. 124, déf. 3) qu'un espace est dit simplement connexe si chacun de ses revêtements est trivialisable ; un espace simplement connexe est connexe. Rappelons aussi (TA, I, p. 100, cor. 3) que si G_1, G_2, sont des groupes topologiques connexes, si φ est un homomorphisme continu ouvert de G_1 sur G_2 à noyau discret, et si G_2 est simplement connexe, alors φ est un homéomorphisme. »

LIE, III, §6, n°7, p. 206, ligne 11. Au lieu de « d'après TG, XI », lire « d'après TA, IV, p. 379, prop. 6 ».

LIE, VII, p. 66, appendice II, exercice 1. Au lieu de « TG, XI », lire « TA, I, p. 69, déf. 2 ».

LIE, IX, §2, n°4, p. 12, ligne −9. Au lieu de « TG, XI, à paraître », lire « TA, VII, à paraître ».

LIE, IX, §3, n°6, p. 22. Au lieu de « TG, XI, à paraître », lire « TA, I, p. 127, exemple 3 ».

LIE, IX, §4, n°2, p. 27, ligne 11. Au lieu de « TG, XI, à paraître », lire « TA, VII, à paraître ».

LIE, IX, §4, n°6, p. 34, ligne −6. Au lieu de « TG, XI, à paraître », lire « TA, VII, à paraître ».

LIE, IX, §4, n°9, p. 39, ligne 13. Au lieu de « TG, XI, à paraître », lire « d'après TA, IV, p. 379, prop. 6 ».

LIE, IX, §5, n°4, p. 51, ligne −13. Au lieu de « TG, XI, à paraître », lire « d'après TA, IV, p. 358, exemple ».

LIE, IX, §5, n°4, p. 51, ligne −4. Au lieu de « *cf.* TG, XI, à paraître », lire « TA, I, p. 106, exemple 4 et p. 111, prop. 10 ».

LIE, IX, §9, n°1, p. 89, ligne 9. Au lieu de « d'après TG, XI », lire « d'après TA, I, p. 37, th. 2 ».

LIE, IX, p. 112, exercice 8. Au lieu de « TG, XI », lire « TA, VII ».

LIE, IX, p. 118, exercice 2. Au lieu de « TG, XI », lire « TA, III, p. 229, déf. 1 ».

BIBLIOGRAPHIE

BRANDT (H.), « Über eine Verallgemeinerung des Gruppenbegriffes », *Mathematische Annalen* (1926), vol. 96, p. 360–366.

BROWN (R.), « Groupoids and van Kampen's theorem », *Proceedings of the London Mathematical Society (3)* (1967), vol. 17, p. 385–401.

GROTHENDIECK (A.), *Revêtements étales et groupe fondamental* (SGA 1), Documents mathématiques, vol. 3, Société mathématique de France, 2003.

VAN KAMPEN (E. R.), « On the connection between the fundamental groups of some related spaces », *American Journal of Mathematics* (1933), vol. 55, n° 1, p. 261–267.

CHAPITRE PREMIER

Revêtements

§ 1. PRODUITS FIBRÉS ET CARRÉS CARTÉSIENS

1. Structure de B-espace

Soit B un espace topologique.

DÉFINITION 1. — *On appelle* B-espace topologique *(ou simplement* B-espace*) un espace topologique* X, *muni d'une application continue* p *de* X *dans* B. *L'application* p *s'appelle la* projection *du* B*-espace* X.

Soient X, X′ *des* B*-espaces et* p, p' *leurs projections respectives. On appelle* B-morphisme de X dans X′ *une application continue* f *de* X *dans* X′ *telle que* $p' \circ f = p$.

Il est parfois commode de désigner par (X, p) le B-espace obtenu en munissant l'espace topologique X de l'application p continue.

Le composé de deux B-morphismes est un B-morphisme. Les isomorphismes de B-espaces, aussi appelés B-*isomorphismes*, sont les B-morphismes qui sont des homéomorphismes.

Ainsi, si l'on appelle structure de B-espace sur un ensemble X la donnée d'une topologie sur X et d'une application continue $p \colon \mathrm{X} \to \mathrm{B}$, on peut prendre les B-morphismes pour morphismes de la structure de B-espace (E, IV, p. 11).

Soient X, X′ des B-espaces. On note $\mathscr{C}_{\mathrm{B}}(\mathrm{X};\mathrm{X}')$ l'ensemble des B-morphismes de X dans X′, $\mathrm{Isom}_{\mathrm{B}}(\mathrm{X};\mathrm{X}')$ l'ensemble des B-isomorphismes de X dans X′ et $\mathrm{Aut}_{\mathrm{B}}(\mathrm{X})$ l'ensemble des B-automorphismes de X, c'est-à-dire des B-isomorphismes de X dans X.

Soient X un B-espace et p sa projection. Si l'on munit B de la structure de B-espace dont la projection est Id_{B}, l'ensemble $\mathscr{C}_{\mathrm{B}}(\mathrm{B};\mathrm{X})$ est l'ensemble des sections (E, II, p. 18, déf. 11) continues de p.

Soient X un B-espace, p sa projection et b un point de B. Le sous-espace $\overset{-1}{p}(b)$ de X est appelé la *fibre de* X *en* b (ou la *fibre de* p *en* b) et noté X_b. Pour qu'une application continue f de X dans un B-espace X′ soit un B-morphisme, il faut et il suffit que $f(\mathrm{X}_b)$ soit contenu dans X'_b pour tout $b \in \mathrm{B}$.

Soient X un B-espace et p sa projection. Soit f une application continue d'un espace topologique B′ dans B. Une application continue $g\colon \mathrm{B}' \to \mathrm{X}$ telle que $p \circ g = f$ est appelée un *relèvement continu de* f *à* X. Autrement dit, si l'on munit B′ de la structure de B-espace de projection f, les relèvements continus de f à X sont les B-morphismes de B′ dans X.

2. Opérations sur les B-espaces

Soit B un espace topologique.

Soient X un B-espace et p sa projection. On munit tout sous-espace topologique Y de X de la structure de B-espace dont la projection est $p \mid \mathrm{Y}$. Soit A un sous-espace de B ; muni de l'application $p_{\mathrm{A}}\colon \overset{-1}{p}(\mathrm{A}) \to \mathrm{A}$ déduite de p par passage aux sous-ensembles, l'espace topologique $\overset{-1}{p}(\mathrm{A})$, est un A-espace. On l'appelle le A-*espace induit par* (X, p) *au-dessus de* A et on le note parfois X_{A}.

Soit $(\mathrm{X}_i)_{i\in\mathrm{I}}$ une famille de B-espaces, et soit p_i la projection de X_i. L'espace somme $\mathrm{X} = \coprod_{i\in\mathrm{I}} \mathrm{X}_i$ (TG, I, p. 15), muni de l'application $p\colon \mathrm{X} \to \mathrm{B}$ définie par $p(i,x) = p_i(x)$ (pour $i \in \mathrm{I}$ et $x \in \mathrm{X}_i$), est un B-espace appelé la *somme* de la famille de B-espaces $(\mathrm{X}_i)_{i\in\mathrm{I}}$. Les injections canoniques $\mathrm{X}_i \to \mathrm{X}$ sont des B-morphismes.

Soient X un B-espace, p sa projection et soit R une relation d'équivalence sur X. Notons X/R l'espace quotient (TG, I, p. 20, déf. 3). Si l'application $p\colon \mathrm{X} \to \mathrm{B}$ est compatible avec la relation R (E, II, p. 44), l'application $p'\colon X/R \to B$ déduite de p par passage au quotient est continue (TG, I, p. 21, prop. 6) ; le B-espace obtenu en munissant X/R de la projection p' est alors appelé le B-*espace quotient* de X par la relation R.

3. Produit fibré de deux B-espaces

Soient B un espace topologique, X et X′ des B-espaces, p et p' leurs projections respectives. Notons $X \times_B X'$ le sous-espace topologique de $X \times X'$ formé des couples (x, x') tels que $p(x) = p'(x')$. L'application $q\colon X \times_B X' \to B$ définie par $q(x, x') = p(x)$ est continue.

DÉFINITION 2. — *L'espace topologique* $X \times_B X'$ *s'appelle le* produit fibré de X et X′ au-dessus de B. *Le* B-*espace obtenu en munissant* $X \times_B X'$ *de l'application* q *s'appelle le* B-espace produit de X et X′.

Les restrictions à $X \times_B X'$ des projections de $X \times X'$ dans X et dans X′ sont encore notées pr_1 et pr_2 et appelées *première* et *seconde projections* du produit fibré. Elles sont continues et sont des B-morphismes, car on a $q = p \circ \mathrm{pr}_1 = p' \circ \mathrm{pr}_2$.

On prendra garde que $X \times_B X'$ peut être vide même si X et X′ sont non vides : en effet, la relation $X \times_B X' = \varnothing$ équivaut à dire que $p(X)$ et $p'(X')$ sont disjoints.

Soient Y un B-espace et $u\colon Y \to X$, $u'\colon Y \to X'$ des B-morphismes. Il existe un unique B-morphisme $v\colon Y \to X \times_B X'$ tel que $\mathrm{pr}_1 \circ v = u$ et $\mathrm{pr}_2 \circ v = u'$ (*propriété universelle du* B-*espace produit de deux* B-*espaces*) : c'est l'application $y \mapsto (u(y), u'(y))$ de Y dans $X \times_B X'$, que l'on note parfois (u, u').

Soient X, X', Y, Y' des B-espaces, soient $f\colon X \to Y$, $f'\colon X' \to Y'$ des B-morphismes. L'application $(x, x') \mapsto (f(x), f'(x'))$ est un B-morphisme de $X \times_B X'$ dans $Y \times_B Y'$, que l'on note $f \times_B f'$ et que l'on appelle *l'extension de* f *et* f' *aux produits fibrés.*

Exemples. — 1) Soient X et X′ des B-espaces, alors l'application $(x, x') \mapsto (x', x)$ définit un B-isomorphisme de $X \times_B X'$ sur $X' \times_B X$.

2) Soient X, X′, X″ des B-espaces et p, p', p'' leurs projections respectives. Le B-espace produit $(X \times_B X') \times_B X''$ est le sous-espace topologique $X \times_B X' \times_B X''$ de $X \times X' \times X''$ formé des triplets (x, x', x'') tels que

$p(x) = p'(x') = p''(x'')$, muni de la projection $q \colon X \times_B X' \times_B X'' \to B$ définie par $q(x, x', x'') = p(x)$.

3) Soient X un B-espace et p sa projection. Le produit fibré $X \times_B X$ de X et X au-dessus de B est appelé le *carré fibré de* X. C'est le sous-espace de $X \times X$ formé des couples (x, x') tels que $p(x) = p(x')$. Il est muni de la structure de B-espace dont la projection est l'application $(x, x') \mapsto p(x)$. La diagonale Δ_X de $X \times X$ (E, II, p. 13) est contenue dans $X \times_B X$; on l'appelle encore la *diagonale* de $X \times_B X$. L'application $x \mapsto (x, x)$ de X dans $X \times_B X$ est un B-morphisme, appelé le B-*morphisme diagonal* et souvent noté δ_X ; il définit un B-isomorphisme de X sur Δ_X (TG, I, p. 25, cor. 2).

4) Soit $(B_i)_{i \in I}$ une famille d'espaces topologiques et soient, pour tout $i \in I$, (X_i, p_i) et (Y_i, q_i) des B_i-espaces. Posons $B = \prod_{i \in I} B_i$, $X = \prod_{i \in I} X_i$ et $Y = \prod_{i \in I} Y_i$. Muni de l'application continue $p = \prod_i p_i$ (resp. $q = \prod_i q_i$), l'espace topologique X (resp. Y) est un B-espace. Par l'isomorphisme d'associativité des produits topologiques de $\prod_i (X_i \times Y_i)$ sur $(\prod_i X_i) \times (\prod_i Y_i) = X \times Y$ (TG, I, p. 25, prop. 2), le sous-espace $\prod_i (X_i \times_{B_i} Y_i)$ de $\prod_i (X_i \times Y_i)$ s'identifie à $X \times_B Y$.

5) Soient $(X_i)_{i \in I}$ et $(Y_j)_{j \in J}$ des familles de B-espaces. Soient X et Y leurs sommes. Pour tout $(i, j) \in I \times J$, l'application $(x, y) \mapsto ((i, x), (j, y))$ est un B-isomorphisme de $X_i \times_B Y_j$ sur le sous-espace $(\{i\} \times X_i) \times_B (\{j\} \times Y_j)$ de $X \times_B Y$. Comme ces derniers forment une partition de $X \times_B Y$ en sous-ensembles ouverts, l'application

$$h \colon \coprod_{(i,j) \in I \times J} (X_i \times_B Y_j) \to X \times_B Y$$

définie par $h((i, j), (x, y)) = ((i, x), (j, y))$ est un B-isomorphisme.

4. Changement de base

Soient B, B′ des espaces topologiques et $f \colon B' \to B$ une application continue. Soit X un B-espace. L'application f munit B′ d'une structure de B-espace, ce qui permet de définir le produit fibré $B' \times_B X$. Celui-ci, muni de l'application $\mathrm{pr}_1 \colon B' \times_B X \to B'$ est un B′-espace appelé le *B′-espace déduit du B-espace X par le changement de base* $f \colon B' \to B$ (ou *par changement de base de* B *à* B′ *suivant* f). On l'appelle aussi le B′-*espace image réciproque de* X *par* f. On le note $f^*(\mathrm{X})$, ou parfois $\mathrm{X}_{\mathrm{B}'}$ lorsqu'il n'y a pas de confusion possible sur l'application f.

Lorsque B′ est un sous-espace de B et que $f\colon \mathrm{B}' \to \mathrm{B}$ est l'injection canonique, l'application $(b', x) \mapsto x$ de $\mathrm{B}' \times_{\mathrm{B}} \mathrm{X}'$ dans $\overset{-1}{p}(\mathrm{B}')$ (où p est la projection de X) est un B′-isomorphisme de $f^*(\mathrm{X})$ sur le B′-espace induit par X au-dessus de B′.

Soient Y un second B-espace et $u\colon \mathrm{X} \to \mathrm{Y}$ un B-morphisme. L'application $\mathrm{Id}_{\mathrm{B}'} \times_{\mathrm{B}} u\colon \mathrm{B}' \times_{\mathrm{B}} \mathrm{X} \to \mathrm{B}' \times_{\mathrm{B}} \mathrm{Y}$ est un B′-morphisme, appelé le B′-*morphisme déduit du* B-*morphisme* u *par le changement de base* $f\colon \mathrm{B}' \to \mathrm{B}$ et parfois noté $f^*(u)$, ou $u_{\mathrm{B}'}$ lorsqu'il n'y a pas de confusion possible sur l'application f. C'est l'unique B′-morphisme v de $\mathrm{B}' \times_{\mathrm{B}} \mathrm{X}$ dans $\mathrm{B}' \times_{\mathrm{B}} \mathrm{Y}$ tel que $\mathrm{pr}_2 \circ v = u \circ \mathrm{pr}_2$.

Soit B″ un espace topologique et soit $g\colon \mathrm{B}'' \to \mathrm{B}'$ une application continue. Alors l'application donnée par $(b'', (b', x)) \mapsto (b'', x)$ est un isomorphisme de B″-espaces de $g^*(f^*(\mathrm{X}))$ sur $(f \circ g)^*(\mathrm{X})$, qu'on dira canonique.

5. Produit fibré d'une famille de B-espaces

Soit $(\mathrm{X}_i)_{i\in\mathrm{I}}$ une famille de B-espaces. Soient $p_i\colon \mathrm{X}_i \to \mathrm{B}$ leurs projections. Notons $\prod_{\mathrm{B}} \mathrm{X}_i$ le sous-espace topologique de $\mathrm{B} \times \prod_{i\in\mathrm{I}} \mathrm{X}_i$ formé des couples $(b, (x_i)_{i\in\mathrm{I}})$ tels que $p_i(x_i) = b$ pour tout $i \in \mathrm{I}$. L'application $p\colon \prod_{\mathrm{B}} \mathrm{X}_i \to \mathrm{B}$ définie par $p(b, (x_i)_{i\in\mathrm{I}}) = b$ est continue.

DÉFINITION 3. — *L'espace topologique* $\prod_{\mathrm{B}} \mathrm{X}_i$ *s'appelle le* produit fibré de la famille $(\mathrm{X}_i)_{i\in\mathrm{I}}$ au-dessus de B. *Le* B-*espace obtenu en munissant* $\prod_{\mathrm{B}} \mathrm{X}_i$ *de l'application* p *s'appelle le* B-espace produit de la famille $(\mathrm{X}_i)_{i\in\mathrm{I}}$.

Soit $j \in \mathrm{I}$. L'application $(b, x) \mapsto \mathrm{pr}_j(x)$ de $\prod_{\mathrm{B}} \mathrm{X}_i$ dans X_j est appelée la *projection d'indice* j du produit fibré et encore notée pr_j. Elle est continue. C'est un B-morphisme, car on a $p = p_j \circ \mathrm{pr}_j$.

Soient Y un B-espace et q sa projection. Pour tout $i \in \mathrm{I}$, soit $u_i\colon \mathrm{Y} \to \mathrm{X}_i$ un B-morphisme. Il existe un unique B-morphisme $v\colon \mathrm{Y} \to \prod_{\mathrm{B}} \mathrm{X}_i$ tel que $\mathrm{pr}_i \circ v = u_i$ pour tout $i \in \mathrm{I}$ (*propriété universelle du* B-*espace produit*) : c'est l'application de Y dans $\prod_{\mathrm{B}} \mathrm{X}_i$, définie par $y \mapsto (q(y), (u_i(y))_{i\in\mathrm{I}})$, que l'on note parfois $(u_i)_{i\in\mathrm{I}}$.

Soient $(X_i)_{i\in I}$ et $(Y_i)_{i\in I}$ des familles de B-espaces et, pour tout $i \in I$, soit $f_i \colon X_i \to Y_i$ un B-morphisme. L'application $(b, (x_i)_{i\in I}) \mapsto (b, (f_i(x_i))_{i\in I})$ est un B-morphisme de $\prod_B X_i$ dans $\prod_B Y_i$ que l'on note $\prod_B f_i$ et que l'on appelle *l'extension de la famille* $(f_i)_{i\in I}$ *aux produits fibrés.*

Exemples. — 1) Lorsque l'ensemble I est vide, l'ensemble $\prod_{i\in I} X_i$ est réduit à un élément et le B-espace $\prod_B X_i$ s'identifie à B (muni de la projection Id_B).

2) Lorsque I n'est pas vide, on déduit de l'application $(b, x) \mapsto x$ de $B \times \prod_{i\in I} X_i$ dans $\prod_{i\in I} X_i$, par passage aux sous-espaces, un homéomorphisme de $\prod_B X_i$ sur le sous-espace de $\prod_{i\in I} X_i$ formé des familles $(x_i)_{i\in I}$ telles que $p_i(x_i) = p_j(x_j)$ pour tous $i, j \in I$. Ce sous-espace sera appelé, par abus, le produit fibré de la famille $(X_i)_{i\in I}$.

3) Lorsque l'ensemble I est un ensemble à un élément α (resp. à deux éléments α et β ; resp. à trois éléments α, β, γ), l'application pr_α (resp. $(\mathrm{pr}_\alpha, \mathrm{pr}_\beta)$; resp. $(\mathrm{pr}_\alpha, \mathrm{pr}_\beta, \mathrm{pr}_\gamma)$) de $\prod_B X_i$ dans X_α (resp. dans $X_\alpha \times_B X_\beta$; resp. dans $X_\alpha \times_B X_\beta \times_B X_\gamma$) est un B-isomorphisme. Cela nous permettra de déduire les propriétés du produit fibré de deux ou trois B-espaces de celles du produit fibré de familles de B-espaces.

Soit $(X_i)_{i\in I}$ une famille de B-espaces et soit J une partie de I. On déduit de l'application $\mathrm{Id}_B \times \mathrm{pr}_J$ de $B \times \prod_{i\in I} X_i$ dans $B \times \prod_{i\in J} X_i$, par passage aux sous-ensembles, un B-morphisme $\prod_{B,\, i\in I} X_i \to \prod_{B,\, i\in J} X_i$. On le note encore pr_J et on l'appelle la *projection d'indice* J *du produit fibré.*

Soit $(X_i)_{i\in I}$ une famille de B-espaces. Soit $(J_\lambda)_{\lambda\in L}$ une partition de I. L'application $(\mathrm{pr}_{J_\lambda})_{\lambda\in L}$ de $\prod_{B,\, i\in I} X_i \to \prod_{B,\, \lambda\in L} \left(\prod_{B,\, i\in J_\lambda} X_i \right)$ est un B-isomorphisme (« associativité » des produits fibrés de B-espaces).

6. Carrés cartésiens

Soient B, B′, X, X′ des espaces topologiques et soient $f \colon B' \to B$, $f' \colon X' \to X$, $p \colon X \to B$, $p' \colon X' \to B'$ des applications continues. On peut représenter un tel quadruplet (f, f', p, p') par un diagramme

$$
(1) \qquad \begin{array}{ccc} X' & \xrightarrow{f'} & X \\ \downarrow{\scriptstyle p'} & & \downarrow{\scriptstyle p} \\ B' & \xrightarrow{f} & B \end{array}
$$

(E, II, p. 14). On dira alors : « Considérons le diagramme carré (1) », ou simplement « le carré (1) », au lieu de dire : « Considérons le quadruplet (f, f', p, p') d'applications continues ». On dit que le carré (1) est *commutatif*, si l'égalité

$$f \circ p' = p \circ f'$$

est satisfaite. Dans ce cas, on munit souvent B', X et X' des structures de B-espaces définies par les applications f, p et $f \circ p' = p \circ f'$ respectivement ; les applications p' et f' sont alors des B-morphismes.

DÉFINITION 4. — *On dit que le carré* (1) *est un* carré cartésien d'espaces topologiques *(ou, simplement, qu'il est* cartésien*) s'il est commutatif et que, pour tout espace topologique* Y *et tout couple d'applications continues* $u \colon Y \to B'$, $v \colon Y \to X$ *telles que* $f \circ u = p \circ v$, *il existe une unique application continue* $w \colon Y \to X'$ *telle que* $p' \circ w = u$ *et* $f' \circ w = v$.

Pour que le carré (1) soit cartésien, il faut et il suffit que le carré

$$
(1') \qquad \begin{array}{ccc} X' & \xrightarrow{p'} & B' \\ \downarrow{\scriptstyle f'} & & \downarrow{\scriptstyle f} \\ X & \xrightarrow{p} & B \end{array}
$$

soit cartésien.

PROPOSITION 1. — *Pour que le carré* (1) *soit cartésien, il faut et il suffit qu'il soit commutatif et que, pour tout* B*-espace* Y *et tout couple de* B*-morphismes* $u \colon Y \to B'$, $v \colon Y \to X$, *il existe un unique* B*-morphisme* $w \colon Y \to X'$ *tel que* $p' \circ w = u$ *et* $f' \circ w = v$.

Supposons que le carré (1) est cartésien. Soit Y un B-espace et soient $u \colon Y \to B'$, $v \colon Y \to X$ des B-morphismes. Les applications $f \circ u$ et $p \circ v$ sont toutes deux égales à la projection du B-espace Y ; l'unique application continue w telle que $p' \circ w = u$ et $f' \circ w = v$ est alors un B-morphisme. Cela prouve la nécessité de la condition.

Inversement, supposons cette condition satisfaite. Soit Y un espace topologique et soient $u\colon \mathrm{Y} \to \mathrm{B}'$, $v\colon \mathrm{Y} \to \mathrm{X}$ des applications continues telles que $f \circ u = p \circ v$. Lorsqu'on munit Y de la structure de B-espace définie par $f \circ u$, u et v sont des B-morphismes. Toute application continue $w\colon \mathrm{Y} \to \mathrm{X}'$ telle que $p' \circ w = u$ et $f' \circ w = v$ étant un B-morphisme, il en existe une et une seule.

Proposition 2. — *Soient* B, B′ *et* X *des espaces topologiques et* $p\colon \mathrm{X} \to \mathrm{B}$, $f\colon \mathrm{B}' \to \mathrm{B}$ *des applications continues.*

a) *Le carré*

$$\begin{array}{ccc} \mathrm{B}' \times_{\mathrm{B}} \mathrm{X} & \xrightarrow{\mathrm{pr}_2} & \mathrm{X} \\ \Big\downarrow{\scriptstyle \mathrm{pr}_1} & & \Big\downarrow{\scriptstyle p} \\ \mathrm{B}' & \xrightarrow{f} & \mathrm{B} \end{array} \tag{2}$$

est un carré cartésien.

b) *Pour tout carré commutatif*

$$\begin{array}{ccc} \mathrm{X}' & \xrightarrow{f'} & \mathrm{X} \\ \Big\downarrow{\scriptstyle p'} & & \Big\downarrow{\scriptstyle p} \\ \mathrm{B}' & \xrightarrow{f} & \mathrm{B} \end{array} \tag{3}$$

il existe une unique application continue $h\colon \mathrm{X}' \to \mathrm{B}' \times_{\mathrm{B}} \mathrm{X}$ *telle que* $\mathrm{pr}_1 \circ h = p'$ *et* $\mathrm{pr}_2 \circ h = f'$.

c) *Le carré commutatif* (3) *est cartésien si et seulement si* h *est un homéomorphisme.*

L'assertion *a*) résulte de la prop. 1 et de la propriété universelle du B-espace produit de deux B-espaces (I, p. 3). L'assertion *b*) en découle.

Si le carré (3) est cartésien, il existe une unique application continue $h'\colon \mathrm{B}' \times_{\mathrm{B}} \mathrm{X} \to \mathrm{X}'$ telle que $f' \circ h' = \mathrm{pr}_2$ et $p' \circ h' = \mathrm{pr}_1$. On a $f' \circ h' \circ h = f'$ et $p' \circ h' \circ h = p'$, d'où $h' \circ h = \mathrm{Id}_{\mathrm{X}'}$ puisque le carré (3) est cartésien. On a $\mathrm{pr}_1 \circ h \circ h' = \mathrm{pr}_1$ et $\mathrm{pr}_2 \circ h \circ h' = \mathrm{pr}_2$, d'où $h \circ h' = \mathrm{Id}_{\mathrm{B}' \times_{\mathrm{B}} \mathrm{X}}$ puisque le carré (2) est cartésien. Cela prouve que h est un homéomorphisme.

Inversement, supposons que h soit un homéomorphisme ; comme le carré (2) est cartésien, le carré (3) est aussi cartésien.

L'application $h\colon X' \to B' \times_B X$ dont l'existence et l'unicité est affirmée par l'assertion *b*) de la proposition précédente sera dite *canonique* : c'est l'application notée (p', f') en I, p. 3.

PROPOSITION 3. — *Soit*

$$\begin{array}{ccc} X' & \xrightarrow{f'} & X \\ \downarrow{\scriptstyle p'} & & \downarrow{\scriptstyle p} \\ B' & \xrightarrow{f} & B \end{array}$$

un carré cartésien. Pour toute section continue s *de* p'*, l'application* $f' \circ s$ *est un relèvement continu de* f *à* X. *L'application* $s \mapsto f' \circ s$ *est une bijection de* $\mathscr{C}_{B'}(B'; X')$ *sur* $\mathscr{C}_B(B'; X)$.

Si $s\colon B' \to X'$ est une section continue de p', on a $p \circ f' \circ s = f \circ p' \circ s = f$, ce qui prouve que $f' \circ s$ est un relèvement continu de f à X, *i.e.* un B-morphisme de B' dans X. Inversement, soit $g\colon B' \to X$ un B-morphisme. On a $f \circ \mathrm{Id}_{B'} = p \circ g$; il existe donc, par définition d'un carré cartésien, une unique application continue $s\colon B' \to X'$ telle que $p' \circ s = \mathrm{Id}_{B'}$ et $f' \circ s = g$, d'où la proposition.

7. Carrés cartésiens construits par passage aux sous-espaces

PROPOSITION 4. — *Soit*

$$\begin{array}{ccc} X' & \xrightarrow{f'} & X \\ \downarrow{\scriptstyle p'} & & \downarrow{\scriptstyle p} \\ B' & \xrightarrow{f} & B \end{array} \tag{4}$$

un carré cartésien et soient B_0, B'_0, X_0 *des sous-espaces de* B, B' *et* X *respectivement. Supposons qu'on ait* $f(B'_0) \subset B_0$, $p(X_0) \subset B_0$ *et posons* $X'_0 = \overset{-1}{(p')}(B'_0) \cap \overset{-1}{(f')}(X_0)$. *Alors, le carré*

$$\begin{array}{ccc} X'_0 & \xrightarrow{f'_0} & X_0 \\ \downarrow{\scriptstyle p'_0} & & \downarrow{\scriptstyle p_0} \\ B'_0 & \xrightarrow{f_0} & B_0 \end{array} \tag{4'}$$

(où les applications f_0, f'_0, p_0, p'_0 sont déduites de f, f', p, p' respectivement par passage aux sous-ensembles) est cartésien.

Considérons l'application canonique $h\colon \mathrm{X}' \to \mathrm{B}' \times_{\mathrm{B}} \mathrm{X}$ déduite du diagramme commutatif (4). Comme le carré (4) est cartésien, h est un homéomorphisme. Par construction, on a $\mathrm{X}'_0 = \overset{-1}{h}(\mathrm{B}'_0 \times_{\mathrm{B}_0} \mathrm{X}_0)$ et l'application $h_0\colon \mathrm{X}'_0 \to \mathrm{B}'_0 \times_{\mathrm{B}_0} \mathrm{X}_0$ déduite du diagramme commutatif (4′) est déduite de h par passage aux sous-ensembles. C'est donc un homéomorphisme et le carré (4′) est cartésien (prop. 2).

COROLLAIRE. — *Soit*

$$\begin{array}{ccc} \mathrm{X}' & \xrightarrow{f'} & \mathrm{X} \\ \Big\downarrow{\scriptstyle p'} & & \Big\downarrow{\scriptstyle p} \\ \mathrm{B}' & \xrightarrow{f} & \mathrm{B} \end{array}$$

un carré cartésien.

a) *Pour tout point b' de* B′, *l'application f' induit un homéomorphisme de la fibre $\mathrm{X}'_{b'}$ de p' sur la fibre $\mathrm{X}_{f(b')}$ de p.*

b) *Si l'application p est injective (*resp. *surjective,* resp. *bijective), il en est de même de p'.*

Soit b' un point de B′. Posons $b = f(b')$. Pour tout $x' \in \mathrm{X}'_{b'}$, on a $p(f'(x')) = f(p'(x')) = f(b') = b$, d'où $f'(x') \in \mathrm{X}_b$. Cela prouve que l'on a $\mathrm{X}'_{b'} \subset \overset{-1}{(f')}(\mathrm{X}_b)$. Dans la prop. 4, prenons $\mathrm{B}_0 = \{b\}$, $\mathrm{B}'_0 = \{b'\}$ et $\mathrm{X}_0 = \mathrm{X}_b$; on a alors $\mathrm{X}'_0 = \mathrm{X}'_{b'}$, d'où l'assertion *a*).

Pour que l'application p soit injective (resp. surjective, resp. bijective), il faut et il suffit que le cardinal de chacune de ses fibres soit inférieur (resp. supérieur, resp. égal) à 1. L'assertion *b*) en résulte.

Exemple. — Soient (X, p) un B-espace et A un sous-espace de B. Le carré

$$\begin{array}{ccc} \overset{-1}{p}(\mathrm{A}) & \xrightarrow{j} & \mathrm{X} \\ \Big\downarrow{\scriptstyle p_{\mathrm{A}}} & & \Big\downarrow{\scriptstyle p} \\ \mathrm{A} & \xrightarrow{i} & \mathrm{B} \end{array} \tag{5}$$

(où i et j sont les injections canoniques) est cartésien.

En particulier, si A et A′ sont des sous-espaces de l'espace topologique B, le carré

$$\begin{array}{ccc} \mathrm{A} \cap \mathrm{A}' & \longrightarrow & \mathrm{A}' \\ \downarrow & & \downarrow \\ \mathrm{A} & \longrightarrow & \mathrm{B} \end{array} \tag{6}$$

(où les flèches sont les injections canoniques) est cartésien.

8. Carrés cartésiens construits par produits, produits fibrés et sommes

Proposition 5. — *Soit* I *un ensemble et, pour tout* $i \in \mathrm{I}$, *soit*

$$\begin{array}{ccc} \mathrm{X}'_i & \xrightarrow{f'_i} & \mathrm{X}_i \\ \downarrow{\scriptstyle p'_i} & & \downarrow{\scriptstyle p_i} \\ \mathrm{B}'_i & \xrightarrow{f_i} & \mathrm{B}_i \end{array} \tag{7}$$

un carré cartésien. Le carré

$$\begin{array}{ccc} \prod_{i\in \mathrm{I}} \mathrm{X}'_i & \xrightarrow{f'} & \prod_{i\in \mathrm{I}} \mathrm{X}_i \\ \downarrow{\scriptstyle p'} & & \downarrow{\scriptstyle p} \\ \prod_{i\in \mathrm{I}} \mathrm{B}'_i & \xrightarrow{f} & \prod_{i\in \mathrm{I}} \mathrm{B}_i \end{array} \tag{7'}$$

(où f, f', p, p' *sont les extensions des familles* (f_i), (f'_i), (p_i), (p'_i) *aux produits) est cartésien.*

Soit Y un espace topologique, soient $u \colon \mathrm{Y} \to \prod_i \mathrm{B}'_i$ et $v \colon \mathrm{Y} \to \prod_i \mathrm{X}_i$ des applications continues telles que $f \circ u = p \circ v$. Pour $i \in \mathrm{I}$, posons $u_i = \mathrm{pr}_i \circ u$ et $v_i = \mathrm{pr}_i \circ v$; on a $f_i \circ u_i = p_i \circ v_i$ et il existe une unique application continue $w_i \colon \mathrm{Y} \to \mathrm{X}'_i$ telle que $p'_i \circ w_i = u_i$ et $f'_i \circ w_i = v_i$. Alors, l'application $w = (w_i)$ est une application continue de Y dans $\prod_i \mathrm{X}'_i$ telle que $p' \circ w = u$ et $f' \circ w = v$, et c'est la seule ayant ces propriétés.

Corollaire 1. — *Soit* X *un* B*-espace, soit* p *sa projection et soit* F *un espace topologique. Le carré*

$$\begin{array}{ccc} X \times F & \xrightarrow{\mathrm{pr}_1} & X \\ \downarrow{\scriptstyle p\times \mathrm{Id}_F} & & \downarrow{\scriptstyle p} \\ B \times F & \xrightarrow{\mathrm{pr}_1} & B \end{array} \tag{8}$$

est cartésien.

Soit P un espace topologique réduit à un point. Le corollaire 1 résulte de la prop. 5 appliquée aux carrés cartésiens

$$\begin{array}{ccc} X & \xrightarrow{\mathrm{Id}_X} & X \\ \downarrow{\scriptstyle p} & & \downarrow{\scriptstyle p} \\ B & \xrightarrow{\mathrm{Id}_B} & B \end{array} \quad \text{et} \quad \begin{array}{ccc} F & \longrightarrow & P \\ \downarrow{\scriptstyle \mathrm{Id}_F} & & \downarrow{\scriptstyle \mathrm{Id}_P} \\ F & \longrightarrow & P\,. \end{array}$$

Soient B et B′ des espaces topologiques et soit $f\colon B' \to B$ une application continue. Soit I un ensemble et, pour tout $i \in I$, soient X_i un B-espace, X'_i un B′-espace et $f'_i\colon X'_i \to X_i$ une application continue telle que le carré

$$\begin{array}{ccc} X'_i & \xrightarrow{f'_i} & X_i \\ \downarrow & & \downarrow \\ B' & \xrightarrow{f} & B \end{array} \tag{9}$$

soit commutatif. Il existe une unique application continue

$$f'\colon \prod_{i\in I}{}_{B'} X'_i \to \prod_{i\in I}{}_{B} X_i$$

telle que $\mathrm{pr}_i \circ f' = f'_i \circ \mathrm{pr}_i$ pour tout $i \in I$ et telle que le carré

$$\begin{array}{ccc} \prod_{i\in I}{}_{B'} X'_i & \xrightarrow{f'} & \prod_{i\in I}{}_{B} X_i \\ \downarrow & & \downarrow \\ B' & \xrightarrow{f} & B \end{array} \tag{9'}$$

soit commutatif (cette dernière condition résultant des autres si $\mathrm{I} \neq \varnothing$) : c'est l'application déduite de l'application

$$f \times \prod_{i\in\mathrm{I}} f'_i : \mathrm{B}' \times \prod_{i\in\mathrm{I}} \mathrm{X}'_i \to \mathrm{B} \times \prod_{i\in\mathrm{I}} \mathrm{X}_i$$

par passage aux sous-ensembles. Avec ces notations :

COROLLAIRE 2. — *Si le carré* (9) *est cartésien pour tout* $i \in \mathrm{I}$, *le carré* (9′) *est cartésien.*

On déduit de la prop. 5 un carré cartésien

$$\begin{array}{ccc} \mathrm{B}' \times \prod_i \mathrm{X}'_i & \xrightarrow{\mathrm{Id_B}\times\prod_i f'_i} & \mathrm{B} \times \prod_i \mathrm{X}_i \\ \downarrow & & \downarrow \\ \mathrm{B}' \times (\mathrm{B}')^{\mathrm{I}} & \xrightarrow{f\times\prod_i f} & \mathrm{B} \times \mathrm{B}^{\mathrm{I}} . \end{array}$$

Notons $\Delta_{\mathrm{B}'}$ et Δ_{B} les diagonales de $\mathrm{B}' \times (\mathrm{B}')^{\mathrm{I}}$ et $\mathrm{B} \times \mathrm{B}^{\mathrm{I}}$. Le diagramme

$$\begin{array}{ccc} \prod_{\mathrm{B}',\, i\in\mathrm{I}} \mathrm{X}'_i & \xrightarrow{f'} & \prod_{\mathrm{B},\, i\in\mathrm{I}} \mathrm{X}_i \\ \downarrow & & \downarrow \\ \Delta_{\mathrm{B}'} & \longrightarrow & \Delta_{\mathrm{B}} \end{array}$$

déduit du précédent par passage aux sous-espaces est cartésien (I, p. 9, prop. 4). Il s'identifie au diagramme (9′).

Exemple 1. — Soit

$$\begin{array}{ccc} \mathrm{X}' & \xrightarrow{f'} & \mathrm{X} \\ {\scriptstyle p'}\downarrow & & \downarrow{\scriptstyle p} \\ \mathrm{B}' & \xrightarrow{f} & \mathrm{B} \end{array}$$

un carré cartésien. Alors le corollaire 2 fournit un carré cartésien

$$\begin{array}{ccc} \mathrm{X}' \times_{\mathrm{B}'} \mathrm{X}' & \xrightarrow{\varphi} & \mathrm{X} \times_{\mathrm{B}} \mathrm{X} \\ \downarrow & & \downarrow \\ \mathrm{B}' & \xrightarrow{f} & \mathrm{B} . \end{array}$$

On a la relation $\overset{-1}{\varphi}(\Delta_{\mathrm{X}}) = \Delta_{\mathrm{X}'}$. En effet, par la prop. 2 de I, p. 8, il suffit de considérer le cas où $\mathrm{X}' = \mathrm{B}' \times_{\mathrm{B}} \mathrm{X}$. Soit alors $((b, x), (b, x'))$ un élément de $X' \times_{B'} X'$ avec $b \in B'$ et $x, x' \in X$. Cet élément appartient à $\overset{-1}{\varphi}(\Delta_X)$ si et seulement si $x = x'$.

Proposition 6. — *Soit* I *un ensemble et, pour tout* $i \in I$, *soit*

$$\begin{array}{ccc} X'_i & \xrightarrow{f'_i} & X \\ \downarrow{\scriptstyle p'_i} & & \downarrow{\scriptstyle p} \\ B'_i & \xrightarrow{f_i} & B \end{array} \tag{10}$$

un carré cartésien. Soient X' *et* B' *les espaces sommes des familles* (X'_i) *et* (B'_i) *respectivement. Soient* $f\colon B' \to B$, $f'\colon X' \to X$ *et* $p'\colon X' \to B'$ *les applications déduites des familles* (f_i), (f'_i) *et* (p'_i) *respectivement. Le carré*

$$\begin{array}{ccc} X' & \xrightarrow{f'} & X \\ \downarrow{\scriptstyle p'} & & \downarrow{\scriptstyle p} \\ B' & \xrightarrow{f} & B \end{array} \tag{10'}$$

est cartésien.

Les applications f, f' et p' sont continues. La commutativité du carré (10′) résulte de sa définition. Notons h_i l'homéomorphisme canonique de X'_i sur $B'_i \times_B X$ (I, p. 8, prop. 2) et $h\colon X' \to B' \times_B X$ l'application canonique (*loc. cit.*). On a $h = h'' \circ h'$ où $h'\colon X' \to \coprod(B'_i \times_B X)$ est l'homéomorphisme déduit des h_i et $h''\colon \coprod(B'_i \times_B X) \to (\coprod B'_i) \times_B X$ est celui défini dans l'exemple 5 de I, p. 4. On conclut par la prop. 2 de I, p. 8.

Exemple 2. — Soit (X, p) un B-espace et soit $(A_k)_{k\in K}$ une famille de sous-espaces de B. Soit A l'espace somme de la famille $(A_k)_{k\in K}$ et soit Y l'espace somme de la famille $(\overset{-1}{p}(A_k))_{k\in K}$; notons $i\colon A \to B$, $j\colon Y \to X$ et $p'\colon Y \to A$ les applications déduites des injections canoniques de A_k dans B, des injections canoniques de $\overset{-1}{p}(A_k)$ dans X, et des applications $p_{A_k}\colon \overset{-1}{p}(A_k) \to A_k$, pour $k \in K$. Le carré

$$\begin{array}{ccc} Y & \xrightarrow{j} & X \\ \downarrow{\scriptstyle p'} & & \downarrow{\scriptstyle p} \\ A & \xrightarrow{i} & B \end{array} \tag{11}$$

est cartésien ; cela résulte de l'exemple de I, p. 10 et de la prop. 6.

9. Composition de carrés cartésiens

PROPOSITION 7. — *Soient*

$$(12)\quad \begin{array}{ccc} X'' & \xrightarrow{g'} & X' \\ \downarrow{\scriptstyle p''} & & \downarrow{\scriptstyle p'} \\ B'' & \xrightarrow{g} & B' \end{array} \qquad \textit{et} \qquad (13)\quad \begin{array}{ccc} X' & \xrightarrow{f'} & X \\ \downarrow{\scriptstyle p'} & & \downarrow{\scriptstyle p} \\ B' & \xrightarrow{f} & B \end{array}$$

des carrés commutatifs ; considérons le carré

$$(14)\quad \begin{array}{ccc} X'' & \xrightarrow{f'\circ g'} & X \\ \downarrow{\scriptstyle p''} & & \downarrow{\scriptstyle p} \\ B'' & \xrightarrow{f\circ g} & B\,. \end{array}$$

Il est commutatif. Si les carrés (12) *et* (13) *sont cartésiens, il en est de même du carré* (14). *Si les carrés* (13) *et* (14) *sont cartésiens, il en est de même du carré* (12).

Le carré (14) est commutatif, car on a $p\circ f'\circ g' = f\circ p'\circ g' = f\circ g\circ p''$.

Notons $h'\colon X'' \to B'' \times_{B'} X'$, $h\colon X' \to B' \times_B X$ et $h''\colon X'' \to B'' \times_B X$ les applications continues canoniques déduites des carrés commutatifs (12), (13) et (14). Par ailleurs, notons

$$j\colon B'' \times_B X \to B'' \times_{B'} (B' \times_B X)$$

l'application continue qui à (b'', x) associe $(b'', g(b''), x)$. C'est un homéomorphisme et l'on a $j\circ h'' = (\mathrm{Id}_{B''} \times_B h)\circ h'$.

Supposons que le carré (13) soit cartésien. Alors, h est un homéomorphisme (I, p. 8, prop 2), donc l'application $\mathrm{Id}_{B''} \times_B h$ est un homéomorphisme, et h'' est un homéomorphisme si et seulement h' en est un. Cela signifie que le carré (12) est cartésien si et seulement si le carré (14) est cartésien (*loc. cit.*).

Avec les notations de la proposition 7, on dit parfois que le carré (14) est le *carré composé* des carrés (13) et (12). La première assertion exprime que le carré composé de deux carrés cartésiens est cartésien. En particulier, les B″-espaces $g^*(f^*(X))$ et $(f\circ g)^*(X)$ sont isomorphes.

Remarques. — 1) Il peut arriver que les carrés (12) et (14) soient cartésiens sans que le carré (13) le soit (I, p. 139, exerc. 2).

2) Soient $p\colon \mathrm{X} \to \mathrm{B}$ et $f\colon \mathrm{B}' \to \mathrm{B}$ des applications continues. L'application $g\colon \mathrm{B}' \to \mathrm{B}' \times \mathrm{B}$ définie par $g(b') = (b', f(b'))$ est un homéomorphisme de B' sur le graphe G de l'application f (TG, I, p. 25, cor. 2) et le produit fibré $\mathrm{B}' \times_{\mathrm{B}} \mathrm{X}$ s'identifie (I, p. 6) au sous-espace de $\mathrm{B}' \times \mathrm{X}$, image réciproque de G par l'application $\mathrm{Id}_{\mathrm{B}'} \times p\colon \mathrm{B}' \times \mathrm{X} \to \mathrm{B}' \times \mathrm{B}$. D'après l'exemple de I, p. 10 et le cor. 1 de la prop. 5 (I, p. 11), les carrés

$$\begin{array}{ccc} \mathrm{B}' \times_{\mathrm{B}} \mathrm{X} & \xrightarrow{\;i\;} & \mathrm{B}' \times \mathrm{X} \\ \Big\downarrow{\scriptstyle \mathrm{pr}_1} & & \Big\downarrow{\scriptstyle \mathrm{Id}_{\mathrm{B}'} \times p} \\ \mathrm{B}' & \xrightarrow{\;g\;} & \mathrm{B}' \times \mathrm{B} \end{array} \qquad \text{et} \qquad \begin{array}{ccc} \mathrm{B}' \times \mathrm{X} & \xrightarrow{\;\mathrm{pr}_2\;} & \mathrm{X} \\ \Big\downarrow{\scriptstyle \mathrm{Id}_{\mathrm{B}'} \times p} & & \Big\downarrow{\scriptstyle p} \\ \mathrm{B}' \times \mathrm{B} & \xrightarrow{\;\mathrm{pr}_2\;} & \mathrm{B} \end{array}$$

(où i désigne l'injection canonique) sont cartésiens et le carré cartésien

$$\begin{array}{ccc} \mathrm{B}' \times_{\mathrm{B}} \mathrm{X} & \xrightarrow{\;\mathrm{pr}_2\;} & \mathrm{X} \\ \Big\downarrow{\scriptstyle \mathrm{pr}_1} & & \Big\downarrow{\scriptstyle p} \\ \mathrm{B}' & \xrightarrow{\;f\;} & \mathrm{B} \end{array}$$

est leur composé. En d'autres termes, tout carré cartésien s'identifie au carré composé d'un carré cartésien obtenu par produit (I, p. 11, cor. 1 de la prop. 5, carré (8)) et d'un carré cartésien obtenu par passage aux sous-espaces (I, p. 10, exemple, carré (5)).

3) Soient

$$(15) \quad \begin{array}{ccc} \mathrm{X}_1 & \xrightarrow{\;g_1\;} & \mathrm{X} \\ \Big\downarrow{\scriptstyle p_1} & & \Big\downarrow{\scriptstyle p} \\ \mathrm{B}_1 & \xrightarrow{\;f_1\;} & \mathrm{B} \end{array} \qquad \text{et} \qquad (16) \quad \begin{array}{ccc} \mathrm{X}_2 & \xrightarrow{\;g_2\;} & \mathrm{X} \\ \Big\downarrow{\scriptstyle p_2} & & \Big\downarrow{\scriptstyle p} \\ \mathrm{B}_2 & \xrightarrow{\;f_2\;} & \mathrm{B} \end{array}$$

des carrés cartésiens. Considérons le carré

$$(17) \quad \begin{array}{ccc} \mathrm{X}_1 \times_{\mathrm{X}} \mathrm{X}_2 & \xrightarrow{\;g\;} & \mathrm{X} \\ \Big\downarrow{\scriptstyle p'} & & \Big\downarrow{\scriptstyle p} \\ \mathrm{B}_1 \times_{\mathrm{B}} \mathrm{B}_2 & \xrightarrow{\;f\;} & \mathrm{B} \end{array}$$

où f (resp. g) est l'application qui définit la structure de B-espace (resp. de X-espace) du produit fibré $B_1 \times_B B_2$ (resp. du produit fibré $X_1 \times_X X_2$) et où p' est l'application déduite de $p_1 \times p_2$ par passage aux sous-ensembles. Il est cartésien (I, p. 13, cor. 2 de la prop. 5).

Considérons alors les deux carrés commutatifs suivants :

$$(18)\quad \begin{array}{ccc} X_1 \times_X X_2 & \xrightarrow{\mathrm{pr}_1} & X_1 \\ \big\downarrow{\scriptstyle p'} & & \big\downarrow{\scriptstyle p_1} \\ B_1 \times_B B_2 & \xrightarrow{\mathrm{pr}_1} & B_1 \end{array} \qquad \text{et} \qquad (19)\quad \begin{array}{ccc} X_1 \times_X X_2 & \xrightarrow{\mathrm{pr}_2} & X_2 \\ \big\downarrow{\scriptstyle p'} & & \big\downarrow{\scriptstyle p_2} \\ B_1 \times_B B_2 & \xrightarrow{\mathrm{pr}_2} & B_2 \, . \end{array}$$

Le carré (17) est composé des carrés (15) et (18), ainsi que des carrés (16) et (19). D'après la prop. 7, les carrés (18) et (19) sont cartésiens.

10. Applications strictes

PROPOSITION 8. — *Soit*

$$\begin{array}{ccc} X' & \xrightarrow{f'} & X \\ \big\downarrow{\scriptstyle p'} & & \big\downarrow{\scriptstyle p} \\ B' & \xrightarrow{f} & B \end{array}$$

*un carré cartésien. Si l'application p est ouverte (*resp. *est propre,* resp. *possède au voisinage de tout point une section continue), il en est de même de p'.*

D'après la remarque 2, I, p. 16, il suffit de démontrer la proposition pour les carrés cartésiens du type suivant :

$$\begin{array}{ccc} \overset{-1}{p}(A) & \xrightarrow{j} & X \\ \big\downarrow{\scriptstyle p_A} & & \big\downarrow{\scriptstyle p} \\ A & \xrightarrow{i} & B \end{array} \qquad \text{et} \qquad \begin{array}{ccc} X \times F & \xrightarrow{\mathrm{pr}_1} & X \\ \big\downarrow{\scriptstyle p \times \mathrm{Id}_F} & & \big\downarrow{\scriptstyle p} \\ B \times F & \xrightarrow{\mathrm{pr}_1} & B, \end{array}$$

où F est un espace topologique, A un sous-espace de B et i, j les injections canoniques. Si l'application p est ouverte, les applications p_A et $p \times \mathrm{Id}_F$ sont ouvertes (TG, I, p. 30, prop. 2 et TG, I, p. 34, prop. 8). Si l'application p est propre, les applications p_A et $p \times \mathrm{Id}_F$ sont propres (TG, I, p. 72, prop. 3 et TG, I, p. 72, déf. 1). Si U est un ouvert de B et $s\colon \mathrm{U} \to \mathrm{X}$ une section continue de p sur U, l'application $s \mid (\mathrm{A} \cap \mathrm{U})$ est une section continue de p_A sur $\mathrm{A} \cap \mathrm{U}$ et l'application $s \times \mathrm{Id}_\mathrm{F}$ est une section continue de $p \times \mathrm{Id}_\mathrm{F}$ sur $\mathrm{U} \times \mathrm{F}$.

Remarque 1. — Avec les notations de la prop. 8, si p est une application fermée, il n'en est pas nécessairement de même de p' (*cf.* TG, I, p. 72, exemple). Cependant, si l'application p est fermée et si A est un sous-espace de B, l'application $p_\mathrm{A}\colon \overset{-1}{p}(\mathrm{A}) \to \mathrm{A}$ est fermée (TG, I, p. 30, prop. 2, a)).

DÉFINITION 5. — *Soient* X *et* Y *des espaces topologiques et* $f\colon \mathrm{X} \to \mathrm{Y}$ *une application. Soient* R *la relation d'équivalence associée à* f *et*

$$\mathrm{X} \to \mathrm{X}/\mathrm{R} \xrightarrow{g} f(\mathrm{X}) \to \mathrm{Y}$$

la décomposition canonique de f (E, II, p. 44). *On dit que l'application* f *est* stricte *si* g *est un homéomorphisme, lorsqu'on munit* X/R *de la topologie quotient et* $f(\mathrm{X})$ *de la topologie induite par celle de* Y.

Une application stricte est continue.

Rappelons (TG, I, p. 22, prop. 8) que pour qu'une application f soit stricte, il faut et il suffit que f soit continue et que pour toute partie A de X ouverte (resp. fermée) et saturée, l'ensemble $f(\mathrm{A})$ soit ouvert (resp. fermé) dans $f(\mathrm{X})$.

Exemples. — 1) La composée de deux applications strictes n'est pas nécessairement stricte. De fait, toute application continue $f\colon \mathrm{X} \to \mathrm{Y}$ est composée de l'application $\mathrm{pr}_2\colon \mathrm{X} \times \mathrm{Y} \to \mathrm{Y}$ et de l'application $x \mapsto (x, f(x))$ de X dans $\mathrm{X} \times \mathrm{Y}$ qui sont toutes deux strictes (TG, I, p. 26, prop. 5 et TG, I, p. 25, cor. 2). En revanche, l'application composée de deux applications strictes et injectives (resp. surjectives) est une application stricte.

2) Une application continue qui est ouverte, ou fermée ou qui possède une section continue, est stricte. Cela résulte de la prop. 3 de TG, I, p. 32 et de la prop. 9 de TG, I, p. 22.

3) Pour qu'un homomorphisme continu d'un groupe topologique dans un autre soit un morphisme strict (TG, III, p. 16, déf. 1), il faut et il suffit que ce soit une application stricte au sens de la définition 5.

PROPOSITION 9. — *Soient* X, Y *et* Z *des espaces topologiques. Soient* $f\colon \mathrm{X} \to \mathrm{Y}$ *une application continue surjective et* $g\colon \mathrm{Y} \to \mathrm{Z}$ *une application.*

a) *Si f est stricte et si $g \circ f$ est continue, l'application g est continue.*

b) *Si g est continue et si $g \circ f$ est stricte, l'application g est stricte.*

c) *Si f et $g \circ f$ sont strictes, g est stricte.*

Démontrons l'assertion a). Notons R la relation associée à f dans X ; par hypothèse, l'application de X/R sur Y déduite de f par passage au quotient est un homéomorphisme. La première assertion résulte alors de la prop. 6 de I, p. 21.

Démontrons b). Soit B une partie fermée saturée de Y pour la relation définie par g et soit $\mathrm{A} = \overset{-1}{f}(\mathrm{B})$. Comme f est continue, A est fermée dans X, et A est saturée pour la relation d'équivalence définie par $g \circ f$. Puisque $g \circ f$ est stricte et f est surjective, $g(\mathrm{B}) = g \circ f(\mathrm{A})$ est alors fermée dans Z. L'application continue g est donc stricte.

L'assertion c) résulte immédiatement des assertions a) et b).

Proposition 10. — *Soit* X *un espace topologique et soit* R *une relation d'équivalence dans* X. *Soit* Y *un espace topologique localement compact. Soit* S *la relation d'équivalence dans* X × Y *produit de la relation d'équivalence* R *dans* X *et de la relation d'égalité dans* Y. *La bijection canonique* (X × Y)/S → (X/R) × Y *est un homéomorphisme.*

Rappelons que si U et V sont des espaces topologiques, $\mathscr{C}_c(\mathrm{U};\mathrm{V})$ désigne l'ensemble des applications continues de U dans V, muni de la topologie de la convergence compacte (TG, X, p. 26, déf. 1).

Notons $p\colon \mathrm{X} \to \mathrm{X}/\mathrm{R}$ et $q\colon \mathrm{X} \times \mathrm{Y} \to (\mathrm{X} \times \mathrm{Y})/\mathrm{S}$ les surjections canoniques. Notons $g\colon (\mathrm{X}\times\mathrm{Y})/\mathrm{S} \to (\mathrm{X}/\mathrm{R}) \times \mathrm{Y}$ la bijection canonique. Elle est continue ; notons h sa réciproque et démontrons qu'elle est continue.

L'application $i\colon \mathrm{X} \to \mathscr{C}_c(\mathrm{Y};\mathrm{X} \times \mathrm{Y})$ telle que, pour tout $x \in \mathrm{X}$, $i(x)$ est l'application définie par $y \mapsto (x, y)$, est continue (TG, X, p. 28, th. 3). L'application $\widetilde{q}\colon \mathscr{C}_c(\mathrm{Y};\mathrm{X} \times \mathrm{Y}) \to \mathscr{C}_c(\mathrm{Y};(\mathrm{X} \times \mathrm{Y})/\mathrm{S})$ qui, à une application continue φ, associe l'application $q \circ \varphi$, est continue (TG, X, p. 29, prop. 9). Par conséquent, l'application $\widetilde{q} \circ i\colon \mathrm{X} \to \mathscr{C}_c(\mathrm{Y};(\mathrm{X} \times \mathrm{Y})/\mathrm{S})$ est continue. Elle est compatible à la relation d'équivalence R ; l'unique application $j\colon \mathrm{X}/\mathrm{R} \to \mathscr{C}_c(\mathrm{Y};(\mathrm{X}\times\mathrm{Y})/\mathrm{S})$ telle que $j \circ p = \widetilde{q} \circ i$ est donc continue. On a $h(\xi, y) = j(\xi)(y)$ pour tout couple $(\xi, y) \in (\mathrm{X}/\mathrm{R}) \times \mathrm{Y}$. Comme Y est localement compact, il résulte alors de TG, X, p. 28, th. 3, que l'application h est continue.

La conclusion de la proposition 10 n'est plus nécessairement vérifiée si Y n'est pas localement compact (TG, I, p. 96, exerc. 6).

COROLLAIRE. — *Soient* X *et* Y *des espaces topologiques et soit* $f\colon \mathrm{X} \to \mathrm{Y}$ *une application continue. Soit* T *un espace topologique localement compact. Si l'application* f *est stricte, il en est de même de l'application* $f \times \mathrm{Id}_{\mathrm{T}}$ *de* $\mathrm{X} \times \mathrm{T}$ *dans* $\mathrm{Y} \times \mathrm{T}$.

11. Applications universellement strictes

Soit

$$\begin{array}{ccc} \mathrm{X}' & \xrightarrow{f'} & \mathrm{X} \\ \downarrow{\scriptstyle p'} & & \downarrow{\scriptstyle p} \\ \mathrm{B}' & \xrightarrow{f} & \mathrm{B} \end{array}$$

un carré cartésien, où l'application p est stricte. L'application p' n'est pas nécessairement stricte (*cf.* TG, I, p. 96, exerc. 6). Cependant, si A est un sous-espace ouvert ou fermé de B, l'application $p_{\mathrm{A}}\colon \overset{-1}{p}(\mathrm{A}) \to \mathrm{A}$ est stricte (TG, I, p. 23, cor. 1).

DÉFINITION 6. — *Soit* $p\colon \mathrm{X} \to \mathrm{B}$ *une application continue. On dit que l'application* p *est* universellement stricte *si pour tout carré cartésien*

$$\begin{array}{ccc} \mathrm{X}' & \xrightarrow{f'} & \mathrm{X} \\ \downarrow{\scriptstyle p'} & & \downarrow{\scriptstyle p} \\ \mathrm{B}' & \xrightarrow{f} & \mathrm{B} \end{array}$$

l'application p' *est stricte.*

Une application universellement stricte est stricte. Avec les notations de la définition 6, si l'application p est universellement stricte, il en est de même de p'. Cela résulte immédiatement de la déf. 6 et de la prop. 7 de I, p. 15.

COROLLAIRE. — *Une application continue qui est ouverte, ou propre, ou qui admet au voisinage de tout point une section continue, est universellement stricte (prop. 8 et exemple 2).*

Exemple. — Soient B un espace topologique et $(\mathrm{A}_i)_{i\in\mathrm{I}}$ un recouvrement de B ; on note A l'espace somme de la famille $(\mathrm{A}_i)_{i\in\mathrm{I}}$, et $p\colon \mathrm{A} \to \mathrm{B}$ l'application canonique. L'application p est universellement stricte sous chacune des deux hypothèses suivantes :

(i) Pour tout point $b \in \mathrm{B}$, il existe $i \in \mathrm{I}$ tel que b soit un point intérieur de A_i ;

(ii) La famille (A_i) est localement finie et les A_i sont des parties fermées de B.

Sous l'hypothèse (i), l'application p possède au voisinage de tout point une section continue. Sous l'hypothèse (ii), l'application p est propre par définition de l'espace somme (resp. d'après TG, I, p. 6, prop. 4 et TG, I, p. 75, th. 1). Elle est donc universellement stricte.

Remarque. — Une application fermée n'est pas nécessairement universellement stricte (*cf.* TG, I, p. 96, exerc. 6).

Proposition 11. — *Soit*

$$\begin{array}{ccc} \mathrm{X}' & \xrightarrow{f'} & \mathrm{X} \\ \downarrow{\scriptstyle p'} & & \downarrow{\scriptstyle p} \\ \mathrm{B}' & \xrightarrow{f} & \mathrm{B} \end{array}$$

un carré cartésien.

a) *Supposons l'application f stricte et surjective. Alors, si l'application p' est ouverte (*resp. *fermée,* resp. *propre), il en est de même de p.*

b) *Supposons que l'application f soit fermée et surjective. Alors, si l'application p' est stricte, il en est de même de p.*

c) *Supposons que l'application f soit universellement stricte et surjective. Alors, si l'application p' est stricte, il en est de même de p.*

Remarquons au préalable que pour toute partie A de X, on a

$$(20) \qquad p'(\overset{-1}{(f')}(\mathrm{A})) = \overset{-1}{f}(p(\mathrm{A})).$$

En effet, si $x' \in \overset{-1}{(f')}(\mathrm{A})$, alors $f(p'(x')) = p \circ f'(x') \in p(\mathrm{A})$. Réciproquement, si $b' \in \overset{-1}{f}(p(\mathrm{A}))$, soit $x \in \mathrm{A}$ tel que $f(b') = p(x)$. Par définition d'un carré cartésien, il existe un unique $x' \in \mathrm{X}'$ tel que $f'(x') = x$ et $p'(x') = b'$, si bien que $b' \in p'(\overset{-1}{(f')}(\mathrm{A}))$.

Démontrons a). Supposons d'abord que p' soit une application ouverte (resp. fermée) et soit A un ensemble ouvert (resp. fermé) dans X.

L'ensemble $\overset{-1}{(f')}(\mathrm{A})$ est ouvert (resp. fermé) dans X′. Par suite, l'ensemble $p'(\overset{-1}{(f')}(\mathrm{A}))$ est ouvert (resp. fermé) dans B′. D'après la relation (20), il est aussi saturé pour la relation d'équivalence définie par f. Puisque l'application f est supposée surjective, on a alors $p(\mathrm{A}) = f(p'(\overset{-1}{(f')}(\mathrm{A})))$, et comme elle est stricte, l'ensemble $p(\mathrm{A})$ est ouvert (resp. fermé) dans B. L'application p est donc ouverte (resp. fermée).

Pour qu'une application continue soit propre, il faut et il suffit qu'elle soit fermée et que ses fibres soient quasi-compactes (TG, I, p. 75, th. 1). Si l'application p' est propre, l'application p est fermée d'après ce qui précède. Étudions ses fibres : si $b \in \mathrm{B}$, soit $b' \in \mathrm{B}'$ tel que $f(b') = b$. D'après le corollaire de I, p. 10, l'application f' induit un homéomorphisme $\mathrm{X}'_{b'} \to \mathrm{X}_b$. Puisque p' est propre, $\mathrm{X}'_{b'}$ est quasi-compacte, donc X_b l'est aussi. L'application p est donc propre.

Démontrons b) et c). Posons $\mathrm{Y} = p(\mathrm{X})$ et $\mathrm{Y}' = p'(\mathrm{X}')$; la relation (20) appliquée à X entraîne que $\mathrm{Y}' = \overset{-1}{f}(\mathrm{Y})$. Notons g l'application de Y′ dans Y induite par f. Dans le cas b), l'application g est stricte d'après la remarque 1, I, p. 18. Dans le cas c), elle est stricte en vertu de la définition 6 puisque le carré

$$\begin{array}{ccc} \mathrm{Y}' & \longrightarrow & \mathrm{Y} \\ \downarrow & & \downarrow \\ \mathrm{B}' & \longrightarrow & \mathrm{B} \end{array}$$

est cartésien.

Désignons par q et q' les applications de X dans Y et de X′ dans Y′ induites par p et p', de sorte que le carré

$$\begin{array}{ccc} \mathrm{X}' & \xrightarrow{f'} & \mathrm{X} \\ \downarrow{\scriptstyle q'} & & \downarrow{\scriptstyle q} \\ \mathrm{Y}' & \xrightarrow{g} & \mathrm{Y} \end{array}$$

est cartésien. Les applications g et q' étant toutes deux strictes et surjectives, leur composée $g \circ q'$ est stricte. Ainsi, $q \circ f'$ est stricte et $p \circ f'$ est elle-même stricte. Puisque f est surjective, f' l'est aussi et p est stricte d'après la prop. 9, b) de I, p. 18.

COROLLAIRE 1. — *Supposons que l'application f soit universellement stricte et surjective et que l'application p' soit universellement stricte. Alors, l'application p est universellement stricte.*

Soit

$$\begin{array}{ccc} \mathrm{Y} & \xrightarrow{g'} & \mathrm{X} \\ \downarrow{\scriptstyle q} & & \downarrow{\scriptstyle p} \\ \mathrm{C} & \xrightarrow{g} & \mathrm{B} \end{array}$$

un carré cartésien ; il s'agit de démontrer que l'application q est stricte. D'après la remarque 3 de I, p. 16, les carrés

$$\begin{array}{ccc} \mathrm{X}' \times_{\mathrm{X}} \mathrm{Y} & \xrightarrow{\mathrm{pr}_1} & \mathrm{X}' \\ \downarrow{\scriptstyle r} & & \downarrow{\scriptstyle p'} \\ \mathrm{B}' \times_{\mathrm{B}} \mathrm{C} & \xrightarrow{\mathrm{pr}_1} & \mathrm{B}' \end{array}$$

et

$$(21) \qquad \begin{array}{ccc} \mathrm{X}' \times_{\mathrm{X}} \mathrm{Y} & \xrightarrow{\mathrm{pr}_2} & \mathrm{Y} \\ \downarrow{\scriptstyle r} & & \downarrow{\scriptstyle q} \\ \mathrm{B}' \times_{\mathrm{B}} \mathrm{C} & \xrightarrow{\mathrm{pr}_2} & \mathrm{C} \end{array}$$

sont cartésiens, où $r\colon \mathrm{X}' \times_{\mathrm{X}} \mathrm{Y} \to \mathrm{B}' \times_{\mathrm{B}} \mathrm{C}$ désigne l'application induite par (p', q). Comme l'application f est universellement stricte et surjective, il en est de même de l'application $\mathrm{pr}_2\colon \mathrm{B}' \times_{\mathrm{B}} \mathrm{C} \to \mathrm{C}$ (I, p. 20, déf. 6 et I, p. 10, cor. de la prop. 4). D'autre part, l'application r est stricte, puisque p' est supposée universellement stricte. D'après la prop. 11, c) appliquée au carré cartésien (21), l'application q est stricte.

COROLLAIRE 2. — *Soient* B *et* X *des espaces topologiques et soit* $p\colon \mathrm{X} \to \mathrm{B}$ *une application continue. Soit* $(\mathrm{A}_i)_{i \in \mathrm{I}}$ *une famille de parties de* B *qui est un recouvrement ouvert de* B, *ou bien un recouvrement fermé localement fini de* B. *Si pour tout* $i \in \mathrm{I}$, *l'application* $p_{\mathrm{A}_i}\colon \overset{-1}{p}(\mathrm{A}_i) \to \mathrm{A}_i$ *est stricte (*resp. *universellement stricte), l'application p est stricte (*resp. *universellement stricte).*

Pour tout $i \in \mathrm{I}$, posons $\mathrm{Y}_i = \overset{-1}{p}(\mathrm{A}_i)$ et $p_i = p_{\mathrm{A}_i}$. Soient A l'espace somme de la famille $(\mathrm{A}_i)_{i \in \mathrm{I}}$, Y l'espace somme de la famille $(\mathrm{Y}_i)_{i \in \mathrm{I}}$; notons $f\colon \mathrm{A} \to \mathrm{B}$ (resp. $g\colon \mathrm{Y} \to \mathrm{X}$, $q\colon \mathrm{Y} \to \mathrm{A}$) l'application déduite de la famille des injections canoniques $A_i \to B$ (resp. des injections canoniques $Y_i \to X$, des applications p_i). Le carré

$$\begin{array}{ccc} Y & \xrightarrow{g} & X \\ \downarrow{\scriptstyle q} & & \downarrow{\scriptstyle p} \\ A & \xrightarrow{f} & B \end{array}$$

est un carré cartésien (exemples, I, p. 10 et p. 14). D'après le corollaire, I, p. 20, l'application f est universellement stricte. D'après la proposition 11, il suffit donc de démontrer que l'application q est stricte (resp. universellement stricte) si les applications p_i, pour $i \in I$, le sont. On est ainsi ramené à démontrer le corollaire lorsque les ensembles A_i, $i \in I$, constituent une partition de l'espace B en parties ouvertes et fermées, ce que nous supposerons désormais.

Supposons que chacune des applications p_i, $i \in I$, soit stricte. Si U est une partie ouverte de X et saturée pour la relation d'équivalence définie par p, l'ensemble $p_i(X_i \cap U)$ est ouvert dans A_i et $p(U) = \bigcup_{i \in I} p_i(X_i \cap U)$ est ouvert dans B. L'application p est donc stricte.

Supposons maintenant que chacune des applications p_i, $i \in I$, soit universellement stricte et montrons que l'application p est universellement stricte. Soient C un espace topologique et $h \colon C \to B$ une application continue. Il s'agit de montrer que l'application $\mathrm{pr}_1 \colon X \times_B C \to C$ est stricte. L'espace C s'identifie à l'espace somme de la famille des $C_i = \overset{-1}{h}(A_i)$ et l'espace $X \times_B C$ s'identifie à l'espace somme de la famille des $X \times_B C_i = X_i \times_{A_i} C_i$. Comme p_i est universellement stricte, l'application $\mathrm{pr}_1 \colon X_i \times_{A_i} C_i \to C_i$ est stricte. D'après ce qui précède, l'application $\mathrm{pr}_1 \colon X \times_B C \to C$ est stricte. Cela prouve que l'application p est universellement stricte.

§ 2. APPLICATIONS ÉTALES

1. Applications séparées

PROPOSITION 1. — *Soient* X *et* Y *des espaces topologiques et soit* $f\colon X \to Y$ *une application continue. Les propriétés suivantes sont équivalentes :*

(i) *La diagonale* Δ_X *du produit fibré* $X \times_Y X$ *est un sous-espace fermé ;*

(ii) *Pour tout espace topologique* W *et tout couple d'applications continues* (g_1, g_2) *de* W *dans* X *tel que* $f \circ g_1 = f \circ g_2$*, l'ensemble des points* $w \in W$ *tels que* $g_1(w) = g_2(w)$ *est fermé dans* W *;*

(iii) *Pour tout couple* (x_1, x_2) *de points de* X *tel que* $x_1 \neq x_2$ *et* $f(x_1) = f(x_2)$*, il existe un voisinage* V_1 *de* x_1 *dans* X *et un voisinage* V_2 *de* x_2 *dans* X *tels que* $V_1 \cap V_2 = \varnothing$.

(i)⇒(ii) : Soient g_1, g_2 des applications continues de W dans X telles que $f \circ g_1 = f \circ g_2$, et $g\colon W \to X \times_Y X$ l'application déduite de g_1 et g_2. L'ensemble des points $w \in W$ tels que $g_1(w) = g_2(w)$ est $\overset{-1}{g}(\Delta_X)$. Puisque g est continue, il est donc fermé si la diagonale Δ_X est fermée.

(ii)⇒(i) : La diagonale Δ_X est l'ensemble des points $z \in X \times_Y X$ tels que $\mathrm{pr}_1(z) = \mathrm{pr}_2(z)$. Il résulte de (ii) appliqué à $W = X \times_Y X$ et au couple d'applications $(\mathrm{pr}_1, \mathrm{pr}_2)$ que la diagonale Δ_X est fermée dans $X \times_Y X$.

(i)⇔(iii) : Soit (x_1, x_2) un point de $X \times_Y X$ et soient V_1 et V_2 des voisinages de x_1 et x_2 respectivement. La condition $V_1 \cap V_2 = \varnothing$ équivaut à la condition $(V_1 \times V_2) \cap \Delta_X = \varnothing$, c'est-à-dire à $(V_1 \times V_2) \cap (X \times_Y X) \cap \Delta_X = \varnothing$. Puisque les ensembles $(V_1 \times V_2) \cap (X \times_Y X)$ forment une base de voisinages de (x_1, x_2) dans $X \times_Y X$, cela prouve l'équivalence de (i) et (iii).

DÉFINITION 1. — *Soient* X *et* Y *des espaces topologiques. On dit qu'une application continue* $f\colon X \to Y$ *est* séparée *si elle satisfait aux conditions équivalentes de la proposition 1.*

PROPOSITION 2. — *Soient* X, Y, Z *des espaces topologiques et soient* $f\colon X \to Y$ *et* $g\colon Y \to Z$ *des applications continues.*

a) *Si* f *et* g *sont séparées, alors* $g \circ f$ *est séparée.*

b) *Si* $g \circ f$ *est séparée, alors* f *est séparée.*

c) *Supposons de plus que l'application f soit propre et surjective. Alors, si $g \circ f$ est séparée, g est séparée.*

Considérons, dans $X \times X$, les sous-espaces Δ_X (diagonale), $X \times_Y X$ et $X \times_Z X$. Ce sont respectivement les ensembles des points u de $X \times X$ tels que $\mathrm{pr}_1(u) = \mathrm{pr}_2(u)$, $f \circ \mathrm{pr}_1(u) = f \circ \mathrm{pr}_2(u)$, $g \circ f \circ \mathrm{pr}_1(u) = g \circ f \circ \mathrm{pr}_2(u)$. Si $g \circ f$ est séparée, Δ_X est fermé dans $X \times_Z X$, donc aussi dans $X \times_Y X$, d'où *b*).

D'après la prop. 1, (ii), appliquée à $W = X \times_Z X$, $g_1 = f \circ \mathrm{pr}_1$ et $g_2 = f \circ \mathrm{pr}_2$, $X \times_Y X$ est fermé dans $X \times_Z X$ si g est séparée. Si de plus f est séparée, Δ_X est fermé dans $X \times_Y X$ (prop. 1, (i)), donc dans $X \times_Z X$, d'où *a*).

Démontrons enfin *c*). L'application $(f, f) \colon X \times X \to Y \times Y$ est propre (TG, I, p. 73, prop. 4). Le sous-espace $X \times_Z X$ est l'image réciproque de $Y \times_Z Y$ par (f, f) ; d'après TG, I, p. 72, prop. 3, l'application $u \colon X \times_Z X \to Y \times_Z Y$ déduite de (f, f) est propre. Comme $g \circ f$ est séparée, la diagonale Δ_X est fermée dans $X \times_Z X$. Par suite, $u(\Delta_X)$ est fermé dans $Y \times_Z Y$. Comme f est surjective, $u(\Delta_X)$ est la diagonale de $Y \times_Z Y$. Cela montre que g est séparée.

Remarques. — 1) Une application continue injective est séparée.

2) Pour qu'un espace topologique X soit séparé (TG, I, p. 52, déf. 1), il faut et il suffit que l'application de X dans un espace réduit à un point soit séparée. Dans ce cas, toute application continue de X dans un espace topologique est séparée (prop. 1, (iii)).

Soit $f \colon X \to Y$ une application continue et séparée. Pour tout point y de Y, la fibre $\overset{-1}{f}(y)$ est un espace topologique séparé (*loc. cit.*). Il existe toutefois des applications continues qui ne sont pas séparées mais dont toutes les fibres sont des espaces topologiques séparés (I, p. 140, exerc. 1).

3) Soit $f \colon X \to Y$ une application continue et séparée. Si l'espace Y est séparé, l'espace X est séparé. Cela résulte de la remarque 2 et de la proposition 2 appliquée avec un espace Z réduit à un point.

4) Soient $f \colon X \to Y$ une application continue et séparée, y un point de Y et A une partie finie de $\overset{-1}{f}(y)$. Démontrons qu'il existe une famille $(V_a)_{a \in A}$ d'ensembles deux à deux disjoints telle que pour chaque $a \in A$, l'ensemble V_a soit un voisinage de a dans X. Pour cela, pour chaque partie $\{a, b\}$ de A à deux éléments, choisissons un voisinage $V_{(a,b)}$

de a et un voisinage $V_{(b,a)}$ de b dans X tels que $V_{(a,b)} \cap V_{(b,a)} = \varnothing$ (prop. 1, (iii)). Notons V_a l'intersection de la famille formée par X et les ensembles $V_{(a,b)}$ pour $b \in A$, $b \neq a$. L'ensemble V_a est un voisinage de a dans X, et si a, b sont deux éléments distincts de A, l'ensemble $V_a \cap V_b$ est contenu dans $V_{(a,b)} \cap V_{(b,a)}$, donc est vide.

5) Soit Y un espace topologique. Soit $(A_i)_{i \in I}$ une famille de parties de Y et soit X l'espace somme de la famille $(A_i)_{i \in I}$. L'application canonique de X dans Y est séparée.

PROPOSITION 3. — *Soit $f \colon X \to Y$ une application continue et séparée. Toute section continue de f induit un homéomorphisme de Y sur une partie fermée de X.*

Soit $s \colon Y \to X$ une section continue de f. L'application s induit un homéomorphisme de Y sur le sous-espace $s(Y)$ de X (TG, I, p. 22, prop. 9). L'application identique de X et l'application $s \circ f$ sont continues et l'on a $f \circ \mathrm{Id}_X = f \circ (s \circ f)$. Puisque l'application f est séparée, l'ensemble $s(Y)$, qui est l'ensemble des points x de X tels que $x = s \circ f(x)$, est fermé dans X (prop. 1, (ii)).

PROPOSITION 4. — *Soit*

$$\begin{array}{ccc} X' & \xrightarrow{f'} & X \\ \downarrow{\scriptstyle p'} & & \downarrow{\scriptstyle p} \\ B' & \xrightarrow{f} & B \end{array}$$

un carré cartésien. Si l'application p est séparée, il en est de même de p'. Inversement, si p' est séparée et si f est universellement stricte et surjective, alors p est séparée.

Considérons le carré

$$\begin{array}{ccc} X' \times_{B'} X' & \xrightarrow{\varphi} & X \times_B X \\ \downarrow{\scriptstyle q'} & & \downarrow{\scriptstyle q} \\ B' & \xrightarrow{f} & B \end{array}$$

où l'application φ est induite par l'application $f' \times f' \colon X' \times X' \to X \times X$. Rappelons (I, p. 13, exemple 1) que ce carré est cartésien et que l'on a $\overset{-1}{\varphi}(\Delta_X) = \Delta_{X'}$.

Si l'application p est séparée, l'ensemble Δ_X est fermé dans $X \times_B X$; par suite, $\Delta_{X'}$ est une partie fermée de $X' \times_{B'} X'$, ce qui prouve que l'application p' est séparée.

Si l'application f est surjective, l'application φ est surjective (I, p. 10, cor.) ; si f est universellement stricte, φ est stricte (I, p. 20, déf. 6). Supposons l'application p' séparée. Alors, $\Delta_{X'}$ est fermé dans $X' \times_{B'} X'$. Comme $\Delta_{X'} = \overset{-1}{\varphi}(\Delta_X)$ et comme φ est surjective et stricte, Δ_X est fermé dans $X \times_B X$, ce qui prouve que l'application p est séparée.

PROPOSITION 5. — *Soient* X, Y, Z *des espaces topologiques et soient* $f\colon X \to Y$, $g\colon Y \to Z$ *des applications continues. Supposons l'application g séparée et l'application $g \circ f$ propre. L'application f est alors propre.*

Considérons le carré cartésien suivant :

$$\begin{array}{ccc} X \times_Z Y & \xrightarrow{\ \mathrm{pr}_2\ } & Y \\ \Big\downarrow{\scriptstyle \mathrm{pr}_1} & & \Big\downarrow{\scriptstyle g} \\ X & \xrightarrow{\ g\circ f\ } & Z. \end{array}$$

Soit $s\colon X \to X \times_Z Y$ l'application $x \mapsto (x, f(x))$. C'est une section continue de $\mathrm{pr}_1\colon X \times_Z Y \to X$. D'après la prop. 4, l'application pr_1 est séparée ; il en résulte que l'application s est propre (I, p. 27, prop. 3 et TG, I, p. 72, prop. 2). D'autre part, l'application pr_2 est propre (I, p. 17, prop. 8). Donc l'application f, qui est égale à $\mathrm{pr}_2 \circ s$, est propre (TG, I, p. 73, prop. 5).

2. Applications étales

DÉFINITION 2. — *Soient* E *et* B *des espaces topologiques, soit* $p\colon E \to B$ *une application et soit x un point de* E. *On dit que l'application p est* topologiquement étale en x *s'il existe un voisinage* U *de x dans* E *et un voisinage* V *de $p(x)$ dans* B *tels que p induise un homéomorphisme de* U *sur* V.

On dit que l'application p est topologiquement étale *si elle est topologiquement étale en tout point x de* E.

Lorsqu'il n'y a pas de confusion possible, *cf.* l'exemple 3, ci-dessous, on dira *étale* au lieu de *topologiquement étale.* Au lieu de dire que

$p: \mathrm{E} \to \mathrm{B}$ est une application étale, on dit aussi que le B-espace (E, p) est un B-espace *étalé,* ou simplement que E est un espace étalé sur B, lorsqu'aucun doute n'est possible quant à l'application p.

Remarques. — 1) L'ensemble des points de E en lesquels une application $p: \mathrm{E} \to \mathrm{B}$ est étale est un ouvert U de E et la restriction de p à U est une application étale de U dans B.

2) Une application étale est continue et ouverte (TG, I, p. 33, prop. 5) ; en particulier, l'image d'une application étale est ouverte. Inversement, si $p: \mathrm{E} \to \mathrm{B}$ est une application continue et ouverte, et si tout point x de E possède un voisinage V tel que l'application $p \mid \mathrm{V}$ soit injective, l'application p est étale. Les fibres d'une application étale sont discrètes.

Exemples. — 1) Soient B un espace topologique et $(\mathrm{U}_i)_{i \in \mathrm{I}}$ une famille de parties de B. Notons E l'espace somme de la famille $(\mathrm{U}_i)_{i \in \mathrm{I}}$ et $p: \mathrm{E} \to \mathrm{B}$ l'application déduite des injections canoniques des U_i dans B. Pour que l'application p soit étale, il faut et il suffit que les U_i, $i \in \mathrm{I}$, soient tous ouverts.

2) Soit U un ouvert de $\mathbf{C}$. Pour qu'une fonction holomorphe $f: \mathrm{U} \to \mathbf{C}$ soit une application étale, il faut et il suffit que sa dérivée ne s'annule pas.

3) Un morphisme étale de variétés (VAR, R, 5.7.8) est une application topologiquement étale, mais il existe des morphismes de variétés réelles qui sont topologiquement étales et qui ne sont pas des morphismes étales. C'est le cas par exemple de l'application $x \mapsto x^3$ de $\mathbf{R}$ dans $\mathbf{R}$. Cependant, un morphisme de variétés analytiques complexes qui est topologiquement étale est un morphisme étale (I, p. 141, exerc. 6).

PROPOSITION 6. — *Soient* X, Y, Z *des espaces topologiques et soient* $f: \mathrm{X} \to \mathrm{Y}$, $g: \mathrm{Y} \to \mathrm{Z}$ *des applications.*

a) *Supposons que* f *et* g *sont étales ; alors* $g \circ f$ *est étale.*

b) *Supposons que* g *est étale,* f *est continue et* $g \circ f$ *est ouverte. Alors* f *est ouverte.*

c) *Supposons que* $g \circ f$ *et* g *sont étales et que* f *est continue. L'application* f *est alors étale.*

d) *Supposons que* $g \circ f$ *est étale et que l'application* f *est continue et ouverte ; alors,* f *est étale et* g *est étale en tout point de* $f(\mathrm{X})$.

Démontrons a). Supposons les applications f et g étales. Elles sont alors continues et ouvertes, donc l'application $g \circ f$ est continue et ouverte. Soit x un point de X. Il existe un voisinage W de $f(x)$ dans Y tel que l'application $g \mid W$ soit injective, et un voisinage V de x dans X, contenu dans $\overset{-1}{f}(W)$, tel que l'application $f \mid V$ soit injective; l'application $(g \circ f) \mid V$ est alors injective. Cela prouve que l'application $g \circ f$ est étale (remarque 2).

Démontrons b). Soient x un point de X et W un voisinage ouvert de $f(x)$ tel que g induise un homéomorphisme de W sur l'ouvert $g(W)$. Soit V un voisinage de x tel que $f(V)$ soit contenu dans W; alors, $g \circ f(V)$ est un voisinage de $g \circ f(x)$, donc $f(V)$ est un voisinage de $f(x)$ dans l'ouvert W, et aussi dans Y. Ceci prouve que l'application f est ouverte (TG, I, p. 33, prop. 5).

Démontrons c). D'après b), f est ouverte. Soit x un point de X. Comme $g \circ f$ est étale, il existe un voisinage V de x dans X tel que $g \circ f \mid V$ soit injective. Ainsi, $f \mid V$ est injective et f est étale (I, p. 29, remarque 2).

Démontrons d). Soit x un point de X et posons $y = f(x)$. Il existe un voisinage ouvert V de x tel que $g \circ f$ induise un homéomorphisme de V sur l'ouvert $g \circ f(V)$. Comme l'application f est ouverte, $f(V)$ est un voisinage ouvert de y. L'application $f \mid V \colon V \to f(V)$ déduite de f par passage aux sous-espaces est continue, ouverte et bijective; c'est donc un homéomorphisme, si bien que f est étale en x. De plus, l'application g induit un homéomorphisme de $f(V)$ sur $g \circ f(V)$, donc est étale en y.

COROLLAIRE 1. — *Soit* B *un espace topologique. Un* B-*morphisme d'un* B-*espace étalé dans un autre est étale.*

Cela découle de l'assertion c) de la prop. 6.

COROLLAIRE 2. — *Soit* B *un espace topologique; un* B-*morphisme bijectif d'un* B-*espace étalé dans un autre est un* B-*isomorphisme.*

D'après le corollaire 1, un tel morphisme est étale; il est donc ouvert (I, p. 29, remarque 2). S'il est bijectif, c'est un B-isomorphisme.

COROLLAIRE 3. — *Soit* $p \colon E \to B$ *une application étale. Toute section continue de* p *induit un homéomorphisme de* B *sur une partie ouverte de* E.

En effet, une telle section est étale (corollaire 1), donc ouverte.

Corollaire 4. — *Soit* $p\colon \mathrm{E} \to \mathrm{B}$ *une application étale et séparée. Supposons que* E *soit connexe et que* p *admette une section. Alors* p *est un homéomorphisme.*

Soit s une section de p ; comme p est étale, l'image de s est ouverte dans E (corollaire 3) ; elle est aussi fermée, car p est séparée (I, p. 27, prop. 3). Puisque E est connexe, on a $s(\mathrm{B}) = \mathrm{E}$ et p est un homéomorphisme.

Proposition 7. — *Soit* $p\colon \mathrm{E} \to \mathrm{B}$ *une application continue. Pour que l'application* p *soit étale, il faut et il suffit qu'elle soit ouverte et que la diagonale* Δ_{E} *de* $\mathrm{E} \times_{\mathrm{B}} \mathrm{E}$ *soit ouverte dans* $\mathrm{E} \times_{\mathrm{B}} \mathrm{E}$.

Supposons d'abord que l'application p soit étale. Alors elle est ouverte et tout point de E possède un voisinage V tel que $p|\mathrm{V}$ soit injectif, ce qui revient à dire que l'on a $(\mathrm{V} \times \mathrm{V}) \cap (\mathrm{E} \times_{\mathrm{B}} \mathrm{E}) \subset \Delta_{\mathrm{E}}$. Donc Δ_{E} est une partie ouverte de $\mathrm{E} \times_{\mathrm{B}} \mathrm{E}$.

Inversement, supposons que p soit une application ouverte et que Δ_{E} soit une partie ouverte de $\mathrm{E} \times_{\mathrm{B}} \mathrm{E}$. Soit x un point de E. Soit V un voisinage ouvert de x dans E tel que $(\mathrm{V} \times \mathrm{V}) \cap (\mathrm{E} \times_{\mathrm{B}} \mathrm{E})$ soit contenu dans Δ_{E}. Alors, $p \mid \mathrm{V}$ est injective. D'après la remarque 2, I, p. 29, l'application p est étale.

Proposition 8. — *Soit*

$$\begin{array}{ccc} \mathrm{E}' & \xrightarrow{f'} & \mathrm{E} \\ \downarrow{\scriptstyle p'} & & \downarrow{\scriptstyle p} \\ \mathrm{B}' & \xrightarrow{f} & \mathrm{B} \end{array}$$

un carré cartésien. Si l'application p *est étale, l'application* p' *est étale. Inversement, si l'application* p' *est étale et que l'application* f *est universellement stricte et surjective, l'application* p *est étale.*

Supposons que l'application p soit étale. Elle est en particulier ouverte et p' est ouverte (I, p. 17, prop 8). Considérons alors le carré cartésien (I, p. 13, exemple 1)

$$\begin{array}{ccc} \mathrm{E}' \times_{\mathrm{B}'} \mathrm{E}' & \xrightarrow{\varphi} & \mathrm{E} \times_{\mathrm{B}} \mathrm{E} \\ \downarrow{\scriptstyle q'} & & \downarrow{\scriptstyle q} \\ \mathrm{B}' & \xrightarrow{f} & \mathrm{B}. \end{array}$$

On a $\Delta_{E'} = \overset{-1}{\varphi}(\Delta_E)$ (*loc. cit.*). De plus, la diagonale Δ_E est ouverte dans $E \times_B E$ (prop. 7), donc la diagonale $\Delta_{E'}$ est ouverte dans $E' \times_{B'} E'$. Cela prouve que l'application p' est étale (*loc. cit.*).

Supposons maintenant que l'application f soit surjective et universellement stricte et que l'application p' soit étale. Alors, p' est ouverte, donc p est ouverte (I, p. 21, prop. 11, *a*)). D'autre part $\Delta_{E'}$ est une partie ouverte de $E' \times_{B'} E'$. Puisque $\Delta_{E'} = \overset{-1}{\varphi}(\Delta_E)$ et que l'application φ est surjective et stricte (I, p. 20, déf. 6), Δ_E est ouverte dans $E \times_B E$. D'après la prop. 7, l'application p est étale.

COROLLAIRE. — *Soit* B *un espace topologique. Le produit fibré de deux* B-*espaces étalés est un* B-*espace étalé.*

Soient (E, p) et (E', p') des B-espaces étalés. L'application $\mathrm{pr}_1 : E \times_B E' \to E$ est étale (prop. 8), donc l'application $p \circ \mathrm{pr}_1 : E \times_B E' \to B$ est étale (prop. 6, a)).

Remarque 3. — Soit

$$\begin{array}{ccc} E' & \xrightarrow{f'} & E \\ \downarrow{\scriptstyle p'} & & \downarrow{\scriptstyle p} \\ B' & \xrightarrow{f} & B \end{array}$$

un carré cartésien. Si l'application p est étale et si l'application f est stricte, l'application f' est stricte. En effet, sous ces hypothèses, tout point de E possède un voisinage ouvert U tel que p induise un homéomorphisme de U sur l'ouvert $p(U)$. L'application p' induit alors un homéomorphisme de $\overset{-1}{(f')}(U)$ sur $\overset{-1}{f}(p(U))$. L'application f induit une application stricte de $\overset{-1}{f}(p(U))$ sur $p(U)$ (I, p. 20) et l'application f' induit donc une application stricte de $\overset{-1}{(f')}(U)$ dans U. Il en résulte que l'application f' est stricte (I, p. 23, corollaire 2).

3. Sections locales des applications étales

Soient E et B des ensembles, A une partie de B et $p\colon E \to B$ une application. On appelle *section de p au-dessus de* A (ou *sur* A) une application $s\colon A \to E$ telle que $p \circ s$ soit l'injection canonique de A dans B. La donnée d'une section s de p au-dessus de A équivaut à la donnée d'une section de l'application $p_A : \overset{-1}{p}(A) \to A$ déduite de p. Si s est une section de p au-dessus de A et si A′ est une partie de A, la restriction s' de s à A′ est une section de p au-dessus de A′. On dit alors que s est un prolongement de s' à A.

Lorsque E et B sont des espaces topologiques et $p \colon E \to B$ une application continue, l'ensemble $\mathscr{C}_B(A; E)$ (I, p. 2) des *sections continues* de p au-dessus de A est aussi noté $\mathscr{S}(A; p)$ ou $\mathscr{S}(A; E)$. Soit s une section continue de p au-dessus de A. L'application s induit un homéomorphisme de A sur $s(A)$, et p induit l'homéomorphisme réciproque. D'après la définition 2, I, p. 28, on a donc :

PROPOSITION 9. — *Soit $p \colon E \to B$ une application continue. Pour que l'application p soit étale, il faut et il suffit que tout point de* E *possède un voisinage ouvert qui soit l'image d'une section continue de p au-dessus d'une partie ouverte de* B.

Remarques. — 1) Soit $p \colon E \to B$ une application continue et ouverte. Pour qu'un ensemble ouvert U de E soit l'image d'une section continue de p au-dessus d'un ensemble ouvert de B, il faut et il suffit que la restriction de p à U soit injective.

2) Soit $p \colon E \to B$ une application continue. Supposons que tout point de B possède un voisinage ouvert V tel qu'il existe une section continue de p au-dessus de V. Une telle application p n'est pas nécessairement étale, ni même ouverte. Elle est toutefois surjective et universellement stricte (I, p. 20, corollaire).

4. Relèvements continus des applications étales

Soient $p \colon E \to B$ et $f \colon Z \to B$ des applications continues. On appelle *relèvement continu de f à* E une application continue $g \colon Z \to E$ telle que $p \circ g = f$. L'ensemble des relèvements continus de f à E n'est autre que $\mathscr{C}_B(Z; E)$. Il s'identifie aussi à l'ensemble $\mathscr{S}(Z; Z \times_B E)$ des sections continues de la projection du Z-espace $(Z \times_B E, \mathrm{pr}_1)$.

Si T est une partie de Z, on appelle *relèvement continu de f à* E *défini sur* T un relèvement continu de $f \mid \mathrm{T}$ à E :

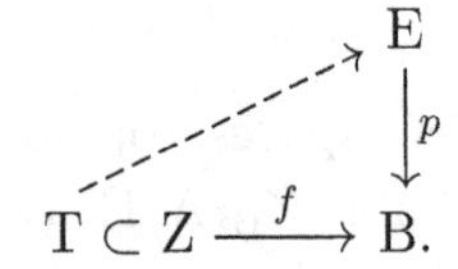

Proposition 10. — *Soient* E, B *et* Z *des espaces topologiques,* $p\colon \mathrm{E} \to \mathrm{B}$ *une application étale et* $f\colon \mathrm{Z} \to \mathrm{B}$ *une application continue.*

Soient $z \in \mathrm{Z}$ *et* $x \in \mathrm{E}$ *des points tels que* $f(z) = p(x)$. *Il existe un voisinage* W *de* z *dans* Z *et un relèvement continu* g *de* f *à* E, *défini sur* W, *tel que* $g(z) = x$.

Il existe un voisinage ouvert V de $p(x)$ dans B et une section continue s de p au-dessus de V telle que $s(p(x)) = x$ (prop. 9). L'ensemble $\mathrm{W} = \overset{-1}{f}(\mathrm{V})$ est un voisinage ouvert de z et l'application $g = s \circ (f|\mathrm{W})$ est un relèvement continu de f à E, défini sur W et tel que $g(z) = x$.

Proposition 11. — *Soient* E, B *et* Z *des espaces topologiques,* $p\colon \mathrm{E} \to \mathrm{B}$ *et* $f\colon \mathrm{Z} \to \mathrm{B}$ *des applications continues. Soient* g *et* g' *des relèvements continus de* f *à* E. *Soit* W *l'ensemble des points de* Z *où* g *et* g' *coïncident.*

a) *Si l'application* p *est séparée,* W *est fermé.*

b) *Si l'application* p *est étale,* W *est ouvert.*

Notons h l'application continue $(g, g')\colon \mathrm{Z} \to \mathrm{E} \times \mathrm{E}$. L'image de h est contenue dans $\mathrm{E} \times_{\mathrm{B}} \mathrm{E}$ puisque $p \circ g = f = p \circ g'$ et l'ensemble W des points de Z où g et g' coïncident est l'image réciproque par h de la diagonale Δ_{E}.

Si l'application p est étale, la diagonale Δ_{E} est ouverte dans $\mathrm{E} \times_{\mathrm{B}} \mathrm{E}$ (I, p. 31, prop. 7), donc l'ensemble W est ouvert dans Z.

Si l'application p est séparée, la diagonale Δ_{E} est fermée dans $\mathrm{E} \times_{\mathrm{B}} \mathrm{E}$ (I, p. 25, déf. 1) et l'ensemble W est fermé dans Z.

Corollaire 1. — *Si l'espace* Z *est connexe et si l'application* p *est étale et séparée, des relèvements continus de* f *à* E *qui coïncident en un point sont égaux.*

Corollaire 2. — *Soit* $p\colon \mathrm{E} \to \mathrm{B}$ *une application étale et séparée. Si l'espace* E *est connexe, le groupe* $\mathrm{Aut}_{\mathrm{B}}(\mathrm{E})$ *opère librement sur* E.

En effet, si $f \colon \mathrm{E} \to \mathrm{E}$ est un B-morphisme, l'ensemble des points où coïncident f et Id_{E} est égal à E ou à l'ensemble vide par le cor. 1.

COROLLAIRE 3. — *Soient* E, B *et* Z *des espaces topologiques, soit* $p \colon \mathrm{E} \to \mathrm{B}$ *une application étale et séparée, et soit* $f \colon \mathrm{Z} \to \mathrm{B}$ *une application continue. Pour* $i = 1, 2$, *soient* U_i *une partie ouverte (*resp. *fermée) de* Z *et* $g_i \colon \mathrm{U}_i \to \mathrm{E}$ *un relèvement continu de* f *défini sur* U_i. *On suppose que l'intersection* $\mathrm{U}_1 \cap \mathrm{U}_2$ *est connexe et qu'il existe un point* z *de* $\mathrm{U}_1 \cap \mathrm{U}_2$ *tel que* $g_1(z) = g_2(z)$. *Il existe alors un relèvement continu de* f *défini sur* $\mathrm{U}_1 \cup \mathrm{U}_2$ *qui prolonge* g_1 *et* g_2.

D'après le corollaire 1, les restrictions à $\mathrm{U}_1 \cap \mathrm{U}_2$ de g_1 et g_2 sont égales. L'application $g \colon \mathrm{U}_1 \cup \mathrm{U}_2 \to \mathrm{E}$ définie par $g(z) = g_i(z)$ pour $z \in \mathrm{U}_i$ $(i = 1, 2)$ est un relèvement continu de f défini sur $\mathrm{U}_1 \cup \mathrm{U}_2$ (TG, I, p. 19, prop. 4).

Dans les résultats précédents, le cas particulier où $\mathrm{Z} = \mathrm{B}$ et $f = \mathrm{Id}_{\mathrm{B}}$ est important : les relèvements continus de f sont alors les sections continues de p.

PROPOSITION 12. — *Soit* $p \colon \mathrm{E} \to \mathrm{B}$ *une application étale. Pour que l'application* p *soit séparée, il faut et il suffit que pour toute partie ouverte* V *de* B *et tout couple* (s, s') *de sections continues de* p *au-dessus de* V, *l'ensemble des points où* s *et* s' *coïncident soit fermé dans* V.

La condition est nécessaire (proposition 11, I, p. 34). Démontrons qu'elle est suffisante. Soit b un point de B, soient x et x' deux points distincts de E tels que $p(x) = p(x') = b$. Soient V un voisinage ouvert de b et s, s' des sections continues de p au-dessus de V telles que $s(\mathrm{V})$ et $s'(\mathrm{V})$ soient des voisinages ouverts de x et x' respectivement (prop. 9). Par hypothèse, l'ensemble W des points $x \in \mathrm{V}$ tels que $s(x) \neq s'(x)$ est ouvert dans V, donc dans B. Les ensembles $s(\mathrm{W})$ et $s'(\mathrm{W})$ sont des voisinages ouverts de x et x' respectivement ; ils sont disjoints par construction. Cela prouve que l'application p est séparée (I, p. 25, définition 1).

5. Construction de sections continues d'applications étales

THÉORÈME 1. — *Soient* X, Y, Z *des espaces topologiques, soit* $f \colon \mathrm{Z} \to \mathrm{X} \times \mathrm{Y}$ *une application étale et séparée, et soit* y_0 *un point de* Y. *Soit*

$s \colon \mathrm{X} \times \mathrm{Y} \to \mathrm{Z}$ une section de f. On suppose que la restriction de s à $\mathrm{X} \times \{y_0\}$ est continue, de même que les restrictions de s à $\{x\} \times \mathrm{Y}$ pour tout $x \in \mathrm{X}$. Si l'espace Y est connexe et localement connexe (TG, I, p. 84, déf. 4), l'application s est continue.

Lemme. — Soit U un ouvert de X, soit V un ouvert connexe *de Y et soit $(x_1, y_1) \in \mathrm{U} \times \mathrm{V}$. On suppose que la restriction de s à $\mathrm{U} \times \{y_1\}$ est continue. Soit σ une section continue de f au-dessus de $\mathrm{U} \times \mathrm{V}$ telle que $\sigma(x_1, y_1) = s(x_1, y_1)$. Il existe un voisinage U' de x_1 tel que $s = \sigma$ sur $\mathrm{U}' \times \mathrm{V}$. En particulier, s est continue au voisinage de (x_1, y_1).*

Comme la restriction de s à $\mathrm{U} \times \{y_1\}$ est continue et que l'application f est étale, il existe un voisinage U' de x_1 tel que $s(x, y_1) = \sigma(x, y_1)$ pour tout $x \in \mathrm{U}'$ (I, p. 34, prop. 11, *b*)). Soit $x \in \mathrm{U}'$; puisque la restriction de s à $\{x\} \times \mathrm{V}$ est continue et que l'application f est étale et séparée, il résulte du cor. 1, I, p. 34. que $\sigma(x, y) = s(x, y)$ pour tout $y \in \mathrm{V}$. Ainsi, s et σ coïncident sur $\mathrm{U}' \times \mathrm{V}$.

Démontrons maintenant le théorème. Démontrons d'abord que l'application s est continue au voisinage de tout point de $\mathrm{X} \times \{y_0\}$. Soit $x_0 \in \mathrm{X}$; on peut choisir un voisinage ouvert U de x_0 dans X, un voisinage ouvert connexe V de y_0 dans Y et une section continue $\sigma \colon \mathrm{U} \times \mathrm{V} \to \mathrm{Z}$ de f telle que $\sigma(x_0, y_0) = s(x_0, y_0)$. D'après le lemme ci-dessus, s est continue au voisinage de (x_0, y_0).

Démontrons maintenant que l'application s est continue en tout point de $\mathrm{X} \times \mathrm{Y}$. Pour $x_0 \in \mathrm{X}$, notons $\mathrm{C}(x_0)$ l'ensemble des points $y \in \mathrm{Y}$ tels que s soit continue au voisinage de (x_0, y). L'ensemble $\mathrm{C}(x_0)$ est ouvert dans Y par définition, et contient y_0 d'après ce qui précède.

Démontrons qu'il est fermé dans Y. Considérons un point y_1 de Y adhérent à $\mathrm{C}(x_0)$, un voisinage ouvert U de x_0 dans X, un voisinage ouvert V de y_1 dans Y, et une section continue $\sigma \colon \mathrm{U} \times \mathrm{V} \to \mathrm{Z}$ de f telle que $\sigma(x_0, y_1) = s(x_0, y_1)$. Puisque la restriction de s à $\{x_0\} \times \mathrm{V}$ est continue et que f est étale, il existe un voisinage ouvert V' de y_1 dans Y tel que $\sigma(x_0, y) = s(x_0, y)$ pour tout $y \in \mathrm{V}'$ (prop. 11 de I, p. 34). Comme Y est localement connexe, on peut supposer que V' est connexe. Comme y_1 est adhérent à $\mathrm{C}(x_0)$, l'ensemble $\mathrm{C}(x_0) \cap \mathrm{V}'$ n'est pas vide ; soit y_2 un point de $\mathrm{C}(x_0) \cap \mathrm{V}'$. D'après le lemme appliqué à (x_0, y_2), il existe un voisinage U' de x_0 contenu dans U tel que $s = \sigma$

au-dessus de $U' \times V'$. Cela prouve que $C(x_0)$ est fermé, car $U' \times V'$ est un voisinage de (x_0, y_1). Comme Y est connexe, on a $C(x_0) = Y$, et cela pour tout $x_0 \in X$, d'où le théorème.

COROLLAIRE 1. — *Soient* X, Y, E, B *des espaces topologiques. Soit* $p: E \to B$ *une application étale et séparée, soit* $h: X \times Y \to B$ *une application continue et soit* y_0 *un point de* Y. *Soit* $g: X \times Y \to E$ *une application telle que* $p \circ g = h$. *On suppose que les restrictions de* g *à* $X \times \{y_0\}$ *d'une part et, pour tout* $x \in X$, *à* $\{x\} \times Y$ *d'autre part, sont continues. Si l'espace* Y *est* connexe *et* localement connexe, *l'application* g *est continue.*

Notons Z le produit fibré $(X \times Y) \times_B E$ et $f: Z \to X \times Y$, $h': Z \to E$ les projections canoniques. L'application f est étale (I, p. 31, prop. 8) et séparée (I, p. 27, prop. 4). L'application $s: X \times Y \to Z$ définie par $s(x, y) = ((x, y), g(x, y))$ est une section de f qui satisfait aux hypothèses du théorème 1. Elle est donc continue ainsi que $g = h' \circ s$.

Remarque. — Si, dans le théorème 1, on ne suppose pas que l'espace Y est *localement connexe*, la conclusion du théorème n'est plus nécessairement exacte (I, p. 141, exerc. 7).

THÉORÈME 2. — *Soient* B *un espace topologique et* A *un sous-espace de* B. *Faisons l'une des hypothèses suivantes :*

(i) A *admet un système fondamental de voisinages paracompacts ;*

(ii) B *est paracompact et* A *fermé ;*

(iii) B *est métrisable ;*

(iv) A *est compact et deux points distincts de* A *possèdent dans* B *des voisinages disjoints.*

Alors, toute section continue au-dessus de A *d'une application étale* $p: E \to B$ *se prolonge en une section continue de* p *au-dessus d'un voisinage de* A.

Considérons la propriété (PCV) suivante du couple (B, A) :

(PCV) *Pour tout recouvrement* $(U_i)_{i \in I}$ *de* A *par des parties ouvertes de* B, *il existe un voisinage* V *de* A *et une famille localement finie* $(F_j)_{j \in J}$ *de parties fermées de* V *recouvrant* V, *telle que chacun des* F_j *soit contenu dans l'un des* U_i.

Le théorème 2 résulte des lemmes 1 et 3 ci-dessous.

Lemme 1. — *Chacune des propriétés* (i) *à* (iv) *du théorème 2 implique la propriété* (PCV).

Soit $(U_i)_{i \in I}$ un recouvrement de A par des ouverts de B. Sous l'hypothèse (i), il existe un voisinage paracompact V de A contenu dans la réunion des U_i, un recouvrement ouvert $(U'_j)_{j \in J}$ de l'espace V, localement fini et plus fin que le recouvrement $(V \cap U_i)_{i \in I}$ et un recouvrement ouvert $(U''_j)_{j \in J}$ de l'espace V tel que pour tout $j \in J$, l'adhérence F_j de U''_j dans V soit contenue dans U'_j (TG, IX, p. 49, prop. 4 et p. 48, cor. 1 au th. 3). D'où la propriété (PCV) dans ce cas.

La condition (ii) implique la condition (i) d'après le corollaire 2 de TG, IX, p. 50. De même, la condition (iii) implique la condition (i) : en effet, si B est métrisable, tout voisinage de A est métrisable, donc paracompact (TG, IX, p. 51, th. 4).

Supposons enfin la condition (iv) satisfaite et montrons que la propriété (PCV) est vérifiée. Comme A est compact, il suffit de considérer le cas d'un recouvrement fini $(U_i)_{0 \leqslant i \leqslant n}$. Construisons alors par récurrence des ouverts $V_0, \ldots, V_n$ de B satisfaisant aux conditions suivantes pour $0 \leqslant i \leqslant n$:

α) $A \subset V_0 \cup \cdots \cup V_i \cup U_{i+1} \cup \cdots \cup U_n$;

β) $\overline{V_i} \cap A \subset U_i$.

Supposons construits $V_0, \ldots, V_{r-1}$ satisfaisant aux conditions ci-dessus pour $0 \leqslant i \leqslant r-1$ et construisons V_r. Les ensembles $K = A \cap \complement U_r$ et $L = A \cap \complement(V_0 \cup \cdots \cup V_{r-1} \cup U_{r+1} \cup \cdots \cup U_n)$ sont fermés dans A, donc compacts. En raison de (α), ils sont disjoints. Par hypothèse, pour tout point a de L et tout point b de K, il existe des voisinages de a et b dans B disjoints. D'après le lemme 2 ci-dessous, il existe des ensembles ouverts V_r et W dans B, disjoints et tels que $L \subset V_r$ et $K \subset W$. Des inclusions $L \subset V_r$ et $A \subset V_0 \cup \cdots \cup V_{r-1} \cup U_r \cup \cdots \cup U_n$ et de la définition de L, on en déduit que l'on a (α) pour $i = r$. D'autre part, on a $\overline{V_r} \cap K = \varnothing$, d'où $\overline{V_r} \cap A \subset U_r$.

L'ensemble $M = \bigcup_{0 \leqslant i \leqslant n} (\overline{V_i} \cap \complement U_i)$ est fermé et ne rencontre pas A d'après (β). D'après (α), l'ensemble $V = \left(\bigcup_{0 \leqslant i \leqslant n} \overline{V_i}\right) - M$ est un voisinage de A dans B. Pour $i = 0, \ldots, n$, posons $F_i = V \cap \overline{V_i}$: c'est une partie fermée de V, contenue dans U_i. La famille $(F_i)_{0 \leqslant i \leqslant n}$ est un recouvrement de V, d'où la propriété (PCV).

Lemme 2. — Soit B *un espace topologique et soient* K *et* L *des parties quasi-compactes de* B*. On suppose que pour tout point a de* K *et tout point b de* L*, il existe des voisinages disjoints de a et b dans* B*. Alors, il existe deux ouverts disjoints* U *et* V *dans* B *tels que* $K \subset U$ *et* $L \subset V$.

Soit a un point de K. Pour tout $b \in \mathrm{L}$, soient $\mathrm{U}_{a,b}$ et $\mathrm{V}_{a,b}$ des voisinages ouverts disjoints de a et de b. Pour a fixé, la famille $(\mathrm{V}_{a,b})_{b\in\mathrm{L}}$ est un recouvrement ouvert de L. Comme cet espace est quasi-compact, il existe une famille finie $\mathrm{T}_a \subset \mathrm{L}$ telle que la réunion V_b des $\mathrm{V}_{a,b}$ pour $b \in \mathrm{T}_a$ contienne L. L'intersection U_a des $\mathrm{U}_{a,b}$ pour $b \in \mathrm{T}_a$ est un voisinage ouvert de a, car T_a est fini ; de plus, U_a et V_a sont disjoints. Les $(\mathrm{U}_a)_{a\in\mathrm{A}}$ forment un recouvrement ouvert de K. Comme K est quasi-compact, il existe une famille finie $\mathrm{S} \subset \mathrm{K}$ telle que $\mathrm{U} = \bigcup_{a\in\mathrm{S}} \mathrm{U}_a$ contienne K. Alors, $\mathrm{V} = \bigcap_{a\in\mathrm{S}} \mathrm{V}_a$ est un ouvert de B qui contient L. Le lemme est démontré.

Lemme 3. — *Soient* B *un espace topologique et* A *un sous-espace de* B *tels que le couple* (B, A) *vérifie la propriété* (PCV) *de* I, p. 37. *Alors, toute section continue au-dessus de* A *d'une application étale* $p\colon \mathrm{E} \to \mathrm{B}$ *se prolonge en une section continue de* p *au-dessus d'un voisinage de* A.

Soient $p\colon \mathrm{E} \to \mathrm{B}$ une application étale et $s\colon \mathrm{A} \to \mathrm{E}$ une section continue de p au-dessus de A. Pour tout point a de A, il existe un voisinage ouvert U_a de a et une section continue $s_a\colon \mathrm{U}_a \to \mathrm{E}$ qui coïncide avec s sur $\mathrm{U}_a \cap \mathrm{A}$ (I, p. 34, prop. 10 et I, p. 34, prop. 11). La famille $(\mathrm{U}_a)_{a\in\mathrm{A}}$ est un recouvrement de A par des ensembles ouverts de B. Soit V un voisinage de A dans B, soit $(\mathrm{F}_j)_{j\in\mathrm{J}}$ une famille localement finie de parties fermées de V recouvrant V et soit $a\colon \mathrm{J} \to \mathrm{A}$ une application telle que F_j soit contenu dans $\mathrm{U}_{a(j)}$ pour tout $j \in \mathrm{J}$ (propriété (PCV)). Notons s_j la restriction de $s_{a(j)}$ à F_j. Soit W l'ensemble des points $b \in \mathrm{V}$ satisfaisant à $s_j(b) = s_k(b)$ pour tout couple $(j,k) \in \mathrm{J} \times \mathrm{J}$ tel que $b \in \mathrm{F}_j \cap \mathrm{F}_k$. On définit une section $s'\colon \mathrm{W} \to \mathrm{E}$ par $s'(b) = s_j(b)$ si $b \in \mathrm{F}_j$. On a $\mathrm{A} \subset \mathrm{W}$ et $s' \mid \mathrm{A} = s$. La section s' est continue d'après la prop. 4 de I, p. 19.

Il reste à démontrer que W est un voisinage de A dans B. Pour tout couple $(j,k) \in \mathrm{J} \times \mathrm{J}$, notons T_{jk} l'ensemble des points $b \in \mathrm{F}_j \cap \mathrm{F}_k$ tels que $s_j(b) \neq s_k(b)$. L'ensemble T_{jk} est fermé dans $\mathrm{F}_j \cap \mathrm{F}_k$ (prop. 11, b) de I, p. 34), donc dans V et les ensembles T_{jk} constituent une famille localement finie de parties de V. La réunion T de la famille (T_{jk}) est donc un ensemble fermé de V (TG, I, p. 6, prop. 4). Or W est, par définition, le complémentaire de T dans V. C'est donc un voisinage de A dans V et par suite, dans B.

6. Majoration du cardinal des fibres d'une application étale et séparée

THÉORÈME 3. — *Soient* E *et* B *des espaces topologiques et* $p\colon \mathrm{E} \to \mathrm{B}$ *une application étale et séparée. On suppose que* E *est* connexe *et que* B *est* localement connexe. *Soit* $\mathscr{W}$ *une base de la topologie de* B. *Alors, pour tout point* a *de* B, *on a* $\mathrm{Card}(\mathrm{E}_a) \leqslant \sup(\mathrm{Card}(\mathscr{W}), \mathrm{Card}(\mathbf{N}))$.

Comme l'espace B est localement connexe, sa topologie possède une base $\mathscr{W}'$ constituée d'ouverts connexes, par exemple les composantes connexes des ouverts de $\mathscr{W}$ (TG, I, p. 85, prop. 11). En vertu du lemme 4 ci-dessous, il existe une base $\mathscr{V}$ de la topologie de B composée d'ouverts connexes et telle que $\mathrm{Card}(\mathscr{V}) \leqslant \mathrm{Card}(\mathscr{W})^2$.

Lemme 4. — *Soit* B *un espace topologique et soient* $\mathscr{W}$ *et* $\mathscr{W}'$ *des bases de la topologie de* B. *Il existe un sous-ensemble* $\mathscr{V}$ *de* $\mathscr{W}'$ *qui est une base de la topologie de* B *et tel que* $\mathrm{Card}(\mathscr{V}) \leqslant \mathrm{Card}(\mathscr{W})^2$.

Soit $\mathscr{A} \subset \mathscr{W} \times \mathscr{W}$ l'ensemble des couples $(\mathrm{W}_1, \mathrm{W}_2)$ pour lesquels il existe $\mathrm{W}' \in \mathscr{W}'$ tel que $\mathrm{W}_1 \subset \mathrm{W}' \subset \mathrm{W}_2$; soit $\varphi\colon \mathscr{A} \to \mathscr{W}'$ une application telle que l'on ait $\mathrm{W}_1 \subset \varphi(\mathrm{W}_1, \mathrm{W}_2) \subset \mathrm{W}_2$ pour tout couple $(\mathrm{W}_1, \mathrm{W}_2) \in \mathscr{A}$, et soit $\mathscr{V} \subset \mathscr{W}'$ l'image de φ. On a

$$\mathrm{Card}(\mathscr{V}) \leqslant \mathrm{Card}(\mathscr{A}) \leqslant \mathrm{Card}(\mathscr{W} \times \mathscr{W})$$

(E, III, p. 25, prop. 3). Démontrons que $\mathscr{V}$ est une base de la topologie de B. Soient x un point de B et U un voisinage de x. Par hypothèse, x admet un voisinage $\mathrm{W}_2 \in \mathscr{W}$ contenu dans U, un voisinage $\mathrm{W}' \in \mathscr{W}'$ contenu dans W_2 et un voisinage $\mathrm{W}_1 \in \mathscr{W}$ contenu dans W′. On a ainsi $\mathrm{W}_1 \subset \mathrm{W}' \subset \mathrm{W}_2 \subset \mathrm{U}$. Alors, $(\mathrm{W}_1, \mathrm{W}_2) \in \mathscr{A}$ et $\varphi(\mathrm{W}_1, \mathrm{W}_2)$ est un voisinage de x contenu dans U. D'après la prop. 3 de TG, I, p. 5, l'ensemble $\mathscr{V}$ est une base de la topologie de B.

Soit $\mathscr{V}$ une base de la topologie de B constituée d'ouverts connexes non vides et telle que $\mathrm{Card}(\mathscr{V}) \leqslant \mathrm{Card}(\mathscr{W})^2$. Soit $\mathscr{U}$ l'ensemble des ouverts U de E tels que p induise un homéomorphisme de U sur un ouvert V appartenant à $\mathscr{V}$. Tout élément de $\mathscr{U}$ est un ouvert connexe et non vide. Comme l'application p est étale, d'après la définition 2 (I, p. 28) et la prop. 3 de TG, I, p. 5, l'ensemble $\mathscr{U}$ est une base de la topologie de E. Appelons *chenille* toute suite finie $(\mathrm{U}_0, \ldots, \mathrm{U}_n)$ d'éléments de $\mathscr{U}$ telle que pour $1 \leqslant i \leqslant n$, $\mathrm{U}_{i-1} \cap \mathrm{U}_i$ soit non vide et $p(\mathrm{U}_{i-1}) \cap p(\mathrm{U}_i)$ soit connexe. Notons S l'ensemble des suites finies d'éléments de $\mathscr{V}$ et, pour toute chenille $c = (\mathrm{U}_0, \ldots, \mathrm{U}_n)$, notons $p(c)$ la suite $(p(\mathrm{U}_0), \ldots, p(\mathrm{U}_n))$.

Lemme 5. — a) *Soient* $c = (\mathrm{U}_0, \ldots, \mathrm{U}_n)$ *et* $c' = (\mathrm{U}'_0, \ldots, \mathrm{U}'_m)$ *des chenilles telles que* $\mathrm{U}_0 = \mathrm{U}'_0$ *et* $p(c) = p(c')$. *Alors,* $c = c'$.

b) *Soient* U *et* U' *des éléments de* $\mathscr{U}$. *Il existe alors une chenille* $c = (\mathrm{U}_0, \ldots, \mathrm{U}_n)$ *telle que* $\mathrm{U}_0 = \mathrm{U}$ *et* $\mathrm{U}_n = \mathrm{U}'$.

a) On a nécessairement $m = n$. Pour tout entier i tel que $0 \leqslant i \leqslant n$, posons $\mathrm{V}_i = p(\mathrm{U}_i)$ et notons s_i et s'_i les sections continues de p au-dessus de V_i d'images respectives U_i et U'_i. Pour démontrer l'égalité $c = c'$, nous allons démontrer, par récurrence sur i, l'égalité $s_i = s'_i$ pour tout entier i tel que $0 \leqslant i \leqslant n$. Par hypothèse, on a $s_0 = s'_0$. Soit i tel que $1 \leqslant i \leqslant n$ et $s_{i-1} = s'_{i-1}$. Comme $\mathrm{U}_{i-1} \cap \mathrm{U}_i$ contient un point x, les sections continues s_{i-1} et s_i coïncident en $p(x)$, donc en tout point de $\mathrm{V}_{i-1} \cap \mathrm{V}_i$, puisqu'il est connexe (corollaire 1 de I, p. 34). Il en est de même pour s'_{i-1} et s'_i. Pour la même raison, s_i et s'_i qui coïncident dans $\mathrm{V}_{i-1} \cap \mathrm{V}_i$ coïncident aussi dans V_i, d'où le résultat.

b) Si x et y sont des points de E, on dit qu'une chenille $c = (\mathrm{U}_0, \ldots, \mathrm{U}_n)$ relie x à y si $x \in \mathrm{U}_0$ et $y \in \mathrm{U}_n$. Dans l'ensemble E, soit R la relation « il existe une chenille qui relie x à y ». La relation R est réflexive puisque $\mathscr{U}$ est un recouvrement de E. Elle est évidemment symétrique. Démontrons qu'elle est transitive : soient x, y, z trois points de E, $(\mathrm{U}_0, \ldots, \mathrm{U}_n)$ et $(\mathrm{U}'_0, \ldots, \mathrm{U}'_m)$ des chenilles reliant x à y et y à z respectivement. Soit $\mathrm{U} \in \mathscr{U}$ un voisinage de y contenu dans $\mathrm{U}_n \cap \mathrm{U}'_0$; on a $p(\mathrm{U}_n) \cap p(\mathrm{U}) = p(\mathrm{U}'_0) \cap p(\mathrm{U}) = p(\mathrm{U})$, et, comme U est connexe , la suite $(\mathrm{U}_0, \ldots, \mathrm{U}_n, \mathrm{U}, \mathrm{U}'_0, \ldots, \mathrm{U}'_m)$ est une chenille qui relie x à z. Les classes d'équivalence suivant R sont ouvertes, donc aussi fermées. Puisque E est connexe, il en résulte que deux points de E sont toujours reliés par une chenille.

Soient maintenant U et U' des éléments de $\mathscr{U}$, x un point de U et x' un point de U'. Il existe une chenille $(\mathrm{U}_2, \ldots, \mathrm{U}_{n-2})$ reliant x à x'. Soient U_1 et U_{n-1} des ouverts de $\mathscr{U}$ tels que $x \in \mathrm{U}_1$, $x' \in \mathrm{U}_{n-1}$, $\mathrm{U}_1 \subset \mathrm{U} \cap \mathrm{U}_2$, $\mathrm{U}_{n-1} \subset \mathrm{U}' \cap \mathrm{U}_{n-2}$. Posons $\mathrm{U}_0 = \mathrm{U}$, $\mathrm{U}_n = \mathrm{U}'$. Alors la suite $(\mathrm{U}_0, \ldots, \mathrm{U}_n)$ est une chenille.

Démontrons maintenant le théorème. Soit U un élément de $\mathscr{U}$ et soit C l'ensemble des chenilles $(\mathrm{U}_0, \ldots, \mathrm{U}_n)$ telles que $\mathrm{U}_0 = \mathrm{U}$. L'application de C dans S qui, à une chenille $c = (\mathrm{U}_0, \ldots, \mathrm{U}_n)$ de C, associe la suite $p(c) = (p(\mathrm{U}_0), \ldots, p(\mathrm{U}_n))$ est injective (lemme 5, a)), donc

$$\mathrm{Card}(\mathrm{C}) \leqslant \mathrm{Card}(\mathrm{S}). \tag{1}$$

L'application de C dans $\mathscr{U}$ qui, à $c = (\mathrm{U}_0, \ldots, \mathrm{U}_n) \in \mathrm{C}$, associe l'ouvert U_n est surjective d'après la deuxième partie du lemme 5, donc

$$\mathrm{Card}(\mathscr{U}) \leqslant \mathrm{Card}(\mathrm{C}). \tag{2}$$

Pour tout point x de E, choisissons un ensemble ouvert U_x de $\mathscr{U}$ tel que $x \in \mathrm{U}_x$. Si x et y sont des points distincts d'une même fibre E_a de p, on a $\mathrm{U}_x \neq \mathrm{U}_y$ puisque $p \mid \mathrm{U}_x$ est injective. On a donc, pour $a \in \mathrm{B}$,

$$\mathrm{Card}(\mathrm{E}_a) \leqslant \mathrm{Card}(\mathscr{U}). \tag{3}$$

Enfin, si $\mathscr{V}$ est un ensemble fini, l'ensemble S des suites finies d'éléments de $\mathscr{V}$ est dénombrable (E, III, p. 49, prop. 1), donc

$$\mathrm{Card}(\mathrm{S}) \leqslant \mathrm{Card}(\mathbf{N}). \tag{4}$$

Si $\mathscr{V}$ est infini, on a

$$\mathrm{Card}(\mathrm{S}) = \mathrm{Card}(\mathscr{V}) \leqslant \mathrm{Card}(\mathscr{W})^2 = \mathrm{Card}(\mathscr{W}) \tag{5}$$

d'après le corollaire de E, III, p. 50 et le corollaire 1 de E, III, p. 49. Le théorème résulte des relations (1) à (5) ci-dessus.

Remarque. — D'après ce qui précède, si la topologie de B admet une base dénombrable, il en est de même de celle de E et les fibres de E sont dénombrables (*cf.* TG, I, p. 88, théorème de Poincaré-Volterra).

§ 3. FAISCEAUX

1. Faisceaux d'ensembles

Soit B un espace topologique.

DÉFINITION 1. — *Un* préfaisceau *sur* B, *relatif à une base* $\mathscr{B}$ *de la topologie de* B, *est un système projectif d'ensembles, relatif à l'ensemble d'indices* $\mathscr{B}$ *ordonné par la relation d'inclusion.*

Autrement dit (E, III, p. 52), un préfaisceau $\mathscr{F}$ sur B relatif à $\mathscr{B}$ est un couple $((\mathscr{F}(U))_{U\in\mathscr{B}}, (f_{UV}))$, que l'on note aussi $(\mathscr{F}(U), f_{UV})$, où $((\mathscr{F}(U))_{U\in\mathscr{B}}$ est une famille d'ensembles ayant $\mathscr{B}$ pour ensemble d'indices et où pour chaque couple (U, V) d'éléments de $\mathscr{B}$ tel que $U \subset V$, f_{UV} est une application de $\mathscr{F}(V)$ dans $\mathscr{F}(U)$, ces applications vérifiant les conditions suivantes :

(PF_1) *Les relations* $U \subset V \subset W$ *entraînent* $f_{UW} = f_{UV} \circ f_{VW}$ *;*

(PF_2) *Pour tout ouvert* $U \in \mathscr{B}$, f_{UU} *est l'application identique de* $\mathscr{F}(U)$.

Un préfaisceau sur B relatif à l'ensemble des parties ouvertes de B est simplement appelé *préfaisceau sur* B.

Soit $\mathscr{F} = (\mathscr{F}(U), f_{UV})$ un préfaisceau sur B, relatif à une base $\mathscr{B}$ de la topologie de B. Soit U un élément de la base $\mathscr{B}$. Les éléments de $\mathscr{F}(U)$ s'appellent les *sections* de $\mathscr{F}$ sur U. Si V est un élément de la base $\mathscr{B}$ contenant U et s un élément de $\mathscr{F}(V)$, l'élément $f_{UV}(s)$ de $\mathscr{F}(U)$ s'appelle la *restriction* de s à U. Si aucune ambiguïté n'est à craindre sur les applications f_{UV}, on notera $s \mid U$ la restriction de s à U.

Soient B′ une partie ouverte de B et $\mathscr{B}'$ une base de la topologie de B′ telle que $\mathscr{B}' \subset \mathscr{B}$. On appelle *préfaisceau sur* B′, *relatif à* $\mathscr{B}'$, *déduit de* $\mathscr{F}$ *par restriction*, et on note $\mathscr{F} \mid \mathscr{B}'$, le système projectif $((\mathscr{F}(U))_{U\in\mathscr{B}'}, (f_{UV}))$ déduit de $\mathscr{F}$ par restriction à $\mathscr{B}'$ de l'ensemble d'indices (*loc. cit.*). Lorsque $\mathscr{F}$ est un préfaisceau sur B et que $\mathscr{B}'$ est l'ensemble des parties ouvertes de B′, le préfaisceau $\mathscr{F} \mid \mathscr{B}'$ est aussi noté $\mathscr{F} \mid B'$ et appelé *préfaisceau déduit de* $\mathscr{F}$ *par restriction à* B′.

DÉFINITION 2. — *Soit* $\mathscr{F} = (\mathscr{F}(U), f_{UV})$ *un préfaisceau sur* B. *On dit que* $\mathscr{F}$ *est un* faisceau sur B *si, pour toute partie ouverte* U *de* B *et toute famille* $(U_i)_{i\in I}$ *de parties ouvertes de* B, *de réunion* U, *les propriétés suivantes sont satisfaites :*

(F_1) *L'application* $(f_{U_iU})_{i\in I} \colon \mathscr{F}(U) \to \prod_{i\in I} \mathscr{F}(U_i)$ *est injective ;*

(F_2) *Pour toute famille* $(s_i) \in \prod_{i\in I} \mathscr{F}(U_i)$ *telle que* $f_{(U_i\cap U_j)U_i}(s_i) = f_{(U_i\cap U_j)U_j}(s_j)$ *pour tout couple* $(i, j) \in I \times I$, *il existe un élément* s *de* $\mathscr{F}(U)$ *tel que pour tout* $i \in I$, *on ait* $f_{U_iU}(s) = s_i$.

Remarque. — Soit $\mathscr{F}$ un préfaisceau sur B. Pour tout ouvert U de B, $f_{\varnothing U}$ est une application de $\mathscr{F}(U)$ dans $\mathscr{F}(\varnothing)$, donc $\mathscr{F}(\varnothing)$ n'est pas vide dès qu'il existe un ouvert U pour lequel $\mathscr{F}(U)$ n'est pas vide. Si $\mathscr{F}$ est un faisceau, $\mathscr{F}(\varnothing)$ est un ensemble à un élément ; on le voit en appliquant (F_1) et (F_2) au recouvrement de l'ensemble vide par la famille vide $(I = \varnothing)$.

Soit $\mathscr{F}$ un faisceau sur B et soit B′ une partie ouverte de B ; le préfaisceau $\mathscr{F}|B'$ déduit de $\mathscr{F}$ par restriction à B′ est un faisceau, appelé le *faisceau déduit de* $\mathscr{F}$ *par restriction à* B′.

2. Sous-faisceaux d'un faisceau

Soit B un espace topologique. Soit $\mathscr{F} = (\mathscr{F}(U), f_{UV})$ un préfaisceau sur B, relatif à une base $\mathscr{B}$ de la topologie de B.

Supposons donné, pour tout ouvert $U \in \mathscr{B}$, un sous-ensemble $\mathscr{L}(U)$ de $\mathscr{F}(U)$. Si l'on a $f_{UV}(\mathscr{L}(V)) \subset \mathscr{L}(U)$ pour tout couple (U, V) d'éléments de $\mathscr{B}$ tel que $U \subset V$, le couple $\mathscr{L} = ((\mathscr{L}(U))_{U\in\mathscr{B}}, (f'_{UV}))$, où $f'_{UV} : \mathscr{L}(V) \to \mathscr{L}(U)$ est l'application déduite de f_{UV}, est un préfaisceau. Un tel préfaisceau s'appelle un *sous-préfaisceau* de $\mathscr{F}$. Comme les applications f'_{UV} sont déterminées par la donnée du préfaisceau $\mathscr{F}$ et de la famille $(\mathscr{L}(U))_{U\in\mathscr{B}}$, on dit aussi par abus de langage que la famille $(\mathscr{L}(U))_{U\in\mathscr{B}}$ est un sous-préfaisceau de $\mathscr{F}$.

Supposons maintenant que $\mathscr{F}$ soit un faisceau sur B et soit, pour toute partie ouverte U de B, $\mathscr{L}(U)$, un sous-ensemble de $\mathscr{F}(U)$. Pour que $(\mathscr{L}(U))_{U\in\mathscr{B}}$ soit un sous-préfaisceau de $\mathscr{F}$, et que ce préfaisceau soit un faisceau, il faut et il suffit que la condition suivante soit satisfaite :

(F) *Soient* $(U_i)_{i\in I}$ *une famille d'ouverts de* B, U *sa réunion, et* s *un élément de* $\mathscr{F}(U)$. *Pour que* s *appartienne à* $\mathscr{L}(U)$, *il faut et il suffit que pour tout* i *dans* I, $f_{U_iU}(s)$ *appartienne à* $\mathscr{L}(U_i)$.

En effet, si la condition (F) est réalisée, on a $f_{UV}(\mathscr{L}(V)) \subset \mathscr{L}(U)$ pour tout couple (U, V) d'ouverts de B tels que $U \subset V$ et les propriétés (F_1) et (F_2) relatives au sous-préfaisceau $(\mathscr{L}(U))$ résultent des propriétés analogues relatives au faisceau $\mathscr{F}$. La réciproque est immédiate.

Lorsque la condition (F) est satisfaite, on dit que $(\mathscr{L}(U))$ est un *sous-faisceau* du faisceau $\mathscr{F}$.

3. Exemples de faisceaux

Soit B un espace topologique.

1) *Faisceaux d'applications*

Soit X un ensemble. Pour tout ouvert U de B, on note $\mathscr{F}(\mathrm{U};\mathrm{X})$ l'ensemble des applications de U dans X (E, II, p. 31). Pour tout couple (U, V) d'ouverts de B tel que $\mathrm{U} \subset \mathrm{V}$, soit $r_{\mathrm{UV}} \colon \mathscr{F}(\mathrm{V};\mathrm{X}) \to \mathscr{F}(\mathrm{U};\mathrm{X})$ l'application de restriction $f \mapsto f\,|\,\mathrm{U}$. Il est clair que le couple $(\mathscr{F}(\mathrm{U};\mathrm{X}), r_{\mathrm{UV}})$ est un faisceau sur B. On l'appelle le *faisceau sur* B *des applications à valeurs dans* X, et on le note $\underline{\mathscr{F}}(\mathrm{B};\mathrm{X})$.

2) *Faisceaux d'applications continues*

Soit X un espace topologique. Pour tout ouvert U de B, soit $\mathscr{C}(\mathrm{U};\mathrm{X})$ l'ensemble des applications continues de U dans X. Alors, $(\mathscr{C}(\mathrm{U};\mathrm{X}))$ est un sous-faisceau du faisceau $\underline{\mathscr{F}}(\mathrm{B};\mathrm{X})$ d'après la prop. 4 de TG, I, p. 19. Le faisceau ainsi obtenu est noté $\underline{\mathscr{C}}(\mathrm{B};\mathrm{X})$ et appelé le *faisceau sur* B *des applications continues à valeurs dans* X. Dans le cas particulier où X est muni de la topologie discrète, le faisceau $\underline{\mathscr{C}}(\mathrm{B};\mathrm{X})$ prend le nom de *faisceau sur* B *des applications localement constantes à valeurs dans* X.

3) *Faisceaux de sections continues*

Soit E un espace topologique et soit $p \colon \mathrm{E} \to \mathrm{B}$ une application continue. Pour tout ouvert U de B, on note $\mathscr{S}(\mathrm{U};p)$ (ou $\mathscr{S}(\mathrm{U};\mathrm{E})$ lorsqu'il n'y a pas de confusion possible) l'ensemble des sections continues de p au-dessus de U. La famille $(\mathscr{S}(\mathrm{U};p))$ est un sous-faisceau du faisceau $\underline{\mathscr{C}}(\mathrm{B};\mathrm{E})$. Le faisceau ainsi obtenu est noté $\underline{\mathscr{S}}(\mathrm{B};\mathrm{E})$ ou simplement $\underline{\mathscr{S}}(\mathrm{E})$ et appelé le *faisceau sur* B *des sections continues du* B-*espace* (E,p). Nous verrons au n° 6 ci-dessous que tout faisceau sur B est isomorphe au faisceau sur B des sections continues d'un B-espace *étalé.*

4) *Faisceaux de* B-*morphismes*

Soient (E,p) et (E',p') des B-espaces. Pour tout ouvert U de E, on note $\mathscr{C}_{\mathrm{B}}(\mathrm{U};\mathrm{E}')$ l'ensemble des B-morphismes de $(\mathrm{U},p\,|\,\mathrm{U})$ dans (E',p'). La famille $(\mathscr{C}_{\mathrm{B}}(\mathrm{U};\mathrm{E}'))$ est un sous-faisceau du faisceau $\underline{\mathscr{C}}(\mathrm{E};\mathrm{E}')$. Le faisceau ainsi obtenu est noté $\underline{\mathscr{C}}_{\mathrm{B}}(\mathrm{E};\mathrm{E}')$ et appelé le *faisceau sur* E *des* B-*morphismes à valeurs dans* (E',p'). Lorsque (E,p) est égal à $(\mathrm{B},\mathrm{Id}_{\mathrm{B}})$, ce faisceau est le faisceau $\underline{\mathscr{S}}(\mathrm{B};\mathrm{E})$ de l'exemple 3.

Pour tout ouvert U de B, soit $\mathscr{M}(\mathrm{U})$ l'ensemble des U-morphismes de $\overset{-1}{p}(\mathrm{U})$ dans $\overset{-1}{(p')}(\mathrm{U})$. Pour tout couple (U, V) d'ouverts de B tel que $\mathrm{U} \subset \mathrm{V}$, soit $m_{\mathrm{UV}} \colon \mathscr{M}(\mathrm{V}) \to \mathscr{M}(\mathrm{U})$ l'application qui à un V-morphisme $f \colon \overset{-1}{p}(\mathrm{V}) \to \overset{-1}{(p')}(\mathrm{V})$ associe le U-morphisme de $\overset{-1}{p}(\mathrm{U})$ dans $\overset{-1}{(p')}(\mathrm{U})$

déduit de f par passage aux sous-ensembles. Alors $(\mathscr{M}(\mathrm{U}), m_{\mathrm{UV}})$ est un faisceau sur B. On le note $\underline{\mathscr{M}or}_{\mathrm{B}}(\mathrm{E};\mathrm{E}')$ et on l'appelle le *faisceau sur* B *des* B*-morphismes de* (E, p) *dans* (E', p').

Pour tout ouvert U de B, soit $\mathscr{I}s(\mathrm{U})$ le sous-ensemble de $\mathscr{M}(\mathrm{U})$ constitué des U-isomorphismes de $\overset{-1}{p}(\mathrm{U})$ dans $\overset{-1}{(p')}(\mathrm{U})$. La famille $(\mathscr{I}s(\mathrm{U}))$ est un sous-faisceau du faisceau $\underline{\mathscr{M}or}_{\mathrm{B}}(\mathrm{E};\mathrm{E}')$ des morphismes de (E, p) dans (E', p'). Le faisceau ainsi obtenu est noté $\underline{\mathscr{I}som}_{\mathrm{B}}(\mathrm{E};\mathrm{E}')$ et appelé *faisceau sur* B *des* B*-isomorphismes de* (E, p) *dans* (E', p').

5) *Faisceaux d'applications de classe* C^r

Soient X et Y des variétés de classe C^r sur un corps K (les conventions sur K et r étant celles de VAR, R). Pour tout ouvert U de X, soit $\mathscr{C}^r(\mathrm{U};\mathrm{Y})$ l'ensemble des morphismes de classe C^r de U dans Y. La famille $(\mathscr{C}^r(\mathrm{U};\mathrm{Y}))$ est un sous-faisceau du faisceau $\underline{\mathscr{C}}(\mathrm{X};\mathrm{Y})$. Le faisceau ainsi obtenu est noté $\underline{\mathscr{C}}^r(\mathrm{X};\mathrm{Y})$ et appelé le *faisceau sur* X *des applications de classe* C^r *à valeurs dans* Y (*cf.* VAR, R, 5.4.2).

6) *Faisceaux de sous-espaces*

Si U et V sont des ouverts de B tels que $\mathrm{U} \subset \mathrm{V}$, notons $i_{\mathrm{UV}} : \mathfrak{P}(\mathrm{V}) \to \mathfrak{P}(\mathrm{U})$ l'application qui, à une partie A de V, associe $\mathrm{A} \cap \mathrm{U}$. Le couple $(\mathfrak{P}(\mathrm{U}), i_{\mathrm{UV}})$ est un faisceau, appelé *faisceau des sous-espaces de* B et noté $\underline{\mathfrak{P}}(\mathrm{B})$. En effet, si l'on note X l'ensemble $\{0;1\}$, l'application qui à toute partie A de U associe sa fonction caractéristique $\varphi^{\mathrm{U}}_{\mathrm{A}} : \mathrm{U} \to \mathrm{X}$ est une bijection de $\mathfrak{P}(\mathrm{U})$ sur $\mathscr{F}(\mathrm{U};\mathrm{X})$ (E, III, p. 38) ; de plus, si U et V sont des ouverts tels que $\mathrm{U} \subset \mathrm{V}$, pour toute partie A de V, $\varphi^{\mathrm{U}}_{\mathrm{A}\cap\mathrm{U}}$ est la restriction à U de $\varphi^{\mathrm{V}}_{\mathrm{A}}$ de sorte que $\underline{\mathfrak{P}}(\mathrm{B})$ s'identifie au faisceau sur B des applications à valeurs dans X.

Soit, pour tout ouvert U de B, $\mathscr{L}(\mathrm{U})$ une partie de $\mathfrak{P}(\mathrm{U})$. Pour que $(\mathscr{L}(\mathrm{U}))$ soit un sous-faisceau de $\underline{\mathfrak{P}}(\mathrm{B})$, il faut et il suffit que la condition suivante soit satisfaite :

(F′) *Soient* $(\mathrm{U}_i)_{i\in\mathrm{I}}$ *une famille d'ouverts de* B*,* U *sa réunion, et* A *un sous-ensemble de* U *; pour que* A *appartienne à* $\mathscr{L}(\mathrm{U})$*, il faut et il suffit que pour tout* i *dans* I*,* $\mathrm{A} \cap \mathrm{U}_i$ *appartienne à* $\mathscr{L}(\mathrm{U}_i)$.

Par exemple, si $\mathscr{L}(\mathrm{U})$ est l'ensemble des parties fermées de U, la condition (F′) est satisfaite.

7) *Produits de faisceaux*

Soit $\mathscr{B}$ une base de la topologie de B et soit I un ensemble. Pour tout $i \in \mathrm{I}$, soit $\mathscr{F}_i = (\mathscr{F}_i(\mathrm{U}), f_{i,\mathrm{UV}})$ un préfaisceau sur B relatif à la base $\mathscr{B}$. Pour tout ouvert $\mathrm{U} \in \mathscr{B}$, posons $\mathscr{F}(\mathrm{U}) = \prod_{i\in\mathrm{I}} \mathscr{F}_i(\mathrm{U})$, et pour tout couple (U, V) d'éléments de $\mathscr{B}$ tel que $U \subset V$, notons f_{UV} l'application $(f_{i,UV})_{i \in I}: \mathscr{F}(V) \to \mathscr{F}(U)$. Alors $(\mathscr{F}(U), f_{UV})$ est un préfaisceau sur B relatif à $\mathscr{B}$ appelé le *préfaisceau produit* de la famille $(\mathscr{F}_i)$ et noté $\prod_{i \in I} \mathscr{F}_i$. C'est un faisceau si pour tout $i \in I$, $\mathscr{F}_i$ est un faisceau.

4. Morphismes de préfaisceaux

DÉFINITION 3. — *Soient* B *un espace topologique,* $\mathscr{B}$ *une base de la topologie de* B, $\mathscr{F} = (\mathscr{F}(U), f_{UV})$ *et* $\mathscr{G} = (\mathscr{G}(U), g_{UV})$ *des préfaisceaux sur* B *relatifs à* $\mathscr{B}$. *On appelle* morphisme de préfaisceaux *de* $\mathscr{F}$ *dans* $\mathscr{G}$ *un système projectif d'applications de* $\mathscr{F}$ *dans* $\mathscr{G}$.

Autrement dit (E, III, p. 54), un morphisme de préfaisceaux de $\mathscr{F}$ dans $\mathscr{G}$ est une famille $(\varphi_U)_{U \in \mathscr{B}}$ telle que :

(MPF_1) *Pour tout ouvert* U *appartenant à* $\mathscr{B}$, φ_U *est une application de* $\mathscr{F}(U)$ *dans* $\mathscr{G}(U)$;

(MPF_2) *Pour tout couple* (U, V) *d'ouverts appartenant à* $\mathscr{B}$ *tels que* $U \subset V$, *on a* $\varphi_U \circ f_{UV} = g_{UV} \circ \varphi_V$.

Lorsque $\mathscr{F}$ et $\mathscr{G}$ sont des faisceaux, un morphisme de préfaisceaux de $\mathscr{F}$ dans $\mathscr{G}$ est aussi appelé un *morphisme de faisceaux.* Si $\mathscr{F}$ et $\mathscr{G}$ sont des préfaisceaux sur B relatifs à $\mathscr{B}$, les morphismes de préfaisceaux de $\mathscr{F}$ dans $\mathscr{G}$ constituent un ensemble noté $\mathrm{Mor}(\mathscr{F}; \mathscr{G})$. Au lieu de dire : « soit φ un morphisme de préfaisceaux de $\mathscr{F}$ dans $\mathscr{G}$ », on dira souvent « soit $\varphi: \mathscr{F} \to \mathscr{G}$ un morphisme de préfaisceaux ».

Soient $\mathscr{F}$, $\mathscr{G}$, $\mathscr{H}$ des préfaisceaux sur B relatifs à $\mathscr{B}$ et $\varphi: \mathscr{F} \to \mathscr{G}$, $\psi: \mathscr{G} \to \mathscr{H}$ des morphismes de préfaisceaux. La famille $(\psi_U \circ \varphi_U)_{U \in \mathscr{B}}$ est un morphisme de préfaisceaux de $\mathscr{F}$ dans $\mathscr{H}$ que l'on note $\psi \circ \varphi$. La famille $(\mathrm{Id}_{\mathscr{F}(U)})_{U \in \mathscr{B}}$ est un morphisme de préfaisceaux de $\mathscr{F}$ dans lui-même que l'on note $\mathrm{Id}_{\mathscr{F}}$.

Pour qu'un morphisme de préfaisceaux $\varphi = (\varphi_U): \mathscr{F} \to \mathscr{G}$ soit un *isomorphisme,* il faut et il suffit que, pour tout ouvert U de $\mathscr{B}$, φ_U soit une bijection de $\mathscr{F}(U)$ sur $\mathscr{G}(U)$. Il est équivalent de dire qu'il existe un morphisme de préfaisceaux $\psi: \mathscr{G} \to \mathscr{F}$ tel que $\psi \circ \varphi = \mathrm{Id}_{\mathscr{F}}$ et $\varphi \circ \psi = \mathrm{Id}_{\mathscr{G}}$.

Soient $\mathscr{F}$ et $\mathscr{G}$ des préfaisceaux sur B, relatifs à une base $\mathscr{B}$ de la topologie de B, soit B' une partie ouverte de B et soit $\mathscr{B}'$ une base de la topologie de B' telle que $\mathscr{B}' \subset \mathscr{B}$. Soit $\varphi = (\varphi_U)_{U \in \mathscr{B}}$ un morphisme de préfaisceaux de $\mathscr{F}$ dans $\mathscr{G}$. Alors $(\varphi_U)_{U\in\mathscr{B}'}$ est un morphisme de préfaisceaux de $\mathscr{F} \mid \mathscr{B}'$ dans $\mathscr{G} \mid \mathscr{B}'$, que l'on note $\varphi \mid \mathscr{B}'$. Lorsque $\mathscr{B}$ est l'ensemble des parties ouvertes de B et $\mathscr{B}'$ l'ensemble des parties ouvertes de B', $\varphi \mid \mathscr{B}'$ est un morphisme de préfaisceaux de $\mathscr{F} \mid B'$ dans $\mathscr{G} \mid B'$ et est aussi noté $\varphi \mid B'$.

Exemples. — 1) Soit B un espace topologique, soient (E, p) et (E', p') des B-espaces et soit $f: E \to E'$ un B-morphisme. Pour tout ouvert U de B, on définit l'application $f_U: \mathscr{S}(U; E) \to \mathscr{S}(U; E')$ par $f_U(s) = f \circ s$. La famille $\underline{\mathscr{S}}(f) = (f_U)$ est un morphisme de préfaisceaux de $\underline{\mathscr{S}}(B; E)$ dans $\underline{\mathscr{S}}(B; E')$. Si (E'', p'') est un B-espace et $g: E' \to E''$ un B-morphisme, on a $\underline{\mathscr{S}}(g \circ f) = \underline{\mathscr{S}}(g) \circ \underline{\mathscr{S}}(f)$.

2) Soient B un espace topologique, $\mathscr{B}$ une base de la topologie de B, $\mathscr{F} = (\mathscr{F}(U), f_{UV})$ un préfaisceau sur B relatif à $\mathscr{B}$ et $\mathscr{L} = (\mathscr{L}(U))$ un sous-préfaisceau de $\mathscr{F}$. Pour tout ouvert $U \in \mathscr{B}$, notons i_U l'injection canonique de $\mathscr{L}(U)$ dans $\mathscr{F}(U)$. Alors $i = (i_U)_{U\in\mathscr{B}}$ est un morphisme de préfaisceaux de $\mathscr{L}$ dans $\mathscr{F}$. On dit que i est le morphisme canonique de $\mathscr{L}$ dans $\mathscr{F}$.

3) Soient B un espace topologique, $\mathscr{B}$ une base de la topologie de B et I un ensemble. Pour tout $i \in I$, soit $\mathscr{F}_i = (\mathscr{F}_i(U), f_{i,UV})$ un préfaisceau sur B relatif à $\mathscr{B}$. Notons $\mathscr{F}$ le préfaisceau produit de la famille $(\mathscr{F}_i)_{i\in I}$. Pour tout ouvert $U \in \mathscr{B}$, on a $\mathscr{F}(U) = \prod_{i\in I} \mathscr{F}_i(U)$; pour tout $i \in I$, notons $\mathrm{pr}_{i,U}: \mathscr{F}(U) \to \mathscr{F}_i(U)$ la projection d'indice i. Il résulte immédiatement de la définition du préfaisceau $\mathscr{F}$ que la famille $\mathrm{pr}_i = (\mathrm{pr}_{i,U})_{U\in\mathscr{B}}$ est un morphisme de préfaisceaux de $\mathscr{F}$ dans $\mathscr{F}_i$. Le morphisme pr_i est appelé le *morphisme de projection d'indice i*. Pour tout préfaisceau $\mathscr{F}'$ sur B relatif à $\mathscr{B}$ et toute famille $(\psi_i)_{i\in I}$, où ψ_i est un morphisme de préfaisceaux de $\mathscr{F}'$ dans $\mathscr{F}_i$, il existe un unique morphisme de préfaisceaux $\psi: \mathscr{F}' \to \mathscr{F}$ tel que pour tout $i \in I$, $\mathrm{pr}_i \circ \psi = \psi_i$.

4) Soit X une variété différentielle de classe C^∞ sur **R** et soit $\underline{\mathscr{C}}^\infty(X; \mathbf{R})$ le faisceau sur X des fonctions numériques de classe C^∞. Si P est un opérateur différentiel à coefficients C^∞ sur X, la famille des restrictions de P aux ouverts de X est un morphisme du faisceau $\underline{\mathscr{C}}^\infty(X; \mathbf{R})$ dans lui-même. On peut démontrer qu'inversement, tout morphisme **R**-linéaire du faisceau $\underline{\mathscr{C}}^\infty(X; \mathbf{R})$ dans lui-même est localement de cette forme (I, p. 142, exerc. 3).

5. Espace étalé associé à un préfaisceau

Soient B un espace topologique, $\mathscr{B}$ une base de la topologie de B et $\mathscr{F} = (\mathscr{F}(U), r_{UV})$ un préfaisceau sur B relatif à la base $\mathscr{B}$. Soit L l'ensemble des couples (U, s) avec $U \in \mathscr{B}$ et $s \in \mathscr{F}(U)$. Notons $X_{\mathscr{F}}$ l'espace somme de la famille $(U)_{(U,s)\in L}$. Ainsi $X_{\mathscr{F}}$ est l'ensemble des triplets (U, s, x) où $U \in \mathscr{B}$, $s \in \mathscr{F}(U)$, $x \in U$. Soit $R_{\mathscr{F}}$ la relation dans l'ensemble $X_{\mathscr{F}}$ définie par $R_{\mathscr{F}}\{(U, s, x), (U', s', x')\}$ si et seulement si « $x = x'$ et il existe $W \in \mathscr{B}$ tel que $x \in W$, $W \subset U \cap U'$ et $r_{WU}(s) = r_{WU'}(s')$ ». La relation $R_{\mathscr{F}}$ est une relation d'équivalence dans $X_{\mathscr{F}}$: elle est, par définition, réflexive et symétrique ; démontrons qu'elle est transitive. Soient $\xi = (U, s, x)$, $\xi' = (U', s', x')$ et $\xi'' = (U'', s'', x'')$ des éléments de $X_{\mathscr{F}}$ tels que l'on ait $R_{\mathscr{F}}\{\xi, \xi'\}$ et $R_{\mathscr{F}}\{\xi', \xi''\}$. On a alors $x = x' = x''$ et il existe deux éléments W' et W'' de $\mathscr{B}$ contenant x tels que $W' \subset U \cap U'$, $W'' \subset U' \cap U''$, $r_{W'U}(s) = r_{W'U'}(s')$, $r_{W''U'}(s') = r_{W''U''}(s'')$. Soit W un élément de $\mathscr{B}$ contenant x et contenu dans $W' \cap W''$. On a alors $W \subset U \cap U''$,

$$r_{WU}(s) = r_{WW'} \circ r_{W'U}(s) = r_{WW'} \circ r_{W'U'}(s') = r_{WU'}(s')$$

et, de même, $r_{WU'}(s') = r_{WU''}(s'')$. Par conséquent, on a $R_{\mathscr{F}}\{\xi, \xi''\}$ et la relation $R_{\mathscr{F}}$ est transitive.

Notons $E_{\mathscr{F}}$ l'ensemble quotient $X_{\mathscr{F}}/R_{\mathscr{F}}$ et $[U, s, x]$ l'image canonique dans $E_{\mathscr{F}}$ d'un élément (U, s, x) de $X_{\mathscr{F}}$. Pour $U \in \mathscr{B}$ et $s \in \mathscr{F}(U)$, notons $\sigma_{\mathscr{F}}(U, s) \colon U \to E_{\mathscr{F}}$ l'application $x \mapsto [U, s, x]$. Munissons l'ensemble $E_{\mathscr{F}}$ de la topologie quotient, c'est-à-dire de la topologie la plus fine rendant continues les applications $\sigma_{\mathscr{F}}(U, s)$ pour $U \in \mathscr{B}$ et $s \in \mathscr{F}(U)$. L'application $\mathrm{pr}_3 \colon X_{\mathscr{F}} \to B$ définit par passage au quotient une application continue $p \colon E_{\mathscr{F}} \to B$: on a $p([U, s, x]) = x$.

PROPOSITION 1. — *L'application* $p \colon E_{\mathscr{F}} \to B$ *est étale. Pour tout ouvert* $U \in \mathscr{B}$ *et tout* $s \in \mathscr{F}(U)$, *l'application* $\sigma_{\mathscr{F}}(U, s)$ *est donc une section continue de* p *au-dessus de* U.

Soient $\lambda = (U, s)$ et $\mu = (U', s')$ des éléments de L. Par définition de la relation $R_{\mathscr{F}}$, l'ensemble $A_{\lambda\mu}$ des points x de $U \cap U'$ en lesquels $\sigma_{\mathscr{F}}(U, s)$ et $\sigma_{\mathscr{F}}(U', s')$ coïncident est l'intérieur dans B, de l'ensemble des $x \in U \cap U'$ tels que $s(x) = s'(x)$. Il en résulte que $A_{\mu\lambda} = A_{\lambda\mu}$. On note alors $h_{\mu\lambda} \colon A_{\lambda\mu} \to A_{\mu\lambda}$ l'application $\mathrm{Id}_{A_{\lambda\mu}}$. L'ensemble $E_{\mathscr{F}}$ est obtenu par recollement des ouverts U le long des $A_{\lambda\mu}$ au moyen des bijections $h_{\mu\lambda}$ (TG, I, p. 16). D'après la prop. 9 de TG, I, p. 17, l'application $\sigma_{\mathscr{F}}(\mathrm{U}, s)$ induit un homéomorphisme de U sur une partie ouverte de $\mathrm{E}_{\mathscr{F}}$. Cela prouve que l'application p est étale (I, p. 33, prop 9).

Pour tout ouvert $\mathrm{U} \in \mathscr{B}$ et tout $s \in \mathscr{F}(\mathrm{U})$, on a $\sigma_{\mathscr{F}}(\mathrm{U}, s)(x) = [\mathrm{U}, s, x]$ pour tout $x \in \mathrm{U}$. La seconde assertion découle donc de la définition de p.

DÉFINITION 4. — *Le* B-*espace étalé* $(\mathrm{E}_{\mathscr{F}}, p)$ *défini ci-dessus est appelé le* B-espace étalé associé au préfaisceau $\mathscr{F}$. *Pour* $x \in \mathrm{B}$, *la fibre de* $\mathrm{E}_{\mathscr{F}}$ *en* x *est appelée la* tige *du préfaisceau* $\mathscr{F}$ *en* x *et est notée* $\mathscr{F}_x$. *Pour tout ouvert* $\mathrm{U} \in \mathscr{B}$, *toute section* $s \in \mathscr{F}(\mathrm{U})$ *de* $\mathscr{F}$ *sur* U *et tout point* x *de* U, *l'élément* $[\mathrm{U}, s, x]$ *de* $\mathrm{E}_{\mathscr{F}}$ *est appelé le* germe *en* x *de la section* s.

Soit a un point de B. L'ensemble $\mathscr{B}(a)$ des ouverts $\mathrm{U} \in \mathscr{B}$ contenant a et ordonné par la relation $\supset$ est filtrant. On déduit de $\mathscr{F}$, par restriction à $\mathscr{B}(a)$ de l'ensemble d'indices, un système inductif $((\mathscr{F}(\mathrm{U}))_{\mathrm{U} \in \mathscr{B}(a)}, (r_{\mathrm{UV}}))$. Par définition (E, III, p. 60), la limite inductive de ce système est le quotient de l'ensemble des couples (U, s) tels que $a \in \mathrm{U}$ et $s \in \mathscr{F}(\mathrm{U})$ par la relation d'équivalence R définie par $\mathrm{R}\{(\mathrm{U}, s), (\mathrm{U}', s')\}$ si et seulement s'il existe $\mathrm{W} \in \mathscr{B}$ contenant a et contenu dans $\mathrm{U} \cap \mathrm{U}'$ et tel que $r_{\mathrm{WU}}(s) = r_{\mathrm{WU}'}(s')$. Cette limite s'identifie donc à la tige $\mathscr{F}_a$ de $\mathscr{F}$ en a, par définition des limites inductives.

Soit $\mathscr{G}$ un préfaisceau sur B relatif à la base $\mathscr{B}$ et soit $\varphi = (\varphi_{\mathrm{U}})_{\mathrm{U} \in \mathscr{B}}$ un morphisme de préfaisceaux de $\mathscr{F}$ dans $\mathscr{G}$. L'application $(\mathrm{U}, s, x) \mapsto (\mathrm{U}, \varphi_{\mathrm{U}}(s), x)$ de $\mathrm{X}_{\mathscr{F}}$ dans $\mathrm{X}_{\mathscr{G}}$ est compatible avec les relations d'équivalence $\mathrm{R}_{\mathscr{F}}$ et $\mathrm{R}_{\mathscr{G}}$, par définition d'un morphisme de préfaisceaux. Notons $\mathrm{E}(\varphi) \colon \mathrm{E}_{\mathscr{F}} \to \mathrm{E}_{\mathscr{G}}$ l'application qui s'en déduit par passage aux quotients. Pour tout $\mathrm{U} \in \mathscr{B}$ et tout $s \in \mathscr{F}(\mathrm{U})$, on a

$$\mathrm{E}(\varphi) \circ \sigma_{\mathscr{F}}(\mathrm{U}, s) = \sigma_{\mathscr{G}}(\mathrm{U}, \varphi_{\mathrm{U}}(s));$$

par suite, l'application $\mathrm{E}(\varphi)$ est continue. L'application $\mathrm{E}(\varphi)$ est un B-morphisme ; on dit que c'est le B-*morphisme de* $\mathrm{E}_{\mathscr{F}}$ *dans* $\mathrm{E}_{\mathscr{G}}$ *associé* au morphisme de préfaisceaux φ. Pour tout $a \in \mathrm{B}$, $\mathrm{E}(\varphi)$ définit par restrictions aux fibres en a une application de la tige $\mathscr{F}_a$ de $\mathscr{F}$ dans la tige $\mathscr{G}_a$ de $\mathscr{G}$; on la note φ_a. C'est aussi la limite inductive des applications φ_{U} (E, III, p. 63), où U parcourt l'ensemble $\mathscr{B}(a)$ des ouverts appartenant à la base $\mathscr{B}$ et qui contiennent a.

On a $\mathrm{E}(\mathrm{Id}_{\mathscr{F}}) = \mathrm{Id}_{\mathrm{E}_{\mathscr{F}}}$.

Soit $\mathscr{H}$ un préfaisceau sur B relatif à $\mathscr{B}$ et soit $\psi = (\psi_{\mathrm{U}})$ un morphisme de préfaisceaux de $\mathscr{G}$ dans $\mathscr{H}$. Pour $[\mathrm{U}, s, x] \in \mathrm{E}_{\mathscr{F}}$, on a

$$\begin{aligned}\mathrm{E}(\psi \circ \varphi)([\mathrm{U}, s, x]) &= [\mathrm{U}, \psi_{\mathrm{U}} \circ \varphi_{\mathrm{U}}(s), x] \\ &= \mathrm{E}(\psi)([\mathrm{U}, \varphi_{\mathrm{U}}(s), x]) \\ &= \mathrm{E}(\psi) \circ \mathrm{E}(\varphi)([\mathrm{U}, s, x]).\end{aligned}$$

Par suite, on a $\mathrm{E}(\psi \circ \varphi) = \mathrm{E}(\psi) \circ \mathrm{E}(\varphi)$. En particulier, si a est un point de B, $(\psi \circ \varphi)_a = \psi_a \circ \varphi_a$.

Si φ est un isomorphisme, Il en est de même de $\mathrm{E}(\varphi)$.

Remarques. — Soit $\mathscr{F}$ un faisceau sur B relatif à la base $\mathscr{B}$. Soit B′ une partie ouverte de B, soit $\mathscr{B}'$ une base de la topologie de B′ telle que $\mathscr{B}' \subset \mathscr{B}$. Soit $\mathscr{F} \mid \mathscr{B}'$ le préfaisceau sur B′ relatif à la base $\mathscr{B}'$ déduit de $\mathscr{F}$ par restriction.

1) L'ensemble $\mathrm{X}_{\mathscr{F}|\mathscr{B}'}$ est alors un sous-ensemble de $\mathrm{X}_{\mathscr{F}}$ et la relation d'équivalence $\mathrm{R}_{\mathscr{F}}$ induit dans $\mathrm{X}_{\mathscr{F}|\mathscr{B}'}$ la relation d'équivalence $\mathrm{R}_{\mathscr{F}|\mathscr{B}'}$. On en déduit une injection canonique i de $\mathrm{E}_{\mathscr{F}|\mathscr{B}'}$ dans $\mathrm{E}_{\mathscr{F}}$. Son image est $\overset{-1}{p}(\mathrm{B}')$ car pour tout élément $[\mathrm{U}, s, x]$ de $\overset{-1}{p}(\mathrm{B}')$, il existe un élément V de $\mathscr{B}'$ tel que $x \in \mathrm{V}$ et $\mathrm{V} \subset \mathrm{U}$, et l'on a $[\mathrm{U}, s, x] = i([\mathrm{V}, r_{\mathrm{VU}}(s), x])$. L'application i est continue car la topologie de $\mathrm{X}_{\mathscr{F}|\mathscr{B}'}$ est la plus fine rendant continues les applications définies par $x \mapsto [\mathrm{U}, s, x]$, pour $\mathrm{U} \in \mathscr{B}'$ et $s \in \mathscr{F}(\mathrm{U})$. D'après le corollaire 2 de I, p. 30 de la proposition 6, l'injection canonique i de $\mathrm{E}_{\mathscr{F}|\mathscr{B}'}$ dans $\mathrm{E}_{\mathscr{F}}$ induit un B′-isomorphisme de $\mathrm{E}_{\mathscr{F}|\mathscr{B}'}$ sur $\overset{-1}{p}(\mathrm{B}')$.

En particulier, lorsque B′ est égal à B, $i\colon \mathrm{E}_{\mathscr{F}|\mathscr{B}'} \to \mathrm{E}_{\mathscr{F}}$ est un B-isomorphisme d'espaces étalés.

2) Soit $\mathscr{G}$ un préfaisceau sur B relatif à la base $\mathscr{B}$ et soit $\varphi\colon \mathscr{F} \to \mathscr{G}$ un morphisme de préfaisceaux. La famille $\varphi' = (\varphi_{\mathrm{U}})_{\mathrm{U} \in \mathscr{B}'}$ est un morphisme de préfaisceaux de $\mathscr{F} \mid \mathscr{B}'$ dans $\mathscr{G} \mid \mathscr{B}'$. Le diagramme

$$\begin{array}{ccc}\mathrm{E}_{\mathscr{F}|\mathscr{B}'} & \xrightarrow{\mathrm{E}(\varphi')} & \mathrm{E}_{\mathscr{G}|\mathscr{B}'} \\ \big\downarrow{\scriptstyle i} & & \big\downarrow{\scriptstyle i'} \\ \mathrm{E}_{\mathscr{F}} & \xrightarrow{\mathrm{E}(\varphi)} & \mathrm{E}_{\mathscr{G}}\end{array},$$

où i et i' sont les injections canoniques, est commutatif.

Exemples. — 1) Soient B un espace topologique, $\mathscr{B}$ une base de la topologie de B et F un ensemble. Prenons pour $\mathscr{F}$ le préfaisceau sur B relatif à $\mathscr{B}$ défini par $\mathscr{F}(\mathrm{U}) = \mathrm{F}$ pour tout $\mathrm{U} \in \mathscr{B}$ et $r_{\mathrm{UV}} = \mathrm{Id}_{\mathrm{F}}$ pour tout couple (U, V) d'éléments de $\mathscr{B}$ tel que $\mathrm{U} \subset \mathrm{V}$. L'application $[\mathrm{U}, s, x] \mapsto (x, s(x))$ est un B-isomorphisme du B-espace $\mathrm{E}_{\mathscr{F}}$ sur le B-espace $\mathrm{B} \times \mathrm{F}$ où F est muni de la topologie discrète. On notera que lorsque $\mathscr{B}$ est l'ensemble des parties ouvertes de B, le préfaisceau $\mathscr{F}$ sur B n'est un faisceau que si l'ensemble F est réduit à un point (*cf.* I, p. 43, remarque).

2) Soient B un espace topologique et (E, p) un B-espace. Prenons pour $\mathscr{F}$ le faisceau sur B des sections continues de (E, p). L'application $(\mathrm{U}, s, x) \mapsto s(x)$ de $\mathrm{X}_{\mathscr{F}}$ dans E est compatible avec la relation d'équivalence $\mathrm{R}_{\mathscr{F}}$. L'application $e \colon \mathrm{E}_{\mathscr{F}} \to \mathrm{E}$ que l'on en déduit par passage au quotient est un B-morphisme ; le B-morphisme e est dit *canonique.* L'image de e est la réunion des images des sections continues de p au-dessus des ouverts de B. L'application e est donc surjective si p est étale (I, p. 33, prop. 9). D'autre part, l'application e est injective si et seulement si pour tout ouvert U de B et tout couple (s, s') de sections continues de p sur U, l'ensemble des points $x \in \mathrm{U}$ tels que $s(x) = s'(x)$ est ouvert ; c'est en particulier le cas si p est étale (I, p. 34, prop. 11, b)). Par conséquent, si (E, p) est un B-espace étalé, l'application e est un B-isomorphisme.

3) Soient B un espace topologique, $\mathscr{B}$ une base de la topologie de B, $\mathscr{F}$ un préfaisceau sur B relatif à $\mathscr{B}$ et $\mathscr{L}$ un sous-préfaisceau de $\mathscr{F}$. Alors, l'ensemble $\mathrm{X}_{\mathscr{L}}$ est contenu dans l'ensemble $\mathrm{X}_{\mathscr{F}}$ et la relation d'équivalence $\mathrm{R}_{\mathscr{F}}$ induit dans $\mathrm{X}_{\mathscr{L}}$ la relation d'équivalence $\mathrm{R}_{\mathscr{L}}$. Le B-morphisme $\mathrm{E}(i) \colon \mathrm{E}_{\mathscr{L}} \to \mathrm{E}_{\mathscr{F}}$ associé au morphisme canonique $i \colon \mathscr{L} \to \mathscr{F}$ (I, p. 48, exemple 2) est donc injectif. Comme $\mathrm{E}_{\mathscr{L}}$ et $\mathrm{E}_{\mathscr{F}}$ sont des B-espaces étalés, l'application $\mathrm{E}(i)$ est ouverte et même étale (I, p. 30, cor. 1), donc induit un homéomorphisme de $\mathrm{E}_{\mathscr{L}}$ sur une partie ouverte de $\mathrm{E}_{\mathscr{F}}$.

6. Faisceau associé à un préfaisceau

Conservons les notations du n° 5. On appelle *faisceau associé au préfaisceau* $\mathscr{F}$, et on note $\widetilde{\mathscr{F}}$ le faisceau $\underline{\mathscr{L}}(\mathrm{B}; \mathrm{E}_{\mathscr{F}})$ des sections continues du B-espace étalé $\mathrm{E}_{\mathscr{F}}$ associé au préfaisceau $\mathscr{F}$. Pour tout ensemble ouvert $\mathrm{U} \in \mathscr{B}$, notons $\sigma_{\mathscr{F}}(\mathrm{U}) \colon \mathscr{F}(\mathrm{U}) \to \widetilde{\mathscr{F}}(\mathrm{U})$ l'application qui, à $s \in \mathscr{F}(\mathrm{U})$, associe la section continue $\sigma_{\mathscr{F}}(\mathrm{U}, s) \colon x \mapsto [\mathrm{U}, s, x]$ de $\mathrm{E}_{\mathscr{F}}$ au-dessus de U. Par définition de la relation d'équivalence $\mathrm{R}_{\mathscr{F}}$, la famille $\sigma_{\mathscr{F}} = (\sigma_{\mathscr{F}}(\mathrm{U}))_{\mathrm{U} \in \mathscr{B}}$ est un morphisme de préfaisceaux de $\mathscr{F}$ dans le préfaisceau $\widetilde{\mathscr{F}} \mid \mathscr{B}$. Le morphisme $\sigma_{\mathscr{F}}$ est appelé *morphisme canonique* de $\mathscr{F}$ dans $\widetilde{\mathscr{F}} \mid \mathscr{B}$.

Notons $j_{\mathscr{F}} \colon \mathrm{E}_{\mathscr{F}} \to \mathrm{E}_{\widetilde{\mathscr{F}}}$ le B-morphisme composé du B-isomorphisme canonique $\mathrm{E}_{\widetilde{\mathscr{F}}|\mathscr{B}} \to \mathrm{E}_{\widetilde{\mathscr{F}}}$ (I, p. 51) et du B-morphisme $\mathrm{E}(\sigma_{\mathscr{F}}) \colon \mathrm{E}_{\mathscr{F}} \to \mathrm{E}_{\widetilde{\mathscr{F}}|\mathscr{B}}$. Notons d'autre part $e_{\mathscr{F}} \colon \mathrm{E}_{\widetilde{\mathscr{F}}} \to \mathrm{E}_{\mathscr{F}}$ le B-isomorphisme canonique (I, p. 52, exemple 2).

PROPOSITION 2. — *L'application* $j_{\mathscr{F}}$ *est le* B-*isomorphisme réciproque de* $e_{\mathscr{F}}$.

Pour $\mathrm{U} \in \mathscr{B}$, $s \in \mathscr{F}(\mathrm{U})$ et $x \in \mathrm{U}$, on a par définition de $j_{\mathscr{F}}$:

$$j_{\mathscr{F}}([\mathrm{U}, s, x]) = [\mathrm{U}, \sigma_{\mathscr{F}}(\mathrm{U}, s), x],$$

d'où $e_{\mathscr{F}}(j_{\mathscr{F}}([\mathrm{U}, s, x])) = \sigma_{\mathscr{F}}(\mathrm{U}, s)(x) = [\mathrm{U}, s, x]$. Cela prouve la proposition.

COROLLAIRE. — *Pour tout* $a \in \mathrm{B}$, *l'application* $(\sigma_{\mathscr{F}})_a \colon \mathscr{F}_a \to \widetilde{\mathscr{F}}_a$ *est bijective.*

Puisque $j_{\mathscr{F}}$ est un B-isomorphisme, il en est de même de $\mathrm{E}(\sigma_{\mathscr{F}})$, et $(\sigma_{\mathscr{F}})_a$ s'en déduit par passage aux fibres en a.

Soient $\mathscr{G}$ un préfaisceau sur B relatif à $\mathscr{B}$ et $\varphi \colon \mathscr{F} \to \mathscr{G}$ un morphisme de préfaisceaux. On note $\widetilde{\varphi} \colon \widetilde{\mathscr{F}} \to \widetilde{\mathscr{G}}$ le morphisme de faisceaux $\underline{\mathscr{L}}_{\mathrm{E}(\varphi)}$ (I, p. 48, exemple 1), où $\mathrm{E}(\varphi) \colon \mathrm{E}_{\mathscr{F}} \to \mathrm{E}_{\mathscr{G}}$ est le B-morphisme associé à φ. Pour tout ouvert $\mathrm{U} \in \mathscr{B}$ et tout $s \in \mathscr{F}(\mathrm{U})$, on a, par définition,

$$\widetilde{\varphi}_{\mathrm{U}}(\sigma_{\mathscr{F}}(\mathrm{U}, s)) = \mathrm{E}(\varphi) \circ \sigma_{\mathscr{F}}(\mathrm{U}, s) = \sigma_{\mathscr{G}}(\mathrm{U}, \varphi_{\mathrm{U}}(s)).$$

On a donc :

$$(1) \qquad \widetilde{\varphi}_{\mathrm{U}} \circ \sigma_{\mathscr{F}}(\mathrm{U}) = \sigma_{\mathscr{G}}(\mathrm{U}) \circ \varphi_{\mathrm{U}}, \qquad \text{pour tout } \mathrm{U} \in \mathscr{B}.$$

Autrement dit :

(2) $$\widetilde{\varphi} \mid \mathscr{B} \circ \sigma_{\mathscr{F}} = \sigma_{\mathscr{G}} \circ \varphi.$$

PROPOSITION 3. — *Soit* B *un espace topologique, soit* $\mathscr{B}$ *une base de la topologie de* B, *soit* $\mathscr{F} = (\mathscr{F}(\mathrm{U}), f_{\mathrm{UV}})$ *un préfaisceau sur* B *relatif à* $\mathscr{B}$, *soit* $\widetilde{\mathscr{F}}$ *le faisceau associé et soit* $\sigma_{\mathscr{F}} \colon \mathscr{F} \to \widetilde{\mathscr{F}} \mid \mathscr{B}$ *le morphisme canonique. Étant donnés un faisceau* $\mathscr{G} = (\mathscr{G}(\mathrm{U}), g_{\mathrm{UV}})$ *sur* B *et un morphisme de préfaisceaux* $\varphi \colon \mathscr{F} \to \mathscr{G} \mid \mathscr{B}$, *il existe un unique morphisme de faisceaux* $\psi \colon \widetilde{\mathscr{F}} \to \mathscr{G}$ *tel que* $\psi \mid \mathscr{B} \circ \sigma_{\mathscr{F}} = \varphi$.

Lemme. — *Soient* U *une partie ouverte de* B *et* $s \colon \mathrm{U} \to \mathrm{E}_{\mathscr{F}}$ *une section continue de* $\mathrm{E}_{\mathscr{F}}$ *au-dessus de* U. *Pour tout point* a *de* U, *il existe un ouvert* $\mathrm{V} \in \mathscr{B}$ *tel que* $a \in \mathrm{V}$ *et* $\mathrm{V} \subset \mathrm{U}$ *et un élément* v *de* $\mathscr{F}(\mathrm{V})$ *tel que* $s \mid \mathrm{V} = \sigma_{\mathscr{F}}(\mathrm{V}, v)$.

Soit $a \in \mathrm{U}$. Par définition de l'espace $\mathrm{E}_{\mathscr{F}}$, il existe un ouvert $\mathrm{V}' \in \mathscr{B}$ tel que $a \in \mathrm{V}'$ et un élément t de $\mathscr{F}(\mathrm{V}')$ tel que $s(a) = [\mathrm{V}', t, a]$. Alors s et $\sigma_{\mathscr{F}}(\mathrm{V}', t)$ induisent par restriction deux sections continues de $\mathrm{E}_{\mathscr{F}}$ au-dessus de $\mathrm{V}' \cap \mathrm{U}$ qui sont égales au point a. D'après la prop. 11, b) de I, p. 34, il existe un voisinage ouvert V de a, contenu dans $\mathrm{V}' \cap \mathrm{U}$, appartenant à $\mathscr{B}$, tel que s et $\sigma_{\mathscr{F}}(\mathrm{V}', t)$ soient égales en tout point de V. Si l'on pose $v = f_{\mathrm{VV}'}(t)$, on a bien $s \mid \mathrm{V} = \sigma_{\mathscr{F}}(\mathrm{V}, v)$.

Démontrons la proposition. Pour tout ouvert U de B et toute section $s \in \widetilde{\mathscr{F}}(\mathrm{U})$, notons $\mathrm{D}(\mathrm{U}, s)$ l'ensemble des couples (V, v) tels que $\mathrm{V} \in \mathscr{B}$, $\mathrm{V} \subset \mathrm{U}$, $v \in \mathscr{F}(\mathrm{U})$ et $s \mid \mathrm{V} = \sigma_{\mathscr{F}}(\mathrm{V}, v)$. Il résulte du lemme que ces ouverts V forment un recouvrement de U.

S'il existe un morphisme $\psi \colon \widetilde{\mathscr{F}} \to \mathscr{G}$ tel que $\psi \mid \mathscr{B} \circ \sigma_{\mathscr{F}} = \varphi$, alors, pour tout ouvert U de B, toute section $s \in \widetilde{\mathscr{F}}(\mathrm{U})$ et tout couple $(\mathrm{V}, v) \in \mathrm{D}(\mathrm{U}, s)$, on a $g_{\mathrm{VU}}(\psi_{\mathrm{U}}(s)) = \psi_{\mathrm{V}}(s \mid \mathrm{V}) = \varphi_{\mathrm{V}}(v)$. Cela prouve l'unicité de ψ en vertu de la propriété (F_1) des faisceaux.

Soient U un ouvert de B et s un élément de $\widetilde{\mathscr{F}}(\mathrm{U})$. Soient (V, v) et (V', v') des éléments de $\mathrm{D}(\mathrm{U}, s)$. On a $s(a) = [\mathrm{V}, v, a] = [\mathrm{V}', v', a]$ pour tout point $a \in \mathrm{V} \cap \mathrm{V}'$. Il existe donc un couple $(\mathrm{W}, w) \in \mathrm{D}(\mathrm{V} \cap \mathrm{V}', s)$ tel que $a \in \mathrm{W}$ et $f_{\mathrm{WV}}(v) = f_{\mathrm{WV}}(v') = w$. On a alors

$$g_{\mathrm{W}(\mathrm{V}\cap\mathrm{V}')} \circ g_{(\mathrm{V}\cap\mathrm{V}')\mathrm{V}}(\varphi_{\mathrm{V}}(v)) = g_{\mathrm{WV}}(\varphi_{\mathrm{V}}(v)) = \varphi_{\mathrm{W}}(f_{\mathrm{WV}}(v)) = \varphi_{\mathrm{W}}(w)$$

et de même,

$$g_{\mathrm{W}(\mathrm{V}\cap\mathrm{V}')} \circ g_{(\mathrm{V}\cap\mathrm{V}')\mathrm{V}'}(\varphi_{\mathrm{V}'}(v')) = \varphi_{\mathrm{W}}(w),$$

d'où

$$g_{\mathrm{W}(\mathrm{V}\cap\mathrm{V}')} \circ g_{(\mathrm{V}\cap\mathrm{V}')\mathrm{V}}(\varphi_{\mathrm{V}}(v)) = g_{\mathrm{W}(\mathrm{V}\cap\mathrm{V}')} \circ g_{(\mathrm{V}\cap\mathrm{V}')\mathrm{V}'}(\varphi_{\mathrm{V}'}(v')).$$

D'après la propriété (F_1) des faisceaux, on a donc

$$g_{(\mathrm{V}\cap\mathrm{V}')\mathrm{V}}(\varphi_{\mathrm{V}}(v)) = g_{(\mathrm{V}\cap\mathrm{V}')\mathrm{V}'}(\varphi_{\mathrm{V}'}(v')).$$

D'après les propriétés (F_1) et (F_2) des faisceaux, il existe un unique élément $\psi_{\mathrm{U}}(s) \in \mathscr{G}(\mathrm{U})$ tel que l'on ait :

(3) $\qquad g_{\mathrm{VU}}(\psi_{\mathrm{U}}(s)) = \varphi_{\mathrm{V}}(v) \qquad$ pour tout $(\mathrm{V}, v) \in \mathrm{D}(u, s)$.

Soit $\psi_{\mathrm{U}} : \widetilde{\mathscr{F}}(\mathrm{U}) \to \mathscr{G}(\mathrm{U})$ l'application ainsi définie. Il résulte immédiatement de (3) que la famille $\psi = (\psi_{\mathrm{U}})$ est un morphisme de faisceaux et que l'on a $\varphi_{\mathrm{V}} = \psi_{\mathrm{V}} \circ \sigma_{\mathscr{F}}(\mathrm{V})$ pour tout $\mathrm{V} \in \mathscr{B}$.

COROLLAIRE 1. — *Soient* B *un espace topologique,* $\mathscr{F}$ *un préfaisceau sur* B, $\widetilde{\mathscr{F}}$ *le faisceau associé et* $\sigma_{\mathscr{F}} : \mathscr{F} \to \widetilde{\mathscr{F}}$ *le morphisme canonique. Pour que* $\mathscr{F}$ *soit un faisceau, il faut et il suffit que* $\sigma_{\mathscr{F}}$ *soit un isomorphisme.*

Si $\sigma_{\mathscr{F}}$ est un isomorphisme, $\mathscr{F}$ est un faisceau. Inversement, si $\mathscr{F}$ est un faisceau, il existe par la proposition 3 un morphisme $\varphi : \widetilde{\mathscr{F}} \to \mathscr{F}$ tel que $\varphi \circ \sigma_{\mathscr{F}} = \mathrm{Id}_{\mathscr{F}}$. Puisque $\mathrm{Id}_{\widetilde{\mathscr{F}}}$ est l'unique morphisme $\psi : \widetilde{\mathscr{F}} \to \widetilde{\mathscr{F}}$ tel que $\psi \circ \sigma_{\mathscr{F}} = \sigma_{\mathscr{F}}$, on a alors $\sigma_{\mathscr{F}} \circ \varphi = \mathrm{Id}_{\widetilde{\mathscr{F}}}$.

Remarque. — Soient B un espace topologique, $\mathscr{F}$ un préfaisceau sur B, $\mathscr{G}$ un faisceau sur B et $\varphi : \mathscr{F} \to \mathscr{G}$ un morphisme de préfaisceaux. Le morphisme canonique $\sigma_{\mathscr{G}} : \mathscr{G} \to \widetilde{\mathscr{G}}$ est un isomorphisme d'après le corollaire 1. D'après la relation (2) de I, p. 54, l'unique morphisme $\psi : \widetilde{\mathscr{F}} \to \mathscr{G}$ tel que $\psi \circ \sigma_{\mathscr{F}} = \varphi$ est donc $\sigma_{\mathscr{G}}^{-1} \circ \widetilde{\varphi}$.

COROLLAIRE 2. — *Soient* B *un espace topologique,* $\mathscr{F}$ *et* $\mathscr{G}$ *des faisceaux sur* B *et* φ *un morphisme de faisceaux de* $\mathscr{F}$ *dans* $\mathscr{G}$. *Les assertions suivantes sont équivalentes :*

(i) φ *est un isomorphisme ;*

(ii) *Il existe une base* $\mathscr{B}$ *de la topologie de* B *telle que pour tout* $\mathrm{U} \in \mathscr{B}$, *l'application* φ_{U} *soit bijective ;*

(iii) *Pour tout point* a *de* B, *l'application* φ_a *est une bijection de la tige* $\mathscr{F}_a$ *sur la tige* $\mathscr{G}_a$.

L'implication (i)$\Rightarrow$(ii) est immédiate.

(ii)⇒(iii) : considérons le diagramme commutatif (I, p. 51)

$$\begin{array}{ccc} E_{\mathscr{F}|\mathscr{B}} & \xrightarrow{E(\varphi|\mathscr{B})} & E_{\mathscr{G}|\mathscr{B}} \\ \downarrow & & \downarrow \\ E_{\mathscr{F}} & \xrightarrow{E(\varphi)} & E_{\mathscr{G}}, \end{array}$$

où les flèches verticales sont les B-isomorphismes canoniques. Si la condition (ii) est satisfaite, $E(\varphi \mid \mathscr{B})$ est un B-isomorphisme, donc $E(\varphi)$ en est un également. Les applications φ_a se déduisent de $E(\varphi)$ par passage aux fibres et sont alors bijectives.

(iii)⇒(i) : sous l'hypothèse (iii), l'application $E(\varphi)\colon E_{\mathscr{F}} \to E_{\mathscr{G}}$ est un B-morphisme bijectif d'espaces étalés donc est un B-isomorphisme (I, p. 30, cor. 2 de la prop. 6). Par suite, le morphisme $\widetilde{\varphi}\colon \widetilde{\mathscr{F}} \to \widetilde{\mathscr{G}}$ est un isomorphisme. Comme $\mathscr{F}$ et $\mathscr{G}$ sont des faisceaux, les morphismes canoniques $\sigma_{\mathscr{F}}\colon \mathscr{F} \to \widetilde{\mathscr{F}}$ et $\sigma_{\mathscr{G}}\colon \mathscr{G} \to \widetilde{\mathscr{G}}$ sont des isomorphismes (corollaire 1) et l'on a $\widetilde{\varphi} \circ \sigma_{\mathscr{F}} = \sigma_{\mathscr{G}} \circ \varphi$ (I, p. 54, relation (2)) donc φ est un isomorphisme.

Scholie. — Soit B un espace topologique. À tout faisceau $\mathscr{F}$ sur B, on associe un B-espace étalé $E_{\mathscr{F}}$ (I, p. 50, déf. 4). À tout B-espace étalé T, on associe le faisceau $\underline{\mathscr{L}}(T)$ sur B de ses sections continues (I, p. 45, exemple 3). On a défini un isomorphisme canonique de faisceaux $\sigma_{\mathscr{F}}\colon \mathscr{F} \to \underline{\mathscr{L}}(E_{\mathscr{F}})$ (I, p. 55, cor. 1) et un isomorphisme canonique de B-espaces étalés $e_T\colon E_{\underline{\mathscr{L}}(T)} \to T$ (I, p. 52, exemple 2).

Pour tout couple $(\mathscr{F}, \mathscr{G})$ de faisceaux sur B, on a défini (I, p. 50) une application $\varphi \mapsto E(\varphi)$ de l'ensemble des morphismes de faisceaux de $\mathscr{F}$ dans $\mathscr{G}$ dans l'ensemble des B-morphismes de $E_{\mathscr{F}}$ dans $E_{\mathscr{G}}$. On a les relations

$$E(\mathrm{Id}_{\mathscr{F}}) = \mathrm{Id}_{E_{\mathscr{F}}}, \qquad E(\psi \circ \varphi) = E(\psi) \circ E(\varphi).$$

Pour tout couple (T, U) de B-espaces étalés, on a défini (I, p. 48, exemple 1) une application $f \mapsto \underline{\mathscr{L}}(f)$ de l'ensemble des B-morphismes de T dans U dans l'ensemble des morphismes de faisceaux de $\underline{\mathscr{L}}(T)$ dans $\underline{\mathscr{L}}(U)$. On a les relations

$$\underline{\mathscr{L}}(\mathrm{Id}_T) = \mathrm{Id}_{\underline{\mathscr{L}}(T)}, \qquad \underline{\mathscr{L}}(g \circ f) = \underline{\mathscr{L}}(g) \circ \underline{\mathscr{L}}(f).$$

Avec les notations précédentes, les diagrammes suivants sont commutatifs :

$$(4)\qquad \begin{array}{ccc} \mathscr{F} & \xrightarrow{\varphi} & \mathscr{G} \\ \big\downarrow{\scriptstyle \sigma_{\mathscr{F}}} & & \big\downarrow{\scriptstyle \sigma_{\mathscr{G}}} \\ \underline{\mathscr{L}}(\mathrm{E}_{\mathscr{F}}) & \xrightarrow{\mathscr{L}(\mathrm{E}(\varphi))} & \underline{\mathscr{L}}(\mathrm{E}_{\mathscr{G}}), \end{array} \qquad\qquad (5)\qquad \begin{array}{ccc} \mathrm{E}_{\underline{\mathscr{L}}(\mathrm{T})} & \xrightarrow{\mathrm{E}(\underline{\mathscr{L}}(f))} & \mathrm{E}_{\underline{\mathscr{L}}(\mathrm{U})} \\ \big\downarrow{\scriptstyle e_{\mathrm{T}}} & & \big\downarrow{\scriptstyle e_{\mathrm{U}}} \\ \mathrm{T} & \xrightarrow{f} & \mathrm{U}. \end{array}$$

Cela résulte de I, p. 54, formule (2) pour le premier et c'est une conséquence immédiate des définitions pour le second. Cela implique que pour tout couple $(\mathscr{F}, \mathscr{G})$ de faisceaux sur B et tout couple (T, U) de B-espaces étalés, les applications $\varphi \mapsto \mathrm{E}(\varphi)$ et $f \mapsto \underline{\mathscr{L}}(f)$ considérées ci-dessus sont bijectives.

Ces résultats permettent de déduire un énoncé relatif aux B-espaces étalés d'un énoncé relatif aux faisceaux sur B, et réciproquement.

7. Image directe et image réciproque d'un faisceau

Soient A et B des espaces topologiques et $u\colon \mathrm{A} \to \mathrm{B}$ une application continue.

Soit $\mathscr{F} = (\mathscr{F}(\mathrm{U}), f_{\mathrm{UV}})$ un préfaisceau sur A. On définit un préfaisceau $\mathscr{F}'$ sur B de la façon suivante : pour tout ouvert U de B, posons $\mathscr{F}'(\mathrm{U}) = \mathscr{F}(\overset{-1}{u}(\mathrm{U}))$ et pour tout couple (U, V) d'ouverts de B tel que $\mathrm{U} \subset \mathrm{V}$, posons $f'_{\mathrm{UV}} = f_{\overset{-1}{u}(\mathrm{U})\overset{-1}{u}(\mathrm{V})}$. Alors $(\mathscr{F}'(\mathrm{U}), f'_{\mathrm{UV}})$ est un préfaisceau sur B. On le note $u_*(\mathscr{F})$ et on l'appelle le *préfaisceau image directe du préfaisceau* $\mathscr{F}$ *par l'application* u.

Si $(\mathrm{U}_i)_{i\in\mathrm{I}}$ est une famille d'ouverts de B, on a $\overset{-1}{u}(\bigcup_{i\in\mathrm{I}} \mathrm{U}_i) = \bigcup_{i\in\mathrm{I}} \overset{-1}{u}(\mathrm{U}_i)$ et $\overset{-1}{u}(\bigcap_{i\in\mathrm{I}} \mathrm{U}_i) = \bigcap_{i\in\mathrm{I}} \overset{-1}{u}(\mathrm{U}_i)$ (E, II, p. 25, prop. 3 et 4). Il en résulte aussitôt que, si $\mathscr{F}$ jouit de la propriété (F_1) (resp. (F_2)) des faisceaux (I, p. 43), il en est de même de $u_*(\mathscr{F})$. Par suite, l'image directe d'un faisceau est un faisceau.

Soient $\mathscr{F}_1$ et $\mathscr{F}_2$ des préfaisceaux sur A et soit $\varphi\colon \mathscr{F}_1 \to \mathscr{F}_2$ un morphisme de préfaisceaux. Il existe alors un unique morphisme de préfaisceaux $u_*\varphi\colon u_*\mathscr{F}_1 \to u_*\mathscr{F}_2$ tel que pour tout ouvert U de B, l'application $(u_*\varphi)(\mathrm{U})\colon (u_*\mathscr{F}_1)(\mathrm{U}) \to (u_*\mathscr{F}_2)(\mathrm{U})$ soit l'application $\varphi(\overset{-1}{u}(\mathrm{U}))\colon \mathscr{F}_1(\overset{-1}{u}(\mathrm{U})) \to \mathscr{F}_2(\overset{-1}{u}(\mathrm{U}))$. Si $\mathscr{F}_3$ est un préfaisceau sur A et si $\psi\colon \mathscr{F}_2 \to \mathscr{F}_3$ est un morphisme de préfaisceaux, on a $u_*(\psi \circ \varphi) = u_*(\psi) \circ u_*(\varphi)$.

Soit C un espace topologique et soit $v\colon \mathrm{B} \to \mathrm{C}$ une application continue. Si $\mathscr{F}$ est un préfaisceau sur A, les préfaisceaux $v_*(u_*(\mathscr{F}))$ et $(v \circ u)_*(\mathscr{F})$ coïncident. Si $\varphi\colon \mathscr{F}_1 \to \mathscr{F}_2$ est un morphisme de préfaisceaux sur A, on a l'égalité $v_*(u_*(\varphi)) = (v \circ u)_*(\varphi)$.

Exemple 1. — Soient B un espace topologique, A un sous-espace de B et $\mathscr{F} = (\mathscr{F}(\mathrm{U}), f_{\mathrm{UV}})$ un préfaisceau sur A. Notons $i\colon \mathrm{A} \to \mathrm{B}$ l'injection canonique. On a alors $i_*(\mathscr{F}) = (\mathscr{F}'(\mathrm{U}), f'_{\mathrm{UV}})$ où pour tout ouvert U de B, $\mathscr{F}'(\mathrm{U}) = \mathscr{F}(\mathrm{U} \cap \mathrm{A})$, et pour tout couple (U, V) d'ouverts de B avec $\mathrm{U} \subset \mathrm{V}$, $f'_{\mathrm{UV}} = f_{(\mathrm{U}\cap\mathrm{A})(\mathrm{V}\cap\mathrm{A})}$.

Soit maintenant $\mathscr{G}$ un préfaisceau sur B. On appelle *image réciproque du préfaisceau* $\mathscr{G}$ *par* u, et l'on note $u^*(\mathscr{G})$ le *faisceau* $\underline{\mathscr{C}}_{\mathrm{B}}(\mathrm{A}; \mathrm{E}_{\mathscr{G}})$ sur A des B-morphismes à valeurs dans le B-espace $\mathrm{E}_{\mathscr{G}}$ (I, p. 45, exemple 4). Il est canoniquement isomorphe au faisceau sur A des sections du A-espace étalé $\mathrm{A} \times_{\mathrm{B}} \mathrm{E}_{\mathscr{G}}$ (I, p. 9, prop. 3). On en déduit (I, p. 52, exemple 2) un isomorphisme canonique φ de l'espace étalé associé à $u^*(\mathscr{G})$ sur le A-espace $\mathrm{A} \times_{\mathrm{B}} \mathrm{E}_{\mathscr{G}}$. Si de plus $\mathscr{G}$ est un faisceau, on a pour tout point a de A une bijection canonique $\psi_a\colon u^*(\mathscr{G})_a \to \mathscr{G}_{u(a)}$: pour tout voisinage ouvert U de a dans A et tout B-morphisme $f\colon \mathrm{U} \to \mathrm{E}_{\mathscr{G}}$, on a

$$\varphi([\mathrm{U}, f, a]) = (a, f(a)), \qquad \psi_a([\mathrm{U}, f, a]) = f(a).$$

Soient $\mathscr{G}_1$ et $\mathscr{G}_2$ des préfaisceaux sur B et $\varphi\colon \mathscr{G}_1 \to \mathscr{G}_2$ un morphisme de préfaisceaux. On déduit par changement de base du morphisme de B-espaces étalés $\mathrm{E}(\varphi)\colon \mathrm{E}_{\mathscr{G}_1} \to \mathrm{E}_{\mathscr{G}_2}$ un morphisme de A-espaces étalés $\mathrm{A} \times_{\mathrm{B}} \mathrm{E}_{\mathscr{G}_1} \to \mathrm{A} \times_{\mathrm{B}} \mathrm{E}_{\mathscr{G}_2}$, d'où un morphisme de faisceaux sur A, $u^*(\varphi)\colon u^*(\mathscr{G}_1) \to u^*(\mathscr{G}_2)$. Soient $\mathscr{G}_3$ un préfaisceau sur B et $\psi\colon \mathscr{G}_2 \to \mathscr{G}_3$ un morphisme de préfaisceaux. On a alors l'égalité $u^*(\psi \circ \varphi) = u^*(\psi) \circ u^*(\varphi)$.

Soit C un espace topologique et soit $v\colon \mathrm{B} \to \mathrm{C}$ une application continue. Si $\mathscr{G}$ est un préfaisceau sur C, les faisceaux $u^*(v^*(\mathscr{G}))$ et $(v \circ u)^*(\mathscr{G})$ s'identifient canoniquement (I, p. 5). Si $\varphi\colon \mathscr{G}_1 \to \mathscr{G}_2$ est un morphisme de préfaisceaux sur C, on a de plus $u^*(v^*(\varphi)) = (v \circ u)^*(\varphi)$.

Remarque. — Le morphisme canonique $\sigma_{\mathscr{G}}\colon \mathscr{G} \to \widetilde{\mathscr{G}}$ de I, p. 53 correspond en termes d'espaces étalés à l'isomorphisme $j_{\mathscr{G}}$ de la proposition 2 de I, p. 53. Il en résulte que $u^*(\sigma_{\mathscr{G}})$ est un isomorphisme. En particulier si $A = B$ et $u = \mathrm{Id}_A$, le préfaisceau $u^*(\mathscr{F})$ est le faisceau $\widetilde{\mathscr{F}}$.

Exemple 2. — Soient B un espace topologique et A un sous-espace de B. Notons $i\colon A \to B$ l'injection canonique. Pour tout faisceau $\mathscr{G}$ sur B, on note $\mathscr{G}_A$ le faisceau $i^*(\mathscr{G})$ et on dit que $\mathscr{G}_A$ est le *faisceau sur* A *induit par le faisceau* $\mathscr{G}$. Le faisceau $\mathscr{G}_A$ s'identifie au faisceau $\underline{\mathscr{L}}(A; (E_{\mathscr{G}})_A)$ des sections du A-espace étalé induit par $E_{\mathscr{G}}$ au-dessus de A.

Supposons que A soit un sous-espace ouvert de B et soit $\mathscr{G}$ un faisceau sur B. Par définition, le faisceau $\mathscr{G}_A$ est le faisceau $\widetilde{\mathscr{G}} \mid A$ déduit de $\widetilde{\mathscr{G}}$ par restriction à l'ouvert A (I, p. 43). Soit $\sigma_{\mathscr{G}}\colon \mathscr{G} \to \widetilde{\mathscr{G}}$ l'isomorphisme canonique (I, p. 55, cor. 1). Alors, $\sigma_{\mathscr{G}} \mid A$ est un isomorphisme, dit canonique, du faisceau $\mathscr{G} \mid A$ sur le faisceau $\mathscr{G}_A$ que l'on appelle l'isomorphisme canonique de $\mathscr{G} \mid A$ sur $\mathscr{G}_A$.

8. Les homomorphismes α et β ; adjonction

Soient A et B des espaces topologiques et soit $u\colon A \to B$ une application continue. Soit $\mathscr{G}$ un préfaisceau sur B. Par définition de l'image directe de préfaisceaux, une section du faisceau $u_*u^*\mathscr{G}$ au-dessus d'un ouvert U de B est une section du faisceau $u^*\mathscr{G}$ au-dessus de l'ouvert $\overset{-1}{u}(U)$ de A, c'est-à-dire un B-morphisme $\overset{-1}{u}(U) \to E_{\mathscr{G}}$. On définit ainsi un morphisme de faisceaux $\widetilde{\mathscr{G}} \to u_*u^*\mathscr{G}$ en associant à la section s de $E_{\mathscr{G}}$ au-dessus d'un ouvert U de B la section $s \circ u$ de $E_{\mathscr{G}}$ au-dessus de $\overset{-1}{u}(U)$. La composition de ce morphisme et du morphisme canonique $\sigma_{\mathscr{G}}\colon \mathscr{G} \to \widetilde{\mathscr{G}}$ (I, p. 53) est un morphisme de préfaisceaux $\mathscr{G} \to u_*u^*\mathscr{G}$ que l'on notera $\beta^u_{\mathscr{G}}$, voire $\beta_{\mathscr{G}}$ s'il n'y a pas d'ambiguïté sur l'application u.

Remarques. — 1) Soient A, B, C des espaces topologiques, soient $u\colon A \to B$, $v\colon B \to C$ des applications continues ; posons $w = v \circ u$. Soit $\mathscr{G}$ un préfaisceau sur C.

Soient U un ouvert de C et s une section de $E_{\mathscr{G}}$ au-dessus de U. Alors, $\beta^v_{\mathscr{G}}(s)$ est la section $s \circ v$ de $E_{\mathscr{G}}$ au-dessus de $\overset{-1}{v}(U)$, et $v_*(\beta^u_{v^*\mathscr{G}})(\beta^v_{\mathscr{G}}(s))$ est la section $s \circ v \circ u = s \circ w$ de $E_{\mathscr{G}}$ au-dessus de $\overset{-1}{u}(\overset{-1}{v}(U)) = \overset{-1}{w}(U)$.

Il en résulte l'égalité $\beta^w_{\mathscr{G}} = v_*(\beta^u_{v^*\mathscr{G}}) \circ \beta^v_{\mathscr{G}}$.

2) Si $\gamma\colon \mathscr{G}_1 \to \mathscr{G}_2$ est un morphisme de préfaisceaux sur B, les morphismes de préfaisceaux $\beta_{\mathscr{G}_2} \circ \gamma$ et $u_*u^*(\gamma) \circ \beta_{\mathscr{G}_1}$ sont égaux. En effet, si V est un ouvert de B et $s \in \mathscr{G}_1(\mathrm{V})$, $\beta_{\mathscr{G}_1}(s)$ est la section t de $\mathrm{A} \times_{\mathrm{B}} \mathrm{E}_{\mathscr{G}_1}$ au-dessus de $\overset{-1}{u}(\mathrm{V})$, définie par $x \mapsto (x, [\mathrm{V}, s, u(x)])$. L'image de t par $u^*(\gamma)$ est ainsi la section de $\mathrm{A} \times_{\mathrm{B}} \mathrm{E}_{\mathscr{G}_2}$ au-dessus de $\overset{-1}{u}(\mathrm{V})$ donnée par $x \mapsto (x, [\mathrm{V}, \gamma(s), u(x)])$. Il en résulte bien que $u_*u^*(\gamma) \circ \beta_{\mathscr{G}_1}(s) = \beta_{\mathscr{G}_2}(\gamma(s))$.

PROPOSITION 4. — *Soient* A *et* B *des espaces topologiques,* $u\colon \mathrm{A} \to \mathrm{B}$ *une application continue,* $\mathscr{G}$ *un préfaisceau sur* B, $\mathscr{F}$ *un faisceau sur* A.

Pour tout morphisme de préfaisceaux $\varphi\colon \mathscr{G} \to u_*\mathscr{F}$, *il existe un unique morphisme de faisceaux* $\psi\colon u^*(\mathscr{G}) \to \mathscr{F}$ *tel que* $\varphi = u_*(\psi) \circ \beta_{\mathscr{G}}$.

Autrement dit, l'application canonique

$$\mathrm{Mor}(u^*(\mathscr{G}), \mathscr{F}) \to \mathrm{Mor}(\mathscr{G}, u_*(\mathscr{F})), \qquad \psi \mapsto u_*(\psi) \circ \beta_{\mathscr{G}}$$

est une *bijection.*

Avec les notations de la proposition 4, on notera parfois $\psi = \varphi^\sharp$ et $\varphi = \psi^\flat$.

Démontrons la proposition 4. D'après la remarque 2 appliquée au morphisme $\sigma_{\mathscr{G}}\colon \mathscr{G} \to \widetilde{\mathscr{G}}$, le morphisme $\beta_{\mathscr{G}}$ est égal à la composition

$$u_*(u^*(\sigma_{\mathscr{G}})^{-1}) \circ \beta_{\widetilde{\mathscr{G}}} \circ \sigma_{\mathscr{G}},$$

où $u^*(\sigma_{\mathscr{G}})\colon u^*(\mathscr{G}) \to u^*(\widetilde{\mathscr{G}})$ est l'isomorphisme canonique de la remarque de I, p. 58. Soit $\widetilde{\varphi}\colon \widetilde{\mathscr{G}} \to u_*\mathscr{F}$ l'unique morphisme de faisceaux tel que $\widetilde{\varphi} \circ \sigma_{\mathscr{G}} = \varphi$ (I, p. 54, prop. 3). Il suffit alors de montrer qu'il existe un unique morphisme de faisceaux $\widetilde{\psi}\colon u^*(\mathscr{G}) \to \mathscr{F}$ tel que $u_*(\widetilde{\psi}) \circ \beta_{\widetilde{\mathscr{G}}} = \widetilde{\varphi}$.

Nous pouvons donc supposer que $\mathscr{G}$ est un *faisceau.* Pour qu'un morphisme de faisceaux $\psi\colon u^*(\mathscr{G}) \to \mathscr{F}$ satisfasse à la conclusion de la proposition 4, il faut et il suffit que pour tout ouvert V de B et toute section t de $\mathrm{E}_{\mathscr{G}}$ au-dessus de V, on ait

$$\text{(6)} \qquad \varphi_{\mathrm{V}}(t) = \psi_{\overset{-1}{u}(\mathrm{V})}(t \circ u \mid \overset{-1}{u}(\mathrm{V})).$$

Soit U_0 un ouvert de A et s_0 un élément de $u^*(\mathscr{G})(\mathrm{U}_0)$, autrement dit un B-morphisme de U_0 dans $\mathrm{E}_{\mathscr{G}}$. Soit $\mathrm{S}(\mathrm{U}_0, s_0)$ l'ensemble des triplets $(\mathrm{U}, \mathrm{V}, t)$ où U est un ouvert de A contenu dans U_0, V est un ouvert de B tel que $u(\mathrm{U}) \subset \mathrm{V}$ et t une section de $\mathrm{E}_{\mathscr{G}}$ au-dessus de V telle que l'on ait

$$t \circ u \mid \mathrm{U} = s_0 \mid \mathrm{U}. \tag{7}$$

Si U_1 et U_2 sont des ouverts de A avec $\mathrm{U}_1 \subset \mathrm{U}_2$, notons $f_{\mathrm{U}_1\mathrm{U}_2}$ l'application de restriction $\mathscr{F}(\mathrm{U}_2) \to \mathscr{F}(\mathrm{U}_1)$. Pour tout $(\mathrm{U}, \mathrm{V}, t) \in \mathrm{S}(\mathrm{U}_0, s_0)$, on a alors la relation

$$\begin{aligned} f_{\mathrm{UU}_0}(\psi_{\mathrm{U}_0}(s_0)) &= \psi_{\mathrm{U}}(s_0 \mid \mathrm{U}) \\ &= \psi_{\mathrm{U}}(t \circ u \mid \mathrm{U}) \\ &= f_{\mathrm{U}\overset{-1}{u}(\mathrm{V})}(\psi_{\overset{-1}{u}(\mathrm{V})}(t \circ u \mid \overset{-1}{u}(\mathrm{V}))). \end{aligned}$$

Par suite, si $\psi \colon u^*(\mathscr{G}) \to \mathscr{F}$ satisfait à (6), on a

$$f_{\mathrm{UU}_0}(\psi_{\mathrm{U}_0}(s_0)) = f_{\mathrm{U}\overset{-1}{u}(\mathrm{V})}(\varphi_{\mathrm{V}}(t)). \tag{8}$$

Démontrons que, pour tout point a de U_0, il existe un triplet $(\mathrm{U}, \mathrm{V}, t) \in \mathrm{S}(\mathrm{U}_0, s_0)$ tel que $a \in \mathrm{U}$. Soit en effet a un point de U_0. Il existe un voisinage ouvert V de B contenant $u(a)$ et une section t de l'espace étalé $\mathrm{E}_{\mathscr{G}}$ au-dessus de V telle que $t(u(a)) = s_0(a)$ (I, p. 33, prop. 9). Soit $\mathrm{U}_1 = \overset{-1}{u}(\mathrm{V}) \cap \mathrm{U}_0$. Les sections $s_0 \mid \mathrm{U}_1$ et $t \circ u \mid \mathrm{U}_1$ du U_1-espace étalé $\mathrm{E}_{\mathscr{G}} \times_{\mathrm{B}} \mathrm{U}_1$ coïncident au point a. D'après la proposition 11, b) de I, p. 34, l'ensemble des points où elles coïncident est un ouvert U de U_1 qui contient a. Le triplet $(\mathrm{U}, \mathrm{V}, t)$ appartient alors à $\mathrm{S}(\mathrm{U}_0, s_0)$.

La formule (8) et la propriété (F_1) des faisceaux (I, p. 43) entraînent alors l'unicité de ψ.

Soient $(\mathrm{U}, \mathrm{V}, t)$ et $(\mathrm{U}', \mathrm{V}', t')$ des éléments de $\mathrm{S}(\mathrm{U}_0, s_0)$. D'après la relation (7), les restrictions à $u(\mathrm{U} \cap \mathrm{U}')$ de t et t' coïncident. D'après la prop. 11, b) de I, p. 34, il existe un ouvert W de B tel que $u(\mathrm{U} \cap \mathrm{U}') \subset \mathrm{W} \subset \mathrm{V} \cap \mathrm{V}'$ et que $t \mid \mathrm{W} = t' \mid \mathrm{W}$. On a donc

$$f_{\overset{-1}{u}(\mathrm{W})\overset{-1}{u}(\mathrm{V})}(\varphi_{\mathrm{V}}(t)) = \varphi_{\mathrm{W}}(t \mid \mathrm{W}) = \varphi_{\mathrm{W}}(t' \mid \mathrm{W}) = f_{\overset{-1}{u}(\mathrm{W})\overset{-1}{u}(\mathrm{V}')}(\varphi_{\mathrm{V}'}(t'))$$

d'où

$$f_{(\mathrm{U}\cap\mathrm{U}')\overset{-1}{u}(\mathrm{V})}(\varphi_{\mathrm{V}}(t)) = f_{(\mathrm{U}\cap\mathrm{U}')\overset{-1}{u}(\mathrm{V}')}(\varphi_{\mathrm{V}'}(t')). \tag{9}$$

D'après les propriétés (F_1) et (F_2) pour le faisceau $\mathscr{F}$, il existe un unique élément s' de $\mathscr{F}(\mathrm{U}_0)$ tel que pour tout triplet $(\mathrm{U}, \mathrm{V}, t)$ de

$S(U_0, s_0)$, on ait :

$$(10) \qquad f_{UU_0}(s') = f_{U\overset{-1}{u}(V)}(\varphi_V(t)).$$

Notons $\psi_{U_0}(s_0)$ cet élément.

Soit U_1 un ouvert contenu dans U_0 et soit $s_1 = s_0 \,|\, U_1$. Si $(U, V, t) \in S(U_1, s_1)$, U est un ouvert contenu dans U_0 et $t \circ u \,|\, U = s_1 \,|\, U = s_0 \,|\, U$, donc $(U, v, t) \in S(U_0, s_0)$ et la relation (10) entraîne alors que

$$f_{UU_1}(f_{U_1U_0}(\psi_{U_0}(s_0))) = f_{UU_0}(\psi_{U_0}(s_0)) = f_{U\overset{-1}{u}(V)}(\varphi_V(t)).$$

Par définition de $\psi_{U_1}(s_1)$, on a donc $\psi_{U_1}(s_1) = f_{U_1U_0}(\psi_{U_0}(s_0))$. Cela prouve que la famille $\psi = (\psi_U)$ est un morphisme de faisceaux de $u^*(\mathscr{G})$ dans $\mathscr{F}$.

Démontrons que ψ satisfait à la relation (6). Soient ainsi V un ouvert de B et t une section de $E_{\mathscr{G}}$ au-dessus de V. Si $U = \overset{-1}{u}(V)$ et si $s = t \circ u \,|\, U$, le triplet (U, V, t) appartient à $S(U, s)$ et la relation (6) est conséquence immédiate de la relation (10), appliquée à $U = U_0$.

PROPOSITION 5. — *Soient* A *et* B *des espaces topologiques et soit* $u\colon A \to B$ *une application continue.*

a) *Soient* $\mathscr{G}_1$ *et* $\mathscr{G}_2$ *des préfaisceaux sur* B *et soit* $\gamma\colon \mathscr{G}_1 \to \mathscr{G}_2$ *un morphisme de préfaisceaux. Soient encore* $\mathscr{F}$ *un faisceau sur* A *et* $\varphi\colon \mathscr{G}_2 \to u_*\mathscr{F}$ *un morphisme de préfaisceaux. On a l'égalité*

$$(11) \qquad (\varphi \circ \gamma)^\sharp = \varphi^\sharp \circ u^*(\gamma).$$

b) *Soient* $\mathscr{F}_1$, $\mathscr{F}_2$ *des faisceaux sur* A *et soit* $\mathscr{G}$ *un préfaisceau sur* B. *Soit* $\varphi\colon \mathscr{F}_1 \to \mathscr{F}_2$ *un morphisme de faisceaux et soit* $\gamma\colon \mathscr{G} \to u_*\mathscr{F}_1$ *un morphisme de préfaisceaux. On a la relation*

$$(u_*(\varphi) \circ \gamma)^\sharp = \varphi \circ \gamma^\sharp .$$

a) Par définition de $\varphi^\sharp$ et la remarque 2 de I, p. 60, on a

$$\varphi \circ \gamma = u_*(\varphi^\sharp) \circ \beta_{\mathscr{G}_2} \circ \gamma = u_*(\varphi^\sharp) \circ u_*u^*(\gamma) \circ \beta_{\mathscr{G}_1}.$$

Par suite, $\varphi \circ \gamma = u_*(\varphi^\sharp \circ u^*(\gamma)) \circ \beta_{\mathscr{G}_1}$, d'où la relation (11).

b) Par définition de $\gamma^\sharp$, on a

$$u_*(\varphi) \circ \gamma = u_*(\varphi) \circ u_*(\gamma^\sharp) \circ \beta_{\mathscr{G}} = u_*(\varphi \circ \gamma^\sharp) \circ \beta_{\mathscr{G}} ,$$

d'où la relation annoncée, compte tenu de la définition de $(u_*(\varphi) \circ \gamma)^\sharp$.

Posons $\alpha_{\mathscr{F}} = \mathrm{Id}^{\sharp}_{u_*(\mathscr{F})}$; c'est l'unique morphisme de faisceaux $\rho\colon u^*(u_*(\mathscr{F})) \to \mathscr{F}$ tel que

$$\mathrm{Id}_{u_*(\mathscr{F})} = u_*(\rho) \circ \beta_{u_*(\mathscr{F})}.$$

La relation (11) appliquée à $\mathscr{G}_2 = u_*(\mathscr{F})$ et au morphisme $\varphi = \mathrm{Id}_{u_*(\mathscr{F})}$ fournit pour tout morphisme de préfaisceaux de $\gamma\colon \mathscr{G} \to u_*(\mathscr{F})$ la factorisation

$$\gamma^{\sharp} = \alpha_{\mathscr{F}} \circ u^*(\gamma).$$

Il résulte alors de la proposition 4 que pour tout morphisme de faisceaux ψ de $u^*(\mathscr{G})$ dans $\mathscr{F}$, $\psi^{\flat}$ est l'unique morphisme $\varphi\colon \mathscr{G} \to u_*(\mathscr{F})$ tel que $\psi = \alpha_{\mathscr{F}} \circ u^*(\varphi)$.

Exemples. — 1) Considérons un espace topologique B, un sous-espace A de B, notons $i\colon \mathrm{A} \to \mathrm{B}$ l'injection canonique. Soient (E, p) et (E', p') des B-espaces. Prenons pour $\mathscr{G}$ le faisceau $\underline{\mathscr{M}or}_{\mathrm{B}}(\mathrm{E}; \mathrm{E}')$ (I, p. 45, exemple 4) et pour $\mathscr{F}$ le faisceau $\underline{\mathscr{M}or}_{\mathrm{A}}(\mathrm{E}_{\mathrm{A}}; \mathrm{E}'_{\mathrm{A}})$. Pour tout ouvert V de B et tout V-morphisme $f\colon \mathrm{E}_{\mathrm{V}} \to \mathrm{E}'_{\mathrm{V}}$, posons $\varphi_{\mathrm{V}}(f) = f_{\mathrm{V}\cap\mathrm{A}}$, où $f_{\mathrm{V}\cap\mathrm{A}}$ est le $(\mathrm{V} \cap \mathrm{A})$-morphisme de $\mathrm{E}_{\mathrm{V}\cap\mathrm{A}}$ dans $\mathrm{E}'_{\mathrm{V}\cap\mathrm{A}}$ induit par f. La famille $\varphi = (\varphi_{\mathrm{V}})$ ainsi définie est un morphisme de faisceaux de $\mathscr{G}$ dans $i_*\mathscr{F}$. D'après la proposition 4, il existe un unique morphisme de faisceaux $\psi\colon \underline{\mathscr{M}or}_{\mathrm{B}}(\mathrm{E}; \mathrm{E}')_{\mathrm{A}} \to \underline{\mathscr{M}or}_{\mathrm{A}}(\mathrm{E}_{\mathrm{A}}; \mathrm{E}'_{\mathrm{A}})$ tel que l'on ait

$$\psi_{\mathrm{V}\cap\mathrm{A}}(\sigma_{\mathscr{G}}(\mathrm{V}, f) \mid \mathrm{V} \cap \mathrm{A}) = f_{\mathrm{V}\cap\mathrm{A}} \tag{12}$$

pour tout ouvert V de B et tout $f \in \mathscr{C}_{\mathrm{V}}(\mathrm{E}_{\mathrm{V}}; \mathrm{E}'_{\mathrm{V}})$. Le morphisme ψ est appelé *morphisme canonique* de $\underline{\mathscr{M}or}_{\mathrm{B}}(\mathrm{E}; \mathrm{E}')_{\mathrm{A}}$ dans $\underline{\mathscr{M}or}_{\mathrm{A}}(\mathrm{E}_{\mathrm{A}}; \mathrm{E}'_{\mathrm{A}})$.

Si A est réduit à un point a, ce morphisme s'identifie au morphisme de la tige en a du faisceau $\underline{\mathscr{M}or}_{\mathrm{B}}(\mathrm{E}; \mathrm{E}')$ sur l'ensemble $\mathscr{C}(\mathrm{E}_a; \mathrm{E}'_a)$.

Par passage aux sous-faisceaux, le morphisme ψ induit un morphisme canonique de $\underline{\mathscr{I}som}_{\mathrm{B}}(\mathrm{E}; \mathrm{E}')_{\mathrm{A}}$ dans $\underline{\mathscr{I}som}_{\mathrm{A}}(\mathrm{E}_{\mathrm{A}}; \mathrm{E}'_{\mathrm{A}})$.

2) Soient A, B, C des espaces topologiques et soient $u\colon \mathrm{A} \to \mathrm{B}$, $v\colon \mathrm{B} \to \mathrm{C}$ des applications continues ; posons $w = v \circ u$. Soient E et E′ des C-espaces. Le morphisme canonique de $\underline{\mathscr{M}or}_{\mathrm{C}}(\mathrm{E}; \mathrm{E}')_{\mathrm{A}}$ dans $\underline{\mathscr{M}or}_{\mathrm{A}}(\mathrm{E}_{\mathrm{A}}; \mathrm{E}'_{\mathrm{A}})$ est le morphisme composé du morphisme $\underline{\mathscr{M}or}_{\mathrm{C}}(\mathrm{E}; \mathrm{E}')_{\mathrm{A}} \to \underline{\mathscr{M}or}_{\mathrm{B}}(\mathrm{E}_{\mathrm{B}}; \mathrm{E}'_{\mathrm{B}})_{\mathrm{A}}$ déduit du morphisme canonique de $\underline{\mathscr{M}or}_{\mathrm{C}}(\mathrm{E}; \mathrm{E}')_{\mathrm{B}}$ dans $\underline{\mathscr{M}or}_{\mathrm{B}}(\mathrm{E}_{\mathrm{B}}; \mathrm{E}'_{\mathrm{B}})$ et du morphisme canonique de $\underline{\mathscr{M}or}_{\mathrm{B}}(\mathrm{E}_{\mathrm{B}}, \mathrm{E}'_{\mathrm{B}})_{\mathrm{A}}$ dans $\underline{\mathscr{M}or}_{\mathrm{A}}(\mathrm{E}_{\mathrm{A}}, \mathrm{E}'_{\mathrm{A}})$.

9. Faisceaux mous

DÉFINITION 5. — *Soit* $p\colon \mathrm{E} \to \mathrm{B}$ *une application étale. On dit que l'application* p *est* molle, *ou que le* B*-espace étalé* (E, p) *est* mou *si toute section continue de* p *au-dessus d'un sous-espace fermé de* B *se prolonge en une section continue de* p *au-dessus de* B.

Soit $\mathscr{F}$ *un faisceau sur* B. *On dit que* $\mathscr{F}$ *est un* faisceau mou *si l'espace étalé associé (I, p. 50, déf. 4) est mou.*

Soit $\mathscr{F}$ un faisceau sur B. Le faisceau $\mathscr{F}$ est mou si et seulement si pour tout fermé Z de B, tout voisinage ouvert U de Z et tout $s \in \mathscr{F}(\mathrm{U})$, il existe $t \in \mathscr{F}(\mathrm{B})$ et un voisinage ouvert V de Z contenu dans U tel que $s \mid \mathrm{V} = t \mid \mathrm{V}$.

Si $\mathscr{F}$ est un faisceau mou, $\mathscr{F}(\mathrm{B})$ est non vide : en effet, l'unique section de l'espace étalé $\mathrm{E}_{\mathscr{F}}$ associé à $\mathscr{F}$ au-dessus de $\varnothing$ se prolonge en une section continue de $\mathrm{E}_{\mathscr{F}}$ au-dessus de B.

Soit $p\colon \mathrm{E} \to \mathrm{B}$ une application étale et soit A un sous-espace fermé de B. Si p est molle, l'application $p_{\mathrm{A}}\colon \overset{-1}{p}(\mathrm{A}) \to \mathrm{A}$ est molle. De façon équivalente, si $\mathscr{F}$ est un faisceau mou sur B, le faisceau induit sur un sous-espace fermé A est mou.

PROPOSITION 6. — *Soient* B *un espace topologique,* $\mathscr{F}$ *un faisceau sur* B *et* $(\mathrm{A}_i)_{i\in\mathrm{I}}$ *un recouvrement fermé localement fini de* B. *Pour que le faisceau* $\mathscr{F}$ *soit mou, il faut et il suffit que, pour tout* $i \in \mathrm{I}$, *le faisceau induit* $\mathscr{F}_{\mathrm{A}_i}$ *soit mou.*

La condition est évidemment nécessaire. Démontrons qu'elle est suffisante. Notons $p\colon \mathrm{E} \to \mathrm{B}$ le B-espace étalé $\mathrm{E}_{\mathscr{F}}$ associé au faisceau $\mathscr{F}$. Soient A un sous-espace fermé de B et $s\colon \mathrm{A} \to \mathrm{E}$ une section continue de p au-dessus de A ; il s'agit de démontrer que s possède un prolongement continu à B. Pour tout sous-ensemble J de I, posons $\mathrm{A}_{\mathrm{J}} = \bigcup_{i\in\mathrm{J}} \mathrm{A}_i$; l'ensemble A_{J} est fermé dans B (TG, I, p. 6, prop. 4).

Soit $\mathscr{S}$ l'ensemble des couples (J, t) où J est une partie de I et t une section continue de E au-dessus de A_{J} qui coïncide avec s dans $\mathrm{A} \cap \mathrm{A}_{\mathrm{J}}$. Munissons $\mathscr{S}$ de la relation d'ordre notée $\leqslant$ pour laquelle $(\mathrm{J}, t) \leqslant (\mathrm{J}', t')$ si $\mathrm{J} \subset \mathrm{J}'$ et $t' \mid \mathrm{A}_{\mathrm{J}} = t$. Pour $\sigma = (\mathrm{J}, t) \in \mathscr{S}$, on note $\mathrm{J}_\sigma = \mathrm{J}$ et $t_\sigma = t$. Démontrons que l'ensemble ordonné $\mathscr{S}$ est inductif. Soit S une partie totalement ordonnée de $\mathscr{S}$. Posons $\mathrm{J} = \bigcup_{\sigma\in\mathrm{S}} \mathrm{J}_\sigma$; c'est une partie de I. On définit alors une section t de E au-dessus de A_{J} en posant $t(x) = t_\sigma(x)$, si $x \in \mathrm{A}_{\mathrm{J}_\sigma}$; on a donc $t \mid \mathrm{A} \cap \mathrm{A}_{\mathrm{J}} = s$. Soit $j \in \mathrm{J}$

et soit $\sigma \in \mathrm{S}$ tel que $j \in \mathrm{J}_\sigma$; comme $t \mid \mathrm{A}_j = t_\sigma \mid \mathrm{A}_j$, la restriction de t à A_j est continue. Il résulte alors de TG, I, p. 19, prop. 4 que t est continue. Ainsi, (J, t) est un élément de $\mathscr{S}$; par construction, c'est un majorant de S. Cela prouve que l'ensemble $\mathscr{S}$ est inductif. Il possède donc un élément maximal (J, t) (E, III, p. 20, th. 2).

Raisonnons par l'absurde en supposant que $\mathrm{J} \neq \mathrm{I}$. Soit i un élément de $\mathrm{I} - \mathrm{J}$. Posons $\mathrm{A}' = (\mathrm{A}_i \cap \mathrm{A}) \cup (\mathrm{A}_i \cap \mathrm{A}_\mathrm{J})$ et définissons une section s' de E au-dessus de A′ par :

$$s'(a) = \begin{cases} s(a) & \text{pour } a \in \mathrm{A}_i \cap \mathrm{A}, \\ t(a) & \text{pour } a \in \mathrm{A}_i \cap \mathrm{A}_\mathrm{J}, \end{cases}$$

ce qui est possible puisque s et t coïncident dans $\mathrm{A} \cap \mathrm{A}_\mathrm{J}$. De plus, comme $\mathrm{A}_i \cap \mathrm{A}$ et $\mathrm{A}_i \cap \mathrm{A}_\mathrm{J}$ sont fermés, la section s' est continue (TG, I, p. 19, prop. 4). Par hypothèse, il existe une section continue $s_i \colon \mathrm{A}_i \to \mathrm{E}$ prolongeant s'. Comme les restrictions de s_i et t à $\mathrm{A}_\mathrm{J} \cap \mathrm{A}_i$ sont égales, l'application $t' \colon \mathrm{A}_{\mathrm{J} \cup \{i\}} \to \mathrm{E}$ qui coïncide avec t dans A_J et avec s_i dans A_i est une section continue de p au-dessus de $\mathrm{A}_{\mathrm{J} \cup \{i\}}$, prolongeant $s \mid \mathrm{A} \cap \mathrm{A}_{\mathrm{J} \cup \{i\}}$. On a alors $(\mathrm{J}, t) < (\mathrm{J} \cup \{i\}, t')$, ce qui contredit l'hypothèse que (J, t) est maximal.

Ainsi, $\mathrm{J} = \mathrm{I}$, donc $\mathrm{A}_\mathrm{J} = \mathrm{B}$ et t est une section continue de E au-dessus de B prolongeant s.

Corollaire 1. — *Soient* B *un espace paracompact,* $\mathscr{F}$ *un faisceau sur* B *et* $(\mathrm{U}_i)_{i \in \mathrm{I}}$ *un recouvrement ouvert de* B. *Si, pour tout* $i \in \mathrm{I}$, *le faisceau induit* $\mathscr{F} \mid \mathrm{U}_i$ *est mou, alors le faisceau* $\mathscr{F}$ *est mou.*

Il existe en effet un recouvrement fermé localement fini $(\mathrm{F}_j)_{j \in \mathrm{J}}$ plus fin que le recouvrement $(\mathrm{U}_i)_{i \in \mathrm{I}}$ (TG, IX, p. 49, prop. 4 et p. 48, cor. 1). Par suite, pour tout $j \in \mathrm{J}$, le faisceau $\mathscr{F} \mid \mathrm{F}_j$ est mou et la proposition implique que le faisceau $\mathscr{F}$ est mou.

Corollaire 2. — *Soient* B *un espace paracompact,* $\mathscr{F}$ *un faisceau sur* B *et* $(\mathrm{A}_i)_{i \in \mathrm{I}}$ *un recouvrement fermé localement fini de* B. *Pour que le faisceau* $\mathscr{F}$ *soit mou, il faut et il suffit que la condition suivante soit satisfaite :*

Pour tout $i \in \mathrm{I}$, *toute partie fermée* A *de* A_i, *tout ensemble ouvert* V *de* B *contenant* A *et tout élément* s *de* $\mathscr{F}(\mathrm{V})$, *il existe un voisinage ouvert* U *de* A_i *dans* B, *un élément* t *de* $\mathscr{F}(\mathrm{U})$ *et un voisinage ouvert* W *de* A *dans* B *contenu dans* $\mathrm{U} \cap \mathrm{V}$ *tels que* $t \mid \mathrm{W} = s \mid \mathrm{W}$.

Supposons que le faisceau $\mathscr{F}$ soit mou et montrons que la condition est satisfaite. Soit $i \in \mathrm{I}$, soit A une partie fermée de A_i, soit V un ouvert de B contenant A et soit s un élément de $\mathscr{F}(\mathrm{V})$. Posons $s_0 = \sigma_{\mathscr{F}}(s)$. C'est une section continue au-dessus de V de l'espace étalé $\mathrm{E}_{\mathscr{F}}$. Comme A_i est fermé, A est fermé dans B et $s_0 \mid \mathrm{A}$ se prolonge en une section $t_0 \colon \mathrm{B} \to \mathrm{E}_{\mathscr{F}}$, par définition d'un faisceau mou. Les sections s_0 et $t_0 \mid \mathrm{V}$ du V-espace étalé $\mathrm{E}_{\mathscr{F}} \times_{\mathrm{B}} \mathrm{V}$ coïncident sur A, donc sur un voisinage W de A (I, p. 34, prop. 11, b)).

Réciproquement, supposons que la condition du corollaire soit satisfaite. D'après la proposition 6, il suffit de montrer que, pour tout $i \in \mathrm{I}$, le faisceau $\mathscr{F}_{\mathrm{A}_i}$ est mou. Soit A une partie fermée de A_i et soit s_0 une section de l'espace étalé de $\mathscr{F} \mid \mathrm{A}_i$ au-dessus de A, c'est-à-dire une section continue au-dessus de A de l'espace étalé $\mathrm{E}_{\mathscr{F}}$. Comme A est fermé dans B et que B est paracompact, s_0 se prolonge en une section s au-dessus d'un voisinage V de A dans B (I, p. 37, th. 2). Par hypothèse, il existe un voisinage ouvert U de A_i dans B et une section t de $\mathrm{E}_{\mathscr{F}}$ au-dessus de U qui coïncide avec s sur un voisinage de A. La restriction de t à A_i est une section de $\mathscr{F}_{\mathrm{A}_i}$ qui prolonge s_0. Le faisceau $\mathscr{F}_{\mathrm{A}_i}$ est donc mou. D'après la proposition 6, le faisceau $\mathscr{F}$ est mou.

10. Faisceaux de structures

Supposons données une espèce de structure Σ et une notion de σ-morphisme relative à cette espèce de structure.

Soit B un espace topologique.

On dit qu'un préfaisceau $\mathscr{F}$ sur B est à valeurs dans l'espèce de structure Σ si, pour tout ouvert U de B, l'ensemble $\mathscr{F}(\mathrm{U})$ est muni d'une structure d'espèce Σ et si les applications de restrictions sont des σ-morphismes.

On dira qu'un tel préfaisceau est un faisceau à valeurs dans l'espèce de structure Σ si, de plus, c'est un faisceau d'ensembles.

Si $\mathscr{F}$ et $\mathscr{G}$ sont des préfaisceaux à valeurs dans l'espèce de structure Σ, on dit qu'un morphisme φ est un morphisme de préfaisceaux à valeurs dans Σ si, pour tout ouvert U, l'application $\varphi(\mathrm{U})$ est un σ-morphisme.

On parlera ainsi, par exemple, de faisceaux de groupes, de groupes abéliens, de k-modules (pour un anneau k fixé), d'anneaux, de k-algèbres (pour un anneau commutatif k fixé).

Le faisceau sur B des applications à valeurs dans un groupe (resp. un groupe abélien, resp. un k-module, resp. un anneau, resp. une k-algèbre) est naturellement muni d'une structure de faisceau de groupes (resp. de groupes abéliens, resp. de k-modules, resp. d'anneaux, resp. de k-algèbres). Si X est une variété différentielle de classe C^r sur $\mathbf{R}$ le faisceau $\underline{\mathscr{C}}^r(X; \mathbf{R})$ des fonctions numériques de classe C^r est un faisceau de $\mathbf{R}$-algèbres, et le faisceau sur X des sections de classe C^r d'un fibré vectoriel E sur X est un faisceau de $\mathbf{R}$-espaces vectoriels ; un opérateur différentiel définit un morphisme de faisceaux de $\mathbf{R}$-espaces vectoriels.

Pour ces espèces de structure Σ, il résulte de la construction que nous avons donnée que le faisceau $\widetilde{F}$ associé à un préfaisceau $\mathscr{F}$ à valeurs dans l'espèce de structure Σ (des groupes, des groupes abéliens, des k-modules, des anneaux, des k-algèbres) est un faisceau à valeurs dans cette espèce de structure, et que le morphisme canonique $j_{\mathscr{F}} \colon \mathscr{F} \to \widetilde{\mathscr{F}}$ est un morphisme de préfaisceaux à valeurs dans l'espèce de structure Σ.

Par exemple, le faisceau sur B des applications à valeurs dans un groupe est naturellement muni d'une structure de faisceau de groupes.

Soient A et B des espaces topologiques et soit $u \colon A \to B$ une application continue. Si $\mathscr{F}$ est un (pré)faisceau sur A à valeurs dans l'espèce de structure Σ, il en est de même du (pré)faisceau $u_*(\mathscr{F})$ image directe du (pré)faisceau $\mathscr{F}$ par u.

Supposons de plus que l'espèce de structure Σ soit celle des groupes, des groupes abéliens, des k-modules, des anneaux ou des k-algèbres. Si $\mathscr{G}$ est un (pré)faisceau sur B à valeurs dans l'espèce de structure Σ, alors le faisceau $u^*\mathscr{G}$ sur A, image réciproque du préfaisceau $\mathscr{G}$ par l'application u, est muni d'une structure de faisceau à valeurs dans Σ. Dans ce cas, les morphismes d'adjonction α et β sont des morphismes de préfaisceaux à valeurs dans l'espèce de structure Σ. En particulier, si $\varphi \colon \mathscr{G} \to u_*\mathscr{F}$ est un morphisme de préfaisceaux à valeurs dans Σ, il en est de même du morphisme $\varphi^\sharp$; si $\psi \colon u^*(\mathscr{G}) \to \mathscr{F}$ est un morphisme de préfaisceaux à valeurs dans Σ, il en est de même du morphisme $\psi^\flat$.

§ 4. REVÊTEMENTS

1. Espaces fibrés localement triviaux

Soit B un espace topologique. Si F est un espace topologique, on appelle B-*espace fibré trivial de fibre-type* F le B-espace $(B \times F, pr_1)$.

Soit E un B-espace. S'il existe un espace topologique F et un B-isomorphisme $u\colon E \to B \times F$, on dit que le B-espace E est un B-*espace fibré trivialisable* et que u en est une *trivialisation* de fibre-type F.

DÉFINITION 1. — *Soit* B *un espace topologique. Soit* E *un* B-*espace et soit* p *sa projection. On dit que* E *est un* B-espace fibré localement trivial *si tout point de* B *possède un voisinage* V *tel que* $(\overset{-1}{p}(V), p_V)$ *soit un* V-*espace fibré trivialisable.*

Au lieu de « B-espace fibré localement trivial », on dit également « espace fibré localement trivial de base B ». Si E est un B-espace fibré localement trivial, on dit parfois que (E, B, p) est une *fibration localement triviale*, ou, par abus, que p est une fibration localement triviale. On dit aussi qu'un B-espace (E, p) est trivialisable au-dessus d'une partie A de B si le A-espace E_A induit par (E, p) au-dessus de A est un espace fibré trivialisable.

Soit E un B-espace fibré localement trivial ; notons p sa projection.

L'ensemble des points a de B tels que la fibre $\overset{-1}{p}(a)$ soit vide (resp. non vide) est ouvert. L'image de p est donc une partie ouverte et fermée de B.

Soit F un espace topologique. Si toutes les fibres de E sont homéomorphes à F, on dit que E est un B-espace fibré localement trivial de fibre-type F.

Remarques. — 1) Soit (E, p) un B-espace fibré localement trivial et soit A une partie de B. Le A-espace $E_A = (\overset{-1}{p}(A), p_A)$ déduit de E par passage aux sous-espaces est un espace fibré localement trivial. Si E est trivialisable, il en est de même de E_A.

En effet, pour tout point a de A, il existe un voisinage ouvert U de a dans B, un espace topologique F et un U-isomorphisme $g\colon \overset{-1}{p}(U) \to U \times F$. L'application f induit un $(A \cap U)$-isomorphisme de $\overset{-1}{p_A}(A \cap U)$

sur $(A \cap U) \times F$, ce qui prouve que E_A est un A-espace fibré localement trivial.

2) Soit (E, p) un B-espace et soit $(E_i)_{i \in I}$ une partition de E formée d'ouverts.

Si chacun des B-espaces $(E_i, p \mid E_i)$ est un espace fibré trivialisable, E est un B-espace fibré trivialisable. En effet, pour chaque $i \in I$, soit F_i un espace topologique tel que les B-espaces $(E_i, p \mid E_i)$ et $(B \times F_i, \mathrm{pr}_1)$ soient isomorphes. Alors le B-espace (E, p) est isomorphe à $(B \times F, \mathrm{pr}_1)$, où F est l'espace topologique somme de la famille $(F_i)_{i \in I}$.

Supposons l'ensemble I fini. Si chacun des B-espaces $(E_i, p \mid E_i)$ est un B-espace fibré localement trivial, il en est de même du B-espace E. En effet, puisque l'ensemble I est fini, chaque point de B possède un voisinage U au-dessus duquel les B-espaces fibrés E_i sont tous trivialisables. D'après ce qui précède, le U-espace $(\overset{-1}{p}(U), p_U)$ est alors un espace fibré trivialisable.

2. Revêtements

Définition 2. — *On appelle* revêtement *un espace fibré localement trivial dont toutes les fibres sont discrètes.*

Au lieu de dire qu'un B-espace E est un revêtement, on dit aussi que E est un revêtement de B.

Soit E un B-espace, notons p sa projection ; soit A une partie de B. Si E est un revêtement de B, les fibres de p sont discrètes, donc celles de $p_A \colon \overset{-1}{p}(A) \to A$ aussi et le A-espace fibré localement trivial $(\overset{-1}{p}(A), p_A)$ est un revêtement.

Proposition 1. — *Soient* B *et* E *des espaces topologiques et soit* $p \colon E \to B$ *une application. Les conditions suivantes sont équivalentes :*

(i) *L'application* p *est continue et le* B*-espace* (E, p) *est un revêtement trivialisable ;*

(ii) *Il existe une partition* $(V_i)_{i \in I}$ *de* E *formée d'ensembles ouverts telle que, pour tout* $i \in I$, *l'application* $p \mid V_i \colon V_i \to B$ *soit un homéomorphisme.*

Supposons que la condition (i) soit vérifiée et soit $g \colon E \to B \times F$ une trivialisation du B-espace (E, p), de fibre-type F. Par suite, F est un espace topologique discret et, les ensembles $V_i = \overset{-1}{g}(B \times \{i\})$, pour

$i \in \mathrm{F}$, forment une partition de E formée d'ensembles ouverts. Pour tout i, l'application $p \mid \mathrm{V}_i \colon \mathrm{V}_i \to \mathrm{B}$ est un homéomorphisme, d'homéomorphisme réciproque l'application $x \mapsto g^{-1}(x,i)$, d'où la condition (ii).

Inversement, supposons que la condition (ii) soit satisfaite. L'application p est alors continue. Considérons l'application de E dans $\mathrm{B} \times \mathrm{I}$ qui à $x \in \mathrm{E}$ associe le couple $(p(x), i)$, où i est l'unique élément de I telle que $x \in \mathrm{V}_i$. Si I est muni de la topologie discrète, la condition (ii) signifie que cette application est un B-isomorphisme et le B-espace (E, p) est un revêtement trivialisable.

COROLLAIRE 1. — *Soient* B *et* E *des espaces topologiques et soit* $p \colon \mathrm{E} \to \mathrm{B}$ *une application. Pour que* E, *muni de l'application* p, *soit un revêtement de* B, *il faut et il suffit que, pour tout point* a *de* B, *il existe un voisinage ouvert* U *de* a *et une partition* $(\mathrm{V}_i)_{i \in \mathrm{I}}$ *de* $\overset{-1}{p}(\mathrm{U})$ *formée d'ensembles ouverts de* E *telle que, pour tout* $i \in \mathrm{I}$, *l'application* p *induise un homéomorphisme de* V_i *sur* U.

Remarque. — Soit B un espace topologique. Soit E un B-espace et soit p sa projection. Si E est un revêtement de B, il résulte du corollaire 1 ci-dessus, que l'application p est étale (I, p. 28, déf. 2) et séparée (I, p. 25, prop. 1, (iii)). Ces conditions ne suffisent cependant pas à assurer que E soit un revêtement. Considérons par exemple un ensemble ouvert U de B. L'injection canonique $i \colon \mathrm{U} \to \mathrm{B}$ est étale et séparée. Pour que le B-espace (U, i) soit un revêtement, il faut et il suffit que l'ensemble ouvert U soit aussi fermé.

COROLLAIRE 2. — *Soit* B *un espace topologique, soit* E *un* B*-espace et soit* p *sa projection. Supposons que* p *soit étale et séparée et que l'espace* B *soit connexe. Pour que* E *soit un revêtement trivialisable de* B, *il faut et il suffit que, pour tout point* x *de* E, *il existe une section continue* $s \colon \mathrm{B} \to \mathrm{E}$ *de* p *telle que* $s \circ p(x) = x$.

C'est évidemment nécessaire. Inversement, pour toute section continue s de p, l'ensemble $s(\mathrm{B})$ est ouvert et l'application p induit un homéomorphisme de $s(\mathrm{B})$ sur B (I, p. 30, cor. 3 de la prop. 6). En outre, lorsque s parcourt l'ensemble $\mathscr{S}(\mathrm{B}; \mathrm{E})$ des sections de p, les ensembles $s(\mathrm{B})$ sont deux à deux disjoints, car B est connexe (I, p. 34, cor. 1 de la prop. 11). Il résulte alors de la proposition 1 que si les ensembles $s(\mathrm{B})$ recouvrent E, l'espace E est un revêtement trivialisable de B.

3. Produits et produits fibrés

PROPOSITION 2. — *Soient* B *et* B′ *des espaces topologiques, soit* (E, p) *un* B*-espace et soit* (E', p') *un* B′*-espace. Supposons que* E *et* E′ *soient des espaces fibrés localement triviaux (*resp. *des revêtements). L'espace* $\mathrm{E} \times \mathrm{E}'$*, muni de l'application* $p \times p' : \mathrm{E} \times \mathrm{E}' \to \mathrm{B} \times \mathrm{B}'$*, est alors un espace fibré localement trivial (*resp. *un revêtement) de base* $\mathrm{B} \times \mathrm{B}'$*. Si* E *et* E′ *sont trivialisables, il en est de même de* $\mathrm{E} \times \mathrm{E}'$*.*

Supposons d'abord que le B-espace E et le B′-espace E′ admettent des trivialisations $g : \mathrm{E} \to \mathrm{B} \times \mathrm{F}$, $g' : \mathrm{E}' \to \mathrm{B}' \times \mathrm{F}'$; l'application composée de l'homéomorphisme $g \times g'$ de $\mathrm{E} \times \mathrm{E}'$ sur $(\mathrm{B} \times \mathrm{F}) \times (\mathrm{B}' \times \mathrm{F}')$ et de l'homéomorphisme canonique de $(\mathrm{B} \times \mathrm{F}) \times (\mathrm{B}' \times \mathrm{F}')$ sur $(\mathrm{B} \times \mathrm{B}') \times (\mathrm{F} \times \mathrm{F}')$ est une trivialisation du $\mathrm{B} \times \mathrm{B}'$-espace $\mathrm{E} \times \mathrm{E}'$, de fibre-type $\mathrm{F} \times \mathrm{F}'$. Si F et F′ sont des espaces discrets, l'espace $\mathrm{F} \times \mathrm{F}'$ est aussi discret.

Dans le cas général, pour tout point (a, a') de $\mathrm{B} \times \mathrm{B}'$, il existe un voisinage U de a dans B et un voisinage U′ de a' dans B′ tels que le U-espace E_{U} et le U′-espace $\mathrm{E}'_{\mathrm{U}'}$ soient trivialisables. Il résulte de ce qui précède que le $\mathrm{B} \times \mathrm{B}'$-espace $\mathrm{E} \times \mathrm{E}'$ est trivialisable au-dessus de $\mathrm{U} \times \mathrm{U}'$. C'est donc un espace fibré localement trivial de base $\mathrm{B} \times \mathrm{B}'$. Ses fibres sont discrètes si E et E′ sont des revêtements, d'où la proposition.

On remarquera que, si $(p_i : \mathrm{E}_i \to \mathrm{B}_i)_{i \in \mathrm{I}}$ est une famille d'espaces fibrés localement triviaux, ou même de revêtements, l'espace produit $\prod_{i \in \mathrm{I}} \mathrm{E}_i$ muni de l'application $(p_i)_{i \in \mathrm{I}}$ n'est pas nécessairement un espace fibré localement trivial de base $\prod_{i \in \mathrm{I}} \mathrm{B}_i$ (I, p. 145, exerc. 3).

COROLLAIRE 1. — *Soient* A *un espace topologique,* B, B′ *des* A*-espaces. Soient* E *et* E′ *des espaces fibrés localement triviaux (*resp. *des revêtements) de bases* B *et* B′ *; notons* p *et* p' *leurs projections. Le* $\mathrm{B} \times_{\mathrm{A}} \mathrm{B}'$*-espace* $\mathrm{E} \times_{\mathrm{A}} \mathrm{E}'$ *déduit de* $p \times p'$ *par passage aux sous-espaces est alors un espace fibré localement trivial (*resp. *un revêtement). Il est trivialisable si* E *et* E′ *le sont.*

Puisque l'ensemble $\mathrm{E} \times_{\mathrm{A}} \mathrm{E}'$ est l'image réciproque de $\mathrm{B} \times_{\mathrm{A}} \mathrm{B}'$ par l'application $p \times p' : \mathrm{E} \times \mathrm{E}' \to \mathrm{B} \times \mathrm{B}'$, le corollaire résulte de la proposition 2 et de la remarque 1 (I, p. 68).

Corollaire 2. — *Soit*

$$\begin{array}{ccc} E' & \xrightarrow{f'} & E \\ \downarrow{\scriptstyle p'} & & \downarrow{\scriptstyle p} \\ B' & \xrightarrow{f} & B \end{array}$$

un carré cartésien. Si (E, p) *est un* B*-espace fibré localement trivial (*resp. *un revêtement), alors* (E′, p') *est un espace fibré localement trivial (*resp. *un revêtement) de base* B′*, trivialisable si* (E, p) *l'est.*

Cela résulte du corollaire 1, appliqué avec B = A et E′ = B′.

Corollaire 3. — *Soit* B *un espace topologique. Soient* E *et* E′ *des* B*-espaces fibrés localement triviaux (*resp. *des revêtements). Alors* $E \times_B E'$ *est un* B*-espace fibré localement trivial (*resp. *un revêtement de* B*). Il est trivialisable si* E *et* E′ *le sont.*

Cela résulte du corollaire 1, appliqué au cas où A, B et B′ sont égaux.

Proposition 3. — *Soit*

$$(1)\qquad \begin{array}{ccc} E' & \xrightarrow{f'} & E \\ \downarrow{\scriptstyle p'} & & \downarrow{\scriptstyle p} \\ B' & \xrightarrow{f} & B \end{array}$$

un carré cartésien. Supposons qu'au voisinage de tout point de B*, l'application* f *possède une section continue. Alors, si* (E′, p') *est un* B′*-espace fibré localement trivial (*resp. *un revêtement), le* B*-espace* (E, p) *est un espace fibré localement trivial (*resp. *un revêtement).*

Il s'agit de démontrer que tout point a de B possède un voisinage U tel que le U-espace induit par (E, p) au-dessus de U soit un espace fibré localement trivial (resp. un revêtement). Prenons pour U un voisinage de a au-dessus duquel il existe une section continue s de f. Notons $i\colon U \to B$ et $j\colon \overset{-1}{p}(U) \to E$ les injections canoniques. Comme le carré (1) est cartésien, il existe une unique application continue

$s' : \overset{-1}{p}(\mathrm{U}) \to \mathrm{E}'$ telle que $f' \circ s' = j$ et $p' \circ s' = s \circ p_{\mathrm{U}}$. Le carré

$$\text{(2)} \qquad \begin{array}{ccc} \overset{-1}{p}(\mathrm{U}) & \xrightarrow{s'} & \mathrm{E}' \\ \downarrow{\scriptstyle p_{\mathrm{U}}} & & \downarrow{\scriptstyle p'} \\ \mathrm{U} & \xrightarrow{s} & \mathrm{B}' \end{array}$$

est ainsi commutatif et son composé avec le carré (1) est le carré cartésien

$$\begin{array}{ccc} \overset{-1}{p}(\mathrm{U}) & \xrightarrow{j} & \mathrm{E} \\ \downarrow{\scriptstyle p_{\mathrm{U}}} & & \downarrow{\scriptstyle p} \\ \mathrm{U} & \xrightarrow{i} & \mathrm{B}. \end{array}$$

D'après la proposition 7 de I, p. 15, le carré (2) est cartésien. Le corollaire 2 permet de conclure.

Remarque. — Si dans la proposition 3, on affaiblit l'hypothèse sur l'application f en la supposant seulement universellement stricte et surjective, et si p' est un revêtement, l'application p est étale (I, p. 31, prop. 8) et séparée (I, p. 27, prop. 4) mais E n'est pas nécessairement un revêtement de B. On peut trouver par exemple un espace topologique B et un recouvrement fermé localement fini $(\mathrm{A}_i)_{i\in \mathrm{I}}$ de B, un B-espace (E, p) qui n'est pas un revêtement mais tel que, pour tout $i \in \mathrm{I}$, le A_i-espace induit $\mathrm{E}_{\mathrm{A}_i}$ soit un revêtement de A_i (I, p. 146, exerc. 5). Pour une condition suffisante, voir cependant le corollaire 4 de I, p. 77.

4. Degré d'un revêtement

Soit B un espace topologique, soit E un revêtement de B, notons p sa projection. Notons C l'ensemble des cardinaux $\mathrm{Card}(\overset{-1}{p}(b))$, où b parcourt B. L'application $b \mapsto \mathrm{Card}(\overset{-1}{p}(b))$ est une application localement constante de B dans C. On dit que *le revêtement* E *possède un degré* si B n'est pas vide et si l'application $b \mapsto \mathrm{Card}(\overset{-1}{p}(b))$ est constante. La valeur commune des cardinaux $\mathrm{Card}(\overset{-1}{p}(b))$, pour $b \in \mathrm{B}$, est alors appelée le *degré du revêtement* E et est notée $\deg(\mathrm{E}, p)$, voire $[\mathrm{E} : \mathrm{B}]$ s'il ne peut y avoir d'ambiguïté sur l'application p.

Si B n'est pas vide, le revêtement trivial de base B et de fibre-type F possède un degré qui est égal à Card(F).

Si B est connexe, la fonction $b \mapsto \mathrm{Card}(\overset{-1}{p}(b))$ est constante. Par suite :

PROPOSITION 4. — *Tout revêtement d'un espace connexe non vide possède un degré.*

Soit G un espace topologique, soit (F, g) un revêtement de G et soit (E, f) un revêtement de F ; supposons que ces revêtements possèdent un degré. Si le G-espace $(\mathrm{E}, g \circ f)$ est un revêtement, il possède alors un degré et l'on a $\deg(\mathrm{E}, g \circ f) = \deg(\mathrm{F}, g)\deg(\mathrm{E}, f)$, ce qu'on peut aussi écrire

$$[\mathrm{E} : \mathrm{G}] = [\mathrm{E} : \mathrm{F}]\,[\mathrm{F} : \mathrm{G}].$$

En effet, si z est un point de G, toutes les fibres de l'application

$$f_{\overset{-1}{g}(z)} : \overset{-1}{f}(\overset{-1}{g}(z)) \to \overset{-1}{g}(z)$$

ont pour cardinal $\deg(\mathrm{E}, f)$, et $\overset{-1}{g}(z)$ a pour cardinal $\deg(\mathrm{F}, g)$. L'assertion résulte donc du principe des bergers (E, III, p. 41, prop. 9).

Soient B et B′ des espaces topologiques, soit (E, p) un revêtement de B et soit (E', p') un revêtement de B′. Supposons que ces revêtements possèdent un degré ; alors, le revêtement $(\mathrm{E}\times\mathrm{E}', p\times p')$ de $\mathrm{B}\times\mathrm{B}'$ (I, p. 71, prop. 2) possède un degré et l'on a :

$$\deg(\mathrm{E} \times \mathrm{E}', p \times p') = \deg(\mathrm{E}, p)\deg(\mathrm{E}', p').$$

En effet, pour tout couple $(b, b') \in \mathrm{B} \times \mathrm{B}'$, la fibre $(\mathrm{E} \times \mathrm{E}')_{(b,b')}$ est le produit $\mathrm{E}_b \times \mathrm{E}'_{b'}$.

Soient B et B′ des espaces topologiques, (E, p) un revêtement de B, (E', p') un revêtement de B′ et soit

$$\begin{array}{ccc} \mathrm{E}' & \xrightarrow{f'} & \mathrm{E} \\ \downarrow{\scriptstyle p'} & & \downarrow{\scriptstyle p} \\ \mathrm{B}' & \xrightarrow{f} & \mathrm{B} \end{array}$$

un carré cartésien. Si B′ n'est pas vide et si le revêtement (E, p) possède un degré, alors le revêtement (E', p') possède un degré, égal à celui de E, d'après I, p. 10, cor. de la prop. 4.

5. Revêtements finis

On dit qu'un revêtement est *localement fini* si les cardinaux de toutes ses fibres sont finis. On dit qu'un revêtement est *fini* si l'ensemble des cardinaux de ses fibres est majoré par un cardinal fini.

THÉORÈME 1. — *Soient* E, B *des espaces topologiques et* $p\colon \mathrm{E} \to \mathrm{B}$ *une application. Les conditions suivantes sont équivalentes :*

(i) *L'espace* E, *muni de l'application* p, *est un revêtement localement fini de* B *;*

(ii) *L'application* p *est étale, propre et séparée ;*

(iii) *L'application* p *est continue, ouverte et séparée, ses fibres sont finies et la fonction numérique* $b \mapsto \mathrm{Card}(\overset{-1}{p}(b))$ *est semi-continue supérieurement sur* B (TG, IV, p. 28).

Nous utiliserons dans la démonstration le lemme suivant :

Lemme. — *Soient* X *et* Y *des espaces topologiques. Pour qu'une application* $f\colon \mathrm{X} \to \mathrm{Y}$ *soit fermée, il faut et il suffit que pour tout point* y *de* Y *et tout voisinage* W *de la fibre* $\overset{-1}{f}(y)$, *il existe un voisinage* V *de* y *tel que* W *contienne* $\overset{-1}{f}(\mathrm{V})$.

Dans cet énoncé, on peut ne considérer que les voisinages W de $\overset{-1}{f}(y)$ qui sont ouverts. En notant F le complémentaire de W dans Y, on peut alors reformuler l'énoncé de la façon suivante : pour qu'une application $f\colon \mathrm{X} \to \mathrm{Y}$ soit fermée, il faut et il suffit que, pour toute partie fermée F de X, tout point y de Y qui n'appartient pas à $f(\mathrm{F})$ possède un voisinage V disjoint de $f(\mathrm{F})$. Or cette assertion résulte immédiatement de la définition d'une application fermée (TG, I, p. 30, déf. 1).

Démontrons maintenant le théorème 1. Chacune des trois conditions implique que l'application p est continue, ouverte et séparée, et aussi que les fibres de p sont finies. C'est clair sous les hypothèses (i) et (iii) ; sous l'hypothèse (ii), les fibres de p sont discrètes (I, p. 29, remarque 2) et quasi-compactes (TG, I, p. 75, th. 1) donc finies (TG, I, p. 60, exemple 1).

(i)$\Rightarrow$(ii) : il suffit de démontrer que p est propre et, pour cela, que pour tout ouvert U au-dessus duquel le revêtement (E, p) est trivialisable, l'application $p_{\mathrm{U}}\colon \overset{-1}{p}(\mathrm{U}) \to \mathrm{U}$ est propre (TG, I, p. 72, prop. 3).

Comme les fibres de p_U sont finies, cette dernière assertion résulte du corollaire 5 de TG, I, p. 77.

(ii)⇒(iii) : soit b un point de B et, pour tout $x \in \overset{-1}{p}(b)$, soit W_x un voisinage ouvert de x dans E tel que $p \mid W_x$ soit injectif. L'ensemble $W = \bigcup_{x \in \overset{-1}{p}(b)} W_x$ est un voisinage ouvert de $\overset{-1}{p}(b)$. Comme l'application p est fermée, il existe d'après le lemme ci-dessus un voisinage ouvert U de b tel que $\overset{-1}{p}(U) \subset W$. Pour tout $a \in U$, on a $\overset{-1}{p}(a) \subset W$; comme la restriction de p à chaque W_x est injective, il en résulte que $\mathrm{Card}(\overset{-1}{p}(a)) \leqslant \mathrm{Card}(\overset{-1}{p}(b))$, ce qui prouve la semi-continuité supérieure de l'application $a \mapsto \mathrm{Card}(\overset{-1}{p}(a))$.

(iii)⇒(i) : soit b un point de B. Comme la fibre $E_b = \overset{-1}{p}(b)$ est finie et l'application p séparée, on peut choisir, pour tout $x \in E_b$, un voisinage ouvert V'_x de x de telle sorte que les V'_x soient deux à deux disjoints (I, p. 26, remarque 4). Comme l'application p est ouverte et l'ensemble E_b fini, l'ensemble $U' = \bigcap_{x \in E_b} p(V'_x)$ est un voisinage ouvert de b dans B. Soit U un voisinage ouvert de b dans B, contenu dans U' et tel que pour tout $a \in U$, $\mathrm{Card}(E_a) \leqslant \mathrm{Card}(E_b)$. Pour tout $x \in E_b$, posons $V_x = V'_x \cap \overset{-1}{p}(U)$. Soit a un point de U ; les ensembles $E_a \cap V_x$, pour $x \in E_b$, sont non vides et deux à deux disjoints. Ces ensembles contiennent donc chacun un unique élément et forment une partition de E_a. Cela démontre que, pour tout $x \in E_b$, l'application $p \mid V_x$ est injective et que l'on a $\overset{-1}{p}(U) = \bigcup_{x \in E_b} V_x$. Comme l'application p est ouverte, elle induit un homéomorphisme de V_x sur U et par suite, (E, p) est un revêtement de B (I, p. 70, cor. 1 de la prop. 1).

Remarque. — Une application continue, séparée, ouverte, propre et à fibres finies n'est pas nécessairement un revêtement. C'est le cas de l'application $x \mapsto x^2$ de $\mathbf{R}$ dans $[0; +\infty[$.

COROLLAIRE 1. — *Soient* E *et* B *des espaces topologiques et soit* $p\colon E \to B$ *une application propre et séparée. L'ensemble* U *des points* b *de* B *tels que* p *soit étale en tout point de la fibre* E_b *est ouvert dans* B. *Le* U*-espace induit par* (E, p) *au-dessus de* U *est un revêtement localement fini.*

L'ensemble F des points de E en lesquels l'application p n'est pas étale est fermé dans E (I, p. 29, remarque 1). Son image $p(F)$ est fermée car l'application p est propre ; le complémentaire U de $p(F)$ est donc ouvert. L'application p_U est séparée (I, p. 27, prop. 4) et propre

(TG, I, p. 72, prop. 3). Par construction, l'application p_U est étale ; elle satisfait donc à la condition (ii) du théorème 1.

Corollaire 2. — *Soit* B *un espace topologique séparé et soit* E *un* B*-espace. Supposons que* E *soit compact et que sa projection* $p\colon E \to B$ *soit étale. Alors,* E *est un revêtement fini de* B.

L'application p est séparée (I, p. 26, remarque 2) et propre (TG, I, p. 76, cor. 2). D'après le corollaire 1, E est donc un revêtement localement fini de B. Comme E est compact, $p(E)$ est une partie quasi-compacte de B ; l'application de $p(E)$ dans $\mathbf{N}$ donnée par $b \mapsto \mathrm{Card}\, \overset{-1}{p}(b)$ étant localement constante, elle est majorée (TG, IV, p. 30, corollaire).

Corollaire 3. — *Soit* B *un espace topologique, soient* (E, p) *et* (E', p') *des* B*-espaces et soit* $f\colon E' \to E$ *un* B*-morphisme. Supposons que* E′ *soit un revêtement localement fini de* B.

a) *Si l'application* p *est étale et séparée, le* E*-espace* (E', f) *est un revêtement.*

b) *Si l'application* f *est surjective et fait de l'espace* E′ *un revêtement de* E*, alors* E *est un revêtement de* B.

Sous l'hypothèse de a), les applications p et p' sont étales et séparées, et l'application p' est propre (théorème 1). L'application f est donc étale (I, p. 30, cor. 1 de la prop. 6), séparée (I, p. 25, prop. 2 b)) et propre (I, p. 28, prop. 5). D'après le théorème 1, (E', f) est un revêtement de E.

Supposons maintenant que f soit surjective et que (E', f) soit un revêtement de E. Il est alors localement fini donc l'application f est propre et surjective (th. 1). D'après I, p. 25, prop. 2, c), l'application p est séparée, car $p' = p \circ f$ et p' est séparée. L'application p est étale (I, p. 29, prop. 6, d)), propre (TG, I, p. 73, prop. 5, b)) et ses fibres sont finies. D'après le th. 1, le B-espace (E, p) est alors un revêtement de B.

Corollaire 4. — *Soit*

$$\begin{array}{ccc} E' & \xrightarrow{\;f'\;} & E \\ \downarrow{\scriptstyle p'} & & \downarrow{\scriptstyle p} \\ B' & \xrightarrow{\;f\;} & B \end{array}$$

un carré cartésien. Supposons que (E', p') *soit un revêtement localement fini de* B′ *et que l'application f soit universellement stricte et surjective. Alors* (E, p) *est un revêtement localement fini de* B.

En effet, l'application p est étale (I, p. 31, prop. 8), propre (I, p. 21, prop. 11) et séparée (I, p. 27, prop. 4).

COROLLAIRE 5. — *Soit* B *un espace topologique connexe et soit* (E, p) *un revêtement fini de* B. *L'espace* E *n'a qu'un nombre fini de composantes connexes et chacune d'entre elles est un revêtement de* B.

Le résultat est vrai si B est vide ; on le suppose désormais non vide.

Si X est une partie ouverte et fermée de E, la restriction de p à X est une application séparée (I, p. 25, prop. 2, a) et I, p. 26, remarque 1), étale et propre (TG, I, p. 74, corollaire 1) ; d'après le théorème 1, (X, p) est un revêtement localement fini de B. Comme B est connexe, ce revêtement possède un degré fini. Si X est distinct de E, il existe un point $b \in B$ tel que $X_b \subsetneq E_b$, d'où $[X : B] < [E : B]$ car B est connexe. On en déduit que toute suite décroissante d'ensembles ouverts et fermés dans E est stationnaire.

Soit $x \in E$; il existe alors une plus petite partie ouverte et fermée X de E contenant x (E, III, p. 51, prop. 6). Un tel ensemble X est connexe ; c'est donc la composante connexe de x dans E. Cela montre que les composantes connexes de E sont ouvertes et fermées et que chacune d'entre elles est un revêtement de B. Comme B est connexe, chaque composante connexe de E rencontre chaque fibre de p ; les composantes connexes de E sont donc en nombre fini.

PROPOSITION 5. — *Soit* B *un espace topologique, soient* E *et* E′ *des* B*-espaces et soit* $f : E' \to E$ *un* B*-morphisme. On suppose que* E *est un revêtement localement fini et que l'espace* E′*, muni de l'application f, est un* E*-espace fibré localement trivial (*resp. *un revêtement). Alors,* E′ *est un* B*-espace fibré localement trivial (*resp. *un revêtement).*

Notons p et p' les projections respectives des B-espaces E et E′. Soit b un point de B. Il existe un voisinage ouvert U de b dans B et une partition finie $(V_i)_{i \in I}$ de $\overset{-1}{p}(U)$ formée d'ensembles ouverts de E telle que, pour tout $i \in I$, l'application p induise un homéomorphisme de V_i sur U. Posons $V'_i = \overset{-1}{f}(V_i)$. Les ensembles V'_i sont ouverts dans E′, forment une partition de $\overset{-1}{(p')}(U)$ et l'application de V'_i dans U déduite de p' par passage aux sous-espaces fait de V'_i un U-espace fibré localement trivial. Il en résulte que l'espace $\overset{-1}{(p')}(U)$, muni de l'application $p'_U : \overset{-1}{(p')}(U) \to U$, est un U-espace fibré localement trivial (I, p. 69, remarque 2). Si (E', f) est un revêtement de E, les fibres de p'_U sont discrètes car leurs intersections avec chacun des ensembles ouverts V'_i le sont. Cela termine la démonstration.

Remarque. — Si (E, p) est un revêtement de B et si (E', f) est un revêtement de E, l'application $p \circ f$ est étale (I, p. 29, prop. 6, a)) et séparée (I, p. 25, prop. 2, a)). Mais il peut arriver, voir l'exercice 5, b) de I, p. 146, que l'espace E′, muni de l'application $p \circ f$, ne soit pas un revêtement de B. Voir cependant IV, p. 342, prop. 3.

6. Revêtements des espaces localement connexes

Soit B un espace topologique et soit E un B-espace. Supposons que sa projection p soit une application étale et séparée.

Si l'espace B est localement connexe, l'espace E est localement connexe. Si l'espace E est localement connexe, la partie ouverte $p(E)$ de B (*cf.* I, p. 29, remarque 2) est localement connexe.

L'image $s(B)$ de toute section s de p est ouverte (I, p. 30, cor. 3) et fermée dans B (I, p. 27, prop. 3). Si B est connexe et non vide, c'est donc une composante connexe de E ; en général, c'est une réunion de composantes connexes de E.

Si B est localement connexe, la réunion des images des sections de p est donc une partie ouverte et fermée de E (*cf.* TG, I, p. 85).

Supposons que E soit un revêtement trivialisable de B et soit $g : E \to B \times F$ une trivialisation. Si l'espace B est connexe, les ensembles $V_x = \overset{-1}{g}(B \times \{x\})$, pour x parcourant F, sont les composantes connexes de E (*cf.* prop. 1 de I, p. 69).

PROPOSITION 6. — *Soit* B *un espace topologique et soit* E *un* B-*espace ; notons* p *sa projection. Supposons que l'espace* E *soit localement connexe. Pour que* E *soit un revêtement de* B, *il faut et il suffit que tout point de* B *possède un voisinage ouvert* U *tel que l'application* p *induise un homéomorphisme de toute composante connexe de* $\overset{-1}{p}(U)$ *sur* U.

Soit b un point de B. Si E est un revêtement de B, tout voisinage ouvert U de b qui est connexe et au-dessus duquel le revêtement E est trivialisable remplit les conditions énoncées dans la proposition. Inversement, soit U un voisinage ouvert de b remplissant ces conditions. L'ensemble $\overset{-1}{p}(\mathrm{U})$ est ouvert ; ses composantes connexes sont des parties ouvertes de E (TG, I, p. 85, prop. 11) et constituent une partition de $\overset{-1}{p}(\mathrm{U})$. La proposition résulte donc du corollaire 1 (I, p. 70) de la proposition 1.

COROLLAIRE 1. — *Soit* B *un espace topologique localement connexe, soit* (E, p) *un revêtement de* B *et soit* E′ *une partie ouverte et fermée de* E. *Le* B-*espace* $(\mathrm{E}', p \mid \mathrm{E}')$ *est un revêtement et* $p(\mathrm{E}')$ *est ouvert et fermé dans* B.

Les espaces E et E′ sont localement connexes. Pour toute partie ouverte U de B, l'ensemble $\mathrm{E}' \cap \overset{-1}{p}(\mathrm{U})$ est ouvert et fermé dans $\overset{-1}{p}(\mathrm{U})$, donc est réunion de composantes connexes de $\overset{-1}{p}(\mathrm{U})$. Les parties ouvertes U de B telles que p induise un homéomorphisme de chaque composante connexe de $\overset{-1}{p}(\mathrm{U})$ sur U recouvrent B. D'après la proposition, $p \mid \mathrm{E}'$ fait de E′ un revêtement de B. La deuxième assertion en résulte (*cf.* I, p. 68).

COROLLAIRE 2. — *Soit* B *un espace topologique localement connexe, soient* (E, p), (E', p') *des revêtements de* B *et soient* $f, g \colon \mathrm{E}' \to \mathrm{E}$ *des* B-*morphismes. Pour tout point* b *de* B, *notons* $f_b, g_b \colon \mathrm{E}_b \to \mathrm{E}'_b$ *les applications déduites de* f *et* g *respectivement. L'ensemble des points* b *de* B *tels que* $f_b = g_b$ *est ouvert et fermé dans* B.

Soit X l'ensemble des points x de E′ tels que $f(x) = g(x)$. C'est l'ensemble des points où coïncident les relèvements f et g de p' à E ; donc X est ouvert et fermé dans E′ (prop. 11 de I, p. 34). Le complémentaire Y de X est aussi ouvert et fermé ; par suite $p(\mathrm{Y})$ est ouvert et fermé dans B (corollaire 1). Son complémentaire, qui est l'ensemble des points b de B tels que $f_b = g_b$, l'est donc aussi.

COROLLAIRE 3. — *Soit* B *un espace topologique connexe et localement connexe, soient* (E, p) *et* (E', p') *des revêtements de* B. *Pour tout point* b *de* B, *l'application* $f \mapsto f_b$ *de* $\mathscr{C}_{\mathrm{B}}(\mathrm{E}'; \mathrm{E})$ *dans* $\mathscr{C}(\mathrm{E}'_b; \mathrm{E}_b)$ *est injective.*

Soit b un point de B. Soient f et g des B-morphismes de E′ dans E tels que $f_b = g_b$. L'ensemble des points a de B tels que $f_a = g_a$ est ouvert et fermé dans B (corollaire 2) et contient b. Il est donc égal à B et f est égal à g.

COROLLAIRE 4. — *Soit* B *un espace topologique connexe et localement connexe, soit* (E, p) *un revêtement de* B *et soit* b *un point de* B. *Pour que* E *soit un revêtement trivialisable, il faut et il suffit que tout point de la fibre* E_b *appartienne à l'image d'une section continue de* p.

La condition est nécessaire. Soit E' la réunion des images des sections continues de p et soit E'' son complémentaire dans E. L'ensemble E' est ouvert et fermé dans E (*cf.* I, p. 79). Par suite, $(\mathrm{E}', p \mid \mathrm{E}')$ est un revêtement de B (corollaire 1), et ce revêtement est trivialisable en vertu du corollaire 2 (I, p. 70). Supposons que E' contienne E_b et démontrons que E'' est vide. Comme E'' est ouvert et fermé dans E, $p(\mathrm{E}'')$ est ouvert et fermé dans B (corollaire 1). Puisque B est connexe et que b n'appartient pas à $p(\mathrm{E}'')$, $p(\mathrm{E}'') = \varnothing$, donc $\mathrm{E}'' = \varnothing$.

COROLLAIRE 5. — *Soit*

$$\begin{array}{ccc} \mathrm{E}' & \xrightarrow{f'} & \mathrm{E} \\ \downarrow{\scriptstyle p'} & & \downarrow{\scriptstyle p} \\ \mathrm{B}' & \xrightarrow{f} & \mathrm{B} \end{array}$$

un carré cartésien. Supposons que le B*-espace* (E, p) *soit un revêtement et que l'espace* B' *soit connexe et localement connexe. Soit* b' *un point de* B'. *Pour que le* B'*-espace* (E', p') *soit un revêtement trivialisable, il faut et il suffit que pour tout point* x *de* E *tel que* $p(x) = f(b')$, *il existe un relèvement continu* $g \colon \mathrm{B}' \to \mathrm{E}$ *de* f *tel que* $g(b') = x$.

Rappelons que (E', p') est un revêtement de B' (I, p. 71, cor. 2) et que l'application f' induit une bijection $\mathrm{E}'_{b'} \to \mathrm{E}_{f(b')}$ (I, p. 10, cor.). D'après la prop. 3 de I, p. 9, l'application $s \mapsto f' \circ s$ définit une bijection entre l'ensemble des sections continues de p' et l'ensemble des relèvements continus de f à E. Le corollaire résulte donc du corollaire 4.

PROPOSITION 7. — *Soit* B *un espace topologique, soient* E *et* E' *des* B*-espaces et soit* $f \colon \mathrm{E}' \to \mathrm{E}$ *un* B*-morphisme. On suppose que* E' *est un revêtement de* B *et que l'espace* B *est localement connexe.*

a) *Si la projection du* B*-espace* E *est une application étale et séparée,* (E', f) *est un revêtement de* E.

b) *Si* f *est surjective, alors* E *est un revêtement de* B.

Notons p et p' les projections des B-espaces E et E′ respectivement. Sous l'hypothèse de a), f est étale (I, p. 29, prop. 6, c)). Sous l'hypothèse de b), p est étale (*loc. cit.*, d)). Par suite, sous l'une quelconque de ces deux hypothèses, E est localement connexe ; ses composantes connexes sont en particulier ouvertes et fermées dans E (TG, I, p. 85, prop. 11).

Nous allons d'abord démontrer la proposition 7 sous l'hypothèse supplémentaire que B est connexe, localement connexe, et que E′ est le revêtement trivial $(\mathrm{B} \times \mathrm{F}', \mathrm{pr}_1)$.

Lemme. — Si U *est une composante connexe de* E′, *la restriction de* f *à* U *induit un homéomorphisme de* U *sur une composante connexe de* E.

Soit $x \in \mathrm{F}'$ tel que $\mathrm{U} = \mathrm{B} \times \{x\}$ (*cf.* I, p. 79). L'application de B dans E qui à $b \in \mathrm{B}$ associe $f(b, x)$ est une section continue de p. Son image X est donc connexe et ouverte dans E, car p est étale (I, p. 30, cor. 3). Elle est de plus fermée sous l'hypothèse a), car p est séparée (I, p. 27, prop. 3). Elle est aussi fermée sous l'hypothèse b) d'après le corollaire 1 de I, p. 80, car U est ouvert et fermé dans E′. Par suite, X est une composante connexe de E.

Comme $f \mid \mathrm{U} \colon \mathrm{U} \to \mathrm{X}$ est bijective et ouverte, c'est un homéomorphisme sur son image, ce qui démontre le lemme.

Conservons les hypothèses précédant le lemme et démontrons maintenant l'assertion a). Soit V une composante connexe de E. C'est un ensemble ouvert et fermé dans E et $\overset{-1}{f}(\mathrm{V})$ est réunion de composantes connexes de E′ que f applique homéomorphiquement sur V d'après le lemme. Il résulte de la prop. 6 de I, p. 79 que (E', f) est un revêtement.

Démontrons b). Comme f est surjective, il résulte du lemme que toute composante connexe V de E est l'image homéomorphe d'une composante connexe $\mathrm{U} = \mathrm{B} \times \{x\}$ de E′. L'application p induit alors un homéomorphisme de V sur B. D'après la prop. 6, E est un revêtement de B.

Cela démontre donc la proposition, sous l'hypothèse supplémentaire que B est connexe et E′ un revêtement trivialisable de B. Démontrons-la dans le cas général.

Il existe un recouvrement $(\mathrm{U}_i)_{i \in \mathrm{I}}$ de B, formé d'ouverts connexes au-dessus desquels le revêtement E′ est trivialisable. Soit $i \in \mathrm{I}$.

Démontrons *a*). Si l'application p est étale et séparée, il en est de même de l'application $p_{U_i}: U_i \times_B E \to U_i$, pour $i \in I$, d'après les prop. 8 de I, p. 31 et 4 de I, p. 27. Il résulte donc du cas particulier traité que, pour tout $i \in I$, le U_i-espace $((\overset{-1}{p'})(U_i), f_{U_i})$ est un revêtement. Notons A l'espace somme des U_i et $q: A \to B$ l'application canonique. Alors, l'espace $A \times_B E'$, muni de l'application $f_A: A \times_B E' \to A \times_B E$ est un revêtement de $A \times_B E$. L'application q admet une section continue au voisinage de tout point de B et la prop. 3 de I, p. 72, appliquée au carré cartésien

$$\begin{array}{ccc} A \times_B E' & \longrightarrow & E' \\ \Big\downarrow{\scriptstyle f_A} & & \Big\downarrow{\scriptstyle f} \\ A \times_B E & \longrightarrow & E \end{array},$$

implique que E′ est un revêtement de E.

Démontrons *b*). Supposons que f soit surjective. Alors, pour tout élément i de I, l'application $f_{U_i}: U_i \times_B E' \to U_i \times_B E$ est surjective et l'espace $U_i \times_B E'$, muni de l'application f_{U_i}, est un revêtement de $U_i \times_B E$ (I, p. 71, cor. 2 de la prop. 2). Il résulte du cas particulier traité précédemment que le U_i-espace $(\overset{-1}{p}(U_i), p_{U_i})$ est un revêtement. Par conséquent, E est un revêtement de B.

Soit B un espace topologique, soient E et E′ des revêtements de B et soit $f: E \to E'$ un B-morphisme On a vu que (E, f) est un revêtement sous chacune des deux hypothèses suivantes : 1) le revêtement E est localement de degré fini (I, p. 76, cor. 1) ; 2) l'espace B est localement connexe (I, p. 81, prop. 7). Ce phénomène peut s'expliquer comme suit.

Soient F et F′ des espaces topologiques discrets et soit $f: B \times F \to B \times F'$ un B-morphisme. L'application $\widetilde{f}: a \mapsto \mathrm{pr}_2 \circ f(b, \cdot)$ de B dans l'espace $\mathscr{C}_c(F; F')$ est continue (TG, X, p. 28, th. 3). Si U est un ouvert de B tel que l'application $\widetilde{f}$ soit constante sur U, l'application $f_U: U \times F \to U \times F'$ déduite de f est un revêtement trivialisable (I, p. 69, prop. 1).

L'espace $\mathscr{C}_c(F; F')$ n'est autre que l'ensemble $\mathscr{F}(F; F')$ des applications de F dans F′ muni de la topologie déduite de la topologie de l'espace produit $(F')^F$ par l'identification canonique. Pour cette topologie, l'espace $\mathscr{F}(F; F')$ est totalement discontinu (I, p. 84, prop. 10). Par suite, si l'espace B est connexe, l'application $\widetilde{f}$ est constante (I, p. 82, prop. 4) ; si l'espace B est localement connexe, l'application $\widetilde{f}$ est localement constante. Lorsque l'ensemble F est fini, l'espace $\mathscr{F}(\mathrm{F};\mathrm{F}')$ est discret et l'application $\widetilde{f}$ est localement constante.

Remarque. — Soit B un espace topologique, soient (E,p) et (E',p') des B-espaces et soit $f\colon \mathrm{E}' \to \mathrm{E}$ un B-morphisme.

a) Si E et E′ sont des revêtements de B, l'application f est étale (I, p. 29, prop. 6) et séparée (I, p. 25, prop. 2). Mais il n'est pas vrai, en général, que (E',f) soit un revêtement de E si l'espace B n'est pas localement connexe (I, p. 145, exerc. 4).

b) Si (E',p') est un revêtement de B, f est surjective et fait de E′ un revêtement de E, alors l'application p est étale (I, p. 29, prop. 6). Mais il n'est pas vrai, en général, qu'elle soit séparée si l'espace B n'est pas localement connexe (I, p. 145, exerc. 4). En particulier, E n'est pas nécessairement un revêtement de B.

COROLLAIRE. — *Soit* B *un espace topologique connexe et localement connexe. Soient* E *et* E′ *des revêtements de* B. *Soit* b *un point de* B. *Soit* $f\colon \mathrm{E}' \to \mathrm{E}$ *un* B*-morphisme et soit* $f_b\colon \mathrm{E}'_b \to \mathrm{E}_b$ *l'application déduite de* f *par restriction aux fibres. Si l'application* f_b *est injective (*resp. *surjective,* resp. *bijective), il en est de même de l'application* f.

Notons p la projection du B-espace E. D'après la proposition, (E',f) est un revêtement de E ; son image $f(\mathrm{E}')$ est ouverte et fermée dans E. Notons U le complémentaire de $f(\mathrm{E}')$ dans E, de sorte que le B-espace $(\mathrm{U},p\mid \mathrm{U})$ est un revêtement de B (I, p. 80, corollaire 1). Si l'application f_b est surjective, la fibre en b de ce revêtement est vide. Comme B est un espace connexe, U est alors vide, donc f est surjective.

L'ensemble V des points de E où la fibre de f a exactement un élément est ouvert et fermé. Les B-espaces $(\mathrm{V},p|\mathrm{V})$ et $(f(\mathrm{E}'),p|f(\mathrm{E}'))$ sont des revêtements de B (*loc. cit.*) et l'application canonique $i\colon \mathrm{V} \to f(\mathrm{E}')$ est un B-morphisme. Si l'application f_b est injective, l'application i_b est surjective, donc i est surjective d'après ce qui précède et l'on a $\mathrm{V} = f(\mathrm{E}')$. Par suite, l'application f est injective.

7. Revêtements d'un espace paracompact

PROPOSITION 8. — *Un revêtement d'un espace paracompact (*I, p. 69*) est un espace paracompact.*

Démontrons d'abord un lemme.

Lemme. — Soit E *un espace topologique séparé. Supposons que* E *possède un recouvrement ouvert localement fini* $(V_i)_{i \in I}$ *tel que, pour tout* $i \in I$, $\overline{V_i}$ *soit un espace paracompact. Alors, l'espace* E *est paracompact.*

Soit $(W_j)_{j \in J}$ un recouvrement ouvert de E ; nous allons démontrer qu'il existe un recouvrement ouvert localement fini $(A_k)_{k \in K}$ de E qui est plus fin que le recouvrement $(W_j)_{j \in J}$. Pour tout $i \in I$, soit $(A'_\ell)_{\ell \in K_i}$ un recouvrement localement fini de $\overline{V_i}$ par des ouverts de $\overline{V_i}$, plus fin que le recouvrement $(W_j \cap \overline{V_i})_{j \in J}$. Soit K la somme de la famille $(K_i)_{i \in I}$ (E, II, p. 30, déf. 8). Pour tout élément $k = (\ell, i)$ de K, posons $A_k = A'_\ell \cap V_i$. Alors A_k est ouvert dans E et l'on a $\bigcup_{k \in K} A_k = \bigcup_{i \in I} V_i = E$; de plus, pour tout $k \in K$, il existe un indice $j \in J$ tel que $A_k \subset W_j$. Ainsi, la famille $(A_k)_{k \in K}$ est un recouvrement ouvert de E plus fin que $(W_j)_{j \in J}$. Il reste à démontrer que la famille $(A_k)_{k \in K}$ est localement finie. Soit $x \in E$; il existe un voisinage ouvert U de x qui ne rencontre V_i que pour i appartenant à un sous-ensemble fini I' de I. Pour tout $i \in I'$, x possède un voisinage ouvert $U_i \subset U$ qui ne rencontre qu'un nombre fini d'ouverts A_k, pour $k \in K_i \times \{i\}$: c'est évident si x n'appartient pas à $\overline{V_i}$, et si x appartient à $\overline{V_i}$, cela résulte de la propriété de finitude locale du recouvrement $(A'_\ell)_{\ell \in K_i}$ de $\overline{V_i}$. Par suite, $V' = \bigcap_{i \in I'} U_i$ est un voisinage ouvert de x qui ne rencontre qu'un nombre fini des A_k, $k \in K$, et le recouvrement $(A_k)_{k \in K}$ est localement fini.

Démontrons la proposition. Soit E un revêtement de B, notons p sa projection, et supposons que l'espace B soit paracompact. Soit $(A_i)_{i \in I}$ un recouvrement ouvert localement fini de B tel que, pour tout $i \in I$, le revêtement E soit trivialisable au-dessus de A_i. Pour tout $i \in I$, soit F_i un espace topologique discret et soit $g_i \colon \overset{-1}{p}(A_i) \to A_i \times F_i$ une trivialisation de E au-dessus de A_i. Soit $(B_i)_{i \in I}$ un recouvrement ouvert de B tel que, pour tout $i \in I$, on ait $\overline{B_i} \subset A_i$ (TG, IX, p. 49, prop. 4 et p. 48, cor. 1). Pour tout $i \in I$, posons $V_i = \overset{-1}{p}(B_i)$; on a $\overline{V_i} \subset \overset{-1}{p}(\overline{B_i}) \subset \overset{-1}{p}(A_i)$ et $V_i = \overset{-1}{g_i}(B_i \times F_i)$, d'où $\overline{V_i} \subset \overset{-1}{g_i}(\overline{B_i} \times F_i)$. Comme B est paracompact, $\overline{B_i}$ est paracompact (TG, I, p. 69, prop. 16) et $\overline{B_i} \times F_i$ est paracompact (TG, I, p. 70, prop. 18). Par suite, $\overset{-1}{g_i}(\overline{B_i} \times F_i)$ est paracompact, donc $\overline{V_i}$ aussi (TG, I, p. 69, prop. 16). La famille $(V_i)_{i \in I}$ est, par construction, un recouvrement ouvert localement fini de E. Enfin, l'espace E est séparé (I, p. 26, remarque 3). Il satisfait donc aux hypothèses du lemme, d'où la proposition.

Remarque. — On peut démontrer qu'un revêtement d'un espace métrisable est métrisable (I, p. 145, exerc. 1) et qu'un revêtement *connexe* d'un espace localement compact dénombrable à l'infini est lui-même localement compact dénombrable à l'infini (I, p. 145, exerc. 2).

8. Faisceaux localement constants

Soient B un espace topologique et F un ensemble; munissons F de la topologie discrète. On appelle *faisceau constant* sur B de tige-type F le faisceau sur B des applications localement constantes à valeurs dans F (I, p. 45, exemple 2). Ce faisceau est parfois noté $\underline{\mathrm{F}}$, lorsqu'aucune confusion sur l'espace B n'est à craindre. Il s'identifie au faisceau sur B des sections continues du B-espace étalé $(\mathrm{B}\times\mathrm{F},\mathrm{pr}_1)$: la formule $i([\mathrm{U},s,a]) = (a,s(a))$ définit en effet un isomorphisme canonique i de l'espace étalé associé à $\underline{\mathrm{F}}$ sur $(\mathrm{B}\times\mathrm{F},\mathrm{pr}_1)$. Pour tout $a\in\mathrm{B}$, l'application $[\mathrm{U},s,a]\mapsto s(a)$ est une bijection canonique de la tige $\underline{\mathrm{F}}_a$ de $\underline{\mathrm{F}}$ en a sur l'ensemble F.

Soit $\mathscr{P} = (\mathscr{P}(\mathrm{U}), r_{\mathrm{UV}})$ le préfaisceau sur B tel que $\mathscr{P}(\mathrm{U}) = \mathrm{F}$ pour tout ouvert U de B et $r_{\mathrm{UV}} = \mathrm{Id}_{\mathrm{F}}$ pour tout couple (U, V) d'ouverts de B tels que $\mathrm{U}\subset\mathrm{V}$. Alors, le faisceau $\widetilde{\mathscr{P}}$ associé à $\mathscr{P}$ est canoniquement isomorphe au faisceau constant $\underline{\mathrm{F}}$ (I, p. 52, exemple 1).

DÉFINITION 3. — *On dit qu'un faisceau $\mathscr{F}$ sur un espace topologique* B *est* localement constant *si tout point de* B *possède un voisinage ouvert* U *tel que le faisceau induit $\mathscr{F}\mid\mathrm{U}$ soit isomorphe à un faisceau constant sur* U.

PROPOSITION 9. — *Pour qu'un faisceau soit localement constant, il faut et il suffit que l'espace étalé associé soit un revêtement.*

Soit B un espace topologique et soit $\mathscr{F}$ un faisceau sur B. Le faisceau $\mathscr{F}$ est constant si et seulement si l'espace étalé $\mathrm{E}_{\mathscr{F}}$ est B-isomorphe à un revêtement trivial $(\mathrm{B}\times\mathrm{F},\mathrm{pr}_1)$, où F est un espace topologique discret. Si U est un ouvert de B, l'espace étalé associé au faisceau induit $\mathscr{F}\mid\mathrm{U}$ s'identifie au U-espace étalé induit par $\mathrm{E}_{\mathscr{F}}$ au-dessus de U (*cf.* I, p. 51). La proposition en résulte.

COROLLAIRE. — *Pour qu'un* B*-espace étalé soit un revêtement, il faut et il suffit que le faisceau de ses sections soit localement constant.*

Cela découle de la proposition et de l'exemple 2 de I, p. 52.

9. Produits de faisceaux localement constants

Soit B un espace topologique et soit $(\mathscr{F}_i)_{i\in \mathrm{I}}$ une famille de faisceaux sur B. Notons $\mathscr{F}$ le faisceau produit $\prod_{i\in\mathrm{I}} \mathscr{F}_i$ et, pour $i \in \mathrm{I}$, soit $\mathrm{pr}_i \colon \mathscr{F} \to \mathscr{F}_i$ le morphisme de projection d'indice i (I, p. 46, exemple 7). Soient (E, p) et (E_i, p_i) les B-espaces étalés associés aux faisceaux $\mathscr{F}$ et $\mathscr{F}_i$ respectivement, et $\varphi_i \colon \mathrm{E} \to \mathrm{E}_i$ le B-morphisme associé à pr_i (I, p. 50). Notons enfin (E', p') le B-produit $\prod_{\mathrm{B}} \mathrm{E}_i$. D'après la propriété universelle du B-espace produit (I, p. 5), il existe un unique B-morphisme $\Phi \colon \mathrm{E} \to \mathrm{E}'$ tel que, pour tout $i \in \mathrm{I}$, $\mathrm{pr}_i \circ \Phi = \varphi_i$.

PROPOSITION 10. — *Si l'ensemble* I *est fini, le* B-*morphisme* Φ *est un isomorphisme.*

D'après le corollaire de I, p. 32, le B-espace E′ est étalé et il suffit de démontrer que le B-morphisme Φ est bijectif (I, p. 30, cor. 2). Pour tout point b de B, la restriction $\Phi_b \colon \mathrm{E}_b \to \mathrm{E}'_b$ de Φ aux fibres en b s'identifie à l'application canonique de $\varinjlim \prod_{i\in\mathrm{I}} \mathscr{F}_i(\mathrm{U})$ dans $\prod_{i\in\mathrm{I}} \varinjlim \mathscr{F}_i(\mathrm{U})$, où U parcourt l'ensemble des ouverts de B qui contiennent b (*cf.* I, p. 50). D'après la prop. 10 de E, III, p. 67, cette application est une bijection.

Considérons maintenant le cas des faisceaux localement constants sur un espace topologique B. Soit $(\mathrm{F}_i)_{i\in\mathrm{I}}$ une famille d'ensembles et posons $\mathrm{F} = \prod_{i\in\mathrm{I}} \mathrm{F}_i$. On définit un morphisme canonique $\psi = (\psi_{\mathrm{U}})$ du faisceau constant $\underline{\mathrm{F}}$ dans le produit $\prod_{i\in\mathrm{I}} \underline{\mathrm{F}_i}$ des faisceaux constants $\underline{\mathrm{F}_i}$ en posant, pour tout ouvert U de B et toute fonction localement constante $f \colon \mathrm{U} \to \mathrm{F}$, $\psi_{\mathrm{U}}(f) = (\mathrm{pr}_i \circ f)_{i\in\mathrm{I}}$.

PROPOSITION 11. — *Si l'ensemble* I *est fini, ou si l'espace* B *est localement connexe, le morphisme canonique* $\psi \colon \underline{\mathrm{F}} \to \prod \underline{\mathrm{F}_i}$ *est un isomorphisme.*

Soit U un ouvert de B. Il est clair que l'application ψ_{U} est injective. Montrons qu'elle est surjective. Il s'agit de prouver que pour toute famille $(f_i)_{i\in\mathrm{I}}$ où f_i est une application localement constante de U dans F_i, et tout point a de U, il existe un voisinage V de a dans U tel que pour tout $i \in \mathrm{I}$, l'application $f_i \mid \mathrm{V}$ soit constante. Lorsque l'ensemble I est fini, l'existence d'un tel voisinage est claire. Lorsque l'espace B est localement connexe, il suffit de prendre pour V un voisinage connexe de a dans U. Cela prouve la proposition.

Corollaire 1. — *Un produit fini de faisceaux localement constants est localement constant.*

Soit $(\mathscr{F}_i)_{i\in \mathrm{I}}$ une famille finie de faisceaux localement constants sur B. Tout point a de B possède un voisinage ouvert U dans B tel que, pour tout $i \in \mathrm{I}$, le faisceau $\mathscr{F}_i \mid \mathrm{U}$ soit isomorphe à un faisceau constant. Il en est alors de même du faisceau $\left(\prod \mathscr{F}_i\right) \mid \mathrm{U}$, qui est égal à $\prod\left(\mathscr{F}_i \mid \mathrm{U}\right)$.

Corollaire 2. — *Soit* $(\mathscr{F}_i)_{i\in \mathrm{I}}$ *une famille de faisceaux sur* B. *Supposons que l'espace* B *soit localement connexe et que tout point de* B *possède un voisinage ouvert* U *tel que, pour tout* $i \in \mathrm{I}$, *le faisceau* $\mathscr{F}_i | \mathrm{U}$ *soit isomorphe à un faisceau constant. Alors, le faisceau produit* $\prod \mathscr{F}_i$ *est localement constant.*

Remarques. — 1) Soit $(\mathrm{E}_i, p_i)_{i\in \mathrm{I}}$ une famille de revêtements de l'espace topologique B. Supposons que l'espace B soit localement connexe et qu'il existe un recouvrement ouvert $(\mathrm{U}_j)_{j\in \mathrm{J}}$ de B tel que, pour tout $j \in \mathrm{J}$ et tout $i \in \mathrm{I}$, le revêtement E_i soit trivialisable au-dessus de U_j. Pour $i \in \mathrm{I}$, soit $\mathscr{F}_i$ le faisceau localement constant des sections de E_i et soit $\mathscr{F}$ le faisceau produit $\prod_i \mathscr{F}_i$. D'après le corollaire précédent, $\mathscr{F}$ est un faisceau localement constant et le B-espace étalé E qui lui est associé est donc un revêtement (I, p. 86, prop. 8). Pour $i \in \mathrm{I}$, soit $\mathrm{pr}_i : \mathrm{E} \to \mathrm{E}_i$ le B-morphisme induit par le morphisme de projection d'indice i, $\mathscr{F} \to \mathscr{F}_i$.

Considérons maintenant un revêtement (Y, q) de B et, pour tout $i \in \mathrm{I}$, soit $f_i \colon \mathrm{Y} \to \mathrm{E}_i$ un B-morphisme. Si $\mathscr{G}$ désigne le faisceau localement constant des sections de q, les B-morphismes f_i induisent des morphismes de faisceaux $\widetilde{f}_i \colon \mathscr{G} \to \mathscr{F}_i$. Soit $\widetilde{f} \colon \mathscr{G} \to \mathscr{F}$ l'unique morphisme de faisceaux tel que $\widetilde{f}_i = \mathrm{pr}_i \circ \widetilde{f}$ pour tout $i \in \mathrm{I}$. Il existe alors un unique B-morphisme $f \colon \mathrm{Y} \to \mathrm{E}$ tel que $f_i = \mathrm{pr}_i \circ f$ pour tout i : c'est le B-morphisme qui induit $\widetilde{f}$.

On dit parfois que E est le *revêtement produit* de la famille $(\mathrm{E}_i)_{i\in \mathrm{I}}$.

2) Avec les notations précédentes, le B-morphisme canonique $\Phi \colon \mathrm{E} \to \prod_{\mathrm{B}} \mathrm{E}_i$ est *bijectif.* La question est en effet de nature locale sur B et l'on peut supposer que, pour tout $i \in \mathrm{I}$, le B-espace E_i est isomorphe au B-espace $(\mathrm{B} \times \mathrm{F}_i, \mathrm{pr}_1)$, où F_i est un espace topologique discret, de sorte que le faisceau $\mathscr{F}_i$ est isomorphe au faisceau $\underline{\mathrm{F}_i}$. D'après la prop. 11, le faisceau $\mathscr{F}$ s'identifie au faisceau $\underline{\mathrm{F}}$, où F est l'ensemble $\prod \mathrm{F}_i$, muni de la topologie discrète, et l'application Φ

s'identifie à l'application canonique $B \times F \to B \times (\prod_i F_i)$ qui est bijective.

10. Morphismes de faisceaux localement constants sur un espace localement connexe

Soit B un espace topologique, soient (E, p) et (E', p') des B-espaces. Notons $\mathscr{M} = \underline{\mathscr{M}or}_B(E; E')$ le faisceau sur B des B-morphismes de (E, p) dans (E', p') (I, p. 45, exemple 4). Si U est un ouvert de B et b un point de U, on notera $\theta_{b,U} \colon \mathscr{M}(U) \to \mathscr{C}(E_b; E'_b)$ l'application canonique obtenue par passage aux fibres en b. On note $\theta_b \colon \mathscr{M}_b \to \mathscr{C}(E_b; E'_b)$ l'unique application telle que $\theta_{b,U}$ soit la composée de θ_b et de l'application canonique $\mathscr{M}(U) \to \mathscr{M}_b$ pour tout ouvert U de B contenant b (E, III, p. 62).

Soit aussi $\mathscr{I} = \underline{\mathscr{I}som}_B(E; E')$ le faisceau sur B des B-isomorphismes de (E, p) dans (E', p'). Notons $i \colon \mathscr{I} \to \mathscr{M}$ le morphisme canonique. Pour tout $b \in B$, l'application $\theta_b \circ i_b$ induit une application θ'_b de $\mathscr{I}_b$ dans l'ensemble des bijections continues de E_b sur E'_b.

PROPOSITION 12. — *Supposons que l'espace* B *soit localement connexe et que les* B*-espaces* E *et* E′ *soient des revêtements. Le faisceau* $\underline{\mathscr{M}or}_B(E; E')$ *est alors localement constant et, pour tout* $b \in B$, *l'application* θ_b *est une bijection de sa tige en* b *sur l'ensemble des applications de* E_b *dans* E'_b.

De même, le faisceau $\underline{\mathscr{I}som}_B(E; E')$ *est localement constant et, pour tout point* b *de* B, *l'application* θ'_b *est une bijection de sa tige en* b *sur l'ensemble des bijections de* E_b *sur* E'_b.

Nous noterons $\mathscr{M} = \underline{\mathscr{M}or}_B(E; E')$ et $\mathscr{I} = \underline{\mathscr{I}som}_B(E; E')$. Les assertions à démontrer sont de nature locale sur B ; nous pouvons donc supposer que $E = B \times F$ et $E' = B \times F'$ sont des revêtements triviaux, où F et F′ sont des espaces topologiques discrets.

Prouvons d'abord que, pour tout ouvert connexe U de B et tout point b de U, l'application $\theta_{b,U}$ est une bijection. Soit $f \colon U \times F \to U \times F'$ un morphisme de U-espaces ; alors, $\theta_{b,U}(f)$ est l'application $y \mapsto \mathrm{pr}_2(f(b, y))$ de F dans F′. Pour tout $y \in F$, l'application $x \mapsto \mathrm{pr}_2(f(x, y))$ est une application continue de l'espace connexe U dans l'espace discret F′, donc est constante, égale à $\mathrm{pr}_2(f(b, y))$. On a ainsi $f(x, y) = (x, \theta_{b,U}(f)(y))$. Il en résulte que $\theta_{b,U}$ est une bijection ;

sa bijection réciproque associe à toute application $\varphi\colon F \to F'$ le U-morphisme de $U \times F$ dans $U \times F'$ donné par $(x, y) \mapsto (x, \varphi(y))$.

Par hypothèse, tout point $b \in B$ admet une base de voisinages ouverts connexes ; l'application θ_b est donc une bijection. Les applications $\theta_{b,U}^{-1}$, pour U ouvert connexe non vide de B et b un point quelconque de b, définissent un morphisme de préfaisceaux (relativement à la base des ouverts connexes de B) du faisceau constant de tige-type F'^F dans le faisceau $\mathscr{M}$. D'après ce qui précède, ce morphisme induit une bijection sur les tiges ; c'est donc un isomorphisme.

Les assertions relatives au faisceau $\mathscr{I}$ se démontrent de même.

COROLLAIRE 1. — *Soient* B *un espace topologique et* A *un sous-espace de* B. *On suppose que les espaces* A *et* B *sont localement connexes. Soient* E *et* E′ *des revêtements de* B. *Alors les morphismes canoniques* $\psi\colon \underline{\mathscr{M}or}_B(E; E')_A \to \underline{\mathscr{M}or}_A(E_A; E'_A)$ *et* $\psi'\colon \underline{\mathscr{I}som}_B(E; E')_A \to \underline{\mathscr{I}som}_A(E_A; E'_A)$ (I, p. 45, exemple 4) *sont des isomorphismes.*

Pour tout point $a \in A$, il résulte de la proposition précédente et de l'exemple 2 de I, p. 63, appliqué aux espaces $\{a\}$, A, B et aux injections canoniques, que le morphisme canonique ψ induit par passage aux tiges l'identité de $E_a^{E'_a}$. C'est donc un isomorphisme. Le fait que ψ' soit un isomorphisme se démontre de manière analogue.

COROLLAIRE 2. — *Soient* B *un espace topologique et* A *un sous-espace de* B. *On suppose que les espaces* A *et* B *sont localement connexes et que le couple* (B, A) *jouit de la propriété* (PCV) *de* I, p. 37. *Soient* E *et* E′ *des revêtements de* B, *notons* p *et* p' *leurs projections. Soit* $g\colon \overset{-1}{p}(A) \to \overset{-1}{(p')}(A)$ *un* A-*morphisme (*resp. *un* A-*isomorphisme). Il existe un voisinage* U *de* A *dans* B *et un* U-*morphisme (*resp. *un* U-*isomorphisme)* $f\colon \overset{-1}{p}(U) \to \overset{-1}{(p')}(U)$ *tel que* $f_A = g$.

Conservons les notations du corollaire 1. D'après ce même corollaire, un A-morphisme $g\colon E_A \to E'_A$ s'identifie à une section s_0 au-dessus de A de l'espace étalé $E_{\mathscr{M}}$ associé à $\mathscr{M}$. D'après l'hypothèse faite sur le couple (B, A) et le lemme 3 de I, p. 39, il existe un voisinage ouvert U de A dans B et une section continue s de $E_{\mathscr{M}}$ au-dessus de U prolongeant s_0. Cette section s s'identifie à un U-morphisme $f\colon E_U \to E'_U$ prolongeant f.

Le cas où g est un A-isomorphisme se traite de manière analogue en considérant au lieu du faisceau $\mathscr{M}$ le faisceau $\mathscr{I}$.

§ 5. REVÊTEMENTS PRINCIPAUX

1. Espaces fibrés principaux

DÉFINITION 1. — *Soient* G *un groupe topologique et* B *un espace topologique. On appelle* espace fibré principal (à droite) de base B et de groupe G *un* B*-espace* (E, p) *muni d'une opération à droite de* G *sur* E (A, I, p. 50) *ayant la propriété suivante :*

(FP) *Pour tout point* b *de* B, *il existe un voisinage* U *de* b *et un* U*-isomorphisme* $f\colon \mathrm{U} \times \mathrm{G} \to \overset{-1}{p}(\mathrm{U})$ *tels que pour tous* $u \in \mathrm{U}$ *et* g, $g' \in \mathrm{G}$, *on ait* $f(u, gg') = f(u, g) \cdot g'$.

Au lieu de dire que (E, p) est un espace fibré principal de base B et de groupe G, on dit parfois que le quadruplet (E, G, B, p) est une *fibration principale* (*cf.* VAR, R, § 6), ou par abus que l'application $p\colon \mathrm{E} \to \mathrm{B}$ est une fibration principale de base B et de groupe G.

Lorsqu'aucun doute n'est possible quant à la base B, au groupe G et à l'opération de G sur E, on dira simplement que (E, p) est un espace fibré principal.

Soit G un groupe topologique. Soit (E, p) un B-espace muni d'une opération de G à gauche. Si, pour l'opération à droite du groupe G°, opposée à l'opération donnée (A, I, p. 50), (E, p) est un espace fibré principal à droite de groupe G°, on dit que (E, p) est un *espace fibré principal à gauche* de groupe G.

Un espace fibré principal est un espace fibré localement trivial (I, p. 68, déf. 1).

Il résulte de la propriété (FP) que le groupe G opère *continûment* (TG, III, p. 9) et *librement* dans E et que les orbites de cette opération sont les fibres du B-espace (E, p). L'application $p'\colon \mathrm{E}/\mathrm{G} \to \mathrm{B}$ déduite de p est *continue* et *bijective.* Toujours d'après la propriété (FP), l'application p est ouverte (TG, I, p. 30, prop. 2 et p. 26, prop. 5) ; par suite, p' est un homéomorphisme (TG, I, p. 32, prop. 3).

Soient (E, p) et (E′, p') des espaces fibrés principaux de base B et de groupe G. On dit qu'une application $f\colon \mathrm{E} \to \mathrm{E}'$ est un *morphisme d'espaces fibrés principaux* (*de base* B *et de groupe* G) si f est un B-morphisme et que l'on a $f(x \cdot g) = f(x) \cdot g$ pour tout $x \in \mathrm{E}$ et tout $g \in \mathrm{G}$. Soit (E″, p'') un espace fibré principal de base B et de groupe G. Si $f\colon \mathrm{E} \to \mathrm{E}'$ et $g\colon \mathrm{E}' \to \mathrm{E}''$ sont des morphismes d'espaces fibrés principaux, l'application $g \circ f\colon \mathrm{E} \to \mathrm{E}''$ est un morphisme d'espaces fibrés principaux. Conformément aux définitions générales (E, IV, p. 11), on peut prendre pour morphismes de la structure d'espace fibré principal de base B et de groupe G ceux définis ci-dessus. On note $\mathscr{C}_{\mathrm{B}}^{\mathrm{G}}(\mathrm{E};\mathrm{E}')$ l'ensemble des morphismes d'espaces fibrés principaux de (E,p) dans (E',p').

On appelle *espace fibré principal trivial* de base B et de groupe G le B-espace $(\mathrm{B}\times\mathrm{G},\mathrm{pr}_1)$ muni de la loi d'opération à droite de G sur $\mathrm{B}\times\mathrm{G}$ définie par $(b,g)\cdot h = (b,gh)$.

On dit qu'un espace fibré principal (E,p) de base B et de groupe G est *trivialisable* s'il existe un isomorphisme de (E,p) sur l'espace fibré principal trivial $(\mathrm{B}\times\mathrm{G},\mathrm{pr}_1)$; un tel isomorphisme est appelé *trivialisation* de l'espace fibré principal (E,p). La propriété (FP) exprime qu'il existe un recouvrement ouvert $(\mathrm{U}_i)_{i\in\mathrm{I}}$ de B tel que, pour tout $i\in\mathrm{I}$, le U_i-espace $(\overset{-1}{p}(\mathrm{U}_i), p\mid \mathrm{U}_i)$, muni de l'opération à droite de G déduite de celle de G sur E, soit un espace fibré principal trivialisable.

Exemples. — 1) Soit (E,p) un espace fibré principal de base B et de groupe G et soit A un sous-espace de B. Le sous-espace $\mathrm{E}_{\mathrm{A}} = \overset{-1}{p}(\mathrm{A})$ de E est stable pour l'opération de G et l'application $p_{\mathrm{A}}\colon \mathrm{E}_{\mathrm{A}} \to \mathrm{A}$ en fait un espace fibré principal de base A et de groupe G. On dit que $(\mathrm{E}_{\mathrm{A}},p_{\mathrm{A}})$ est *l'espace fibré principal induit par* (E,p) *au-dessus de* A.

2) Soit (E,p) un espace fibré principal de base B et de groupe G ; soit (E',p') un espace fibré principal de base B′ et de groupe G′. On définit une loi d'opération à droite du groupe $\mathrm{G}\times\mathrm{G}'$ sur l'espace $\mathrm{E}\times\mathrm{E}'$ en posant $(x,x')\cdot(g,g') = (x\cdot g, x'\cdot g')$ pour $x\in\mathrm{E}$, $x'\in\mathrm{E}'$, $g\in\mathrm{G}$ et $g'\in\mathrm{G}'$; cette opération est continue. Soit U une partie ouverte de B et $f\colon \mathrm{U}\times\mathrm{G} \to \overset{-1}{p}(\mathrm{U})$ une trivialisation du U-espace $(\overset{-1}{p}(\mathrm{U}),p_{\mathrm{U}})$; soit U′ une partie ouverte de B′ et $f'\colon \mathrm{U}'\times\mathrm{G}' \to \overset{-1}{(p')}(\mathrm{U}')$ une trivialisation du U′-espace $(\overset{-1}{(p')}(\mathrm{U}'),p'_{\mathrm{U}})$. L'application $((b,b'),(g,g')) \mapsto (f(b,g),f'(b',g'))$ est un $(\mathrm{U}\times\mathrm{U}')$-isomorphisme f'' de $(\mathrm{U}\times\mathrm{U}')\times(\mathrm{G}\times\mathrm{G}')$ sur $\overset{-1}{p}(\mathrm{U})\times\overset{-1}{(p')}(\mathrm{U}')$ et l'on a

$$f''((b,b'),(gh,g'h')) = (f(b,gh),f'(b',g'h')) = f''((b,b'),(g,g'))\cdot(h,h').$$

On en déduit que le $(\mathrm{B}\times\mathrm{B}')$-espace $\mathrm{E}\times\mathrm{E}'$, muni de la loi d'opération de $\mathrm{G}\times\mathrm{G}'$ définie ci-dessus est un espace fibré principal, appelé *produit des espaces fibrés principaux* E et E'.

3) En particulier, lorsque $\mathrm{B}=\mathrm{B}'$, le B-espace $\mathrm{E}\times_{\mathrm{B}}\mathrm{E}'$ s'identifie à l'espace fibré principal de groupe $\mathrm{G}\times\mathrm{G}'$ induit par $\mathrm{E}\times\mathrm{E}'$ au-dessus de la diagonale Δ_{B} de $\mathrm{B}\times\mathrm{B}$. Muni de cette structure d'espace fibré principal, le B-espace $\mathrm{E}\times_{\mathrm{B}}\mathrm{E}'$ est appelé *produit fibré des espaces fibrés principaux* E *et* E'.

4) Soit E un espace fibré principal de base B et de groupe G et soit F un espace topologique. Le $(\mathrm{B}\times\mathrm{F})$-espace $\mathrm{E}\times\mathrm{F}$ muni de la loi d'opération $(x,y)\cdot g=(x\cdot g,y)$, pour $x\in\mathrm{E}$, $y\in\mathrm{F}$ et $g\in\mathrm{G}$, est un espace fibré principal de groupe G. C'est le cas particulier de l'exemple 2, où p' est l'application identique de F et G' est un groupe réduit à l'élément neutre.

5) Soient B un espace topologique et (E,p) un espace fibré principal de base B et de groupe G. Soient B' un espace topologique et $f\colon \mathrm{B}'\to\mathrm{B}$ une application continue. Le groupe G opère à droite dans le produit fibré $\mathrm{B}'\times_{\mathrm{B}}\mathrm{E}$ par la loi $(b',x)\cdot g=(b',x\cdot g)$, pour $b'\in\mathrm{B}'$, $x\in\mathrm{E}$ et $g\in\mathrm{G}$. Cette opération est continue et libre ; les orbites sont les fibres de l'application $\mathrm{pr}_1\colon \mathrm{B}'\times_{\mathrm{B}}\mathrm{E}\to\mathrm{B}'$. Il résulte des exemples 1 et 4 ci-dessus et de la remarque 2 de I, p. 16 que le B'-espace $\mathrm{B}'\times_{\mathrm{B}}\mathrm{E}$ est un espace fibré principal de groupe G. On l'appelle *l'espace fibré principal déduit de* (E,p) *par le changement de base* f, ou encore l'image réciproque de (E,p) par f.

PROPOSITION 1. — *Tout morphisme d'espaces fibrés principaux est un isomorphisme.*

Soit $f\colon \mathrm{B}\times\mathrm{G}\to\mathrm{B}\times\mathrm{G}$ un morphisme de l'espace fibré principal trivial $(\mathrm{B}\times\mathrm{G},\mathrm{pr}_1)$ dans lui-même et soit $\varphi\colon \mathrm{B}\times\mathrm{G}\to\mathrm{G}$ l'application continue $\mathrm{pr}_2\circ f$, de sorte que $f(b,g)=(b,\varphi(b,g))$. Pour tout $b\in\mathrm{B}$ et tous g, $h\in\mathrm{G}$, on a $\varphi(b,gh)=\varphi(b,g)\cdot h$, d'où $\varphi(b,g)=\varphi(b,e)\cdot g$, où e désigne l'élément neutre de G. Le morphisme f est donc un isomorphisme dont le morphisme réciproque f^{-1} est défini par $f^{-1}(b,g)=(b,\varphi(b,e)^{-1}g)$ pour $(b,g)\in\mathrm{B}\times\mathrm{G}$.

Soient maintenant E et E' des espaces fibrés principaux et soit $f\colon \mathrm{E}\to\mathrm{E}'$ un morphisme d'espaces fibrés principaux. Compte tenu de la propriété (FP), pour tout point $b\in\mathrm{B}$, il existe un voisinage ouvert U de b tel que les fibrés principaux E_{U} et E'_{U} soient trivialisables.

Par passage aux sous-espaces, f induit un morphisme $f_U : E_U \to E'_U$ d'espaces fibrés principaux ; d'après ce qui précède, ce morphisme f_U est un isomorphisme. En particulier, $f_b : E_b \to E'_b$ est une bijection. Il existe alors une unique application $g : E' \to E$ qui induise la bijection f_b^{-1} par passage aux sous-espaces. D'après la proposition 4 de I, p. 19, l'application g est continue, donc f est un isomorphisme d'espaces fibrés principaux.

COROLLAIRE. — *Soient* G *un groupe topologique,* (E, p) *et* (E', p') *des espaces fibrés principaux de groupe* G *et de bases* B *et* B′ *respectivement. Soient* $f : B' \to B$ *et* $f' : E' \to E$ *des applications continues telles que* $p \circ f' = f \circ p'$ *et telles que, pour tout* $x' \in E'$ *et tout* $g \in G$, $f'(x' \cdot g) = f'(x') \cdot g$. *Alors le carré*

$$\begin{array}{ccc} E' & \xrightarrow{f'} & E \\ \downarrow{\scriptstyle p'} & & \downarrow{\scriptstyle p} \\ B' & \xrightarrow{f} & B \end{array}$$

est un carré cartésien.

En effet, l'application $h : E' \to B' \times_B E$ définie par $h(x') = (p'(x'), f'(x'))$ pour $x' \in E'$, est un B′-morphisme de revêtements principaux, donc un isomorphisme ; on a de plus $pr_2 \circ h = f'$, d'où le résultat (I, p. 8, prop. 2).

Sous les hypothèses du corollaire précédent, on dit parfois que f' est un f-morphisme d'espaces fibrés principaux.

PROPOSITION 2. — *Soit* (E, p) *un espace fibré principal de base* B *et de groupe* G, *et soit* ε *la section* $b \mapsto (b, e)$ *de l'espace fibré principal trivial* $(B \times G, pr_1)$, *où* e *désigne l'élément neutre de* G. *L'application* $h \mapsto h \circ \varepsilon$ *est une bijection de* $\mathscr{C}_B^G(B \times G; E)$ *sur l'ensemble* $\mathscr{S}(B; E)$ *des sections continues de* p. *La bijection réciproque associe à une section continue* s *de* p *le* B-*morphisme* $(b, g) \mapsto s(b) \cdot g$.

COROLLAIRE. — *Un espace fibré principal est trivialisable si et seulement s'il admet une section continue.*

PROPOSITION 3. — *Soient* E *et* B *des espaces topologiques,* $p : E \to B$ *une application continue et* G *un groupe topologique opérant à droite sur* E. *Les conditions suivantes sont équivalentes :*

(i) *Muni de l'application* p, E *est un espace fibré principal de base* B *et de groupe* G ;

(ii) *Pour tout* $x \in \mathrm{E}$ *et tout* $g \in \mathrm{G}$, *on a* $p(x \cdot g) = p(x)$, *l'application* $\theta \colon (x, g) \mapsto (x, x \cdot g)$ *est un homéomorphisme de* $\mathrm{E} \times \mathrm{G}$ *sur* $\mathrm{E} \times_{\mathrm{B}} \mathrm{E}$ *et tout point de* B *possède un voisinage sur lequel existe une section continue de l'application* p.

(i)$\Rightarrow$(ii) : Supposons que (E, p) soit un espace fibré principal. Le groupe G opère continûment et librement dans E avec pour orbites les fibres de p. Par suite, l'application θ est bijective et continue. Plus précisément, si l'on munit $\mathrm{E} \times_{\mathrm{B}} \mathrm{E}$ de l'opération de G définie par $(x, y) \cdot g = (x, y \cdot g)$, l'application θ est un E-morphisme de l'espace fibré principal trivial $\mathrm{E} \times \mathrm{G}$ dans l'espace fibré principal $(\mathrm{E} \times_{\mathrm{B}} \mathrm{E} \rightarrow \mathrm{E}, \mathrm{pr}_1)$ (exemple 5), donc un isomorphisme (prop. 1). Les autres assertions de (ii) résultent immédiatement de la définition.

(ii)$\Rightarrow$(i) : Posons $\varphi = \mathrm{pr}_2 \circ \theta^{-1}$, de sorte que, pour tout $(x, y) \in \mathrm{E} \times_{\mathrm{B}} \mathrm{E}$, on a

$$\theta^{-1}(x, y) = (x, \varphi(x, y)). \tag{1}$$

L'application $\varphi \colon \mathrm{E} \times_{\mathrm{B}} \mathrm{E} \rightarrow \mathrm{G}$ est continue et, pour $(x, y) \in \mathrm{E} \times_{\mathrm{B}} \mathrm{E}$, l'élément $\varphi(x, y)$ est l'unique élément g de G tel que $y = x \cdot g$. Soit b un point de B ; soit U un voisinage de b et soit s une section continue de p au-dessus de U. Pour $(u, g) \in \mathrm{U} \times \mathrm{G}$, posons $f(u, g) = s(u) \cdot g$; l'application f est un U-morphisme de $\mathrm{U} \times \mathrm{G}$ dans $\overset{-1}{p}(\mathrm{U})$. Pour $y \in \overset{-1}{p}(\mathrm{U})$, posons $f'(y) = (p(y), \varphi(s(p(y)), y))$. L'application f' est un U-morphisme de $\overset{-1}{p}(\mathrm{U})$ dans $\mathrm{U} \times \mathrm{G}$. On a

$$(f \circ f')(y) = s(p(y)) \cdot \varphi(s(p(y)), y) = y.$$

D'autre part, pour $(u, g) \in \mathrm{U} \times \mathrm{G}$, on a

$$(f' \circ f)(u, g) = f'(s(u) \cdot g) = (u, \varphi(s(u), s(u) \cdot g)) = (u, g).$$

Par suite, f est un U-isomorphisme. Il en résulte que (E, p) est un espace fibré principal de base B et de groupe G.

Remarque 1. — Soit (E, p) un espace fibré principal de base B et de groupe G. Avec les notations de la proposition 3, l'application $\theta^{-1} \colon \mathrm{E} \times_{\mathrm{B}} \mathrm{E} \rightarrow \mathrm{E} \times \mathrm{G}$ est une trivialisation de l'espace fibré principal $\mathrm{pr}_1 \colon \mathrm{E} \times_{\mathrm{B}} \mathrm{E} \rightarrow \mathrm{E}$. On dit que θ^{-1} est la *trivialisation canonique* de cet espace fibré principal.

COROLLAIRE 1. — *Soit* G *un groupe topologique opérant continûment à droite dans un espace topologique* E. *Les conditions suivantes sont équivalentes :*

(i) *L'espace des orbites* E/G *est séparé et l'espace* E, *muni de l'application canonique* $p\colon \mathrm{E} \to \mathrm{E}/\mathrm{G}$, *est un espace fibré principal de groupe* G ;

(ii) *Le groupe* G *opère proprement* (TG, III, p. 27) *et librement dans* E *et tout point de* E/G *possède un voisinage sur lequel existe une section continue de l'application* p.

Posons $\mathrm{B} = \mathrm{E}/\mathrm{G}$. Sous chacune des hypothèses (i) et (ii), le groupe G opère continûment et librement dans E, de sorte que l'application $\theta\colon (x, g) \mapsto (x, x \cdot g)$ est une bijection continue de $\mathrm{E} \times \mathrm{G}$ sur $\mathrm{E} \times_{\mathrm{B}} \mathrm{E}$. Plaçons-nous sous cette hypothèse et notons $\varphi\colon \mathrm{E} \times_{\mathrm{B}} \mathrm{E} \to \mathrm{G}$ l'application $\mathrm{pr}_2 \circ \theta^{-1}$. Compte tenu de la formule (1), pour que θ soit un homéomorphisme, il faut et il suffit que l'application φ soit continue. D'autre part, comme la relation d'équivalence définie par G est ouverte (TG, III, p. 10, lemme 2), pour que l'espace E/G soit séparé, il faut et il suffit que le graphe $\mathrm{E} \times_{\mathrm{B}} \mathrm{E}$ de cette relation d'équivalence soit fermé dans $\mathrm{E} \times \mathrm{E}$ (TG, I, p. 55, prop. 8). Enfin (TG, III, p. 31, prop. 6), pour que G opère proprement dans E, il faut et il suffit que $\mathrm{E} \times_{\mathrm{B}} \mathrm{E}$ soit fermé dans $\mathrm{E} \times \mathrm{E}$ et que l'application φ soit continue. L'équivalence des conditions (i) et (ii) résulte alors de la prop. 3.

COROLLAIRE 2. — *Soit* G *un groupe topologique, soient* H *un sous-groupe de* G *et* $p\colon \mathrm{G} \to \mathrm{G}/\mathrm{H}$ *l'application canonique. Si l'application* p *possède une section continue au-dessus d'un ensemble ouvert non vide de* G/H, *l'application* p *fait de* G *un espace fibré principal de base* G/H *et de groupe* H.

Par translations à gauche, tout point de G/H possède un voisinage au-dessus duquel l'application p possède une section continue. D'autre part, pour (g, g') appartenant à $\mathrm{G} \times \mathrm{G}$, posons $\varphi(g, g') = g^{-1}g'$. Si $p(g) = p(g')$, $\varphi(g, g')$ appartient à H. L'application $(g, g') \mapsto (g, \varphi(g, g'))$ de $\mathrm{G} \times_{\mathrm{G}/\mathrm{H}} \mathrm{G}$ dans $\mathrm{G} \times \mathrm{H}$ est continue et c'est la réciproque de l'application continue $\theta\colon \mathrm{G} \times \mathrm{H} \to \mathrm{G} \times_{\mathrm{G}/\mathrm{H}} \mathrm{G}$ définie par $\theta(g, h) = (g, gh)$, d'où le corollaire.

Remarque 2. — Cette situation se présente notamment lorsque G est un groupe de Lie réel, de dimension finie, dénombrable à l'infini, opérant transitivement et analytiquement sur une variété analytique X. Si l'on prend pour H le fixateur d'un point de X, l'application p est une submersion de G sur l'espace homogène de Lie G/H, isomorphe à X (LIE, III, p. 109, corollaire). Elle possède donc des sections locales (VAR, p. 50).

2. Revêtements principaux

DÉFINITION 2. — *Soit* B *un espace topologique et soit* G *un groupe. Munissons* G *de la topologie discrète. Un espace fibré principal de base* B *et de groupe* G *est appelé un* revêtement principal de B de groupe G.

Cette terminologie est légitime car un tel B-espace est un revêtement de B.

Un revêtement principal de groupe G d'un espace topologique non vide possède un degré, égal à Card G.

PROPOSITION 4. — *Soient* B *un espace topologique,* (E, p) *un* B*-espace et* G *un groupe topologique discret opérant à droite sur* E*. Les assertions suivantes sont équivalentes :*

(i) *Le* B*-espace* E *est un revêtement principal de groupe* G *;*

(ii) *Pour tout* $g \in \mathrm{G}$ *et tout* $x \in \mathrm{E}$, *on a* $p(x \cdot g) = p(x)$, *l'application* p *induit un homéomorphisme de* E/G *sur* B *et l'application* $\theta\colon (x, g) \mapsto (x, x \cdot g)$ *est un homéomorphisme de* $\mathrm{E} \times \mathrm{G}$ *sur* $\mathrm{E} \times_{\mathrm{B}} \mathrm{E}$ *;*

(iii) *Le groupe* G *opère continûment et librement dans* E*, l'application* p *est étale et ses fibres sont les orbites de* G.

(i)⇒(ii) : Cela résulte de I, p. 91 et de la proposition 3 de I, p. 94.

(ii)⇒(iii) : Sous l'hypothèse (ii), la loi d'action de G est continue, et l'application p est surjective et ouverte (TG, III, p. 10, lemme 2). Soit $x \in \mathrm{E}$; l'application θ induit une bijection de $\{x\} \times \mathrm{G}$ sur $\{x\} \times \overset{-1}{p}(p(x))$, donc le groupe G opère librement et ses orbites sont les fibres de p. Si e désigne l'élément neutre de G, la diagonale de $\mathrm{E} \times_{\mathrm{B}} \mathrm{E}$ est l'image de $\mathrm{E} \times \{e\}$ par l'homéomorphisme θ. Comme le groupe G est discret, l'ensemble $\{e\}$ est ouvert dans G, donc la diagonale Δ_{E} est ouverte dans $E \times_B E$. D'après la proposition 7 de I, p. 31, l'application p est étale.

(iii)⇒(i) : Toute fibre de p étant une orbite de l'opération de G dans E, l'application p est surjective. Comme l'application p est étale, pour tout point b de B, il existe un voisinage ouvert U de b et une section continue s de p au-dessus de U. L'ensemble $s(U)$ est ouvert dans E et s induit un homéomorphisme de U sur $s(U)$ (I, p. 30, cor. 3). Pour tout $g \in G$, l'ensemble $s(U) \cdot g$ est ouvert dans E et la réunion des ensembles $s(U) \cdot g$, pour tout $g \in G$, est égale à $\overset{-1}{p}(U)$. Si g et g' sont deux éléments de G distincts, les ensembles $s(U) \cdot g$ et $s(U) \cdot g'$ sont disjoints, car G opère librement dans E. L'application $f \colon U \times G \to \overset{-1}{p}(U)$ définie par $f(u, g) = s(u) \cdot g$ pour $(u, g) \in U \times G$ est donc un homéomorphisme de $U \times G$ sur $\overset{-1}{p}(U)$, compatible avec les opérations à droite de G. Par définition, E est donc un revêtement principal de B de groupe G.

Exemples. — 1) Soient E un espace topologique, G un groupe topologique discret opérant continûment et librement dans E à droite. Pour que l'application canonique $p \colon E \to E/G$ fasse de E un revêtement principal de E/G, il faut et il suffit qu'elle soit étale (condition (iii) de la proposition 4). Par exemple, supposons qu'il existe un espace topologique X et une application étale $q \colon E \to X$ compatible avec l'opération de G dans E, alors E est un revêtement principal de E/G. En effet, notons $q' \colon E/G \to X$ l'application déduite de q ; on a $q = q' \circ p$, donc p est étale d'après la proposition 6, d) de I, p. 29.

2) Soit $q \colon E \to X$ une application étale et séparée. Le groupe $\mathrm{Aut}_X(E)$, muni de la topologie discrète, opère continûment à gauche dans E. *Si l'espace* E *est connexe*, cette opération est libre (I, p. 34, corollaire 2). Notons G le groupe $\mathrm{Aut}_X(E)^\circ$ et munissons E de l'opération à droite opposée à celle de $\mathrm{Aut}_X(E)$. D'après l'exemple précédent, l'espace E, muni de l'application canonique $p \colon E \to E/G$, est un revêtement principal de groupe G.

3. Opérations propres et libres de groupes discrets

THÉORÈME 1. — *Soit* G *un groupe discret opérant continûment à droite dans un espace topologique* E. *Supposons que tout point de* E *possède un voisinage* U *tel que* $U \cap (U \cdot g) = \varnothing$ *pour tout élément* g *de* G *autre que l'élément neutre. Alors, l'application canonique* $p\colon E \to E/G$ *fait de* E *un revêtement principal de* E/G *de groupe* G.

L'opération de G dans E est libre par hypothèse, donc il suffit de démontrer que l'application p est étale (I, p. 98, exemple 1). Soit x un point de E et soit U un voisinage ouvert de x tel que $U \cap U \cdot g = \varnothing$ pour tout élément g de G distinct de l'élément neutre. L'application p est ouverte (TG, III, p. 10, lemme 2) et induit une application injective, continue et ouverte de U sur $p(U)$, donc un homéomorphisme, ce qui prouve que l'application p est étale.

Exemples. — 1) Soit n un entier $\geqslant 0$, soit $\mathbf{P}_n(\mathbf{R})$ l'espace projectif à n dimensions (TG, VI, p. 13) et soit $\mathbf{S}_n$ la sphère unité de $\mathbf{R}^{n+1}$ (TG, VI, p. 9). L'application canonique de $\mathbf{S}_n$ sur $\mathbf{P}_n(\mathbf{R})$ fait de $\mathbf{S}_n$ un revêtement principal de groupe $\{1, -1\}$, ce groupe opérant par homothéties ; les orbites sont les paires de points diamétralement opposés.

2) Tout revêtement de degré 2 possède une unique structure de revêtement principal de groupe $\mathbf{Z}/2\mathbf{Z}$.

3) Soient X une variété différentielle séparée localement de dimension finie sur $\mathbf{R}$ et $\widetilde{X}$ la variété des orientations du fibré tangent de X (VAR, R, 10.2.4). L'espace $\widetilde{X}$, muni de sa projection canonique sur X, est un revêtement principal de X de groupe $\{1, -1\}$.

COROLLAIRE 1. — *Soit* G *un groupe topologique discret opérant continûment à droite dans un espace topologique* E. *Les conditions suivantes sont équivalentes :*

(i) *Le groupe* G *opère proprement et librement dans* E *;*

(ii) *L'espace* E/G *est séparé et l'espace* E *est un revêtement principal de base* E/G *et de groupe* G.

En outre, sous ces conditions, l'espace E *est séparé.*

Supposons la condition (i) satisfaite. Alors les espaces E et E/G sont séparés (TG, III, p. 29, prop. 3) et il existe pour tout $x \in E$ un voisinage ouvert U de x dans E tel que $U \cap (U \cdot g) = \varnothing$ pour tout élément g de G autre que l'élément neutre (TG, III, p. 32, prop. 8). D'après le th. 1, la condition (ii) est alors satisfaite.

L'implication (ii)⇒(i) résulte du corollaire 1 de I, p. 96.

Corollaire 2. — *Soit* G *un groupe topologique et soit* H *un sous-groupe discret de* G. *Faisons opérer* H *sur* G *par translations à droite. Alors, l'application canonique de* G *dans l'espace* G/H *des classes à gauche suivant* H *munit* G *d'une structure de revêtement principal de* G/H *de groupe* H.

Soit V un voisinage de l'élément neutre e de G tel que $\mathrm{H} \cap \mathrm{V} = \{e\}$. Il existe un voisinage ouvert U de e dans G tel que $\mathrm{U}^{-1} \cdot \mathrm{U} \subset \mathrm{V}$ (TG, III, p. 3) et, par suite, $\mathrm{U} \cap \mathrm{U} \cdot h = \varnothing$ pour tout $h \in \mathrm{H}$, $h \neq e$. Le corollaire 2 de I, p. 100 résulte donc du théorème 1.

Exemple 4. — Muni de l'application canonique de $\mathbf{R}$ sur $\mathbf{T} = \mathbf{R}/\mathbf{Z}$ (TG, V, p. 2), $\mathbf{R}$ est un revêtement principal de $\mathbf{R}/\mathbf{Z}$ de groupe $\mathbf{Z}$.

Remarque 1. — Soient G un groupe topologique séparé, K un sous-groupe compact de G et H un sous-groupe discret de G. Le groupe G opère continûment et proprement à droite dans l'espace $\mathrm{K}\backslash\mathrm{G}$ des classes à droite suivant K (TG, III, p. 30, corollaire). Comme le groupe H est fermé dans G, il opère aussi proprement dans $\mathrm{K}\backslash\mathrm{G}$ (TG, III, p. 27, exemple 1). Si, de plus, on a $\mathrm{H} \cap g\mathrm{K}g^{-1} = \{e\}$ pour tout $g \in \mathrm{G}$, le groupe H opère librement dans $\mathrm{K}\backslash\mathrm{G}$. L'espace $\mathrm{K}\backslash\mathrm{G}$ est alors un revêtement principal de groupe H de $\mathrm{K}\backslash\mathrm{G}/\mathrm{H}$ d'après le corollaire 1.

Corollaire 3. — *Soient* G *et* G′ *des groupes topologiques, soit* $\varphi\colon \mathrm{G} \to \mathrm{G}'$ *un homomorphisme continu, ouvert et surjectif. On suppose que le noyau* H *de* φ *est discret. Alors, pour l'opération de* H *dans* G *par translations à droite,* φ *fait de* G *un revêtement principal de* G′ *de groupe* H.

Si de plus le groupe G *est connexe,* H *est contenu dans le centre de* G.

L'homomorphisme φ induit un isomorphisme de groupes topologiques de G/H sur G′ (TG, III, p. 16, prop. 24), d'où la première assertion d'après le corollaire 2. Supposons le groupe G connexe. Pour tout $h \in \mathrm{H}$, l'application continue de G dans H définie par $g \mapsto ghg^{-1}$ est constante, de valeur h. Le groupe H est donc contenu dans le centre de G.

Remarques. — 2) Soient G et G′ des groupes topologiques et soit $\varphi\colon \mathrm{G} \to \mathrm{G}'$ un homomorphisme continu et ouvert. Si le groupe G′

est connexe, l'homomorphisme φ est surjectif. En effet, $\varphi(G)$ est un sous-groupe ouvert, donc fermé, de G′, et par suite, égal à G′.

3) Soit G un groupe localement compact dénombrable à l'infini et soit G′ un groupe topologique séparé dont l'espace sous-jacent est un espace de Baire. Tout homomorphisme continu et surjectif de G dans G′ est ouvert (TG, IX, p. 56, corollaire et TG, III, p. 16, prop. 24).

Exemples. — 5) Pour tout entier $n > 0$, notons μ_n le groupe des racines n-ièmes de l'unité dans **C** (A, V, p. 75). L'application $z \mapsto z^n$ fait de $\mathbf{C}^*$ un revêtement principal de $\mathbf{C}^*$ de groupe μ_n, ce groupe opérant dans $\mathbf{C}^*$ par multiplication.

6) Muni de l'application $z \mapsto e^{2\pi i z}$ (TG, VIII, p. 8, remarque), l'espace **C** est un revêtement principal de $\mathbf{C}^*$ de groupe **Z**. L'application $x \mapsto e^{2\pi i x} = \mathbf{e}(x)$ de **R** sur $\mathbf{S}_1$ fait de **R** un revêtement principal de $\mathbf{S}_1$ de groupe **Z**.

4. Revêtements galoisiens

Définition 3. — *Soit* B *un espace topologique non vide. On dit qu'un revêtement* E *de* B *est* galoisien *s'il est connexe et si, pour tout point b de* B*, l'opération du groupe* $\mathrm{Aut}_B(E)$ *des* B*-automorphismes de* E *sur la fibre* E_b *est transitive.*

Soit E un revêtement galoisien d'un espace topologique B et soit p sa projection. L'application p est surjective (A, I, p. 56, déf. 6) donc l'espace B est connexe. Par suite, le revêtement (E, p) possède un degré, non nul.

Proposition 5. — *Soit* B *un espace topologique non vide et soit* E *un revêtement galoisien de* B*. L'application* $(h, x) \mapsto h(x)$ *de* $\mathrm{Aut}_B(E) \times E$ *dans* E *est une loi d'opération à droite du groupe* $\mathrm{Aut}_B(E)^\circ$ *sur* E *qui fait de* E *un revêtement principal de groupe* $\mathrm{Aut}_B(E)^\circ$.

Munissons le groupe $\mathrm{Aut}_B(E)^\circ$ de la topologie discrète ; la loi d'opération $(h, x) \mapsto h(x)$ est alors continue. Cette opération est libre (I, p. 34, corollaire 2 de la proposition 11). Comme E est un revêtement galoisien de B, ses fibres sont les orbites de cette opération. D'après la proposition 4 de I, p. 97, E est un revêtement principal de groupe $\mathrm{Aut}_B(E)^\circ$.

THÉORÈME 2. — *Soit* B *un espace topologique connexe, soit* E *un revêtement de* B, connexe et non vide. *Les propriétés suivantes sont équivalentes :*

(i) *Le revêtement* E *est galoisien ;*

(ii) *Il existe un groupe topologique discret* G *et une opération continue à droite de* G *dans* E *qui fasse de* E *un revêtement principal de groupe* G *;*

(iii) *Le revêtement* $E \times_B E$ *de* E *défini par la projection* pr_1 *est trivialisable.*

Lorsque ces conditions sont réalisées, l'application canonique $G \to \mathrm{Aut}_B(E)^\circ$ *définie par l'opération de* G *est un isomorphisme de groupes.*

Si, de plus, l'espace B *est localement connexe, les propriétés précédentes sont équivalentes à la propriété suivante :*

(i') *Il existe un point* b *de* B *tel que l'opération du groupe* $\mathrm{Aut}_B(E)$ *dans la fibre* E_b *soit transitive.*

L'implication (i)⇒(ii) résulte de la proposition 5 et l'implication (ii)⇒(iii) de la remarque 1 de I, p. 95. Démontrons (iii)⇒(i). Notons $p\colon E \to B$ la projection du revêtement E. Comme B est connexe, ce revêtement possède un degré, et ce degré n'est pas nul car E n'est pas vide. Soit b un point de B. Démontrons que l'opération de $\mathrm{Aut}_B(E)$ sur la fibre E_b est transitive. D'après ce qui précède, cette fibre n'est pas vide. Soient x et x' des points de E_b. Les B-morphismes $h\colon E \to E$ tels que $h(x) = x'$ correspondent bijectivement aux sections continues s de l'application $\mathrm{pr}_1 : E \times_B E \to E$ telles que $s(x) = (x, x')$ (I, p. 9, prop. 3). Sous l'hypothèse (iii), une telle section existe (I, p. 70, cor. 2) et est unique (I, p. 34, cor. 1 de la prop. 11) car l'espace E est connexe. Ainsi, pour tout couple $(x, x') \in E \times_B E$, il existe un unique B-morphisme $h\colon E \to E$ tel que $h(x) = x'$. Si $h'\colon E \to E$ est l'unique B-morphisme tel que $h'(x') = x$, on a $h'(h(x)) = x$ et $h(h'(x')) = x'$, d'où $h' \circ h = \mathrm{Id}_E$ et $h \circ h' = \mathrm{Id}_{E'}$. Cela prouve que h est un B-automorphisme de E. Le revêtement E est donc galoisien.

Nous avons démontré que les conditions (i), (ii), (iii) sont équivalentes. Supposons-les satisfaites. Soit $\delta\colon G \to \mathrm{Aut}_B(E)$ l'application qui à $g \in G$ associe le B-automorphisme $x \mapsto x \cdot g$ de E. L'application δ est un homomorphisme de groupes de G dans $\mathrm{Aut}_B(E)^\circ$. Comme G opère librement dans E, l'application δ est injective. Soit $h \in \mathrm{Aut}_B(E)$, soit $x \in E$ et soit g l'unique élément de G tel que $x \cdot g = h(x)$.

Les B-morphismes h et $\delta(g)$ coïncident en x, donc partout, car l'espace E est connexe (I, p. 34, cor. 1 de la prop. 11), ce qui prouve que δ est un isomorphisme.

Supposons maintenant l'espace B localement connexe et démontrons, sous l'hypothèse (i′), que le revêtement E est galoisien. Soit E′ l'espace quotient de E par l'opération à droite de $\mathrm{Aut}_{\mathrm{B}}(\mathrm{E})^{\circ}$ et notons $q\colon \mathrm{E} \to \mathrm{E}'$ l'application canonique. Elle fait de E un revêtement surjectif de E′ (I, p. 98, exemple 2) ; l'application $p\colon \mathrm{E} \to \mathrm{B}$ définit par passage au quotient une application continue $p'\colon \mathrm{E}' \to \mathrm{B}$ telle que $p' \circ q = p$. Comme l'espace B est localement connexe, le B-espace (E', p') est un revêtement (I, p. 81, prop. 7). Sous l'hypothèse (i′), il existe un point b de B tel que la fibre E'_b ait exactement un élément ; comme l'espace B est connexe, il en est alors de même pour tout point b de B (I, p. 74, prop. 4), ce qui démontre que E est un revêtement galoisien de B.

PROPOSITION 6. — *Soient* B *un espace topologique et* G *un groupe. Soit* (E, p) *un revêtement de* B, *principal de groupe* G. *Supposons l'espace* B *connexe et localement connexe. Soit* E_0 *une composante connexe de* E *et soit* G_0 *le sous-groupe de* G *stabilisateur de* E_0 (A, I, p. 51). *Le* B-*espace* $(\mathrm{E}_0, p \,|\, \mathrm{E}_0)$ *est un revêtement principal pour l'opération à droite de* G_0 *dans* E_0. *Ce revêtement est galoisien.*

Comme l'espace B est localement connexe, il en est de même de E, de sorte que E_0 est un sous-espace ouvert de E (TG, I, p. 85, prop. 11). Comme il est aussi fermé (TG, I, p. 83), l'espace E_0 est donc un revêtement de B (I, p. 80, cor. 1). Puisque B est connexe, ce revêtement a un degré ; comme E_0 n'est pas vide, toutes les fibres de $p \,|\, \mathrm{E}_0$ sont donc non vides. Soit x un point de E_0, soit $x' \in \mathrm{E}_0$ tel que $p(x') = p(x)$; il existe un élément $g \in \mathrm{G}$ tel que $x \cdot g = x'$. Comme les composantes connexes E_0 et $\mathrm{E}_0 \cdot g$ ont alors un point commun, elles sont égales, ce qui entraîne $g \in \mathrm{G}_0$. Ainsi, le groupe G_0 opère transitivement dans la fibre du B-espace E_0 en $p(x)$. La prop. 6 en résulte.

Remarque. — Si, dans la proposition 6, on ne suppose pas l'espace B localement connexe, il peut arriver que l'espace E_0 ne soit pas un revêtement de B (I, p. 147, exerc. 1).

5. Espaces fibrés associés

Soient E et F des ensembles et soit G un groupe opérant à droite sur E et à gauche sur F. Le groupe G opère à droite sur le produit $E \times F$ par la loi $(x, y) \cdot g = (x \cdot g, g^{-1} \cdot y)$, pour $g \in G$, $(x, y) \in E \times F$. L'ensemble quotient de $E \times F$ par cette opération est noté $E \times^G F$.

Lorsque E et F sont des espaces topologiques, on munit l'ensemble $E \times^G F$ de la topologie quotient de celle de $E \times F$. L'application canonique de $E \times F$ sur $E \times^G F$ est continue. Si le groupe G opère continûment dans E et F, elle est ouverte.

De plus, soit F′ un ensemble sur lequel G opère à gauche et soit $h\colon F \to F'$ une application compatible avec les opérations de G sur F et F′ (A, I, p. 50). L'application $\mathrm{Id}_E \times h\colon E \times F \to E \times F'$ est compatible avec les opérations de G et définit par passage aux quotients une application notée $\mathrm{Id}_E \times^G h$ de $E \times^G F$ dans $E \times^G F'$.

Si $h\colon F \to F'$ est une application continue (compatible avec les opérations de G sur F et F′), l'application $\mathrm{Id}_E \times^G h$ est continue (TG, I, p. 21, prop. 6).

Exemples. — 1) Soit F un espace topologique et soit G un groupe topologique opérant continûment à gauche dans F. Si l'on munit l'espace topologique G de l'opération de G par translations à droite, l'espace $G \times^G F$ s'identifie canoniquement à F de la façon suivante. Les applications continues $\varphi\colon F \to G \times F$ et $\psi\colon G \times F \to F$ définies par $\varphi(f) = (e, f)$ (où e désigne l'élément neutre de G) et $\psi(g, f) = g \cdot f$ induisent des applications continues $\overline{\varphi}\colon F \to G \times^G F$ et $\overline{\psi}\colon G \times^G F \to F$ qui sont réciproques l'une de l'autre.

2) L'exemple 1 se généralise comme suit. Soient B et F des espaces topologiques et soit G un groupe topologique opérant continûment à gauche dans F. Par passage aux quotients, l'application de $B \times F$ dans $(B \times G) \times F$ donnée par $(b, f) \mapsto ((b, e), f)$ et l'application de $(B \times G) \times F$ dans $B \times F$ donnée par $((b, g), f) \mapsto (b, gf)$ définissent des B-isomorphismes $B \times F \to (B \times G) \times^G F$ et $(B \times G) \times^G F \to B \times F$ réciproques l'un de l'autre.

3) De façon analogue, soit E un espace topologique et soit G un groupe topologique opérant continûment à droite dans E. Si l'on munit l'espace topologique G de l'opération de G par translations à gauche, l'espace $E \times^G G$ s'identifie à E.

Soient E et F des espaces topologiques et soit G un groupe topologique opérant continûment à droite dans E et à gauche dans F. Soient B un espace topologique et $p\colon \mathrm{E} \to \mathrm{B}$ une application continue telle que $p(x \cdot g) = p(x)$ pour $x \in \mathrm{E}$ et $g \in \mathrm{G}$. L'application $p \circ \mathrm{pr}_1\colon \mathrm{E} \times \mathrm{F} \to \mathrm{B}$ définit, par passage au quotient, une application continue $p^{\mathrm{F}}\colon \mathrm{E} \times^{\mathrm{G}} \mathrm{F} \to \mathrm{B}$ et l'application canonique $\pi\colon \mathrm{E} \times \mathrm{F} \to \mathrm{E} \times^{\mathrm{G}} \mathrm{F}$ est un B-morphisme.

Soit B′ un espace topologique et soit $h\colon \mathrm{B}' \to \mathrm{B}$ une application continue. Le groupe G opère continûment à droite dans $\mathrm{B}' \times_{\mathrm{B}} \mathrm{E}$ par la loi d'opération $((b', x), g) \mapsto (b', x \cdot g)$. En composant l'isomorphisme canonique $((b', x), y) \mapsto (b', (x, y))$ de $(\mathrm{B}' \times_{\mathrm{B}} \mathrm{E}) \times \mathrm{F}$ sur $\mathrm{B}' \times_{\mathrm{B}} (\mathrm{E} \times \mathrm{F})$ et l'application $\mathrm{Id}_{\mathrm{B}'} \times \pi$ de $\mathrm{B}' \times_{\mathrm{B}} (\mathrm{E} \times \mathrm{F})$ dans $\mathrm{B}' \times_{\mathrm{B}} (\mathrm{E} \times^{\mathrm{G}} \mathrm{F})$, on obtient une application continue $\lambda_0\colon (\mathrm{B}' \times_{\mathrm{B}} \mathrm{E}) \times \mathrm{F} \to \mathrm{B}' \times_{\mathrm{B}} (\mathrm{E} \times^{\mathrm{G}} \mathrm{F})$. Elle définit par passage au quotient une application continue

$$\lambda\colon (\mathrm{B}' \times_{\mathrm{B}} \mathrm{E}) \times^{\mathrm{G}} \mathrm{F} \to \mathrm{B}' \times_{\mathrm{B}} (\mathrm{E} \times^{\mathrm{G}} \mathrm{F}).$$

Lemme. — L'application λ est un homéomorphisme.

L'application λ_0 est surjective et deux éléments de $(\mathrm{B}' \times_{\mathrm{B}} \mathrm{E}) \times \mathrm{F}$ ont même image par λ_0 si et seulement s'ils appartiennent à une même orbite pour l'opération de G dans $(\mathrm{B}' \times_{\mathrm{B}} \mathrm{E}) \times \mathrm{F}$. Il en résulte que l'application λ est bijective. Comme l'application π est ouverte, il en est de même de l'application $\mathrm{Id}_{\mathrm{B}'} \times_{\mathrm{B}} \pi$ (I, p. 17, prop. 8), donc de λ_0 et de λ (TG, I, p. 32, prop. 3), ce qui démontre que λ est un homéomorphisme.

PROPOSITION 7. — *Soit* B *un espace topologique, soit* G *un groupe topologique, soit* (E, p) *un* B*-espace fibré principal de groupe* G *et soit* F *un espace topologique dans lequel le groupe* G *opère continûment à gauche.*

a) *L'espace topologique* $\mathrm{E} \times^{\mathrm{G}} \mathrm{F}$ *muni de l'application continue* $p^{\mathrm{F}}\colon \mathrm{E} \times^{\mathrm{G}} \mathrm{F} \to \mathrm{B}$ *déduite de l'application* $p \circ \mathrm{pr}_1\colon \mathrm{E} \times \mathrm{F} \to \mathrm{B}$ *par passage au quotient est un espace fibré localement trivial de fibre-type* F *; il est trivialisable si le* B*-espace fibré* E *est trivialisable.*

b) *Soit* $\pi\colon \mathrm{E} \times \mathrm{F} \to \mathrm{E} \times^{\mathrm{G}} \mathrm{F}$ *la surjection canonique. L'application* $\mu\colon \mathrm{E} \times \mathrm{F} \to \mathrm{E} \times_{\mathrm{B}} (\mathrm{E} \times^{\mathrm{G}} \mathrm{F})$ *qui à* (x, f) *associe* $(x, \pi(x, f))$ *est un homéomorphisme dont l'application réciproque est une trivialisation du* E*-espace fibré localement trivial* $(\mathrm{E} \times_{\mathrm{B}} (\mathrm{E} \times^{\mathrm{G}} \mathrm{F}), \mathrm{pr}_1)$.

Supposons d'abord que E soit le B-espace fibré principal trivial $\mathrm{B} \times \mathrm{G}$. D'après l'exemple 2, l'espace $\mathrm{E} \times^{\mathrm{G}} \mathrm{F}$ s'identifie alors à $\mathrm{B} \times \mathrm{F}$ et l'application p^{F} à la première projection $\mathrm{pr}_1\colon \mathrm{B} \times \mathrm{F} \to \mathrm{B}$, ce qui démontre que $(E \times^G F, p^F)$ est un B-espace fibré trivialisable dans ce cas. Dans le cas général, tout point de B possède un voisinage U tel que l'application $p_U\colon \overset{-1}{p}(U) \to U$ fasse de $\overset{-1}{p}(U)$ un U-espace fibré principal trivialisable. D'après ce qui précède, $(\overset{-1}{p}(U) \times^G F \to U, (p_U)^F)$ est un U-espace fibré trivialisable. D'après le lemme ci-dessus, appliqué au cas où $B' = U$ et $h\colon U \to B$ est l'injection canonique, il en est de même du U-espace $(\overset{-1}{(p^F)}(U), (p^F)_U)$ déduit de $(E \times^G F, p^F)$ par restriction au-dessus de U. Ceci démontre que $(E \times^G F, p^F)$ est un B-espace fibré localement trivial et conclut la preuve de l'assertion *a*).

L'application $\theta\colon E \times G \to E \times_B E$ définie par $\theta(x, g) = (x, x \cdot g)$ est un homéomorphisme (I, p. 94, prop. 3) compatible avec les opérations de G sur $E \times G$ et sur $E \times_B E$ données par $((x, g), g') \mapsto (x, gg')$ et $((x, y), g') \mapsto (x, yg')$ respectivement. Par passage aux quotients, θ induit donc un homéomorphisme θ' de $(E \times G) \times^G F$ sur $(E \times_B E) \times^G F$. L'application μ est composée de l'homéomorphisme $E \times F \to (E \times G) \times^G F$ (exemple 2), de θ' et de l'homéomorphisme canonique $(E \times_B E) \times^G F \to E \times_B (E \times^G F)$ (I, p. 105, lemme), d'où *b*).

Sous les hypothèses de la proposition 7, le B-espace fibré localement trivial $(E \times^G F, p^F)$ est appelé *espace fibré localement trivial de fibre-type* F *associé à l'espace fibré principal* (E, p). Toutes les fibres du B-espace $E \times^G F$ sont homéomorphes à l'espace F. En particulier, si l'espace F est discret, l'application p^F est un revêtement.

Exemples. — 4) Soient B un espace topologique, G un groupe topologique et soit (E, p) un B-espace fibré principal de groupe G. Soit H un sous-groupe de G.

Notons $\varphi\colon E \to E \times (G/H)$ et $\psi\colon E \times (G/H) \to E/H$ les applications définies par $\varphi(x) = (x, H)$ et $\psi(x, gH) = (x \cdot g)H$. Elles sont compatibles aux projections vers B et aux opérations de G et définissent par passage aux quotients des morphismes de B-espaces $\overline{\varphi}\colon E/H \to E \times^G (G/H)$ et $\overline{\psi}\colon E \times^G (G/H) \to E/H$, réciproques l'un de l'autre. On dit que $\overline{\varphi}$ est l'*homéomorphisme canonique de* E/H *sur* $E \times^G (G/H)$. En particulier, l'espace topologique E/H muni de l'application continue $p_H\colon E/H \to B$ est un B-espace fibré localement trivial de fibre-type G/H.

Si de plus H est un sous-groupe distingué dans G, l'action de G munit, par passage aux quotients, le B-espace E/H d'une structure d'espace fibré principal de groupe G/H.

En particulier, si E est un revêtement principal de B de groupe G, E/H est un revêtement de B ; si H est distingué dans G, c'est un revêtement principal de groupe G/H.

5) Soit B un espace topologique, soit G un groupe topologique et soit E un B-espace fibré principal de groupe G. Soit F un espace homogène *topologique* relativement à G (TG, III, p. 12). Soit y un point de F et soit G_y son fixateur. L'application $\varphi_y \colon x \mapsto (x, y)$ de E dans $E \times F$ définit par passage aux quotients un homéomorphisme $\overline{\varphi}_y$ de E/G_y sur $E \times^G F$. Lorsque le groupe G est abélien, le sous-groupe G_y ne dépend pas du point y, mais l'homéomorphisme $\overline{\varphi}_y$, en général, en dépend.

6) Soit B un espace topologique, soit G un groupe topologique, soit (E, p) un B-espace fibré principal de groupe G. Soit H un groupe topologique et soit $f \colon G \to H$ un morphisme de groupes topologiques ; munissons H de l'opération à gauche de G donnée par $g \cdot h = f(g)h$.

Soit $q \colon E \times H \to E \times^G H$ l'application canonique ; elle est ouverte, donc universellement stricte (I, p. 20, corollaire 11). L'application $m \colon (x, h, h') \mapsto q(x, hh')$ de $E \times H \times H$ dans $E \times^G H$ est continue. Soient $(x, h) \in E \times H$, $h' \in H$ et $g \in G$; on a $m(xg, f(g)^{-1}h, h') = q(xg, f(g)^{-1}hh') = q(x, hh') = m(x, h, h')$. Par suite, il existe une unique application

$$m' \colon (E \times^G H) \times H \to E \times^G H$$

telle que $m'(q(x, h), h') = q(x, h, h')$ pour tout $x \in E$ et tous $h, h' \in H$. Puisque q est universellement stricte, l'application m' est continue. C'est une opération à droite du groupe topologique H dans le B-espace $E \times^G H$.

Soit U un ouvert de B tel que E_U soit isomorphe au U-espace fibré principal $U \times G$. Muni de l'opération de H, le U-espace $(E \times^G H)_U$ s'identifie à l'espace fibré principal $U \times H$. Cela prouve que $E \times^G H$ est un B-espace fibré principal de groupe H.

DÉFINITION 4. — *Soit* B *un espace topologique et soit* G *un groupe topologique. Un* B*-espace fibré localement trivial* X *est dit* associable à un B-espace fibré E principal de groupe G *s'il existe un espace topologique* F *sur lequel le groupe* G *opère continûment à gauche et un* B*-isomorphisme de* $E \times^G F$ *sur* X.

Soit E un B-espace fibré principal de groupe G et soit X un B-espace fibré localement trivial associable à E. Si l'espace fibré principal E est trivialisable, X est trivialisable (prop. 7). Si B′ est un espace topologique et $h\colon \mathrm{B}' \to \mathrm{B}$ une application continue, le B′-espace fibré localement trivial $\mathrm{B}' \times_{\mathrm{B}} \mathrm{X}$ déduit de X par changement de base est associable au B′-espace fibré principal $\mathrm{B}' \times_{\mathrm{B}} \mathrm{E}$ (I, p. 105, lemme).

6. Revêtements associés

Soit B un espace topologique, soit G un groupe topologique *discret* et soit E un revêtement de B principal de groupe G. Soit F un G-ensemble ; si l'on munit F de la topologie discrète, le groupe G opère continûment dans F. Le B-espace $\mathrm{E} \times^{\mathrm{G}} \mathrm{F}$ est alors un revêtement. On l'appelle le revêtement de B de fibre-type F associé au revêtement principal E.

DÉFINITION 5. — *Soit* B *un espace topologique, soit* G *un groupe topologique discret et soit* E *un revêtement de* B *principal de groupe* G. *Un revêtement* X *de* B *est dit associable au revêtement principal* E *s'il existe un* G*-ensemble* F *et un* B*-isomorphisme de* $\mathrm{E} \times^{\mathrm{G}} \mathrm{F}$ *sur* X.

Soit B un espace topologique, soit G un groupe topologique discret et soit E un revêtement de B, principal de groupe G.

Pour tout revêtement X de B, le groupe G opère à gauche sur $\mathscr{C}_{\mathrm{B}}(\mathrm{E};\mathrm{X})$ par la loi définie par $(g \cdot h)(x) = h(x \cdot g)$ pour $x \in \mathrm{E}$, $g \in \mathrm{G}$, $h \in \mathscr{C}_{\mathrm{B}}(\mathrm{E};\mathrm{X})$.

Pour tout G-ensemble F muni de la topologie discrète, définissons une application $\alpha_{\mathrm{F}}\colon \mathrm{F} \to \mathscr{C}_{\mathrm{B}}(\mathrm{E};\mathrm{E} \times^{\mathrm{G}} \mathrm{F})$ par :

$$\alpha_{\mathrm{F}}(y)(x) = \pi(x, y) \quad \text{pour } y \in \mathrm{F} \text{ et } x \in \mathrm{E}, \tag{2}$$

où $\pi\colon \mathrm{E} \times \mathrm{F} \to \mathrm{E} \times^{\mathrm{G}} \mathrm{F}$ est la surjection canonique. L'application α_{F} est compatible avec les opérations de G sur F et sur $\mathscr{C}_{\mathrm{B}}(\mathrm{E};\mathrm{E} \times^{\mathrm{G}} \mathrm{F})$.

Pour tout revêtement X de B, il existe une unique application β_{X} de $\mathrm{E} \times^{\mathrm{G}} \mathscr{C}_{\mathrm{B}}(\mathrm{E};\mathrm{X})$ dans X telle que :

$$\beta_{\mathrm{X}}(\pi(x, h)) = h(x) \quad \text{pour } h \in \mathscr{C}_{\mathrm{B}}(\mathrm{E};\mathrm{X}) \text{ et } x \in \mathrm{E}. \tag{3}$$

En effet, on a $(g^{-1} \cdot h)(x \cdot g) = h(x)$ pour $x \in \mathrm{E}$, $g \in \mathrm{G}$ et $h \in \mathscr{C}_{\mathrm{B}}(\mathrm{E};\mathrm{X})$, par définition de l'opération de G dans $\mathscr{C}_{\mathrm{B}}(\mathrm{E};\mathrm{X})$. Lorsqu'on munit l'ensemble $\mathscr{C}_B(E; X)$ de la topologie discrète, l'application β_X est un B-morphisme de revêtements.

Lorsque $X = E \times^G F$, on a

$$\beta_X(\pi(x, \alpha_F(y))) = \pi(x, y) \quad \text{pour } x \in X \text{ et } y \in F. \tag{4}$$

PROPOSITION 8. — *Soit* B *un espace topologique connexe et non vide. Soit* G *un groupe discret et soit* (E, p) *un revêtement de* B *principal de groupe* G. *Supposons que* E *soit* connexe. *Avec les notations ci-dessus, on a :*

a) *Pour tout* G*-ensemble* F *muni de la topologie discrète, l'application* α_F *est un isomorphisme du* G*-ensemble* F *sur le* G*-ensemble* $\mathscr{C}_B(E; E \times^G F)$.

b) *Soit* X *un revêtement de* B. *Le* B*-morphisme* β_X *est un isomorphisme de* $E \times^G \mathscr{C}_B(E; X)$ *sur* X *si et seulement si le revêtement* $(E \times_B X, \mathrm{pr}_1)$ *de* E *est trivialisable.*

a) Soient y et y' des points de F tels que $\alpha_F(y) = \alpha_F(y')$. L'espace E n'est pas vide ; choisissons-en un point x. On a $\pi(x, y) = \pi(x, y')$ dans $E \times^G F$. Par suite, il existe $g \in G$ tel que $x \cdot g = x$ et $g^{-1} \cdot y = y'$. La première égalité implique que g est l'élément neutre e de G, donc $y = y'$. Ainsi, l'application α_F est injective. D'autre part, soit $h \in \mathscr{C}_B(E; E \times^G F)$ et soit x un point de E. Soient $x' \in E$, $y' \in F$ tels que $h(x) = \pi(x', y')$. En particulier, $p(x) = p(x')$; il existe alors un élément g de G tel que $x' = x \cdot g$ et l'on a aussi $h(x) = \pi(x, y)$, où l'on a posé $y = g \cdot y'$. Les B-morphismes h et $\alpha_F(y)$ coïncident au point x de E ; ils sont donc égaux puisque l'espace E est connexe (I, p. 34, cor. 1 de la prop. 11), et ceci prouve que l'application α_F est surjective.

b) D'après la proposition 7, *b*) de I, p. 105 appliquée à $F = \mathscr{C}_B(E; X)$, le revêtement $p^*(E \times^G \mathscr{C}_B(E; X))$ de E est isomorphe au revêtement trivial $E \times \mathscr{C}_B(E; X)$. Si β_X est un isomorphisme, le revêtement $p^*(X)$ de E est donc trivialisable. Inversement, supposons le revêtement $p^*(X)$ trivialisable et démontrons que le B-morphisme β_X est bijectif ; il en résultera que β_X est un B-isomorphisme (I, p. 30, cor. 2 de la prop. 6).

L'application β_X est déduite par passage au quotient de l'application $\gamma \colon E \times \mathscr{C}_B(E; X) \to X$ définie par $\gamma(x, h) = h(x)$. Démontrons que l'application γ est surjective. Soit x un point de X. La projection du B-espace E est surjective, car c'est un revêtement principal ; il existe donc un point y de E tel que $(y, x) \in \mathrm{E} \times_{\mathrm{B}} \mathrm{X}$. Il existe alors une section continue s du revêtement trivialisable $\mathrm{pr}_1 : \mathrm{E} \times_{\mathrm{B}} \mathrm{X} \to \mathrm{E}$ telle que $s(y) = (y, x)$. L'application $h = \mathrm{pr}_2 \circ s : \mathrm{E} \to \mathrm{X}$ est un B-morphisme et l'on a $h(y) = x$, d'où la surjectivité de l'application γ et, par conséquent, celle de l'application β_{X}.

Démontrons enfin que β_{X} est injective. Soient (x, h) et (x', h') des éléments de $\mathrm{E} \times \mathscr{C}_{\mathrm{B}}(\mathrm{E}; \mathrm{X})$ tels que $h(x) = h'(x')$. Remarquons que x et x' ont même projection dans B ; il existe donc un élément g de G tel que $x' = x \cdot g$. On a alors $h(x) = h'(x \cdot g) = (g \cdot h')(x)$. Comme l'espace E est connexe, on a $h = g \cdot h'$ (I, p. 34, cor. 1 de la prop. 11). Ainsi, (x, h) et (x', h') ont même classe dans $\mathrm{E} \times^{\mathrm{G}} \mathscr{C}_{\mathrm{B}}(\mathrm{E}; \mathrm{X})$, ce qui démontre que l'application β_{X} est injective, et achève la démonstration.

COROLLAIRE 1. — *Soit* (E, p) *un revêtement principal de* B *de groupe* G *; supposons que* E *soit connexe et non vide. Un revêtement* X *de* B *est associable à* E *si et seulement si le revêtement* $p^*(\mathrm{X})$ *est trivialisable.*

Si le revêtement $p^*(\mathrm{X})$ est trivialisable, il découle de la proposition 8, *b*), que le revêtement X est associable à E. Dans ce cas, l'application β_{X} identifie le revêtement X au revêtement de fibre-type $\mathscr{C}_{\mathrm{B}}(\mathrm{E}; \mathrm{X})$ associé à E. Inversement, soit F un G-ensemble muni de la topologie discrète et supposons que l'on ait $\mathrm{X} = \mathrm{E} \times^{\mathrm{G}} \mathrm{F}$. Alors, α_{F} est un isomorphisme (*loc. cit.*, *a*)) et la formule (4) entraîne que β_{X} est un isomorphisme. Par suite, le revêtement $p^*(\mathrm{X})$ est trivialisable (prop. 8, *b*)), d'où le corollaire.

COROLLAIRE 2. — *Soit* B *un espace topologique connexe et* localement connexe, *soit* (E, p) *un revêtement de* B *principal de groupe* G. *Soit* E_0 *une composante connexe de* E *et soit* G_0 *le sous-groupe de* G *stabilisateur de* E_0. *Le* B*-espace* $(\mathrm{E}_0, p|\mathrm{E}_0)$ *est un revêtement principal de groupe* G_0 (I, p. 103, prop. 6).

Tout revêtement X *de* B *qui est associable au revêtement principal* E *est associable au revêtement principal* E_0. *En particulier, le revêtement* E *est associable au revêtement principal* E_0.

En effet, si le revêtement X est associable à E, le revêtement $p^*(\mathrm{X})$ est trivialisable et le revêtement $p_0^*(\mathrm{X})$ induit par $p^*(\mathrm{X})$ au-dessus de E_0 est donc trivialisable.

Plus précisément, notons que l'application $(x, g) \mapsto x \cdot g$ de $E_0 \times G$ dans E induit, par passage au quotient, un B-isomorphisme de revêtements principaux de $E_0 \times^{G_0} G$ sur E.

PROPOSITION 9. — *Soit* B *un espace topologique, soit* E *un revêtement principal de* B *de groupe* G, *connexe et non vide. Soit* F *un* G*-ensemble non vide muni de la topologie discrète. Pour que l'espace* $E \times^G F$ *soit connexe, il faut et il suffit que* G *opère transitivement dans* F.

Soit U une partie ouverte et fermée de $E \times^G F$. Si $\pi \colon E \times F \to E \times^G F$ désigne la surjection canonique, $\overset{-1}{\pi}(U)$ est une partie ouverte et fermée de $E \times F$ qui est stable par G. Comme E est connexe, il existe une partie $F' \subset F$, stable par G, telle que $\overset{-1}{\pi}(U) = E \times F'$, d'où $U = \pi(E \times F')$. Soient F' et F'' des parties de F stables par G telles que $\pi(E \times F') = \pi(E \times F'')$; comme E n'est pas vide, on a $F' = F''$. L'application $F' \mapsto \pi(E \times F')$ est une bijection de l'ensemble des parties de F stables par G sur l'ensemble des parties ouvertes et fermées de $E \times^G F$. La proposition en résulte.

PROPOSITION 10. — *Soit* B *un espace topologique, soit* (E, p) *un revêtement de* B *principal de groupe* G *et soit* X *un revêtement de* B. *Supposons que* E *et* X *soient* connexes et non vides. *Les propriétés suivantes sont équivalentes :*

(i) *Le revêtement* X *est associable au revêtement principal* E ;

(ii) *Il existe un sous-groupe* H *de* G *tel que* X *soit* B*-isomorphe à* E/H ;

(iii) *Il existe un* B*-morphisme surjectif* $h \colon E \to X$;

(iv) *Pour tout point* (y, x) *de* $E \times_B X$, *il existe un* B*-morphisme* $r \colon E \to X$ *tel que* $r(y) = x$.

Supposons ces conditions satisfaites et soit H *un sous-groupe de* G *tel que* X *soit* B*-isomorphe à* E/H. *Le revêtement* X *est galoisien si et seulement si le sous-groupe* H *est distingué dans* G.

(i)⇒(ii) : Soit F un G-ensemble discret tel que le revêtement $E \times^G F$ soit B-isomorphe à X. L'ensemble F n'est pas vide et l'espace $E \times^G F$ est connexe, donc le groupe G opère transitivement dans F (prop. 9). Alors, l'espace $E \times^G F$ est B-isomorphe à E/H, où H est le sous-groupe de G fixateur d'un point de F (I, p. 106, exemple 4).

(ii)⇒(iii) : En effet, la surjection canonique de E sur E/H est un B-morphisme surjectif.

(iii)⇒(iv) : Soit (y, x) un point de $\mathrm{E} \times_{\mathrm{B}} \mathrm{X}$. Comme l'application h est surjective, il existe un point y' de E tel que $h(y') = x$. Les points y et y' ont même projection dans B. Comme le revêtement E est principal de groupe G, il existe $g \in \mathrm{G}$ tel que $y \cdot g = y'$. L'application $r \colon \mathrm{E} \to \mathrm{X}$ définie par $z \mapsto h(z \cdot g)$ est un B-morphisme et l'on a $r(y) = x$.

(iv)⇒(i) : Comme X n'est pas vide et que la projection de E sur B est surjective, l'espace $\mathrm{E} \times_{\mathrm{B}} \mathrm{X}$ n'est pas vide. Il existe donc un B-morphisme r de E dans X. L'application $(\mathrm{Id}_{\mathrm{E}}, r) \colon \mathrm{E} \to \mathrm{E} \times_{\mathrm{B}} \mathrm{X}$ est une section du revêtement $p^*(\mathrm{X})$ de E. Comme l'espace E est connexe, il résulte du corollaire 2 de la prop. 1 de I, p. 69 que le revêtement $p^*(\mathrm{X})$ est trivialisable, ce qui prouve que le revêtement X est associable au revêtement galoisien p (proposition 8).

Supposons maintenant que ces conditions soient satisfaites. On note X le B-espace E/H, q sa projection et $h \colon \mathrm{E} \to \mathrm{E}/\mathrm{H}$ l'application canonique.

Si le groupe H est distingué dans G, alors X est un revêtement principal de groupe G/H (I, p. 106, exemple 4). Comme X et B sont connexes et non vides, X est un revêtement galoisien de B (I, p. 102, th. 2). Inversement, supposons que E/H soit un revêtement galoisien de B et notons $\mathrm{K} = \mathrm{Aut}_{\mathrm{B}}(\mathrm{E}/\mathrm{H})^{\circ}$. On définit une application $\alpha \colon \mathrm{E} \times \mathrm{G} \to \mathrm{K}$ en associant à $(t, g) \in \mathrm{E} \times \mathrm{G}$ l'unique élément k de K tel que $h(t \cdot g) = h(t) \cdot k$. Elle est continue car elle s'obtient en composant l'application continue $(t, g) \mapsto (h(t), h(t \cdot g))$ de $\mathrm{E} \times \mathrm{G}$ dans $\mathrm{X} \times_{\mathrm{B}} \mathrm{X}$ avec la trivialisation canonique (I, p. 95, remarque 1) $\mathrm{X} \times_{\mathrm{B}} \mathrm{X} \to \mathrm{X} \times \mathrm{K}$ de $q^*(\mathrm{X})$. Comme E est connexe et K est un groupe discret, l'application continue $t \mapsto \alpha(t, g)$ est constante, pour tout $g \in \mathrm{G}$; on note $\alpha(g)$ sa valeur. Si $t \in \mathrm{E}$, $g \in \mathrm{G}$ et $g' \in \mathrm{H}$, on a alors

$$h(t) = h(t \cdot g^{-1} g) = h(t \cdot g^{-1}) \cdot \alpha(g) = h(t \cdot g^{-1} \cdot g') \cdot \alpha(g) = h(t \cdot (g^{-1} g' g)).$$

Il en résulte que $g^{-1} g' g$ appartient à H et donc que H est distingué dans G.

Corollaire. — *Soit* E *un revêtement galoisien de* B *et soit* X *un revêtement de* B, *connexe et non vide. Supposons que* X *soit un revêtement fini ou bien que l'espace* B *soit localement connexe. S'il existe un* B*-morphisme* $h \colon \mathrm{E} \to \mathrm{X}$, *le revêtement* X *est associable au revêtement principal* E.

Dans les deux cas, le B-morphisme h est un revêtement (I, p. 77, cor. 3 du th. 1, et I, p. 78, prop. 5), et un revêtement non vide d'un espace connexe est surjectif (I, p. 68).

THÉORÈME 3. — *Soit* B *un espace topologique non vide, connexe et* localement connexe. *Tout revêtement de* B *est associable à un revêtement galoisien ; tout revêtement fini de* B *est associable à un revêtement fini galoisien.*

Soit X un revêtement de B, notons q sa projection. Comme l'espace B est connexe et non vide, le revêtement X possède un degré ; notons F ce degré et munissons l'ensemble F de la topologie discrète. Comme l'espace B est localement connexe, le faisceau $\mathscr{I} = \underline{\mathscr{I}som}_{\mathrm{B}}(\mathrm{B} \times \mathrm{F}; \mathrm{X})$ est localement constant et en tout point b de B, sa tige $\mathscr{I}_b$ est canoniquement isomorphe à l'ensemble $\mathscr{B}(\mathrm{F}; \mathrm{X}_b)$ des bijections de F sur la fibre X_b (I, p. 89, prop. 12). Soit $\mathrm{E} = \mathrm{E}_{\mathscr{I}}$ le revêtement associé au faisceau localement constant $\mathscr{I}$ (I, p. 86, corollaire).

Soit G le groupe des permutations de F. Pour tout $g \in \mathrm{G}$, on définit comme suit un morphisme $\gamma'(g)$ du faisceau $\mathscr{I}$ dans lui-même : pour tout ouvert U de B, l'application $\gamma'(g)_{\mathrm{U}}$ associe à un U-isomorphisme $\varphi\colon \mathrm{U} \times \mathrm{F} \to \overset{-1}{q}(\mathrm{U})$ le U-isomorphisme défini par $(b, f) \mapsto \varphi(b, g(f))$ pour $b \in \mathrm{U}$ et $f \in \mathrm{F}$. On a $\gamma'(\mathrm{Id}_{\mathrm{F}}) = \mathrm{Id}_{\mathscr{I}}$ et $\gamma'(g \circ g') = \gamma'(g') \circ \gamma'(g)$, pour g, $g' \in \mathrm{G}$, de sorte que pour tout $g \in \mathrm{G}$, $\gamma'(g)$ est un automorphisme du faisceau $\mathscr{I}$. Le B-morphisme $\gamma(g)\colon \mathrm{E} \to \mathrm{E}$ associé à $\gamma'(g)$ est un automorphisme (I, p. 50). Si $x = [\mathrm{U}, \varphi, b]$ est un élément de E, où U est un ouvert de B, b un point de U et φ un U-isomorphisme de U×F sur $\overset{-1}{q}(\mathrm{U})$, on a $\gamma(g)(x) = [\mathrm{U}, \psi, b]$, où ψ est défini par $\psi(a, f) = \varphi(a, g(f))$, pour $a \in \mathrm{U}$ et $f \in \mathrm{F}$. Si g et g' sont des éléments de G, on a $\gamma(g \circ g') = \gamma(g') \circ \gamma(g)$. On a $\gamma(\mathrm{Id}_{\mathrm{F}}) = \mathrm{Id}_{\mathrm{E}}$. On définit ainsi une loi d'opération à droite continue de G dans E en posant $x \cdot g = \gamma(g)(x)$, pour $x \in \mathrm{E}$ et $g \in \mathrm{G}$. Le groupe G opère de façon simplement transitive sur toute fibre de E, de sorte que le revêtement E muni de cette opération est un revêtement principal de groupe G (I, p. 97, prop. 4). Soit h l'application de $\mathrm{E} \times \mathrm{F}$ dans X définie par $h([\mathrm{U}, \varphi, b], f) = \varphi(b, f)$ pour tout ouvert U de B, tout point b de U et tout U-isomorphisme φ de $\mathrm{U} \times \mathrm{F}$ sur $\overset{-1}{q}(\mathrm{U})$. Par définition de la topologie de E, elle est continue ; c'est un B-morphisme. Pour tout élément g de G et tout point (x, f) de $\mathrm{E} \times \mathrm{F}$, on a $h(x, g(f)) = h(x \cdot g, f)$. L'application h définit donc, par passage au quotient, un B-morphisme $h'\colon \mathrm{E} \times^{\mathrm{G}} \mathrm{F} \to \mathrm{X}$. Pour tout point b de B, l'application $h_b\colon \mathrm{E}_b \times \mathrm{F} \to \mathrm{X}_b$ s'identifie à l'application $(\varphi, f) \mapsto \varphi(f)$ de $\mathscr{B}(\mathrm{F};\mathrm{X}_b) \times \mathrm{F}$ dans X_b, de sorte que l'application h'_b est bijective. Par suite, h' est un B-isomorphisme de $\mathrm{E} \times^{\mathrm{G}} \mathrm{F}$ sur X (I, p. 30, cor. 2 de la prop. 6).

Comme l'espace B est connexe, localement connexe et non vide, le revêtement X, associable au revêtement principal E, est associable à un revêtement galoisien (I, p. 110, corollaire 2). Si le revêtement X est fini, il en est de même du revêtement E, donc X est associable à un revêtement fini galoisien (*loc. cit.*).

7. Espaces fibrés principaux définis par des cocycles

DÉFINITION 6. — *Soit* B *un espace topologique, soit* G *un groupe topologique et soit* $\mathscr{U} = (\mathrm{U}_i)_{i\in\mathrm{I}}$ *un recouvrement ouvert de* B. *On appelle* 1-cocycle continu *sur* B *à valeurs dans* G, *subordonné à* $\mathscr{U}$, *la donnée, pour tout couple* (i,j) *d'éléments de* I *d'une application continue* $g_{i,j}$ *de* $\mathrm{U}_i \cap \mathrm{U}_j$ *dans* G, *telle que pour tout triplet* $(i,j,k) \in \mathrm{I}\times\mathrm{I}\times\mathrm{I}$ *et tout point* b *de* $\mathrm{U}_i \cap \mathrm{U}_j \cap \mathrm{U}_k$, *on ait*

$$g_{i,k}(b) = g_{i,j}(b)g_{j,k}(b).$$

On note $\mathrm{Z}^1_{\mathrm{cont}}(\mathrm{B}, \mathscr{U}, \mathrm{G})$ *l'ensemble des* 1*-cocycles continus sur* B *à valeurs dans* G, *subordonnés au recouvrement* $\mathscr{U}$.

Dans ce numéro, nous dirons simplement *cocycle* au lieu de 1-cocycle continu.

Soit (E, p) un B-espace fibré principal de groupe G et soit $\mathscr{U} = (\mathrm{U}_i)_{i\in\mathrm{I}}$ un recouvrement de B par des ouverts U_i. On dit que E est trivialisable au-dessus de $\mathscr{U}$ si, pour tout $i \in \mathrm{I}$, E est trivialisable au-dessus de U_i. On appelle alors $\mathscr{U}$-trivialisation de E une famille $(f_i)_{i\in\mathrm{I}}$, où $f_i\colon \overset{-1}{p}(\mathrm{U}_i) \to \mathrm{U}_i \times \mathrm{G}$ est une trivialisation de E au-dessus de U_i.

Soit $\mathscr{U} = (\mathrm{U}_i)_{i\in\mathrm{I}}$ un recouvrement de B par des ouverts et soit (E, p) un B-espace fibré principal de groupe G muni d'une $\mathscr{U}$-trivialisation $(f_i)_{i\in\mathrm{I}}$. Pour tout couple $(i,j) \in \mathrm{I}\times\mathrm{I}$, notons g_{ij} l'application de $\mathrm{U}_i\cap\mathrm{U}_j$ dans G définie par

$$(b, g_{ij}(b)) = f_i \circ f_j^{-1}(b, e),$$

où e désigne l'élément neutre de G. Elle est continue.

Comme f_i et f_j sont compatibles avec les opérations de G, on a

$$(f_i \circ f_j^{-1})(b, g) = (b, g_{ij}(b)g)$$

pour $b \in \mathrm{U}_i \cap \mathrm{U}_j$ et $g \in \mathrm{G}$. Si b est un point de $\mathrm{U}_i \cap \mathrm{U}_j \cap \mathrm{U}_k$ (où i, j, $k \in \mathrm{I}$), on a

$$(f_i \circ f_k^{-1})(b, e) = (b, g_{ik}(b))$$

et

$$\begin{aligned}(f_i \circ f_k^{-1})(b, e) &= (f_i \circ f_j^{-1}) \circ (f_j \circ f_k^{-1})(b, e) \\ &= (f_i \circ f_j^{-1})(b, g_{jk}(b)) = (b, g_{ij}(b)g_{jk}(b)).\end{aligned}$$

Il en résulte que

$$g_{ik}(b) = g_{ij}(b)g_{jk}(b),$$

de sorte que la famille (g_{ij}) est un cocycle sur B à valeurs dans G, subordonné au recouvrement $\mathscr{U}$. On l'appelle le *cocycle défini par la famille de trivialisations* $(f_i)_{i\in\mathrm{I}}$.

Soient B, G et $\mathscr{U}$ comme dans la définition 6 et soit $(g_{ij}) \in \mathrm{Z}^1_{\mathrm{cont}}(\mathrm{B}, \mathscr{U}, \mathrm{G})$ un cocycle. Pour tout couple $(i, j) \in \mathrm{I} \times \mathrm{I}$, l'application $\gamma_{ij} \colon (\mathrm{U}_i \cap \mathrm{U}_j) \times \mathrm{G} \to (\mathrm{U}_i \cap \mathrm{U}_j) \times \mathrm{G}$ définie par

(5) $$\gamma_{ij}(b, g) = (b, g_{ij}(b)g) \quad \text{pour } b \in \mathrm{U}_i \cap \mathrm{U}_j \text{ et } g \in \mathrm{G}$$

est un isomorphisme de fibrés principaux de base $\mathrm{U}_i \cap \mathrm{U}_j$. Pour tout triplet $(i, j, k) \in \mathrm{I} \times \mathrm{I} \times \mathrm{I}$ et tout couple $(b, g) \in (\mathrm{U}_i \cap \mathrm{U}_j \cap \mathrm{U}_k) \times \mathrm{G}$, on a :

$$\gamma_{ik}(b, g) = \gamma_{ij} \circ \gamma_{jk}(b, g).$$

Soit F l'espace topologique obtenu par recollement des espaces $\mathrm{U}_i \times \mathrm{G}$ le long des $(\mathrm{U}_i \cap \mathrm{U}_j) \times \mathrm{G}$ au moyen des bijections γ_{ij} (TG, I, p. 16). Pour tout $i \in \mathrm{I}$, l'image de $\mathrm{U}_i \times \mathrm{G}$ dans F est un ensemble ouvert de F (TG, I, p. 17, prop. 9). Les projections canoniques $p_i \colon \mathrm{U}_i \times \mathrm{G} \to \mathrm{U}_i$ se recollent en une application continue p de F dans B. Les applications γ_{ij} étant compatibles avec les opérations de G à droite dans les espaces $\mathrm{U}_i \times \mathrm{G}$, on en déduit une loi d'opération continue de G dans F à droite qui fait de F un espace fibré principal de base B, de groupe G, muni d'une trivialisation au-dessus de chaque U_i. On dit que F est *l'espace fibré principal défini par le cocycle* (g_{ij}).

DÉFINITION 7. — *Soient* B *un espace topologique,* G *un groupe topologique et* $\mathscr{U} = (\mathrm{U}_i)_{i\in\mathrm{I}}$ *un recouvrement ouvert de* B. *On dit que deux cocycles* (g_{ij}) *et* (g'_{ij}) *de* $\mathrm{Z}^1_{\mathrm{cont}}(\mathrm{B}, \mathscr{U}, \mathrm{G})$ *sont* cohomologues *s'il existe une famille* $(h_i)_{i\in \mathrm{I}}$ *d'applications continues* $h_i\colon \mathrm{U}_i \to \mathrm{G}$ *telle que l'on ait*

$$(6) \qquad g'_{ij}(b) = h_i(b)g_{ij}(b)h_j(b)^{-1}$$

pour tout couple $(i,j) \in \mathrm{I}\times\mathrm{I}$ *et tout* $b \in \mathrm{U}_i \cap \mathrm{U}_j$.

La relation « (g_{ij}) est cohomologue à (g'_{ij}) » est une relation d'équivalence dans l'ensemble $\mathrm{Z}^1_{\mathrm{cont}}(\mathrm{B}, \mathscr{U}, \mathrm{G})$. On note $\mathrm{H}^1_{\mathrm{cont}}(\mathrm{B}, \mathscr{U}, \mathrm{G})$ l'ensemble quotient de $\mathrm{Z}^1_{\mathrm{cont}}(\mathrm{B}, \mathscr{U}, \mathrm{G})$ pour cette relation d'équivalence.

PROPOSITION 11. — *Soient* B *un espace topologique,* G *un groupe topologique et* $\mathscr{U} = (\mathrm{U}_i)_{i\in\mathrm{I}}$ *un recouvrement ouvert de* B.

a) *Tout* B*-espace fibré principal de groupe* G *qui est trivialisable au-dessus de* $\mathscr{U}$ *est isomorphe à un espace fibré principal défini par un cocycle de* $\mathrm{Z}^1_{\mathrm{cont}}(\mathrm{B}, \mathscr{U}, \mathrm{G})$.

b) *Soient* (E, p) *et* (E', p') *des* B*-espaces fibrés principaux qui sont trivialisables au-dessus de* $\mathscr{U}$. *Soit* $(f_i)_{i\in\mathrm{I}}$ *(*resp. $(f'_i)_{i\in\mathrm{I}}$*) une trivialisation de* (E, p) *(*resp. *de* (E', p')*) adaptée à* $\mathscr{U}$ *et notons* $(g_{ij})_{(i,j)\in\mathrm{I}\times\mathrm{I}}$ *(*resp. $(g'_{i,j})_{(i,j)\in\mathrm{I}\times\mathrm{I}}$*) le cocycle défini par cette trivialisation. Alors, les espaces fibrés principaux* (E, p) *et* (E', p') *sont isomorphes si et seulement si ces cocycles sont cohomologues.*

Démontrons *b*). Soit $\varphi\colon \mathrm{E} \to \mathrm{E}'$ un isomorphisme de fibrés principaux de base B et de groupe G. Pour tout $i \in \mathrm{I}$, soit h_i l'application continue de U_i dans G définie par

$$(b, h_i(b)) = f'_i \circ \varphi \circ f_i^{-1}(b, e).$$

Comme, pour tout $i \in \mathrm{I}$, f_i et f'_i sont compatibles avec les opérations de G, on a pour tout $b \in \mathrm{U}_i$ et tout $g \in \mathrm{G}$,

$$(f'_i \circ \varphi \circ f_i^{-1})(b, g) = (b, h_i(b)g)$$

et

$$(f_i \circ \varphi^{-1} \circ (f'_i)^{-1})(b, g) = (b, h_i(b)^{-1}g).$$

Par suite, pour tout couple $(i,j) \in \mathrm{I}\times\mathrm{I}$ et tout point b de $\mathrm{U}_i \cap \mathrm{U}_j$:

$$\begin{aligned} f'_i \circ (f'_j)^{-1}(b, e) &= (f'_i \circ \varphi \circ f_i^{-1}) \circ (f_i \circ f_j^{-1}) \circ (f_j \circ \varphi^{-1} \circ (f'_j)^{-1})(b, e) \\ &= (b, h_i(b)g_{ij}(b)h_j(b)^{-1}) \end{aligned}$$

de sorte que l'on a

$$g'_{ij}(b) = h_i(b)g_{ij}(b)h_j(b)^{-1}.$$

Cela démontre que les cocycles (g_{ij}) et (g'_{ij}) sont cohomologues.

Inversement, supposons que ces cocycles soient cohomologues et soit $(h_i)_{i\in \mathrm{I}}$ une famille d'applications continues $h_i\colon \mathrm{U}_i \to \mathrm{G}$ telle que l'on ait $g'_{ij}(b) = h_i(b)g_{ij}(b)h_j(b)^{-1}$ pour $i,\ j \in \mathrm{I}$ et $b \in \mathrm{U}_i \cap \mathrm{U}_j$. Pour $i \in \mathrm{I}$, soit $\varphi_i\colon \overset{-1}{p}(\mathrm{U}_i) \to \overset{-1}{(p')}(\mathrm{U}_i)$ l'application définie par $f'_i \circ \varphi_i \circ f_i^{-1}(b,g) = (b, h_i(b)g)$, pour $b \in \mathrm{U}_i$ et $g \in \mathrm{G}$. C'est un isomorphisme d'espaces fibrés principaux de base U_i et de groupe G. Pour $(i,j) \in \mathrm{I}\times\mathrm{I}$, notons γ_{ij} et γ'_{ij} les homéomorphismes de recollement associés comme ci-dessus aux cocycles (g_{ij}) et (g'_{ij}) respectivement (I, p. 115, formule (5)), de sorte que $f_i(b,g) = \gamma_{ij}\circ f_j(b,g)$ et $f'_i(b,g) = \gamma'_{ij}\circ f'_j(b,g)$ pour tout $(b,g) \in (\mathrm{U}_i \cap \mathrm{U}_j)\times \mathrm{G}$. Par suite, pour $(i,j) \in \mathrm{I}\times\mathrm{I}$ et $(b,g) \in (\mathrm{U}_i \cap \mathrm{U}_j)\times\mathrm{G}$, on a les relations

$$\begin{aligned} f'_i \circ \varphi_j \circ f_i^{-1}(b,g) &= \gamma'_{ij} \circ (f'_j \circ \varphi_j \circ f_j^{-1})(b, g_{ij}(b)^{-1}g) \\ &= \gamma'_{ij}(b, h_j(b)g_{ij}(b)^{-1}g) \\ &= (b, g'_{ij}(b)h_j(b)g_{ij}(b)^{-1}g) \\ &= (b, h_i(b)g) = f'_i \circ \varphi_i \circ f_i^{-1}(b,g). \end{aligned}$$

Cela démontre que φ_i et φ_j coïncident sur $\overset{-1}{p}(\mathrm{U}_i\cap\mathrm{U}_j)$. Les morphismes φ_i se recollent donc en un B-morphisme de fibrés principaux de E dans E′. L'assertion *b*) en résulte car tout morphisme de fibrés principaux de base B et de groupe G est un isomorphisme (I, p. 93, prop. 1).

Démontrons maintenant *a*). Soit (E, p) un espace fibré principal de groupe G muni, pour tout $i \in \mathrm{I}$, d'une trivialisation $f_i\colon \overset{-1}{p}(\mathrm{U}_i) \to \mathrm{U}_i \times \mathrm{G}$ au-dessus de U_i. Soit (g_{ij}) le cocycle défini par cette famille et soit alors F l'espace fibré principal défini par le cocycle (g_{ij}). Par construction, l'espace fibré principal F est muni d'une trivialisation au-dessus de $\mathscr{U}$; cette trivialisation définit le cocycle (g_{ij}). D'après l'assertion *b*), l'espace fibré principal (E, p) est isomorphe à F.

Soient B un espace topologique et G un groupe topologique. Soit (E, p) un espace fibré principal de base B et de groupe G. Soit s une section de l'application surjective p (E, II, p. 19, prop. 8). L'application $f\colon \mathrm{B}\times\mathrm{G} \to \mathrm{E}$ définie par $f(b,g) = s(b)\cdot g$ est une bijection compatible avec l'action de G. Munissons $\mathrm{B}\times\mathrm{G}$ de la topologie obtenue par transport de structure ; $(\mathrm{B}\times\mathrm{G}, \mathrm{pr}_1)$ est alors un espace fibré principal de base B et de groupe G isomorphe à E. Il existe donc un ensemble T de fibrés principaux de base B et de groupe G tel que tout espace fibré principal de base B et de groupe G soit isomorphe à un élément de T. Notons P(B, G) l'ensemble des classes d'isomorphisme de fibrés principaux de base B et de groupe G (E, II, p. 47).

Soit $\mathscr{U} = (U_i)_{i\in I}$ un recouvrement ouvert de B. Notons $P(B, \mathscr{U}, G)$ le sous-ensemble de P(B, G) constitué des classes d'isomorphisme des fibrés principaux qui sont trivialisables au-dessus de $\mathscr{U}$. D'après la proposition 11, il existe une application $r_{\mathscr{U}}$ de $H^1_{\text{cont}}(B, \mathscr{U}, G)$ dans $P(B, \mathscr{U}, G)$ qui à la classe d'un cocycle $(g_{ij}) \in Z^1_{\text{cont}}(B, \mathscr{U}, G)$ associe la classe d'isomorphisme de l'espace fibré principal défini par ce cocycle; c'est une bijection (*loc. cit.*). La bijection réciproque $s_{\mathscr{U}}$ associe à la classe d'isomorphisme dans $H^1_{\text{cont}}(B, \mathscr{U}, G)$ d'un espace fibré principal E, trivialisable au-dessus de $\mathscr{U}$, la classe du cocycle défini par une famille quelconque de trivialisations de E au-dessus de $\mathscr{U}$. Dans cette correspondance, la classe d'isomorphisme de l'espace fibré principal trivial B × G correspond à la classe de cohomologie du cocycle constant $g_{ij} = e$, appelé aussi *cocycle trivial.*

En vertu de la définition d'un espace fibré principal, l'ensemble P(B, G) est la réunion des ensembles de la forme $P(B, \mathscr{U}, G)$, où $\mathscr{U}$ est un recouvrement ouvert de B.

Soit $\mathscr{U} = (U_i)_{i\in I}$ un recouvrement ouvert de B et soit $\mathscr{V} = (V_k)_{k\in K}$ un recouvrement ouvert de B plus fin que $\mathscr{U}$. On a $P(B, \mathscr{U}, G) \subset P(B, \mathscr{V}, G)$; on note $i_{\mathscr{V}\mathscr{U}}$ l'injection canonique définie par cette inclusion. Choisissons une application $\varphi\colon K \to I$ telle que $V_k \subset U_{\varphi(k)}$ pour tout $k \in K$. Étant donné un cocycle $(g_{ij}) \in Z^1_{\text{cont}}(B, \mathscr{U}, G)$, posons, pour tout couple $(k, \ell) \in K \times K$, $\overline{g}_{k\ell} = g_{\varphi(k)\varphi(\ell)} \mid V_k \cap V_\ell$.

La famille $(\overline{g}_{k\ell})$ est un cocycle sur B, à valeurs dans G, subordonné à $\mathscr{V}$. Si $(g'_{ij}) \in Z^1_{\text{cont}}(B, \mathscr{U}, G)$ est un cocycle cohomologue au cocycle (g_{ij}), le cocycle $(\overline{g}'_{k\ell})$ déduit de $(g'_{k\ell})$ est cohomologue au cocycle $(\overline{g}_{k\ell})$. Il en résulte une application

$$c(\varphi)\colon H^1_{\text{cont}}(B, \mathscr{U}, G) \to H^1_{\text{cont}}(B, \mathscr{V}, G)$$

qui à la classe de (g_{ij}) associe la classe de $(\overline{g}_{k\ell})$.

Soit E un espace fibré principal de base B et de groupe G et, pour tout $i \in I$, soit $f_i\colon E_{U_i} \to U_i \times G$ une trivialisation du U_i-espace fibré principal E_{U_i}. Pour tout $k \in K$, soit $f'_k\colon E_{V_k} \to V_k \times G$ la trivialisation déduite de $f_{\varphi(k)}$ par passage aux sous-ensembles. Soit $(g_{ij}) \in Z^1_{\text{cont}}(B, \mathscr{U}, G)$ le cocycle défini par la famille (f_i) ; le cocycle défini par la famille (f'_k) est précisément le cocycle $(\overline{g}_{k\ell})$ défini ci-dessus. Ainsi, le diagramme suivant est commutatif :

$$\begin{array}{ccc} \mathrm{H}^1_{\mathrm{cont}}(\mathrm{B}, \mathscr{U}, \mathrm{G}) & \xrightarrow{c(\varphi)} & \mathrm{H}^1_{\mathrm{cont}}(\mathrm{B}, \mathscr{V}, \mathrm{G}) \\ \Big\downarrow{\scriptstyle r_{\mathscr{U}}} & & \Big\downarrow{\scriptstyle r_{\mathscr{V}}} \\ \mathrm{P}(\mathrm{B}, \mathscr{U}, \mathrm{G}) & \xrightarrow{i_{\mathscr{V}\mathscr{U}}} & \mathrm{P}(\mathrm{B}, \mathscr{V}, \mathrm{G}). \end{array}$$

Les applications $r_{\mathscr{U}}$ et $r_{\mathscr{V}}$ étant bijectives, l'application $c(\varphi)$, de même que $i_{\mathscr{V}\mathscr{U}}$, est une injection et ne dépend pas du choix de φ. Nous écrirons désormais $c_{\mathscr{V}\mathscr{U}}$ au lieu de $c(\varphi)$.

Soit $\mathscr{R}$ l'ensemble des éléments de $\mathfrak{P}(\mathfrak{P}(\mathrm{B}))$ qui sont des recouvrements ouverts de B. Pour tout recouvrement ouvert $\mathscr{U}$ de B, il existe un recouvrement ouvert $\mathscr{V}$ appartenant à $\mathscr{R}$ tel que $\mathscr{U}$ soit à la fois plus fin et moins fin que $\mathscr{U}$. L'ensemble $\mathscr{R}$ est ordonné et filtrant pour la relation $\leqslant$ définie par $\mathscr{U} \leqslant \mathscr{V}$ si $\mathscr{V}$ est un recouvrement plus fin que $\mathscr{U}$. Il résulte de ce qui précède qu'on a défini un système inductif $(\mathrm{H}^1_{\mathrm{cont}}(\mathrm{B}, \mathscr{U}, \mathrm{G}), c_{\mathscr{V}\mathscr{U}})$ relatif à l'ensemble ordonné filtrant $\mathscr{R}$ et que la famille $(r_{\mathscr{U}})$ est un système inductif d'applications bijectives de $(\mathrm{H}^1_{\mathrm{cont}}(\mathrm{B}, \mathscr{U}, \mathrm{G}), c_{\mathscr{V}\mathscr{U}})$ dans $(\mathrm{P}(\mathrm{B}, \mathscr{U}, \mathrm{G}), i_{\mathscr{V}\mathscr{U}})$. Si l'on note $\mathrm{H}^1_{\mathrm{cont}}(\mathrm{B}, \mathrm{G})$ la limite inductive du système $(\mathrm{H}^1_{\mathrm{cont}}(\mathrm{B}, \mathscr{U}, \mathrm{G}), c_{\mathscr{V}\mathscr{U}})$ et $r\colon \mathrm{H}^1_{\mathrm{cont}}(\mathrm{B}, \mathrm{G}) \to \mathrm{P}(\mathrm{B}, \mathrm{G})$ la limite inductive de la famille $(r_{\mathscr{U}})$, on a donc :

Théorème 4. — *L'application* $r\colon \mathrm{H}^1_{\mathrm{cont}}(\mathrm{B}, \mathrm{G}) \to \mathrm{P}(\mathrm{B}, \mathrm{G})$ *est bijective.*

Soit $\mathscr{U} = (\mathrm{U}_i)_{i \in \mathrm{I}}$ un recouvrement ouvert de B ; notons $c_{\mathscr{U}}$ l'application canonique $\mathrm{H}^1_{\mathrm{cont}}(\mathrm{B}, \mathscr{U}, \mathrm{G}) \to \mathrm{H}^1_{\mathrm{cont}}(\mathrm{B}, \mathrm{G})$. Si (g_{ij}) est un cocycle sur B, à valeurs dans G, subordonné au recouvrement ouvert $\mathscr{U}$, l'élément $c_{\mathscr{U}}((g_{ij}))$ de $\mathrm{H}^1_{\mathrm{cont}}(\mathrm{B}, \mathrm{G})$ est appelé *classe de cohomologie* du cocycle (g_{ij}).

§ 6. ESPACES SIMPLEMENT CONNEXES

1. Revêtement universel

DÉFINITION 1. — *On appelle* ensemble pointé *un ensemble* X *muni de l'un de ses éléments, appelé* point-base. *L'ensemble* X *muni du point* x *est parfois noté* (X, x). *Soient* (X, x) *et* (Y, y) *des ensembles pointés ; on appelle* application pointée *de* (X, x) *dans* (Y, y) *une application* f *de* X *dans* Y *telle que* $f(x) = y$.

On définit de façon analogue les notions d'espace topologique pointé, d'application continue pointée, de revêtement pointé d'un espace topologique pointé, etc.

Si (X, x) et (Y, y) sont des espaces topologiques pointés, l'ensemble des applications continues pointées de (X, x) dans (Y, y) est noté $\mathscr{C}((\mathrm{X}, x); (\mathrm{Y}, y))$.

Au lieu de dire « soit f une application pointée de (X, x) dans (Y, y) », on emploie souvent la phrase suivante : « soit $f\colon (\mathrm{X}, x) \to (\mathrm{Y}, y)$ une application pointée ».

Soit B un espace topologique et soit b un point de B.

DÉFINITION 2. — *On dit qu'un revêtement pointé* (E, x) *de* (B, b) *est un* revêtement universel *si, pour tout revêtement pointé* (E', x') *de* (B, b)*, il existe un unique morphisme de revêtements de* B*,* $f\colon \mathrm{E} \to \mathrm{E}'$*, tel que* $f(x) = x'$.

Si (E, x) et (E', x') sont des revêtements universels de (B, b), l'unique B-morphisme de (E, x) dans (E', x') est un isomorphisme de B-espaces.

Soit E un revêtement connexe de B et soit x un point de la fibre E_b. Supposons que, pour tout revêtement pointé (E', x') de (B, b), il existe un morphisme $f\colon \mathrm{E} \to \mathrm{E}'$ de revêtements de B tel que $f(x) = x'$. Un tel morphisme f est alors unique (I, p. 34, cor. 1 de la prop. 11), donc (E, x) est un revêtement universel de (B, b). *Nous verrons plus loin (I, p. 126, cor. de la prop. 3) que c'est en particulier le cas si tout revêtement de E est trivialisable.*

PROPOSITION 1. — *Soit* B *un espace topologique connexe et* localement connexe *et soit* b *un point de* B. *Soit* (E, x) *un revêtement universel de* (B, b). *Alors,* E *est un revêtement galoisien de* B *et tout revêtement de* B *est associable à* E.

L'espace E est localement connexe, car B l'est. Soit E_0 la composante connexe de x dans E, de sorte que l'espace (E_0, x) est un revêtement pointé de (B, b) (I, p. 80, cor. 1 de la prop. 6). Il existe alors un unique morphisme de revêtements $f\colon \mathrm{E} \to \mathrm{E}_0$ tel que $f(x) = x$. Si i désigne l'injection canonique de E_0 dans E, l'application $i \circ f\colon \mathrm{E} \to \mathrm{E}$ est un morphisme de revêtements qui applique x sur x, de même que l'application Id_{E} ; puisque (E, x) est un revêtement universel de (B, b), on a donc $i \circ f = \mathrm{Id}_{\mathrm{E}}$. Cela entraîne que i est surjectif, donc $\mathrm{E}_0 = \mathrm{E}$. Par suite, E est connexe.

Soit y un point de E_b et considérons le revêtement pointé (E, y) de (B, b) ; il existe par hypothèse un unique morphisme de revêtements $f\colon \mathrm{E} \to \mathrm{E}$ tel que $f(x) = y$. L'application $s\colon \mathrm{E} \to \mathrm{E} \times_{\mathrm{B}} \mathrm{E}$ définie par $t \mapsto (t, f(t))$ est une section continue de l'application $\mathrm{pr}_1\colon \mathrm{E} \times_{\mathrm{B}} \mathrm{E} \to \mathrm{E}$. D'après le cor. 4 de I, p. 81, cela démontre que le revêtement $\mathrm{E} \times_{\mathrm{B}} \mathrm{E}$ de E donné par l'application pr_1 est trivialisable. Le revêtement E est donc galoisien (th. 2 de I, p. 102). Il résulte alors de I, p. 112, corollaire de la prop. 10, que tout revêtement de B est associable à E.

COROLLAIRE. — *Soit* B *un espace topologique localement connexe. Soit* b *un point de* B *et soit* (E, x) *un revêtement universel de* (B, b). *Pour un sous-espace* A *de* B, *les deux propriétés suivantes sont équivalentes :*

(i) *Le revêtement* E *est trivialisable au-dessus de* A *;*

(ii) *Tout revêtement de* B *est trivialisable au-dessus de* A.

La propriété (ii) implique évidemment la propriété (i). La réciproque résulte de ce que tout revêtement de B est associable au revêtement E (I, p. 105, prop. 7).

2. Parties convexes d'un espace numérique

Soit E l'espace numérique à n dimensions *(ou, plus généralement, un espace vectoriel topologique sur $\mathbf{R}$)*. Pour tout couple (x, y) de points de E, on appelle *segment* (resp. *segment ouvert*) d'extrémités x et y (*cf.* EVT, II, p. 7) l'ensemble des points de E de la forme $tx + (1-t)y$, pour $t \in [0,1]$ (resp. pour $t \in]0,1[$). Soit A un sous-ensemble de E. On dit que l'ensemble A est *convexe* si pour tout couple (x, y) de points de A et tout $t \in \mathbf{I}$, le point $tx + (1-t)y$ appartient à A.

Une partie convexe est connexe par arcs.

Lemme 1. — *Soit* E *l'espace numérique à n dimensions et soit* A *une partie convexe et compacte de* E *dont* 0 *est un point intérieur. Pour tout $x \in$ E, notons $p_{\mathrm{A}}(x)$ la borne inférieure dans $\overline{\mathbf{R}}$ de l'ensemble des nombres réels $t > 0$ tels que $x \in t\mathrm{A}$.*

L'application p_{A} est finie, continue, et vérifie les propriétés suivantes :

(i) *Pour tout $x \in$ E tel que $x \neq 0$, on a $p_{\mathrm{A}}(x) > 0$;*

(ii) *Pour tout $s \in \mathbf{R}_+$ et tout $x \in$ E, on a $p_{\mathrm{A}}(sx) = sp_{\mathrm{A}}(x)$.*

(iii) *Pour tous x et $y \in$ E, on a $p_{\mathrm{A}}(x+y) \leqslant p_{\mathrm{A}}(x) + p_{\mathrm{A}}(y)$.*

(iv) *Pour qu'un point x de* E *appartienne à* A, *il faut et il suffit que $p_{\mathrm{A}}(x) \leqslant 1$.*

Pour $x \in$ E, notons $\|x\|$ la norme euclidienne de x (TG, VI, p. 7). Comme A est compact, il existe un nombre réel $\mathrm{M} > 0$ tel que tout point x de A vérifie $\|x\| \leqslant \mathrm{M}$. Comme 0 est un point intérieur de A, il existe un nombre réel $m > 0$ tel que tout point x de E tel que $\|x\| \leqslant m$ appartienne à A. Par suite, on a la relation $\|x\|/\mathrm{M} \leqslant p_{\mathrm{A}}(x) \leqslant \|x\|/m$, pour tout $x \in$ E. En particulier, $p_{\mathrm{A}}(0) = 0$ et $p_{\mathrm{A}}(x) \neq 0$ si $x \neq 0$.

Les assertions (ii) et (iv) résultent immédiatement de la définition de l'application p_{A}.

Soient x et y des points de E. Soient x' et y' des points de A tels que $x = p_{\mathrm{A}}(x)x'$ et $y = p_{\mathrm{A}}(y)y'$. Si x et y ne sont pas tous deux nuls, $p_{\mathrm{A}}(x) + p_{\mathrm{A}}(y) > 0$ et l'on a

$$\begin{aligned} x + y &= p_{\mathrm{A}}(x)x' + p_{\mathrm{A}}(y)y' \\ &= (p_{\mathrm{A}}(x) + p_{\mathrm{A}}(y))\left(\frac{p_{\mathrm{A}}(x)}{p_{\mathrm{A}}(x) + p_{\mathrm{A}}(y)}x' + \frac{p_{\mathrm{A}}(y)}{p_{\mathrm{A}}(x) + p_{\mathrm{A}}(y)}y'\right). \end{aligned}$$

Comme A est convexe, cela démontre que $x+y$ appartient à $(p_A(x)+p_A(y))A$, d'où $p_A(x+y) \leqslant p_A(x)+p_A(y)$. Si $x=y=0$, cette inégalité est encore vérifiée, car $p_A(0)=0$. Cela démontre l'assertion (iii).

Appliquant cette inégalité à $x+y$ et $-y$, on en déduit que, pour tout couple (x, y) de points de E, on a

$$|p_A(x+y)-p_A(x)| \leqslant \max(p_A(y), p_A(-y)) \leqslant m^{-1}\|y\|.$$

Cela démontre que l'application p_A est continue, d'où le lemme.

L'application p_A est appelée *jauge* de la partie convexe A.

PROPOSITION 2. — *Soit* E *l'espace numérique à n dimensions et soit* A *une partie convexe et compacte de* E *dont* 0 *est un point intérieur. Il existe une unique bijection u de* E *sur lui-même vérifiant les trois propriétés suivantes :*

(i) *Pour tout $x \in$ E et tout $t \in \mathbf{R}_+$, $u(tx) = tu(x)$;*

(ii) *Pour tout $x \in$ E, il existe $\lambda \in \mathbf{R}_+$ tel que $u(x) = \lambda x$;*

(iii) *On a $u(A) = \mathbf{B}_n$.*

L'application u est un homéomorphisme et induit, par passage aux sous-espaces, un homéomorphisme de A *sur $\mathbf{B}_n$, un homéomorphisme de l'intérieur de* A *sur l'intérieur de $\mathbf{B}_n$ et un homéomorphisme de la frontière de* A *dans* E *sur la sphère $\mathbf{S}_{n-1}$.*

Soit p_A la jauge de la partie convexe A. Soit $x \in$ E et soit $t \in \mathbf{R}_+$; pour que $x \in t$A, il faut et il suffit que $p_A(x) \leqslant t$. Comme A est compacte, il existe un nombre réel M tel que $\|x\| \leqslant$ M pour tout $x \in$ A.

Soit u une application vérifiant les conditions de la proposition. On a $u(0) = 0$. Soit $x \in \mathrm{E} - \{0\}$ et soit $\lambda \in \mathbf{R}_+$ tel que $u(x) = \lambda x$. Pour tout $t \in \mathbf{R}_+$ tel que $tx \in$ A, on a $u(tx) = t\lambda x$. Comme u est injective, $\lambda \neq 0$. Comme $u(A)$ est contenu dans $\mathbf{B}_n$, on a aussi $\lambda \leqslant p_A(x)/\|x\|$. Posons $z = x/\|x\|$; c'est un point de $\mathbf{S}_{n-1}$. Pour que z possède un antécédent dans A par u, il faut et il suffit que le point $(\lambda\|x\|)^{-1}x$ appartienne à A, c'est-à-dire $\lambda\|x\| \geqslant p_A(x)$, *i.e.* $\lambda \geqslant p_A(x)/\|x\|$. Cela implique l'unicité d'une telle application u.

Notons alors u l'application de E dans lui-même qui applique 0 sur 0 et x sur $(p_A(x)/\|x\|)x$, pour tout $x \in \mathrm{E} - \{0\}$.

D'après le lemme 1, u est continue en tout point de $\mathrm{E} - \{0\}$. On a $\|u(x)\| = p_A(x)$ pour tout $x \in$ E et $p_A(x) \to 0$ lorsque $x \to 0$ (*loc. cit.*) ; par conséquent, u est continue en 0. Par suite, u est continue.

Le seul antécédent de 0 par u est 0. Soit $y \in E - \{0\}$. Pour qu'un élément x de E vérifie $u(x) = y$, il faut et il suffit que $x = (\|y\|/p_A(y))y$. Cela entraîne que u est une bijection continue de E sur lui-même. Sa réciproque est l'application $v\colon y \mapsto (\|y\|/p_A(y))y$. Comme p_A est continue et ne s'annule qu'en 0, l'application v est continue en tout point de $E - \{0\}$; l'inégalité $p_A(y) \geqslant \|y\|/M$ entraîne que $\|v(y)\| \leqslant M\|y\|$ pour tout $y \in E$. Il s'ensuit que v est continue. Par suite, l'application u est un homéomorphisme de E sur lui-même. Comme les relations $p_A(x) \leqslant 1$ et $x \in A$ sont équivalentes, on a aussi $u(X) = \mathbf{B}_n$. La proposition en résulte.

Exemple. — L'ensemble $[0,1]^n$ est une partie convexe, compacte et d'intérieur non vide de $\mathbf{R}^n$. Il résulte de la proposition 2 de I, p. 123 qu'il est homéomorphe à la boule euclidienne fermée. Plus précisément, pour tout point x de l'intérieur $]0,1[^n$ et tout point b de la boule euclidienne ouverte, il existe un homéomorphisme de $[0,1]^n$ sur $\mathbf{B}_n$ qui applique x sur b et induit par passage aux sous-espaces un homéomorphisme de $]0,1[^n$ sur la boule euclidienne ouverte, ainsi qu'un homéomorphisme de la frontière de $[0,1]^n$ sur la sphère $\mathbf{S}_{n-1}$.

Par suite, toute partie convexe, compacte et d'intérieur non vide de $\mathbf{R}^n$ est homéomorphe à un pavé (*loc. cit.*).

3. Espaces simplement connexes

DÉFINITION 3. — *On dit qu'un espace topologique est* simplement connexe *si tous ses revêtements sont trivialisables.*

Un espace simplement connexe est connexe. En effet, si un espace X est réunion disjointe de deux ouverts non vides U et V, l'injection canonique de U dans X est un revêtement qui n'est pas trivialisable.

L'espace vide est simplement connexe. Tout espace topologique réduit à un point est simplement connexe.

Remarques. — 1) Soient B un espace topologique simplement connexe et (E, p) un revêtement de B. Si l'espace E est connexe et non vide, l'application p est un homéomorphisme. Soient, par exemple, G un groupe topologique connexe et H un sous-groupe discret de G, de sorte que l'application canonique $p\colon G \to G/H$ fait de G un revêtement de G/H (I, p. 100, cor. 2 du th. 1). Si l'espace G/H est simplement connexe, l'application p est un homéomorphisme et H est le sous-groupe à un élément.

2) Soit B un espace topologique dont tout point possède un voisinage simplement connexe ; alors tout revêtement d'un revêtement de B est un revêtement de B. Considérons en effet un revêtement (E, p) de B ainsi qu'un revêtement (F, q) de E. Démontrons que $(\mathrm{F}, p \circ q)$ est un revêtement de B. La question étant locale dans B, nous pouvons supposer que l'espace B est simplement connexe et donc que E est un revêtement trivialisable de B. Soit V une composante connexe de E. Elle est ouverte et fermée et $p \mid \mathrm{V} \colon \mathrm{V} \to \mathrm{B}$ est un homéomorphisme (I, p. 69, proposition 1) ; par suite, l'espace V est simplement connexe. Toute composante connexe W de $\overset{-1}{q}(\mathrm{V})$ est ouverte et fermée dans $\overset{-1}{q}(\mathrm{V})$, donc dans F et l'application q induit un homéomorphisme de W sur V. L'application $p \circ q$ fait donc de F un revêtement de B, trivialisable (*loc. cit.*).

PROPOSITION 3. — *Soit* B *un espace topologique. Soit* (E, p) *un revêtement de* B *et soit* y *un point de* E. *Soit* X *un espace topologique simplement connexe, soient* $f \colon \mathrm{X} \to \mathrm{B}$ *une application continue et* x *un point de* X *tels que* $f(x) = p(y)$. *Il existe un unique relèvement continu* $g \colon \mathrm{X} \to \mathrm{E}$ *de l'application* f *tel que* $g(x) = y$.

Les applications g cherchées correspondent bijectivement (I, p. 9, prop. 3) aux sections continues s du revêtement $\mathrm{pr}_1 \colon \mathrm{X} \times_{\mathrm{B}} \mathrm{E} \to \mathrm{X}$ telles que $s(x) = (x, y)$. Une telle section existe car l'espace X est simplement connexe; elle est unique car l'espace X est connexe (I, p. 34, cor. 1 de la prop. 11).

Exemple 1. — Soit X un espace topologique simplement connexe et soit f une fonction continue de X dans $\mathbf{C}^*$. Rappelons (I, p. 101, exemple 6) que l'application $z \mapsto e^z$ fait de $\mathbf{C}$ un revêtement de $\mathbf{C}^*$. D'après la prop. 3, il existe une fonction continue $h \colon \mathrm{X} \to \mathbf{C}$ telle que $f(x) = e^{h(x)}$ pour tout $x \in \mathrm{X}$. Si $h' \colon \mathrm{X} \to \mathbf{C}$ est une autre fonction continue telle que $f(x) = e^{h'(x)}$ pour tout $x \in \mathrm{X}$, il existe un entier $q \in \mathbf{Z}$ tel que $h' = h + 2\pi i q$.

De même, soit n un entier > 0; l'application $z \mapsto z^n$ fait de $\mathbf{C}^*$ un revêtement de lui-même (I, p. 101, exemple 5). Il existe donc une fonction continue k de X dans $\mathbf{C}^*$ telle que $k(x)^n = f(x)$ pour tout $x \in \mathrm{X}$, par exemple la fonction $k(x) = e^{h(x)/n}$. Si $k' \colon \mathrm{X} \to \mathbf{C}^*$ est une autre fonction continue telle que $k'(x)^n = f(x)$ pour tout $x \in \mathrm{X}$, il existe une racine n^{e} de l'unité $\mu \in \mathbf{C}$ telle que $k' = \mu k$.

COROLLAIRE. — *Soit* B *un espace topologique et soit* b *un point de* B. *Soit* E *un revêtement simplement connexe de* B. *Pour tout point* x *de* E_b*, l'espace pointé* (E, x) *est un revêtement universel de* (B, b).

PROPOSITION 4. — *Le produit de deux espaces simplement connexes dont l'un est* localement connexe *est un espace simplement connexe.*

Soient X et Y des espaces simplement connexes et supposons que Y soit localement connexe. L'espace $\mathrm{X} \times \mathrm{Y}$ est connexe, car X et Y le sont (I, p. 124). Soit (Z, f) un revêtement non vide de $\mathrm{X} \times \mathrm{Y}$; démontrons qu'il est trivialisable. D'après le corollaire 2 de I, p. 70, il suffit de démontrer que pour tout point z_0 de Z, il existe une section continue s de f telle que $s(f(z_0)) = z_0$. Soit donc z_0 un point de Z. Posons $(x_0, y_0) = f(z_0)$. Le sous-espace $\mathrm{X} \times \{y_0\}$ de $\mathrm{X} \times \mathrm{Y}$ est homéomorphe à X. Par suite, le revêtement déduit de Z au-dessus de $\mathrm{X} \times \{y_0\}$ est trivialisable et possède une section continue σ telle que $\sigma(x_0, y_0) = z_0$. De même, pour tout point x de X, il existe une section continue τ_x de f au-dessus de $\{x\} \times \mathrm{Y}$ telle que $\tau_x(x, y_0) = \sigma(x, y_0)$. Pour $(x, y) \in \mathrm{X} \times \mathrm{Y}$, posons $s(x, y) = \tau_x(x, y)$. L'application s est une section de f et l'on a $s(x_0, y_0) = z_0$. Comme l'espace Y est connexe et localement connexe, il résulte du th. 1 de I, p. 35 que l'application s est continue.

PROPOSITION 5. — *Un espace topologique connexe et* localement connexe, *tel que l'intersection de deux parties ouvertes connexes quelconques soit connexe, est un espace simplement connexe.*

Soit B un tel espace topologique. Soit (E, p) un revêtement de B, soit x un point de E et notons $b = p(x)$. Il s'agit de démontrer qu'il existe une section continue s de p telle que $s(b) = x$ (cor. 2, I, p. 70). Soit $\mathscr{S}$ l'ensemble des couples $(\mathrm{U}, s_{\mathrm{U}})$ où U est une partie ouverte connexe de B contenant b et s_{U} une section continue de $p_{\mathrm{U}} \colon \overset{-1}{p}(\mathrm{U}) \to \mathrm{U}$ telle que $s_{\mathrm{U}}(b) = x$. L'ensemble $\mathscr{S}$ n'est pas vide (I, p. 34, prop. 10). Soient $(\mathrm{U}, s_{\mathrm{U}})$ et $(\mathrm{V}, s_{\mathrm{V}})$ des éléments de $\mathscr{S}$. Alors, $s_{\mathrm{U}} \mid \mathrm{U} \cap \mathrm{V}$ et $s_{\mathrm{V}} \mid \mathrm{U} \cap \mathrm{V}$ sont des sections continues de $p_{\mathrm{U} \cap \mathrm{V}}$ qui prennent la valeur x en b. Par hypothèse, $\mathrm{U} \cap \mathrm{V}$ est connexe ; on a donc $s_{\mathrm{U}} \mid \mathrm{U} \cap \mathrm{V} = s_{\mathrm{V}} \mid \mathrm{U} \cap \mathrm{V}$ (I, p. 34, cor. 1 de la prop. 11). Soit A la réunion des ouverts U lorsque $(\mathrm{U}, s_{\mathrm{U}})$ parcourt $\mathscr{S}$ et soit $s \colon \mathrm{A} \to \mathrm{E}$ l'unique application telle que $s \mid \mathrm{U} = s_{\mathrm{U}}$ pour tout couple $(\mathrm{U}, s_{\mathrm{U}}) \in \mathscr{S}$. L'ensemble A est ouvert et connexe (TG, I, p. 81, prop. 2), il contient b, et s est une section continue de p_{A} telle que $s(b) = x$. Il suffit maintenant de démontrer que l'ensemble A est fermé, ce qui entraînera qu'il est égal à B.

Soit a un point de B adhérent à A et soit V un voisinage ouvert connexe de a tel que le revêtement E soit trivialisable au-dessus de V. Il existe un point c dans $\mathrm{A} \cap \mathrm{V}$ et une section continue s_{V} de p_{V} telle que $s_{\mathrm{V}}(c) = s(c)$. Soit A′ l'ouvert $\mathrm{A} \cup \mathrm{V}$. Comme $\mathrm{A} \cap \mathrm{V}$ est connexe, il existe une section continue s' de $p_{\mathrm{A}'}$ qui prolonge s et s_{V} (I, p. 35, cor. 3 de la prop. 11) ; le couple (A', s') appartient à $\mathscr{S}$ et A′ est donc contenu dans A. Par suite, a appartient à A et A est fermé.

COROLLAIRE. — *Tout intervalle de la droite réelle* **R** *est simplement connexe.*

En effet, les sous-espaces connexes de **R** sont les intervalles (TG, IV, p. 8, th. 4) et l'intersection de deux intervalles est un intervalle.

Exemple 2. — L'espace numérique à n dimensions $\mathbf{R}^n$ (TG, VI, p. 1) est simplement connexe. Il est en effet produit d'espaces simplement connexes et localement connexes (I, p. 126, prop. 4 et cor. de la prop. 5 ci-dessus). Il en est de même de tout pavé ouvert ou fermé de $\mathbf{R}^n$. Un parallélotope, une boule euclidienne, ouvert ou fermé, dans $\mathbf{R}^n$ sont simplement connexes car homéomorphes à un pavé (TG, VI, p. 10, prop. 2 et I, p. 124, exemple).

PROPOSITION 6. — *Soit* X *un espace topologique. Soient* U_1 *et* U_2 *des sous-espaces ouverts (*resp. *fermés) de* X *tels que* $\mathrm{X} = \mathrm{U}_1 \cup \mathrm{U}_2$. *Supposons que* U_1 *et* U_2 *soient simplement connexes et que leur intersection* $\mathrm{U}_1 \cap \mathrm{U}_2$ *soit connexe et non vide. Alors, l'espace* X *est simplement connexe.*

Soit (E, p) un revêtement de X et soit y un point de E. Il suffit de démontrer qu'il existe une section continue s de p telle que $s(p(y)) = y$ (I, p. 70, cor. 2 de la prop. 1). Supposons par exemple que $p(y)$ appartienne à U_1. Il existe alors une section continue $s_1 : \mathrm{U}_1 \to \mathrm{E}$ de p_{U_1} telle que $s_1(p(y)) = y$. Soit x un point de $\mathrm{U}_1 \cap \mathrm{U}_2$; il existe une section continue s_2 de p_{U_2} telle que $s_2(x) = s_1(x)$. D'après le corollaire 3 de la proposition 11 de I, p. 34, il existe une section continue s de p prolongeant à la fois s_1 et s_2.

Exemples. — 3) Pour $n \geqslant 2$, la sphère $\mathbf{S}_n$ (TG, VI, p. 10) est simplement connexe. En effet, la sphère $\mathbf{S}_n$ est réunion de deux hémisphères fermés homéomorphes à $\mathbf{B}_n$ dont l'intersection est homéomorphe à

$\mathbf{S}_{n-1}$ (*cf.* TG, VI, p. 12). Pour $n \geqslant 2$, la sphère $\mathbf{S}_{n-1}$ est connexe, d'où l'assertion.

En revanche, le cercle $\mathbf{S}_1$ n'est pas simplement connexe. En effet, l'application continue $p \colon \mathbf{R} \to \mathbf{S}_1$ définie par $p(\theta) = (\cos\theta, \sin\theta)$ fait de $\mathbf{R}$ un revêtement de degré infini de $\mathbf{S}_1$, connexe, donc qui n'est pas trivialisable.

4) Soit E un espace vectoriel de dimension finie n sur $\mathbf{R}$ et soit F un sous-espace affine de E de codimension $p \geqslant 3$. L'ensemble $\mathbf{R}^p - \{0\}$ est homéomorphe à $\mathbf{R} \times \mathbf{S}_{p-1}$ (TG, VI, p. 10, cor. 2), donc est simplement connexe, puisque $\mathbf{R}$ et $\mathbf{S}_{p-1}$ sont localement connexes et simplement connexes (I, p. 126, prop. 4). L'ensemble $\mathrm{E} - \mathrm{F}$, homéomorphe à $\mathbf{R}^{n-p} \times (\mathbf{R}^p - \{0\})$, est donc simplement connexe (*loc. cit.*).

PROPOSITION 7. — *Soit* X *un espace topologique. Soient* U_1 *et* U_2 *des sous-espaces ouverts (*resp. *fermés) connexes de* X *tels que* $\mathrm{X} = \mathrm{U}_1 \cup \mathrm{U}_2$. *Si l'espace* X *est simplement connexe, alors* $\mathrm{U}_1 \cap \mathrm{U}_2$ *est connexe.*

Posons $\mathrm{U} = \mathrm{U}_1 \cap \mathrm{U}_2$ et supposons par l'absurde que l'espace U ne soit pas connexe. Nous allons construire un revêtement connexe de X de degré infini ; un tel revêtement n'est pas trivialisable.

Par hypothèse, l'ensemble U est la réunion de deux ensembles A et B disjoints, non vides et ouverts (resp. fermés) dans X. Pour $i \in \{1, 2\}$, soit Y_i le U_i-espace $(\mathrm{U}_i \times \mathbf{Z}, \mathrm{pr}_1)$ et soit Z_i le sous-espace $\mathrm{U} \times \mathbf{Z}$ de Y_i. L'application $h \colon \mathrm{Z}_1 \to \mathrm{Z}_2$ définie par

$$h(x,n) = \begin{cases} (x,n) & \text{si } x \in \mathrm{A} \text{ et } n \in \mathbf{Z} \\ (x,n+1) & \text{si } x \in \mathrm{B} \text{ et } n \in \mathbf{Z} \end{cases}$$

est un homéomorphisme. Soit Y l'espace obtenu par recollement de Y_1 et Y_2 le long de Z_1 et Z_2 au moyen de l'homéomorphisme h (TG, I, p. 17).

Pour $i \in \{1, 2\}$, l'application canonique g_i de Y_i dans Y est un homéomorphisme de Y_i sur une partie ouverte (resp. fermée) de Y (*loc. cit.*, prop. 9). Pour tout entier $n \in \mathbf{Z}$, les ensembles $g_i(\mathrm{U}_i \times \{n\})$, $i \in \{1, 2\}$, sont connexes ; comme A et B ne sont pas vides, $g_1(\mathrm{U}_1 \times \{n\})$ rencontre $g_2(\mathrm{U}_2 \times \{n\})$ et $g_2(\mathrm{U}_2 \times \{n+1\})$. Il en résulte que l'espace Y est connexe (TG, I, p. 81, corollaire).

Pour $x \in \mathrm{U}$ et $n \in \mathbf{Z}$, on a $(\mathrm{pr}_1 \circ h)(x,n) = x = \mathrm{pr}_1(x,n)$. Il existe donc une unique application continue $p \colon \mathrm{Y} \to \mathrm{X}$ telle que $p \circ g_i = \mathrm{pr}_1$ pour $i \in \{1, 2\}$. Démontrons que le X-espace (Y, p) est un revêtement.

Par construction, les fibres de l'application p sont homéomorphes à l'espace discret $\mathbf{Z}$.

Pour $i \in \{1,2\}$, l'application g_i définit par passage aux sous-espaces un isomorphisme de U_i-espaces de $U_i \times \mathbf{Z}$ sur $\overset{-1}{p}(U_i)$.

Par définition de l'espace Y, il existe une unique application k de $(X-A)\times\mathbf{Z}$ dans Y telle que $k(x,n) = g_1(x,n)$ pour $x \in (U_1-A)\times\mathbf{Z}$ et $k(x,n) = g_2(x,n-1)$ pour $x \in (U_2-A)\times\mathbf{Z}$; c'est un isomorphisme de $(X-A)$-espaces de $(X-A)\times\mathbf{Z}$ sur $\overset{-1}{p}(X-A)$. De même, il existe une unique application k' de $(X-B)\times\mathbf{Z}$ dans Y qui coïncide avec g_1 dans $(U_1-B)\times\mathbf{Z}$ et avec g_2 dans $(U_2-B)\times\mathbf{Z}$ et c'est un isomorphisme de $(X-B)$-espaces de $(X-B)\times\mathbf{Z}$ sur $\overset{-1}{p}(X-B)$.

Cela démontre que le X-espace (Y,p) est trivialisable au-dessus des parties U_1, U_2, $X-A$ et $X-B$. On a $U_1 \cup U_2 = X$; si U_1 et U_2 sont ouverts dans X, cela démontre que (Y,p) est un revêtement de X. Il en est de même lorsque U_1 et U_2 sont fermés dans X car alors, $X-A$ et $X-B$ sont des ouverts de X dont la réunion est X. La proposition est ainsi démontrée.

COROLLAIRE. — *Soit* X *un espace topologique simplement connexe et soit* A *une partie connexe de* X. *Si le complémentaire de* A *est connexe, sa frontière l'est aussi.*

Soient X_1 et X_2 les adhérences de A et de $X-A$ respectivement. Les ensembles X_1 et X_2 sont fermés et connexes (TG, I, p. 81, prop. 1) ; on a $X_1 \cup X_2 = X$ et leur intersection $X_1 \cap X_2$ est égale à la frontière de A. Il suffit alors d'appliquer la proposition 7.

4. Produit d'un espace par un espace simplement connexe

PROPOSITION 8. — *Soit* B *un espace topologique. Soit* T *un espace simplement connexe et* localement connexe. *Soit* E *un revêtement de* $B \times T$, *de projection* p, *et soit* t *un point de* T. *Notons* E_t *l'espace* $\overset{-1}{p}(B \times \{t\})$; *muni de l'application* $p_t = \mathrm{pr}_1 \circ p \mid E_t \colon E_t \to B$, *c'est un revêtement de* B. *Il existe alors un unique* $(B \times T)$*-isomorphisme du revêtement* $(E_t \times T, p_t \times \mathrm{Id}_T)$ *sur le revêtement* E *qui applique* (x,t) *sur* x *pour tout* $x \in E_t$.

On peut supposer que B n'est pas vide. Soit x un point de E_t. D'après la proposition 3 de I, p. 125 appliquée au revêtement E et à l'application continue $T \to B \times T$, $u \mapsto (p_t(x), u)$, il existe une unique application continue $f_x \colon T \to E$ telle que $f_x(t) = x$ et $p(f_x(u)) = (p_t(x), u)$ pour tout $u \in T$. Soit $h \colon E_t \times T \to E$ l'application définie par $h(x, u) = f_x(u)$. On a $h(x, t) = x$ et $p \circ h = p_t \times \mathrm{Id}_T$. L'application h est un relèvement à E de l'application $p_t \times \mathrm{Id}_T$. La restriction de h à $E_t \times \{t\}$ est continue, de même que la restriction de h à $\{x\} \times T$ pour tout point x de E_t. Comme l'espace T est localement connexe, l'application h est continue (I, p. 37, cor. 1 du th. 1).

Soit b un point de B. Par construction, l'application h induit une bijection de la fibre $\overset{-1}{p_t}(b) \times \{t\}$ de $E_t \times T$ sur la fibre $\overset{-1}{p}(b, t)$ de E en (b, t). Comme l'espace T est connexe et localement connexe, l'application h est bijective (I, p. 84, cor. de la prop. 7). C'est donc un $B \times T$-isomorphisme (I, p. 30, cor. 2 de la prop. 6).

Soit h' un $(B \times T)$-isomorphisme du revêtement $(E_t \times T, p_t \times \mathrm{Id}_T)$ sur le revêtement E qui applique (x, t) sur x pour tout point $x \in E_t$. Pour tout $x \in E_t$, les applications $u \mapsto h(x, u)$ et $u \mapsto h'(x, u)$ sont égales (I, p. 34, cor. 1 de la prop. 11). On a donc $h = h'$.

Corollaire 1. — *Sous les hypothèses de la prop. 8, si t et t' sont deux points de* T, *les revêtements* E_t *et* $E_{t'}$ *sont* B-*isomorphes.*

Corollaire 2. — *Sous les hypothèses de la prop. 8, soient* (E, p) *et* (E', p') *des revêtements de* $B \times T$ *et soit* $k \colon E_t \to E'_t$ *un* B-*morphisme. Il existe un unique* $(B \times T)$-*morphisme* $\widetilde{k} \colon E \to E'$ *qui prolonge k. Si k est un* B-*isomorphisme,* $\widetilde{k}$ *est un* $(B \times T)$-*isomorphisme.*

D'après la proposition 8, on peut supposer qu'il existe des revêtements F et F′ de B tels que E et E′ soient respectivement les $(B \times T)$-espaces $F \times T$ et $F' \times T$. On a alors $E_t = F \times \{t\}$, $E'_t = F' \times \{t\}$ et l'application k s'écrit $(x, t) \mapsto (k'(x), t)$, où k' est un B-morphisme de F dans F′. L'application $k' \times \mathrm{Id}_T$ est un $B \times T$-morphisme qui prolonge k ; c'est un isomorphisme si k en est un.

Soit $\widetilde{k} \colon E \to E'$ un $(B \times T)$-morphisme qui prolonge k. Soit x un point de F. Notons q la projection de F et posons $b = q(x)$. Les applications $u \mapsto \widetilde{k}(x, u)$ et $u \mapsto (k'(x), u)$ sont des relèvements dans E′ de l'application $u \mapsto (b, u)$ de T dans $B \times T$. Elles coïncident en t. Comme l'espace T est connexe, elles sont égales. Ainsi, $\widetilde{k}$ est le $(B \times T)$-morphisme $k' \times \mathrm{Id}_T \colon F \times T \to F' \times T$.

Corollaire 3. — *Soient* B *et* B′ *des espaces topologiques, soit* T *un espace topologique simplement connexe et* localement connexe. *Soit*

$f\colon \mathrm{B}' \times \mathrm{T} \to \mathrm{B}$ *une application continue et soit* E *un revêtement de* B. *Étant donnés un point* t *de* T *et un relèvement continu* $g_t\colon \mathrm{B}' \times \{t\} \to \mathrm{E}$ *de* $f \mid \mathrm{B}' \times \{t\}$ *à* E, *il existe un unique relèvement continu* g *de* f *à* E *prolongeant* g_t.

Compte tenu de la prop. 3 de I, p. 9, il s'agit de démontrer que toute section continue de $f^*(\mathrm{E})$ au-dessus de $\mathrm{B}' \times \{t\}$ se prolonge de manière unique en une section continue de $f^*(\mathrm{E})$. Or cela résulte du cor. 2 appliqué aux revêtements $(\mathrm{B}' \times \mathrm{T}, \mathrm{Id}_{\mathrm{B}'\times\mathrm{T}})$ et $f^*\mathrm{E}$ de $\mathrm{B}' \times \mathrm{T}$.

Remarque. — Conservons les hypothèses et les notations de la proposition 8. Soit G un groupe topologique discret. Supposons que E soit un revêtement principal de groupe G. Si l'on munit les revêtements E_t de B et $\mathrm{E}_t \times \mathrm{T}$ de $\mathrm{B} \times \mathrm{T}$ des structures de revêtement principal de groupe G déduites de celle de E (I, p. 92, exemples 1 et 4), alors les revêtements E et $\mathrm{E}_t \times \mathrm{T}$ sont des revêtements principaux isomorphes. Soit en effet $h\colon \mathrm{E}_t \times \mathrm{T} \to \mathrm{E}$ l'unique $(\mathrm{B} \times \mathrm{T})$-morphisme tel que $h(x,t) = x$ pour tout $x \in \mathrm{E}_t$. Pour tout élément g de G, l'application $(x,u) \mapsto h(x \cdot g, u) \cdot g^{-1}$ est un $(\mathrm{B} \times \mathrm{T})$-morphisme qui applique (x,t) sur x pour tout $x \in \mathrm{E}_t$, donc est égal à h. Cela prouve que h est un $(\mathrm{B} \times \mathrm{T})$-morphisme de revêtements principaux.

En particulier, sous les hypothèses précédentes, les revêtements principaux E_t et $\mathrm{E}_{t'}$ sont isomorphes, pour $t' \in \mathrm{T}$. On démontre de même que si, dans le corollaire 2, E et E′ sont des revêtements principaux de groupe G et si k est un B-isomorphisme de revêtements principaux de groupe G, $\widetilde{k}$ est un $(\mathrm{B} \times \mathrm{T})$-isomorphisme de revêtements principaux.

PROPOSITION 9. — *Soit* B *un espace topologique et soit* (E, p) *un revêtement de* B. *Soit* T *un espace topologique simplement connexe, localement connexe et localement compact. Notons* $\widetilde{p}\colon \mathscr{C}_c(\mathrm{T};\mathrm{E}) \to \mathscr{C}_c(\mathrm{T};\mathrm{B})$ *l'application* $g \mapsto p \circ g$. *Soit* t *un point de* T. *Notons* $e_\mathrm{E}\colon \mathscr{C}_c(\mathrm{T};\mathrm{E}) \to \mathrm{E}$ *l'application qui à* $g \in \mathscr{C}_c(\mathrm{T};\mathrm{E})$ *associe* $g(t)$, *et* $e_\mathrm{B}\colon \mathscr{C}_c(\mathrm{T};\mathrm{B}) \to \mathrm{B}$ *l'application qui à* $f \in \mathscr{C}_c(\mathrm{T};\mathrm{B})$ *associe* $f(t)$.

Le carré

$$\begin{array}{ccc} \mathscr{C}_c(\mathrm{T};\mathrm{E}) & \xrightarrow{e_\mathrm{E}} & \mathrm{E} \\ \Big\downarrow{\scriptstyle \widetilde{p}} & & \Big\downarrow{\scriptstyle p} \\ \mathscr{C}_c(\mathrm{T};\mathrm{B}) & \xrightarrow{e_\mathrm{B}} & \mathrm{B} \end{array}$$

est cartésien.

Démontrons au préalable un lemme.

Lemme. — Soient X, Y, Z *des espaces topologiques et soit* $g\colon \mathrm{Y} \to \mathrm{Z}$ *une application continue.*

a) *L'application* $f \mapsto g \circ f$ *de* $\mathscr{C}_c(\mathrm{X};\mathrm{Y})$ *dans* $\mathscr{C}_c(\mathrm{X};\mathrm{Z})$ *est continue.*

b) *Si l'espace topologique* Z *est séparé, l'application* $h \mapsto h \circ g$ *de* $\mathscr{C}_c(\mathrm{Z};\mathrm{X})$ *dans* $\mathscr{C}_c(\mathrm{Y};\mathrm{X})$ *est continue.*

Étant données une partie compacte K de X, une partie ouverte U de Z et une application continue f de X dans Y, pour que l'on ait $(g \circ f)(\mathrm{K}) \subset \mathrm{U}$, il faut et il suffit que l'on ait $f(\mathrm{K}) \subset \overset{-1}{g}(\mathrm{U})$. La première assertion résulte donc de la définition de la topologie de la convergence compacte (TG, X, p. 26, déf. 1).

De même, soient K une partie compacte de Y et U une partie ouverte de X. Comme l'espace Z est supposé séparé, l'ensemble $g(\mathrm{K})$ est compact (TG, I, p. 63, cor. 1). Si h est une application de Z dans X, la condition $(h \circ g)(\mathrm{K}) \subset \mathrm{U}$ n'est autre que la condition $h(g(\mathrm{K})) \subset \mathrm{U}$, d'où la deuxième assertion.

Démontrons maintenant la proposition 9. D'après le lemme, l'application $\widetilde{p}$ est continue ; d'après la remarque 1 de TG, X, p. 27, les applications e_E et e_B sont continues. Pour toute application $g \in \mathscr{C}_c(\mathrm{T};\mathrm{E})$, on a

$$(p \circ e_\mathrm{E})(g) = p(g(t)) = (p \circ g)(t) = \widetilde{p}(g)(t) = (e_\mathrm{B} \circ \widetilde{p})(g),$$

si bien que le diagramme carré de la proposition est commutatif.

Soit $\varphi\colon \mathscr{C}_c(\mathrm{T};\mathrm{E}) \to \mathscr{C}_c(\mathrm{T};\mathrm{B}) \times_\mathrm{B} \mathrm{E}$ l'application continue définie par $\varphi(g) = (p \circ g, g(t))$ pour tout $g \in \mathscr{C}_c(\mathrm{T};\mathrm{E})$. D'après la proposition 3 de I, p. 125, elle est bijective. En effet, pour tout couple $(f,x) \in \mathscr{C}_c(\mathrm{T};\mathrm{B}) \times_\mathrm{B} \mathrm{E}$, $\varphi^{-1}(f,x)$ est l'unique relèvement continu g de f à E tel que $g(t) = x$. Comme l'espace T est localement compact, l'application $\psi\colon (\mathscr{C}_c(\mathrm{T};\mathrm{B}) \times_\mathrm{B} \mathrm{E}) \times \mathrm{T} \to \mathrm{B}$ définie par $\psi((f,x),u) = f(u)$ est continue (TG, X, p. 28, cor. 1). D'après le corollaire 3 ci-dessus, l'application ψ possède un unique relèvement continu $\theta\colon (\mathscr{C}_c(\mathrm{T};\mathrm{B}) \times_\mathrm{B} \mathrm{E}) \times \mathrm{T} \to \mathrm{E}$ tel que $\theta((f,x),t) = x$ pour $(f,x) \in \mathscr{C}_c(\mathrm{T};\mathrm{B}) \times_\mathrm{B} \mathrm{E}$. On a ainsi $\theta((f,x),u) = \varphi^{-1}(f,x)(u)$ pour $(f,x) \in \mathscr{C}_c(\mathrm{T};\mathrm{B}) \times_\mathrm{B} \mathrm{E}$ et $u \in \mathrm{T}$. D'après le théorème 3 de TG, X, p. 28, l'application $(f,x) \mapsto \theta((f,x),\cdot)$ de $\mathscr{C}_c(\mathrm{T};\mathrm{B}) \times_\mathrm{B} \mathrm{E}$ dans $\mathscr{C}_c(\mathrm{T};\mathrm{E})$ est continue, c'est-à-dire φ^{-1} est continue.

Ainsi, l'application φ est un homéomorphisme de $\mathscr{C}_c(\mathrm{T};\mathrm{E})$ sur le produit fibré $\mathscr{C}_c(\mathrm{T};\mathrm{B}) \times_{\mathrm{B}} \mathrm{E}$, d'où la proposition (I, p. 8, prop. 2).

5. Groupes d'homéomorphismes des espaces simplement connexes

Soit X un espace topologique connexe non vide et soit G un groupe discret opérant continûment à gauche dans X ; notons e l'élément neutre de G. Soit M une partie de X telle que $\mathrm{G}\cdot\mathrm{M} = \mathrm{X}$. On pose

$$\mathrm{S} = \{g \in \mathrm{G} \mid g\cdot\mathrm{M} \cap \mathrm{M} \neq \varnothing\}.$$

On a $e \in \mathrm{S}$ et $\mathrm{S} = \mathrm{S}^{-1}$.

Pour tout $x \in \mathrm{X}$, notons E_x l'ensemble des $g \in \mathrm{G}$ tels que $x \in g\cdot\mathrm{M}$. Soient $g, h \in \mathrm{E}_x$; alors $g\cdot\mathrm{M} \cap h\cdot\mathrm{M} \neq \varnothing$, si bien que $g^{-1}h \in \mathrm{S}$. En particulier, pour tout $x \in \mathrm{M}$, on a $e \in \mathrm{E}_x$ d'où $\mathrm{E}_x \subset \mathrm{S}$.

On fait l'une des deux hypothèses suivantes :

(i) L'ensemble M est ouvert ;

(ii) L'ensemble M est fermé et le recouvrement $(g\cdot\mathrm{M})_{g\in\mathrm{G}}$ de X est localement fini.

Lemme 2. — *Pour tout point* $x \in \mathrm{X}$, *l'application* $\mu_x \colon \mathrm{E}_x \times \mathrm{M} \to \mathrm{X}$ *donnée par* $(g, u) \mapsto g\cdot u$ *est universellement stricte, et son image* $\mathrm{E}_x\cdot\mathrm{M}$ *est un voisinage de* x *dans* X. *En particulier,* $\mathrm{S}\cdot\mathrm{M}$ *est un voisinage de* M.

Sous l'hypothèse (i), l'application μ_x est ouverte, car $\mathrm{E}_x \times \mathrm{M}$ est ouvert dans $\mathrm{G} \times \mathrm{M}$. Son image est alors ouverte dans X.

Supposons maintenant l'hypothèse (ii) satisfaite. L'application μ_x est propre (TG, I, p. 6, prop. 4, et p. 75, th. 1), donc universellement stricte (I, p. 20, corollaire 11). En outre, $(\mathrm{G} - \mathrm{E}_x)\cdot\mathrm{M}$ est une partie fermée de X qui ne contient pas x, si bien que $\mathrm{E}_x\cdot\mathrm{M}$ est un voisinage de x.

La dernière assertion résulte de ce que $\mathrm{E}_x \subset \mathrm{S}$ si $x \in \mathrm{M}$.

Lemme 3. — *Le groupe* G *est engendré par* S.

Soit H le sous-groupe de G engendré par S. Soit $\mathrm{U} = \mathrm{H}\cdot\mathrm{M}$; observons que U est la réunion des parties de la forme $h\cdot(\mathrm{S}\cdot\mathrm{M})$, pour $h \in \mathrm{H}$. Comme $\mathrm{S}\cdot\mathrm{M}$ est un voisinage de M (lemme 2), l'ensemble U est un voisinage de $\mathrm{H}\cdot\mathrm{M} = \mathrm{U}$; il en résulte que U est ouvert dans X. Soient $g, g' \in \mathrm{G}$ tels que $g\cdot\mathrm{U} \cap g'\cdot\mathrm{U} \neq \varnothing$; soient $h, h' \in \mathrm{H}$ et $x, x' \in \mathrm{M}$ tels que

$gh{\cdot}x = g'h'{\cdot}x'$; alors $h^{-1}g^{-1}g'h'{\cdot}x' = x$, si bien que $h^{-1}g^{-1}g'h' \in \mathrm{S}$; en particulier, $g^{-1}g' \in \mathrm{H}$. Lorsque g parcourt un système de représentants des classes à gauche modulo H, les ensembles $g \cdot \mathrm{U}$ sont ainsi deux à deux disjoints ; puisque $\mathrm{G} \cdot \mathrm{M} = \mathrm{X}$, ils recouvrent X. Comme X est connexe, il s'ensuit que $(\mathrm{G} : \mathrm{H}) = 1$, d'où $\mathrm{H} = \mathrm{G}$.

Soit T l'ensemble des couples (s, t) d'éléments de G tels que $\mathrm{M} \cap s \cdot \mathrm{M} \cap st \cdot \mathrm{M} \neq \varnothing$; si $(s, t) \in \mathrm{T}$, alors s, t et st appartiennent à S. Soit F le groupe $\mathrm{F}(\mathrm{S}, \mathbf{r})$ défini par l'ensemble générateur S et par l'ensemble $\mathbf{r}$ des relateurs str^{-1} pour $r, s, t \in \mathrm{S}$ tels que $(s, t) \in \mathrm{T}$ et $r = st$; notons ε son élément neutre et $\varphi \colon \mathrm{F} \to \mathrm{G}$ l'homomorphisme canonique (A, I, p. 86, prop. 9). Si $s \in \mathrm{S}$, nous noterons x_s l'élément de F, image de s par l'application canonique de S dans F ; pour tout $s \in \mathrm{S}$, on a $\varphi(x_s) = s$. L'homomorphisme φ est donc surjectif (lemme 3). Pour $(s, t) \in \mathrm{T}$ et $r = st$, on a $x_r = x_s x_t$; on a donc $x_e = \varepsilon$, car $(e, e) \in \mathrm{T}$; pour tout $s \in \mathrm{S}$, on a aussi $x_{s^{-1}} = x_s^{-1}$ car $(s, s^{-1}) \in \mathrm{T}$.

Munissons l'ensemble F de la topologie discrète et notons Z l'espace topologique $\mathrm{F} \times \mathrm{M}$, muni de l'opération de F donnée par $(\gamma, (g, x)) \mapsto (\gamma g, x)$, pour γ et $g \in \mathrm{F}$ et $u \in \mathrm{M}$. Soient (g_1, u_1) et (g_2, u_2) des éléments de Z ; nous dirons que (g_1, u_1) est congru à (g_2, u_2) s'il existe $s \in \mathrm{S}$ tel que $g_2 = g_1 \cdot x_s$ et $s \cdot u_2 = u_1$.

Lemme 4. — La relation « (g_1, u_1) est congru à (g_2, u_2) » est une relation d'équivalence dans Z, *compatible avec l'opération de* F.

Cette relation est réflexive, car on a $x_e = \varepsilon$. Soient (g_1, u_1) et (g_2, u_2) des éléments de Z tels que (g_1, u_1) soit congru à (g_2, u_2). Soit $s \in \mathrm{S}$ tel que $g_2 = g_1 x_s$ et $s \cdot u_2 = u_1$; comme $x_{s^{-1}} = x_s^{-1}$, on a $g_1 = g_2 x_{s^{-1}}$ et $u_2 = s^{-1} \cdot u_1$, donc (g_2, u_2) est congru à (g_1, u_1) ; par suite, cette relation est symétrique. Démontrons enfin qu'elle est transitive. Soient (g_1, u_1), (g_2, u_2) et (g_3, u_3) des points de Z tels que (g_1, u_1) et (g_2, u_2) soient congrus, ainsi que (g_2, u_2) et (g_3, u_3). Soient s et t dans S tels que $g_2 = g_1 x_s$ et $s \cdot u_2 = u_1$ d'une part, et $g_3 = g_2 x_t$ et $t \cdot u_3 = u_2$ d'autre part. On a $u_1 = s \cdot u_2 = st \cdot u_3$, donc $u_1 \in \mathrm{M} \cap s \cdot \mathrm{M} \cap st \cdot \mathrm{M}$, ce qui montre que (s, t) appartient à T et que st appartient à S. On a alors $g_3 = g_2 x_t = g_1 x_s x_t = g_1 x_{st}$ et $u_1 = st \cdot u_3$; par suite, (g_1, u_1) et (g_3, u_3) sont congrus. Ainsi, la relation « être congru » est une relation d'équivalence dans Z. Elle est compatible avec l'opération de F dans Z.

Soit Y l'espace topologique quotient de Z pour la relation d'équivalence définie ci-dessus. Notons $\pi \colon \mathrm{Z} \to \mathrm{Y}$ l'application canonique.

Notons aussi $q\colon Z \to X$ l'application donnée par $(g, x) \mapsto \varphi(g) \cdot x$; elle est surjective (lemme 3). Par passage au quotient, l'application q induit une application continue et surjective $p\colon Y \to X$; d'après le lemme 4, l'opération de F dans Z induit une opération continue de F dans Y telle que $p(g \cdot y) = \varphi(g) \cdot p(y)$ pour tout $g \in F$ et tout $y \in Y$. En particulier, le groupe $N = \mathrm{Ker}(\varphi)$ opère continûment sur le X-espace (Y, p).

Lemme 5. — *Si* M *est connexe, l'espace* Y *est connexe.*

Soient $g \in F$ et $s \in S$. Soient u et v des éléments de M tels que $v = s \cdot u$; on a donc $\pi(g, v) = \pi(gx_s, u)$ et les ensembles $\pi(\{g\} \times M)$ et $\pi(\{gx_s\} \times M)$ de Y ont un point commun. Comme ils sont connexes, ils sont contenus dans la même composante connexe de Y. Puisque S est une partie symétrique du groupe G, et que $x_{s^{-1}} = x_s^{-1}$ pour tout $s \in S$, tout élément g de F est de la forme $x_{s_1} \ldots x_{s_n}$, où $n \in \mathbf{N}$ et $s_1, \ldots, s_n$ sont des éléments de S. Par récurrence sur n, les ensembles $\pi(\{e\} \times M)$ et $\pi(\{g\} \times M)$ sont contenus dans la même composante connexe de Y, pour tout $g \in F$. Il en résulte que Y est connexe.

Lemme 6. — *Pour tout* $x \in X$, *le groupe* N *opère fidèlement et transitivement sur la fibre* $\overset{-1}{p}(x)$.

Comme p est surjective, la fibre $\overset{-1}{p}(x)$ n'est pas vide. Soient $y, y' \in \overset{-1}{p}(x)$; démontrons qu'il existe un unique élément $n \in N$ tel que $n \cdot y = y'$. Soient $g, h \in F$ et soient $u, v \in M$ tels que $y = \pi(g, u)$ et $y' = \pi(h, v)$. Posons $s = \varphi(g^{-1}h)$. Comme $x = \varphi(g) \cdot u = \varphi(h) \cdot v$, on a $u = s \cdot v$, d'où $s \in S$. Il s'ensuit que $\varphi(h) = \varphi(gx_s)$, si bien qu'il existe $n \in N$ tel que $h = ngx_s$. Alors,

$$y' = \pi(h, v) = \pi(ngx_s, v) = n \cdot \pi(gx_s, v) = n \cdot \pi(g, s \cdot v) = n \cdot y.$$

Soit n' un élément de N tel que $n' \cdot y = y'$. On a $n' \cdot \pi(g, u) = n \cdot \pi(g, u)$, d'où $\pi(n'g, u) = \pi(ng, u)$. Par conséquent, il existe $t \in S$ tel que $n'g = ngx_t$; cette relation entraîne que $\varphi(x_t) = e$, d'où $t = e$ et $n = n'$.

Lemme 7. — *Muni de l'action de* N, *le* X*-espace* (Y, p) *est un revêtement principal à gauche. Il est trivialisable au-dessus de* M.

Soit $x \in X$; fixons un élément $g \in E_x$ ainsi qu'un élément $\overline{g} \in F$ tel que $\varphi(\overline{g}) = g$. On note $\mu_x\colon E_x \times M \to X$ l'application donnée par $(h, u) \mapsto h \cdot u$.

Soit $n \in N$, soient $h, k \in E_x$ et soient $u, v \in M$ tels que $h \cdot u = k \cdot v$; posons $s = g^{-1}h$, $t = h^{-1}k$ et $r = st = g^{-1}k$. Comme x appartient à $g \cdot \mathrm{M} \cap h \cdot \mathrm{M} \cap k \cdot \mathrm{M}$, le couple (s,t) appartient à T, d'où $x_s x_t = x_r$. On a donc

$$\pi(n\overline{g}x_r, v) = \pi(n\overline{g}x_s x_t, v) = \pi(n\overline{g}x_s, t \cdot v) = \pi(n\overline{g}x_s, u).$$

Il existe ainsi une unique application $\theta\colon \mathrm{N} \times (\mathrm{E}_x \cdot \mathrm{M}) \to \mathrm{Y}$ telle que $\theta(n, h\cdot u) = \pi(n\overline{g}x_{g^{-1}h}, u)$ pour tout $n \in \mathrm{N}$, tout $h \in \mathrm{E}_x$ et tout $u \in \mathrm{M}$. On a

$$p(\theta(n, h\cdot u)) = p(\pi(n\overline{g}x_s, u)) = q(n\overline{g}x_s, u) = \varphi(n\overline{g}x_s)\cdot u = gs\cdot u = h\cdot u.$$

De plus, pour $n, n' \in \mathrm{N}$ et $y \in \mathrm{E}_x \cdot \mathrm{M}$, on a $\theta(n'n, y) = n' \cdot \theta(n, y)$. L'application $\theta'\colon \mathrm{N} \times (\mathrm{E}_x \times \mathrm{M}) \to \mathrm{Y}$ donnée par $\theta'(n, (h,u)) = \theta(n, \mu_x(h,u))$ est continue ; comme l'application μ_x est universellement stricte (I, p. 133, lemme 2), l'application θ est continue. C'est une bijection de $\mathrm{N} \times (\mathrm{E}_x \cdot \mathrm{M})$ sur le sous-espace $\mathrm{Y} \times_{\mathrm{X}} (\mathrm{E}_x \cdot \mathrm{M})$ de Y (lemme 6).

Soient $z = (\overline{k}, v) \in \mathrm{Z}$ et $(h,u) \in \mathrm{E}_x \times \mathrm{M}$ tels que $q(\overline{k}, v) = \mu_x(h,u)$. Posons $s = h^{-1}\varphi(\overline{k})$; comme $\varphi(\overline{k}) \cdot v = h \cdot u$, on a $s \in \mathrm{S}$. Posons alors $\lambda'(z, (h,u)) = \overline{k}x_s^{-1}x_{h^{-1}g}\overline{g}^{-1}$; on a $\varphi(\lambda'(z,(h,u))) = \varphi(\overline{k})s^{-1}h^{-1}gg^{-1} = e$, donc $\lambda'(z,(h,u)) \in \mathrm{N}$. On définit ainsi une application continue $\lambda'\colon \mathrm{Z} \times_{\mathrm{X}} (\mathrm{E}_x \times \mathrm{M}) \to \mathrm{N}$. De plus, pour tout z et (h,u) comme ci-dessus, on a

$$\begin{aligned}\theta(\lambda'(z,(h,u)), h \cdot u) &= \pi(\overline{k}x_s^{-1}x_{h^{-1}g}\overline{g}^{-1}\overline{g}x_{g^{-1}h}, u)\\ &= \pi(\overline{k}x_s^{-1}, u) = \pi(\overline{k}, s^{-1}\cdot u) = \pi(\overline{k}, v) = \pi(z),\end{aligned}$$

et $\lambda'(z,(h,u))$ est l'unique élément n de N tel que $\theta(n, h\cdot u) = \pi(z)$. Il existe en particulier une unique application

$$\lambda\colon \mathrm{Y} \times_{\mathrm{X}} (\mathrm{E}_x \cdot \mathrm{M}) \to \mathrm{N}$$

telle que $\lambda(\pi(z), h\cdot u) = \lambda'(z,(h,u))$ pour tout $z \in \mathrm{Z}$ et tout $(h,u) \in \mathrm{E}_x \times \mathrm{M}$ tels que $q(z) = h \cdot u$. Elle est continue, car l'application μ_x est universellement stricte. Il en résulte que le $\mathrm{E}_x \cdot \mathrm{M}$-espace $\mathrm{Y}_{\mathrm{E}_x\cdot\mathrm{M}}$ déduit de Y par changement de base, muni de l'opération de N, est un espace fibré principal de groupe N, trivialisable.

Le lemme est ainsi démontré.

Proposition 10. — *Soit* X *un espace topologique non vide et connexe, soit* G *un groupe discret opérant continûment à gauche dans* X *et soit* M *une partie de* X *telle que* $\mathrm{G}\cdot\mathrm{M} = \mathrm{X}$. *On fait l'une des deux hypothèses suivantes :*

(i) *L'ensemble* M *est ouvert ;*

(ii) *L'ensemble* M *est fermé et le recouvrement* $(g \cdot \mathrm{M})_{g \in \mathrm{G}}$ *de* X *est localement fini.*

Soit S *l'ensemble des éléments* $g \in \mathrm{G}$ *tels que* $\mathrm{M} \cap g \cdot \mathrm{M} \neq \varnothing$, *soit* T *l'ensemble des couples* $(s,t) \in \mathrm{S}\times\mathrm{S}$ *tels que* $\mathrm{M} \cap s\cdot\mathrm{M} \cap st\cdot\mathrm{M} \neq \varnothing$. *Soit* F *le groupe* $\mathrm{F}(\mathrm{S}, \mathbf{r})$ *défini par l'ensemble générateur* S *et par l'ensemble* $\mathbf{r}$ *des relateurs* str^{-1} *pour* $r, s, t \in \mathrm{S}$ *tels que* $(s,t) \in \mathrm{T}$ *et* $r = st$ *; pour* $s \in \mathrm{S}$, *notons* x_s *l'image de* s *par l'application canonique de* S *dans* F. *Il existe un unique homomorphisme de groupes* $\varphi \colon \mathrm{F} \to \mathrm{G}$ *tel que* $\varphi(x_s) = s$ *pour tout* $s \in \mathrm{S}$. *Il est surjectif ; c'est un isomorphisme si l'espace* X *est simplement connexe, ou, plus généralement, si tout revêtement de* X *qui est trivialisable au-dessus de* M *est trivialisable.*

L'homomorphisme φ est surjectif (I, p. 133, lemme 3). Avec les notations de ce n°, le revêtement Y de X est trivialisable, puisqu'il est trivialisable au-dessus de M. D'après le lemme 5, Y est connexe. Par suite, $p \colon \mathrm{Y} \to \mathrm{X}$ est un homéomorphisme et le groupe N est réduit à l'élément neutre. Par conséquent, l'homomorphisme $\varphi \colon \mathrm{F} \to \mathrm{G}$ est un isomorphisme de groupes.

PROPOSITION 11. — *Soient* X *un espace topologique simplement connexe et* G *un groupe discret opérant continûment à droite dans* X. *Si le sous-groupe de* G *engendré par la réunion des fixateurs des points de* X *est égal à* G, *l'espace* X/G *est simplement connexe.*

Soit (E, p) un revêtement de X/G. Il s'agit de démontrer que, pour tout point x de E, il existe une section continue s de p telle que $s \circ p(x) = x$ (I, p. 70, cor. 2 de la prop. 1). Notons $q \colon \mathrm{X} \to \mathrm{X}/\mathrm{G}$ l'application canonique et choisissons un point y de X tel que $q(y) = p(x)$. Comme l'espace X est simplement connexe, il existe une application continue $f \colon \mathrm{X} \to \mathrm{E}$ telle que $f(y) = x$ et $p \circ f = q$ (I, p. 125, prop. 3). Soient z un point de X et g un élément du sous-groupe de G fixateur de z. Les applications $t \mapsto f(t)$ et $t \mapsto f(t \cdot g)$ de X dans E sont des relèvements continus à E de l'application q qui coïncident pour $t = z$. Comme l'espace X est connexe, elles sont égales (I, p. 34, cor. 1 de la prop. 11). Comme la réunion des sous-groupes fixateurs des points de X engendre G, on a $f(t\cdot g) = f(t)$ pour tout $t \in \mathrm{X}$ et tout $g \in \mathrm{G}$. Par passage au quotient, on déduit de f une application continue $s \colon \mathrm{X}/\mathrm{G} \to \mathrm{E}$ qui est une section continue de p telle que $s(p(x)) = x$.

Exercices

§1

1) Soit B un espace topologique, soient (X, p) et (Y, q) des B-espaces et $f\colon X \to Y$ une application telle que $q \circ f = p$. Soient A un espace topologique et $g\colon A \to B$ une application continue. On considère le A-morphisme $f_A\colon X_A \to Y_A$ déduit de f par changement de base.

a) Donner un exemple où l'application f_A est continue, l'application g est surjective mais où l'application f n'est pas continue.

b) On suppose que g est surjective et universellement stricte et que f_A est continue. Prouver que f est continue.

c) On suppose que l'application g est surjective et que les applications q et f_A sont ouvertes. Démontrer que f est ouverte.

2) Reprenons les notations de la prop. 7 de I, p. 15.

a) Donner un exemple où les carrés (12) et (14) sont cartésiens, mais où le carré (13) ne l'est pas.

b) On suppose que l'application $f \circ g$ est surjective et universellement stricte. Démontrer que si deux des carrés (12), (13) et (14) sont cartésiens, le troisième l'est aussi. (Utiliser l'exercice 1.)

§2

1) Soient X un espace topologique, $\mathrm{Y} = \mathrm{X} \times \{0,1\}$ et soit R une relation d'équivalence sur Y compatible avec sa structure naturelle de X-espace. On note $f\colon \mathrm{Y}/\mathrm{R} \to \mathrm{X}$ l'application canonique. Soit A l'ensemble des $x \in \mathrm{X}$ tels que $(x, 0)$ et $(x, 1)$ soient équivalents.

a) Montrer que f est séparée si et seulement si A est fermé dans X.

b) Montrer que toutes les fibres de f sont des espaces topologiques séparés (*cf.* I, p. 26, remarque 2).

2) Soient X un B-espace et R une relation d'équivalence sur X.

a) Démontrer que la relation R est compatible avec la structure de B-espace sur X si et seulement si son graphe est contenu dans $\mathrm{X} \times_{\mathrm{B}} \mathrm{X}$.

b) Dans ce cas, démontrer que l'application canonique $\mathrm{X}/\mathrm{R} \to \mathrm{B}$ est séparée si et seulement si le graphe de R est fermé dans $\mathrm{X} \times_{\mathrm{B}} \mathrm{X}$.

3) Soit I un intervalle de $\mathbf{R}$. Pour qu'une application continue $f\colon \mathrm{I} \to \mathbf{R}$ soit étale, il faut et il suffit que I soit ouvert et que f soit strictement monotone.

4) Soit n un entier $\geqslant 1$ et soit U un voisinage ouvert connexe de 0 dans $\mathbf{C}^n$. Soit $f\colon \mathrm{U} \to \mathbf{C}$ une application analytique non constante. On pose $\mathrm{A} = \overset{-1}{f}(0)$; on suppose que A n'est pas vide.

a) Démontrer qu'il existe un point $a \in \mathrm{A}$ et un entier $p \geqslant 1$ tel que $\mathrm{D}^m f(z) = 0$ pour tout $z \in \mathrm{A}$ et tout $m \in \{0, \ldots, p\}$ et $\mathrm{D}^{p+1} f(a) \neq 0$.

b) Soit $(\alpha_1, \ldots, \alpha_n)$ une famille d'entiers positifs et soit $m \in \{1, \ldots, n\}$ tels que $\alpha_1 + \cdots + \alpha_n = p$ et $\partial_m \partial^\alpha f(a) \neq 0$. Soit B l'ensemble des points $z \in \mathrm{U}$ tels que $\partial^\alpha f(z) = 0$. Démontrer qu'il existe un voisinage V de a contenu dans U tel que $\mathrm{B} \cap \mathrm{V}$ soit une sous-variété analytique de V de dimension $(n-1)$.

c) Démontrer qu'il existe un voisinage W de a contenu dans V tel que $\mathrm{A} \cap \mathrm{W} = \mathrm{B} \cap \mathrm{W}$. (Se ramener au cas où $m = n$ et poser $a = (a', a_n)$; prouver que pour tout point $w' \in \mathbf{C}^{n-1}$ assez proche de a', il existe un point $w \in \mathbf{C}$ tel que $(w', w) \in \mathrm{V}$ et $f(w', w) = 0$.)

d) Démontrer qu'il existe une partie fermée S de A, d'intérieur vide dans A, telle que $\mathrm{A} - \mathrm{S}$ soit une sous-variété analytique de dimension $(n-1)$.

5) Soit U un voisinage ouvert de 0 dans $\mathbf{C}^n$ et soient $f_1, \ldots, f_n$ des applications analytiques de U dans $\mathbf{C}$. Soit $f\colon \mathrm{U} \to \mathbf{C}^n$ l'application donnée par $x \mapsto (f_1(x), \ldots, f_n(x))$, soit $\mathrm{J}_f\colon \mathrm{U} \to \mathbf{M}_n(\mathbf{C})$ l'application $x \mapsto (\partial_i f_j(x))$ et soit $h = \det \circ \mathrm{J}_f$.

a) Démontrer par récurrence sur n que J_f est nulle en tout point de $\overset{-1}{h}(0)$.

b) On suppose que f est injective ; démontrer que h ne s'annule pas.

6) Soit U un voisinage ouvert de 0 dans $\mathbf{C}^n$ et soient $f_1, \ldots, f_m$ des applications analytiques de U dans $\mathbf{C}$. Soit $f\colon \mathrm{U} \to \mathbf{C}^m$ l'application $x \mapsto (f_1(x), \ldots, f_m(x))$. Montrer l'équivalence des conditions suivantes :

(i) L'application f est topologiquement étale en 0 ;

(ii) On a $m = n$ et il existe un voisinage V de 0 contenu dans U tel que $f \mid \mathrm{V}$ soit injective ;

(iii) La différentielle de f en 0 est bijective ;

(iv) Il existe un voisinage V de 0 contenu dans U tel que $f \mid \mathrm{V}$ soit un morphisme étale de variétés.

7) *a*) Soit X l'ensemble $[0;1[$. Soit $\mathscr{T}_\mathrm{X}$ l'ensemble des parties U de X vérifiant les deux propriétés :

(i) L'intersection $\mathrm{U} \cap]0;1[$ est ouverte ;

(ii) Si $0 \in \mathrm{U}$, il existe un entier $p \geqslant 1$ tel que $1/n \in \mathrm{U}$ pour tout entier $n \geqslant p$.

Démontrer que $\mathscr{T}_\mathrm{X}$ est une topologie sur X.

b) Soit Z l'ensemble $[0,1[^2 \times (\mathbf{Z}/2\mathbf{Z})$. Soit $\mathscr{T}_\mathrm{Z}$ l'ensemble des parties U de Z vérifiant :

(i) L'intersection de U avec le complémentaire de $\{(0,0)\} \times (\mathbf{Z}/2\mathbf{Z})$ est ouverte dans l'espace Z muni de la topologie produit de $\mathrm{X} \times \mathrm{X} \times (\mathbf{Z}/2\mathbf{Z})$;

(ii) Pour tout $a \in \mathbf{Z}/2\mathbf{Z}$ tel que $(0,0,a) \in \mathrm{U}$, il existe un entier $p \geqslant 1$ tel que, pour tout couple (m,n) d'entiers naturels vérifiant $\inf(m,n) \geqslant p$, on a $(1/n, 1/m, a) \in \mathrm{U}$ si $(n - m\sqrt{2})(m - n\sqrt{2}) > 0$, $(1/n, 1/m, a+1) \in \mathrm{U}$ si $(n - m\sqrt{2})(m - n\sqrt{2}) < 0$, $(0, 1/m, a) \in \mathrm{U}$ et $(1/n, 0, a) \in \mathrm{U}$.

Démontrer que $\mathscr{T}_\mathrm{Z}$ est une topologie sur Z.

c) On munit les ensembles X et Z de ces topologies, et l'espace $\mathrm{X} \times \mathrm{X}$ de la topologie produit. Soit $p\colon \mathrm{Z} \to \mathrm{X} \times \mathrm{X}$ la projection canonique. Démontrer que p fait de Z un revêtement de degré 2 de $\mathrm{X} \times \mathrm{X}$.

d) Démontrer que p n'admet aucune section continue.

e) Soit $s\colon \mathrm{X} \times \mathrm{X} \to \mathrm{Z}$ l'application donnée par $(x,y) \mapsto (x,y,0)$. Démontrer que pour tout $x \in \mathrm{X}$, la restriction de s à $\mathrm{X} \times \{x\}$ est continue, de même que la restriction de s à $\{x\} \times \mathrm{X}$.

§3

1) Soit X un espace topologique paracompact et soit $\mathscr{F}$ un faisceau de groupes abéliens sur X.

a) Démontrer que les deux propriétés suivantes sont équivalentes :

(i) Le faisceau des endomorphismes de $\mathscr{F}$ est mou ;

(ii) Pour tout couple (A, B) de parties fermées disjointes de X, il existe un endomorphisme u de $\mathscr{F}$ qui induit l'identité au voisinage de A et qui est nul au voisinage de B.

On dit alors que $\mathscr{F}$ est fin.

b) On suppose que tout point de X possède un voisinage U tel que le faisceau $\mathscr{F}|\mathrm{U}$ induit sur U est fin. Démontrer que $\mathscr{F}$ est fin.

c) Soit p un élément de $\mathbf{N} \cup \{\infty\}$ et soit M une variété différentielle sur $\mathbf{R}$ de classe C^p. Démontrer que le faisceau $\underline{\mathscr{C}}^p(\mathrm{M}; \mathbf{R}^n)$ est fin.

2) Soit X un espace topologique, soit $\mathscr{F}$ un faisceau de groupes abéliens sur X.

a) Soit $s \in \mathscr{F}(\mathrm{X})$. Démontrer qu'il existe une plus petite partie fermée $\mathrm{F} \subset \mathrm{X}$ telle que $s \,|\, (\mathrm{X} - \mathrm{F}) = 0$. On la note $\mathrm{supp}(s)$ et on l'appelle le support de s.

b) Soit $\mathscr{G}$ un faisceau de groupes abéliens sur X et soit $u \colon \mathscr{F} \to \mathscr{G}$ un morphisme de faisceaux de groupes abéliens. Démontrer que, pour toute section $s \in \mathscr{F}(\mathrm{X})$, on a $\mathrm{supp}(u_{\mathrm{X}}(s)) \subset \mathrm{supp}(s)$.

c) Inversement, soit $v \colon \mathscr{F}(\mathrm{X}) \to \mathscr{G}(\mathrm{X})$ un morphisme de groupes abéliens tel que $\mathrm{supp}(v(s)) \subset \mathrm{supp}(s)$ pour tout $s \in \mathscr{F}(\mathrm{X})$. Si le faisceau $\mathscr{F}$ est fin, démontrer qu'il existe un unique morphisme de faisceaux $u \colon \mathscr{F} \to \mathscr{G}$ tel que $v = u_{\mathrm{X}}$.

3) Soit M une variété différentiable paracompacte localement de dimension finie. Soient n et p des entiers et soit D un morphisme du faisceau $\underline{\mathscr{C}}^\infty(\mathrm{M}; \mathbf{R}^n)$ dans le faisceau $\underline{\mathscr{C}}^\infty(\mathrm{M}; \mathbf{R}^p)$. Pour tout $s \in \mathscr{C}^\infty(\mathrm{M}; \mathbf{R}^n)$, tout entier r et tout point $x \in \mathrm{M}$, on note $\mathrm{j}^r s(x)$ le jet d'ordre r de l'application s de source x et de but $s(x)$ (VAR, 12.1.2). On munit l'espace $\mathbf{R}^p$ de la norme euclidienne.

a) Soit $x \in \mathrm{M}$. Démontrer qu'il existe un voisinage U de x et un entier r tel que, pour toute section $s \in \mathscr{C}^\infty(\mathrm{M}; \mathbf{R}^n)$ et tout $y \in \mathrm{U} - \{x\}$ tel que $\mathrm{j}^r s(y) = 0$, on a $\|\mathrm{D}s(y)\| \leqslant 1$.

b) Soit U un ouvert relativement compact de M. Montrer que la restriction de D à U est un opérateur différentiel (*théorème de Peetre*[1]).

4) Soit X un espace topologique et soit $\mathscr{F}$ un préfaisceau sur X.

Pour tout ouvert U de X, on note $\mathrm{S}_{\mathrm{U}}(\mathscr{F})$ l'ensemble des couples $(\mathscr{V}, (s_{\mathrm{V}})_{\mathrm{V} \in \mathscr{V}})$, vérifiant les propriétés suivantes :

[1] PEETRE (J.), « Une caractérisation abstraite des opérateurs différentiels », *Math. Scand.* 7 (1959), 211-218 et « Rectifications à l'article "Une caractérisation abstraite des opérateurs différentiels" », *Math. Scand.* 8 (1960), 116-120.

(i) Les éléments de $\mathscr{V}$ sont des parties ouvertes de X et l'on a $U = \bigcup_{V\in\mathscr{V}} V$;

(ii) Pour tout $V \in \mathscr{V}$, on a $s_V \in \mathscr{F}(V)$;

(iii) Pour tout couple (V, W) d'éléments de $\mathscr{V}$, on a $s_V \mid (V \cap W) = s_W \mid (V \cap W)$.

On dit que le préfaisceau $\mathscr{F}$ est *séparé* si, pour tout élément $(\mathscr{V}, (s_V))$ de $S_U(\mathscr{F})$, il existe au plus un élément $s \in \mathscr{F}(U)$ tel que $s \mid V = s_V$ pour tout $V \in \mathscr{V}$.

a) Démontrer qu'un faisceau est un préfaisceau séparé.

b) Pour tout ouvert U de X, on munit l'ensemble $S_U(\mathscr{F})$ de la relation d'équivalence la moins fine pour laquelle, étant données deux familles $s = (\mathscr{V}, (s_V)_{V\in\mathscr{V}})$ et $t = (\mathscr{W}, (t_W)_{W\in\mathscr{W}})$ de $S_U(\mathscr{F})$, on a $R\{s, t\}$ si, pour tout ouvert $V \in \mathscr{V}$, il existe un ouvert $W \in \mathscr{W}$ tel que $W \subset V$ et $s_V|_W = t_W$. On note $\mathscr{F}^+(U)$ l'ensemble des classes d'équivalence.

Soient U et V des ouverts de X tels que $V \subset U$. Démontrer qu'il existe une unique application $\sigma_{UV} \colon \mathscr{F}^+(U) \to \mathscr{F}^+(V)$ telle que l'image de la classe d'un élément $(\mathscr{W}, (t_W)_{W\in\mathscr{W}})$ de $S_U(\mathscr{F})$ soit la classe de l'élément $(\mathscr{W}_V, (t_W|_{W\cap V}))$, où l'on désigne par $\mathscr{W}_V$ la famille des ensembles $W \cap V$, pour $W \in \mathscr{W}$.

c) Démontrer que $(\mathscr{F}^+(U), \sigma_{UV})$ est un préfaisceau séparé.

d) Démontrer qu'il existe un morphisme de préfaisceaux $i_{\mathscr{F}} \colon \mathscr{F} \to \mathscr{F}^+$, et un seul, tel que, pour tout ouvert U de X et tout élément $s \in \mathscr{F}(U)$, la section $i_{\mathscr{F}}(s)$ soit la classe de l'élément $(\{U\}, (s_U)_{U\in\{U\}})$ de $S_U(\mathscr{F})$.

e) Démontrer que, pour tout préfaisceau séparé $\mathscr{G}$ sur X et tout morphisme $f \colon \mathscr{F} \to \mathscr{G}$ de préfaisceaux, il existe un unique morphisme de préfaisceaux $f^+ \colon \mathscr{F}^+ \to \mathscr{G}$ tel que $f = f^+ \circ i_{\mathscr{F}}$.

f) Démontrer que $i_{\mathscr{F}}$ est un isomorphisme si et seulement si $\mathscr{F}$ est un faisceau.

g) Si $\mathscr{F}$ est un préfaisceau séparé, démontrer que le préfaisceau $\mathscr{F}^+$ est un faisceau.

h) Démontrer que pour tout faisceau $\mathscr{G}$ et tout morphisme $f \colon \mathscr{F} \to \mathscr{G}$ de préfaisceaux, il existe un unique morphisme $f^{++} \colon \mathscr{F}^{++} \to \mathscr{G}$ tel que $f = f^{++} \circ i_{\mathscr{F}^+} \circ i_{\mathscr{F}}$. En déduire que le faisceau $\mathscr{F}^{++}$ est isomorphe au faisceau associé à $\mathscr{F}$.

i) Soit A un ensemble de cardinal $\geqslant 2$ et soit $\mathscr{F}$ le préfaisceau sur X donné par $\mathscr{F}(U) = A$ pour tout ouvert U de X, les applications de restriction étant l'application identique de A. Démontrer que $\mathscr{F}$ n'est pas un faisceau. Calculer $\mathscr{F}^+(U)$ pour tout ouvert U de X. Vérifier en particulier que $\mathscr{F}^+$ n'est pas un faisceau s'il existe un ouvert de X qui n'est pas connexe.

5) Soient A et B des espaces topologiques et soit $u\colon \mathrm{A} \to \mathrm{B}$ une application continue. Pour tout faisceau $\mathscr{F}$ sur B et tout élément $s \in \mathscr{F}(\mathrm{B})$, on note s_{A} l'élément de $(u^*\mathscr{F})(\mathrm{A})$ déduit de s.

a) Soit $\mathscr{F}$ un faisceau sur B, soient s et s' des sections de $\mathscr{F}$ sur B. On suppose que, pour tout couple $(\mathrm{U}, \mathrm{U}')$ d'ouverts de B tels que $\overset{-1}{u}(\mathrm{U}) = \overset{-1}{u}(\mathrm{U}')$, on a $\mathrm{U} = \mathrm{U}'$. Démontrer que $s = s'$ si $s_{\mathrm{A}} = s'_{\mathrm{A}}$.

b) Démontrer que $s = s'$ si u est surjective et $s_{\mathrm{A}} = s'_{\mathrm{A}}$.

On suppose désormais que, pour tout faisceau $\mathscr{F}$ sur B et pour tout couple (s, s') de sections de $\mathscr{F}$ sur B telles que $s_{\mathrm{A}} = s'_{\mathrm{A}}$, on a $s = s'$.

c) On suppose que B est un espace topologique accessible (c'est-à-dire que les parties de B réduites à un point sont fermées, cf. TG, I, p. 100, §8, exerc. 1). Démontrer que u est surjective.

d) Démontrer que, pour tout couple $(\mathrm{U}, \mathrm{U}')$ de parties ouvertes de B telles que $\overset{-1}{u}(\mathrm{U}) = \overset{-1}{u}(\mathrm{U}')$, on a $\mathrm{U} = \mathrm{U}'$.

e) On prend pour B l'espace topologique $\{1, 2\}$ muni de la topologie pour laquelle les ensembles ouverts sont $\varnothing$, $\{1\}$ et $\{1, 2\}$. Démontrer que si s et s' sont des sections d'un faisceau $\mathscr{F}$ sur B telles que $s_2 = s'_2$, alors $s = s'$.

6) Soit $\mathscr{F}$ un faisceau sur un espace topologique B. On dit que $\mathscr{F}$ est *flasque* si, pour tout ouvert U de B et toute section $s \in \mathscr{F}(\mathrm{U})$, il existe une section $\widetilde{s} \in \mathscr{F}(\mathrm{B})$ telle que $\widetilde{s} \mid \mathrm{U} = s$.

a) Si B est paracompact, démontrer que tout faisceau flasque est mou.

b) On suppose que tout point $b \in \mathrm{B}$ possède un voisinage ouvert U tel que le faisceau $\mathscr{F} \mid \mathrm{U}$ déduit de $\mathscr{F}$ par restriction à U soit flasque. Démontrer que $\mathscr{F}$ est flasque.

c) On suppose que $\mathscr{F}$ est flasque. Soit A un espace topologique et soit $u\colon \mathrm{B} \to \mathrm{A}$ une application continue. Démontrer que $u_*(\mathscr{F})$ est flasque.

d) On suppose que B est un espace topologique métrisable. Si $\mathscr{F}$ est un faisceau flasque sur B, démontrer que, pour toute partie A de B, le faisceau induit sur A est encore flasque.

e) Démontrer qu'il existe un faisceau flasque $\mathscr{F}'$ et un morphisme de faisceaux $u\colon \mathscr{F} \to \mathscr{F}'$ tel que $u(\mathrm{U})$ soit injectif pour tout ouvert U de B. (Prendre pour faisceau $\mathscr{F}'$ le faisceau des sections non nécessairement continues de l'application canonique de l'espace étalé $\mathrm{E}_{\mathscr{F}}$ dans B.)

7) Soit B un espace topologique normal. Soit $(\mathrm{U}_i)_{i\in\mathrm{I}}$ un recouvrement ouvert localement fini de B. Pour tout couple (i, j) d'éléments de I et tout $b \in \mathrm{U}_i \cap \mathrm{U}_j$, soit $\mathrm{V}_{i,j}(b)$ un voisinage de b contenu dans $\mathrm{U}_i \cap \mathrm{U}_j$. Démontrer qu'il existe une famille $(\mathrm{V}(b))_{b\in\mathrm{B}}$ vérifiant les propriétés suivantes :

(i) Pour tout $b \in \mathrm{B}$, la partie $\mathrm{V}(b)$ est un voisinage ouvert de b ;

(ii) Si $b \in \mathrm{U}_i \cap \mathrm{U}_j$, alors $\mathrm{V}(b) \subset \mathrm{V}_{i,j}(b)$;

(iii) Si $\mathrm{V}(a)$ et $\mathrm{V}(b)$ ont un point commun, il existe $i \in \mathrm{I}$ tel que $\mathrm{V}(a)$ et $\mathrm{V}(b)$ soient tous deux contenus dans U_i.

(Introduire un recouvrement ouvert $(\mathrm{U}'_i)_{i\in\mathrm{I}}$ de B tel que $\overline{\mathrm{U}'_i} \subset \mathrm{U}_i$ pour tout i. Construire une famille $(\mathrm{V}(b))_{b\in\mathrm{B}}$ vérifiant les conditions (i) et (ii) et telle que, si $\mathrm{V}(b)$ rencontre $\overline{\mathrm{U}'_i}$, alors $b \in \overline{\mathrm{U}'_i}$. Démontrer que la propriété (iii) est alors satisfaite.)

8) Soit B un espace topologique, soit $\mathscr{F}$ un préfaisceau sur B, soit $\widetilde{\mathscr{F}}$ le faisceau associé et $\sigma_{\mathscr{F}} : \mathscr{F} \to \widetilde{\mathscr{F}}$ le morphisme canonique.

a) On dit que deux éléments $s, t \in \mathscr{F}(\mathrm{B})$ sont *localement égaux* si tout point de B possède un voisinage ouvert U tel que $s \mid \mathrm{U} = t \mid \mathrm{U}$. Démontrer que la relation « s et t sont localement égaux » est une relation d'équivalence dans $\mathscr{F}(\mathrm{B})$.

b) Démontrer que, pour $s, t \in \mathscr{F}(\mathrm{B})$, on a $\sigma_{\mathscr{F}}(s) = \sigma_{\mathscr{F}}(t)$ si et seulement si s et t sont localement égaux.

c) On suppose que B est paracompact et que pour tout recouvrement ouvert localement fini $(\mathrm{U}_i)_{i\in\mathrm{I}}$ de B et toute famille $(s_i)_{i\in\mathrm{I}}$, où $s_i \in \mathscr{F}(\mathrm{U}_i)$, telle que les restrictions à $\mathrm{U}_i \cap \mathrm{U}_j$ de s_i et s_j coïncident, il existe $s \in \mathscr{F}(\mathrm{B})$ tel que $s \mid \mathrm{U}_i = s_i$ pour tout i.

Démontrer que l'application $\sigma_{\mathscr{F}}(\mathrm{B})$ est surjective.

§4

1) Démontrer que tout revêtement d'un espace métrisable est métrisable.

2) Démontrer qu'un revêtement *connexe* d'un espace localement compact dénombrable à l'infini est localement compact dénombrable à l'infini.

3) *a*) Un produit de fibrations localement triviales n'est une fibration localement triviale que si toutes sauf un nombre fini sont triviales.

b) Un produit fibré de revêtements surjectifs n'est un revêtement que si tous sauf un nombre fini sont des isomorphismes.

4) Soit B le sous-espace $\{1/n \mid n \in \mathbf{N}^*\} \cup \{0\}$ de $[0, 1]$ et soit $\mathrm{E} = \mathrm{B} \times \mathbf{N} - \{(0, 0)\}$.

a) Démontrer que E, muni de l'application $\mathrm{pr}_1 : \mathrm{E} \to \mathrm{B}$, est un revêtement trivial de B.

b) Démontrer que l'injection canonique $E \hookrightarrow B \times \mathbf{N}$ est un morphisme de revêtements de B mais ne fait pas de E un revêtement de $B \times \mathbf{N}$.

c) Construire deux B-espaces (E_1, p_1) et (E_2, p_2) et un B-morphisme $f \colon E_1 \to E_2$ tels que (E_1, f) et (E_1, p_1) soient des revêtements, mais tel que l'application p_2 ne soit pas séparée.

d) Démontrer que l'ensemble U des couples de la forme $(1/n, n)$, pour n décrivant $\mathbf{N}^*$ est ouvert et fermé dans $B \times \mathbf{N}$, mais que $(U, \mathrm{pr}_1 \mid U)$ n'est pas un revêtement de B.

5) Soit B le compactifié d'Alexandroff de l'espace $\mathbf{N} \times]0,1[$ et soit o son point à l'infini (« boucle d'oreille hawaïenne »).

a) Démontrer que l'espace B est connexe, localement connexe, et *localement connexe par arcs.*

b) Soit $(r_n)_{n\in\mathbf{N}}$ une suite strictement décroissante de nombres réels tendant vers 0. Pour tout $n \in \mathbf{N}$, on note C_n le cercle du plan numérique de centre $(r_n, 0)$ et de rayon r_n ; soit P la réunion des C_n. Démontrer que B est homéomorphe à P et que tout homéomorphisme de B sur P applique le point o sur l'origine du plan.

c) Pour $n \in \mathbf{N}$, on note $P_n = C_0 \cup \cdots \cup C_n$ et f_n l'unique application de P dans P_n telle que $f_n(x) = x$ pour $x \in P_n$ et $f_n(x) = 0$ sinon. Démontrer que f_n est continue.

Soient E et E′ des revêtements de P. Démontrer que l'application canonique $\mathrm{Mor}_P(E', E) \to \varinjlim_n \mathrm{Mor}_P(E'_{P_n}, E_{P_n})$ est une bijection.

Soit E un revêtement de P ; démontrer qu'il existe $n \in \mathbf{N}$ tel que E soit isomorphe à $f_m^*(E_{P_m})$, pour tout entier $m \geqslant n$.

6) On reprend les notations de l'exercice 5.

a) Démontrer qu'il existe pour tout entier $n \geqslant 1$ un revêtement (E_n, p_n) de P, de degré n, tel que $p_n^{-1}(C_n)$ soit connexe.

b) Soit E la réunion disjointe des E_n et soit $f \colon E \to C \times \mathbf{N}$ l'application canonique. Démontrer que (E, f) est un revêtement de $P \times \mathbf{N}$, que l'application pr_1 fait de $P \times \mathbf{N}$ un revêtement de P, mais que $(E, \mathrm{pr}_1 \circ f)$ n'est pas un revêtement de P.

c) Soient P^+ et P^- les ensembles des points (x, y) de P vérifiant $y \geqslant 0$ et $y \leqslant 0$ respectivement. Montrer que $E \mid P^+$ est un revêtement trivial de P^+ et que $E \mid P^-$ est un revêtement trivial de P^-.

7) Soient E, F, G des espaces topologiques et soient $f \colon E \to F$ et $g \colon F \to G$ des applications continues telles que (E, f), (F, g) et $(E, g \circ f)$ soient des revêtements.

a) Donner un exemple où f et $g \circ f$ ont un degré, mais où g n'a pas de degré.

b) Donner un exemple où g et $g \circ f$ ont un degré, mais où f n'a pas de degré.

8) [2] Soit n un entier naturel $\geqslant 1$.

a) Pour tout élément $x = (x_1, \ldots, x_n) \in \mathbf{C}^n$, montrer qu'il existe un unique polynôme P à coefficients complexes, unitaire, de degré $n+1$, tel que $\mathrm{P}(0) = 0$ et tel que $(x_1, \ldots, x_n)$ soient les zéros de la dérivée de P. On note $\theta(x) = (\mathrm{P}(x_1), \ldots, \mathrm{P}(x_n))$; ses coefficients sont les *valeurs critiques* de P.

b) Montrer que θ définit une application polynomiale de $\mathbf{C}^n$ dans $\mathbf{C}^n$ telle que $\overset{-1}{\theta}(0) = 0$.

c) On note U l'ouvert de $\mathbf{C}^n$ dont les éléments sont les éléments $(x_1, \ldots, x_n)$ dont les coefficients sont distincts et non nuls. Montrer que $\overset{-1}{\theta}(\mathrm{U}) \subset \mathrm{U}$ et que la restriction de θ à $\overset{-1}{\theta}(\mathrm{U})$ définit un revêtement $(\overset{-1}{\theta}(\mathrm{U}), \theta_{\mathrm{U}})$ de U.

d) Démontrer que le revêtement $(\overset{-1}{\theta}(\mathrm{U}), \theta_{\mathrm{U}})$ est de degré $(n+1)^n$.

e) Démontrer que l'application θ est surjective.

9) Soient B et F des espaces topologiques et soit E un B-espace fibré localement trivial de fibre-type F.

a) On suppose que B est paracompact et que F est homéomorphe à l'espace somme d'une famille d'espaces compacts. Démontrer qu'alors E est paracompact. (Reprendre la démonstration de I, p. 84, prop. 8.)

b) On suppose que B et F sont métrisables. Démontrer qu'il en est de même de E.

c) On suppose que B et F sont dénombrables à l'infini. Démontrer que E est dénombrable à l'infini.

§5

1) Soit $\alpha \in \mathbf{R} - \mathbf{Q}$ un nombre réel irrationnel et soit D la droite de $\mathbf{R}^2$ engendrée par le vecteur $(1, \alpha)$. Soit p l'application canonique de $\mathbf{R}^2$ sur $\mathbf{R}^2/\mathbf{Z}^2$. On pose $\mathrm{B} = p(\mathrm{D})$.

---

[2] Cet exercice est tiré de l'article d'A. F. Beardon, T. K. Carne et T. W. Ng, « The critical values of a polynomial », *Constr. Approx.* **18** (2002), 343-354.

a) Montrer que $(\overset{-1}{p}(\mathrm{B}), p_{\mathrm{B}})$ est un revêtement de B.

b) Montrer que D est une composante connexe de $\overset{-1}{p}(\mathrm{B})$ mais que $(\mathrm{D}, p_{\mathrm{B}})$ n'est pas un revêtement.

Cela montre que dans la proposition 6 de I, p. 103, l'hypothèse que B est localement connexe ne peut pas être supprimée. L'application $p \colon \mathrm{D} \to \mathrm{B}$ fournit aussi un exemple d'application bijective continue telle que (D, p) ne soit pas un revêtement.

2) Soit B un espace topologique. Soit (X, q) un B-espace fibré localement trivial et soit (E, p) un espace fibré principal de base B et de groupe G.

a) On suppose qu'il existe une trivialisation $\mu \colon \mathrm{E} \times \mathrm{F} \to \mathrm{E} \times_{\mathrm{B}} \mathrm{X}$ du E-espace fibré localement trivial $\mathrm{E} \times_{\mathrm{B}} \mathrm{X}$ qui est compatible aux opérations de G à droite définies par $(x, f) \cdot g = (x \cdot g, g^{-1} \cdot f)$ et $(x, y)g = (x \cdot g, y)$. Démontrer que l'espace fibré X est associable à E.

b) Plus précisément, construire une bijection entre l'ensemble de ces trivialisations et l'ensemble des B-isomorphismes de $\mathrm{E} \times^{\mathrm{G}} \mathrm{F}$ sur X.

3) Soit A un espace topologique et soit $\sigma \colon \mathrm{A} \to \mathrm{A}$ un homéomorphisme. Soit E_σ le quotient de l'espace $\mathbf{R} \times \mathrm{A}$ par l'action du groupe $\mathbf{Z}$ telle que $1 \cdot (t, a) = (t + 1, \sigma(a))$. Soit p l'application de E_σ dans $\mathbf{R}/\mathbf{Z}$ qui applique la classe d'un élément (t, a) de $\mathbf{R} \times \mathrm{A}$ sur la classe de t dans $\mathbf{R}/\mathbf{Z}$.

a) Démontrer que E_σ est un espace fibré localement trivial de base $\mathbf{R}/\mathbf{Z}$ de fibre-type A.

Dans la suite de cet exercice, on suppose que A est un espace topologique discret.

b) Démontrer que tout revêtement de l'espace $\mathbf{R}/\mathbf{Z}$ est isomorphe à un revêtement de la forme E_σ, où A est un espace topologique discret.

c) Démontrer que E_σ est connexe si et seulement si σ a au plus une orbite.

d) Soit B un espace topologique discret et soit τ une permutation de B. Construire une bijection entre l'ensemble des morphismes (resp. des isomorphismes) de revêtements $f \colon \mathrm{E}_\sigma \to \mathrm{E}_\tau$ et l'ensemble des applications (resp. des applications bijectives) $\varphi \colon \mathrm{A} \to \mathrm{B}$ telles que $\tau(f(a)) = f(\sigma(a))$ pour tout $a \in \mathrm{A}$.

4) Soit A la réunion du point $(0, 1)$ et de l'ensemble des points de $\mathbf{R}^2$ de la forme $(1/n, 1)$, pour $n \in \mathbf{N}^*$. Soit B l'ensemble des points de $\mathbf{R}^2$ de la forme $(t/n, t)$, pour $n \in \mathbf{N}^*$ et $t \in [0, 1]$. Soit C_1 le cercle de diamètre $[(0, 0), (0, -1)]$ et soit C_2 le cercle de diamètre $[(0, 1), (0, 2)]$. Posons enfin $\mathrm{X} = \mathrm{A} \cup \mathrm{B} \cup \mathrm{C}_1 \cup \mathrm{C}_2$. Soit $\mathrm{D} = \{\alpha, \beta\}$ un ensemble à deux éléments et soit F l'espace $\mathbf{Z} \times \mathrm{D}$ muni de la topologie discrète.

a) Soit E_0 le complémentaire de $\{0\}\times(\mathbf{Z}\times\{\alpha\})$ dans $(A\cup B)\times F$. Démontrer que la première projection fait de E_0 un $(A\cup B)$-espace fibré trivialisable, de fibre-type F.

b) Soit u_1 la permutation de F telle que $u_1(n, w) = (n+1, w)$ pour tout $n \in \mathbf{Z}$ et tout $w \in D$. Construire un revêtement de C_1 isomorphe au revêtement E_{u_1} de l'exercice 3.

c) Soit u_2 la permutation de F telle que $u_2(n, \alpha) = (n, \beta)$ et $u_2(n, \beta) = (n, \alpha)$ pour tout $n \in \mathbf{Z}$. Construire un revêtement de C_2 isomorphe au revêtement E_{u_2} de l'exercice 3.

d) Construire un revêtement E de X dont les restrictions à $A \cup B$, C_1 et C_2 soient isomorphes à E_0, E_1 et E_2 respectivement.

e) Démontrer que l'espace E est connexe.

f) Démontrer que le groupe Aut(E) opère transitivement sur la fibre en $(0, 1)$ mais pas sur les autres fibres.

§6

1) Soit X un espace topologique. On appelle *suspension* de X le quotient de l'espace $X \times [0, 1]$ par la relation d'équivalence la plus fine pour laquelle $X \times \{0\}$ et $X \times \{1\}$ sont des classes d'équivalence ; on note S(X) cet espace et $p \colon X \times [0, 1] \to S(X)$ la surjection canonique.

a) Démontrer que, pour tout entier $n \geqslant 0$, l'espace $S(\mathbf{S}_n)$ est homéomorphe à $\mathbf{S}_{n+1}$.

b) Démontrer que l'espace S(X) est simplement connexe si et seulement si l'espace X est connexe.

2) Soit $f \colon]0, 1] \to \mathbf{C}$ l'application continue $t \mapsto e^{2\pi i/t}$, soit S son graphe. On pose $X = \overline{S}$.

a) Démontrer que l'intersection de deux ouverts connexes quelconques de X est connexe.

b) Démontrer que l'espace X n'est pas simplement connexe (cf. prop. 5 de I, p. 126).

3) [3] Soit A une partie fermée du plan numérique $\mathbf{R}^2$ qui est homéomorphe à $\mathbf{R}$.

[3] Cet exercice et le suivant sont dus à P. H. DOYLE, « Plane separation », *Proc. Camb. Phil. Soc.* **64** (1968), p. 291.

a) Démontrer qu'il existe un homéomorphisme $g\colon \mathbf{R}^3 \to \mathbf{R}^3$ tel que, pour tout $t \in \mathbf{R}$, l'ensemble $g(\mathrm{A} \times \{0\}) \cap (\mathbf{R}^2 \times \{t\})$ soit réduit à un élément.

b) Démontrer qu'il existe un homéomorphisme $h\colon \mathbf{R}^3 \to \mathbf{R}^3$ qui applique $\mathrm{A} \times \{0\}$ sur la droite $\mathrm{D} = \{(0,0)\} \times \mathbf{R}$.

c) Démontrer que $\mathbf{R}^3 - \mathrm{D}$ n'est pas simplement connexe.

d) Démontrer que $\mathbf{R}^2 - \mathrm{A}$ n'est pas connexe.

4) *a*) Soit A une partie fermée de la sphère $\mathbf{S}_2$ qui est homéomorphe à un cercle $\mathbf{S}_1$. Démontrer que $\mathbf{S}_2 - \mathrm{A}$ n'est pas connexe.

b) Soit A une partie fermée du plan numérique $\mathbf{R}^2$ qui est homéomorphe à un cercle $\mathbf{S}_1$. Démontrer que $\mathbf{R}^2 - \mathrm{A}$ n'est pas connexe.

5) Soit G le sous-groupe de $\mathbf{GL}(2, \mathbf{R})$ formé des matrices de déterminant positif et soit $\mathbf{H}$ l'ensemble des nombres complexes de partie imaginaire strictement positive (« demi-plan de Poincaré »). On pose $\Gamma = \mathbf{SL}(2, \mathbf{Z})$.

a) Démontrer que l'on fait opérer G sur $\mathbf{H}$ en posant

$$\begin{pmatrix} a & b \\ c & d \end{pmatrix} \cdot z = \frac{az+b}{cz+d}.$$

b) Soit M l'ensemble des nombres complexes $z = x + iy \in \mathbf{H}$ tels que $0 \leqslant x \leqslant 1$ et $(x-1)^2 + y^2 \geqslant 1$. Démontrer que la famille $(g \cdot \mathrm{M})_{g \in \Gamma}$ est un recouvrement localement fini de $\mathbf{H}$ par des parties fermées.

c) On pose $A = \left(\begin{smallmatrix} 0 & 1 \\ -1 & 0 \end{smallmatrix}\right)$ et $B = \left(\begin{smallmatrix} 1 & -1 \\ 1 & 0 \end{smallmatrix}\right)$. Vérifier que $A^2 = B^3 = -I$. Démontrer que $\langle \mathrm{A}, \mathrm{B}, \mathrm{C}\,;\, \mathrm{A}^2 = \mathrm{B}^3 = \mathrm{C}, \mathrm{C}^2 = 1 \rangle$ est une présentation du groupe Γ. (Appliquer la prop. 10 de I, p. 136.)

d) Démontrer que le groupe quotient $\Gamma/\{\pm I\}$ possède la présentation $\langle \mathrm{A}, \mathrm{B}\,;\, \mathrm{A}^2 = \mathrm{B}^3 = 1 \rangle$.

¶ 6) Dans la proposition 4 de I, p. 126, peut-on enlever l'hypothèse que X ou Y est localement connexe ?

CHAPITRE II

Groupoïdes

§ 1. CARQUOIS

Son monument, superbe entre les monuments,
Qui hérisse, au-dessus d'un mur de briques sèches,
Son faîte de tours comme un carquois de flèches...

Victor Hugo, *Légende des siècles*

1. Définition d'un carquois

DÉFINITION 1. — *Un* carquois *est un quadruplet* (S, F, o, t)*, où* S *et* F *sont des ensembles et* o, t *des applications de* F *dans* S.

Soit $C = (S, F, o, t)$ un carquois. Les éléments de S s'appellent les *sommets* de C. Les éléments de F s'appellent les *flèches* de C. Soit f une flèche de C ; le sommet $o(f)$ s'appelle l'*origine* ou la *source* de f, le sommet $t(f)$ s'appelle le *terme*, ou le *but* de f ; on dit aussi que f *relie le sommet* $o(f)$ *au sommet* $t(f)$. Les applications o et t s'appellent respectivement les applications *source* et *but*, ou *origine* et *terme*, du carquois C.

Lorsque C est un carquois, Som(C), Fl(C) o_{C} et t_{C} désigneront respectivement l'ensemble des sommets, celui des flèches, l'application source et l'application but de C. Soient a et b des sommets de C ; l'ensemble des flèches de C reliant a à b est noté $\mathrm{Fl}_{a,b}(\mathrm{C})$, ou encore $\mathrm{C}_{a,b}$.

Pour faciliter la compréhension des raisonnements, on peut représenter un carquois par un dessin composé de points et de traits fléchés correspondant respectivement aux sommets et aux flèches. Le dessin :

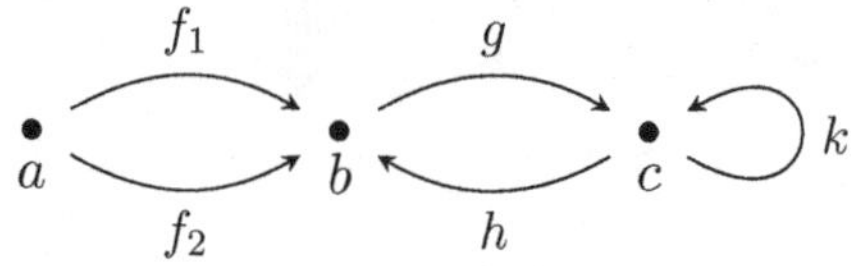

représente un carquois dont les sommets sont a, b, c, les flèches sont f_1, f_2, g, h, k, et les applications source et but sont données par

$$o(f_1) = o(f_2) = a \qquad o(g) = b \qquad o(h) = c \qquad o(k) = c$$
$$t(f_1) = t(f_2) = b \qquad t(g) = c \qquad t(h) = b \qquad t(k) = c.$$

2. Sous-carquois

Soient C et C′ des carquois. On dit que C′ est un *sous-carquois* de C si l'on a $\mathrm{Som}(\mathrm{C}') \subset \mathrm{Som}(\mathrm{C})$, $\mathrm{Fl}(\mathrm{C}') \subset \mathrm{Fl}(\mathrm{C})$ et que les applications $o_{\mathrm{C}'}$ et $t_{\mathrm{C}'}$ coïncident dans Fl(C′) avec les applications o_{C} et t_{C}. Si, de plus, toute flèche de C dont la source et le but appartiennent à Som(C′) est une flèche de C′, on dit que C′ est un sous-carquois *plein* de C.

Soit C un carquois et soit $(\mathrm{C}_i)_{i\in\mathrm{I}}$ une famille de sous-carquois de C. On appelle *intersection* de la famille $(\mathrm{C}_i)_{i\in\mathrm{I}}$ et l'on note $\bigcap_{i\in\mathrm{I}} \mathrm{C}_i$ le sous-carquois de C dont l'ensemble des sommets est $\bigcap_{i\in\mathrm{I}} \mathrm{Som}(\mathrm{C}_i)$ et dont l'ensemble des flèches est $\bigcap_{i\in\mathrm{I}} \mathrm{Fl}(\mathrm{C}_i)$.

3. Morphismes de carquois

Soient C et C′ des carquois. Un *morphisme de carquois* de C dans C′ est un couple (u, v), où $u \colon \mathrm{Som}(\mathrm{C}) \to \mathrm{Som}(\mathrm{C}')$ et $v \colon \mathrm{Fl}(\mathrm{C}) \to \mathrm{Fl}(\mathrm{C}')$ sont des applications telles que $o_{\mathrm{C}'} \circ v = u \circ o_{\mathrm{C}}$ et $t_{\mathrm{C}'} \circ v = u \circ t_{\mathrm{C}}$.

Soit $\varphi = (u, v)$ un morphisme de carquois de C dans C′. Les applications u et v se notent $\mathrm{Som}(\varphi)$ et $\mathrm{Fl}(\varphi)$. Si a est un sommet de C, on notera par abus $\varphi(a)$ l'image d'un sommet a de C et on dira que $\varphi(a)$

est l'image de a par φ. De même, si f est une flèche de C, on notera par abus $\varphi(f)$ la flèche $v(f)$ de C′ et on dira qu'elle est l'image de f par φ.

Soient C, C′, C″ trois carquois, soit $\varphi = (u, v)$ un morphisme de C dans C′ et soit $\varphi' = (u', v')$ un morphisme de C′ dans C″. Alors $(u' \circ u, v' \circ v)$ est un morphisme de C dans C″ que l'on note $\varphi' \circ \varphi$ et que l'on appelle le *composé* de φ' et de φ.

On note Id_{C} le morphisme $(\mathrm{Id}_{\mathrm{Som(C)}}, \mathrm{Id}_{\mathrm{Fl(C)}})$ de C dans lui-même.

Soit φ un morphisme de carquois de C dans C′. Pour que φ soit un isomorphisme, il faut et il suffit que les applications $\mathrm{Som}(\varphi)$ et $\mathrm{Fl}(\varphi)$ soient bijectives (*cf.* E, IV, p. 6).

Ainsi, si l'on appelle structure de carquois sur des ensembles S et F la donnée de deux applications $o, t \colon \mathrm{F} \to \mathrm{S}$, on peut prendre les morphismes de carquois pour morphismes de cette structure (E, IV, p. 11).

Soit φ un morphisme de carquois de C dans C′. Il existe un unique sous-carquois de C′ dont les ensembles de sommets et de flèches sont les images de $\mathrm{Som}(\varphi)$ et $\mathrm{Fl}(\varphi)$ respectivement. On le note $\varphi(\mathrm{C})$ et on l'appelle l'*image* de C par φ. On dit que φ est *injectif* si les applications $\mathrm{Som}(\varphi)$ et $\mathrm{Fl}(\varphi)$ sont injectives ; dans ce cas, φ induit un isomorphisme de C sur son image.

Soient φ et ψ des morphismes de carquois de C dans C′. Il existe un unique sous-carquois de C dont les sommets et les flèches sont respectivement les sommets et les flèches de C ayant même image par φ et ψ. On l'appelle l'*égalisateur* de φ et ψ.

4. Produits de carquois

Soit $(\mathrm{C}_i)_{i \in \mathrm{I}}$ une famille de carquois. Posons $\mathrm{S} = \prod_{i \in \mathrm{I}} \mathrm{Som}(\mathrm{C}_i)$, $\mathrm{F} = \prod_{i \in \mathrm{I}} \mathrm{Fl}(\mathrm{C}_i)$ et soient o et t les applications $\prod_{i \in \mathrm{I}} o_{\mathrm{C}_i}$ et $\prod_{i \in \mathrm{I}} t_{\mathrm{C}_i}$ respectivement. Le quadruplet $\mathrm{C} = (\mathrm{S}, \mathrm{F}, o, t)$ est un carquois appelé *carquois produit de la famille* $(\mathrm{C}_i)_{i \in \mathrm{I}}$.

Il existe un unique morphisme de carquois $\mathrm{pr}_i \colon \mathrm{C} \to \mathrm{C}_i$ tel que les applications $\mathrm{Som}(\mathrm{pr}_i)$ et $\mathrm{Fl}(\mathrm{pr}_i)$ soient respectivement les projections d'indice i de $\mathrm{Som}(\mathrm{C})$ dans $\mathrm{Som}(\mathrm{C}_i)$ et de $\mathrm{Fl}(\mathrm{C})$ dans $\mathrm{Fl}(\mathrm{C}_i)$.

On a la propriété universelle suivante : Soit C′ un carquois ; pour toute famille $(\varphi_i)_{i \in \mathrm{I}}$, où, pour tout $i \in \mathrm{I}$, $\varphi_i \colon \mathrm{C}' \to \mathrm{C}_i$ est un morphisme de carquois, il existe un unique morphisme de carquois $\varphi\colon \mathrm{C}' \to \mathrm{C}$ tel que $\varphi_i = \mathrm{pr}_i \circ \varphi$ pour tout $i \in \mathrm{I}$.

5. Chemins et lacets dans un carquois

DÉFINITION 2. — *Soit* C *un carquois. Un* chemin *dans* C *est une suite* $c = (a_0, f_1, a_1, \ldots, a_{n-1}, f_n, a_n)$, *où* n *est un entier* $\geqslant 0$, $a_0, \ldots, a_n$ *sont des sommets de* C *et où, pour* $1 \leqslant i \leqslant n$, f_i *est une flèche de* C *reliant* a_{i-1} *à* a_i. *On dit que le chemin* c *est de longueur* n.

Soit $c = (a_0, f_1, a_1, \ldots, a_{n-1}, f_n, a_n)$ un chemin de longueur n dans C. Le sommet a_0 s'appelle l'*origine*, ou la *source*, de c ; le sommet a_n s'appelle le *terme*, ou le *but*, de c ; on dit aussi que c *relie le sommet* a_0 *au sommet* a_n. Le sommet a_i, pour $0 \leqslant i \leqslant n$, s'appelle le sommet d'indice i ; la flèche f_i, pour $1 \leqslant i \leqslant n$, s'appelle la i-ème flèche, ou la flèche d'indice i. Un chemin de longueur $\geqslant 1$ est déterminé par la suite de ses flèches.

Un chemin dont l'origine est égale au terme est appelé un *lacet*. Un chemin de longueur 0 est un lacet, dit *constant*.

On dit que des chemins

$$c = (a_0, f_1, a_1, \ldots, a_{n-1}, f_n, a_n) \text{ et } c' = (a'_0, f'_1, a'_1, \ldots, a'_{m-1}, f'_m, a'_m)$$

dans C sont *juxtaposables* si le terme a_n de c est l'origine a'_0 de c'. Dans ce cas, la suite $(a_0, f_1, a_1, \ldots, a_{n-1}, f_n, a_n, f'_1, a'_1, \ldots, f'_m, a'_m)$ est un chemin dans C que l'on note $c * c'$ et que l'on appelle le *chemin juxtaposé* de c et c'. Il relie l'origine de c au terme de c' ; sa longueur est la somme des longueurs des chemins c et c'.

6. Composantes connexes d'un carquois

Soit $\mathrm{C} = (\mathrm{S}, \mathrm{F}, o, t)$ un carquois. Considérons la relation d'équivalence R_C dans S la plus fine telle que la relation $\mathrm{R}_\mathrm{C}\{o(f), t(f)\}$ soit satisfaite pour toute flèche f de C. Deux sommets a, b de C sont équivalents pour cette relation si et seulement s'il existe un entier $n \geqslant 0$, des sommets $a_0, \ldots, a_n$ de C et des flèches $f_1, \ldots, f_n$ de C tels que $a_0 = a$, $a_n = b$ et tels que, pour $1 \leqslant i \leqslant n$, la flèche f_i relie ou bien a_{i-1} à a_i, ou bien a_i à a_{i-1}.

Les classes d'équivalence de cette relation d'équivalence s'appellent les *composantes connexes* de C. On note $\pi_0(\mathrm{C})$ l'ensemble des composantes connexes de C. On dit enfin que C est *connexe* s'il a au plus une composante connexe.

Soit $\varphi\colon \mathrm{C} \to \mathrm{C}'$ un morphisme de carquois. L'application $\mathrm{Som}(\varphi)$ définit par passage aux quotients une application de $\pi_0(\mathrm{C})$ dans $\pi_0(\mathrm{C}')$ qu'on notera $\pi_0(\varphi)$.

§ 2. GRAPHES

1. Définition d'un graphe

DÉFINITION 1. — *Un* graphe[1] *est un carquois* $(\mathrm{S}, \mathrm{F}, o, t)$ *muni d'une involution de* F, *notée* $f \mapsto \overline{f}$, *sans point fixe et telle que* $t(\overline{f}) = o(f)$ *pour tout* $f \in \mathrm{F}$.

Le carquois $(\mathrm{S}, \mathrm{F}, o, t)$ est dit sous-jacent à ce graphe. Pour toute flèche f de ce carquois, on a, par définition, $\overline{\overline{f}} = f$, $\overline{f} \neq f$ et $t(\overline{f}) = o(f)$. En appliquant cette dernière relation à la flèche $\overline{f}$, on obtient l'égalité $o(\overline{f}) = t(f)$. La flèche $\overline{f}$ s'appelle la *flèche opposée* à f.

Une paire de flèches opposées du graphe s'appelle une *arête* du graphe. Chacune des deux flèches appartenant à cette paire s'appelle une *orientation* de cette arête. Pour cette raison, les flèches d'un graphe sont également appelées les *arêtes orientées* du graphe.

Si G et G′ sont des graphes, un morphisme de graphes de G dans G′ est un morphisme de carquois $\varphi\colon \mathrm{G} \to \mathrm{G}'$ tel que $\overline{\varphi(f)} = \varphi(\overline{f})$ pour toute flèche f de G.

Soient G et G′ des graphes ; on dit que G′ est un *sous-graphe* de G si c'en est un sous-carquois et si l'involution de $\mathrm{Fl}(\mathrm{G}')$ est la restriction de celle de $\mathrm{Fl}(\mathrm{G})$.

[1] On prendra garde à ne pas confondre la notion de graphe introduite ici avec celle de E, II, §3, n° 1.

2. Orientation d'un graphe

Soit G un graphe. Une orientation de G est une partie A de l'ensemble des flèches de G telle que $A \cap \overline{A} = \varnothing$ et $A \cup \overline{A} = \mathrm{Fl}(G)$.

Un graphe muni d'une orientation est appelé *graphe orienté*.

Soit G un graphe orienté et soit A son orientation ; un sous-graphe orienté de G est un sous-graphe G′ de G muni de l'orientation $A' = \mathrm{Fl}(G') \cap A$.

Soient (G, A) et (G′, A′) des graphes orientés. Un *morphisme de graphes orientés* de (G, A) dans (G′, A′) est un morphisme de graphes $\varphi\colon G \to G'$ tel que $\mathrm{Fl}(\varphi)(A) \subset A'$.

3. Graphes orientés et carquois

Soient G un graphe, (S, F, o, t) le carquois sous-jacent, et A une orientation de G. Alors, $(S, A, o \mid A, t \mid A)$ est un carquois, appelé le *carquois associé au graphe orienté* (G, A).

Inversement, soit $C = (S, F, o, t)$ un carquois. Posons $\widetilde{F} = F \times \{-1, 1\}$ et soient $\widetilde{o}$, $\widetilde{t}$ les applications de $\widetilde{F}$ dans S définies par

$$\widetilde{o}(f, 1) = o(f) \qquad \widetilde{o}(f, -1) = t(f)$$
$$\widetilde{t}(f, 1) = t(f) \qquad \widetilde{t}(f, -1) = o(f),$$

pour $f \in F$. Alors, $\widetilde{C} = (S, \widetilde{F}, \widetilde{o}, \widetilde{t})$, muni de l'involution $(f, \varepsilon) \mapsto (f, -\varepsilon)$ de $\widetilde{F}$ est un graphe, appelé le *graphe associé au carquois* C. L'ensemble $A = F \times \{1\}$ est une orientation de ce graphe. On dit que $(\widetilde{C}, A)$ est le graphe orienté associé au carquois C.

Si f est une flèche de C, on dit aussi que $(f, 1)$ est l'arête orientée de $\widetilde{C}$ associée à f et que la paire $\{(f, 1), (f, -1)\}$ est l'arête de $\widetilde{C}$ associée à f.

Si C′ est un sous-carquois de C, le graphe orienté $\widetilde{C'}$ est un sous-graphe orienté de $\widetilde{C}$.

Il existe un unique morphisme de carquois φ de C dans le carquois sous-jacent à $\widetilde{C}$ tel que $\varphi(f) = (f, 1)$ pour toute flèche f de G ; c'est un isomorphisme de C sur le carquois associé au graphe orienté $(\widetilde{C}, A)$.

4. Arbres

Lorsqu'on parle de chemins, ou de composantes connexes, d'un graphe, il s'agit des chemins ou des composantes connexes du carquois sous-jacent. Deux sommets d'un graphe appartiennent à une même composante connexe si et seulement s'il existe un chemin qui les relie.

Soit G un graphe. Si $c = (a_0, f_1, a_1, \ldots, f_n, a_n)$ est un chemin dans G, la suite $\overline{c} = (a_n, \overline{f_n}, \ldots, a_1, \overline{f_1}, a_0)$ est un chemin dans G, appelé *chemin opposé* à c. Soient c et c' des chemins juxtaposables dans G ; alors, $\overline{c'}$ et $\overline{c}$ sont juxtaposables et l'on a $\overline{c * c'} = \overline{c'} * \overline{c}$.

Un chemin c dans G est dit *sans aller-retour* s'il n'existe aucune paire de flèches consécutives de c qui soient opposées. Soit $c = (a_0, f_1, \ldots, f_n, a_n)$ un chemin dans G reliant a_0 et a_n. Si, pour un entier i tel que $1 \leqslant i < n$, les flèches f_i et f_{i+1} sont opposées, le chemin $(a_0, f_1, \ldots, a_{i-1}, f_{i+2}, \ldots, f_n, a_n)$ est un chemin dans G reliant a_0 à a_n dont la longueur est strictement inférieure à celle du chemin c. Par récurrence, il existe donc un chemin sans aller-retour dans G qui relie a_0 à a_n.

DÉFINITION 2. — *Une forêt est un graphe dans lequel tout lacet sans aller-retour est un lacet constant. Un arbre est une forêt connexe.*

PROPOSITION 1. — *Soit* G *un graphe. Toute forêt de* G *est contenue dans une forêt maximale de* G *; en particulier, il existe une forêt maximale de* G.

Pour qu'une forêt de G *soit maximale, il faut et il suffit que l'ensemble de ses sommets soit égal à l'ensemble des sommets de* G *et que ses composantes connexes soient celles de* G.

Soit A_0 une forêt de G. L'ensemble des forêts de G, muni de la relation d'ordre « A est un sous-graphe de B » est inductif. Il existe par conséquent une forêt maximale de G dont A_0 est un sous-graphe (E, III, p. 21, cor. 1).

Le sous-graphe de G dont l'ensemble des sommets est Som(G) et dont l'ensemble des flèches est vide est une forêt de G. Il existe donc une forêt maximale de G.

Soit A une forêt maximale de G. Démontrons que A et G ont même ensemble de sommets. Le sous-graphe de G dont l'ensemble des sommets est Som(G) et dont l'ensemble des flèches est Fl(A) est une forêt et A en est un sous-graphe. On a donc Som(A) = Som(G).

Démontrons maintenant que A et G ont mêmes composantes connexes. Comme une flèche de A est une flèche de G, toute composante connexe de A est contenue dans une composante connexe de G. Comme A et G ont même ensemble de sommets, il suffit de démontrer que deux sommets de G qui sont dans une même composante connexe de G sont dans une même composante connexe de A. Si ce n'est pas le cas, la relation R_A, « être dans la même composante connexe de A », est strictement plus fine que la relation R_G, et il existe deux sommets de G qui ne sont pas dans la même composante connexe de A mais qui sont néanmoins reliés par une flèche f de G. Soit B le sous-graphe orienté de G dont l'ensemble des sommets est Som(G) et dont l'ensemble des flèches est $\mathrm{Fl}(A) \cup \{f, \overline{f}\}$; démontrons que B est une forêt de G. Soit $c = (a_0, f_1, \ldots, f_n, a_n)$ un lacet non constant sans aller-retour dans B de longueur minimale. Comme A est une forêt, le lacet c n'est pas un lacet dans A. Soit i (resp. j) le plus petit (resp. le plus grand) entier de $\{0, \ldots, n\}$ tel que a_0 et a_i (resp. a_j et a_n) ne soient pas dans la même composante connexe de A. Cela signifie que les flèches f_i et f_{j+1} sont des flèches orientées de B associées à l'arête $\{f, \overline{f}\}$ et qu'elles sont opposées. Comme le lacet c est sans aller-retour, $f_{i+1} \neq \overline{f_i}$, donc $i \neq j$ et le chemin $(a_i, f_{i+1}, a_{i+1}, \ldots, f_j, a_j)$ est un lacet sans aller-retour non constant dans B de longueur $< n$, contrairement à l'hypothèse que c est de longueur minimale. Il en résulte que B est une forêt. Ceci contredit l'hypothèse que A est une forêt maximale de G.

Soit maintenant une forêt A de G telle que Som(A) = Som(G) et $\pi_0(A) = \pi_0(G)$; démontrons que c'est une forêt maximale de G. Il suffit de prouver que, si $f \notin \mathrm{Fl}(A)$, le sous-graphe B de G d'ensemble de sommets Som(G) et d'ensemble de flèches $\mathrm{Fl}(A) \cup \{f, \overline{f}\}$ n'est pas une forêt. Par hypothèse, les points $o(f)$ et $t(f)$ sont dans la même composante connexe de A ; il existe donc un chemin c sans aller-retour dans A qui relie $o(f)$ à $t(f)$. Le chemin $c * \overline{f}$ est alors un lacet sans aller-retour et non constant dans B, ce qui montre que B n'est pas une forêt orientée.

COROLLAIRE. — *Une forêt maximale d'un graphe connexe en est un arbre maximal.*

Remarque 1. — On a défini dans LIE, IV, p. 33, annexe, la notion de *graphe combinatoire* comme un couple (A, S), où S est un ensemble et

A une partie de $\mathfrak{P}(\mathrm{S})$ formée d'ensembles à deux éléments ; les éléments de S s'appellent des sommets, ceux de A des arêtes, on dit que deux sommets x et $y \in \mathrm{S}$ sont liés si $\{x, y\}$ est une arête.

À un tel graphe combinatoire $\Gamma = (\mathrm{A}, \mathrm{S})$, on associe un graphe G dont l'ensemble des sommets est S et dont l'ensemble des flèches $\widetilde{\mathrm{A}}$ est la partie de S^2 formée des couples de sommets liés, l'application origine et l'application terme coïncidant avec la première et la seconde projection de S^2 dans S, et l'involution $f \mapsto \overline{f}$ étant donnée par la restriction à $\widetilde{\mathrm{A}}$ de l'application $(x, y) \mapsto (y, x)$ de S^2 dans lui-même. L'application qui à une arête $\{f, \overline{f}\}$ de G associe l'ensemble $\{o(f), t(f)\}$ est une bijection de l'ensemble des arêtes de G sur celui des arêtes du graphe combinatoire Γ.

Inversement, tout graphe tel que l'origine et le terme de toute flèche soient distinctes, et tel qu'une flèche soit déterminée par son origine et son terme est de cette forme.

Le lecteur vérifiera que les notions de connexité, d'arbre, ou de forêt pour un graphe combinatoire coïncident avec les notions correspondantes pour le graphe qui lui est associé.

§ 3. GROUPOÏDES

1. Catégories

DÉFINITION 1. — *Soit* C *un carquois. Notons* J *l'ensemble des couples* (f, g) *de flèches de* C *tels que* $t(f) = o(g)$. *Une loi de composition dans* C *est une application* $m \colon \mathrm{J} \to \mathrm{Fl(C)}$ *telle que, pour tout couple* $(f, g) \in \mathrm{J}$, *l'origine de la flèche* $m(f, g)$ *soit celle de* f *et son terme celle de* g.

Soit C un carquois muni d'une loi de composition m. Deux flèches f et g telles que $t(f) = o(g)$ sont dites *composables* ; la flèche $m(f, g)$ s'appelle leur composée, ou leur produit, et se note souvent $f \cdot g$, voire fg.

Pour tout sommet a de C, l'ensemble $\mathrm{C}_{a,a} = \mathrm{Fl}_{a,a}(\mathrm{C})$, muni de l'application déduite de m par passage aux sous-ensembles, est un magma (A, I, p. 1, déf. 1).

On dit qu'une famille $(f_i)_{i \in \mathrm{I}}$ de flèches de C, indexée par un ensemble fini non vide totalement ordonné I, est composable si, pour tout couple (i, j) d'éléments consécutifs de I, les flèches f_i et f_j sont composables. On définit le produit $\prod_{i \in \mathrm{I}} f_i$ d'une telle famille par récurrence sur le cardinal de I de la façon suivante (*cf.* A, I, p. 3) :

(i) si I a un seul élément ω, $\prod_{i \in \mathrm{I}} f_i = f_\omega$;

(ii) si I a au moins deux éléments et si ω est le plus petit élément de I, on pose $\prod_{i \in \mathrm{I}} f_i = f_\omega \cdot \prod_{i \in \mathrm{I} - \{\omega\}} f_i$.

La loi de composition m est dite *associative* si l'on a $f \cdot (g \cdot h) = (f \cdot g) \cdot h$ pour tout triplet (f, g, h) composable de flèches de C. Lorsque la loi m est associative, le produit d'une suite $(f_1, \ldots, f_n)$ de n flèches composables, où n est un entier $\geqslant 1$, se note $f_1 f_2 \ldots f_n$.

Soit a un sommet de C. On dit qu'une flèche $e \in \mathrm{C}_{a,a}$ est un *élément neutre* de m en a si l'on a $ef = f$ pour toute flèche f d'origine a et $ge = g$ pour toute flèche g de terme a. Il existe au plus un élément neutre de m en a : si e et e' en sont deux, on a $e' = ee' = e$. Lorsqu'un tel élément neutre existe, on le note souvent e_a ; c'est alors un élément neutre du magma $\mathrm{C}_{a,a}$ (A, I, p. 12).

DÉFINITION 2. — *Une* catégorie *est un carquois muni d'une loi de composition associative pour laquelle il existe en chaque sommet un élément neutre.*

Exemples. — 1) Soit C un carquois. Notons Ch(C) l'ensemble des chemins dans C et o: Ch(C) $\to$ Som(C), t: Ch(C) $\to$ Som(C) les applications qui, à un chemin, associent son origine et son terme. Le quadruplet $\Omega_{\mathrm{C}} = (\mathrm{Som(C)}, \mathrm{Ch(C)}, o, t)$ est un carquois. Munissons-le de la loi de composition définie par la juxtaposition des chemins. Cette loi de composition est associative; pour tout sommet a de C, le lacet constant $e_a = (a)$ d'origine a est un élément neutre en a. Ainsi, Ω_{C} est une catégorie. On dit que c'est la *catégorie des chemins* du carquois C.

2) Soit Σ une espèce de structure dans une théorie $\mathscr{T}$ plus forte que la théorie des ensembles et soit $\sigma\{x, y, s, u\}$ un terme de $\mathscr{T}$ vérifiant les conditions $(\mathrm{MO_I})$, $(\mathrm{MO_{II}})$ et $(\mathrm{MO_{III}})$ de E, IV, p. 11. Soit S un ensemble; on suppose que tout élément de S est un couple (x, s), où x est un ensemble et s une structure d'espèce Σ sur x. Soit F l'ensemble des applications f telles qu'il existe (x, s) et (y, t) dans S de sorte que f soit un σ-morphisme de x, muni de la structure s, dans y, muni de la structure t ; on pose alors $o(f) = (x, s)$ et $t(f) = (y, t)$. Muni de la loi

de composition donnée par $m(f, g) = g \circ f$, le carquois $(\mathrm{S}, \mathrm{F}, o, t)$ est une catégorie. Dans ce contexte, les éléments de S sont plutôt appelés *objets*.

Soit C une catégorie.

Pour tout sommet a de C, l'ensemble $\mathrm{C}_{a,a}$, muni de la loi de composition $(f, g) \mapsto fg$, est un monoïde d'élément neutre e_a.

On dit qu'une flèche f de C est *inversible* s'il existe une flèche g de C telle que $o(g) = t(f)$, $t(g) = o(f)$ et telle que fg et gf soient des éléments neutres en $o(f)$ et $t(f)$ respectivement. Une telle flèche g est unique (si $fg = e_{o(f)}$ et $g'f = e_{t(f)}$, on a $g = e_{t(f)}g = (g'f)g = g'(fg) = g'e_{o(f)} = g'$) et est appelée *inverse de* f ; l'inverse d'une flèche inversible f est notée f^{-1}.

2. Foncteurs

DÉFINITION 3. — *Soient* C *et* C′ *des catégories. On appelle* foncteur *de* C *dans* C′ *un morphisme de carquois* $\varphi\colon \mathrm{C} \to \mathrm{C}'$ *tel que* $\varphi(fg) = \varphi(f)\varphi(g)$ *pour tout couple* (f, g) *de flèches composables de* C.

Soient C et C′ des catégories et soit $\varphi\colon \mathrm{C} \to \mathrm{C}'$ un foncteur. Soient f une flèche de C, a son origine et b son terme ; alors, $\varphi(f)$ est une flèche de C′ d'origine $\varphi(a)$ et de terme $\varphi(b)$.

Soient C, C′, C″ des catégories et soient $\varphi\colon \mathrm{C} \to \mathrm{C}'$ et $\varphi'\colon \mathrm{C}' \to \mathrm{C}''$ des foncteurs. Alors, $\varphi' \circ \varphi$ est un foncteur.

Soit C une catégorie. Alors le morphisme de carquois Id_{C} est un foncteur.

Soit $\varphi\colon \mathrm{C} \to \mathrm{C}'$ un foncteur. Pour que φ soit un isomorphisme, il faut et il suffit que les applications $\mathrm{Som}(\varphi)$ et $\mathrm{Fl}(\varphi)$ soient bijectives.

Ainsi, si l'on appelle structure de catégorie sur des ensembles S et F la donnée d'une structure de carquois sur ces ensembles et d'une loi de composition associative pour laquelle il existe en chaque sommet un élément neutre, on peut prendre les foncteurs pour morphismes de la structure de catégorie (E, IV, p. 11).

3. Groupoïdes

DÉFINITION 4. — *Un* groupoïde *est une catégorie dont chaque flèche est inversible.*

Soit G un groupoïde et soit a un sommet de G. Le monoïde $G_{a,a}$ est un groupe, que l'on note G_a et qu'on appelle le *groupe d'isotropie de* G *en* a.

Soient a, b des sommets de G et soit $f \in G_{a,b}$ une flèche reliant a à b. L'application $g \mapsto fgf^{-1}$ est un isomorphisme de groupes de G_b dans G_a, que l'on note $\mathrm{Int}(f)$. Si f et f' sont des flèches composables de G, on a $\mathrm{Int}(ff') = \mathrm{Int}(f) \circ \mathrm{Int}(f')$; l'inverse de l'isomorphisme $\mathrm{Int}(f)$ est l'isomorphisme $\mathrm{Int}(f^{-1})$.

Un morphisme de groupoïdes $\varphi \colon G \to G'$ est un morphisme de catégories. De plus, φ est un isomorphisme de groupoïdes si et seulement si c'est un isomorphisme de catégories.

Soit $\varphi \colon G \to G'$ un morphisme de groupoïdes. Pour tout sommet a de G, l'application $f \mapsto \varphi(f)$ de G_a dans $(G')_{\varphi(a)}$ est un homomorphisme de groupes que l'on note φ_a. On a en particulier $\varphi(e_a) = e_{\varphi(a)}$.

Pour toute flèche f de G, $\varphi(f^{-1})$ est l'inverse de $\varphi(f)$. Si f est une flèche de G reliant un sommet a à un sommet b, on a ainsi, pour tout élément $g \in G_b$, la relation $\mathrm{Int}(\varphi(f))(\varphi(g)) = \varphi(\mathrm{Int}(f)(g))$.

4. Orbites d'un groupoïde

Soit G un groupoïde. Les composantes connexes du carquois sous-jacent à G sont appelées *orbites* de G. L'ensemble des orbites de G est noté Orb(G) ; si $\varphi \colon G \to G'$ est un morphisme de groupoïdes, l'application $\pi_0(\varphi)$ déduite de φ par passage aux composantes connexes des graphes associés est en général notée $\mathrm{Orb}(\varphi)$ et appelée l'application déduite de φ par passage aux orbites.

Un groupoïde qui a exactement une orbite est dit *transitif*. Si G est un groupoïde transitif, les groupes G_a, pour $a \in \mathrm{Som}(G)$, sont isomorphes. On dit que le groupoïde G est *simplement transitif* s'il est transitif et si, de plus, les groupes d'isotropie G_a sont tous réduits à leur élément neutre.

PROPOSITION 1. — *Soit* G *un groupoïde. La relation « il existe une flèche de* G *reliant a à b » est une relation d'équivalence dans l'ensemble des sommets de* G *dont les classes d'équivalence sont les orbites de* G.

Soient a, b, c des sommets de G. On a $e_a \in \mathrm{G}_{a,a}$; si $f \in \mathrm{G}_{a,b}$, $f^{-1} \in \mathrm{G}_{b,a}$; si $f \in \mathrm{G}_{a,b}$ et $g \in \mathrm{G}_{b,c}$, on a $fg \in \mathrm{G}_{a,c}$. Cela montre que la relation indiquée est réflexive, symétrique et transitive ; c'est donc une relation d'équivalence. La seconde assertion résulte alors de la définition des composantes connexes d'un carquois.

5. Exemples de groupoïdes

1) Soit G un groupe. Notons $\mathscr{G}$ le carquois dont l'ensemble des sommets est réduit à un élément et dont l'ensemble des flèches est G. Muni de la loi de composition induite par celle de G, $\mathscr{G}$ est un groupoïde, appelé *groupoïde associé au groupe* G.

2) Soit X un ensemble. Soit G le carquois $(\mathrm{X}, \mathrm{X}\times\mathrm{X}, \mathrm{pr}_1, \mathrm{pr}_2)$; définissons une loi de composition dans G en posant $(x, x')\cdot(x', x'') = (x, x'')$, si x, x', x'' sont des éléments de X. Cette loi est associative ; pour tout $x \in \mathrm{X}$, (x, x) est l'élément neutre en x ; l'inverse de la flèche (x, x') est la flèche (x', x). Le groupoïde ainsi défini est appelé *groupoïde des couples* de l'ensemble X. Si X n'est pas vide, il est simplement transitif.

3) Soient X et S des ensembles et soit $p\colon \mathrm{X} \to \mathrm{S}$ une application. Pour $a \in \mathrm{S}$, on note $\mathrm{X}_a = \overset{-1}{p}(a)$. Pour a et b dans S, soit $\mathrm{G}_{a,b}$ l'ensemble $\mathscr{B}(\mathrm{X}_a; \mathrm{X}_b)$ des bijections de X_a dans X_b et soit G l'ensemble somme des ensembles $\mathrm{G}_{a,b}$. Soient o et t les applications de G dans S telles que $o(f) = a$ et $t(f) = b$ pour tout élément $f \in \mathrm{G}_{a,b}$. Le quadruplet $(\mathrm{S}, \mathrm{G}, o, t)$ est un carquois. Munissons-le de la loi de composition définie par $m(f, g) = g \circ f$ si $f \in \mathscr{B}(\mathrm{X}_a; \mathrm{X}_b)$ et $g \in \mathscr{B}(\mathrm{X}_b; \mathrm{X}_c)$, où a, b, c sont des points de S. C'est un groupoïde ; on le note $\mathscr{B}(\mathrm{X}, p)$ et on l'appelle le *groupoïde des permutations* de X relativement à p.

4) Soit $(\mathrm{G}_i)_{i\in\mathrm{I}}$ une famille de groupoïdes. Notons G le carquois produit de la famille des carquois sous-jacents ; pour tout $i \in \mathrm{I}$, soit $\mathrm{pr}_i\colon \mathrm{G} \to \mathrm{G}_i$ le morphisme de carquois canonique. Il existe une unique loi de composition dans G pour laquelle G est un groupoïde et telle

que, pour tout $i \in \mathrm{I}$, pr_i soit un morphisme de groupoïdes. Soient $f = (f_i)_{i\in\mathrm{I}}$ et $g = (g_i)_{i\in\mathrm{I}}$ des flèches de G ; elles sont composables si et seulement si les flèches f_i et g_i sont composables, pour $i \in \mathrm{I}$. On a alors $fg = (f_i g_i)_{i\in\mathrm{I}}$.

Le carquois G, muni de cette loi de composition, est appelé le *groupoïde produit* de la famille $(\mathrm{G}_i)_{i\in\mathrm{I}}$. Il vérifie la propriété universelle suivante : pour tout groupoïde G′ et toute famille $(\varphi_i)_{i\in\mathrm{I}}$, où φ_i est un morphisme de groupoïdes de G′ dans G_i, il existe un unique morphisme de groupoïdes $\varphi\colon \mathrm{G}' \to \mathrm{G}$ tel que $\varphi_i = \mathrm{pr}_i \circ \varphi$ pour tout $i \in \mathrm{I}$.

5) Soit $((\mathrm{G}_i)_{i\in\mathrm{I}}, (\varphi_{i,j})_{i\prec j})$ un système inductif de groupoïdes, indexé par un ensemble préordonné *filtrant* à droite $(\mathrm{I}, \prec)$, les $\varphi_{i,j}$ étant des morphismes de groupoïdes. Soit G le carquois dont l'ensemble des sommets est $\varinjlim_i \mathrm{Som}(\mathrm{G}_i)$, l'ensemble des flèches est $\varinjlim_i \mathrm{Fl}(\mathrm{G}_i)$, les applications origine et terme étant les applications $\varinjlim_i o_{\mathrm{G}_i}$ et $\varinjlim_i t_{\mathrm{G}_i}$ respectivement. Les lois de composition des G_i induisent une loi de composition dans G qui en fait un groupoïde (*cf.* A, I, p. 114). Les applications canoniques $\mathrm{Som}(\mathrm{G}_i) \to \mathrm{Som}(\mathrm{G})$ et $\mathrm{Fl}(\mathrm{G}_i) \to \mathrm{Fl}(\mathrm{G})$ définissent un morphisme de groupoïdes φ_i de G_i dans G. Si i, j sont des éléments de I tels que $i \prec j$, on a $\varphi_j \circ \varphi_{i,j} = \varphi_i$. Le groupoïde G est appelé la limite inductive de la famille des groupoïdes G_i et est noté $\varinjlim_i \mathrm{G}_i$. Il vérifie la propriété universelle suivante : pour tout groupoïde H et toute famille $(\psi_i)_{i\in\mathrm{I}}$, où, pour $i \in \mathrm{I}$, $\psi_i\colon \mathrm{G}_i \to \mathrm{H}$ est un morphisme de groupoïdes, telle que $\psi_j \circ \varphi_{i,j} = \psi_i$ pour tout couple (i, j) d'éléments de I tels que $i \prec j$, il existe un unique morphisme de groupoïdes $\psi\colon \mathrm{G} \to \mathrm{H}$ tel que $\psi_i = \psi \circ \varphi_i$.

Pour l'existence d'un groupoïde vérifiant cette propriété universelle lorsque l'on ne suppose pas que l'ensemble I est filtrant à droite, *cf.* II, p. 228, exerc. 3.

6. Sous-groupoïdes

DÉFINITION 5. — *Soit* C *une catégorie. Une sous-catégorie de* C *est un sous-carquois* D *de* C *satisfaisant aux conditions suivantes :*

(i) *Pour tout sommet* a *de* D, e_a *est une flèche de* D *;*

(ii) *Pour tout couple composable* (f, g) *de flèches de* C *appartenant à* D, *le produit* fg *est une flèche de* D *;*

Soit C une catégorie et soit D une sous-catégorie de D ; muni de la loi de composition déduite de celle de C par passage aux sous-ensembles, D est une catégorie.

Tout sous-carquois plein de C est une sous-catégorie de C. L'intersection d'une famille de sous-catégories de C est une sous-catégorie de C.

DÉFINITION 6. — *Soit* G *un groupoïde. Un sous-groupoïde de* G *est une sous-catégorie* H *de* G *telle que l'inverse de toute flèche de* G *appartenant à* H *soit une flèche de* H.

Soit G un groupoïde. Tout sous-groupoïde de G est un groupoïde. Tout sous-carquois plein de G est un sous-groupoïde de G. L'intersection d'une famille de sous-groupoïdes de G est un sous-groupoïde de G.

Soit H un sous-carquois de G. L'intersection des sous-groupoïdes de G dont H est un sous-carquois s'appelle le sous-groupoïde de G engendré par H. L'ensemble de ses sommets est égal à celui de H et ses orbites sont les composantes connexes de H.

Exemples. — 1) Soit X un ensemble ; notons X × X le groupoïde des couples de X (II, p. 163, exemple 2). Soit R une relation d'équivalence dans X. Le sous-carquois du groupoïde X × X dont l'ensemble des sommets est X et dont l'ensemble des flèches est le graphe de la relation d'équivalence R est un sous-groupoïde de X × X. Ses orbites sont les classes d'équivalence de la relation R.

Inversement, tout sous-groupoïde de X × X dont l'ensemble des sommets est X est de cette forme.

Soient X et S des ensembles et soit $p\colon \mathrm{X} \to \mathrm{S}$ une application. L'application p définit une relation d'équivalence dans X (E, II, p. 41). On note $\mathrm{X} \times_{\mathrm{S}} \mathrm{X}$ le sous-groupoïde de X × X défini par cette relation d'équivalence et on l'appelle le groupoïde des couples de (X, p).

2) Soient G et G′ des groupoïdes, soient φ et ψ des morphismes de groupoïdes de G dans G′. L'égalisateur de φ et ψ (*cf.* II, p. 153) est un sous-groupoïde de G.

3) Soient X un ensemble et Γ un groupe. Notons X × Γ × X le carquois dont l'ensemble des sommets est X, l'ensemble des flèches est X × Γ × X, les applications origine et terme étant respectivement pr_1 et pr_3. Muni de la loi de composition $(x, \gamma, x') \cdot (x', \gamma', x'') = (x, \gamma\gamma', x'')$,

c'est un groupoïde. C'est d'ailleurs le groupoïde déduit par transport de structure du groupoïde $(\mathrm{X}\times\mathrm{X})\times\Gamma$, produit du groupoïde des couples $\mathrm{X}\times\mathrm{X}$ et du groupoïde associé au groupe Γ (II, p. 163, exemple 1), au moyen de la bijection $(x, x', \gamma) \mapsto (x, \gamma, x')$ de $\mathrm{X}\times\mathrm{X}\times\Gamma$ dans $\mathrm{X}\times\Gamma\times\mathrm{X}$.

Soit $m\colon \mathrm{X}\times\Gamma \to \mathrm{X}$ une opération (à droite) du groupe Γ sur X. Le graphe F de l'application m, c'est-à-dire l'ensemble des triplets $(x, \gamma, x') \in \mathrm{X}\times\Gamma\times\mathrm{X}$ tels que $x' = x\gamma$, est l'ensemble des flèches d'un unique sous-groupoïde G de $\mathrm{X}\times\Gamma\times\mathrm{X}$. Les orbites de ce groupoïde sont les orbites de Γ dans X ; si $x \in \mathrm{X}$, le groupe d'isotropie de G en x est l'ensemble des (x, γ, x), où γ décrit le fixateur de x dans Γ.

Inversement, tout sous-groupoïde G du groupoïde $\mathrm{X}\times\Gamma\times\mathrm{X}$ tel que l'application $(\mathrm{pr}_1, \mathrm{pr}_2)$ de Fl(G) dans $\mathrm{X}\times\Gamma$ soit une bijection est de cette forme.

4) Soit G un groupoïde, soit X un ensemble et soit $\varphi\colon \mathrm{X} \to \mathrm{Som(G)}$ une application. Définissons un carquois G′ de la façon suivante. L'ensemble Som(G′) est l'ensemble X ; pour tout couple (x, y) d'éléments de X, l'ensemble $\mathrm{Fl}_{x,y}(\mathrm{G}')$ est l'ensemble des triplets $(x, f, y) \in \mathrm{X}\times \mathrm{Fl(G)}\times\mathrm{X}$, où f est un élément de $\mathrm{Fl}_{\varphi(x),\varphi(y)}(\mathrm{G})$. Soient x, y, z des éléments de X, $f \in \mathrm{Fl}_{\varphi(x),\varphi(y)}(\mathrm{G})$ et $g \in \mathrm{Fl}_{\varphi(y),\varphi(z)}(\mathrm{G})$ des flèches de G, on pose $(x, f, y)\cdot(y, g, z) = (x, fg, z)$. Cela définit une loi de composition dans le carquois G′ qui en fait un groupoïde. On l'appelle *groupoïde image réciproque* du groupoïde G par l'application φ et on le note $\varphi^*(\mathrm{G})$.

Le couple (φ, ψ), où $\psi\colon \mathrm{Fl}(\varphi^*(\mathrm{G})) \to \mathrm{Fl(G)}$ est l'application définie par $(x, f, y) \mapsto f$ est un morphisme de groupoïdes de $\varphi^*(\mathrm{G})$ dans G, appelé morphisme canonique.

5) Soit $\varphi\colon \mathrm{G} \to \mathrm{G}'$ un morphisme de groupoïdes. Soit H le sous-carquois de G d'ensemble de sommets Som(G) et dont l'ensemble des flèches est formé des $f \in \mathrm{Fl(G)}$ tels que $\varphi(f)$ soit un élément neutre de G′. Pour tout $a \in \mathrm{Som(G)}$, $e_a \in \mathrm{H}_{a,a}$. Pour tout $f \in \mathrm{Fl(H)}$, $\varphi(f^{-1}) = \varphi(f)^{-1}$ donc $f^{-1} \in \mathrm{Fl(H)}$. De plus, si f et g sont des flèches composables de H, on a $\varphi(fg) = \varphi(f)\varphi(g) = e_{t(\varphi(f))}e_{o(\varphi(g))} = e_{t(\varphi(f))}$, donc fg est une flèche de H. Cela démontre que H est un sous-groupoïde de G. On l'appelle le *noyau* de φ et on le note $\mathrm{Ker}(\varphi)$.

6) Soit $\varphi\colon \mathrm{G} \to \mathrm{G}'$ un morphisme de groupoïdes. Le carquois $\varphi(\mathrm{G})$ dont l'ensemble des sommets est $\varphi(\mathrm{Som(G)})$ et dont l'ensemble des flèches est $\varphi(\mathrm{Fl(G)})$ n'est en général pas un sous-groupoïde de G′.

C'est néanmoins le cas si l'application $\mathrm{Som}(\varphi)$ est injective (II, p. 225, exerc. 5).

7. Opérations d'un groupoïde

Soit G un groupoïde ; notons S l'ensemble de ses sommets. Soit X un ensemble et soit $p\colon \mathrm{X} \to \mathrm{S}$ une application. Une *opération* (à droite) φ du groupoïde G sur l'ensemble X, relativement à p, est un morphisme de groupoïdes φ de G dans le groupoïde $\mathscr{B}(\mathrm{X}, p)$ des permutations de l'ensemble X relativement à p (II, p. 163) qui induit l'identité sur l'ensemble des sommets. En d'autres termes, φ est la donnée, pour tout couple (a, b) de points de S et pour toute flèche $g \in \mathrm{G}$ reliant a à b, d'une application $\varphi(g)\colon \mathrm{X}_a \to \mathrm{X}_b$, telle que l'on ait, pour tout couple (f, g) de flèches composables de G,

$$\varphi(fg) = \varphi(g) \circ \varphi(f),$$

et telle que, pour tout $a \in \mathrm{S}$, $\varphi(e_a)$ soit l'identité de X_a.

Soient φ et φ' des opérations du groupoïde G sur un ensemble X, relativement à une application $p\colon \mathrm{X} \to \mathrm{S}$. Pour que l'on ait $\varphi = \varphi'$, il suffit qu'il existe un sous-carquois H de G, engendrant G, tel que $\varphi(f) = \varphi'(f)$ pour tout $f \in \mathrm{Fl}(\mathrm{H})$. En effet, l'ensemble des flèches f de G telles que $\varphi(f) = \varphi'(f)$ est l'ensemble des flèches d'un sous-groupoïde de G, d'ensemble de sommets S.

Soit G un groupoïde d'ensemble de sommets S, soit X un ensemble, soit $p\colon \mathrm{X} \to \mathrm{S}$ une application et soit φ une opération de G sur X relativement à p. Soit G_φ le sous-carquois de $p^*(\mathrm{G})$ dont l'ensemble des sommets est X et dont l'ensemble des flèches est l'ensemble des triplets $(x, f, y) \in \mathrm{X} \times \mathrm{Fl}(\mathrm{G}) \times \mathrm{X}$ tels que $\varphi(f)(x) = y$. C'est un sous-groupoïde de $p^*(\mathrm{G})$.

Inversement, soit Γ un sous-groupoïde de $p^*(\mathrm{G})$; supposons que l'application $(x, f, y) \mapsto (x, f)$ de $\mathrm{Fl}(\Gamma)$ dans $\mathrm{X} \times \mathrm{Fl}(\mathrm{G})$ soit injective et que son image soit l'ensemble des couples (x, f) tels que $p(x) = o(f)$. Il existe alors une unique opération φ du groupoïde G sur X telle que l'on ait $\Gamma = \mathrm{G}_\varphi$.

Les orbites du groupoïde G_φ s'appellent les orbites de l'opération de G sur X. Par définition, ce sont les classes d'équivalence de la relation dans X donnée par $R\{x,y\}$ si et et seulement s'il existe $f \in \mathrm{Fl}(G)$ telle que $\varphi(f)(x) = y$.

Exemples. — 1) Soit G un groupe, soit $\mathscr{G}$ le groupoïde associé à G (II, p. 163, exemple 1). Si X est un ensemble, une opération (à droite) du groupoïde $\mathscr{G}$ sur X n'est autre qu'une opération (à droite) du groupe G sur X. En outre, les orbites de l'opération de $\mathscr{G}$ coïncident avec celles du groupe G.

2) Soit $G = (S, F, o, t)$ un groupoïde. Il existe une unique opération de G sur l'ensemble S, relativement à Id_S. Elle est donnée par $\varphi(f)(a) = b$ si $f \in G_{a,b}$. Les orbites pour cette opération sont les orbites de G au sens défini p. 162.

Soit G un groupoïde, soit S l'ensemble de ses sommets, soit X un ensemble et soit $p \colon X \to S$ une application. Soit φ une opération de G sur X relativement à p. On dit que le groupoïde G opère *sans monodromie* sur X, si pour tout point $a \in S$ et tout élément $f \in G_a$, $\varphi(f)$ est l'identité de X_a. Si le groupoïde G est transitif, il suffit qu'il en soit ainsi pour *un* point de S.

Soit a un point de S et supposons que l'on ait $\varphi(f) = \mathrm{Id}_{X_a}$ pour tout $f \in G_a$. Soit b un point de S appartenant à l'orbite de a et soit g une flèche de G reliant a à b. Pour tout $f \in G_b$, $\mathrm{Int}(g)(f) = gfg^{-1}$ est un élément de G_a ; on a donc $\mathrm{Id}_{X_a} = \varphi(gfg^{-1}) = \varphi(g)\varphi(f)\varphi(g)^{-1}$, si bien que $\varphi(f) = \mathrm{Id}_{X_b}$. Soit b un point de S appartenant à l'orbite de a et soient g, g' des flèches de G reliant a à b ; alors $g'g^{-1}$ est un lacet en a, d'où $\varphi(g'g^{-1}) = \mathrm{Id}_{X_a}$ et $\varphi(g) = \varphi(g')$.

8. Sous-groupoïdes distingués ; quotients de groupoïdes

DÉFINITION 7. — *Soit* G *un groupoïde. On dit qu'un sous-groupoïde* H *de* G *est* distingué *si* $\mathrm{Som}(H) = \mathrm{Som}(G)$ *et si pour tout couple* (a, b) *de sommets de* H *et toute flèche* $f \in G_{a,b}$, *on a* $\mathrm{Int}(f)(H_b) = H_a$.

Soit G un groupoïde et soit H un sous-groupoïde de G dont l'ensemble des sommets est égal à Som(G). Pour vérifier que H est distingué, il suffit de démontrer que $fH_bf^{-1} \subset H_a$ pour tout $a \in \mathrm{Som}(G)$, tout $b \in \mathrm{Som}(G)$ et tout $f \in G_{a,b}$. En effet, s'il en est ainsi, on a aussi $f^{-1}H_a f \subset H_b$ pour toute flèche $f \in G_{b,a}$, c'est-à-dire $H_a \subset fH_b f^{-1}$, et, par suite, $fH_b f^{-1} = H_a$.

Soit G un groupoïde et soit H un sous-groupoïde distingué de G. Pour tout sommet a de G, le sous-groupe H_a de G_a est un sous-groupe distingué de G_a.

Soit $\varphi \colon G \to G'$ un morphisme de groupoïdes. Le noyau de φ (II, p. 166, exemple 5) est un sous-groupoïde distingué de G. En effet, soit f une flèche dans G reliant a à b et soit $g \in \mathrm{Ker}(\varphi)_b$; on a alors $\varphi(fgf^{-1}) = \varphi(f)\varphi(g)\varphi(f^{-1}) = \varphi(f)e_{\varphi(b)}\varphi(f)^{-1} = e_{\varphi(a)}$, d'où l'inclusion $f\mathrm{Ker}(\varphi)_b f^{-1} \subset \mathrm{Ker}(\varphi)_a$.

Soit G un groupoïde. Le groupoïde G et le sous-groupoïde de G dont l'ensemble des flèches est l'ensemble des éléments neutres de G sont des sous-groupoïdes distingués de G. L'intersection d'une famille de sous-groupoïdes distingués de G est un sous-groupoïde distingué de G. En particulier, pour toute partie $F \subset \mathrm{Fl}(G)$, il existe un plus petit sous-groupoïde distingué de G dont l'ensemble des flèches contient F. On l'appelle le *sous-groupoïde distingué engendré par* F.

Soit H un sous-groupoïde distingué de G. Soit $\mathscr{R}$ la relation d'équivalence dans Fl(G) définie par $\mathscr{R}\{f,g\}$ si et seulement s'il existe des flèches x et y dans Fl(H) telles que $f = xgy$. Si f et g sont des flèches de G équivalentes modulo $\mathscr{R}$, leurs origines (resp. leurs termes) appartiennent à la même orbite de H. Posons $F' = \mathrm{Fl}(G)/\mathscr{R}$ et notons o' et t' les applications de F′ dans Orb(H) déduites de o et t par passage aux quotients. Notons G/H le carquois $(\mathrm{Orb}(H), F', o', t')$.

Lemme. — Étant données des flèches composables u et v de G/H, *on peut choisir des représentants f et g de u et v dans* Fl(G) *qui soient composables. La classe modulo $\mathscr{R}$ du produit fg ne dépend pas du choix de f et g.*

Soient f et g des représentants arbitraires de u et v dans Fl(G). Le terme de f et l'origine de g appartiennent à une même orbite de H, donc peuvent être reliées par une flèche x de H (II, p. 162, prop. 1). Les flèches fx et g sont alors des représentants de u et v dans F qui sont composables dans G. Cela prouve la première assertion.

Soient maintenant f, g d'une part, et f', g' d'autre part, des représentants de u et v qui sont composables dans G. Par hypothèse, il existe des flèches x, y, z, t dans H telles que l'on ait $f' = xfy$ et

$g' = zgt$. On a alors $yz \in \mathrm{H}_{t(f)}$ et $f'g' = xfyzgt = xf(yz)f^{-1}fgt$. Comme H est un sous-groupoïde distingué de G, la flèche $f(yz)f^{-1}$ est une flèche de H. Il en est donc de même de la flèche $xf(yz)f^{-1}$, ce qui démontre que $f'g'$ et fg sont équivalentes modulo $\mathscr{R}$.

En vertu de ce lemme, il existe une unique loi de composition m dans le carquois G/H telle que, pour tout couple (u, v) de flèches composables, $m(u, v)$ soit la classe modulo $\mathscr{R}$ du produit fg, pour tout couple (f, g) de flèches composables de G tel que u soit la classe de f et v celle de g. Muni de cette loi de composition, G/H est un groupoïde. Soient $p_1\colon \mathrm{Som(G)} \to \mathrm{Som(G/H)}$ et $p_2\colon \mathrm{Fl(G)} \to \mathrm{Fl(G/H)}$ les surjections canoniques. Le couple $p = (p_1, p_2)$, est un morphisme de groupoïdes de G dans G/H dont le noyau est le sous-groupoïde distingué H.

DÉFINITION 8. — *On dit que* G/H *est le groupoïde quotient de* G *par* H *et que* $p\colon \mathrm{G} \to \mathrm{G/H}$ *est le morphisme canonique.*

Remarques. — 1) L'application $\mathrm{Som}(p)$ définit, par passage aux quotients, une bijection de l'ensemble des orbites de G sur l'ensemble des orbites de G/H. En particulier, G est transitif si et seulement si G/H l'est.

2) Soient a et b des sommets de G. L'application de $\mathrm{G}_{a,b}$ dans $(\mathrm{G/H})_{p(a),p(b)}$ déduite de p est surjective. Soit en effet u une flèche de G/H reliant $p(a)$ à $p(b)$; c'est la classe modulo $\mathscr{R}$ d'une flèche f de G. L'origine $o(f)$ de f appartient à l'orbite de a dans H ; il existe donc une flèche x dans H reliant a à $o(f)$. De même, il existe une flèche y dans H qui relie $t(f)$ à b. Alors, $f' = xfy$ est un élement de $\mathrm{G}_{a,b}$ dont la classe modulo $\mathscr{R}$ est u.

PROPOSITION 2. — *Soit a un sommet de* G. *L'homomorphisme de groupes* $p_a\colon \mathrm{G}_a \to (\mathrm{G/H})_{p(a)}$ *déduit de p par passage aux groupes d'isotropie est surjectif; son noyau est* H_a.

L'homomorphisme p_a est surjectif en vertu de la remarque précédente. Son noyau contient H_a par construction du groupoïde G/H. Soit f un élément de G_a tel que $p_a(f) = e_{p(a)}$. Cela signifie que f et e_a sont équivalents modulo $\mathscr{R}$; il existe alors des flèches x et y de H telles que $f = xe_a y$. Nécessairement, x et y appartiennent à H_a, d'où $f \in \mathrm{H}_a$.

PROPOSITION 3. — *Soit* G *un groupoïde, soit* H *un sous-groupoïde distingué de* G *et soit* $p\colon \mathrm{G} \to \mathrm{G/H}$ *le morphisme canonique. Soit*

$\varphi\colon \mathrm{G} \to \mathrm{G}'$ *un morphisme de groupoïdes tel que* $\mathrm{H} \subset \mathrm{Ker}(\varphi)$. *Il existe un unique morphisme de groupoïdes* $\overline{\varphi}\colon \mathrm{G}/\mathrm{H} \to \mathrm{G}'$ *tel que* $\overline{\varphi} \circ p = \varphi$.

On dit que $\overline{\varphi}$ est le morphisme de groupoïdes déduit de φ par passage au quotient.

L'unicité d'un tel morphisme est évidente, car les applications $\mathrm{Som}(p)$ et $\mathrm{Fl}(p)$ sont surjectives.

Soient a et b des sommets de G. S'ils sont dans la même orbite de H, il existe une flèche f reliant a à b dans H et l'on a $\varphi(f) = e_{\varphi(a)}$. En particulier, $\varphi(a) = \varphi(b)$. Par suite, l'application $\mathrm{Som}(\varphi)$ définit, par passage au quotient, une application $\overline{\varphi}_1 : \mathrm{Orb}(\mathrm{H}) \to \mathrm{Som}(\mathrm{G}')$. Soient f et g des flèches dans G. Si f et g sont équivalentes modulo $\mathscr{R}$, il existe des flèches x et y dans H telles que $f = xgy$. Par suite, $\varphi(f) = \varphi(x)\varphi(g)\varphi(y) = \varphi(g)$ puisque $\varphi(x)$ et $\varphi(y)$ sont des éléments neutres. L'application $\mathrm{Fl}(\varphi)$ définit donc, par passage au quotient, une application $\overline{\varphi}_2\colon \mathrm{Fl}(\mathrm{G})/\mathscr{R} \to \mathrm{Fl}(\mathrm{G}')$.

Soient f et g des flèches de G qui sont composables ; notons u et v leurs classes dans $\mathrm{Fl}(\mathrm{G}/\mathrm{H})$. On a $\overline{\varphi}_2(uv) = \varphi(fg) = \varphi(f)\varphi(g) = \overline{\varphi}_2(u)\overline{\varphi}_2(v)$.

Le couple $\overline{\varphi} = (\overline{\varphi}_1, \overline{\varphi}_2)$ est un morphisme de groupoïdes de G/H dans G′ et l'on a $\overline{\varphi} \circ p = \varphi$.

9. Groupoïde des classes de chemins d'un graphe

Soit G un graphe. Notons Ω_{G} la catégorie des chemins du carquois sous-jacent à G (II, p. 160, exemple 1). Considérons la relation d'équivalence $\mathscr{R}$ la plus fine dans Ch(G) telle que l'on ait :

(i) Pour tout couple (a, b) de sommets de G et toute flèche f dans G reliant a à b, les chemins $(a, f, b, \overline{f}, a)$ et e_a sont équivalents modulo $\mathscr{R}$;

(ii) Si (c, d) et (c', d') sont des couples de chemins juxtaposables dans G tels que $\mathscr{R}\{c, c'\}$ et $\mathscr{R}\{d, d'\}$, les chemins $c * d$ et $c' * d'$ sont équivalents modulo $\mathscr{R}$.

Deux chemins équivalents modulo $\mathscr{R}$ ont même origine et même terme. Les applications o et t de Ch(G) dans Som(G) définissent, par passage au quotient, des applications o' et t' de $\mathrm{Ch}(\mathrm{G})/\mathscr{R}$ dans Som(G). Notons

ϖ_{G} le carquois $(\mathrm{Som}(\mathrm{G}), \mathrm{Ch}(\mathrm{G})/\mathscr{R}, o', t')$. Le couple φ formé de l'identité de Som(G) et de la projection canonique de Ch(G) sur $\mathrm{Ch}(\mathrm{G})/\mathscr{R}$ est un morphisme de carquois de Ω_{G} dans ϖ_{G}. La juxtaposition des chemins dans Ch(G) définit, par passage aux quotients, une loi de composition dans ϖ_{G}.

PROPOSITION 4. — *Muni de cette loi de composition, ϖ_{G} est un groupoïde.*

Par construction, on a la relation $\varphi(cc') = \varphi(c)\varphi(c')$, pour tout couple de chemins (c, c') juxtaposables dans G. Toute flèche de ϖ_{G} est de la forme $\varphi(c)$, où c est un chemin dans G. Cela entraîne que la loi de composition de ϖ_{G} est associative et que $\varphi(e_a)$ est un élément neutre en a, pour tout sommet a de ϖ_{G}. Il reste à démontrer que toute flèche de ϖ_{G} est inversible. Soit c un chemin dans G et démontrons par récurrence sur la longueur de c que l'on a $\varphi(c)\varphi(\overline{c}) = \varphi(e_{o(c)})$. Cette égalité est vraie si c est de longueur 0. Si c est de longueur $n \geqslant 1$, on peut écrire $c = c_1c_2$, avec c_1 de longueur 1 et c_2 de longueur $n-1$. Alors, $\overline{c} = \overline{c_2}\,\overline{c_1}$ et l'on a

$$\begin{aligned}\varphi(c)\varphi(\overline{c}) = \varphi(c_1)\varphi(c_2)\varphi(\overline{c_2})\varphi(\overline{c_1}) &= \varphi(c_1)\varphi(e_{o(c_2)})\varphi(\overline{c_1}) = \varphi(c_1)\varphi(\overline{c_1}) \\ &= \varphi(c_1\overline{c_1}) = \varphi(e_{o(c_1)})\end{aligned}$$

par définition de la relation $\mathscr{R}$.

En appliquant cette égalité au chemin $\overline{c}$, on voit que $\varphi(\overline{c})\varphi(c) = \varphi(e_{t(c)})$. Ainsi, $\varphi(c)$ est inversible, d'inverse $\varphi(\overline{c})$.

Les classes d'équivalence de la relation $\mathscr{R}$ s'appellent les *classes de chemins* dans le graphe G ; le groupoïde ϖ_{G} s'appelle le *groupoïde des classes de chemins du graphe* G. Il a même ensemble de sommets que G et ses orbites sont les composantes connexes du graphe G.

Notons v l'application qui, à une flèche f de G, associe la classe du chemin $(o(f), f, t(f))$ de G. Le couple $j = (\mathrm{Id}_{\mathrm{Som}(\mathrm{G})}, v)$ est un morphisme, dit canonique, de carquois de G dans ϖ_{G}. Son image engendre ϖ_{G} ; pour toute flèche f de G, on a $j(\overline{f}) = j(f)^{-1}$.

Soient G et G′ des graphes, soit $\varphi\colon \mathrm{G} \to \mathrm{G}'$ un morphisme de graphes. Notons $j\colon \mathrm{G} \to \varpi_{\mathrm{G}}$ et $j'\colon \mathrm{G}' \to \varpi_{\mathrm{G}'}$ les morphismes canoniques. Si $c = (a_0, f_1, a_1, \ldots, a_n)$ est un chemin dans G, la classe du chemin $\varphi(c) = (\varphi(a_0), \varphi(f_1), \varphi(a_1), \ldots, \varphi(a_n))$ ne dépend que de la classe de c. On définit ainsi par passage aux classes d'équivalence un morphisme de carquois $\varpi(\varphi)\colon \varpi_{\mathrm{G}} \to \varpi_{\mathrm{G}'}$ tel que $\varpi(\varphi) \circ j = j' \circ \varphi$. C'est un morphisme de groupoïdes.

PROPOSITION 5. — *Soit* G *un graphe; notons j le morphisme canonique de carquois de* G *dans* ϖ_{G}. *Soit* φ *un morphisme de carquois de* G *dans un groupoïde* G′ *tel que* $\varphi(\overline{f}) = \varphi(f)^{-1}$ *pour toute flèche f de* G. *Il existe alors un unique morphisme de groupoïdes* φ' *de* ϖ_{G} *dans* G′ *tel que* $\varphi' \circ j = \varphi$.

On définit une application $u\colon \mathrm{Ch(G)} \to \mathrm{Fl(G')}$ en posant, pour tout chemin $c = (a_0, f_1, a_1, \ldots, f_n, a_n)$ dans G, $u(c) = e_{a_0}\varphi(f_1)\ldots\varphi(f_n)$. Pour tout couple (c, c') de chemins juxtaposables dans G, on a $u(cc') = u(c)u(c')$. L'application u est compatible avec la relation d'équivalence $\mathscr{R}$ définie ci-dessus, d'où, par passage au quotient, une application $u'\colon \mathrm{Ch(G)}/\mathscr{R} \to \mathrm{Fl(G')}$. Posons alors $\varphi' = (\mathrm{Som}(\varphi), u')$. C'est un morphisme de groupoïdes de ϖ_{G} dans G′ tel que $\varphi' \circ j = \varphi$.

Soit ψ un morphisme de groupoïdes de ϖ_{G} dans G′ tel que $\psi \circ j = \varphi$. L'égalisateur de φ' et ψ est un sous-groupoïde de ϖ_{G} qui contient $j(\mathrm{G})$. Il est donc égal à ϖ_{G}, car ϖ_{G} est engendré par $j(\mathrm{G})$, et l'on a $\psi = \varphi'$.

COROLLAIRE 1. — *Dans un graphe, toute classe de chemins contient un unique chemin sans aller-retour.*

Soit G un graphe. Notons $j\colon \mathrm{G} \to \varpi_{\mathrm{G}}$ le morphisme de carquois canonique.

L'existence, pour tout chemin c de G, d'un chemin équivalent qui soit sans aller-retour est immédiate par récurrence sur la longueur de c (*cf.* II, p. 157).

Soit A une orientation de G et soit G′ le groupoïde associé au groupe libre F(A) construit sur A (II, p. 163, exemple 1). Soit ψ le morphisme de carquois de G dans G′ tel que, pour tout $f \in \mathrm{A}$, $\psi(f)$ soit l'élément f de F(A) et $\psi(\overline{f})$ soit l'élément f^{-1} de F(A). Soit ψ' l'unique morphisme de groupoïdes de ϖ_{G} dans G′ tel que $\psi' \circ j = \psi$.

Soient c, c' des chemins sans aller-retour équivalents modulo $\mathscr{R}$. Ils ont même source et même but. Pour démontrer qu'ils sont égaux, il suffit de démontrer que les suites $(f_1, \ldots, f_n)$ et $(g_1, \ldots, g_m)$ de leurs flèches sont égales. L'image par ψ' de la classe commune de c et c' est égale à $\psi(f_1)\ldots\psi(f_n)$ et à $\psi(g_1)\ldots\psi(g_m)$. Or les termes des suites $(\psi(f_1), \ldots, \psi(f_n))$ et $(\psi(g_1), \ldots, \psi(g_m))$ appartiennent au sous-ensemble $\mathrm{A} \cup \mathrm{A}^{-1}$ de F(A) et deux éléments consécutifs de ces suites ne sont pas inverses l'un de l'autre. D'après A, I, p. 84, prop. 7, ces deux suites sont égales. Il en résulte que les suites $(f_1, \ldots, f_n)$ et $(g_1, \ldots, g_m)$ sont égales, et donc que $c = c'$, d'où l'unicité.

Corollaire 2. — *Le morphisme canonique de* G *dans* ϖ_{G} *est injectif.*

Cela résulte aussitôt du corollaire 1.

Corollaire 3. — *Soit* G′ *un sous-graphe de* G. *Le morphisme de* $\varpi_{\mathrm{G}'}$ *dans* ϖ_{G} *déduit de l'injection de* G′ *dans* G *est injectif.*

Notons i le morphisme d'inclusion de G′ dans G et $\varpi(i)$ le morphisme de $\varpi_{\mathrm{G}'}$ dans ϖ_{G} qui s'en déduit. Les applications $\mathrm{Som}(i)$ et $\mathrm{Som}(\varpi(i))$ coïncident. En outre, si c est un chemin sans aller-retour dans G′, le chemin $i(c)$ est un chemin sans aller-retour dans G. L'assertion résulte donc du corollaire 1.

Corollaire 4. — *Un graphe non vide* G *est un arbre si et seulement si le groupoïde* ϖ_{G} *est simplement transitif.*

Soit a un point de G. D'après le corollaire 1, les propriétés suivantes sont équivalentes :

(i) Le groupe d'isotropie de ϖ_{G} en a est réduit à l'élément neutre ;

(ii) Le seul lacet de G d'origine a qui soit sans aller-retour est le lacet constant d'origine a.

Le groupoïde ϖ_{G} est simplement transitif si et seulement s'il est transitif et s'il possède la propriété (i) pour tout a. Le graphe G est un arbre si et seulement s'il est connexe et possède la propriété (ii) pour tout point a. Comme les orbites de ϖ_{G} s'identifient aux composantes connexes de G, le corollaire en résulte.

10. Groupoïdes libres

Définition 9. — *Soit* C *un carquois. On appelle* groupoïde libre *construit sur* C, *et on note* Grp(C), *le groupoïde* $\varpi_{\widetilde{\mathrm{C}}}$ *des classes de chemins du graphe* $\widetilde{\mathrm{C}}$ *associé à* C.

L'ensemble des sommets de Grp(C) est égal à celui des sommets de C ; les orbites de Grp(C) sont les composantes connexes de C.

Soit C un carquois non vide. D'après le corollaire 4, p. 174, le graphe $\widetilde{\mathrm{C}}$ associé à C est un arbre si et seulement si le groupoïde libre Grp(C) construit sur C est simplement transitif.

Le composé des morphismes de carquois canoniques $i\colon \mathrm{C} \to \widetilde{\mathrm{C}}$ et $j\colon \widetilde{\mathrm{C}} \to \varpi_{\widetilde{\mathrm{C}}}$ est un morphisme de carquois de C dans Grp(C) qu'on appelle le morphisme canonique de C dans Grp(C). Notons-le θ. Pour tout sommet a de C, on a $\theta(a) = a$. Si f est une flèche de C, $\theta(f)$ est la classe du chemin $(o(f), (f, 1), t(f))$ de $\widetilde{\mathrm{C}}$. Le morphisme θ est injectif (II, p. 174, cor. 2) et son image engendre le groupoïde Grp(C).

Soit $\varphi\colon \mathrm{C} \to \mathrm{C}'$ un morphisme de carquois. Notons θ_{C} (resp. $\theta_{\mathrm{C}'}$) le morphisme canonique de C dans Grp(C) (resp. de C′ dans Grp(C′)). Le morphisme $\varpi(\widetilde{\varphi})$ est l'unique morphisme de groupoïdes ψ de Grp(C) dans Grp(C′) tel que $\psi \circ \theta_{\mathrm{C}} = \theta_{\mathrm{C}'} \circ \varphi$.

PROPOSITION 6. — *Soit* C *un carquois, soit* G *un groupoïde et soit* φ *un morphisme de carquois de* C *dans* G. *Il existe un unique morphisme de groupoïdes* φ' *de* Grp(C) *dans* G *tel que* $\varphi' \circ \theta_{\mathrm{C}} = \varphi$.

Soit ψ le morphisme de carquois de $\widetilde{\mathrm{C}}$ dans G tel que $\psi(a) = \varphi(a)$ pour tout sommet a de C et $\psi(f, \varepsilon) = \varphi(f)^{\varepsilon}$ pour toute flèche f de C et tout $\varepsilon \in \{-1, 1\}$. On a $\psi \circ i = \varphi$. D'après la proposition 5, p. 173, il existe un morphisme φ' de $\mathrm{Grp(C)} = \varpi_{\widetilde{\mathrm{C}}}$ dans G tel que $\varphi' \circ j = \psi$. On a alors $\varphi' \circ \theta_{\mathrm{C}} = \varphi' \circ j \circ i = \psi \circ i = \varphi$. Comme dans la démonstration de la prop. 5, l'unicité de φ' résulte de ce que $\theta_{\mathrm{C}}(\mathrm{C})$ engendre le groupoïde Grp(C).

Sous les hypothèses de la prop. 6, on dit parfois que φ' est le morphisme de groupoïdes de Grp(C) dans G prolongeant le morphisme de carquois φ.

Exemple. — Soit C un carquois ayant un unique sommet s et soit A l'ensemble de ses flèches. Le groupoïde Grp(C) est alors le groupoïde associé au groupe libre F(A) construit sur A. En effet, il possède un unique sommet s et il résulte immédiatement de la prop. 6 que l'application canonique de A dans $\mathrm{Grp(C)}_s$ déduite du morphisme canonique de C dans Grp(C) vérifie la propriété universelle des groupes libres (A, I, p. 85, prop. 8).

11. Contraction de flèches d'un groupoïde

Soit G un groupoïde et soit F une partie de l'ensemble des flèches de G. Soit H le sous-groupoïde distingué de G engendré par F. Le groupoïde G/H est appelé *groupoïde déduit de* G *par contraction de l'ensemble de flèches* F et est noté G/F. Si p désigne le morphisme canonique de G dans G/F, on a $p(o(f)) = p(t(f))$ et $p(f) = e_{p(o(f))}$ pour toute flèche $f \in$ F.

Ce morphisme vérifie la propriété universelle suivante.

PROPOSITION 7. — *Pour tout morphisme de groupoïdes* $\varphi\colon \mathrm{G} \to \mathrm{G}'$ *qui applique toute flèche appartenant à* F *sur un élément neutre de* G′, *il existe un unique morphisme de groupoïdes* $\varphi'\colon \mathrm{G/F} \to \mathrm{G}'$ *tel que* $\varphi' \circ p = \varphi$.

Le noyau de φ est un sous-groupoïde distingué de G et l'ensemble de ses flèches contient F. Par définition, H est le plus petit sous-groupoïde distingué de G dont l'ensemble des flèches contient F ; il est donc contenu dans le noyau de φ. La proposition résulte alors de II, p. 170, prop. 3.

Notons Γ le sous-carquois de G d'ensemble de sommets Som(G) et d'ensemble de flèches F. Les orbites de H s'identifient aux composantes connexes du carquois Γ. Par définition du quotient d'un groupoïde par un sous-groupoïde distingué, l'ensemble des sommets de G/F s'identifie à l'ensemble des composantes connexes de Γ ; autrement dit, c'est l'ensemble quotient de Som(G) par la relation d'équivalence la plus fine telle que $o(f)$ soit équivalent à $t(f)$ pour toute flèche $f \in$ F.

L'application p induit, par passage aux quotients, une bijection de l'ensemble des orbites de G sur l'ensemble des orbites de G/F (II, p. 170, remarque 1).

Le but de ce n° est de calculer les homomorphismes déduits de p par passage aux groupes d'isotropie, ce qui revient, d'après la prop. 2 (II, p. 170), à calculer les groupes d'isotropie du sous-groupoïde H.

PROPOSITION 8. — *Soit δ le morphisme canonique du groupoïde libre* Grp(Γ) *dans* G *qui prolonge le morphisme injectif canonique de* Γ *dans* G. *Soit a un sommet de* G *et soit* A *l'orbite de a dans* G. *Pour tout $b \in$* A, *soit f_{ab} une flèche de* G *reliant a à b. Le groupe d'isotropie* H_a *est le sous-groupe distingué de* G_a *engendré par les éléments* $\mathrm{Int}(f_{ab})(\delta(c))$, *où b parcourt l'ensemble* A *et c parcourt les éléments de* $\mathrm{Grp}(\Gamma)_b$.

Si x et y sont des sommets de G appartenant à la même orbite, avec $x \neq a$, fixons en outre une flèche f_{xy} de G qui relie x à y. Pour tout point x de G, soit N_x le sous-groupe distingué de G_x engendré par les éléments $\mathrm{Int}(f_{xy})(\delta(c))$, où y parcourt l'orbite de x dans G et c parcourt le groupe $\mathrm{Grp}(\Gamma)_y$. Pour tout $f \in \mathrm{G}_{xy}$ et tout $g \in \mathrm{N}_y$, on a $fgf^{-1} \in \mathrm{N}_x$. Soit $x \in \mathrm{Som}(\mathrm{G})$. On a $\delta(\mathrm{Grp}(\Gamma)_x) \subset \mathrm{N}_x$, par définition de N_x. Par définition du groupoïde H, $\delta(f)$ est une flèche de H pour toute flèche f de $\mathrm{Grp}(\Gamma)$; par suite, $\delta(\mathrm{Grp}(\Gamma)_x)$ est contenu dans H_x. Comme H est un sous-groupoïde distingué de G, on a alors

$$\mathrm{Int}(f_{xy})(\delta(c)) \in \mathrm{Int}(f_{xy})(\mathrm{N}_y) \subset \mathrm{Int}(f_{xy})(\mathrm{H}_y) \subset \mathrm{H}_x$$

pour tout $y \in \mathrm{Som}(\mathrm{G})$, puis $\mathrm{N}_x \subset \mathrm{H}_x$.

Soient x et y des sommets de Γ. Posons $\mathrm{N}_{x,y} = \varnothing$ si x et y n'appartiennent pas à une même composante connexe de Γ. Dans le cas contraire, soient c et c' des classes de chemins reliant x à y dans le graphe $\widetilde{\Gamma}$ associé à Γ. Soit z un sommet de G appartenant à l'orbite de y et soit ℓ un élément de $\mathrm{Grp}(\Gamma)_z$; dans le groupe G_x, on a l'égalité :

$$\begin{aligned}\delta(c)f_{yz}\delta(\ell)f_{yz}^{-1}\delta(c')^{-1} \\ = \delta(c)f_{yz}f_{xz}^{-1}(f_{xz}\delta(\ell)f_{xz}^{-1})f_{xz}f_{yz}^{-1}\delta(c)^{-1}\delta(c(c')^{-1}).\end{aligned}$$

La flèche $\delta(c(c')^{-1})$ est la classe d'un lacet en x dans le carquois Γ, donc appartient à N_x, de même que la flèche $f_{xz}\delta(\ell)f_{xz}^{-1}$. Comme $\delta(c)f_{yz}f_{xz}^{-1}$ appartient à G_x et que N_x est un sous-groupe distingué de G_x, il en résulte que $\delta(c)f_{yz}\delta(\ell)f_{yz}^{-1}\delta(c')^{-1}$ appartient à N_x. Par conséquent, $\delta(c)\mathrm{N}_y \subset \mathrm{N}_x\delta(c')$. Par symétrie, on a $\delta(c)\mathrm{N}_y = \mathrm{N}_x\delta(c')$. Cela entraîne que cet ensemble ne dépend pas des choix de c et c' ; on le note $\mathrm{N}_{x,y}$.

Soit N le sous-carquois de G dont l'ensemble des sommets est Som(G) et dont l'ensemble des flèches reliant x à y est égal à $\mathrm{N}_{x,y}$ pour tout couple (x, y) de sommets de G. C'est un sous-groupoïde distingué de G dont l'ensemble des flèches contient F ; par suite, H est un sous-groupoïde de N. En particulier, $\mathrm{H}_a \subset \mathrm{N}_a$, d'où l'égalité.

COROLLAIRE 1. — *Supposons de plus que, pour toute flèche f de* F, *on ait $o(f) = t(f)$. Alors, l'origine et le terme de tout chemin dans le carquois Γ coïncident. Soit a un sommet de* G *et soit* A *son orbite dans* G. *Pour tout élément c de* F *dont l'origine b appartient à* A, *fixons une flèche f_c de* G *reliant a à b et posons $\kappa(c) = \mathrm{Int}(f_c)(\delta(c)) = f_c\delta(c)f_c^{-1}$.*

Le groupe H_a est alors le sous-groupe distingué de G_a engendré par les flèches $\kappa(c)$.

D'après la prop. 8, les flèches $\kappa(c)$ sont contenues dans le groupe H_a. Notons N_a le plus petit sous-groupe distingué de G_a qui les contient. D'après cette proposition, il suffit de démontrer que, pour tout sommet b de G appartenant à A, toute flèche f_{ab} reliant a à b dans G et tout élément c de $\mathrm{Grp}(\Gamma)_b$, $\mathrm{Int}(f_{ab})(\delta(c))$ appartient à N_a. Comme l'origine et le terme de chaque élément de F sont égaux, un lacet en un sommet b dans le graphe $\widetilde{\Gamma}$ est de la forme $(b, (f_1, \varepsilon_1), b, \ldots, (f_n, \varepsilon_n), b)$, où pour tout $i \in \{1, \ldots, n\}$, f_i est un élément de F d'origine b et $\varepsilon_i \in \{-1, 1\}$. On a

$$\mathrm{Int}(f_{ab})(\delta(c)) = f_{ab}f_c^{-1}\kappa(f_1)^{\varepsilon_1} \ldots \kappa(f_n)^{\varepsilon_n} f_c f_{ab}^{-1}.$$

Comme $f_{ab}f_c^{-1} \in G_a$, il en résulte que $\mathrm{Int}(f_{ab})(\delta(c))$ appartient à N_a.

COROLLAIRE 2. — *Si le graphe associé au carquois* Γ *est une forêt, l'homomorphisme* p_a *de* G_a *dans* $(G/F)_{p(a)}$ *est bijectif, pour tout sommet* a *de* G.

En effet, sous cette hypothèse, on a $\mathrm{Grp}(\Gamma)_b = \{e_b\}$ pour tout sommet b de G (corollaire 1 de II, p. 173). Il résulte alors de la proposition 8 que, pour tout sommet a de G, le groupe H_a est réduit à l'élément neutre.

12. Groupe de Poincaré d'un graphe

Soit G un graphe. Soit a un sommet de G ; le groupe d'isotropie en a du groupoïde Grp(G) est appelé *groupe de Poincaré de* G *en* a et est noté $\pi_1(G, a)$. Soit c une classe de chemins dans G, soient a son origine et b son terme. L'application $\mathrm{Int}(c) \colon \pi_1(G, b) \to \pi_1(G, a)$ définie par $c' \mapsto cc'c^{-1}$ est un isomorphisme de groupes. Soit $\varphi \colon G \to H$ un morphisme de graphes. Notons $\theta_G \colon G \to \mathrm{Grp}(G)$ et $\theta_H \colon H \to \mathrm{Grp}(H)$ les morphismes canoniques. Si $\overline{\varphi}$ désigne l'unique morphisme de groupoïdes $\mathrm{Grp}(G) \to \mathrm{Grp}(H)$ tel que $\overline{\varphi} \circ \theta_G = \theta_H \circ \varphi$, l'homomorphisme de groupes $\overline{\varphi}_a \colon \pi_1(G, a) \to \pi_1(H, \varphi(a))$ est noté $\pi_1(\varphi, a)$.

Soit G un graphe connexe, soit S une orientation de G et soit A un arbre orienté maximal de G (II, p. 157, prop. 1). Étant donnés des sommets a et b de G, il existe une unique classe de chemins $\gamma_{a,b}$ dans le graphe $\widetilde{A}$ associé à A qui relie a à b (II, p. 174, cor. 4 de la prop. 5). Si a, b et c sont des sommets de G, on a $\gamma_{a,b}\gamma_{b,c} = \gamma_{a,c}$, ces deux classes de chemins étant égales à l'unique classe de chemins reliant a à c dans $\widetilde{A}$.

PROPOSITION 9. — *Soit a un sommet de G. Il existe un unique homomorphisme λ du groupe libre* $F(S - Fl(A))$ *dans* $\pi_1(G, a)$ *tel que*

$$\lambda(f) = \gamma_{a,o(f)} \cdot f \cdot \gamma_{t(f),a} \tag{1}$$

pour $f \in S - Fl(A)$. *L'homomorphisme λ est un isomorphisme de groupes.*

Notons L le groupe $F(S - Fl(A))$. L'existence et l'unicité de l'homomorphisme $\lambda\colon L \to \pi_1(G, a)$ vérifiant les relations (1) résulte de A, I, p. 85, prop. 8. Soit $\mathscr{L}$ le groupoïde associé au groupe L (II, p. 163, exemple 1) ; notons s son unique sommet. Il existe un unique morphisme de groupoïdes $\mu\colon \mathrm{Grp}(G) \to \mathscr{L}$ tel que $\mu(\theta_G(f)) = f$ pour toute flèche $f \in S-Fl(A)$ et $\mu(\theta_G(f)) = e_s$ pour toute flèche $f \in Fl(A)$ (II, p. 173, prop. 5). Pour $f \in S - Fl(A)$, on a $\mu(\theta_G(f)) = f$; l'homomorphisme $\mu_a \circ \lambda$ est donc l'isomorphisme identique du groupe L (A, I, p. 85, prop. 8). Il en résulte que λ est injectif.

Soit ϖ_G/A le groupoïde déduit de ϖ_G par contraction des flèches de A et soit $p\colon \varpi_G \to \varpi_G/A$ le morphisme de groupoïdes canonique. Il est surjectif et l'homomorphisme de groupes p_a déduit de p par passage aux groupes d'isotropie est un isomorphisme (II, p. 178, cor. 2 de la prop. 8). Comme le graphe G est supposé connexe et que A en est un arbre maximal, le groupoïde ϖ_G/A possède un unique sommet (II, p. 176). En outre, ϖ_G est engendré par $\theta_G(G)$; par suite, ϖ_G/A est engendré par les lacets $p(f)$, pour $f \in S$, et le groupe $(\varpi_G/A)_{p(a)}$ est engendré par les éléments de la forme $p(\theta_G(f))$, pour $f \in S - Fl(A)$. L'homomorphisme $p_a \circ \lambda$ est donc surjectif. Par suite, λ est surjectif.

Remarques. — 1) L'homomorphisme μ_a est l'isomorphisme réciproque de λ.

2) Il existe un unique homomorphisme $\lambda\colon F(Fl(G)) \to \pi_1(G, a)$ défini par les relations (1) pour *tout* $f \in Fl(G)$. Il résulte de la proposition 8 que l'homomorphisme λ est surjectif et que son noyau est le plus petit sous-groupe distingué de $F(Fl(G))$ contenant les éléments f, pour $f \in Fl(A)$, et les éléments $f \cdot \overline{f}$, pour $f \in Fl(G)$.

§ 4. HOMOTOPIES

1. Définition des homotopies

DÉFINITION 1. — *Soient* G *un groupoïde,* H *un carquois,* φ *et* φ' *des morphismes de carquois de* H *dans* G. *Une* homotopie *reliant* φ *à* φ' *est une application* h *de l'ensemble des sommets de* H *dans l'ensemble des flèches de* G *possédant les propriétés suivantes :*

(i) *Pour tout sommet* a *de* H, *la flèche* $h(a)$ *a pour origine* $\varphi(a)$ *et pour terme* $\varphi'(a)$ *;*

(ii) *Pour toute flèche* f *de* H, *d'origine* a *et de terme* b, *on a* $\varphi(f)h(b) = h(a)\varphi'(f)$.

On dit que φ *et* φ' *sont homotopes s'il existe une homotopie reliant* φ *à* φ'.

Soit G un groupoïde, soit H un carquois et soient φ, φ', φ'' des morphismes de carquois de H dans G. L'application $a \mapsto e_{\varphi(a)}$ est une homotopie reliant φ à φ. Si h est une homotopie reliant φ à φ', l'application $a \mapsto h(a)^{-1}$ est une homotopie reliant φ' à φ. Soient h et h' des homotopies reliant φ à φ' et φ' à φ'' respectivement. Pour tout sommet a de H, les flèches $h(a)$ et $h'(a)$ sont composables. L'application $a \mapsto h(a)h'(a)$ est une homotopie reliant φ à φ''.

Il en résulte que la relation « φ est homotope à φ' » est une relation d'équivalence dans l'ensemble des morphismes de carquois de H dans G.

Soient G un groupoïde, H un carquois et φ, φ' des morphismes de carquois de H dans G qui sont homotopes. D'après la condition (i) de la définition 1, pour tout sommet a de H, les sommets $\varphi(a)$ et $\varphi'(a)$ appartiennent à une même orbite de G.

Supposons de plus que H soit un groupoïde et soit h une homotopie reliant φ à φ'. Les applications $\mathrm{Orb}(\varphi)$ et $\mathrm{Orb}(\varphi')$ déduites de φ et φ' par passage aux orbites sont donc égales. Pour tout sommet a de H et toute flèche $f \in \mathrm{H}_a$, on a $\varphi(f) = h(a)\varphi'(f)h(a)^{-1} = \mathrm{Int}(h(a))(\varphi'(f))$, d'après la condition (ii) de la définition 1. Autrement dit, l'homomorphisme φ_a est égal à $\mathrm{Int}(h(a)) \circ \varphi'_a$. En particulier, si l'homomorphisme φ_a est injectif (resp. bijectif, resp. surjectif), il en est de même de l'homomorphisme φ'_a.

Remarques. — 1) Soient G, G′ des groupoïdes, H, H′ des carquois, soient $u\colon \mathrm{H}' \to \mathrm{H}$ un morphisme de carquois et $v\colon \mathrm{G} \to \mathrm{G}'$ un morphisme de groupoïdes. Si des morphismes de carquois φ, φ' de H dans G sont homotopes, les morphismes de carquois $v \circ \varphi \circ u$ et $v \circ \varphi' \circ u$ de H′ dans G′ sont homotopes. Plus précisément, si h est une homotopie reliant φ à φ', l'application $\mathrm{Fl}(v) \circ h \circ \mathrm{Som}(u)$ est une homotopie reliant $v \circ \varphi \circ u$ à $v \circ \varphi' \circ u$.

2) Soit G un groupoïde, soit H un carquois et soient φ, ψ des morphismes de carquois de H dans G. Notons j le morphisme canonique de H dans Grp(H), soient $\overline{\varphi}$ et $\overline{\psi}$ les morphismes de groupoïdes de Grp(H) dans G tels que $\overline{\varphi} \circ j = \varphi$ et $\overline{\psi} \circ j = \psi$.

Rappelons que Som(H) = Som(Grp(H)).

Une homotopie $h\colon \mathrm{Som}(\mathrm{H}) \to \mathrm{Fl}(\mathrm{G})$ reliant φ à ψ est une homotopie reliant $\overline{\varphi}$ à $\overline{\psi}$.

2. Homotopismes de groupoïdes

Dans ce n°, nous utiliserons la notation $u \sim v$ pour exprimer que deux morphismes de groupoïdes u et v sont homotopes.

DÉFINITION 2. — *Soient* G, G′ *des groupoïdes et soit* φ *un morphisme de* G *dans* G′. *On appelle* inverse à homotopie près *de* φ *un morphisme de groupoïdes* ψ *de* G′ *dans* G *tel que les morphismes* $\psi \circ \varphi$ *et* $\varphi \circ \psi$ *soient respectivement homotopes à* Id_{G} *et à* $\mathrm{Id}_{\mathrm{G}'}$. *On dit que* φ *est un* homotopisme *s'il existe un inverse de* φ *à homotopie près.*

Un isomorphisme de groupoïdes est un homotopisme.

Soient G et G′ des groupoïdes. Soient φ, φ' des morphismes de groupoïdes de G dans G′ qui sont homotopes. Si φ est un homotopisme, il en est de même de φ'. En effet, si ψ désigne un inverse de φ à homotopie près, on a $\psi \circ \varphi' \sim \psi \circ \varphi \sim \mathrm{Id}_{\mathrm{G}}$ et $\varphi' \circ \psi \sim \varphi \circ \psi \sim \mathrm{Id}_{\mathrm{G}'}$, ce qui démontre que ψ est inverse à homotopie près de φ'.

Soient G, G′, G″ des groupoïdes et soient $\varphi\colon \mathrm{G} \to \mathrm{G}'$, $\varphi'\colon \mathrm{G}' \to \mathrm{G}''$, $\psi\colon \mathrm{G}' \to \mathrm{G}$, $\psi'\colon \mathrm{G}'' \to \mathrm{G}'$ des morphismes de groupoïdes. Alors, des conditions suivantes :

(i) ψ est inverse à homotopie près de φ ;

(ii) ψ' est inverse à homotopie près de φ' ;

(iii) $\psi \circ \psi'$ est inverse à homotopie près de $\varphi' \circ \varphi$;

deux quelconques entraînent la troisième. En effet, supposons d'abord que (i) et (ii) soient satisfaites ; on a alors

$$\psi \circ \psi' \circ \varphi' \circ \varphi \sim \psi \circ \mathrm{Id}_{G'} \circ \varphi \sim \psi \circ \varphi \sim \mathrm{Id}_G$$

et, de même, $\varphi' \circ \varphi \circ \psi \circ \psi' \sim \mathrm{Id}_{G'}$, d'où (iii). Si (i) et (iii) sont satisfaites,

$$\varphi' \circ \psi' \sim \varphi' \circ \varphi \circ \psi \circ \psi' \sim \mathrm{Id}_{G''}$$

et

$$\psi' \circ \varphi' \sim (\varphi \circ \psi) \circ \psi' \circ \varphi' \circ (\varphi \circ \psi) \sim \varphi \circ \psi \sim \mathrm{Id}_{G'},$$

d'où la condition (ii). La démonstration que les conditions (ii) et (iii) entraînent la condition (i) est analogue.

En particulier, si deux des morphismes φ, φ', $\varphi' \circ \varphi$ sont des homotopismes, il en est de même du troisième.

PROPOSITION 1. — *Soient* G, G′ *des groupoïdes, soit* φ *un morphisme de* G *dans* G′, *et soit* A *une partie de l'ensemble des sommets de* G *qui rencontre chaque orbite de* G. *Pour que* φ *soit un homotopisme, il faut et il suffit que les conditions suivantes soient satisfaites :*

(i) *l'application* Orb(φ) *de* Orb(G) *dans* Orb(G′), *déduite de* φ *par passage aux orbites, est bijective ;*

(ii) *pour tout* $a \in A$, *l'homomorphisme* $\varphi_a \colon G_a \to G'_{\varphi(a)}$ *est bijectif.*

Supposons d'abord que φ soit un homotopisme et soit ψ un inverse de φ à homotopie près. Alors,

$$\mathrm{Orb}(\psi) \circ \mathrm{Orb}(\varphi) = \mathrm{Orb}(\psi \circ \varphi) = \mathrm{Orb}(\mathrm{Id}_G) = \mathrm{Id}_{\mathrm{Orb}(G)},$$

car deux morphismes de groupoïdes homotopes induisent la même application par passage aux orbites. De même, $\mathrm{Orb}(\varphi) \circ \mathrm{Orb}(\psi) = \mathrm{Id}_{\mathrm{Orb}(G')}$. L'application Orb($\varphi$) est donc bijective, d'où l'assertion (i). On a aussi, pour tout sommet a de G,

$$\psi_{\varphi(a)} \circ \varphi_a = (\psi \circ \varphi)_a;$$

comme $\psi \circ \varphi$ est homotope à Id_G, l'homomorphisme $(\psi \circ \varphi)_a$ est bijectif (*cf.* p. 180), si bien que φ_a est injectif et $\psi_{\varphi(a)}$ est surjectif. En échangeant les rôles de φ et ψ, on voit que φ_a est aussi surjectif, d'où la condition (ii).

Supposons maintenant que les conditions (i) et (ii) soient satisfaites et démontrons que φ est un homotopisme.

Traitons d'abord le cas où chaque orbite de G′ est réduite à un point.

Pour chaque sommet b de G$'$, choisissons un sommet $u(b)$ de G appartenant à A et dont l'image par φ soit b. C'est possible car l'application Orb(φ) est surjective et que A rencontre chaque orbite de G. Soit f une flèche de G$'$; on a $o(f) = t(f)$ par hypothèse ; posons $b = o(f)$ et $a = u(b)$. D'après la condition (ii), il existe une unique flèche $v(f) \in \mathrm{G}_a$ dont l'image par φ soit f. Le couple $\psi = (u, v)$ est un morphisme de groupoïdes de G$'$ dans G. Démontrons que ψ est inverse de φ à homotopie près. On a déjà $\varphi \circ \psi = \mathrm{Id}_{\mathrm{G}'}$ par construction de ψ.

Soit x un sommet de G. Posons $a = \psi(\varphi(x))$; c'est un élément de A tel que $\varphi(a) = \varphi(x)$. Puisque Orb(φ) est injectif, a appartient à l'orbite de x dans G et il existe une flèche f dans G reliant a à x. La flèche $h(x) = \psi(\varphi(f))^{-1}f$ relie alors a à x et l'on a $\varphi(h(x)) = e_{\varphi(a)}$.

Montrons que l'application $h\colon \mathrm{Som(G)} \to \mathrm{Fl(G)}$ ainsi définie est une homotopie qui relie $\psi \circ \varphi$ à Id_{G}. La condition (i) de la définition 1 est satisfaite, par construction. Soient f une flèche de G, x son origine et y son terme. On a $\varphi(x) = \varphi(y)$; posons $a = \psi(\varphi(x)) = \psi(\varphi(y))$. Les flèches $h(x)fh(y)^{-1}$ et $\psi \circ \varphi(f)$ appartiennent à G_a et ont toutes deux pour image $\varphi(f)$ dans $\mathrm{G}'_{\varphi(a)}$. Comme l'application φ_a est injective, on a $h(x)fh(y)^{-1} = \psi \circ \varphi(f)$. La condition (ii) de la définition 1 est ainsi satisfaite.

Démontrons maintenant la proposition 1 dans le cas général. Soit X une forêt orientée maximale de G$'$ (II, p. 157, prop. 1). Soit G$''$ le groupoïde déduit de G$'$ par contraction des flèches de X et soit $\varphi'\colon \mathrm{G}' \to \mathrm{G}''$ le morphisme canonique. Le morphisme φ' satisfait aux conditions de la prop. 1 (II, p. 170, remarque 1 et p. 178, cor. 2), et il en est donc de même du morphisme $\varphi' \circ \varphi$.

Comme les orbites de G$''$ sont réduites à des points, il résulte du cas particulier déjà démontré que φ' et $\varphi' \circ \varphi$ sont des homotopismes, si bien que φ en est un également. Cela termine la démonstration de la proposition.

Corollaire 1. — *Soit* G *un groupoïde, soit* A *un ensemble et soit* $f\colon \mathrm{A} \to \mathrm{Som(G)}$ *une application. Si l'image de f rencontre chaque orbite de* G, *le morphisme de groupoïdes canonique φ de $f^*\mathrm{G}$ dans* G *est un homotopisme.*

Par définition du groupoïde image réciproque (II, p. 166, exemple 4), A est l'ensemble des sommets du groupoïde $f^*\mathrm{G}$ et l'on a $\mathrm{Fl}_{a,b}(f^*\mathrm{G}) = \mathrm{Fl}_{f(a),f(b)}(\mathrm{G})$ pour tout couple (a, b) d'éléments de A. Par ailleurs, on a $\mathrm{Som}(\varphi) = f$ et $\mathrm{Fl}(\varphi)$ induit l'application identique de $\mathrm{Fl}_{a,b}(f^*\mathrm{G})$ dans $\mathrm{Fl}_{f(a),f(b)}(\mathrm{G})$. Par suite, l'application $\mathrm{Orb}(\varphi)$ est bijective et l'homomorphisme $\varphi_a\colon (f^*\mathrm{G})_a \to \mathrm{G}_{f(a)}$ est un isomorphisme, pour tout $a \in \mathrm{A}$. Les hypothèses de la proposition 1 sont donc vérifiées.

COROLLAIRE 2. — *Soit* G *un groupoïde, soit* X *une forêt orientée de* G, *soit* G′ *le groupoïde déduit de* G *par contraction des flèches de* X. *Le morphisme canonique de* G *dans* G′ *est un homotopisme.*

Il résulte en effet de la remarque 1 de II, p. 170 et du corollaire 2 de II, p. 178 que les hypothèses de la proposition 1 sont vérifiées.

3. Cohomotopeur

Soit H un carquois, soit G un groupoïde et soient φ et ψ des morphismes de carquois de H dans G.

Notons G_1 le carquois défini de la façon suivante : les sommets de G_1 sont ceux de G; les flèches de G_1 sont les éléments de l'ensemble somme des ensembles Fl(G) et Som(H) ; l'application origine de G_1 coïncide avec celle de G dans Fl(G) et avec $\mathrm{Som}(\varphi)$ dans Som(H) ; l'application terme de G_1 coïncide avec celle de G dans Fl(G) et avec $\mathrm{Som}(\psi)$ dans Som(H). Notons α_1 le morphisme de carquois de G dans G_1 défini par l'application identique de Som(G) et par l'injection canonique de Fl(G) dans $\mathrm{Fl}(\mathrm{G}_1)$. Notons h_1 l'injection canonique $\mathrm{Som}(\mathrm{H}) \to \mathrm{Fl}(\mathrm{G}_1)$.

Considérons le groupoïde libre $\mathrm{Grp}(\mathrm{G}_1)$ construit sur G_1 (II, p. 174, déf. 9) et notons θ_1 le morphisme canonique de carquois de G_1 dans $\mathrm{Grp}(\mathrm{G}_1)$. Désignons enfin par $\mathrm{Coh}(\varphi, \psi)$ le groupoïde déduit de $\mathrm{Grp}(\mathrm{G}_1)$ par contraction des lacets (en l'origine de x)

$$(1) \qquad \alpha_1(x)\alpha_1(y)\alpha_1(xy)^{-1},$$

pour tout couple (x, y) de flèches composables de G, ainsi que des lacets (en $\varphi(a)$)

$$(2) \qquad \alpha_1(\varphi(f))h_1(b)\alpha_1(\psi(f))^{-1}h_1(a)^{-1}$$

pour a, b dans Som(H) et $f \in \mathrm{Fl}_{ab}(\mathrm{H})$. Notons $\pi\colon \mathrm{Grp}(\mathrm{G}_1) \to \mathrm{Coh}(\varphi, \psi)$ le morphisme canonique; posons $\alpha = \pi \circ \theta_1 \circ \alpha_1$ et $h = \mathrm{Fl}(\pi \circ \theta_1) \circ h_1$.

Proposition 2. — *Le groupoïde* $\mathrm{Coh}(\varphi, \psi)$ *est engendré par le sous-carquois dont l'ensemble des sommets est* $\mathrm{Som}(\mathrm{G})$ *et celui des flèches est la réunion des images des applications* $\mathrm{Fl}(\alpha)$ *et* h.

Ce sous-carquois étant l'image du carquois G_1 par le morphisme de carquois $\pi \circ \theta_1$, la proposition résulte aussitôt de la construction de $\mathrm{Coh}(\varphi, \psi)$.

Proposition 3. — *Le morphisme de carquois* α *est un morphisme de groupoïdes de* G *dans* $\mathrm{Coh}(\varphi, \psi)$ *et l'application* h *est une homotopie reliant* $\alpha \circ \varphi$ *à* $\alpha \circ \psi$.

Le triplet $(\mathrm{Coh}(\varphi, \psi), \alpha, h)$ *possède la propriété universelle suivante : si* G' *est un groupoïde,* α' *un morphisme de groupoïdes de* G *dans* G' *et* $h' \colon \mathrm{Som}(\mathrm{H}) \to \mathrm{Fl}(\mathrm{G}')$ *une homotopie reliant* $\alpha' \circ \varphi$ *à* $\alpha' \circ \psi$*, il existe un unique morphisme de groupoïdes* $\eta \colon \mathrm{Coh}(\varphi, \psi) \to \mathrm{G}'$ *tel que*

$$\alpha' = \eta \circ \alpha \qquad \text{et} \qquad h' = \mathrm{Fl}(\eta) \circ h. \tag{3}$$

Compte tenu de la définition du groupoïde déduit par contraction de flèches, la contraction des lacets (1) entraîne que α est un morphisme de groupoïdes, la contraction des lacets (2) que h est une homotopie reliant $\alpha \circ \varphi$ à $\alpha \circ \psi$.

Soient G', α', h' comme dans l'énoncé. Soit η_1 le morphisme de carquois de G_1 dans G' tel que $\mathrm{Som}(\eta_1)$ soit égal à $\mathrm{Som}(\alpha')$ et tel que $\mathrm{Fl}(\eta_1)$ coïncide avec $\mathrm{Fl}(\alpha')$ dans $\mathrm{Fl}(\mathrm{G})$ et avec h' dans $\mathrm{Som}(\mathrm{H})$. Il existe un unique morphisme de groupoïdes $\eta_2 \colon \mathrm{Grp}(\mathrm{G}_1) \to \mathrm{G}'$ tel que $\eta_1 = \eta_2 \circ \theta_1$. Comme α' est un morphisme de groupoïdes et h' est une homotopie reliant $\alpha' \circ \varphi$ à $\alpha' \circ \psi$, η_2 définit par passage au quotient un morphisme de groupoïdes η de $\mathrm{Coh}(\varphi, \psi)$ dans G' (II, p. 170, prop. 3). Ce morphisme satisfait aux relations (3) et c'est le seul (II, p. 185, prop. 2).

Définition 3. — *Le groupoïde* $\mathrm{Coh}(\varphi, \psi)$ *s'appelle le* cohomotopeur *du couple* (φ, ψ). *On dit que* α *est le morphisme canonique de* G *dans* $\mathrm{Coh}(\varphi, \psi)$ *et que* h *est l'homotopie canonique reliant* $\alpha \circ \varphi$ *à* $\alpha \circ \psi$.

On appelle armature *du couple* (φ, ψ) *le carquois dont l'ensemble des sommets est l'ensemble des orbites de* G*, l'ensemble des flèches est l'ensemble des composantes connexes de* H *et dont les applications origine et terme sont déduites de* φ *et* ψ *par passage aux quotients.*

Proposition 4. — *L'application* $\mathrm{Orb}(\alpha)\colon \mathrm{Orb}(\mathrm{G}) \to \mathrm{Orb}(\mathrm{Coh}(\varphi,\psi))$ *est surjective, ses fibres sont les composantes connexes de l'armature du couple* (φ,ψ).

Le morphisme α est le composé des morphismes $\alpha_1\colon \mathrm{G} \to \mathrm{G}_1$, $\theta_1\colon \mathrm{G}_1 \to \mathrm{Grp}(\mathrm{G}_1)$ et $\pi\colon \mathrm{Grp}(\mathrm{G}_1) \to \mathrm{Coh}(\varphi,\psi)$. L'application θ_1 induit une bijection de l'ensemble des composantes connexes du carquois G_1 sur l'ensemble des orbites de $\mathrm{Grp}(\mathrm{G}_1)$ et l'application $\mathrm{Orb}(\pi)\colon \mathrm{Orb}(\mathrm{Grp}(\mathrm{G}_1)) \to \mathrm{Orb}(\mathrm{Coh}(\varphi,\psi))$ est bijective (II, p. 170, remarque 1). Il suffit donc de démontrer que l'application de $\mathrm{Orb}(\mathrm{G})$ dans $\pi_0(\mathrm{G}_1)$ déduite de α_1 est surjective et que ses fibres sont les composantes connexes de l'armature du couple (φ,ψ). La surjectivité résulte de ce que l'application $\mathrm{Som}(\alpha_1)$ est l'application identique. La relation d'équivalence dans $\mathrm{Som}(\mathrm{G})$ donnée par « a et b sont dans la même composante connexe de G_1 » est engendrée par les relations « il existe une flèche de G reliant a à b » et « il existe un sommet h de H tel que $\varphi(h) = a$ et $\psi(h) = b$ ». Cette relation d'équivalence est compatible avec l'application de $\mathrm{Som}(\mathrm{G})$ dans $\mathrm{Orb}(\mathrm{G})$ et la relation qui s'en déduit dans $\mathrm{Orb}(\mathrm{G})$ est engendrée par la relation « il existe une orbite η de H telle que $\mathrm{Orb}(\varphi)(\eta) = \alpha$ et $\mathrm{Orb}(\psi)(\eta) = \beta$ ». C'est donc la relation « α et β sont dans la même composante connexe de l'armature du couple (α,β) ».

Proposition 5. — *Soit* G' *un groupoïde, soient* η, η' *des morphismes de groupoïdes de* $\mathrm{Coh}(\varphi,\psi)$ *dans* G' *et soit* k *une application de* $\mathrm{Som}(\mathrm{G})$ *dans* $\mathrm{Fl}(\mathrm{G}')$. *Pour que* k *soit une homotopie reliant* η *à* η', *il faut et il suffit que les deux conditions suivantes soient satisfaites :*

(i) *L'application* k *est une homotopie reliant* $\eta \circ \alpha$ *à* $\eta' \circ \alpha$;

(ii) *Pour tout sommet* a *de* H, *on a*

$$\eta(h(a))k(\psi(a)) = k(\varphi(a))\eta'(h(a)).$$

Par définition, pour que k soit une homotopie reliant η à η', il faut et il suffit que les deux conditions suivantes soient réalisées (rappelons que $\mathrm{Som}(\mathrm{G}) = \mathrm{Som}(\mathrm{Coh}(\varphi,\psi))$) :

a) Pour tout sommet x de $\mathrm{Coh}(\varphi,\psi)$, $k(x)$ relie $\eta(x)$ à $\eta'(x)$;

b) Pour tout couple (x,y) de sommets de $\mathrm{Coh}(\varphi,\psi)$ et toute flèche $f \in \mathrm{Fl}_{x,y}(\mathrm{Coh}(\varphi,\psi))$, on a $\eta(f)k(y) = k(x)\eta'(f)$.

D'après la prop. 2, il suffit de vérifier la condition b) lorsque f appartient à l'image de $\mathrm{Fl}(\alpha)$ ou à celle de h, de sorte que b) équivaut à la conjonction des deux conditions c) et d) ci-dessous :

c) Pour $x \in \mathrm{Som}(\mathrm{G})$, $y \in \mathrm{Som}(\mathrm{G})$ et $g \in \mathrm{Fl}_{x,y}(\mathrm{G})$, on a $\eta(\alpha(g))k(y) = k(x)\eta'(\alpha(g))$;

d) Pour tout $a \in \mathrm{Som}(\mathrm{H})$, on a $\eta(h(a))k(\psi(a)) = k(\varphi(a))\eta'(h(a))$.

La condition (i) équivaut à la conjonction de *a*) et *c*), et la condition (ii) est la condition *d*), d'où le corollaire.

4. Comparaison de deux cohomotopeurs

Considérons un diagramme

$$\begin{array}{ccc} \mathrm{H} & \overset{\varphi}{\underset{\psi}{\rightrightarrows}} & \mathrm{G} \\ {\scriptstyle u}\downarrow & & \downarrow{\scriptstyle v} \\ \mathrm{H}' & \overset{\varphi'}{\underset{\psi'}{\rightrightarrows}} & \mathrm{G}' \end{array} \tag{4}$$

où H, H′, G, G′ sont des groupoïdes et u, v, φ, ψ, φ', ψ' des morphismes de groupoïdes tels que $v \circ \varphi = \varphi' \circ u$ et $v \circ \psi = \psi' \circ u$.

Notons α le morphisme canonique de G dans le cohomotopeur $\mathrm{Coh}(\varphi, \psi)$ et h l'homotopie canonique reliant $\alpha \circ \varphi$ à $\alpha \circ \psi$; définissons de façon analogue α' et h'. Alors, $\alpha' \circ v$ est un morphisme de groupoïdes de G dans $\mathrm{Coh}(\varphi', \psi')$ et $h' \circ \mathrm{Som}(u)$ est une homotopie reliant $\alpha' \circ \varphi' \circ u$ à $\alpha' \circ \psi' \circ u$, c'est-à-dire $\alpha' \circ v \circ \varphi$ à $\alpha' \circ v \circ \psi$. D'après la propriété universelle des cohomotopeurs (II, p. 185, prop. 3), il existe un unique morphisme de groupoïdes w de $\mathrm{Coh}(\varphi, \psi)$ dans $\mathrm{Coh}(\varphi', \psi')$ tel que $w \circ \alpha = \alpha' \circ v$ et $\mathrm{Fl}(w) \circ h = h' \circ \mathrm{Som}(u)$. Nous avons en particulier étendu le diagramme (4) en un diagramme

$$\begin{array}{ccccc} \mathrm{H} & \overset{\varphi}{\underset{\psi}{\rightrightarrows}} & \mathrm{G} & \xrightarrow{\alpha} & \mathrm{Coh}(\varphi, \psi) \\ {\scriptstyle u}\downarrow & & \downarrow{\scriptstyle v} & & \downarrow{\scriptstyle w} \\ \mathrm{H}' & \overset{\varphi'}{\underset{\psi'}{\rightrightarrows}} & \mathrm{G}' & \xrightarrow{\alpha'} & \mathrm{Coh}(\varphi', \psi') \end{array} \tag{5}$$

dans lequel le second carré est commutatif.

THÉORÈME 1. — *Faisons les hypothèses suivantes :*

(i) *le morphisme de groupoïdes v est un homotopisme ;*

(ii) *l'application* $\mathrm{Orb}(u)\colon \mathrm{Orb}(\mathrm{H}) \to \mathrm{Orb}(\mathrm{H}')$, *déduite de u par passage aux orbites, est bijective ;*

(iii) *il existe dans chaque orbite de* H *un point* a *tel que l'homomorphisme* $u_a \colon \mathrm{H}_a \to \mathrm{H}'_{u(a)}$ *soit surjectif.*

Alors, le morphisme de groupoïdes $w \colon \mathrm{Coh}(\varphi, \psi) \to \mathrm{Coh}(\varphi', \psi')$ *est un homotopisme.*

Soit G″ le groupoïde déduit de G′ par contraction des flèches d'une forêt orientée maximale. Le morphisme canonique $v' \colon \mathrm{G}' \to \mathrm{G}''$ est un homotopisme (II, p. 184, corollaire 2 de la prop. 1). Les deux diagrammes

$$\begin{array}{ccc} \mathrm{H} & \overset{\varphi}{\underset{\psi}{\rightrightarrows}} & \mathrm{G} \\ {\scriptstyle u}\downarrow & & \downarrow{\scriptstyle v'\circ v} \\ \mathrm{H}' & \overset{v'\circ\varphi'}{\underset{v'\circ\psi'}{\rightrightarrows}} & \mathrm{G}' \end{array} \qquad \text{et} \qquad \begin{array}{ccc} \mathrm{H}' & \overset{\varphi'}{\underset{\psi'}{\rightrightarrows}} & \mathrm{G}' \\ {\scriptstyle \mathrm{Id}_{\mathrm{H}'}}\downarrow & & \downarrow{\scriptstyle v'} \\ \mathrm{H}' & \overset{v'\circ\varphi'}{\underset{v'\circ\psi'}{\rightrightarrows}} & \mathrm{G}'' \end{array}$$

donnent lieu à des morphismes de groupoïdes $w'_1 \colon \mathrm{Coh}(\varphi, \psi) \to \mathrm{Coh}(v' \circ \varphi', v' \circ \psi')$ et $w'_2 \colon \mathrm{Coh}(\varphi', \psi') \to \mathrm{Coh}(v' \circ \varphi', v' \circ \psi')$; on a $w'_1 = w'_2 \circ w$. Il suffit donc de démontrer que w'_1 et w'_2 sont des homotopismes. Comme les applications $\mathrm{Som}(v' \circ v) \colon \mathrm{Som}(\mathrm{G}) \to \mathrm{Som}(\mathrm{G}'')$ et $\mathrm{Som}(v') \colon \mathrm{Som}(\mathrm{G}') \to \mathrm{Som}(\mathrm{G}'')$ sont surjectives, il suffit par conséquent de démontrer le théorème sous l'hypothèse supplémentaire que l'application $\mathrm{Som}(v)$ est surjective, hypothèse que nous ferons dans toute la suite de la démonstration.

Démontrons successivement les assertions suivantes :

- L'application $\mathrm{Orb}(w)$ est bijective ;
- Pour tout sommet a de G, l'homomorphisme w_a est surjectif ;
- Pour tout sommet a de G, l'homomorphisme w_a est injectif.

a) Par hypothèse, l'application $\mathrm{Orb}(u)$ est bijective ; il en est de même de l'application $\mathrm{Orb}(v)$ d'après II, p. 182, prop. 1, car v est un homotopisme. Le morphisme de carquois de l'armature du couple (φ, ψ) sur celle du couple (φ', ψ') défini par les applications $\mathrm{Orb}(u)$ et $\mathrm{Orb}(v)$ est donc un isomorphisme. En particulier, l'application qui s'en déduit par passage aux composantes connexes est bijective. La prop. 4 de II, p. 185 implique alors que l'application $\mathrm{Orb}(w)$ est bijective.

b) Soit f' une flèche de G′, notons a' son origine et b' son terme. Comme l'application $\mathrm{Som}(v)$ est surjective, il existe des sommets a et b dans G tels que $a' = v(a)$ et $b' = v(b)$. Comme le morphisme v est un homotopisme, il existe une flèche f de G reliant a à b ainsi qu'un élément $g \in \mathrm{G}_a$ tel que $v(g) = f'v(f)^{-1}$ (II, p. 182, prop. 1), d'où $f' = v(gf)$. Cela démontre que l'application $\mathrm{Fl}(v)$ est surjective.

Démontrons alors que l'application $\mathrm{Fl}(w)$ est surjective. Son image contient celle de $\mathrm{Fl}(\alpha')$, car l'on a $\alpha' \circ v = w \circ \alpha$ et l'application $\mathrm{Fl}(v)$ est surjective. Soit b un sommet de H' ; soit a un sommet de H tel que b et $u(a)$ soient dans la même orbite de H' et soit f une flèche de H' reliant $u(a)$ à b. Alors,

$$h'(u(a)) \cdot (\alpha' \circ \psi')(f) = (\alpha' \circ \varphi')(f) \cdot h'(b),$$

car h' est une homotopie reliant $\alpha' \circ \varphi'$ à $\alpha' \circ \psi'$. La flèche $h'(u(a)) = w(h(a))$ appartient à l'image de $\mathrm{Fl}(w)$, de même que les deux flèches $\alpha'(\psi'(f))$ et $\alpha'(\varphi'(f))$ d'après ce qui précède. Il en résulte que la flèche $h'(b)$ appartient à l'image de $\mathrm{Fl}(w)$, ce qui démontre que l'image de $\mathrm{Fl}(w)$ contient celle de h'. D'après la prop. 2 de II, p. 185, l'application $\mathrm{Fl}(w)$ est surjective.

Soit $g' \in \mathrm{Coh}(\varphi', \psi')_{u(a)}$. Soit g une flèche de $\mathrm{Coh}(\varphi, \psi)$ telle que $w(g) = g'$. Notons x et y l'origine et le terme de g ; on a $u(x) = u(y) = u(a)$. Soit g_1 (resp. g_2) une flèche de G reliant a à x (resp. a à y) dont l'image par v est $e_{u(a)}$. Alors, $\alpha(g_1)g\alpha(g_2)^{-1}$ est un élément de $\mathrm{Coh}(\varphi, \psi)_a$ dont l'image par w_a est g'. Par suite, pour tout sommet a de G, l'homomorphisme w_a est surjectif.

c) Démontrons que, pour tout sommet a de G, l'homomorphisme w_a est injectif. En considérant successivement les diagrammes

$$\begin{array}{ccc} \mathrm{H} & \overset{\varphi}{\underset{\psi}{\rightrightarrows}} & \mathrm{G} \\ {\scriptstyle \mathrm{Id}_{\mathrm{H}}}\downarrow & & \downarrow{\scriptstyle v} \\ \mathrm{H} & \overset{v\circ\varphi}{\underset{v\circ\psi}{\rightrightarrows}} & \mathrm{G}' \end{array} \qquad \text{et} \qquad \begin{array}{ccc} \mathrm{H} & \overset{v\circ\varphi}{\underset{v\circ\psi}{\rightrightarrows}} & \mathrm{G}' \\ {\scriptstyle u}\downarrow & & \downarrow{\scriptstyle \mathrm{Id}_{\mathrm{G}'}} \\ \mathrm{H}' & \overset{\varphi'}{\underset{\psi'}{\rightrightarrows}} & \mathrm{G}' \end{array}$$

on est alors ramené à traiter les deux cas suivants : 1) On a $\mathrm{H}' = \mathrm{H}$ et $u = \mathrm{Id}_{\mathrm{H}}$; 2) On a $\mathrm{G}' = \mathrm{G}$ et $v = \mathrm{Id}_{\mathrm{G}}$.

1) Supposons que l'on a $\mathrm{H}' = \mathrm{H}$ et $u = \mathrm{Id}_{\mathrm{H}}$.

Considérons un morphisme de groupoïdes $v' \colon \mathrm{G}' \to \mathrm{G}$ qui est inverse de v à homotopie près et une homotopie $k \colon \mathrm{Som}(\mathrm{G}) \to \mathrm{Fl}(\mathrm{G})$ reliant $v' \circ v$ à Id_{G}. D'après la remarque 1 de II, p. 181, les applications $\alpha \circ k \circ \varphi$ et $\alpha \circ k \circ \psi$ sont des homotopies reliant respectivement $\alpha \circ v' \circ \varphi'$ à $\alpha \circ \varphi$

et $\alpha \circ v' \circ \psi'$ à $\alpha \circ \psi$. Par suite (*cf.* II, p. 180), l'application

$$h_1 \colon \mathrm{Som}(\mathrm{H}) \to \mathrm{Fl}(\mathrm{Coh}(\varphi, \psi)),$$
$$x \mapsto (\alpha \circ k \circ \varphi)(x) \cdot h(x) \cdot ((\alpha \circ k \circ \psi)(x))^{-1}$$

est une homotopie reliant $\alpha \circ v' \circ \varphi'$ à $\alpha \circ v' \circ \psi'$. D'après la propriété universelle des cohomotopeurs (II, p. 185, prop. 3), il existe un unique morphisme de groupoïdes $w' \colon \mathrm{Coh}(\varphi', \psi') \to \mathrm{Coh}(\varphi, \psi)$ tel que $\alpha \circ v' = w' \circ \alpha'$ et $h_1 = \mathrm{Fl}(w') \circ h'$.

$$\begin{array}{ccccc}
\mathrm{H} & \overset{\varphi}{\underset{\psi}{\rightrightarrows}} & \mathrm{G} & \xrightarrow{\alpha} & \mathrm{Coh}(\varphi, \psi) \\
{\scriptstyle \mathrm{Id_H}}\downarrow & & \downarrow{\scriptstyle v} & & \downarrow{\scriptstyle w} \\
\mathrm{H} & \overset{\varphi'}{\underset{\psi'}{\rightrightarrows}} & \mathrm{G}' & \xrightarrow{\alpha'} & \mathrm{Coh}(\varphi', \psi') \\
{\scriptstyle \mathrm{Id_H}}\downarrow & & \downarrow{\scriptstyle v'} & & \downarrow{\scriptstyle w'} \\
\mathrm{H} & \overset{\varphi}{\underset{\psi}{\rightrightarrows}} & \mathrm{G} & \xrightarrow{\alpha} & \mathrm{Coh}(\varphi, \psi) .
\end{array}$$

On a en particulier

$$\alpha \circ v' \circ v = w' \circ \alpha' \circ v = w' \circ w \circ \alpha.$$

Comme k est une homotopie reliant $v' \circ v$ à $\mathrm{Id_G}$, $\alpha \circ k$ est une homotopie reliant $w' \circ w \circ \alpha$ à α. Comme $\mathrm{Fl}(w' \circ w) \circ h = \mathrm{Fl}(w') \circ h' = h_1$, on a, pour tout sommet x de H,

$$\mathrm{Fl}(w' \circ w) \circ h(x) \cdot (\alpha \circ k \circ \psi)(x) = h_1(x) \cdot (\alpha \circ k \circ \psi)(x) = (\alpha \circ k \circ \varphi)(x) \cdot h(x),$$

par définition de h_1. D'après la prop. 5 de II, p. 186, appliquée aux morphismes de groupoïdes $w' \circ w$ et $\mathrm{Id}_{\mathrm{Coh}(\varphi,\psi)}$, l'application $\alpha \circ k$ est une homotopie reliant $w' \circ w$ à $\mathrm{Id_G}$. En particulier, $w' \circ w$ est un homotopisme.

Pour tout sommet a de G, l'homomorphisme de groupes $(w' \circ w)_a$ est donc bijectif (II, p. 182, prop. 1). Il en résulte que l'homomorphisme w_a est injectif, d'où le résultat dans le cas A).

2) Supposons que l'on a $\mathrm{G}' = \mathrm{G}$ et $v = \mathrm{Id_G}$.

Soit x un sommet de H′. L'application $\mathrm{Orb}(u)$ étant surjective, il existe un sommet a de H et une flèche f de H′ reliant $u(a)$ à x. Les flèches $\alpha(\varphi'(f))^{-1}$, $h(a)$ et $\alpha(\psi'(f))$ relient respectivement $\varphi'(x)$ à $\varphi'(u(a)) = \varphi(a)$, $\varphi(a)$ à $\psi(a)$ et $\psi'(u(a)) = \psi(a)$ à $\psi'(x)$, donc sont composables dans $\mathrm{Coh}(\varphi,\psi)$. Posons

$$h_2(x) = \alpha(\varphi'(f))^{-1} \cdot h(a) \cdot \alpha(\psi'(f)).$$

Vérifions que la flèche $h_2(x)$ ainsi définie ne dépend pas des éléments a et f choisis. Soit a' un sommet de H et soit f' une flèche de H′ reliant $u(a')$ à x. Puisque l'application $\mathrm{Orb}(u)$ est injective, les sommets a et a' de H appartiennent à la même orbite et il existe une flèche $c \in \mathrm{Fl}(\mathrm{H})$ reliant a à a'. Alors, $u(c)f'f^{-1}$ est un lacet en $u(a)$ dans H′. D'après l'hypothèse (iii), il existe un sommet b de H tel que l'homomorphisme u_b soit surjectif et une flèche c' de H reliant b à a ; alors, $\mathrm{Int}(u(c'))(u(c)f'f^{-1})$ est un lacet en $u(b)$ dans H, c'est donc l'image par u_b d'un lacet c'' en b. Par conséquent, la flèche $g = (c'c)^{-1}c''c'$ de H relie le sommet a' au sommet a et vérifie $f' = u(g)f$. On a alors

$$\begin{aligned}
&\alpha(\varphi'(f'))^{-1}h(a')\alpha(\psi'(f')) \\
&\qquad = \alpha(\varphi'(f))^{-1}\alpha(\varphi'(u(g)))^{-1}h(a')\alpha(\psi'(u(g)))\alpha(\psi'(f)) \\
&\qquad = \alpha(\varphi'(f))^{-1}\alpha(\varphi(g))^{-1}h(a')\alpha(\psi(g))\alpha(\psi'(f)) \\
&\qquad = \alpha(\varphi'(f))^{-1} \cdot h(a) \cdot \alpha(\psi'(f))
\end{aligned}$$

puisque h est une homotopie reliant $\alpha \circ \varphi$ à $\alpha \circ \psi$. Cela démontre l'indépendance annoncée.

Par construction, on a $h_2(u(x)) = h(x)$ pour tout $x \in \mathrm{Som}(\mathrm{H})$. Nous avons ainsi défini une application h_2 de $\mathrm{Som}(\mathrm{H}')$ dans $\mathrm{Fl}(\mathrm{Coh}(\varphi,\psi))$. Soit c une flèche de H′, notons x son origine et y son terme. Soit a un sommet de H et f une flèche de H′ reliant $u(a)$ à x. Alors, fc est une flèche de H′ qui relie $u(a)$ à y. Par définition de h_2, on a ainsi

$$\begin{aligned}
h_2(x)\alpha(\psi'(c)) &= \alpha(\varphi'(f))^{-1}h(a)\alpha(\psi'(f))\alpha(\psi'(c)) \\
&= \alpha(\varphi'(c))\alpha(\varphi'(fc))^{-1}h(a)\alpha(\psi'(fc)) \\
&= \alpha(\varphi'(c))h_2(y).
\end{aligned}$$

Cela prouve que h_2 est une homotopie qui relie $\alpha \circ \varphi'$ à $\alpha \circ \psi'$.

D'après la propriété universelle des cohomotopeurs, il existe un unique morphisme de groupoïdes $w' \colon \mathrm{Coh}(\varphi',\psi') \to \mathrm{Coh}(\varphi,\psi)$ tel que $w' \circ \alpha' = \alpha$ et $h_2 = \mathrm{Fl}(w') \circ h'$. On a $w' \circ w \circ \alpha = w' \circ \alpha' = \alpha$ et $\mathrm{Fl}(w' \circ w) \circ h = \mathrm{Fl}(w') \circ h' \circ \mathrm{Som}(u) = h_2 \circ u = h$ par définition de h_2. D'après la propriété universelle des cohomotopeurs, cela implique que l'on a $w' \circ w = \mathrm{Id}_{\mathrm{Coh}(\varphi,\psi)}$. En particulier, pour tout $a \in \mathrm{Som}(\mathrm{G})$, l'homomorphisme w_a est injectif.

Il résulte alors de la prop. 1 de II, p. 182 que le morphisme w est un homotopisme, d'où le théorème.

5. Groupes d'isotropie d'un cohomotopeur

Soient G et H des groupoïdes et soient φ, ψ des morphismes de groupoïdes de H dans G. Le but de ce n° est de calculer les groupes d'isotropie du cohomotopeur $\mathrm{Coh}(\varphi, \psi)$. On reprend les notations $G_1, h_1, \theta_1, \alpha, h$ du n° 3.

Notons Γ_0 l'armature du couple (φ, ψ) ; rappelons (II, p. 185, déf. 3) qu'il s'agit du carquois $(\mathrm{Orb(G)}, \mathrm{Orb(H)}, \varphi_0, \psi_0)$, où φ_0 et ψ_0 sont les applications de Orb(H) dans Orb(G) déduites des applications φ et ψ par passage aux orbites.

Dans toute la suite de ce n°, nous supposerons en outre que le carquois Γ_0 est connexe et non vide; d'après II, p. 185, prop. 4, cela revient à supposer que le groupoïde $\mathrm{Coh}(\varphi, \psi)$ est transitif, ou encore que le carquois G_1 est connexe et non vide (II, p. 185, prop. 2).

DÉFINITION 4. — *On appelle* équipement de base *du couple* (φ, ψ) *la donnée :*

(i) *Pour tout* $i \in \mathrm{Orb(G)}$, *d'un sommet* $a(i)$ *dans l'orbite* i *de* G *;*

(ii) *Pour tout* $j \in \mathrm{Orb(H)}$, *d'un sommet* $b(j)$ *dans l'orbite* j *de* H *;*

(iii) *Pour tout* $j \in \mathrm{Orb(H)}$, *de flèches* $c_1(j)$ *et* $c_2(j)$ *de* G *reliant respectivement* $\varphi(b(j))$ *à* $a(\varphi_0(j))$ *et* $\psi(b(j))$ *à* $a(\psi_0(j))$ *;*

(iv) *D'un sous-carquois* T *de l'armature* Γ_0 *dont le graphe associé est un arbre maximal du graphe* $\widetilde{\Gamma}_0$ *;*

(v) *D'une orbite* i_0 *de* G.

Choisissons un équipement de base $(a, b, c_1, c_2, \mathrm{T}, i_0)$ du couple (φ, ψ). On définit un morphisme de carquois τ_1 de Γ_0 dans $\mathrm{Grp}(G_1)$ en posant $\tau_1(i) = a(i)$ pour $i \in \mathrm{Som}(\Gamma_0) = \mathrm{Orb(G)}$ et

$$\tau_1(j) = c_1(j)^{-1} \cdot h_1(b(j)) \cdot c_2(j)$$

pour $j \in \mathrm{Fl}(\Gamma_0) = \mathrm{Orb(H)}$. Nous noterons τ_0 le composé de τ_1 et du morphisme canonique θ_1 de $\mathrm{Grp}(G_1)$ dans $\mathrm{Coh}(\varphi, \psi)$; c'est un morphisme de carquois de Γ_0 dans $\mathrm{Coh}(\varphi, \psi)$.

Pour $i \in \mathrm{Orb(G)}$, notons $\alpha_i \colon G_{a(i)} \to \mathrm{Coh}(\varphi, \psi)_{a(i)}$ l'homomorphisme de groupes déduit du morphisme $\alpha \colon G \to \mathrm{Coh}(\varphi, \psi)$ par restriction aux groupes d'isotropie en $a(i)$.

Pour $j \in \mathrm{Orb}(\mathrm{H})$, notons

$$\varphi_j = \mathrm{Int}(c_1(j))^{-1} \circ \varphi_{b(j)} \colon \mathrm{H}_{b(j)} \to \mathrm{G}_{a(\varphi_0(j))}$$

et

$$\psi_j = \mathrm{Int}(c_2(j))^{-1} \circ \psi_{b(j)} \colon \mathrm{H}_{b(j)} \to \mathrm{G}_{a(\psi_0(j))},$$

de sorte que l'on a, pour tout élément f de $\mathrm{H}_{b(j)}$,

$$(6) \qquad \varphi_j(f) = c_1(j)^{-1}\varphi(f)c_1(j) \quad \text{et} \quad \psi_j(f) = c_2(j)^{-1}\psi(f)c_2(j).$$

Pour tout sommet i de Γ_0, notons encore d_i l'unique classe de chemins reliant i_0 à i dans l'arbre $\widetilde{\mathrm{T}}$; on la considère comme une flèche de $\mathrm{Grp}(\Gamma_0)$. Notons alors δ_i la flèche de $\mathrm{Coh}(\varphi, \psi)$ image de d_i par le morphisme canonique de $\mathrm{Grp}(\Gamma_0)$ dans $\mathrm{Coh}(\varphi, \psi)$ déduit de τ_0 ; l'origine de δ_i est $a(i_0)$, son terme est $a(i)$.

Le morphisme de carquois τ_0, les homomorphismes de groupes α_i (pour $i \in \mathrm{Orb}(\mathrm{G})$), φ_j et ψ_j (pour $j \in \mathrm{Orb}(\mathrm{H})$), et les flèches δ_i dans $\mathrm{Coh}(\varphi, \psi)$ (pour $i \in \mathrm{Orb}(\mathrm{G})$) seront dits déduits de l'équipement de base.

Si $(\mathrm{G}_i)_{i\in\mathrm{I}}$ est une famille de groupes, on note $\mathop{*}_{i\in\mathrm{I}} \mathrm{G}_i$ leur produit libre ; l'image d'un élément $g \in \mathrm{G}_i$ par l'application canonique de G_i dans $\mathop{*}_{i\in\mathrm{I}} \mathrm{G}_i$ sera notée $[g]$, voire g s'il n'y a pas de confusion possible. Si S est un ensemble, on note F(S) le groupe libre construit sur S (A, I, p. 84).

PROPOSITION 6. — *Il existe un unique homomorphisme de groupes*

$$\Lambda \colon \big(\mathop{*}_{i\in\mathrm{Orb(G)}} \mathrm{G}_{a(i)}\big) * \mathrm{F}(\mathrm{Orb}(\mathrm{H})) \to \mathrm{Coh}(\varphi, \psi)_{a(i_0)}$$

tel que

$$(7) \qquad \Lambda(f) = \delta_i \alpha_i(f) \delta_i^{-1} \qquad \textit{pour } i \in \mathrm{Orb}(\mathrm{G}) \textit{ et } f \in \mathrm{G}_{a(i)},$$

$$(8) \qquad \Lambda(j) = \delta_{\varphi_0(j)} \tau_0(j) \delta_{\psi_0(j)}^{-1} \qquad \textit{pour } j \in \mathrm{Orb}(\mathrm{H}).$$

L'homomorphisme Λ est surjectif ; son noyau est le plus petit sous-groupe distingué de $(\mathop{*}_{i} \mathrm{G}_{a(i)}) * \mathrm{F}(\mathrm{Orb}(\mathrm{H}))$ contenant les éléments j de $\mathrm{Fl}(\mathrm{T})$ et les éléments $\varphi_j(f) j \psi_j(f)^{-1} j^{-1}$, pour $j \in \mathrm{Orb}(\mathrm{H})$ et $f \in \mathrm{H}_{b(j)}$.

L'existence et l'unicité de l'homomorphisme Λ résulte de la propriété universelle des produits libres et des groupes libres (A, I, p. 85, prop. 8).

Notons A l'ensemble des $a(i)$ pour $i \in \mathrm{Orb}(\mathrm{G})$ et G_A le sous-groupoïde plein de G dont l'ensemble des sommets est A. Pour tout

$x \in \mathrm{Som}(G)$, notons $\overline{x}$ l'orbite de x dans G et choisissons une flèche d_x de G reliant x à $a(\overline{x})$. Le couple v formé de l'application $x \mapsto a(\overline{x})$ de Som(G) dans A et de l'application qui à $f \in \mathrm{Fl}_{x,y}(G)$ associe l'élément $d_x^{-1} f d_y$ de $\mathrm{Fl}_{a(\overline{x}),a(\overline{y})}(G_A)$ est un morphisme de groupoïdes. Il résulte de la prop. 1 de II, p. 182 que v est un homotopisme. Notons $\varphi' = v \circ \varphi$ et $\psi' = v \circ \psi$, puis w le morphisme canonique de $\mathrm{Coh}(\varphi, \psi)$ dans $\mathrm{Coh}(\varphi', \psi')$; c'est un homotopisme (II, p. 187, théorème 1).

Les orbites de G_A sont les ensembles $\{a\}$, pour $a \in A$, et l'injection $G_A \to G$ induit une bijection de $\mathrm{Orb}(G_A)$ sur Orb(G) par laquelle nous identifierons ces deux ensembles. On définit un équipement de base $(a', b', \beta_1', \beta_2', T', i_0)$ du couple (φ', ψ') en posant $a'(i) = a(i)$ pour $i \in \mathrm{Orb}(G)$, $b'(j) = b(j)$, $\beta_1'(j) = v(c_1(j))$, $\beta_2'(j) = v(c_2(j))$ pour $j \in \mathrm{Orb}(H)$ et $T' = T$. Les homomorphismes de groupes φ_j' et ψ_j' (pour $j \in \mathrm{Orb}(H)$), le morphisme de carquois τ_0', les flèches δ_i' (pour $i \in \mathrm{Orb}(G)$), et donc l'homomorphisme de groupes Λ', déduits de cet équipement de base sont les composés avec w des homomorphismes correspondants φ_j, ψ_j, du morphisme de carquois τ_0, des flèches correspondantes δ_i et de l'homomorphisme Λ.

Soit B l'ensemble des $b(j)$ pour $j \in \mathrm{Orb}(H)$, soit H_B le sous-groupoïde plein de H d'ensemble de sommets B ; notons $u \colon H_B \to H$ l'injection canonique ; posons $\varphi'' = \varphi' \circ u$ et $\psi'' = \psi' \circ u$. Le morphisme u induit une bijection $B \to \mathrm{Orb}(H)$ par laquelle nous identifierons ces deux ensembles. On déduit encore du théorème 1 de II, p. 187 un homotopisme canonique $w' \colon \mathrm{Coh}(\varphi'', \psi'') \to \mathrm{Coh}(\varphi', \psi')$. En outre, le couple (φ'', ψ'') est muni d'un équipement de base $(a'', b'', \beta_1'', \beta_2'', T'', i_0)$, de sorte que $\Lambda', \varphi_j', \psi_j', \tau_0', \delta_i'$ $(i, i' \in \mathrm{Orb}(G)$, $j \in \mathrm{Orb}(H))$ soient les composés avec w' de $\Lambda'', \varphi_j'', \psi_j'', \tau_0'', \delta_i''$.

On résume par le diagramme suivant les divers morphismes de groupoïdes introduits :

$$
\begin{array}{ccccc}
H_B & \overset{\varphi''}{\underset{\psi''}{\rightrightarrows}} & G_A & \xrightarrow{\alpha''} & \mathrm{Coh}(\varphi'',\psi'') \\
\downarrow & & \| & & \downarrow w' \\
H & \overset{\varphi'}{\underset{\psi'}{\rightrightarrows}} & G_A & \xrightarrow{\alpha'} & \mathrm{Coh}(\varphi'',\psi'') \\
\| & & \uparrow v & & \uparrow w \\
H & \overset{\varphi}{\underset{\psi}{\rightrightarrows}} & G & \xrightarrow{\alpha} & \mathrm{Coh}(\varphi,\psi)\,.
\end{array} \tag{9}
$$

Pour démontrer la proposition, on peut donc supposer que A = Som(G) et B = Som(H), autrement dit que les applications canoniques Som(G) $\rightarrow$ Orb(G) et Som(H) $\rightarrow$ Orb(H) sont bijectives, hypothèses sous lesquelles nous nous placerons dans la suite de la démonstration.

Le carquois G_1 a alors pour ensemble de sommets A et pour flèches l'ensemble somme des ensembles G_a, $a \in A$, et de l'ensemble B. Les flèches de G_a sont des lacets en a ; si $b \in B$, la flèche b relie $\varphi(b)$ à $\psi(b)$, les flèches $c_1(b)$ et $c_2(b)$ sont des lacets respectivement en $\varphi(b)$ et $\psi(b)$. Le carquois T sera identifié à un arbre orienté de G_1 ; c'en est un arbre orienté maximal car l'ensemble de ses sommets est égal à l'ensemble des sommets de G_1 (II, p. 157, prop. 1). On posera $a_0 = a(i_0)$. L'ensemble des flèches de l'armature Γ_0 du couple (φ, ψ) étant identifié à B, le morphisme de carquois $\tau_1 : \Gamma_0 \rightarrow \mathrm{Grp}(G_1)$ associe à la flèche b la classe de chemins $c_1(b)^{-1}bc_2(b)$ dans le graphe $\widetilde{G_1}$.

Rappelons que θ_1 désigne le morphisme canonique de carquois de G_1 dans $\mathrm{Grp}(G_1)$. Notons

$$\lambda \colon \mathop{*}_{a\in A} F(G_a) * F(B) \rightarrow \mathrm{Grp}(G_1)_{a_0}$$

l'unique homomorphisme de groupes tel que l'on ait

$$\begin{aligned} \lambda(f) &= \tau_1(d_a)\theta_1(f)\tau_1(d_a)^{-1} && \text{si } a \in A \text{ et } f \in G_a\,; \\ \lambda(b) &= \tau_1(d_{\varphi(b)})\tau_1(b)\tau_1(d_{\psi(b)})^{-1} && \text{si } b \in B. \end{aligned}$$

On a ainsi $\lambda = \lambda' \circ \varepsilon$, où λ' désigne l'homomorphisme de groupes canonique de $\mathop{*}_{a\in A} F(G_a) * F(B)$ dans $\mathrm{Grp}(G_1)_{a_0}$ défini par l'arbre orienté maximal T (II, p. 179, prop. 9) et où ε est l'unique automorphisme du groupe $\mathop{*}_{a\in A} F(G_a) * F(B)$ tel que $\varepsilon(f) = f$ pour $a \in A$ et $f \in G_a$, et $\varepsilon(b) = c_1(b)^{-1}h_1(b)c_2(b)$ pour $b \in B$. D'après la remarque 2 de II, p. 179, l'homomorphisme λ est surjectif et que son noyau est le plus petit sous-groupe distingué de $\mathop{*}_{a\in A} F(G_a) * F(B)$ qui contient les flèches de T.

Notons $\pi \colon \mathrm{Grp}(G_1) \rightarrow \mathrm{Coh}(\varphi, \psi)$ le morphisme de groupoïdes canonique. D'après II, p. 177, cor. 1 de la prop. 8, le morphisme de groupes π_{a_0} de $\mathrm{Grp}(G_1)_{a_0}$ dans $\mathrm{Coh}(\varphi, \psi)_{a_0}$ est surjectif, et son noyau est le plus petit sous-groupe distingué de $\mathrm{Grp}(G_1)_{a_0}$ qui contient les lacets $\mathrm{Int}(\tau_1(d_a))(\alpha_1(f)\alpha_1(g)\alpha_1(fg)^{-1})$, pour $a \in A$ et $f, g \in G_a$, et les lacets $\mathrm{Int}(\tau_1(d_{\varphi(b)}))(\varphi(f)b\psi(f)^{-1}b^{-1})$, pour $b \in B$ et $f \in H_b$.

Si $p\colon \mathrm{F}(\bigcup \mathrm{G}_a \cup \mathrm{B}) \to (\mathop{*}_{a\in \mathrm{A}} \mathrm{G}_a) * \mathrm{F}(\mathrm{B})$ désigne l'homomorphisme surjectif canonique, on a ainsi $\Lambda \circ p = \pi_{a_0} \circ \lambda$. Cette formule entraîne que l'homomorphisme Λ est surjectif ; il reste à déterminer son noyau.

Pour $a \in \mathrm{A}$ et $f \in \mathrm{G}_a$, on note $[f]$ l'image de $f \in \mathrm{F}(\mathrm{G}_a)$ dans le groupe $\mathop{*}_{a\in \mathrm{A}} \mathrm{F}(\mathrm{G}_a) * \mathrm{F}(\mathrm{B})$. Pour $a \in \mathrm{A}$, $f, g \in \mathrm{G}_a$, on a alors

$$\mathrm{Int}(\tau_1(d_a))(\alpha_1(f)\alpha_1(g)\alpha_1(fg)^{-1}) = \lambda([f][g][fg]^{-1}).$$

De même, pour $b \in \mathrm{B}$ et $f \in \mathrm{H}_b$, la définition des homomorphismes φ_b et ψ_b (formule (6) de II, p. 193) entraîne que l'on a

$$\begin{aligned}
&\mathrm{Int}(\tau_1(d_{\varphi(b)}))(\varphi(f)h_1(b)\psi(f)^{-1}h_1(b)^{-1})\\
&\quad= \tau_1(d_{\varphi(b)})\varphi(f)(c_1(b)\tau_1(b)c_2(b)^{-1})\psi(f)^{-1}\\
&\qquad\qquad\qquad (c_2(b)\tau_1(b)^{-1}c_1(b)^{-1})\tau_1(d_{\varphi(b)})^{-1}\\
&\quad= \tau_1(d_{\varphi(b)})c_1(b)\varphi_b(f)\tau_1(b)\psi_b(f)^{-1}\tau_1(b)^{-1}c_1(b)^{-1}\tau_1(d_{\varphi(b)})^{-1}\\
&\quad= \lambda(c_1(b))\lambda(\varphi_b(f)[b]\psi_b(f)^{-1}[b]^{-1})\lambda(c_1(b))^{-1}.
\end{aligned}$$

Par suite, le noyau de l'homomorphisme $\pi_{a_0} \circ \lambda$ est le plus petit sous-groupe distingué de $\mathop{*}_{a\in \mathrm{A}} \mathrm{F}(\mathrm{G}_a) * \mathrm{F}(\mathrm{B})$ qui contient les éléments $[f][g][fg]^{-1}$ pour $a \in \mathrm{A}$ et f, $g \in \mathrm{G}_a$, les éléments $\varphi_b(f)[b]\psi_b(f)^{-1}[b]^{-1}$ pour $b \in \mathrm{B}$ et $f \in \mathrm{H}_b$, et les éléments $[b]$, pour $b \in \mathrm{Fl}(\mathrm{T})$.

Finalement, le noyau de l'homomorphisme Λ est le plus petit sous-groupe distingué de $(\mathop{*}_{a\in \mathrm{A}} \mathrm{G}_a) * \mathrm{F}(\mathrm{B})$ qui contient les images par p des éléments précédents, autrement dit, les éléments $[b]$, pour $b \in \mathrm{Fl}(\mathrm{T})$, et les éléments $\varphi_b(f)[b]\psi_b(f)[b]^{-1}$, pour $b \in \mathrm{B}$ et $f \in \mathrm{H}_b$. La proposition est ainsi démontrée.

§ 5. COÉGALISATEUR

1. Contraction des flèches d'une homotopie

Soit H un carquois, soit G un groupoïde, soient φ et ψ des morphismes de carquois de H dans G, et soit $h\colon \mathrm{Som}(\mathrm{H}) \to \mathrm{Fl}(\mathrm{G})$ une homotopie reliant φ à ψ. Soit G′ le groupoïde déduit de G par contraction des flèches de l'image de h (II, p. 175, n° 11) et soit $\beta\colon \mathrm{G} \to \mathrm{G}'$ le morphisme canonique.

Notons Γ le carquois $(\mathrm{Som}(\mathrm{G}), \mathrm{Som}(\mathrm{H}), \mathrm{Som}(\varphi), \mathrm{Som}(\psi))$. Par définition d'une homotopie, le couple $(\mathrm{Id}_{\mathrm{Som}(\mathrm{G})}, h)$ est un morphisme de carquois de Γ dans G ; il se prolonge en un unique morphisme de groupoïdes $\eta\colon \mathrm{Grp}(\Gamma) \to \mathrm{G}$. Par construction, l'ensemble des sommets de G′ est l'ensemble des composantes connexes du carquois Γ.

Dans toute la suite de ce n°, nous supposerons que le groupoïde G *est transitif.* D'après la remarque 1 de II, p. 170, cela revient à supposer que le groupoïde G′ l'est. *On fixe aussi un sommet* a_0 *de* G.

Notons $\widetilde{\Gamma}$ le graphe associé au carquois Γ (*cf.* II, p. 156). L'ensemble des lacets de longueur $\geqslant 1$ dans $\widetilde{\Gamma}$ s'identifie à l'ensemble $\Omega(\widetilde{\Gamma})$ des suites finies $(z_1, \ldots, z_n)$, où n est un entier tel que $n \geqslant 1$ et $z_1, \ldots, z_n$ sont des éléments de $\mathrm{Fl}(\widetilde{\Gamma})$ tels que $t(z_i) = o(z_{i+1})$ pour tout entier i tel que $1 \leqslant i < n$ et $t(z_n) = o(z_1)$.

Soit $\mathbf{z} = ((b_1, \varepsilon_1), \ldots, (b_n, \varepsilon_n))$ un élément de $\Omega(\widetilde{\Gamma})$. La classe de conjugaison de l'élément

$$\mathrm{Int}(g)(\eta(\mathbf{z})) = gh(b_1)^{\varepsilon_1} \ldots h(b_n)^{\varepsilon_n} g^{-1}$$

dans G_{a_0} ne dépend pas du choix de la flèche g de G reliant le sommet a_0 à l'origine de (b_1, ε). On note $c(\mathbf{z})$ cette classe de conjugaison.

PROPOSITION 1. — *Le morphisme de groupes* $\beta_{a_0}\colon \mathrm{G}_{a_0} \to \mathrm{G}'_{\beta(a_0)}$ *est surjectif, son noyau est le plus petit sous-groupe de* G_{a_0} *contenant les classes de conjugaison* $c(\mathbf{z})$ *pour* $\mathbf{z} \in \Omega(\widetilde{\Gamma})$.

Soit K le plus petit sous-groupoïde distingué de G dont l'ensemble des flèches contient l'image de h. Le morphisme $\mathrm{G}_{a_0} \to \mathrm{G}'_{\beta(a_0)}$ est surjectif et son noyau est égal à K_{a_0} (II, p. 170, prop. 2). La proposition résulte alors de la prop. 8 de II, p. 176.

DÉFINITION 1. — *On dit qu'une partie* Z *de* $\Omega(\widetilde{\Gamma})$ *est* distinguée *(relativement au couple* (φ, ψ)*) si elle vérifie les propriétés suivantes :*

(i) *Pour toute flèche* z *de* $\widetilde{\Gamma}$, *on a* $(z, \overline{z}) \in \mathrm{Z}$ *;*

(ii) *Pour tout* $(z_1, \ldots, z_n) \in \mathrm{Z}$, *on a* $(\overline{z}_n, \ldots, \overline{z}_2, \overline{z}_1) \in \mathrm{Z}$ *et* $(z_n, z_1, \ldots, z_{n-1}) \in \mathrm{Z}$ *;*

(iii) *Soient* $\mathbf{z} = (z_1, \ldots, z_n)$ *et* $\mathbf{z}' = (z'_1, \ldots, z'_m)$ *des éléments de* Z *tels que* $t(z_n) = o(z'_1)$. *Posons* $\mathbf{z}\mathbf{z}' = (z_1, \ldots, z_n, z'_1, \ldots, z'_m)$. *Si deux éléments parmi* $\mathbf{z}$, $\mathbf{z}'$, $\mathbf{zz}'$ *appartiennent à* Z, *il en est de même du troisième;*

(iv) *Pour toute flèche* f *de* H, *posons* $\widetilde{\varphi}(f,1) = \widetilde{\psi}(f,-1) = \varphi(f)$ *et* $\widetilde{\varphi}(f,-1) = \widetilde{\psi}(f,1) = \psi(f)$. *Soient* n *un entier* $\geqslant 1$ *et* $(f_1,\varepsilon_1),\dots,(f_n,\varepsilon_n)$ *une suite d'éléments de* $\mathrm{Fl(H)} \times \{-1,1\}$ *telle que* $\widetilde{\psi}(f_i,\varepsilon_i) = \widetilde{\varphi}(f_{i+1},\varepsilon_{i+1})$ *pour* $1 \leqslant i < n$ *et* $\widetilde{\psi}(f_n,\varepsilon_n) = \widetilde{\varphi}(f_1,\varepsilon_1)$ *; notons* a_i *l'origine de* f_i *et* b_i *son terme. Pour que* $((a_1,\varepsilon_1),\dots,(a_n,\varepsilon_n))$ *appartienne à* Z, *il faut et il suffit que* $((b_1,\varepsilon_1),\dots,(b_n,\varepsilon_n))$ *appartienne à* Z.

L'intersection dans $\Omega(\widetilde{\Gamma})$ de toute famille de parties distinguées (relativement à (φ,ψ)) l'est encore. En particulier, il existe une plus petite partie distinguée contenant une partie Z donnée de $\Omega(\widetilde{\Gamma})$.

Proposition 2. — *Si* N *est un sous-groupe distingué de* G_a, *l'ensemble des éléments* $\mathbf{z} \in \Omega(\widetilde{\Gamma})$ *tels que* $c(\mathbf{z})$ *soit contenu dans* N *est une partie distinguée de* $\Omega(\widetilde{\Gamma})$.

Notons Z l'ensemble des éléments $\mathbf{z} \in \Omega(\widetilde{\Gamma})$ tels que $c(\mathbf{z}) \subset \mathrm{N}$.

Soit $z \in \mathrm{Fl}(\widetilde{\Gamma})$. On a $c(z,\overline{z}) = \{e_a\}$ par définition, d'où $(z,\overline{z}) \in \mathrm{Z}$.

Soit $(z_1,\dots,z_n) \in \mathrm{Z}$. Par définition de c, la classe de conjugaison $c(z_1,\dots,z_n)$ est égale à $c(z_n,z_1,\dots,z_{n-1})$ et est formée des inverses des éléments de $c(\overline{z}_n,\dots,\overline{z}_1)$. Cela montre que Z vérifie la condition (ii).

Avec les notations de la condition (iii), on peut choisir des éléments $u \in c(\mathbf{z})$, $v \in c(\mathbf{z}')$ et $w \in c(\mathbf{zz}')$ tels que $uv = w$. Si deux des éléments u, v et w appartiennent à N, il en est de même du troisième, donc N satisfait à (iii).

Les notations étant celles de (iv), on a, pour tout entier i tel que $1 \leqslant i \leqslant n$, la relation

$$\varphi(f_i)h(b_i) = h(a_i)\psi(f_i),$$

car h est une homotopie reliant φ à ψ. Cette égalité s'écrit aussi

$$\widetilde{\varphi}(f_i,\varepsilon_i)h(b_i)^{\varepsilon_i} = h(a_i)^{\varepsilon_i}\widetilde{\psi}(f_i,\varepsilon_i).$$

Compte tenu des relations $\widetilde{\psi}(f_i,\varepsilon_i) = \widetilde{\varphi}(f_{i+1},\varepsilon_{i+1})$ pour $1 \leqslant i < n$ et $\widetilde{\psi}(f_n,\varepsilon_n) = \widetilde{\varphi}(f_1,\varepsilon_1)$, on en déduit

$$\widetilde{\varphi}(f_1,\varepsilon_1)h(b_1)^{\varepsilon_1}\dots h(b_n)^{\varepsilon_n} = h(a_1)^{\varepsilon_1}\dots h(a_n)^{\varepsilon_n}\widetilde{\varphi}(f_1,\varepsilon_1),$$

si bien que les classes de conjugaison $c((a_1,\varepsilon_1),\dots,(a_n,\varepsilon_n))$ et $c((b_1,\varepsilon_1),\dots,(b_n,\varepsilon_n))$ sont égales. Cela montre que Z satisfait à la condition (iv) et termine la démonstration de la proposition.

Corollaire. — *Soit* Z *une partie de* $\Omega(\widetilde{\Gamma})$ *; pour que les classes de conjugaison* $c(\mathbf{z})$*, pour* $\mathbf{z} \in \mathrm{Z}$*, engendrent le noyau de l'homomorphisme canonique* $\beta_{a_0}\colon \mathrm{G}_{a_0} \to \mathrm{G}'_{\beta(a_0)}$*, il suffit que la plus petite partie distinguée de* $\Omega(\widetilde{\Gamma})$ *contenant* Z *soit égale à* $\Omega(\widetilde{\Gamma})$.

Soit N le plus petit sous-groupe de G_{a_0} contenant $c(\mathbf{z})$ pour tout $\mathbf{z} \in \mathrm{Z}$; il est distingué. Soit Z′ l'ensemble des éléments $\mathbf{z}$ de $\Omega(\widetilde{\Gamma})$ tels que $c(\mathbf{z}) \in \mathrm{N}$. D'après la proposition 2, Z′ est une partie distinguée de $\Omega(\widetilde{\Gamma})$. Elle contient Z. Par hypothèse, elle est donc égale à $\Omega(\widetilde{\Gamma})$. Il résulte alors de la prop. 1 (II, p. 197) que N est le noyau de l'homomorphisme β_a.

2. Définition du coégalisateur

Soit H un carquois, soit G un groupoïde et soient φ, ψ des morphismes de carquois de H dans G. Notons $\mathrm{Coh}(\varphi, \psi)$ le cohomotopeur du couple (φ, ψ) (II, p. 185, déf. 3), $\alpha\colon \mathrm{G} \to \mathrm{Coh}(\varphi, \psi)$ le morphisme de groupoïdes canonique et h l'homotopie canonique reliant $\alpha \circ \varphi$ à $\alpha \circ \psi$.

Soit $\mathrm{Coeg}(\varphi, \psi)$ le groupoïde déduit de $\mathrm{Coh}(\varphi, \psi)$ par contraction des flèches appartenant à l'image de h (II, p. 196, n° 1), notons $\beta\colon \mathrm{Coh}(\varphi, \psi) \to \mathrm{Coeg}(\varphi, \psi)$ le morphisme canonique et posons $\gamma = \beta \circ \alpha$.

Définition 2. — *On dit que le groupoïde* $\mathrm{Coeg}(\varphi, \psi)$ *est le* coégalisateur *du couple* (φ, ψ) *; le morphisme de groupoïdes* γ *s'appelle le morphisme canonique de* G *dans* $\mathrm{Coeg}(\varphi, \psi)$.

Proposition 3. — *Le couple* $(\mathrm{Coeg}(\varphi, \psi), \gamma)$ *possède la propriété universelle suivante :*

a) *On a* $\gamma \circ \varphi = \gamma \circ \psi$.

b) *Soient* G′ *un groupoïde et* $\theta\colon \mathrm{G} \to \mathrm{G}'$ *un morphisme de groupoïdes tel que* $\theta \circ \varphi = \theta \circ \psi$*. Il existe un unique morphisme de groupoïdes* $\overline{\theta}\colon \mathrm{Coeg}(\varphi, \psi) \to \mathrm{G}'$ *tel que* $\overline{\theta} \circ \gamma = \theta$.

Soit a un sommet de H. La flèche $h(a)$ de $\mathrm{Coh}(\varphi, \psi)$ relie $\alpha(\varphi(a))$ à $\alpha(\psi(a))$. Par définition du groupoïde $\mathrm{Coeg}(\varphi, \psi)$, l'origine et le terme de la flèche $\beta(h(a))$ sont égaux ; on a donc $\gamma(\varphi(a)) = \gamma(\psi(a))$.

Soit f une flèche de H ; si a désigne son origine et b son terme, on a ainsi

$$\alpha(\varphi(f)) \cdot h(b) = h(a) \cdot \alpha(\psi(b)).$$

En prenant l'image par β des deux membres de cette égalité, on obtient la relation $\gamma(\varphi(f)) = \gamma(\psi(f))$. Cela démontre l'assertion a).

Démontrons b). L'application $\eta\colon \mathrm{Som}(\mathrm{H}) \to \mathrm{Fl}(\mathrm{G}')$ qui à tout sommet a de H associe la flèche $e_{\theta(\varphi(a))}$ de G' est une homotopie reliant $\theta \circ \varphi$ à $\theta \circ \psi$. D'après la propriété universelle des cohomotopeurs (II, p. 185, prop. 3), il existe un unique morphisme de groupoïdes $\theta_1\colon \mathrm{Coh}(\varphi, \psi) \to \mathrm{G}'$ tel que $\theta_1 \circ \alpha = \theta$ et $\theta_1(h(a)) = e_{\theta(\varphi(a))}$ pour tout sommet a de H. D'après la prop. 7 de II, p. 176, cette dernière propriété implique l'existence d'un unique morphisme de groupoïdes $\overline{\theta}\colon \mathrm{Coeg}(\varphi, \psi) \to \mathrm{G}'$ tel que $\overline{\theta} \circ \beta = \theta_1$. On a alors $\overline{\theta} \circ \gamma = \theta_1 \circ \alpha = \theta$.

Inversement, si $\overline{\theta}'\colon \mathrm{Coeg}(\varphi, \psi) \to \mathrm{G}'$ est un morphisme de groupoïdes tel que $\overline{\theta}' \circ \gamma = \theta$, on a $(\overline{\theta}' \circ \beta) \circ \alpha = (\overline{\theta} \circ \beta) \circ \alpha$, d'où $\overline{\theta}' \circ \beta = \overline{\theta} \circ \beta$ d'après II, p. 185, prop. 3, d'où $\overline{\theta}' = \overline{\theta}$ d'après la prop. 7 de II, p. 176. Cela démontre l'unicité de $\overline{\theta}$, d'où l'assertion b).

COROLLAIRE. — *Le groupoïde* $\mathrm{Coeg}(\varphi, \psi)$ *est engendré par l'image du morphisme* γ.

Soit C le sous-groupoïde de $\mathrm{Coeg}(\varphi, \psi)$ engendré par l'image de G ; notons i le morphisme canonique de C dans $\mathrm{Coeg}(\varphi, \psi)$ et $\theta\colon \mathrm{G} \to \mathrm{C}$ le morphisme tel que $i \circ \theta = \gamma$. D'après la proposition 2, il existe un unique morphisme de groupoïdes $\overline{\theta}\colon \mathrm{Coeg}(\varphi, \psi) \to \mathrm{C}$ tel que $\overline{\theta} \circ \gamma = \theta$. Alors, $\gamma = i \circ \overline{\theta} \circ \gamma$, donc $i \circ \overline{\theta}$ est le morphisme identique de $\mathrm{Coeg}(\varphi, \psi)$ (*loc. cit.*). En particulier, les applications $\mathrm{Som}(i)$ et $\mathrm{Fl}(i)$ sont surjectives, donc $\mathrm{C} = \mathrm{Coeg}(\varphi, \psi)$.

Remarques. — 1) L'ensemble des sommets de $\mathrm{Coeg}(\varphi, \psi)$ est l'ensemble des composantes connexes du carquois

$$\Gamma = (\mathrm{Som}(\mathrm{G}), \mathrm{Som}(\mathrm{H}), \mathrm{Som}(\varphi), \mathrm{Som}(\psi))$$

(II, p. 197). Autrement dit, c'est l'ensemble quotient de $\mathrm{Som}(\mathrm{G})$ par la relation d'équivalence la plus fine telle que $\varphi(a)$ soit équivalent à $\psi(a)$ pour tout $a \in \mathrm{Som}(\mathrm{G})$.

2) L'application $\mathrm{Orb}(\gamma)$, déduite de γ par passage aux orbites, définit par passage au quotient une bijection de l'ensemble des composantes connexes de l'armature du couple (φ, ψ) sur l'ensemble des orbites du coégalisateur. Cela résulte de II, p. 185, prop. 4 et de ce que l'application déduite de β par passage aux orbites est bijective (II, p. 170, remarque 1).

Par suite, l'application de Som(G) dans Orb(Coeg(φ,ψ)) déduite de γ identifie l'ensemble des orbites de Coeg(φ,ψ) à l'ensemble quotient de Som(G) par la relation d'équivalence engendrée par les couples $(\varphi(x),\psi(x))$ pour $x \in$ Som(H) et les couples $(o(f),t(f))$ pour $f \in$ Fl(G).

3) L'application Fl(γ) de Fl(G) dans Fl(Coeg(φ,ψ)) n'est en général pas surjective.

3. Comparaison des groupes d'isotropie du cohomotopeur et du coégalisateur

Soit H un carquois, soit G un groupoïde, soient φ et ψ des morphismes de carquois de H dans G. Notons $\alpha\colon \mathrm{G} \to \mathrm{Coh}(\varphi,\psi)$, $\beta\colon \mathrm{Coh}(\varphi,\psi) \to \mathrm{Coeg}(\varphi,\psi)$ et $\gamma\colon \mathrm{G} \to \mathrm{Coeg}(\varphi,\psi)$ les morphismes canoniques de groupoïdes, et h l'homotopie canonique reliant $\alpha\circ\varphi$ à $\alpha\circ\psi$. On résume ces notations par le diagramme suivant

$$\mathrm{H} \underset{\psi}{\overset{\varphi}{\rightrightarrows}} \mathrm{G} \xrightarrow{\alpha} \mathrm{Coh}(\varphi,\psi) \xrightarrow{\beta} \mathrm{Coeg}(\varphi,\psi)\ , \qquad \gamma = \beta\circ\alpha\colon \mathrm{G} \to \mathrm{Coeg}(\varphi,\psi).$$

Dans toute la suite de ce n°, on suppose que l'armature du couple (φ,ψ) *est un carquois connexe et on fixe un sommet* a_0 *de* G. Par suite, les groupoïdes Coh(φ,ψ) et Coeg(φ,ψ) sont transitifs.

Notons Γ le carquois (Som(G), Som(H), Som(φ), Som(ψ)), $\widetilde{\Gamma}$ le graphe associé à Γ et soit $\Omega(\widetilde{\Gamma})$ l'ensemble des suites finies $(z_1,\ldots,z_n)$ de flèches de $\widetilde{\Gamma}$, avec $n \geqslant 1$, telles que le terme de z_i soit l'origine de z_{i+1} si $1 \leqslant i < n$ et que le terme de z_n soit l'origine de z_1. On a construit au n° 1 une application $\mathbf{z} \mapsto c(\mathbf{z})$ de l'ensemble $\Omega(\widetilde{\Gamma})$ dans l'ensemble des classes de conjugaison du groupe $\mathrm{Coh}(\varphi,\psi)_{a_0}$.

Notons $\mathrm{H}\times_{\mathrm{G}}\mathrm{H}$ l'égalisateur dans $\mathrm{H}\times\mathrm{H}$ des morphismes de carquois $\psi\circ\mathrm{pr}_1$ et $\varphi\circ\mathrm{pr}_2$. L'ensemble de ses sommets est l'ensemble des couples (a,b) de sommets de H tels que $\psi(a)=\varphi(b)$; l'ensemble de ses flèches est l'ensemble des couples (f,g) de flèches de H telles que $\psi(f)=\varphi(g)$; l'origine d'une flèche (f,g) est le sommet $(o(f),o(g))$ et son terme est le sommet $(t(f),t(g))$ (*cf.* II, p. 153).

Notons enfin Ker(φ,ψ) l'égalisateur de φ et ψ ; rappelons (II, p. 165, exemple 2) que c'est le sous-carquois de H dont les sommets a sont ceux tels que $\varphi(a) = \psi(a)$ et dont les flèches sont les $f \in \mathrm{Fl}(\mathrm{H})$ telles que $\varphi(f) = \psi(f)$.

PROPOSITION 4. — *Soit* $\mu \colon \mathrm{H} \times_{\mathrm{G}} \mathrm{H} \to \mathrm{H}$ *un morphisme de carquois tel que* $\varphi \circ \mu = \varphi \circ \mathrm{pr}_1$ *et* $\psi \circ \mu = \psi \circ \mathrm{pr}_2$. *Supposons que, pour tout couple* (a, b) *de sommets de* H *tels que* $\varphi(a) = \varphi(b)$, *il existe un sommet* c *de* H *tel que* $\varphi(c) = \psi(b)$ *et* $a = \mu(b, c)$.

Soit A_1 *un ensemble de sommets de* $\mathrm{Ker}(\varphi, \psi)$ *rencontrant chacune de ses composantes connexes et soit* Z_1 *l'ensemble des éléments de* $\Omega(\widetilde{\Gamma})$ *de la forme* $((a, 1))$, *où* $a \in \mathrm{A}_1$. *Soit aussi* A_2 *un ensemble de sommets de* $\mathrm{H} \times_{\mathrm{G}} \mathrm{H}$ *rencontrant chaque composante connexe de* $\mathrm{H} \times_{\mathrm{G}} \mathrm{H}$ *et soit* Z_2 *l'ensemble des triplets de la forme* $((a, 1), (b, 1), (\mu(a, b), -1))$, *pour* (a, b) *décrivant* A_2.

Alors, $\Omega(\widetilde{\Gamma})$ *est la plus petite partie distinguée de* $\Omega(\widetilde{\Gamma})$ *qui contient* $\mathrm{Z}_1 \cup \mathrm{Z}_2$. *En particulier, les classes de conjugaison* $c(\mathbf{z})$ *dans* $\mathrm{Coh}(\varphi, \psi)_{a_0}$, *où* $\mathbf{z}$ *parcourt* $\mathrm{Z}_1 \cup \mathrm{Z}_2$, *engendrent le noyau de l'homomorphisme canonique* β_a *de* $\mathrm{Coh}(\varphi, \psi)_{a_0}$ *dans* $\mathrm{Coeg}(\varphi, \psi)_{\beta(a_0)}$.

Notons Z'_1, Z'_2 et Z' les plus petites parties distinguées de $\Omega(\widetilde{\Gamma})$ contenant respectivement Z_1, Z_2 et $\mathrm{Z}_1 \cup \mathrm{Z}_2$ (II, p. 197, déf. 1). Il s'agit de démontrer que Z' est égal à $\Omega(\widetilde{\Gamma})$; D'après II, p. 199, corollaire 1 de la prop. 1 de II, p. 197, la dernière assertion de la proposition en découlera.

Lemme 1. — a) *Pour tout sommet* a *de* $\mathrm{Ker}(\varphi, \psi)$, $((a, 1))$ *appartient à* Z'_1.

b) *Pour tout sommet* (a, b) *de* $\mathrm{H} \times_{\mathrm{G}} \mathrm{H}$, $((a, 1), (b, 1), (\mu(a, b), -1))$ *appartient à* Z'_2.

a) Soit A'_1 l'ensemble des sommets a de $\mathrm{Ker}(\varphi, \psi)$ tels que $((a, 1))$ appartienne à Z'_1. On a $\mathrm{A}_1 \subset \mathrm{A}'_1$, par définition de Z'_1. Soit f une flèche de $\mathrm{Ker}(\varphi, \psi)$, soit a son origine et b son terme. Il résulte de la propriété (iv) dans la définition d'une partie distinguée (II, p. 197, déf. 1) appliquée à la suite $((f, 1))$ que $a \in \mathrm{A}'_1$ équivaut à $b \in \mathrm{A}'_1$. Puisque A_1 rencontre toute composante connexe de $\mathrm{Ker}(\varphi, \psi)$, on a $\mathrm{A}'_1 = \mathrm{Som}(\mathrm{Ker}(\varphi, \psi))$, ce qu'il fallait démontrer.

b) Soit A'_2 l'ensemble des sommets (a, b) de $\mathrm{H} \times_{\mathrm{G}} \mathrm{H}$ tels que le triplet $((a, 1), (b, 1), (\mu(a, b), -1))$ appartienne à Z'_2. Par hypothèse, on a $\mathrm{A}_2 \subset \mathrm{A}'_2$. Comme A_2 rencontre chaque composante connexe de $\mathrm{H} \times_{\mathrm{G}} \mathrm{H}$, il suffit d'établir que, s'il existe une flèche (f, f') reliant un sommet (a', b') à un sommet (a, b), alors (a, b) appartient à A'_2 si et seulement s'il en est de même de (a', b').

Posons $f'' = \mu(f, f')$; c'est une flèche reliant $\mu(a', b')$ à $\mu(a, b)$ et l'on a $\varphi(f'') = \varphi(f)$ et $\psi(f'') = \psi(f')$. D'après la condition (iv) dans la définition d'une partie distinguée de $\Omega(\widetilde{\Gamma})$ (*loc. cit.*) appliquée à la suite $((f, 1), (f', 1), (f'', -1))$, les deux conditions

(i) le triplet $((a, 1), (b, 1), (\mu(a, b), -1))$ appartient à Z' ;

(ii) le triplet $((a', 1), (b', 1), (\mu(a', b'), -1))$ appartient à Z' ;

sont équivalentes. Cela montre que (a, b) appartient à A'_2 si et seulement si (a', b') appartient à A'_2 et conclut la démonstration du lemme.

Démontrons maintenant par récurrence sur l'entier $n \geqslant 1$ que tout élément $((a_1, \varepsilon_1), (a_2, \varepsilon_2), \ldots, (a_n, \varepsilon_n))$ de $\Omega(\widetilde{\Gamma})$ appartient à Z'.

A) Cas où $n = 1$.

Soit $((a, \varepsilon))$ un élément de $\Omega(\widetilde{\Gamma})$ de longueur 1. On a $\varphi(a) = \psi(a)$, d'où $((a, 1)) \in \mathrm{Z}'$ d'après le lemme 1. La condition (ii) dans la définition d'une partie distinguée entraîne alors que $((a, -1))$ appartient à Z'.

B) Cas où $n \geqslant 2$.

Grâce à la condition (ii) d'une partie distinguée, il suffit de traiter le cas où $\varepsilon_2 = 1$. Supposons que $\varepsilon_1 = 1$; alors, (a_1, a_2) est un sommet de $\mathrm{H} \times_{\mathrm{G}} \mathrm{H}$; posons $a = \mu(a_1, a_2)$; d'après le lemme 1, le triplet $((a_1, 1), (a_2, 1), (a, -1))$ appartient donc à Z'. Dans le cas où $\varepsilon_1 = -1$, on a $\varphi(a_1) = \varphi(a_2)$; on peut donc choisir un sommet a de H tel que $\mu(a_2, a) = a_1$ et le triplet $((a_2, 1), (a, 1), (a_1, -1))$ appartient à Z', donc le triplet $((a_1, -1), (a_2, 1), (a, 1))$ aussi, grâce à la condition (ii) dans la définition d'une partie distinguée.

Alors, $((a, \varepsilon_1), (a_3, \varepsilon_3), \ldots, (a_n, \varepsilon_n))$ appartient à $\Omega(\widetilde{\Gamma})$ et est de longueur $n - 1$. Par récurrence, c'est un élément de Z'. Grâce aux conditions (i), (ii) et (iii) de la définition d'une partie distinguée, on en déduit successivement que les éléments

$$((a_1, \varepsilon_1), (a_2, 1), (a, -\varepsilon_1), (a, \varepsilon_1), (a_3, \varepsilon_3), \ldots, (a_n, \varepsilon_n)),$$
$$((a, -\varepsilon_1), (a, \varepsilon_1), (a_3, \varepsilon_3), \ldots, (a_n, \varepsilon_n), (a_1, \varepsilon_1), (a_2, 1)),$$
$$((a_3, \varepsilon_3), \ldots, (a_n, \varepsilon_n), (a_1, \varepsilon_1), (a_2, 1)),$$
$$((a_1, \varepsilon_1), (a_2, 1), (a_3, \varepsilon_3), \ldots, (a_n, \varepsilon_n))$$

appartiennent à Z'. Cela termine la démonstration de la proposition.

COROLLAIRE. — a) *Avec les notations de la proposition 4, supposons en outre que l'application* $(\mathrm{Som}(\varphi), \mathrm{Som}(\psi))$ *de* $\mathrm{Som}(\mathrm{H})$ *dans* $\mathrm{Som}(\mathrm{G}) \times \mathrm{Som}(\mathrm{G})$ *soit injective et que son image soit le graphe d'une relation d'équivalence dans* $\mathrm{Som}(\mathrm{G})$. *Alors, pour tout sommet* (a, b) *de* $\mathrm{H} \times_{\mathrm{G}} \mathrm{H}$, *il existe un unique sommet* $c_{a,b}$ *de* H *tel que* $\varphi(c_{a,b}) = \varphi(a)$ *et* $\psi(c_{a,b}) = \psi(b)$.

b) *Supposons de plus que pour toute flèche* (f, f') *de* $\mathrm{H} \times_{\mathrm{G}} \mathrm{H}$, *il existe une flèche* f'' *de* H *telle que* $\varphi(f'') = \varphi(f)$ *et* $\psi(f'') = \psi(f')$.

Soit A *un ensemble de sommets de* $\mathrm{H} \times_{\mathrm{G}} \mathrm{H}$ *rencontrant chacune de ses composantes connexes. Alors, le noyau du morphisme* β_{a_0} *est le plus petit sous-groupe distingué de* $\mathrm{Coh}(\varphi, \psi)_{a_0}$ *qui contient les classes de conjugaison* $c((a, 1), (b, 1), (c_{a,b}, -1))$, *pour* $(a, b) \in \mathrm{A}$.

Soit R la relation d'équivalence dans $\mathrm{Som}(\mathrm{G})$ dont le graphe est l'image de l'application $(\mathrm{Som}(\varphi), \mathrm{Som}(\psi))$. Soit (a, b) un sommet de $\mathrm{H} \times_{\mathrm{G}} \mathrm{H}$. On a ainsi $\mathrm{R}\{\varphi(a), \psi(a)\}$ et $\mathrm{R}\{\varphi(b), \psi(b)\}$, d'où $\mathrm{R}\{\varphi(a), \psi(b)\}$ puisque $\psi(a) = \varphi(b)$. Par suite, il existe un unique sommet c de H tel que $\varphi(c) = \varphi(a)$ et $\psi(c) = \psi(b)$; on le note $\mu(a, b)$.

Pour toute flèche (f, f') de $\mathrm{H} \times_{\mathrm{G}} \mathrm{H}$, choisissons une flèche f'' de H telle que $\varphi(f'') = \varphi(f)$ et $\psi(f'') = \psi(f)$ et notons-la $\mu(f, f')$.

On a ainsi défini un morphisme de carquois $\mu \colon \mathrm{H} \times_{\mathrm{G}} \mathrm{H} \to \mathrm{H}$ tel que $\varphi \circ \mu = \varphi \circ \mathrm{pr}_1$ et $\psi \circ \mu = \psi \circ \mathrm{pr}_2$.

Soit (a, b) un couple de sommets de H tel que $\varphi(a) = \varphi(b)$. On a $\mathrm{R}\{\varphi(a), \psi(a)\}$ et $\mathrm{R}\{\varphi(b), \psi(b)\}$, donc $\mathrm{R}\{\psi(b), \psi(a)\}$. Il existe par suite un unique sommet c de H tel que $\varphi(c) = \psi(b)$ et $\psi(c) = \psi(a)$. Le sommet $\mu(b, c)$ vérifie $\varphi(\mu(b, c)) = \varphi(b) = \varphi(a)$ et $\psi(\mu(b, c)) = \psi(c) = \psi(a)$. On a donc $\mu(b, c) = a$ car l'application $(\mathrm{Som}(\varphi), \mathrm{Som}(\psi))$ de $\mathrm{Som}(\mathrm{H})$ dans $\mathrm{Som}(\mathrm{G}) \times \mathrm{Som}(\mathrm{G})$ est injective.

Soit A_1 l'ensemble des sommets de $\mathrm{Ker}(\varphi, \psi)$ et soit Z_1 l'ensemble des éléments de $\Omega(\widetilde{\Gamma})$ de la forme $((a, 1))$, pour $a \in \mathrm{A}_1$. Posons $\mathrm{A}_2 = \mathrm{A}$ et soit Z_2 l'ensemble des éléments $((a, 1), (b, 1), (\mu(a, b), -1))$ de $\Omega(\widetilde{\Gamma})$, pour $(a, b) \in \mathrm{A}_2$. Notons $\widetilde{\mathrm{Z}}$ (resp. $\widetilde{\mathrm{Z}}_1$, resp. $\widetilde{\mathrm{Z}}_2$) la plus petite partie distinguée de $\Omega(\widetilde{\Gamma})$ contenant $\mathrm{Z}_1 \cup \mathrm{Z}_2$ (resp. Z_1, resp. Z_2).

Soit $a \in \mathrm{A}_1$; on a $\varphi(a) = \psi(a)$; posons $x = \varphi(a)$. Le sommet a est l'unique sommet de H tel que $\varphi(a) = \psi(a) = x$; en particulier, on a $\mu(a, a) = a$. Le triplet $((a, 1), (a, 1), (a, -1))$ appartient donc à Z_2. Il résulte alors des conditions (i) et (iii) dans la définition d'une partie distinguée que $((a, 1))$ appartient à $\widetilde{\mathrm{Z}}_2$. Par suite, on a $\mathrm{Z}_1 \subset \widetilde{\mathrm{Z}}_2$, d'où $\widetilde{\mathrm{Z}} = \widetilde{\mathrm{Z}}_2$.

D'après la proposition 4, $\Omega(\widetilde{\Gamma})$ est la plus petite partie distinguée de $\Omega(\widetilde{\Gamma})$ contenant Z_2 et le noyau de β_{a_0} est le plus petit sous-groupe distingué de $\mathrm{Coh}(\varphi, \psi)_{a_0}$ qui contient les classes de conjugaison $c(\mathbf{z})$, pour $\mathbf{z} \in Z_2$, d'où le corollaire.

Exemple. — Soient X et R des espaces topologiques, soient o et t des applications continues de R dans X, soit C l'ensemble des couples $(f, g) \in \mathrm{R}^2$ tels que $t(f) = o(g)$ dans R et soit m une application continue de C dans R qui fait du carquois $(\mathrm{X}, \mathrm{R}, o, t)$ un groupoïde; supposons en outre que l'application $f \mapsto f^{-1}$ de R dans R est continue. Les hypothèses de la proposition sont alors vérifiées si l'on pose $\mathrm{H} = \varpi(\mathrm{R})$, $\mathrm{G} = \varpi(\mathrm{X})$, $\varphi = \varpi(o)$, $\psi = \varpi(t)$ et $\mu = \varpi(m)$.

Supposons de plus que R soit le graphe d'une relation d'équivalence dans X, les applications o et t étant déduites des projections de $\mathrm{X} \times \mathrm{X}$ dans X par passage aux sous-espaces. Les hypothèses du corollaire sont alors satisfaites.

Remarque. — *Plus généralement, les hypothèses de la proposition sont satisfaites lorsque $(\mathrm{G}, \mathrm{H}, \varphi, \psi, \mu)$ est un « groupoïde de groupoïdes. » Cela signifie que G et H sont des groupoïdes, φ et ψ sont des morphismes de groupoïdes de H dans G, faisant du quadruplet $(\mathrm{G}, \mathrm{H}, \varphi, \psi)$ un « carquois en groupoïdes » ; enfin, μ est une loi de composition dans ce « carquois » donnée par un morphisme de groupoïdes $\mathrm{H} \times_{\mathrm{G}} \mathrm{H} \to \mathrm{H}$, vérifiant un certain nombre de propriétés exprimant l'associativité de la loi et le fait que toute « flèche » soit inversible. Le lecteur remarquera d'ailleurs que les applications au groupoïde fondamental étudiées dans cet ouvrage se placent toutes dans ce cas.*

4. Groupe d'isotropie d'un coégalisateur

Soient G et H des groupoïdes ; soient φ et ψ des morphismes de groupoïdes de H dans G. Le but de ce n° est de résumer le calcul des groupes d'isotropie du cohomotopeur (II, p. 193, prop. 6) et la comparaison des groupes d'isotropie du cohomotopeur et du coégalisateur faite au n° précédent pour en déduire le calcul des groupes d'isotropie du coégalisateur $\mathrm{Coeg}(\varphi, \psi)$.

Notons $\alpha\colon \mathrm{G} \to \mathrm{Coh}(\varphi, \psi)$, $\beta\colon \mathrm{Coh}(\varphi, \psi) \to \mathrm{Coeg}(\varphi, \psi)$ et $\gamma = \beta \circ \alpha\colon \mathrm{G} \to \mathrm{Coeg}(\varphi, \psi)$ les morphismes de groupoïdes canoniques. Notons $h\colon \mathrm{Som(H)} \to \mathrm{Fl}(\mathrm{Coh}(\varphi, \psi))$ l'homotopie canonique ; rappelons que l'ensemble des sommets de $\mathrm{Coh}(\varphi, \psi)$ est égal à Som(G).

Notons Γ le carquois $(\mathrm{Som(G)}, \mathrm{Som(H)}, \mathrm{Som}(\varphi), \mathrm{Som}(\psi))$, notons alors φ_0 et ψ_0 les applications déduites de φ et ψ par passage aux orbites et Γ_0 l'armature $(\mathrm{Orb(G)}, \mathrm{Orb(H)}, \varphi_0, \psi_0)$ du couple (φ, ψ). Nous supposerons que le carquois Γ_0 est connexe et que l'ensemble de ses sommets n'est pas vide, ce qui revient à supposer que les groupoïdes $\mathrm{Coh}(\varphi, \psi)$ et $\mathrm{Coeg}(\varphi, \psi)$ sont transitifs.

Rappelons (*cf.* II, p. 192, définition 4) qu'un équipement de base consiste en la donnée d'une famille $(a, b, c_1, c_2, \mathrm{T}, i_0)$ où : pour tout $i \in \mathrm{Orb(G)}$, $a(i)$ est un sommet dans l'orbite i de G ; pour tout $j \in \mathrm{Orb(H)}$, $b(j)$ est un sommet dans l'orbite j de H, $c_1(j)$ et $c_2(j)$ sont des flèches de G reliant respectivement $\varphi(b(j))$ à $a(\varphi_0(j))$ et $\psi(b(j))$ à $a(\psi_0(j))$; T est un sous-carquois de Γ_0 dont l'arbre associé est un arbre maximal du graphe $\widetilde{\Gamma}_0$; enfin, i_0 est une orbite de G et on pose $a_0 = a(i_0)$.

On définit alors un morphisme de carquois τ_0 de Γ_0 dans $\mathrm{Coh}(\varphi, \psi)$ tel que $\tau_0(i) = \beta(a(i))$ et $\tau_0(j) = \alpha(c_1(j))^{-1} h(b(j)) \alpha(c_2(j))$ pour $i \in \mathrm{Orb(G)}$ et $j \in \mathrm{Orb(H)}$. Si i appartient à Orb(G), soit d_i l'unique classe de chemins dans le graphe $\widetilde{\mathrm{T}}$ reliant i_0 à i et notons δ_i son image dans $\mathrm{Coh}(\varphi, \psi)$ par le morphisme de groupoïdes τ_0.

De ces données, la prop. 6 (II, p. 193) fournit un homomorphisme surjectif

$$\Lambda\colon \Big(\mathop{*}_{i \in \pi_0(\mathrm{G})} \mathrm{G}_{a(i)} \Big) * \mathrm{F}(\mathrm{Orb(H)}) \to \mathrm{Coh}(\varphi, \psi)_{a(i_0)}$$

et décrit des générateurs de son noyau, fournissant ainsi une présentation du groupe $\mathrm{Coh}(\varphi, \psi)_{a_0}$.

L'ensemble des lacets de longueur $\geqslant 1$ dans le graphe $\widetilde{\Gamma}$ associé à Γ est identifié à l'ensemble $\Omega(\widetilde{\Gamma})$ des suites $(z_1, \ldots, z_n)$ de flèches de $\widetilde{\Gamma}$, indexées par $\mathbf{Z}/n\mathbf{Z}$, où n parcourt l'ensemble des entiers $\geqslant 1$, telles que pour tout $k \in \mathbf{Z}/n\mathbf{Z}$, le terme de z_k soit l'origine de z_{k+1}. Soit Z une partie de $\Omega(\widetilde{\Gamma})$ telle que les classes de conjugaison $c(z)$, pour $z \in \mathrm{Z}$, engendrent le noyau de l'homomorphisme surjectif β_{a_0}. L'homomorphisme $\beta_{a_0} \circ \Lambda$ est surjectif; pour en déduire son noyau, c'est-à-dire une présentation du groupe $\mathrm{Coeg}(\varphi, \psi)_{\beta(a_0)}$, il reste à *choisir*, pour tout $z \in \mathrm{Z}$, un élément $\mathrm{C}(z)$ dans le groupe $(\mathop{*}\limits_{i \in \mathrm{Orb(G)}} \mathrm{G}_{a(i)}) * \mathrm{F}(\pi_0(\mathrm{H}))$ tel que $\Lambda(\mathrm{C}(z))$ appartienne à la classe de conjugaison $c(z)$.

Soit donc $z = (z_1, \ldots, z_n)$ un élément de $\Omega(\widetilde{\Gamma})$; posons $z_k = (y_k, \varepsilon_k)$, où $y_k \in \mathrm{Fl}(\Gamma) = \mathrm{Som(H)}$ et $\varepsilon_k \in \{\pm 1\}$. Par définition, $c(z)$ est la classe de conjugaison de l'élément

$$gh(y_1)^{\varepsilon_1} \ldots h(y_n)^{\varepsilon_n} g^{-1}$$

du groupe $\mathrm{Coh}(\varphi, \psi)_{a_0}$, où g est une flèche arbitraire dans $\mathrm{Coh}(\varphi, \psi)$ reliant a_0 à l'origine de z_1. Pour $k \in \mathbf{Z}/n\mathbf{Z}$, soit j_k l'orbite de y_k dans H et choisissons une flèche f_k de H reliant y_k au sommet $b(j_k)$. Par définition d'une homotopie, on a alors la relation

$$h(y_k)(\alpha \circ \psi)(f_k) = (\alpha \circ \varphi)(f_k) h(b(j_k))$$

dans le groupoïde $\mathrm{Coh}(\varphi, \psi)$. Par suite, utilisant la définition du morphisme de carquois τ_0, on a

$$\begin{aligned}
h(y_k) &= (\alpha \circ \varphi)(f_k) \cdot h(b(j_k)) \cdot (\alpha \circ \psi)(f_k)^{-1} \\
&= (\alpha \circ \varphi)(f_k) \cdot (\alpha \circ c_1)(j_k) \cdot \tau_0(j_k) \cdot (\alpha \circ c_2)(j_k)^{-1} \cdot (\alpha \circ \psi)(f_k)^{-1} \\
&= (\alpha \circ \varphi)(f_k) \cdot (\alpha \circ c_1)(j_k) \cdot \delta_{\varphi_0(j_k)}^{-1} \cdot \\
&\qquad \cdot \delta_{\varphi_0(j_k)} \cdot \tau_0(j_k) \cdot \delta_{\psi_0(j_k)}^{-1} \cdot \\
&\qquad \cdot \delta_{\psi_0(j_k)} \cdot (\alpha \circ c_2)(j_k)^{-1} \cdot (\alpha \circ \psi)(f_k)^{-1} \\
&= u_k \Lambda(j_k) v_k,
\end{aligned}$$

où l'on a posé

$$u_k = \alpha(\varphi(f_k) c_1(j_k)) \cdot \delta_{\varphi_0(j_k)}^{-1} \quad \text{et} \quad v_k = \delta_{\psi_0(j_k)} \cdot \alpha(\psi(f_k) c_2(j_k))^{-1}.$$

Pour tout élément $k \in \mathbf{Z}/n\mathbf{Z}$, définissons des flèches $\widetilde{u}_k, \widetilde{v}_k$ dans G par

$$h(y_k)^{\varepsilon_k} = \widetilde{u}_k \Lambda(j_k)^{\varepsilon_k} \widetilde{v}_k,$$

de sorte que

$$(\widetilde{u}_k, \widetilde{v}_k) = \begin{cases} (u_k, v_k) & \text{si } \varepsilon_k = 1\,; \\ (v_k^{-1}, u_k^{-1}) & \text{si } \varepsilon_k = -1. \end{cases}$$

Notons x_k l'origine de la flèche $h(y_k)^{\varepsilon_k}$; son terme est alors x_{k+1} ; soit i_k l'orbite de x_k. Définissons alors un lacet $\lambda_k(z)$ en $a(i_k)$ dans le groupoïde G par la formule

(1)

$$\lambda_k(z) = \begin{cases} c_2(j_{k-1})^{-1}\psi(f_{k-1})^{-1}\varphi(f_k)c_1(j_k) & \text{si } (\varepsilon_{k-1}, \varepsilon_k) = (1,1)\,; \\ c_2(j_{k-1})^{-1}\psi(f_{k-1})^{-1}\psi(f_k)c_2(j_k) & \text{si } (\varepsilon_{k-1}, \varepsilon_k) = (1,-1)\,; \\ c_1(j_{k-1})^{-1}\varphi(f_{k-1})^{-1}\varphi(f_k)c_1(j_k) & \text{si } (\varepsilon_{k-1}, \varepsilon_k) = (-1,1)\,; \\ c_1(j_{k-1})^{-1}\varphi(f_{k-1})^{-1}\psi(f_k)c_2(j_k) & \text{si } (\varepsilon_{k-1}, \varepsilon_k) = (-1,-1). \end{cases}$$

Par construction, on a

$$\Lambda(\lambda_k(z)) = \widetilde{v}_{k-1}\widetilde{u}_k,$$

si bien que l'image par l'homomorphisme Λ de l'élément

(2) $$\mathrm{C}(z) = \lambda_1(z)(j_1)^{\varepsilon_1}\lambda_2(z)(j_2)^{\varepsilon_2}\ldots\lambda_n(z)(j_n)^{\varepsilon_n}$$

appartient à la classe de conjugaison $c(z)$.

DÉFINITION 3. — *Soient* G *et* H *des groupoïdes; soient* φ *et* ψ *des morphismes de groupoïdes de* H *dans* G. *On suppose que le groupoïde* $\mathrm{Coeg}(\varphi, \psi)$ *est transitif. Soit* $(a, b, c_1, c_2, \mathrm{T}, i_0)$ *un équipement de base du couple* (φ, ψ).

On appelle équipement complémentaire *la donnée d'une partie* Z *de* $\Omega(\widetilde{\Gamma})$ *telle que les classes de conjugaison* $c(\mathbf{z})$ *pour* $\mathbf{z} \in \mathrm{Z}$ *engendrent le noyau de l'homomorphisme* $\beta_{a(i_0)}$ *et, pour tout élément* $\mathbf{z} = ((y_1, \varepsilon_1), \ldots, (y_n, \varepsilon_n))$ *de* Z, *d'une suite* $f(\mathbf{z}) = (f_1, \ldots, f_n)$ *de flèches dans* H *telle que* f_k *relie* y_k *au sommet* $b(j_k)$, j_k *désignant l'orbite de* y_k *dans* H.

Un équipement complet *du couple* (φ, ψ) *est la donnée d'un équipement de base et d'un équipement complémentaire.*

PROPOSITION 5. — *Soient* G *et* H *des groupoïdes; soient* φ *et* ψ *des morphismes de groupoïdes de* H *dans* G. *Supposons que le groupoïde* $\mathrm{Coeg}(\varphi, \psi)$ *soit transitif. Notons* $\gamma\colon \mathrm{G} \to \mathrm{Coeg}(\varphi, \psi)$ *le morphisme de groupoïdes canonique.*

Munissons le couple (φ, ψ) *d'un équipement complet*

$$(a, b, c_1, c_2, \mathrm{T}, i_0, \mathrm{Z}, (f(\mathbf{z}))_{\mathbf{z}\in\mathrm{Z}}).$$

Pour $j \in \mathrm{Orb}(\mathrm{H})$, *soient* $\varphi_j\colon \mathrm{H}_{b(j)} \to \mathrm{G}_{a(\varphi_0(j))}$ *et* $\psi_j\colon \mathrm{H}_{b(j)} \to \mathrm{G}_{a(\psi_0(j))}$ *les morphismes de groupes* $\mathrm{Int}(c_1(j))^{-1} \circ \varphi_{b(j)}$ *et* $\mathrm{Int}(c_2(j))^{-1} \circ \psi_{b(j)}$ *respectivement, où* φ_0 *et* ψ_0 *désignent les applications canoniques déduites de* φ *et* ψ *par passage aux orbites. Soit* τ *le morphisme de l'armature* Γ_0 *du couple* (φ, ψ) *dans* $\mathrm{Coeg}(\varphi, \psi)$ *défini par* $\mathrm{Som}(\tau)(i) = \gamma(a(i))$ *si* $i \in \mathrm{Orb}(\mathrm{G})$ *et tel que* $\mathrm{Fl}(\tau)(j)$ *soit le chemin* $\gamma(c_1(j))^{-1}\gamma(c_2(j))$ *dans* $\mathrm{Coeg}(\varphi, \psi)$. *Si* i *est une orbite de* G, *soit* c_i *l'unique classe de chemins dans* $\widetilde{\mathrm{T}}$ *reliant* i_0 *à* i *et posons* $\delta_i = \widetilde{\tau}(c_i)$, *où* $\widetilde{\tau}\colon \mathrm{Grp}(\mathrm{G}) \to \mathrm{Coeg}(\varphi, \psi)$ *est le morphisme de groupoïdes canonique déduit de* τ.

Il existe alors un unique homomorphisme de groupes

$$\lambda\colon \big(\mathop{*}_{i \in \mathrm{Orb}(\mathrm{G})} \mathrm{G}_{a(i)}\big) * \mathrm{F}(\mathrm{Orb}(\mathrm{H})) \to \mathrm{Coeg}(\varphi, \psi)_{\gamma(a(i_0))}$$

tel que

$$\lambda(f) = \delta_i \gamma_{a(i)}(f) \delta_i^{-1} \qquad \textit{pour } i \in \mathrm{Orb}(\mathrm{G}) \textit{ et } f \in \mathrm{G}_{a(i)},$$
$$\lambda(j) = \delta_{\varphi_0(j)} \tau(j) \delta_{\psi_0(j)}^{-1} \qquad \textit{pour } j \in \mathrm{Orb}(\mathrm{H}).$$

L'homomorphisme λ *est surjectif; son noyau est le plus petit sous-groupe distingué contenant les éléments suivants :*

(R_1) $\quad r_1(j) = j \qquad$ *pour* j *dans* $\mathrm{Fl}(\mathrm{T})$;

(R_2) $\quad r_2(j, f) = \varphi_j(f) j \psi_j(f)^{-1} j^{-1}$
pour $j \in \mathrm{Orb}(\mathrm{H})$ *et* $f \in \mathrm{H}_{b(j)}$;

(R_3) $\quad r_3(z) = \lambda_1(z) j_1^{\varepsilon_1} \lambda_2(z) j_2^{\varepsilon_2} \ldots \lambda_n(z) j_n^{\varepsilon_n}$
pour $z = ((y_1, \varepsilon_1), \ldots, (y_n, \varepsilon_n)) \in \mathrm{Z}$,

où les lacets $\lambda_i(z)$ *sont définis par la formule* (1), *p. 208.*

L'existence et l'unicité d'un tel morphisme résulte de la propriété universelle du produit libre d'une famille de groupes (A, I, p. 85, prop. 8). Notons $\alpha\colon \mathrm{G} \to \mathrm{Coh}(\varphi, \psi)$ et $\beta\colon \mathrm{Coh}(\varphi, \psi) \to \mathrm{Coeg}(\varphi, \psi)$ les morphismes canoniques, de sorte que $\gamma = \beta \circ \alpha$. Soit aussi $h\colon \mathrm{Som}(\mathrm{H}) \to \mathrm{Fl}(\mathrm{Coh}(\varphi, \psi))$ l'homotopie canonique reliant $\alpha \circ \varphi$ à $\alpha \circ \psi$. Comme β est le morphisme de groupoïdes obtenu par contraction des flèches de l'image de h, on a

$$\mathrm{Fl}(\tau)(j) = \gamma(c_1(j))^{-1}\gamma(c_2(j)) = \gamma(c_1(j)^{-1})\beta(h(j))\gamma(c_2(j)) = \beta(\tau_0(j))$$

dans $\mathrm{Coeg}(\varphi, \psi)$, où $\tau_0\colon \Gamma_0 \to \mathrm{Coh}(\varphi, \psi)$ désigne le morphisme de carquois déduit de l'équipement de base $(a, b, c_1, c_2, \mathrm{T}, i_0)$. Par suite, l'homomorphisme λ est le composé de l'homomorphisme Λ défini dans la prop. 6 (II, p. 193) et de l'homomorphisme surjectif $\beta_{a(i_0)}$. Il est en particulier surjectif.

Soit $z \in \mathrm{Z}$; par construction, $\Lambda(r_3(z))$ appartient à la classe de conjugaison $c(z)$. Par définition d'un équipement complémentaire, le noyau de l'homomorphisme $\beta_{a(i_0)}$ est donc le plus petit sous-groupe distingué de $\mathrm{Coh}(\varphi, \psi)_{a(i_0)}$ contenant les éléments $\Lambda(r_3(z))$ pour $z \in \mathrm{Z}$. Comme l'homomorphisme Λ est surjectif, le noyau de l'homomorphisme $\lambda = \beta_{a(i_0)} \circ \Lambda$ est donc le plus petit sous-groupe distingué du groupe $(\mathop{*}_{i\in \mathrm{Orb(G)}} \mathrm{G}_{a(i)}) * \mathrm{F}(\pi_0(\mathrm{H}))$ contenant les générateurs du noyau de Λ donnés par les formules (R_1), (R_2), ainsi que les éléments définis par les formules (R_3). La proposition est ainsi démontrée.

5. Quotient d'un groupoïde par l'action d'un groupe

Soit G un groupoïde transitif, soit K un groupe et soit $\theta \colon \mathrm{K} \to \mathrm{Aut(G)}^\circ$ un homomorphisme de groupes de K dans le groupe opposé au groupe des automorphismes du groupoïde G. On dira que le groupe K agit à droite sur G. Si $k \in \mathrm{K}$, on notera parfois k^*x (resp. k^*f) l'image d'un sommet x (resp. d'une flèche f) de G par l'automorphisme de groupoïdes $\theta(k)$.

Soit $|\mathrm{K}|$ le groupoïde dont l'ensemble des sommets est K et dont l'ensemble des flèches reliant deux sommets est vide si ces sommets sont distincts, et est réduit à un élément sinon. Soit H le groupoïde produit $\mathrm{G} \times |\mathrm{K}|$; un sommet de H est un couple (a, k), où a est un sommet de G et k est un élément de K ; si f est une flèche de G reliant un sommet a à un sommet b, on notera (f, k) l'unique flèche de H reliant (a, k) à (b, k). Soit $\varphi \colon \mathrm{H} \to \mathrm{G}$ le morphisme de groupoïdes donné par la première projection et soit $\psi \colon \mathrm{H} \to \mathrm{G}$ le morphisme de groupoïdes tel que $\mathrm{Som}(\psi)((a, k)) = k^*a$ et $\mathrm{Fl}(\psi)((f, k)) = k^*f$ si $k \in \mathrm{K}$, $a \in \mathrm{Som(G)}$ et $f \in \mathrm{Fl(G)}$.

Notons G/K le coégalisateur $\mathrm{Coeg}(\varphi, \psi)$ et soit $\gamma \colon \mathrm{G} \to \mathrm{G/K}$ le morphisme de groupoïdes canonique.

Soit o un sommet de G. Pour $k \in \mathrm{K}$, choisissons une flèche c_k reliant k^*o à o dans G ; il en existe car G est transitif. Pour $k \in \mathrm{K}$, notons $\mathrm{Fix}(k)$ le sous-groupoïde de G dont les sommets (resp. les flèches) sont les éléments de Som(G) (resp. de Fl(G)) fixés par k ; choisissons un ensemble A_k de sommets de $\mathrm{Fix}(k)$ qui rencontrent toutes les orbites de ce groupoïde. Pour $k \in \mathrm{K}$ et $a \in \mathrm{A}_k$, on choisit aussi une flèche $f_{(a,k)}$ dans G reliant le sommet a au sommet o.

PROPOSITION 6. — *L'unique homomorphisme de groupes*

$$\lambda\colon \mathrm{G}_o * \mathrm{F}(\mathrm{K}) \to (\mathrm{G}/\mathrm{K})_{\gamma(o)}$$

tel que $\lambda(f) = \gamma_o(f)$ *pour* $f \in \mathrm{G}_o$ *et* $\lambda([k]) = \gamma(c_k)$ *pour* $k \in \mathrm{K}$ *est surjectif. Son noyau est le plus petit sous-groupe distingué de* $\mathrm{G}_o * \mathrm{F}(\mathrm{K})$ *contenant les éléments suivants :*

$$(\mathrm{R}_2) \qquad r_2(k,f) = [k]^{-1} f [k] (c_k^{-1} k^*(f)^{-1} c_k) \quad \text{pour } k \in \mathrm{K} \text{ et } f \in \mathrm{G}_o\,;$$

$$(\mathrm{R}'_3) \qquad r'_3(k,a) = [k](c_k^{-1} k^*(f_{(a,k)})^{-1} f_{(a,k)})) \quad \text{pour } k \in \mathrm{K} - \{e\} \text{ et } a \in \mathrm{A}_k$$

$$(\mathrm{R}''_3) \qquad r''_3(k,h) = [kh]^{-1}[k][h](c_h^{-1} h^*(c_k^{-1}) c_{kh}) \quad \text{pour } k \text{ et } h \in \mathrm{K}.$$

Comme G est transitif, l'application qui à un élément $k \in \mathrm{K}$ associe l'orbite de (o,k) est une bijection de K dans l'ensemble des orbites de H. On identifie ainsi Orb(G) à $\{o\}$ et Orb(H) à K. L'armature Γ_0 du couple (φ, ψ) s'identifie alors au carquois ayant un unique sommet o et dont l'ensemble des flèches est K. Soit T le sous-carquois de Γ_0 d'ensemble de sommets $\{o\}$ et dont l'ensemble des flèches est vide ; le graphe associé est l'unique arbre maximal du graphe $\widetilde{\Gamma}_0$.

La famille $(o, (o,k)_{k\in\mathrm{K}}, (e_o)_{k\in\mathrm{K}}, (c_k)_{k\in\mathrm{K}}, \mathrm{T}, o)$ est un équipement de base du couple (φ, ψ).

L'application $f \mapsto (f,k)$ définit un isomorphisme du groupe d'isotropie G_o sur le groupe d'isotropie $\mathrm{H}_{(o,k)}$; par cet isomorphisme, les homomorphismes φ_k et ψ_k de $\mathrm{H}_{(o,k)}$ dans G_o définis par la prop. 5 de II, p. 208 sont donnés par

$$(3) \qquad \varphi_k(f,k) = f \quad \text{et} \quad \psi_k(f,k) = c_k^{-1} k^*(f) c_k,$$

pour $k \in \mathrm{K}$ et $f \in \mathrm{G}_o$.

Le carquois $\mathrm{H} \times_{\mathrm{G}} \mathrm{H}$ est l'égalisateur dans $\mathrm{H} \times \mathrm{H}$ des morphismes de carquois $\psi \circ \mathrm{pr}_1$ et $\varphi \circ \mathrm{pr}_2$. Il a pour sommets les couples $((a,k),(b,h))$ où a et b sont des sommets de G et k et h des éléments de K tels que $b = k^*a$, et pour flèches les couples $((f,k),(g,h))$ où f et g sont des flèches de G, et k et h des éléments de K tels que $g = k^*f$; l'origine de la flèche $((f,k),(g,h))$ est égale à $((o(f),k),(o(g),h))$; son terme est égal à $((t(f),k),(t(g),h))$.

On définit alors un morphisme de carquois μ de $\mathrm{H} \times_{\mathrm{G}} \mathrm{H}$ dans H en posant $\mu((a,k),(b,h)) = (a,kh)$ et $\mu((f,k),(g,h)) = (f,kh)$. On a $\varphi \circ \mu = \varphi \circ \mathrm{pr}_1$ et $\psi \circ \mu = \psi \circ \mathrm{pr}_2$.

Soient x et y des sommets de H tels que $\varphi(x) = \varphi(y)$. Il existe ainsi un sommet a de G et des éléments k et h de K tels que $x = (a,k)$ et $y = (a,h)$. Posons $z = (h^*a, h^{-1}k)$; on a $\mu(y,z) = x$. Cela montre que le couple (φ, ψ) vérifie les hypothèses de la prop. 4 (II, p. 202).

Un sommet (a,k) de H appartient au groupoïde $\mathrm{Ker}(\varphi,\psi)$, égalisateur de φ et ψ, si et seulement si $k^*a = a$, c'est-à-dire si k appartient au fixateur du sommet a dans le groupe K. Soit A_1 l'ensemble des couples (a,k), pour $k \in \mathrm{K}$ et $a \in \mathrm{A}_k$; il rencontre toutes les orbites du sous-groupoïde $\mathrm{Ker}(\varphi,\psi)$ de H. Soit Z_1 la partie de $\Omega(\widetilde{\Gamma})$ formée des suites de la forme $(((a,k),1))$, pour $(a,k) \in \mathrm{A}_1$. Pour $\mathbf{z} = ((a,k),1) \in \mathrm{Z}_1$, $(f_{(a,k)},k)$ est une flèche de H qui relie (a,k) à (o,k). Posons $f(\mathbf{z}) = ((f_{(a,k)},k))$.

L'ensemble A_2 des sommets de $\mathrm{H} \times_{\mathrm{G}} \mathrm{H}$ de la forme $((o,k),(k^*o,h))$, pour $(k,h) \in \mathrm{K}^2$, rencontre toutes les orbites de $\mathrm{H} \times_{\mathrm{G}} \mathrm{H}$. Observons aussi que l'on a $\mu((o,k),(k^*o,h)) = (o,kh)$. Les flèches (e_o,k), (c_k,h), (e_o,kh) dans H relient respectivement (o,k), (k^*o,h), (o,kh) à (o,k), (o,h) et (o,kh). Notons Z_2 l'ensemble des suites de la forme $(((o,k),1),((k^*o,h),1),((o,kh),-1))$ dans $\Omega(\widetilde{\Gamma})$; pour un tel élément $\mathbf{z}$ de Z_2, posons $f(\mathbf{z}) = ((e_o,k),(c_k,h),(e_o,kh))$.

D'après la prop. 4 de II, p. 202, l'ensemble $\mathrm{Z} = \mathrm{Z}_1 \cup \mathrm{Z}_2$ et la famille $(f(\mathbf{z}))_{z \in \mathrm{Z}}$ est un équipement complémentaire.

Soit $k \in \mathrm{K}$ et soit $a \in \mathrm{A}_k$. L'élément $\mathrm{C}((a,k),1)$ du groupe $\mathrm{G}_o * \mathrm{F}(\mathrm{K})$ défini par la formule (2) de II, p. 208 est égal à

$$c_k^{-1}\psi((f_{(a,k)},k))^{-1}\varphi(f_{(a,k)})e_o[k] = (c_k^{-1}k^*(f_{(a,k)})^{-1}f_{(a,k)})[k]. \tag{4}$$

Soient k et $h \in \mathrm{K}$. On vérifie que l'élément

$$\mathrm{C}(((o,k),1),((k^*o,h),1),((o,kh),-1))$$

du groupe $\mathrm{G}_o * \mathrm{F}(\mathrm{K})$ défini par la formule (2) de II, p. 208 est égal à

$$[k][h](c_h^{-1}h^*(c_k^{-1})c_{kh})[kh]^{-1}. \tag{5}$$

Les éléments $r'_3(e,a)$ donnés par les relations (R'_3) pour $k = e$ sont tous égaux à $[e]c_e^{-1}$, élément du groupe $\mathrm{G}_o * \mathrm{F}(\mathrm{K})$ qu'on obtient en appliquant la relation (R_3'') à $k = h = e$. Compte tenu des relations (3), (4) et (5), la proposition résulte donc de II, p. 208, prop. 5.

COROLLAIRE 1. — *Supposons que le groupe* K *soit engendré par les fixateurs des sommets de* G. *Alors, l'homomorphisme de groupes* $\gamma_o \colon G_o \to (G/K)_{\gamma(o)}$ *est surjectif. En outre, si le groupoïde* G *est simplement transitif, il en est de même du groupoïde* G/K.

La relation (R_3'') implique $\lambda([e]) = \lambda(c_e) = \gamma_o(c_e)$. Les relations (R_3'') entraînent alors que l'ensemble des $k \in K$ tels que $\lambda([k])$ appartienne à l'image de γ_o est un sous-groupe de K. Enfin, les relations (R_3') montrent que, pour tout élément $k \in K$ dont le fixateur n'est pas vide, $\lambda([k])$ appartient à l'image de γ_o. Le corollaire en résulte.

Remarque 1. — On peut donner une autre description, parfois plus commode, du groupe $(G/K)_{\gamma(o)}$. Pour cela, posons $M = K \times G_o$ et définissons une loi de composition dans M par la formule

$$(k, a) \cdot (h, b) = (kh, c_{kh}^{-1} h^*(c_k a) c_h b),$$

pour k, $h \in K$ et a, $b \in G_o$. On vérifie que cette loi de composition est associative, que (e, c_e^{-1}) est un élément neutre et que l'élément $(k^{-1}, c_{k^{-1}}^{-1}(k^{-1})^*(c_k a)^{-1} c_e)$ est l'inverse de (k, a). Elle munit donc M d'une structure de groupe. En outre, l'application $\lambda' \colon M \to (G/K)_{\gamma(o)}$ définie par $(k, a) \mapsto \lambda([k]a)$ est un homomorphisme de groupes. Soit α' l'unique morphisme de groupes de $G_o * F(K)$ dans M tel que $\alpha'(f) = (e, f)$ si $f \in G_o$ et $\alpha'([k]) = (k, e_o)$ si $k \in K$; on a $\lambda' \circ \alpha' = \lambda$.

Les relations (R_2) et (R_3'') montrent que tout élément de $(G/K)_{\gamma(o)}$ est l'image par l'homomorphisme λ d'un élément de $G_o * F(K)$ de la forme $[k]f$, avec $f \in G_o$ et $k \in K$. Par suite, l'homomorphisme λ' est surjectif. On vérifie en outre que l'image par α' d'un élément de $G_o * F(K)$ de la forme (R_2) ou (R_3'') est nulle. Par conséquent, le noyau de l'homomorphisme λ' est le plus petit sous-groupe distingué de M contenant les images par α' des éléments de $G_o * F(K)$ de la forme (R_3').

COROLLAIRE 2. — *Supposons que le groupe* K *opère librement dans* Som(G). *Il existe alors un unique morphisme de groupes* $\pi \colon (G/K)_{\gamma(o)} \to K$ *dont le noyau contient l'image de* γ_o *et tel que* $\pi(\lambda([k])) = k$ *pour tout* $k \in K$. *De plus,* $G_o \xrightarrow{\gamma_o} (G/K)_{\gamma(o)} \xrightarrow{\pi} K$ *est une extension de* K *par* G_o.

Si un tel homomorphisme de groupes π existe, l'homomorphisme de groupes $\pi \circ \lambda$ est nécessairement égal à l'unique homomorphisme de groupes p de $G_o * F(K)$ dans K tel que $p(f) = e$ pour $f \in G_o$ et $p([k]) = k$. Il est immédiat de vérifier que les éléments de $G_o * F(K)$ définis par les formules (R_2) et (R_3'') appartiennent au noyau de p. Par hypothèse, il n'y a pas d'élément du type (R_3'). Ainsi, le noyau du morphisme λ contient celui de p. Par suite, il existe un unique homomorphisme de groupes $\pi\colon (G/K)_{\gamma(o)} \to K$ tel que $\pi \circ \lambda = p$.

Il est évident que l'homomorphisme π est surjectif. Pour montrer que l'homomorphisme γ_o est injectif et que son image est exactement le noyau de π, remarquons que l'homomorphisme $\lambda'\colon M \to (G/K)_{\gamma(o)}$ (II, p. 213, remarque 1) est un isomorphisme, car on a supposé que K opère librement dans Som(G). L'homomorphisme composé $(\lambda')^{-1} \circ \gamma_o$ de G_o dans M est donné par $f \mapsto (e, f)$, tandis l'homomorphisme $\pi \circ \lambda'\colon M \to K$ applique (k, f) sur k. Le corollaire en résulte.

Corollaire 3. — *Supposons que le groupoïde* G *soit simplement transitif. Soit* K_0 *le sous-groupe de* K *engendré par les fixateurs des sommets de* G. *L'application de* K *dans* $(G/K)_{\gamma(o)}$ *qui à* $k \in K$ *associe* $\gamma(c_k)$ *est un homomorphisme de groupes surjectif, de noyau* K_0.

Si un élément $k \in K$ fixe un sommet a de G, l'élément $g^{-1}kg$ fixe le sommet g^*a ; cela entraîne que K_0 est un sous-groupe distingué de K.

D'après la proposition 5, l'unique homomorphisme $\lambda\colon F(K) \to (G/K)_{\gamma(o)}$ tel que $\lambda([k]) = \gamma(c_k)$ est surjectif, et son noyau est le plus petit sous-groupe distingué de F(K) contenant les éléments $[k]$, où k est un élément de K qui fixe un sommet de G, et les éléments $[kh]^{-1}[k][h]$, où $(k, h) \in K^2$. En particulier, l'application $\lambda'\colon K \to (G/K)_{\gamma(o)}$, définie par $\lambda'(k) = \gamma(c_k) = \lambda([k])$ pour $k \in K$, est un homomorphisme de groupes. On a $\lambda = \lambda' \circ p$, où $p\colon F(K) \to K$ désigne l'homomorphisme de groupes surjectif canonique. Par suite, l'homomorphisme λ' est surjectif et son noyau est le plus petit sous-groupe distingué de K qui contient les éléments k, pour k fixant un sommet de G, c'est-à-dire K_0. Cela démontre la proposition.

Exercices

§1

1) Soit $(\mathrm{Q}_i)_{i\in \mathrm{I}}$ une famille de carquois. On note S l'ensemble somme de la famille $(\mathrm{Som}(\mathrm{Q}_i))$, F l'ensemble somme de la famille $(\mathrm{Fl}(\mathrm{Q}_i))$, o et t les applications de F dans S déduites des application origine et terme des carquois Q_i.
a) Démontrer que $\mathrm{Q} = (\mathrm{S}, \mathrm{F}, o, t)$ est un carquois. On dit que c'est le carquois somme de la famille (Q_i).
b) Pour $i \in \mathrm{I}$, il existe un unique morphisme de carquois j_i de Q_i dans Q tel que l'application $\mathrm{Som}(j_i)$ soit l'application canonique de $\mathrm{Som}(\mathrm{Q}_i)$ dans S et l'application $\mathrm{Fl}(j_i)$ soit l'application canonique de $\mathrm{Fl}(\mathrm{Q}_i)$ dans S.
c) Soit K un carquois et, pour tout $i \in \mathrm{I}$, soit φ_i un morphisme de carquois de Q_i dans K. Démontrer qu'il existe un unique morphisme de carquois φ de Q dans K tel que l'on ait $\varphi \circ j_i = \varphi_i$ pour tout $i \in \mathrm{I}$.

2) Soit $\mathrm{Q} = (\mathrm{S}, \mathrm{F}, o, t)$ un carquois. Pour tout $s \in \mathrm{S}$ on appelle *degré sortant* (resp. *entrant*) de Q en s et on note $d_+(s)$ (resp. $d_-(s)$) le cardinal de l'ensemble $\{f \in \mathrm{F} \mid o(f) = s\}$ (resp. $\{f \in \mathrm{F} \mid t(f) = s\}$. On dit que Q est localement fini si $d_+(s)$ et $d_-(s)$ sont finis, pour tout $s \in \mathrm{S}$, et qu'il est fini si les ensembles F et S sont finis.

Démontrer les égalités $\sum_{s\in \mathrm{S}} d_+(s) = \sum_{s\in \mathrm{S}} d_-(s) = \mathrm{Card}(\mathrm{F})$.

3) Soit $\mathrm{Q} = (\mathrm{S}, \mathrm{F}, o, t)$ un carquois localement fini. On définit la matrice $M_\mathrm{Q} = (m_{i,j})$, de type (S, S) à éléments dans $\mathbf{Z}$, par

$$m_{i,j} = \mathrm{Card}\{\, f \in \mathrm{F} \mid o(f) = i \text{ et } t(f) = j\,\}.$$

La matrice M_Q est appelée la *matrice d'adjacence* de Q.

a) Étant donnés des carquois Q et Q′, donner une condition nécessaire et suffisante sur leurs matrices d'adjacence pour que les carquois Q et Q′ soient isomorphes.

b) Exprimer en termes de la matrice d'adjacence M_Q le nombre de chemins de longueur n dans Q dont l'origine et le terme sont donnés.

c) *Démontrer que la matrice d'adjacence du carquois sous-jacent à un graphe est symétrique.$_*$

4) Soit $Q = (S, F, o, t)$ un carquois. On note I l'ensemble somme de la famille (S, F) ; on identifie S et F à des parties de I. Soit k un anneau commutatif. On appelle k-algèbre du carquois Q le quotient A_Q de la k-algèbre associative libre sur l'ensemble I par l'idéal bilatère engendré par les éléments $X_s^2 - X_s$ (pour $s \in S$), $X_u X_v - X_v X_u$ (pour $u, v \in S$), $X_f X_{t(f)} - X_f$ et $X_{o(f)} X_f - X_f$ (pour $f \in F$). Pour $i \in I$, on note x_i l'image de X_i dans l'algèbre A_Q.

a) Démontrer que l'on a $\sum_{s \in S} x_s = 1$.

b) Prouver que l'on a $x_f x_g = 0$ si f et g sont des flèches de Q qui ne sont pas composables.

c) Pour tout chemin $c = (a_0, f_1, \ldots, f_n, a_n)$ dans Q, on pose $x_c = x_{a_0} x_{f_1} \ldots x_{f_n}$. Soient c et c' des chemins dans Q ; démontrer que l'on a $x_c x_{c'} = x_{cc'}$ si c et c' sont composables, et $x_c = x_{c'}$ sinon.

d) Soit C l'ensemble des chemins dans le carquois Q ; démontrer que la famille $(x_c)_{c \in C}$ est une base du k-module A_Q.

e) Soit J_Q l'idéal bilatère de A_Q engendré par les éléments de la forme x_f, pour $f \in F$. Démontrer que l'algèbre A_Q/J_Q est isomorphe à $k^{(S)}$.

f) Pour que la k-algèbre A_Q soit un k-module de type fini, il faut et il suffit que l'ensemble des sommets de Q soit fini et que tout lacet dans Q soit de longueur nulle. L'idéal J_Q est alors nilpotent.

Nous conservons ces notations pour la suite des exercices du §1. Lorsque nous parlons d'un A_Q*-module (sans préciser), il s'agit d'un module à droite. Si* A *est un anneau, un* A*-module* M *(sans préciser) sera un* A*-module à droite ; si* a *est un élément de* A, *on note* a_M *ou* $(a)_M$ *l'homothétie* $x \mapsto xa$ *de* M.

5) *a*) Démontrer que le quadruplet $Q^\circ = (S, F, t, o)$ est un carquois. On dit que c'est le carquois opposé de Q.

b) L'algèbre A_{Q° est isomorphe à l'algèbre opposée de l'algèbre A_Q.

6) *a*) Soit $(M_s)_{s \in \mathrm{Som}(Q)}$ une famille de k-modules et soit $(u_f)_{f \in \mathrm{Fl}(Q)}$ une famille où, pour tout $f \in \mathrm{Fl}(Q)$, u_f est une application linéaire de $M_{o(f)}$ dans $M_{t(f)}$. Soit M la somme directe de la famille (M_s) ; pour $s \in S$, notons

j_s l'injection canonique de M_s dans M et p_s la projection canonique de M sur M_s. Démontrer qu'il existe une unique structure de A_Q-module sur M telle que l'on ait $(x_s)_M = j_s \circ p_s$ et $(x_f)_M = j_{t(f)} \circ u_f \circ p_{o(f)}$ pour tout $s \in \mathrm{Som}(Q)$ et tout $f \in \mathrm{Fl}(Q)$.

Inversement, tout A_Q-module est de cette forme.

b) Si Λ est un k-module et $s \in \mathrm{Som}(Q)$, on note $\Lambda(s)$ le A_Q-module associé à la famille $(M_i)_{i \in \mathrm{Som}(Q)}$ de k-modules donnée par $M_i = \Lambda$ si $i = s$ et $M_i = 0$ sinon, et à la famille $(u_f)_{f \in \mathrm{Fl}(Q)}$ d'applications linéaires, où $u_f = 0$ pour tout $f \in \mathrm{Fl}(Q)$.

Soient Λ et Λ' des k-modules non nuls. Soient s et s' des sommets de Q. Démontrer que $\Lambda(s)$ est isomorphe à $\Lambda'(s')$ si et seulement si Λ et Λ' sont des k-modules isomorphes et si $s = s'$.

c) Si Λ est un k-module simple, alors $\Lambda(s)$ est un A_Q-module simple pour tout sommet s.

d) On suppose de plus que tout lacet dans Q est de longueur nulle. Démontrer que tout A_Q-module simple est de la forme $\Lambda(s)$, où Λ est un k-module simple et s un sommet de Q.

7) On suppose que k est un corps algébriquement clos. Pour tout $s \in \mathrm{Som}(Q)$, on pose $P(s) = x_s A_Q$.

a) Démontrer que $P(s)$ est un A_Q-module projectif et indécomposable, et que son socle est isomorphe au A_Q-module $k(s)$. Prouver aussi que $P(s)/P(s)J_Q$ est isomorphe à $k(s)$.

b) On suppose que tout lacet de Q est de longueur nulle. Démontrer que, pour tout $s \in \mathrm{Som}(Q)$, l'homomorphisme canonique de k dans $\mathrm{End}(P(s))$ est un isomorphisme. Démontrer que, pour tout A_Q-module P qui est projectif et indécomposable, il existe un unique sommet s de Q tel que P soit isomorphe à $P(s)$.

8) Pour $s \in \mathrm{Som}(Q)$, on pose $P(s) = x_s A_Q$. Soit M un A_Q-module.

a) Soit $f \in \mathrm{Fl}(Q)$, notons $u = o(f)$ et $v = t(f)$. Démontrer qu'il existe un unique couple $(\varphi'_f, \varphi''_f)$ d'homomorphismes de A_Q-modules

$$\varphi'_f \colon Mx_u \otimes_k P(v) \to Mx_u \otimes_k P(u), \qquad \varphi''_f \colon Mx_u \otimes_k P(v) \to Mx_v \otimes_k P(v),$$

tel que $\varphi'_f(m \otimes p) = m \otimes x_f p$ et $\varphi''_f(m \otimes p) = mx_f \otimes p$ pour tout $m \in Mx_u$ et tout $p \in P(v)$.

b) Soit $s \in \mathrm{Som}(Q)$. Démontrer qu'il existe un unique homomorphisme de A_Q-modules $\psi_s \colon Mx_s \otimes_k P(s) \to M$ tel que $\psi_s(m \otimes p) = mp$ pour $p \in P(s)$ et $m \in Mx_s$.

c) On pose $\varphi = \bigoplus \varphi'_f - \bigoplus \varphi''_f$ et $\psi = \sum \psi_s$. Démontrer que l'on a une suite exacte de $\mathrm{A_Q}$-modules

$$0 \to \bigoplus_{f \in \mathrm{Fl(Q)}} \mathrm{M}x_{o(f)} \otimes_k \mathrm{P}(t(f)) \xrightarrow{\varphi} \bigoplus_{s \in \mathrm{Som(Q)}} \mathrm{M}x_s \otimes_k \mathrm{P}(s) \xrightarrow{\psi} \mathrm{M} \to 0.$$

d) Démontrer que tout idéal à droite de l'algèbre $\mathrm{A_Q}$ est projectif.

9) *a*) Soient M et N des $\mathrm{A_Q}$-modules ; pour $s \in \mathrm{Som(Q)}$, on pose $\mathrm{M}_s = \mathrm{M}x_s$ et $\mathrm{N}_s = \mathrm{N}x_s$. Pour $\varphi = (\varphi_s)_{s\in\mathrm{Som(Q)}}$ et $f \in \mathrm{Fl(Q)}$, on définit une application $\theta_f(\varphi)\colon \mathrm{M}x_{o(f)} \to \mathrm{N}x_{t(f)}$ en posant

$$\theta_f(\varphi)(m) = \varphi_{o(f)}(m)x_f - \varphi_{t(f)}(mx_f).$$

Démontrer que l'application

$$\theta\colon \prod_{s\in\mathrm{Som(Q)}} \mathrm{Hom}_k(\mathrm{M}_s, \mathrm{N}_s) \to \prod_{f\in\mathrm{Fl(Q)}} \mathrm{Hom}(\mathrm{M}_{o(f)}, \mathrm{N}_{t(f)})$$

donnée par $\varphi \mapsto (\theta_f(\varphi))_{f\in\mathrm{Fl(Q)}}$ est linéaire.

b) Démontrer que $\mathrm{Ker}(\theta)$ est isomorphe à $\mathrm{Hom}_{\mathrm{A_Q}}(\mathrm{M}, \mathrm{N})$ et que $\mathrm{Coker}(\theta)$ est isomorphe à $\mathrm{Ext}^1_{\mathrm{A_Q}}(\mathrm{M}, \mathrm{N})$. Démontrer que $\mathrm{Ext}^p_{\mathrm{A_Q}}(\mathrm{M}, \mathrm{N}) = 0$ pour tout entier $p \geqslant 2$.

c) On suppose que k est un corps commutatif et que le carquois Q est fini Si M et N sont des k-espaces vectoriels de dimension finie, alors $\mathrm{Ext}^p_{\mathrm{A_Q}}(\mathrm{M}, \mathrm{N})$ est un k-espace vectoriel de dimension finie pour tout entier $p \geqslant 0$, nulle pour $p \geqslant 2$, et

$$\begin{aligned}\dim_k(\mathrm{Hom}_{\mathrm{A_Q}}(\mathrm{M}, \mathrm{N})) - \dim_k(\mathrm{Ext}^1_{\mathrm{A_Q}}(\mathrm{M}, \mathrm{N})) \\ = \sum_{s\in\mathrm{Som(Q)}} \dim(\mathrm{M}_s)\dim(\mathrm{N}_s) - \sum_{f\in\mathrm{Fl(Q)}} \dim(\mathrm{M}_{o(f)})\dim(\mathrm{N}_{t(f)}).\end{aligned}$$

d) On suppose que k est un corps commutatif. Démontrer que pour tout couple (u, v) de sommets de Q, la dimension de l'espace vectoriel $\mathrm{Ext}^1_{\mathrm{A_Q}}(k(u), k(v))$ est égale au cardinal de l'ensemble des flèches de Q d'origine v et de terme u.

10) On suppose que k est un corps algébriquement clos. Soient Q et Q′ des carquois finis dont tout lacet est de longueur nulle. Prouver que l'algèbre $\mathrm{A_{Q'}}$ est équivalente au sens de Morita (A, VIII, §6) à l'algèbre $\mathrm{A_Q}$ si et seulement si les carquois Q et Q′ sont isomorphes. (Prendre pour modules M, N les k-modules simples $k(s)$, pour $s \in \mathrm{Som(Q)}$.)

§2

1) Soit G un graphe et soit $Q = (S, F, o, t)$ son carquois sous-jacent.

a) Démontrer que l'on a $d_+(s) = d_-(s)$ pour tout $s \in S$. Cet entier est alors appelé *degré* de G en s et noté $d(s)$.

b) On suppose que G est fini. Pour qu'il existe un lacet $(a_0, f_1, \dots, f_n, a_n)$ dans G tel que, pour toute arête φ de G, il existe un unique entier n tel que $\varphi = \{f_n, \overline{f_n}\}$, il faut et il suffit que G soit connexe et que $d(s)$ soit pair, pour tout $s \in \mathrm{Som}(G)$.

2) Soit $G = (S, F, o, t)$ un carquois. On dit que G est un carquois bipartite s'il existe une partition $P = \{S_1, S_2\}$ en sous-ensembles de S telle que pour toute flèche $f \in F$, l'origine $o(f)$ et le terme $t(f)$ sont dans des parties différentes de la partition P.

a) On suppose que G est connexe. Démontrer qu'il existe au plus une partition P comme ci-dessus.

b) Démontrer qu'un graphe G est bipartite si et seulement si tout lacet dans G est de longueur paire.

3) Soit G un graphe connexe localement fini dont l'ensemble des sommets est infini. Démontrer qu'il existe une suite composable $(f_n)_{n \in \mathbf{N}}$ de flèches de G dont les origines soient deux à deux distinctes (*théorème de König*).

4) Soit G un graphe fini et soit $Q = (S, F, o, t)$ son carquois sous-jacent. On munit l'espace $\mathbf{C}^S$ de l'unique structure d'espace hermitien pour laquelle sa base canonique est orthonormale. Soit $L\colon \mathbf{C}^S \to \mathbf{C}^S$ l'application donnée par $L(u)(x) = \sum_{o(f)=x}(u(t(f)) - u(x))$ pour $x \in S$ et $u \in \mathbf{C}^S$.

a) Démontrer que l'endomorphisme L de $\mathbf{C}^S$ est positif (EVT, V, p. 45, déf. 6).

b) Démontrer que le noyau de L est constitué des fonctions $u \in \mathbf{C}^S$ qui sont constantes sur chaque composante connexe de G.

c) Soit F_1 une orientation de G. Soit $E = (e_{s,f})$ la matrice de type (S, F_1) donnée par

$$e_{s,f} = \begin{cases} 1 & \text{si } o(f) = s \text{ et } t(f) \neq s\,; \\ -1 & \text{si } o(f) \neq s \text{ et } t(f) = s\,; \\ 0 & \text{sinon.} \end{cases}$$

Démontrer que la matrice Λ de L dans la base canonique de $\mathbf{C}^S$ est donnée par $\Lambda = E \cdot {}^tE$.

d) On suppose que G est connexe et que l'ensemble de ses sommets n'est pas vide ; soit x un sommet de G et soit $S' = S - \{x\}$. Soit T un sous-ensemble de F de cardinal Card(S′). Démontrer que T est l'ensemble des flèches d'un sous-arbre orienté maximal de G (muni de l'orientation F_1) si et seulement si le rang de la matrice E'_T de type (S′, T) déduite de E est égal à Card(S′). En déduire alors que le déterminant de la matrice $\Lambda_{S',S'}$ est égal au nombre de sous-arbres orientés maximaux de G. (Utiliser l'exercice 6 de A, III, §8, p. 192.)

e) Soit W l'orthogonal de Ker(L). Démontrer que W est un sous-espace de $\mathbf{C}^S$ qui est stable par W et que $\det(L|_W)$ est égal au nombre de forêts maximales du graphe G (*théorème de Kirchhoff*).

5) *a*) Soit n un entier naturel $\geqslant 1$ et soit G un graphe dont l'ensemble des sommets est l'ensemble $\mathbf{Z}/n\mathbf{Z}$ et tel que deux sommets i et j sont reliés par une flèche si et seulement si $i - j = \pm 1$ (mod. n). Expliciter l'ensemble des forêts maximales de G.

b) Soit G un graphe et soit S l'ensemble de ses sommets. On suppose que pour tout couple (x, y) de sommets de G, l'ensemble des flèches de G d'origine x et de terme y est de cardinal 1 si $x \neq y$ et 0 sinon (« graphe complet »). Calculer le cardinal de l'ensemble des forêts maximales de G.

c) Soit G un graphe et soit S l'ensemble de ses sommets. Soit (S_1, S_2) une partition de S ; on suppose que pour tout couple (x, y) de sommets de G, l'ensemble des flèches de G d'origine x et de terme y est de cardinal 1 si $(x, y) \in S_1 \times S_2$ et 0 sinon (« graphe bipartite complet »). Calculer le cardinal de l'ensemble des forêts maximales de G.

6) Soit c un entier naturel.

a) Il existe une unique famille d'applications $R_c \colon (\mathbf{N}^*)^c \to \mathbf{N}^*$, pour $c \geqslant 2$, vérifiant les propriétés suivantes :

(i) S'il existe i tel que $n_i = 1$, alors $R_c(n_1, \ldots, n_c) = 1$;

(ii) On a $R_2(m, n) = R_2(m-1, n) + R_2(m, n-1)$ si m et n sont des entiers $\geqslant 2$;

(iii) Si $c \geqslant 3$, on a $R_c(n_1, \ldots, n_c) = R_{c-1}(n_1, \ldots, n_{c-2}, R_2(n_{c-1}, n_c))$ pour tout $(n_1, \ldots, n_c) \in \mathbf{N}^c$.

b) On a $R_2(m, n) = \binom{m+n-2}{m-1}$ pour tout couple (m, n) d'entiers $\geqslant 1$.

c) Pour toute suite finie $(n_1, \ldots, n_c)$ d'entiers naturels $\geqslant 1$ et tout entier naturel $R \geqslant 1$, on dit que la propriété $\boldsymbol{R}(n_1, \ldots, n_c; R)$ est satisfaite si, pour tout graphe complet dont l'ensemble des sommets S est de cardinal $\geqslant R$ et toute partition $P = (F_1, \ldots, F_c)$ de l'ensemble F de ses flèches, il existe un entier $i \in \{1, \ldots, c\}$ et une partie A de S de cardinal n_i tels que toute flèche de G reliant deux éléments de A appartienne à F_i.

Démontrer la propriété $\boldsymbol{R}(n_1, \ldots, n_c; R_c(n_1, \ldots, n_c))$.

d) On note $R(n_1, \ldots, n_c)$ le plus petit entier $R \geqslant 1$ tel que la propriété $\boldsymbol{R}(n_1, \ldots, n_c; R)$ soit vérifiée (*« nombres de Ramsey »*).

e) On a $R(n, 2) = n$ pour tout entier $n \geqslant 2$; on a $R(3, 3) = 6$.

f) Démontrer que $R(4, 3) = 9$.

¶ *g*) Calculer $R(5, 5)$; calculer $R(6, 6)$.

7) Soit G un groupe opérant à droite sur un ensemble X et soit A une partie de G. Le *carquois de Schreier* $\mathscr{G}_G(X, A)$ est le carquois (S, F, o, t) défini par :

– L'ensemble de ses sommets est $S = X$;

– L'ensemble de ses flèches est $F = X \times A$;

– Les applications o et t sont données par $o(x, a) = x$ et $t(x, a) = x \cdot a$ pour tout $(x, a) \in X \times A$.

Lorsque $X = G$ sur lequel G opère par multiplication à droite, on note $\mathscr{G}(G, A)$ ce carquois et on l'appelle le *carquois de Cayley* de G par rapport à A.

On appelle graphe de Schreier (resp. graphe de Cayley) le graphe associé à ce carquois.

a) Démontrer que le carquois $\mathscr{G}_G(X, A)$ est connexe si et seulement si le sous-groupe H de G engendré par A a au plus une orbite sur X.

b) On suppose que A engendre G. Montrer que le graphe de Cayley $\mathscr{G}(G, A)$ est connexe et qu'il est bipartite si et seulement si il existe un homomorphisme de groupe $\varphi \colon G \to \mathbf{Z}/2\mathbf{Z}$ tel que $\varphi(a) = 1$ pour tout $a \in A$.

c) Montrer qu'il existe une unique action de G sur le graphe de Cayley $\mathscr{G}(G, A)$ telle que l'action de G induite sur les sommets de ce graphe soit l'action de G sur lui-même par multiplication à gauche.

8) On dit qu'un lacet $(a_0, f_1, \ldots, f_n, a_n)$ dans un graphe G est hamiltonien si pour tout sommet s de G, il existe un unique entier $m \in \{1, \ldots, n\}$ tel que $a_m = s$. On dit qu'un graphe est hamiltonien s'il existe un lacet hamiltonien dans G.

a) Soit S un ensemble fini de cardinal $\geqslant 3$ et soit K_S un graphe complet d'ensemble de sommets S. Démontrer que le graphe K_S est hamiltonien. Plus précisément, démontrer que pour toute orientation A de G, il existe un lacet hamiltonien dans K_S dont toute flèche appartient à A.

b) On note $\mathscr{G}_S$ l'ensemble des sous-graphes de K_S dont l'ensemble des sommets est égal à S. Soit $\preccurlyeq$ la relation d'ordre la moins fine dans l'ensemble $\mathscr{G}_S$ pour laquelle $G \preccurlyeq G'$ s'il existe des éléments u, v de S tels que $\deg(u) + \deg(v) \geqslant \mathrm{Card}(S)$ et tels que $\mathrm{Fl}(G')$ soit la réunion de $\mathrm{Fl}(G)$ et des deux flèches de K_S d'extrémités u et v.

Démontrer que, pour tout $G \in \mathscr{G}_S$, l'ensemble des éléments H de $\mathscr{G}_S$ tels que $G \preccurlyeq H$ possède un unique élément maximal ; on le note $c(G)$.

c) Soit G un sous-graphe de K_S d'ensemble de sommets S. Démontrer que le graphe G est hamiltonien si et seulement s'il en est de même du graphe $c(G)$.

d) Soit G un sous-graphe de K_S dont l'ensemble des sommets est S et dont le degré en chaque sommet est $\geqslant \mathrm{Card}(S)/2$. Démontrer que $c(G)$ est égal à K_S. En déduire que G est un graphe hamiltonien (*théorème de G. Dirac*).

9) Soit (W, S) un système de Coxeter (LIE, IV, §1, p. 11, déf. 3) ; on suppose que le groupe W est fini.

a) On suppose que (W, S) est irréductible et a au plus deux sommets. Démontrer que le graphe de Cayley $\mathscr{G}(W, S)$ est hamiltonien.

b) On suppose que (W, S) est irréductible et a au moins trois sommets. Soit $s \in S$ un sommet *terminal* (LIE IV, annexe) du graphe de Coxeter associé à (W, S). On pose $S' = S - \{s\}$ et on note W′ le sous-groupe de W engendré par S′. Soit Γ le graphe dont l'ensemble des sommets est l'ensemble des classes à gauche modulo W′ dans W et tel que deux sommets distincts A et B sont reliés par une arête exactement si et seulement si $As \cap B$ n'est pas vide. À l'aide d'un sous-arbre maximal du graphe Γ, démontrer que si le graphe de Cayley $\mathscr{G}(W', S')$ est hamiltonien, il en est de même du graphe $\mathscr{G}(W, S)$.

c) Démontrer que le graphe de Cayley $\mathscr{G}(W, S)$ est hamiltonien (*théorème de Conway–Sloane–Wilks*).

10) Soit G un graphe connexe dont S est l'ensemble des sommets. Pour $x, y \in S$, on pose

$$d_G(x, y) = \inf\{\ell \in \mathbf{N} : \text{ il existe un chemin de longueur } \ell \text{ reliant } x \text{ à } y\}.$$

a) Démontrer que d_G est une distance sur l'ensemble S.

b) Soient G_1 et G_2 des graphes et $\varphi: G_1 \to G_2$ un morphisme de graphes. Montrer que $d_{G_2}(\varphi(x), \varphi(y)) \leqslant d_{G_1}(x, y)$ pour tout couple (x, y) de sommets de G_1.

11) Soit G un graphe connexe dont l'ensemble S des sommets n'est pas vide. On appelle *diamètre* de G le diamètre diam(G) de l'espace métrique (S, d_G).

a) Démontrer que $\mathrm{diam}(G) \leqslant \mathrm{Card}(S)-1$. Pour quels graphes cette inégalité est-elle une égalité ?

b) Soit v un entier $\geqslant 2$ tel que tout sommet de G soit de degré au plus v. Démontrer que $\mathrm{Card}(S) \leqslant v^{\mathrm{diam}(G)}$. Pour quels graphes cette inégalité est-elle une égalité ?

c) Soit n un entier tel que $n \geqslant 2$. Soit T_n la partie de $\mathfrak{S}_n$ formée des transpositions de support $\{m, m+1\}$, pour $m \in \{1, \ldots, n-1\}$. Démontrer que le diamètre du graphe de Cayley $\mathscr{G}(\mathfrak{S}_n, \mathrm{T}_n)$ est égal à $n(n-1)/2$.

d) Soit n un entier tel que $n \geqslant 2$. Soient τ la transposition de support $\{1, 2\}$ et σ le cycle $(1, 2, \ldots, n) \mapsto (2, 3, \ldots, n, 1)$ dans le groupe $\mathfrak{S}_n$. Soit alors G_n le graphe de Cayley $\mathscr{G}(\mathfrak{S}_n, \{\sigma, \tau\})$. Démontrer que $n(n-1)/6 \leqslant \operatorname{diam}(\mathrm{G}_n) \leqslant 3n(n-1)/2$. (Soit T l'ensemble des suites (x, y, z) d'éléments de $\{1, \ldots, n\}$ telles que $x < y < z$. Si $t = (x, y, z) \in \mathrm{T}$, on dit qu'une permutation $\lambda \in \mathfrak{S}_n$ préserve l'ordre cyclique de t si l'on a $\lambda(x) < \lambda(y) < \lambda(z)$, ou $\lambda(y) < \lambda(z) < \lambda(x)$, ou $\lambda(z) < \lambda(x) < \lambda(y)$. Observer que la permutation σ préserve l'ordre cyclique de tout élément de T, et que la permutation τ préserve l'ordre cyclique de tout élément de T qui n'est pas de la forme $(1, 2, x)$. En déduire que la distance de la permutation identique à la permutation $(1, \ldots, n) \mapsto (n, n-1, \ldots, 1)$ est au moins égale à $n(n-1)/6$.)

12) Soit n un entier $\geqslant 2$ et soit p un nombre premier $> n/2$. Soit H un sous-groupe de $\mathfrak{S}_n$ qui agit transitivement sur $\{1, \ldots, n\}$, contient une transposition et un cycle d'ordre p. Soit G un graphe tel que

– L'ensemble de ses sommets est $\mathrm{S} = \{1, \ldots, n\}$;

– L'ensemble F de ses flèches est l'ensemble des couples $(i, j) \in \mathrm{S} \times \mathrm{S}$ telles que la transposition $\tau_{i,j}$ appartienne à H ;

– On a $o((i, j)) = i$, $t((i, j)) = j$ et $\overline{(i, j)} = (j, i)$ pour tout $(i, j) \in \mathrm{F}$.

a) Démontrer que toute composante connexe de G est un graphe complet.

b) Démontrer que si G est connexe, alors $\mathrm{H} = \mathfrak{S}_n$.

c) Démontrer qu'il existe un homomorphisme de groupes de $\mathfrak{S}_n$ dans Aut(G) tel que, pour tout $\sigma \in \mathfrak{S}_n$, l'application $\mathrm{Som}(\sigma)$ soit égale à la permutation σ. Démontrer alors que $\mathfrak{S}_n$ agit transitivement sur l'ensemble des composantes connexes de G, et que celles-ci sont deux à deux isomorphes.

d) Soit $\sigma \in \mathrm{H}$ un cycle d'ordre p. Démontrer que σ stabilise chaque composante connexe de G. En conclure que $\mathrm{H} = \mathfrak{S}_n$.

§3

1) Soit $(\mathrm{C}_i)_{i \in \mathrm{I}}$ une famille de catégories. Soit C le carquois somme de la famille de carquois sous-jacents aux catégories C_i.

a) Montrer que le carquois C, muni de la loi de composition déduite des lois de composition des catégories C_i, est une catégorie. On dit que c'est la catégorie somme de la famille (C_i).

b) Démontrer que le morphisme canonique de C_i dans C est un foncteur.

c) Si les C_i sont des groupoïdes, démontrer que la catégorie C est un groupoïde.

2) Soit $(C_i)_{i \in I}$ une famille de catégories. Soit C le produit des carquois sous-jacents aux catégories C_i.

a) Montrer que le carquois C, muni de la loi de composition déduite des lois de composition des catégories C_i, est une catégorie. On dit que c'est la catégorie produit de la famille (C_i).

b) Démontrer que le morphisme canonique $\mathrm{pr}_i \colon C \to C_i$ est un foncteur.

c) Si les C_i sont des groupoïdes, démontrer que la catégorie C est un groupoïde.

3) Soit C une catégorie ; on note m sa loi de composition. Soit C° le graphe orienté opposé muni de la loi de composition donnée par $m^\circ(f, g) = m(g, f)$ pour tout couple (f, g) de flèches composables de C.

a) Démontrer que C° est une catégorie. On dit que c'est la catégorie opposée de C.

b) Si C est un groupoïde, démontrer que C° est un groupoïde isomorphe à C.

4) On définit la masse $\mu(G)$ d'un groupoïde G comme la borne supérieure des sommes $\sum_{a \in A} \mathrm{Card}(G_a)^{-1}$, où A parcourt l'ensemble des parties de Som(G) qui rencontrent chaque orbite de G en au plus un point. On dit que G est de masse finie si l'on a $\mu(G) \in \mathbf{R}$; on dit que G est essentiellement fini si l'ensemble de ses orbites est fini et si le groupe d'isotropie en chacun de ses points est fini.

a) Démontrer qu'un groupoïde essentiellement fini est de masse finie.

b) Soit G le groupoïde associé à un groupe fini Γ. Il est essentiellement fini et l'on a $\mu(G) = 1/\mathrm{Card}(\Gamma)$.

c) Soit Γ un groupe fini, soit X un ensemble fini muni d'une opération à droite de Γ et soit G le groupoïde associé. Il est essentiellement fini et l'on a $\mu(G) = \mathrm{Card}(X)/\mathrm{Card}(\Gamma)$.

d) Soient $(G_i)_{i \in I}$ une famille de groupoïdes de masse finie. Le groupoïde somme et le groupoïde produit de la famille (G_i) ont pour masse $\sum \mu(G_i)$ et $\prod \mu(G_i)$ respectivement.

e) Soit X un ensemble. On définit un groupoïde G dont l'ensemble des sommets est l'ensemble des sous-ensembles finis de X et tel que, pour tout couple (Y_1, Y_2) de parties finies de X, l'ensemble des flèches d'origine Y_1 et de terme Y_2 soit l'ensemble des bijections de Y_1 dans Y_2, la composition des flèches étant donnée par la composition des applications. Montrer que G est essentiellement fini et calculer sa masse.

5) *a*) Soit $\varphi\colon \mathrm{G} \to \mathrm{G}'$ un morphisme de groupoïdes tel que l'application $\mathrm{Som}(\varphi)$ soit injective. Démontrer que $\varphi(\mathrm{G})$ est un sous-groupoïde de G'.

b) Soit G un groupoïde non transitif dont l'ensemble de sommets $\mathrm{Som}(\mathrm{G})$ est un ensemble $\{a, b\}$ à deux éléments. Soit G' le groupoïde associé au produit libre $\mathrm{G}_a * \mathrm{G}_b$. Il existe un unique morphisme de groupoïdes $\varphi\colon \mathrm{G} \to \mathrm{G}'$ tel que les applications φ_a et φ_b soient les applications canoniques de G_a et G_b dans $\mathrm{G}_a * \mathrm{G}_b$. Si G_a ou G_b n'est pas le groupe trivial, l'image $\varphi(\mathrm{G})$ de ce morphisme de groupoïdes n'est pas un sous-groupoïde de G'.

6) Soient G et G' des graphes et soit $\varphi\colon \mathrm{G}' \to \mathrm{G}$. On dit que (G', φ) est un revêtement de G si, pour tout sommet $a \in \mathrm{Som}(\mathrm{G}')$ et toute flèche $f \in \mathrm{Fl}(\mathrm{G})$ d'origine $\mathrm{Som}(\varphi)(a)$, il existe une unique flèche $f' \in \mathrm{Fl}(\mathrm{G}')$ d'origine a telle que $\mathrm{Fl}(\varphi)(f') = f$.

On suppose que (G', φ) est un revêtement de G.

a) Démontrer qu'il existe une unique opération de $\mathrm{Grp}(\mathrm{G})$ dans $\mathrm{Som}(\mathrm{G}')$, relativement à l'application $\mathrm{Som}(\varphi)$, telle que $x \cdot \mathrm{Fl}(\varphi)(f) = t(f)$, pour tout sommet $x \in \mathrm{Som}(\mathrm{G}')$ et toute flèche $f \in \mathrm{Fl}(\mathrm{G}')$ d'origine x.

b) En déduire que si x et y sont des sommets de G appartenant à une même composante connexe de G, on a $\mathrm{Card}(\mathrm{Som}(\varphi)^{-1}(x)) = \mathrm{Card}(\mathrm{Som}(\varphi)^{-1}(y))$.

7) Soit G un graphe et soient $(\mathrm{G}_1, \varphi_1)$, $(\mathrm{G}_2, \varphi_2)$ des revêtements du graphe G.

a) Soit $\psi\colon \mathrm{G}_1 \to \mathrm{G}_2$ un morphisme de graphes tel que $\varphi_2 \circ \psi = \varphi_1$. Démontrer que l'on a $\psi(x \cdot \gamma) = \psi(x) \cdot \gamma$ pour tout $x \in \mathrm{Som}(\mathrm{G}_1)$ et toute flèche γ de ϖ_{G} d'origine $\varphi_1(x)$.

b) Soit $u\colon \mathrm{Som}(\mathrm{G}_1) \to \mathrm{Som}(\mathrm{G}_2)$ une application telle que $u(x \cdot \gamma) = u(x) \cdot \gamma$ pour tout $x \in \mathrm{Som}(\mathrm{G}_1)$ et toute flèche γ de ϖ_{G} d'origine $\varphi_1(x)$. Démontrer qu'il existe un unique morphisme de graphes $\psi\colon \mathrm{G}_1 \to \mathrm{G}_2$ tel que $\varphi_2 \circ \psi = \varphi_1$ et $\mathrm{Som}(\psi) = u$.

c) Soit X un ensemble et soit $p\colon \mathrm{X} \to \mathrm{Som}(\mathrm{G})$ une application. Supposons donnée une opération de ϖ_{G} dans l'ensemble X relativement à l'application p. Démontrer qu'il existe un graphe G' d'ensemble de sommets X et un morphisme de graphes $\varphi\colon \mathrm{G}' \to \mathrm{G}$ tel que $\mathrm{Som}(\varphi) = p$, de sorte que (G', φ) soit un revêtement de G et que l'opération de ϖ_{G} dans $\mathrm{Som}(\mathrm{G}')$ coïncide avec l'opération donnée.

8) Soit G un graphe connexe et soit a un sommet de G.

a) Soient $(\mathrm{G}_1, \varphi_1)$ et $(\mathrm{G}_2, \varphi_2)$ des revêtements du graphe G. Soit $u\colon \mathrm{Som}(\mathrm{G}_1) \to \mathrm{Som}(\mathrm{G}_2)$ une application telle que $u(x) \cdot \gamma = u(x \cdot \gamma)$

pour tout $\gamma \in \varpi_{\mathrm{G},a}$ et tout sommet x de G_1 tel que $\mathrm{Som}(\varphi_1)(x) = a$. Démontrer qu'il existe un unique morphisme de graphes $\psi\colon \mathrm{G}_1 \to \mathrm{G}_2$ tel que $\psi = \mathrm{Som}(u)$.

b) Soit X un ensemble muni d'une opération du groupe $\varpi_{\mathrm{G},a}$. Démontrer qu'il existe un revêtement (G', φ) du graphe G tel que $\mathrm{Som}(\varphi)^{-1}(a) = \mathrm{X}$ et tel que l'opération de ϖ_{G} dans $\mathrm{Som}(\mathrm{G}')$ induise l'opération donnée de $\varpi_{\mathrm{G},a}$ dans X.

9) Soient G et G′ des graphes et soit $\varphi\colon \mathrm{G}' \to \mathrm{G}$ un morphisme de graphes tel que (G', φ) est un revêtement de G.

a) Démontrer que le graphe $\varphi(\mathrm{Grp}(\mathrm{G}'))$ est un sous-groupoïde du groupoïde $\mathrm{Grp}(\mathrm{G})$.

b) Démontrer que, pour tout sommet a de G′, l'homomorphisme de groupes $\pi_1(\varphi, a)$ est injectif.

c) On suppose que G est connexe et on fixe un sommet a de G. Soit K un sous-groupe de $\varpi_{\mathrm{G},a}$. Démontrer qu'il existe un revêtement (H, ψ) du graphe G et un sommet b de H tel que $\psi(b) = a$ et K soit l'image du morphisme $\pi_1(\psi, a)$.

d) Démontrer qu'un sous-groupe d'un groupe libre est libre (voir aussi IV, p. 417, exemple 2).

e) Soient n et q des entiers ; si F est un groupe libre à n générateurs et K un sous-groupe de F d'indice q, démontrer que K est un groupe libre à $1+q(n-1)$ générateurs.

10) Soient F un ensemble, C une partie de $\mathrm{F} \times \mathrm{F}$ et $m\colon \mathrm{C} \to \mathrm{F}$ une application. On fait les hypothèses suivantes :

(i) Les applications de C dans $\mathrm{F} \times \mathrm{F}$ données par $(f, g) \mapsto (f, m(f, g))$ et $(f, g) \mapsto (m(f, g), g)$ sont injectives ;

(ii) Si f, g, $h \in \mathrm{F}$ sont tels que les couples (f, g) et (g, h) appartiennent à C, alors les couples $(f, m(g, h))$ et $(m(f, g), h)$ appartiennent à C et l'on a $m(f, m(g, h)) = m(m(f, g), h)$;

(iii) Pour tout $f \in \mathrm{F}$, il existe des éléments $o(f)$, $t(f)$ et $\overline{f} \in \mathrm{F}$, nécessairement uniques en vertu de (i), tels que les couples $(f, t(f))$, $(o(f), f)$, $(f, \overline{f})$, $(\overline{f}, f)$ appartiennent à C et que l'on ait $m(f, t(f)) = f = m(o(f), f)$ et $m(f, \overline{f}) = o(f)$.

a) Démontrer que, pour tout $f \in \mathrm{F}$, on a $(\overline{f}, f) \in \mathrm{C}$ et $m(\overline{f}, f) = t(f)$. En déduire que $(o(f), o(f)) \in \mathrm{C}$ et $m(o(f), o(f)) = o(f)$. Démontrer aussi que $o(\overline{f}) = t(f)$ et $\overline{\overline{f}} = f$.

b) Soit S l'ensemble des éléments e de F tels que $(e, e) \in \mathrm{C}$ et $m(e, e) = e$; notons o et t les applications de F dans S données par $f \mapsto o(f)$ et $f \mapsto t(f)$.

Démontrer que le quadruplet $\Gamma = (\mathrm{S}, \mathrm{F}, o, t)$ est un carquois et que l'application m est une loi de composition dans Γ qui en fait un groupoïde. (Cette construction est due à H. BRANDT ; *cf.* « Über eine Verallgemeinerung des Gruppenbegriffes », *Mathematische Annalen* (1926), vol. 96, p. 360–366.)

11) Soit G un groupoïde ; soit C l'ensemble des couples de flèches composables de G et soit $m\colon \mathrm{C} \to \mathrm{Fl}(\mathrm{G})$ la loi de composition de G.

a) Démontrer que C et m vérifient les hypothèses (i), (ii), (iii) de l'exercice 10. On note Γ le groupoïde fourni par la construction de cet exercice.

b) Démontrer que le couple formé de l'application $e \mapsto o(e)$ de $\mathrm{Som}(\Gamma)$ dans Som(G) et de l'application identique de l'ensemble Fl(G) dans lui-même est un isomorphisme de groupoïdes de Γ sur G.

Cela démontre qu'un groupoïde est déterminé par l'ensemble de ses flèches et sa loi de composition.

12) Soit G un groupe, soit S l'ensemble des sous-groupes de G et soit F l'ensemble des sous-ensembles X de G tels qu'il existe un sous-groupe H de G et un élément g de G tel que $\mathrm{X} = g\mathrm{H}$.

a) Soit μ l'application de $\mathrm{G} \times \mathrm{G} \times \mathrm{G}$ dans G définie par $\mu(x, y, z) = xy^{-1}z$. Démontrer qu'un sous-ensemble non vide X de G appartient à l'ensemble F si et seulement si $\mu(\mathrm{X} \times \mathrm{X} \times \mathrm{X}) \subset \mathrm{X}$.

b) Montrer qu'en posant $o(\mathrm{X}) = g^{-1}\mathrm{X}$ et $t(\mathrm{X}) = \mathrm{X}g^{-1}$, pour un élément g de X quelconque, on définit des applications $o\colon \mathrm{F} \to \mathrm{S}$ et $t\colon \mathrm{F} \to \mathrm{S}$.

c) Si X_1 et X_2 sont des éléments de S tels que $t(\mathrm{X}_1) = o(\mathrm{X}_2)$, on pose $m(\mathrm{X}_1, \mathrm{X}_2) = \mathrm{X}_1\mathrm{X}_2$. Démontrer que l'application m est une loi de composition dans le carquois $(\mathrm{S}, \mathrm{F}, o, t)$ qui en fait un groupoïde (« groupoïde de Baer »). On le note Ba(G).

d) Démontrer que les orbites de Ba(G) sont les classes de conjugaison de sous-groupes de G.

e) Démontrer que le groupe d'isotropie de Ba(G) en un élément H de S est isomorphe au groupe quotient N(H)/H.

§5

1) Soient G un groupoïde, X un ensemble et f une application de Som(G) dans X.

a) Démontrer qu'il existe un couple (K, α), où K est un groupoïde d'ensemble de sommets X et $\alpha\colon \mathrm{G} \to \mathrm{K}$ est un morphisme de groupoïdes tel que $\mathrm{Som}(\alpha) = f$, vérifiant la propriété universelle suivante : pour tout groupoïde H d'ensemble de sommets X et tout morphisme $\varphi\colon \mathrm{G} \to \mathrm{H}$ tel que $\mathrm{Som}(\varphi) = f$, il existe un unique morphisme de groupoïdes $\psi\colon \mathrm{K} \to \mathrm{H}$ tel que $\alpha \circ \psi = \varphi$. (Si S est un ensemble, on note $\mathrm{S_d}$ un groupoïde d'ensemble de sommets S dont les orbites et les groupes d'isotropie sont réduits à un élément. Soit G′ le groupoïde somme disjointe de la famille $(\mathrm{G}, \mathrm{X_d})$, soient φ et ψ les morphismes du groupoïde $\mathrm{Som(G)_d}$ dans G′ tels que $\mathrm{Som}(\varphi)$ soit l'injection canonique de Som(G) dans Som(G′) et $\mathrm{Som}(\psi) = f$ respectivement. Poser $\mathrm{K} = \mathrm{Coeg}(\varphi, \psi)$.)

b) En déduire une bijection de $\mathrm{Hom}(\mathrm{G}, f^*\mathrm{H})$ sur $\mathrm{Hom}(\mathrm{K}, \mathrm{H})$, pour tout groupoïde H d'ensemble de sommets X.

2) Soient H et G des groupes, soient $\mathscr{H}$ et $\mathscr{G}$ les groupoïdes qui leur sont associés ; soient φ et ψ des morphismes de groupoïdes de $\mathscr{H}$ dans $\mathscr{G}$.

a) Démontrer que l'ensemble des sommets du cohomotopeur (resp. du coégalisateur) du couple (φ, ψ) est réduit à un élément ; on note K (resp. L) son groupe d'isotropie en ce point.

b) Démontrer que le groupe K est le quotient du produit libre $\mathrm{G} * \mathbf{Z}$ par le plus petit sous-groupe distingué de $\mathrm{G} * \mathbf{Z}$ qui contient les éléments $\varphi(g)t\psi(g)^{-1}t^{-1}$, pour $g \in \mathrm{G}$, où t désigne l'élément 1 de $\mathbf{Z}$.

c) Démontrer que le groupe L est le quotient du groupe G par le plus petit sous-groupe distingué contenant les éléments $\varphi(g)\psi(g)^{-1}$, pour $g \in \mathrm{G}$.

3) Soit I un ensemble préordonné et soit $(\mathrm{G}_i)_{i\in \mathrm{I}}$ une famille de groupoïdes. Pour tout couple (i, j) d'éléments de I tels que $i \leqslant j$, soit φ_{ji} un morphisme de groupoïdes de G_i dans G_j. On suppose que les φ_{ji} vérifient les conditions suivantes (*cf.* E, III, p. 61) :

(i) Les relations $i \leqslant j \leqslant k$ entraînent $\varphi_{ki} = \varphi_{kj} \circ \varphi_{ji}$;

(ii) Pour tout $i \in \mathrm{I}$, f_{ii} est le morphisme identique de G_i.

Soit G le groupoïde somme de la famille (G_i), soit H le groupoïde somme de la famille $(\mathrm{H}_{ji})_{i\leqslant j}$, où l'on a posé $\mathrm{H}_{ji} = \mathrm{G}_i$ pour tout couple (i, j). Soit φ (resp. ψ) le morphisme de H dans G induit par la famille $(\varphi_{ji})_{i\leqslant j}$ (resp. $(\mathrm{Id}_{\mathrm{G}_i})_{i\leqslant j}$) et soit C le coégalisateur du couple (φ, ψ). Pour $i \in \mathrm{I}$, soit φ_i le morphisme de G_i dans C, composé du morphisme canonique de G_i dans G et du morphisme canonique de G dans C.

a) Démontrer que l'on a $\varphi_j \circ \varphi_{ji} = \varphi_i$ pour tout couple (i, j) tel que $i \leqslant j$.

b) Démontrer que, pour tout groupoïde D et toute famille (g_i), où g_i est un morphisme de G_i dans D tel que $g_j \circ \varphi_{ji} = g_i$ pour tout couple (i, j) tel que $i \leqslant j$, il existe un unique morphisme de groupoïdes $g\colon \mathrm{C} \to \mathrm{D}$ tel que $g \circ \varphi_i = g_i$ pour tout $i \in \mathrm{I}$.

CHAPITRE III

Homotopie et groupoïde de Poincaré

§ 1. HOMOTOPIES, HOMÉOTOPIES

Dans ce paragraphe et ceux qui suivent, **I** *désigne l'intervalle* $[0,1]$ *de* **R**.

1. Applications continues homotopes

DÉFINITION 1. — *Soient* X *et* Y *des espaces topologiques et soient* f *et* g *des applications continues de* X *dans* Y. *On appelle* homotopie *reliant* f *à* g *une application continue* $\sigma\colon \mathrm{X}\times\mathbf{I}\to\mathrm{Y}$ *telle que, pour tout* $x\in\mathrm{X}$, *on a* $\sigma(x,0)=f(x)$ *et* $\sigma(x,1)=g(x)$. *On dit que* f est homotope à g *s'il existe une homotopie reliant* f *à* g.

On dit que f est l'*origine* et g le *terme* de l'*homotopie* σ (*cf.* ci-dessous, III, p. 257, remarque 2).

Soit A une partie de X. On dit que l'homotopie σ est *fixe* sur A si, pour tout $a\in\mathrm{A}$, l'application $t\mapsto\sigma(a,t)$ de **I** dans Y est constante. Dans ce cas, l'origine et le terme de σ coïncident en tout point de A.

Soient X et Y des espaces topologiques. On dit que des homotopies $\sigma\colon \mathrm{X}\times\mathbf{I}\to\mathrm{Y}$ et $\tau\colon \mathrm{X}\times\mathbf{I}\to\mathrm{Y}$ sont *juxtaposables* si le terme de σ est l'origine de τ, autrement dit si l'on a $\sigma(x,1) = \tau(x,0)$ pour tout $x \in \mathrm{X}$. Dans ce cas, l'application $\sigma * \tau$ de $\mathrm{X} \times \mathbf{I}$ dans Y définie par

$$(1) \qquad (\sigma * \tau)(x,t) = \begin{cases} \sigma(x, 2t) & \text{pour } 0 \leqslant t \leqslant 1/2 \\ \tau(x, 2t-1) & \text{pour } 1/2 \leqslant t \leqslant 1 \end{cases}$$

est continue (TG, I, p. 19, prop. 4) et est une homotopie reliant l'origine de σ au terme de τ. On l'appelle *l'homotopie juxtaposée* des homotopies σ et τ.

Si $\sigma \colon \mathrm{X} \times \mathbf{I} \to \mathrm{Y}$ est une homotopie, l'application $\overline{\sigma} \colon \mathrm{X} \times \mathbf{I} \to \mathrm{Y}$ définie par $(x,t) \mapsto \sigma(x, 1-t)$ est une homotopie reliant le terme de σ à l'origine de σ. On a $\overline{\overline{\sigma}} = \sigma$. Si σ et τ sont des homotopies juxtaposables de $\mathrm{X} \times \mathbf{I}$ dans Y, les homotopies $\overline{\tau}$ et $\overline{\sigma}$ sont juxtaposables et l'on a $\overline{\sigma * \tau} = \overline{\tau} * \overline{\sigma}$.

PROPOSITION 1. — *Soient* X *et* Y *des espaces topologiques. La relation* « f est homotope à g » *est une relation d'équivalence dans l'ensemble* $\mathscr{C}(\mathrm{X};\mathrm{Y})$ *des applications continues de* X *dans* Y.

Soit f un élément de $\mathscr{C}(\mathrm{X};\mathrm{Y})$. L'application $f \circ \mathrm{pr}_1 \colon \mathrm{X} \times \mathbf{I} \to \mathrm{Y}$ est une homotopie reliant f à f ; cette relation est donc réflexive.

Soient f et g des éléments de $\mathscr{C}(\mathrm{X};\mathrm{Y})$ et $\sigma \colon \mathrm{X} \times \mathbf{I} \to \mathrm{Y}$ une homotopie reliant f à g. L'application $\overline{\sigma} \colon \mathrm{X} \times \mathbf{I} \to \mathrm{Y}$ est alors une homotopie reliant g à f ; la relation considérée est donc symétrique.

Démontrons enfin qu'elle est transitive. Si f, g et h sont des éléments de $\mathscr{C}(\mathrm{X};\mathrm{Y})$, σ une homotopie reliant f à g et τ une homotopie reliant g à h, alors σ et τ sont juxtaposables et $\sigma * \tau$ est une homotopie reliant f à h.

Soient X et Y des espaces topologiques. La relation d'équivalence « f est homotope à g » dans $\mathscr{C}(\mathrm{X};\mathrm{Y})$ (prop. 1) s'appelle la *relation d'homotopie*. L'ensemble quotient de $\mathscr{C}(\mathrm{X};\mathrm{Y})$ par cette relation est noté $[\mathrm{X};\mathrm{Y}]$. Ses éléments sont appelés *classes d'homotopie d'applications continues de* X *dans* Y. La classe d'homotopie d'une application continue $f \colon \mathrm{X} \to \mathrm{Y}$ sera souvent notée $[f]$.

PROPOSITION 2. — *Soient* X, Y *et* Z *des espaces topologiques,* f *et* f' *des applications continues de* X *dans* Y, g *et* g' *des applications continues de* Y *dans* Z. *Si* f *est homotope à* f' *et si* g *est homotope à* g', *alors* $g \circ f$ *est homotope à* $g' \circ f'$.

Soient σ une homotopie reliant f à f' et τ une homotopie reliant g à g'. Alors, l'application $\theta\colon \mathrm{X} \times \mathbf{I} \to \mathrm{Z}$ définie par $\theta(x,t) = \tau(\sigma(x,t),t)$ est une homotopie reliant $g \circ f$ à $g' \circ f'$.

Soient X, Y et Z des espaces topologiques. Étant données des classes d'homotopie $\varphi \in [\mathrm{X};\mathrm{Y}]$ et $\psi \in [\mathrm{Y};\mathrm{Z}]$, les applications $g \circ f\colon \mathrm{X} \to \mathrm{Z}$, où $f \in \varphi$, $g \in \psi$, appartiennent toutes à une même classe d'homotopie (prop. 2) que l'on note $\psi \circ \varphi$ et que l'on appelle la *classe d'homotopie composée* des classes ψ et φ. L'application $[\mathrm{X};\mathrm{Y}] \times [\mathrm{Y};\mathrm{Z}] \to [\mathrm{X};\mathrm{Z}]$ qui à (φ,ψ) associe $\psi \circ \varphi$ est appelée *application de composition.*

Soit $\varphi \in [\mathrm{X};\mathrm{Y}]$; on a $\varphi = \varphi \circ [\mathrm{Id}_\mathrm{X}] = [\mathrm{Id}_\mathrm{Y}] \circ \varphi$.

Soient X, Y, Z et T des espaces topologiques, soient $\varphi \in [\mathrm{X};\mathrm{Y}]$, $\psi \in [\mathrm{Y};\mathrm{Z}]$ et $\chi \in [\mathrm{Z};\mathrm{T}]$. La classe d'homotopie $\chi \circ (\psi \circ \varphi)$ est égale à $(\chi \circ \psi) \circ \varphi$; on la note $\chi \circ \psi \circ \varphi$.

PROPOSITION 3. — *Soit* X *un espace topologique et soit* $(\mathrm{Y}_j)_{j\in\mathrm{J}}$ *une famille d'espaces topologiques. L'application de* $[\mathrm{X};\prod_{j\in\mathrm{J}}\mathrm{Y}_j]$ *dans l'ensemble produit* $\prod_{j\in\mathrm{J}}[\mathrm{X};\mathrm{Y}_j]$ *définie par* $\varphi \mapsto ([\mathrm{pr}_j] \circ \varphi)_{j\in\mathrm{J}}$ *est bijective.*

La surjectivité résulte immédiatement de I, p. 25, prop. 1. Démontrons l'injectivité. Soient f et g des applications continues de X dans $\prod_{j\in\mathrm{J}}\mathrm{Y}_j$. Pour tout $j \in \mathrm{J}$, posons $f_j = \mathrm{pr}_j \circ f$ et $g_j = \mathrm{pr}_j \circ g$; supposons f_j homotope à g_j et soit σ_j une homotopie reliant f_j à g_j. L'application $\sigma = (\sigma_j)$ de $\mathrm{X} \times \mathbf{I}$ dans $\prod_{j\in\mathrm{J}}\mathrm{Y}_j$ est continue (*loc. cit.*) ; c'est une homotopie reliant f à g, d'où la proposition.

COROLLAIRE. — *Soient* $(\mathrm{X}_j)_{j\in\mathrm{J}}$ *et* $(\mathrm{Y}_j)_{j\in\mathrm{J}}$ *des familles d'espaces topologiques ayant même ensemble d'indices. Pour tout* $j \in \mathrm{J}$, *soient* f_j *et* g_j *des applications continues de* X_j *dans* Y_j. *Si, pour tout* $j \in \mathrm{J}$, *les applications* f_j *et* g_j *sont homotopes, il en est de même des applications produit* $f\colon (x_j) \mapsto (f_j(x_j))$ *et* $g\colon (x_j) \mapsto (g_j(x_j))$ *de* $\prod_{j\in\mathrm{J}}\mathrm{X}_j$ *dans* $\prod_{j\in\mathrm{J}}\mathrm{Y}_j$.

Supposons que l'on ait $[f_j] = [g_j]$ pour tout $j \in \mathrm{J}$. On a $[\mathrm{pr}_j] \circ [f] = [f_j \circ \mathrm{pr}_j]$ et $[\mathrm{pr}_j] \circ [g] = [g_j \circ \mathrm{pr}_j]$, donc $[\mathrm{pr}_j] \circ [f] = [\mathrm{pr}_j] \circ [g]$ d'après la prop. 2, d'où $[f] = [g]$ d'après la prop. 3.

2. Homotopies pointées

Soient X et Y des espaces topologiques et soit x un point de X. Une homotopie $\sigma\colon \mathrm{X} \times \mathbf{I} \to \mathrm{Y}$ est dite *pointée en* x si elle est fixe sur $\{x\}$, c'est-à-dire si l'application $t \mapsto \sigma(x,t)$ de $\mathbf{I}$ dans Y est constante. La juxtaposée de deux homotopies pointées en x est pointée en x. L'origine et le terme d'une homotopie pointée en x prennent une même valeur y en x ; ce sont donc des applications continues pointées de (X, x) dans (Y, y).

Soient (X, x) et (Y, y) des espaces topologiques pointés (I, p. 120, définition 1). La relation « f est reliée à g par une homotopie pointée en x » est une relation d'équivalence dans l'ensemble $\mathscr{C}((\mathrm{X}, x); (\mathrm{Y}, y))$,appelée *relation d'homotopie pointée.* L'ensemble quotient de $\mathscr{C}((\mathrm{X}, x); (\mathrm{Y}, y))$ par cette relation d'équivalence est noté $[(\mathrm{X}, x); (\mathrm{Y}, y)]$. Ses éléments sont appelés *classes d'homotopie pointée* d'applications continues pointées de (X, x) dans (Y, y).

L'ensemble $\mathscr{C}((\mathrm{X}, x); (\mathrm{Y}, y))$ est un sous-ensemble de $\mathscr{C}(\mathrm{X}; \mathrm{Y})$. On notera que l'homotopie pointée est une relation d'équivalence plus fine que la relation induite par l'homotopie dans $\mathscr{C}(\mathrm{X}; \mathrm{Y})$. C'est en général une relation strictement plus fine (voir III, p. 321, exerc. 1 et III, p. 234, exemple 3).

Soit également (Z, z) un espace topologique pointé. Soient f et f' des applications continues pointées de (X, x) dans (Y, y), g et g' des applications continues pointées de (Y, y) dans (Z, z). Si f et f' sont reliées par une homotopie σ pointée en x, et si g et g' sont reliées par une homotopie τ pointée en y, alors $g \circ f$ et $g' \circ f'$ sont reliées par l'homotopie $\theta \colon \mathrm{X} \times \mathbf{I} \to \mathrm{Z}$, $(u,t) \mapsto \tau(\sigma(u,t),t)$, qui est pointée en x. Comme ci-dessus, cela permet de définir l'*application de composition* de $[(\mathrm{X}, x); (\mathrm{Y}, y)] \times [(\mathrm{Y}, y); (\mathrm{Z}, z)]$ dans $[(\mathrm{X}, x); (\mathrm{Z}, z)]$. Nous laissons au lecteur le soin de formuler et de démontrer pour les applications et homotopies pointées les énoncés analogues à la prop. 3 et à son corollaire.

3. Espaces homéotopes

DÉFINITION 2. — *Soient* X *et* Y *des espaces topologiques. On dit qu'une classe d'homotopie* $\varphi \in [\mathrm{X}; \mathrm{Y}]$ *est* inversible *s'il existe une classe d'homotopie* $\psi \in [\mathrm{Y}; \mathrm{X}]$ *telle que* $\psi \circ \varphi = [\mathrm{Id}_\mathrm{X}]$ *et* $\varphi \circ \psi = [\mathrm{Id}_\mathrm{Y}]$. *On dit qu'une application continue est une* homéotopie *si sa classe d'homotopie est inversible.*

Soit $\varphi \in [X; Y]$ une classe d'homotopie inversible. Il existe une unique classe d'homotopie $\psi \in [Y; X]$ ayant les propriétés de la définition 2. Soient en effet ψ, ψ' des classes ayant ces propriétés ; on a

$$\psi = \psi \circ [\mathrm{Id}_Y] = \psi \circ \varphi \circ \psi' = [\mathrm{Id}_X] \circ \psi' = \psi'.$$

Cette unique classe est appelée l'*inverse* de la classe d'homotopie φ et est notée φ^{-1}.

Soit Z un espace topologique. On a $\chi \circ \varphi \circ \varphi^{-1} = \chi$ pour tout $\chi \in [Y; Z]$ et $\theta \circ \varphi^{-1} \circ \varphi = \theta$ pour tout $\theta \in [X; Z]$. Il en résulte que les applications $\chi \mapsto \chi \circ \varphi$ de $[Y; Z]$ dans $[X; Z]$ et $\theta \mapsto \theta \circ \varphi^{-1}$ de $[X; Z]$ dans $[Y; Z]$ sont des bijections réciproques l'une de l'autre. De même, l'application $\chi \mapsto \varphi \circ \chi$ de $[Z; X]$ dans $[Z; Y]$ est bijective et sa bijection réciproque est l'application $\theta \mapsto \varphi^{-1} \circ \theta$ de $[Z; Y]$ dans $[Z; X]$.

Soient X, Y, Z des espaces topologiques, $\varphi \in [X; Y]$ et $\psi \in [Y; Z]$ des classes d'homotopie inversibles. Alors la classe $\psi \circ \varphi$ est inversible, d'inverse $\varphi^{-1} \circ \psi^{-1}$. En effet, on a

$$\begin{aligned}(\psi \circ \varphi) \circ (\varphi^{-1} \circ \psi^{-1}) &= \psi \circ (\varphi \circ \varphi^{-1}) \circ \psi^{-1} \\ &= \psi \circ [\mathrm{Id}_Y] \circ \psi^{-1} \\ &= \psi \circ \psi^{-1} = [\mathrm{Id}_Z]\end{aligned}$$

et, de même, $(\varphi^{-1} \circ \psi^{-1}) \circ (\psi \circ \varphi) = [\mathrm{Id}_X]$.

Soient X, Y des espaces topologiques et soit $f \colon X \to Y$ une homéotopie. Toute application continue $g \colon Y \to X$ dont la classe est l'inverse de celle de f est dite *réciproque* (ou *inverse*) *de* f *à homotopie près*. Une telle application g est une homéotopie.

Un homéomorphisme f est une homéotopie, et $[f]^{-1} = [f^{-1}]$. L'application composée de deux homéotopies est une homéotopie. La relation « X et Y sont des espaces topologiques et il existe une homéotopie de X dans Y » est une relation d'équivalence.

DÉFINITION 3. — *On dit que des espaces topologiques* X *et* Y *sont* homéotopes *s'il existe une homéotopie de* X *dans* Y.

Exemples. — 1) L'espace topologique vide n'est homéotope qu'à lui-même.

2) Soit X un espace topologique non vide. Pour que X soit homéotope à un espace réduit à un point, il faut et il suffit qu'il existe une application constante $p \colon X \to X$ qui soit homotope à l'application identique de X. (Il en est alors ainsi pour toute application

constante $q\colon X \to X$, car $[p] = [p] \circ [q] = [\mathrm{Id}_X] \circ [q] = [q]$.) Soient en effet P un espace réduit à un point, $f\colon P \to X$ une application et $g\colon X \to P$ l'unique application de X dans P. On a $g \circ f = \mathrm{Id}_P$; pour que f soit une homéotopie, il faut et il suffit que $f \circ g$ soit homotope à Id_X. Or, $f \circ g$ est constante, d'image $f(P)$.

3) On dit qu'un espace topologique pointé (X, x) est *contractile*, ou que l'espace topologique X est contractile en x, s'il existe une homotopie pointée en x reliant Id_X à l'application constante de X dans X d'image $\{x\}$. Un tel espace est homéotope à un point. Il existe cependant des espaces homéotopes à un point qui ne sont contractiles en aucun de leurs points, et des espaces contractiles en un point, mais pas en tout point (III, p. 321, exerc. 1).

4) Soit E l'espace numérique à n dimensions (ou, plus généralement, un espace vectoriel topologique sur $\mathbf{R}$) et soit X un sous-ensemble de E. On dit que l'ensemble X est *étoilé* en un point x de X si, pour tout $y \in X$ et tout $t \in \mathbf{I}$, le point $tx + (1-t)y$ appartient à X. Une partie convexe (I, p. 122) de E est étoilée en chacun de ses points.

Un sous-espace topologique X de E étoilé en un de ses points x est contractile en ce point. En effet, l'application $\sigma\colon X \times \mathbf{I} \to X$ définie par $\sigma(y,t) = tx + (1-t)y$ est une homotopie pointée en x reliant Id_X à l'application constante d'image $\{x\}$.

En particulier, tout intervalle de $\mathbf{R}$, toute partie convexe d'un espace numérique ou, plus généralement, d'un espace vectoriel topologique sur $\mathbf{R}$ est contractile en chacun de ses points.

5) Nous démontrerons ultérieurement (TA, V) que les sphères euclidiennes $\mathbf{S}_n$, $n \geqslant 1$, ne sont pas des espaces homéotopes à un point. La sphère unité d'un espace hilbertien de type dénombrable et de dimension infinie est contractile en chacun de ses points (EVT, V, p. 71, exerc. 13).

4. Homéotopies relatives

Soient X, Y des espaces topologiques, soit A un sous-espace de X et soit B un sous-espace de Y.

Soit $f\colon X \to Y$ une application continue telle que $f(A) \subset B$. On dit que f est une *homéotopie du couple* (X, A) *sur le couple* (Y, B)

s'il existe une application continue $g\colon \mathrm{Y} \to \mathrm{X}$ telle que $g(\mathrm{B}) \subset \mathrm{A}$, une homotopie $\sigma\colon \mathrm{X} \times \mathbf{I} \to \mathrm{X}$, fixe sur A, reliant Id_X à $g \circ f$, et une homotopie $\tau\colon \mathrm{Y} \times \mathbf{I} \to \mathrm{Y}$, fixe sur B, reliant Id_Y à $f \circ g$.

Supposons ces conditions satisfaites. Alors :

a) L'application f est une homéotopie de X dans Y, l'application g est une homéotopie de Y dans X, et ces homéotopies sont inverses l'une de l'autre à homotopie près.

b) L'application g est alors une homéotopie du couple (Y, B) sur le couple (X, A), dite inverse de f à homotopie près.

c) Les applications f et g définissent par passage aux sous-espaces des homéomorphismes de A sur B réciproques l'un de l'autre.

On dit que les couples (X, A) et (Y, B) sont homéotopes s'il existe une homéotopie du couple (X, A) sur le couple (Y, B). La relation « X, Y sont des espaces topologiques, A est un sous-espace de X, B est un sous-espace de Y et les couples (X, A) et (Y, B) sont homéotopes » est une relation d'équivalence.

5. Rétractions et contractions

DÉFINITION 4. — *Soit* X *un espace topologique et soit* A *une partie de* X.

On appelle rétraction *de* X *sur* A *une application continue de* X *dans* A *qui est une rétraction de l'injection canonique de* A *dans* X. *S'il existe une rétraction de* X *sur* A, *on dit que* X peut se rétracter sur A, *ou encore que* A est un rétracte de X.

Soit X un espace topologique et soit A un sous-espace de X.

Supposons qu'il existe une rétraction r de X sur A. Le sous-espace A s'identifie à l'ensemble des points $x \in \mathrm{X}$ tels que $x = r(x)$. Si X est un espace séparé, A est alors fermé dans X.

D'après le lemme suivant, pour qu'un sous-espace A soit un rétracte de X, il faut et il suffit que toute application continue de A dans un espace topologique Y s'étende en une application continue de X dans Y.

Lemme 1. — *Soient* X *et* Y *des espaces topologiques et soit* $f\colon \mathrm{X} \to \mathrm{Y}$ *une application continue. Les conditions suivantes sont équivalentes :*

(i) *Pour tout espace topologique* Z *et toute application continue* $g\colon \mathrm{X} \to \mathrm{Z}$, *il existe une application continue* $g'\colon \mathrm{Y} \to \mathrm{Z}$ *telle que* $g = g' \circ f$;

(ii) *L'application* f *est injective et possède une rétraction continue ;*

(iii) *L'application* f *définit un homéomorphisme de* X *sur son image* $f(\mathrm{X})$, *laquelle est un rétracte de* Y.

Supposons que f soit injective et soit $r\colon \mathrm{Y} \to \mathrm{X}$ une rétraction continue de l'application f. Pour toute application continue $g\colon \mathrm{X} \to \mathrm{Z}$, l'application $g' = g \circ r\colon \mathrm{Y} \to \mathrm{Z}$ vérifie $g' \circ f = g \circ r \circ f = g$. Cela démontre que (ii)⇒(i).

Supposons que la condition (i) soit satisfaite. Soit $g\colon \mathrm{X} \to \mathrm{X}$ l'application identique. Par hypothèse, il existe une application continue $g'\colon \mathrm{Y} \to \mathrm{X}$ telle que $g' \circ f = g$. Cela entraîne que l'application f est injective et que g' est une rétraction continue de f.

L'équivalence des propriétés (ii) et (iii) est immédiate.

DÉFINITION 5. — *Soit* X *un espace topologique et soit* A *une partie de* X. *On appelle* contraction de X sur A *une homotopie* $\sigma\colon \mathrm{X} \times \mathbf{I} \to \mathrm{X}$ *fixe sur* A *dont l'origine est l'application identique de* X *et dont le terme est une rétraction de* X *sur* A. *S'il existe une contraction de* X *sur* A, *on dit que* X peut se contracter sur A, *ou encore que* A est un contracté de X.

Remarque. — En d'autres termes, une contraction de X sur A est une homotopie $\sigma\colon \mathrm{X} \times \mathbf{I} \to \mathrm{X}$ ayant les propriétés suivantes :

(i) $\sigma(x, 0) = x$ pour tout $x \in \mathrm{X}$;

(ii) $\sigma(x, 1) \in \mathrm{A}$ pour tout $x \in \mathrm{X}$;

(iii) $\sigma(x, t) = x$ pour tout $x \in \mathrm{A}$ et tout $t \in \mathbf{I}$.

Pour qu'il existe une contraction de X sur A, il faut et il suffit que l'injection canonique de A dans X soit une homéotopie du couple (A, A) sur le couple (X, A).

Soit a un point de X. Une contraction de X sur le sous-espace $\{a\}$ n'est autre qu'une homotopie pointée en a reliant l'application Id_{X} à l'application constante d'image $\{a\}$. Par suite, X se contracte sur $\{a\}$ si et seulement si X est contractile en a (exemple 3 de III, p. 234).

Soit X un espace topologique et soit A une partie de X. Soit σ une contraction de X sur A. L'application r de X dans A définie par $r(x) = \sigma(x, 1)$ est une rétraction de X sur A et σ est une homotopie reliant Id_X à r. Les relations $r \circ i = \mathrm{Id}_A$ et $i \circ r = r$ entraînent alors que les applications i et r sont des homéotopies, réciproques l'une de l'autre à homotopie près.

DÉFINITION 6. — *Avec les notations qui précèdent, on dit que σ est une* contraction forte *si, de plus, on a $r(\sigma(x,t)) = r(x)$ pour tout $x \in X$ et tout $t \in \mathbf{I}$,*

Exemple. — Soit X le complémentaire de l'origine dans $\mathbf{B}_n$. L'application de $X \times \mathbf{I}$ dans X donnée par $(x,t) \mapsto ((1-t) + t\frac{1}{\|x\|})x$ est une contraction forte de X sur $\mathbf{S}_{n-1}$. La rétraction de X sur $\mathbf{S}_{n-1}$ qui lui est associée est l'application donnée par $x \mapsto x/\|x\|$.

Lemme 2. — *Soit X un espace topologique, soit U un ouvert de X et soit σ une contraction forte de X sur X − U. Alors, $\sigma(U \times \mathbf{I}) \subset \overline{U}$. En particulier, $\sigma(U \times \{1\})$ est contenu dans la frontière de U.*

Soit $x \in U$. L'ensemble des nombres réels $t \in \mathbf{I}$ tels que $\sigma(x,t) \in U$ est ouvert dans $\mathbf{I}$ et contient 0; soit s sa borne supérieure. On a $\sigma(x,s) \in \overline{U}$. Si $s < 1$, $\sigma(x,s) \notin U$, par définition de s; il en est de même si $s = 1$ car $\sigma(x,1) \in X - U$. Par suite, $\sigma(x,s) \in \mathrm{Fr}(U)$. Par définition d'une contraction forte, on a alors $\sigma(x,s) = \sigma(\sigma(x,s),1) = \sigma(x,1)$; en particulier, $\sigma(x,1) \in \overline{U}$. Par conséquent, $\sigma(x,1)$ appartient à la frontière $\overline{U} \cap (X - U)$ de U.

Soit $t \in \mathbf{I}$; si $\sigma(x,t) \notin U$, il vient encore $\sigma(x,t) = \sigma(\sigma(x,t),1) = \sigma(x,1)$, donc $\sigma(x,t) \in \overline{U}$, d'où le lemme.

6. Cylindre d'une application

Soient X et Y des espaces topologiques et soit f une application continue de X dans Y. Notons U l'espace topologique somme de l'espace $U_1 = X \times \mathbf{I}$ et de l'espace $U_2 = Y$ et identifions U_1 et U_2 à des sous-espaces de U par les injections canoniques. Soit R la relation d'équivalence sur U la plus fine pour laquelle les points $(x,1)$ de U_1 et $f(x)$ de U_2 sont équivalents, pour tout $x \in X$.

DÉFINITION 7. — *On appelle* cylindre de l'application f *et on note* $\mathrm{Cyl}(f)$ *l'espace topologique quotient* U/R.

Notons $\alpha_f \colon \mathrm{X} \times \mathbf{I} \to \mathrm{Cyl}(f)$ et $\beta_f \colon \mathrm{Y} \to \mathrm{Cyl}(f)$ les restrictions à U_1 et U_2 de la surjection canonique de U sur U/R. L'application α_f est une homotopie et son terme est $\beta_f \circ f$.

Proposition 4 (Propriété universelle des cylindres)

Soit Z *un espace topologique, soit* $\beta \colon \mathrm{Y} \to \mathrm{Z}$ *une application continue et soit* $\alpha \colon \mathrm{X} \times \mathbf{I} \to \mathrm{Z}$ *une homotopie dont le terme est* $\beta \circ f$. *Il existe une unique application continue* φ *de* $\mathrm{Cyl}(f)$ *dans* Z *telle que* $\alpha = \varphi \circ \alpha_f$ *et* $\beta = \varphi \circ \beta_f$.

L'application ψ de U dans Z qui coïncide avec α dans $\mathrm{X} \times \mathbf{I}$ et avec β dans Y est continue. On a $\alpha(x, 1) = \beta(f(x))$ pour tout $x \in \mathrm{X}$, donc ψ définit par passage au quotient une application continue φ de $\mathrm{Cyl}(f)$ dans Z telle que $\alpha = \varphi \circ \alpha_f$ et $\beta = \varphi \circ \beta_f$. Comme les images de α_f et de β_f recouvrent $\mathrm{Cyl}(f)$, φ est la seule application de $\mathrm{Cyl}(f)$ dans Z satisfaisant ces relations.

Exemple 1. — Soient X′, Y′ des espaces topologiques et $f' \colon \mathrm{X}' \to \mathrm{Y}'$ une application continue. Soient $u \colon \mathrm{X} \to \mathrm{X}'$ et $v \colon \mathrm{Y} \to \mathrm{Y}'$ des applications continues telles que $f' \circ u = v \circ f$. Il existe une unique application continue $w \colon \mathrm{Cyl}(f) \to \mathrm{Cyl}(f')$ telle que $w \circ \alpha_f = \alpha_{f'} \circ (u \times \mathrm{Id}_{\mathbf{I}})$ et $w \circ \beta_f = \beta_{f'} \circ v$.

D'après la prop. 4, appliquée à $\mathrm{Z} = \mathrm{Y}$ et $\beta = \mathrm{Id}_{\mathrm{Y}}$, il existe une unique application continue $\gamma_f \colon \mathrm{Cyl}(f) \to \mathrm{Y}$ telle que $\gamma_f(\alpha_f(x, s)) = f(x)$ et $\gamma_f(\beta_f(y)) = y$ pour $x \in \mathrm{X}$, $s \in \mathbf{I}$ et $y \in \mathrm{Y}$.

Proposition 5. — *L'application* α_f *induit un homéomorphisme de* $\mathrm{X} \times [0, 1[$ *sur une partie ouverte de* $\mathrm{Cyl}(f)$. *L'application* β_f *définit un homéomorphisme de* Y *sur le complémentaire de cet ouvert. L'application* $\beta_f \circ \gamma_f$ *est une rétraction continue de* $\mathrm{Cyl}(f)$ *sur* $\beta_f(\mathrm{Y})$.

L'ensemble $\mathrm{X} \times [0, 1[$ est un ouvert de U, saturé pour la relation R, et la relation d'équivalence induite par R dans $\mathrm{X} \times [0, 1[$ est la relation d'égalité. La première assertion en résulte (TG, I, p. 23, cor. 10).

Le complémentaire de $\alpha_f(\mathrm{X} \times [0, 1[)$ est $\beta_f(\mathrm{Y})$. Comme on a $\gamma_f \circ \beta_f = \mathrm{Id}_{\mathrm{Y}}$, β_f définit un homéomorphisme de Y sur $\beta_f(\mathrm{Y})$ et $\beta_f \circ \gamma_f$ est une rétraction continue de l'injection canonique de $\beta_f(\mathrm{Y})$ dans $\mathrm{Cyl}(f)$.

Le sous-espace fermé $\beta_f(\mathrm{Y})$ de $\mathrm{Cyl}(f)$ s'appelle la *base du cylindre de* f. L'application $\beta_f \circ \gamma_f$ s'appelle la *rétraction canonique* de $\mathrm{Cyl}(f)$ sur sa base.

Considérons les applications $\sigma_1 \colon \mathrm{U}_1 \times \mathbf{I} \to \mathrm{Cyl}(f)$ et $\sigma_2 \colon \mathrm{U}_2 \times \mathbf{I} \to \mathrm{Cyl}(f)$ définies par

$$\sigma_1((x,s),t) = \alpha_f(x,(1-t)s+t) \quad \text{pour } (x,s) \in \mathrm{X} \times \mathbf{I} \text{ et } t \in \mathbf{I}$$
$$\sigma_2(y,t) = \beta_f(y) \quad \text{pour } y \in \mathrm{Y} \text{ et } t \in \mathbf{I}.$$

Elles sont continues. Pour $x \in \mathrm{X}$ et $t \in \mathbf{I}$, on a

$$\sigma_1((x,1),t) = \alpha_f(x,1) = \beta_f(f(x)) = \sigma_2(f(x),t).$$

Il existe donc une unique application σ_f de $\mathrm{Cyl}(f) \times \mathbf{I}$ dans $\mathrm{Cyl}(f)$ telle que $\sigma_f \circ (\alpha_f \times \mathrm{Id}_{\mathbf{I}}) = \sigma_1$ et $\sigma_f \circ (\beta_f \times \mathrm{Id}_{\mathbf{I}}) = \sigma_2$. L'application σ_f est continue (I, p. 19, prop. 10).

PROPOSITION 6. — *L'application* $\sigma_f \colon \mathrm{Cyl}(f) \times \mathbf{I} \to \mathrm{Cyl}(f)$ *est une contraction forte de* $\mathrm{Cyl}(f)$ *sur sa base. Son terme est la rétraction canonique de* $\mathrm{Cyl}(f)$ *sur sa base.*

L'application σ_f est une homotopie. Les relations $\sigma_f(\alpha_f(x,s),0) = \alpha_f(x,s)$ et $\sigma_f(\beta_f(y),0) = \beta_f(y)$ entraînent que l'origine de σ_f est l'application identique de $\mathrm{Cyl}(f)$. Notons r_f le terme de σ_f. Les relations

$$\sigma_f(\alpha_f(x,s),1) = \alpha_f(x,1) = \beta_f(f(x)) = (\beta_f \circ \gamma_f)(\alpha_f(x,s))$$

et $\sigma_f(\beta_f(y),1) = \beta_f(y) = (\beta_f \circ \gamma_f)(\beta_f(y))$ entraînent que r_f est la rétraction canonique $\beta_f \circ \gamma_f$ de $\mathrm{Cyl}(f)$ sur sa base.

Pour $(x,s) \in \mathrm{X} \times \mathbf{I}$ et $t \in \mathbf{I}$, on a

$$r_f(\sigma_f(\alpha_f(x,s),t)) = r_f(\alpha_f(x,s(1-t)+t)) = \beta_f(f(x)) = r_f(\alpha_f(x,s)).$$

Pour $y \in \mathrm{Y}$ et $t \in \mathbf{I}$, on a $r_f(\sigma_f(\beta_f(y),t)) = r_f(\beta_f(y))$. Par conséquent, σ_f est une contraction forte de $\mathrm{Cyl}(f)$ sur sa base.

L'application σ_f est appelée la *contraction canonique* du cylindre de f sur sa base.

Remarques. — 1) Soit A une partie de $\mathrm{X} \times \mathbf{I}$ et soit A_1 l'ensemble des points $x \in \mathrm{X}$ tels que $(x,1) \in \mathrm{A}$. On a $\overset{-1}{\alpha_f}(\alpha_f(\mathrm{A})) = \mathrm{A} \cup \overset{-1}{f}(f(\mathrm{A}_1)) \times \{1\}$ et $\overset{-1}{\beta_f}(\alpha_f(\mathrm{A})) = f(\mathrm{A}_1)$. Par suite, l'application α_f est fermée (resp. ouverte) si f l'est.

2) Supposons que l'application f soit propre. Soit P un point de $\mathrm{Cyl}(f)$. Si $\mathrm{P} = \alpha_f(x,t)$, avec $0 \leqslant t < 1$ et $x \in \mathrm{X}$, on a $\overset{-1}{\alpha_f}(\mathrm{P}) = (x,t)$. Dans le cas contraire, il existe $y \in \mathrm{Y}$ tel que $\mathrm{P} = \beta_f(y)$

et $\overset{-1}{\alpha_f}(\mathrm{P}) = \overset{-1}{f}(y) \times \{1\}$. Cela démontre que les fibres de l'application α_f sont quasi-compactes. L'application α_f est alors propre (TG, I, p. 75, th. 1), car elle est fermée.

D'après la prop. 5 et TG, I, p. 72, prop. 2, l'application β_f est elle-même propre. Par suite, si f est propre, la surjection canonique de U sur $\mathrm{Cyl}(f)$ est propre donc, en particulier, universellement stricte (I, p. 20, corollaire).

3) Si les espaces X et Y sont séparés, il en est de même du cylindre de l'application f. En effet, soient z et z' deux points distincts de $\mathrm{Cyl}(f)$ et démontrons qu'ils possèdent des voisinages disjoints. Distinguons trois cas.

– Il existe (x,t) et $(x',t') \in \mathrm{X} \times [0,1[$ tels que $z = \alpha_f(x,t)$ et $z' = \alpha_f(x',t')$.

Dans ce cas, l'assertion résulte de ce que l'espace $\mathrm{X} \times [0,1[$ est séparé (TG, I, p. 54, prop. 7) et que l'application α_f induit un homéomorphisme de cet espace sur un sous-espace ouvert de $\mathrm{Cyl}(f)$.

– Il existe $(x,t) \in \mathrm{X} \times [0,1[$ tel que $z = \alpha_f(x,t)$ et $y' \in \mathrm{Y}$ tel que $z' = \beta_f(y')$.

Alors, $\alpha_f(\mathrm{X} \times [0, \frac{t+1}{2}[)$ et $\mathrm{Cyl}(f) - \alpha_f(\mathrm{X} \times [0, \frac{t+1}{2}])$ sont des voisinages ouverts disjoints de z et z' dans $\mathrm{Cyl}(f)$.

– Il existe y et $y' \in \mathrm{Y}$ tels que $z = \beta_f(y)$, $z' = \beta_f(y')$.

Dans ce cas, $y \neq y'$; comme Y est séparé, il existe un voisinage ouvert V de y dans Y et un voisinage ouvert V′ de y' dans Y tels que $\mathrm{V} \cap \mathrm{V}' = \varnothing$. Alors, $(\beta_f \circ \gamma_f)^{-1}(\mathrm{V})$ et $(\beta_f \circ \gamma_f)^{-1}(\mathrm{V}')$ sont des parties ouvertes disjointes de $\mathrm{Cyl}(f)$ contenant respectivement y et y'.

7. La propriété d'extension des homotopies

DÉFINITION 8. — *Soit* X *un espace topologique et soit* A *une partie de* X. *On dit que le couple* (X, A) *possède la* propriété d'extension des homotopies *si, pour tout espace topologique* Y, *toute application continue* $f\colon \mathrm{X} \to \mathrm{Y}$ *et toute homotopie* $\sigma\colon \mathrm{A} \times \mathbf{I} \to \mathrm{Y}$ *dont le terme est l'application* $f\,|\,\mathrm{A}$, *il existe une homotopie* $\tau\colon \mathrm{X} \times \mathbf{I} \to \mathrm{Y}$ *prolongeant* σ *et dont le terme est l'application* f.

Remarque 1. — Soit X un espace topologique et soit A une partie de X telle que le couple (X, A) possède la propriété d'extension des homotopies. Soit Y un espace topologique, soit $f \colon \mathrm{X} \to \mathrm{Y}$ une application continue et soit $\sigma \colon \mathrm{A} \times \mathbf{I} \to \mathrm{Y}$ une homotopie dont l'origine est l'application $f \mid \mathrm{A}$. L'application $\overline{\sigma} \colon \mathrm{A} \times \mathbf{I} \to \mathrm{Y}$ définie par $(a, t) \mapsto \sigma(a, 1-t)$ est une homotopie de terme $f \mid \mathrm{A}$; soit $\tau \colon \mathrm{X} \times \mathbf{I} \to \mathrm{Y}$ une homotopie de terme f qui prolonge $\overline{\sigma}$. L'application $\overline{\tau} \colon \mathrm{X} \times \mathbf{I} \to \mathrm{Y}$ donnée par $(x, t) \mapsto \tau(x, 1-t)$ est alors une homotopie qui prolonge σ et dont l'origine est l'application f.

Soit X un espace topologique, soit A un sous-espace de X et soit $i \colon \mathrm{A} \to \mathrm{X}$ l'injection canonique. Notons $\alpha_i \colon \mathrm{A} \times \mathbf{I} \to \mathrm{Cyl}(i)$ et $\beta_i \colon \mathrm{X} \to \mathrm{Cyl}(i)$ les applications canoniques. Soit $j \colon \mathrm{Cyl}(i) \to \mathrm{X} \times \mathbf{I}$ l'unique application continue telle que $j(\alpha_i(a, s)) = (i(a), s)$ et $j(\beta_i(x)) = (x, 1)$ pour $a \in \mathrm{A}$, $s \in \mathbf{I}$ et $x \in \mathrm{X}$. Elle est injective ; son image est le sous-espace $(\mathrm{A} \times \mathbf{I}) \cup (\mathrm{X} \times \{1\})$ de $\mathrm{X} \times \mathbf{I}$. L'application j est fermée si A est fermé dans X. Elle n'est pas toujours stricte (III, p. 325, exerc. 17).

PROPOSITION 7. — *Avec les notations ci-dessus, les assertions suivantes sont équivalentes :*

(i) *Le couple* (X, A) *possède la propriété d'extension des homotopies ;*

(ii) *Pour tout espace topologique* Y *et toute application continue* $g \colon \mathrm{Cyl}(i) \to \mathrm{Y}$, *il existe une application continue* $g' \colon \mathrm{X} \times \mathbf{I} \to \mathrm{Y}$ *telle que* $g = g' \circ j$ *;*

(iii) *L'injection* j *possède une rétraction continue ;*

(iv) *L'application* j *est stricte et il existe une contraction de* $\mathrm{X} \times \mathbf{I}$ *sur l'image de* j.

Supposons que le couple (X, A) possède la propriété d'extension des homotopies. Soit $g \colon \mathrm{Cyl}(i) \to \mathrm{Y}$ une application continue ; posons $\sigma = g \circ \alpha_i$ et $f = g \circ \beta_i$. L'application $f \colon \mathrm{X} \to \mathrm{Y}$ est continue et $\sigma \colon \mathrm{A} \times \mathbf{I} \to \mathrm{Y}$ est une homotopie dont le terme est l'application $f \mid \mathrm{A}$. Il existe donc une homotopie $g' \colon \mathrm{X} \times \mathbf{I} \to \mathrm{Y}$ de terme f qui prolonge σ. On a $g' \circ j(\alpha_i(a, s)) = g'(a, s) = \sigma(a, s) = g(\alpha_i(a, s))$ et $g' \circ j(\beta_i(x)) = g'(x, 1) = f(x) = g(\beta_i(x))$ pour $a \in \mathrm{A}$, $s \in \mathbf{I}$ et $x \in \mathrm{X}$. Par suite, $g' \circ j = g$, d'où (ii).

Inversement, supposons que l'assertion (ii) soit vérifiée et démontrons que le couple (X, A) possède la propriété d'extension des homotopies. Soit Y un espace topologique, soit $f \colon \mathrm{X} \to \mathrm{Y}$ une application continue et soit $\sigma \colon \mathrm{A} \times \mathbf{I} \to \mathrm{Y}$ une homotopie dont le terme est égal à $f \mid A$. Il existe une unique application continue $g\colon \mathrm{Cyl}(i) \to Y$ telle que $g \circ \alpha_i = \sigma$ et $g \circ \beta_i = f$ (III, p. 238, prop. 4). Toute application $g'\colon X \times \mathbf{I} \to Y$ telle que $g = g' \circ j$ est alors une homotopie de terme f qui prolonge σ.

L'équivalence des assertions (ii) et (iii) est un cas particulier du lemme 1 de III, p. 235.

Supposons que l'injection $j\colon \mathrm{Cyl}(i) \to X \times \mathbf{I}$ admette une rétraction continue r. L'application j définit donc un homéomorphisme de $\mathrm{Cyl}(i)$ sur le sous-espace $T = (A \times \mathbf{I}) \cup (X \times \{1\})$ de $X \times \mathbf{I}$ (*loc. cit.*). Elle est donc stricte.

Posons $\rho = \mathrm{pr}_1 \circ j \circ r$ et $\theta = \mathrm{pr}_2 \circ j \circ r$. Si $x \in A$ ou si $s = 1$, on a $\rho(x, s) = x$ et $\theta(x, s) = s$ Pour $(x, s) \in X \times \mathbf{I}$ et $t \in \mathbf{I}$, posons

$$\sigma((x, s), t) = (\rho(x, (1-t) + st), (1-t)s + t\theta(x, s)).$$

L'application $\sigma\colon (X \times \mathbf{I}) \times \mathbf{I} \to X \times \mathbf{I}$ est continue. Pour $(x, s) \in X \times \mathbf{I}$, on a

$$\sigma((x, s), 0) = (\rho(x, 1), s) = (x, s)$$

et

$$\sigma((x, s), 1) = (\rho(x, s), \theta(x, s)) = j \circ r(x, s)\ ;$$

pour $x \in X$ et $t \in \mathbf{I}$, on a

$$\sigma((x, 1), t) = (\rho(x, 1), (1-t) + t\theta(x, 1)) = (x, 1),$$

tandis que, pour $(x, s) \in A \times \mathbf{I}$ et $t \in \mathbf{I}$, on a

$$\sigma((x, s), t) = (x, (1-t)s + ts) = (x, s).$$

Par suite, σ est une contraction de $X \times \mathbf{I}$ sur T. Cela montre que l'assertion (iii) implique l'assertion (iv).

L'implication (iv)$\Rightarrow$(iii) est évidente.

Remarque 2. — Soit X un espace topologique séparé et soit A une partie de X telle que le couple (X, A) possède la propriété d'extension des homotopies. Notons $i\colon A \to X$ l'injection canonique. Soit $j\colon \mathrm{Cyl}(i) \to X \times \mathbf{I}$ l'injection canonique et soit r une rétraction continue de l'application j. Le sous-espace $j(\mathrm{Cyl}(i))$ est égal à l'ensemble des couples $(x, t) \in X \times \mathbf{I}$ tels que $j(r(x, t)) = (x, t)$. Comme l'espace $X \times \mathbf{I}$ est séparé, le sous-ensemble $j(\mathrm{Cyl}(i))$ est fermé dans $X \times \mathbf{I}$. L'ensemble A, égal à l'ensemble des $x \in X$ tels que $(x, 0) \in j(\mathrm{Cyl}(i))$, est alors une partie fermée de X.

Lemme 3. — Soient X *et* Y *des espaces topologiques, soit* $p\colon \mathrm{X} \to \mathrm{Y}$ *une application continue propre et ouverte, et soit* $f\colon \mathrm{X} \to \mathbf{R}$ *une application continue. L'application* $g\colon \mathrm{Y} \to \overline{\mathbf{R}}$ *donnée par* $y \mapsto \sup_{x \in \overset{-1}{p}(y)} f(x)$ *est continue.*

Soit $b \in \mathrm{Y}$. Comme p est propre, sa fibre $\overset{-1}{p}(b)$ est un espace quasi-compact ; on a donc $g(b) \in \mathbf{R} \cup \{-\infty\}$.

Soit $m \in \mathbf{R}$ tel que $g(b) < m$. Pour tout $a \in \overset{-1}{p}(b)$, on a $f(a) \leqslant g(b) < m$; soit V_a un voisinage de a dans X tel que $f(x) < m$ pour tout $x \in \mathrm{V}_a$. La réunion V des ensembles V_a est un voisinage de $\overset{-1}{p}(b)$ dans X. D'après le lemme 5 (I, p. 75), il existe un voisinage W de b dans Y tel que $\overset{-1}{p}(\mathrm{W}) \subset \mathrm{V}$. Pour tout $y \in \mathrm{W}$, on a $g(y) \leqslant m$. Cela prouve que g est semi-continue supérieurement en b.

Démontrons maintenant que g est semi-continue inférieurement en b. On peut supposer $g(b) \in \mathbf{R}$. Soit $m \in \mathbf{R}$ tel que $m < g(b)$. Soit $a \in \overset{-1}{p}(b)$ tel que $m < f(b)$; soit alors V un voisinage de a dans X tel que $f(x) > m$ pour tout $x \in \mathrm{V}$. Il s'ensuit que $g(y) > m$ pour tout $y \in p(\mathrm{V})$. Comme p est ouverte, $p(\mathrm{V})$ est un voisinage de b, si bien que g est semi-continue inférieurement.

Le lemme est ainsi démontré.

THÉORÈME 1. — *Soit* X *un espace topologique et soit* A *un sous-espace fermé de* X *; notons* $i\colon \mathrm{A} \to \mathrm{X}$ *l'injection canonique. Les assertions suivantes sont équivalentes :*

(i) *Le couple* (X, A) *possède la propriété d'extension des homotopies ;*

(ii) *Il existe une application continue* $\varphi\colon \mathrm{X} \to \mathbf{I}$ *telle que* $\mathrm{A} = \overset{-1}{\varphi}(0)$ *et une homotopie* $\sigma\colon \mathrm{X} \times \mathbf{I} \to \mathrm{X}$ *fixe sur* A *dont le terme est l'application identique de* X *et telle que* $\sigma(x, 0) \in \mathrm{A}$ *pour tout point* $x \in \mathrm{X}$ *tel que* $\varphi(x) \neq 1$.

(iii) *Il existe une application continue* $\varphi\colon \mathrm{X} \to \mathbf{R}_+$ *telle que* $\mathrm{A} = \overset{-1}{\varphi}(0)$ *et une homotopie* $\sigma\colon \overset{-1}{\varphi}(\mathbf{I}) \times \mathbf{I} \to \mathrm{X}$, *fixe sur* A, *telle que* $\sigma(x, 1) = x$ *et* $\sigma(x, 0) \in \mathrm{A}$ *pour tout* $x \in \overset{-1}{\varphi}(\mathbf{I})$.

(iv) *Il existe une application continue* $\varphi\colon \mathrm{X} \to \mathbf{R}_+$ *telle que* $\mathrm{A} \subset \overset{-1}{\varphi}(0)$ *et une application continue*

$$\sigma\colon \{(x, t) \in \mathrm{X} \times \mathbf{I} \mid t + \varphi(x) \geqslant 1\} \to \mathrm{X}$$

telle que $\sigma(x,1) = x$ *pour tout* $x \in \mathrm{X}$ *et* $\sigma(x, 1 - \varphi(x)) \in \mathrm{A}$ *pour tout* $x \in \mathrm{X}$ *tel que* $\varphi(x) \leqslant 1$.

Nous noterons i l'injection canonique de A dans X, $\alpha_i \colon \mathrm{A} \times \mathbf{I} \to \mathrm{Cyl}(i)$ et $\beta_i \colon \mathrm{X} \to \mathrm{Cyl}(i)$ les applications canoniques, et j l'application de Cyl(i) dans $\mathrm{X} \times \mathbf{I}$ telle que $j(\alpha_i(x,s)) = (x,s)$ pour $(x,s) \in \mathrm{A} \times \mathbf{I}$ et $j(\beta_i(x)) = (x,1)$ pour $x \in \mathrm{X}$.

Supposons que le couple (X, A) possède la propriété d'extension des homotopies et soit $r \colon \mathrm{X} \times \mathbf{I} \to \mathrm{Cyl}(i)$ une rétraction continue de l'application j (III, p. 241, prop. 7). Notons σ l'application continue $\mathrm{pr}_1 \circ j \circ r$ de $\mathrm{X} \times \mathbf{I}$ dans X. Pour tout $(x,t) \in \mathrm{X} \times \mathbf{I}$, on a $|\mathrm{pr}_2(j(r(x,t))) - t| \leqslant 1$. Comme $\mathbf{I}$ est compact, la première projection $\mathrm{pr}_1 \colon \mathrm{X} \times \mathbf{I} \to \mathrm{X}$ est une application propre ; elle est aussi ouverte. D'après le lemme 3, l'application $\varphi \colon \mathrm{X} \to \mathbf{I}$ donnée par

$$x \mapsto \sup_{t \in \mathbf{I}} \left(|\mathrm{pr}_2(j(r(x,t))) - t|\right)$$

est donc continue.

Pour $x \in \mathrm{X}$, on a $\sigma(x,1) = x$. Soit $x \in \mathrm{X}$ tel que $\sigma(x,0) \notin \mathrm{A}$; alors $\mathrm{pr}_2(j(r(x,0))) = 1$ et $\varphi(x) \geqslant 1$. Pour $x \in \mathrm{A}$ et $t \in \mathbf{I}$, on a $j(r(x,t)) = (x,t)$; par suite, $\sigma(x,t) = x$ et $\varphi(x) = 0$. Inversement, soit $x \in \mathrm{X}$ tel que $\varphi(x) = 0$. On a donc $\mathrm{pr}_2(j(r(x,t)) \leqslant t$ pour tout $t \in \mathbf{I}$; si $t < 1$, cela entraîne $j(r(x,t)) \in \mathrm{A} \times \mathbf{I}$; comme A est fermé dans X, on a donc $j(r(x,1)) \in \mathrm{A} \times \mathbf{I}$, donc $x \in \mathrm{A}$.

Cela démontre que (i) entraîne (ii).

Soient φ et σ des applications vérifiant les propriétés de l'assertion (ii). Posons $\varphi_1 = 2\varphi$ et soit σ_1 la restriction de σ à $\overset{-1}{\varphi}_1(\mathbf{I}) \times \mathbf{I}$. On a $\overset{-1}{\varphi}_1(0) = \mathrm{A}$; pour $a \in \mathrm{A}$, $\sigma_1(a,t) = a$ pour tout $a \in \mathrm{A}$. Soit $x \in \mathrm{X}$ tel que $\varphi_1(x) \leqslant 1$; on a $\sigma_1(x,1) = x$; en outre, $\varphi(x) = \varphi_1(x)/2 < 1$, donc $\sigma_1(x,0) \in \mathrm{A}$. Ainsi, (ii) implique (iii).

Démontrons que (iii) entraîne (iv). Soient $\varphi \colon \mathrm{X} \to \mathbf{R}$ et $\sigma \colon \overset{-1}{\varphi}(\mathbf{I}) \times \mathbf{I} \to \mathrm{X}$ comme dans l'énoncé ; posons $\mathrm{B} = \overset{-1}{\varphi}(\mathbf{I})$ et $\mathrm{C} = \overset{-1}{\varphi}([1, +\infty[)$.

Soit u_1 l'application de $\mathrm{B} \times \mathbf{I}$ dans X telle que $u_1(x,t) = \sigma(x, 1 - (1-t)/2\varphi(x))$ si $t + 2\varphi(x) \geqslant 1$ et $\varphi(x) > 0$ et $u_1(x,t) = \sigma(x,0)$ sinon. D'après le lemme 4 ci-dessous, elle est continue.

Soit u_2 l'application de $\mathrm{B} \times \mathbf{I}$ dans X telle que $u_2(x,t) = \sigma(x, \sup(0, 1 - 2(1-t)(1-\varphi(x))))$. Elle est continue. Pour $x \in \mathrm{B}$ tel que $\varphi(x) = 1/2$ et $t \in \mathbf{I}$, on a $u_1(x,t) = \sigma(x,t) = u_2(x,t)$. Notons $u \colon \mathrm{B} \times \mathbf{I} \to \mathrm{X}$ l'application telle que $u(x,t) = u_1(x,t)$ si $\varphi(x) \leqslant 1/2$ et

$u(x,t) = u_2(x,t)$ si $1/2 < x \leqslant 1$; elle est continue car ses restrictions aux sous-espaces fermés $\overset{-1}{\varphi}([0,1/2]) \times \mathbf{I}$ et $\overset{-1}{\varphi}([1/2,1]) \times \mathbf{I}$ de $\mathrm{B} \times \mathbf{I}$ sont continues (TG, I, p. 19, prop. 4).

Pour $x \in \mathrm{X}$ tel que $\varphi(x) = 1$ et $t \in \mathbf{I}$, on a $u(x,t) = u_2(x,t) = \sigma(x,1) = x$. Il existe donc une unique application $\tau \colon \mathrm{X} \times \mathbf{I} \to \mathrm{X}$ qui coïncide avec u dans $\mathrm{B} \times \mathbf{I}$ et avec l'application pr_1 dans $\mathrm{C} \times \mathbf{I}$; elle est continue (*loc. cit.*).

Soit $x \in \mathrm{X}$; on vérifie que l'on a $\tau(x,1) = 1$. Si, de plus, $x \in \mathrm{A}$, alors on a $\varphi(x) = 0$, donc $\tau(x,t) = u_1(x,t) = \sigma(x,0) = x$. Enfin, si $2\varphi(x) \leqslant 1$, alors $\varphi(x) \leqslant 1/2$, donc $\tau(x, 1-2\varphi(x)) = \sigma(x,0) \in \mathrm{A}$.

Cela prouve que l'assertion (iv) est vérifiée.

Supposons enfin l'assertion (iv) satisfaite et démontrons que le couple (X,A) possède la propriété d'extension des homotopies.

Notons C_1 (resp. C_2) l'ensemble des couples $(x,t) \in \mathrm{X} \times \mathbf{I}$ tels que $t + \varphi(x) \leqslant 1$ (resp. $t + \varphi(x) \geqslant 1$). Ce sont des ensembles fermés. Pour $(x,t) \in \mathrm{C}_1$, on a $\sigma(x, 1-\varphi(x)) \in \mathrm{A}$; soit alors $\rho_1 \colon \mathrm{C}_1 \to \mathrm{Cyl}(i)$ l'application donnée par $(x,t) \mapsto \alpha_i(\sigma(x,1-\varphi(x)), t+\varphi(x))$; elle est continue. Soit aussi $\rho_2 \colon \mathrm{C}_2 \to \mathrm{Cyl}(i)$ l'application continue donnée par $(x,t) \mapsto \beta_i(\sigma(x,t))$. Pour $(x,t) \in \mathrm{C}_1 \cap \mathrm{C}_2$, on a $t + \varphi(x) = 1$, donc

$$\rho_1(x,t) = \alpha_i(\sigma(x,1-\varphi(x)),1) = \beta_i(\sigma(x,1-\varphi(x)) = \rho_2(x,t).$$

Il existe donc une unique application $\rho \colon \mathrm{X} \times \mathbf{I} \to \mathrm{Cyl}(i)$ qui coïncide avec ρ_1 dans C_1 et avec ρ_2 dans C_2 ; elle est continue (TG, I, p. 19, prop. 4).

Pour $x \in \mathrm{A}$ et $t \in \mathbf{I}$, on a $\varphi(x) = 0$, donc $t + \varphi(x) \leqslant 1$

$$\rho(j(\alpha_i(x,t))) = \rho(x,t) = \alpha_i(\sigma(x,1),t) = \alpha_i(x,t).$$

Pour $x \in \mathrm{X}$, on a aussi

$$\rho(j(\beta_i(x))) = \rho(x,1) = \beta_i(\sigma(x,1)) = \beta_i(x).$$

Comme les images des applications α_i et β_i recouvrent $\mathrm{Cyl}(i)$, il en résulte que l'application ρ est une rétraction continue de l'application j. Par suite, le couple (X,A) possède la propriété d'extension des homotopies (III, p. 241, prop. 7), ce qui conclut la preuve du théorème.

Lemme 4. — *Soient* X *et* Y *des espaces topologiques, soit* $\varphi \colon \mathrm{X} \to \mathbf{R}_+$ *une application continue, posons* $\mathrm{A} = \overset{-1}{\varphi}(0)$. *Soit* $\sigma \colon \mathrm{X} \times \mathbf{I} \to \mathrm{Y}$ *une homotopie qui est fixe sur* A. *L'application* $\sigma' \colon \mathrm{X} \times \mathbf{I} \to \mathrm{Y}$ *qui applique*

(x, s) sur $\sigma(x, s/\varphi(x))$ si $s < \varphi(x)$ et sur $\sigma(x, 1)$ si $s \geqslant \varphi(x)$ est continue.

L'application σ' est continue en tout point de la partie fermée $\overset{-1}{\varphi}([1, +\infty[) \times \mathbf{I}$; il suffit donc de démontrer que sa restriction à $\overset{-1}{\varphi}(\mathbf{I}) \times \mathbf{I}$ est continue. On peut donc supposer que $\varphi(\mathrm{X}) \subset \mathbf{I}$. Soient C et C′ les sous-espaces de $\mathrm{X} \times \mathbf{I}$ formés des couples (x, s) tels que $s \leqslant \varphi(x)$ et $s \geqslant \varphi(x)$ respectivement. Ils sont fermés et recouvrent $\mathrm{X} \times \mathbf{I}$. L'application σ' est continue sur C′ ; démontrons qu'elle est continue sur C.

Soit $\alpha \colon \mathrm{X} \times \mathbf{I} \to \mathrm{X} \times \mathbf{I}$ l'application continue donnée par $\alpha(x, t) = (x, t\varphi(x))$. Son image est égale à C et $\sigma' \circ \alpha$ est l'application continue σ. Démontrons que α est une application propre. Considérons en effet un ultrafiltre $\mathfrak{U}$ sur $\mathrm{X} \times \mathbf{I}$ et un point $(x, t) \in \mathrm{X} \times \mathbf{I}$ qui est adhérent à la base d'ultrafiltre $\alpha(\mathfrak{U})$. Puisque $\mathrm{pr}_1 \circ \alpha = \mathrm{pr}_1$, la base d'ultrafiltre $\mathrm{pr}_1(\mathfrak{U})$ sur X converge vers x. Comme $\mathbf{I}$ est compact, il existe un point $s \in \mathbf{I}$ tel que la base d'ultrafiltre $\mathrm{pr}_2(\mathfrak{U})$ converge vers s. Alors $\mathfrak{U}$ converge vers (x, s). Comme α est continue, la base d'ultrafiltre $\alpha(\mathfrak{U})$ converge vers $(x, s\varphi(x))$. Comme $\mathbf{I}$ est séparé, on a $s\varphi(x) = t$, d'où $\alpha(x, s) = (x, t)$, si bien que α est propre (TG, I, p. 75, th. 1). Il résulte alors de I, p. 18, exemple 2 et prop. 9 que $\sigma' \mid \mathrm{C}$ est continue.

Corollaire 1. — *Soit* X *un espace topologique normal et soit* A *un sous-espace fermé de* X. *On suppose qu'il existe un voisinage* V *de* A *dans* X *et une contraction de* V *sur* A, *ainsi qu'une application continue* $f \colon \mathrm{X} \to \mathbf{R}$ *telle que* $\overset{-1}{f}(0) = \mathrm{A}$. *Alors, le couple* (X, A) *possède la propriété d'extension des homotopies.*

Soit $\rho \colon \mathrm{V} \times \mathbf{I} \to \mathrm{V}$ une contraction de V sur A. Par définition d'un espace normal (TG, IX, p. 41, définition 1), il existe une application continue $g \colon \mathrm{X} \to \mathbf{I}$ qui vaut 0 sur A et 1 en tout point de $\mathrm{X} - \mathrm{V}$. Soit $\varphi \colon \mathrm{X} \to \mathbf{R}$ l'application donnée par $\varphi(x) = |f(x)| + g(x)$ pour $x \in \mathrm{X}$; elle est continue. On a $\overset{-1}{\varphi}(0) = \mathrm{A}$ et $\overset{-1}{\varphi}(\mathbf{I}) \subset \mathrm{V}$. Soit σ l'application de $\overset{-1}{\varphi}(\mathbf{I}) \times \mathbf{I}$ dans X donnée par $\sigma(x, t) = \rho(x, 1 - t)$ pour $x \in \overset{-1}{\varphi}(\mathbf{I})$ et $t \in \mathbf{I}$. Pour $x \in \overset{-1}{\varphi}(\mathbf{I})$, on a $\sigma(x, 1) = \rho(x, 0) = x$ et $\sigma(x, 0) = \rho(x, 1) \in \mathrm{A}$.

Les applications φ et σ vérifient les conditions de l'assertion (iii) du th. 1 de III, p. 243 ; par suite, le couple (X, A) possède la propriété d'extension des homotopies.

Exemple 1. — Prenons pour espace X la boule $\mathbf{B}_n$ et pour sous-espace A la sphère $\mathbf{S}_{n-1}$. Si $\mathrm{V} = \mathrm{X} - \{0\}$, il existe une contraction forte de V sur $\mathbf{S}_{n-1}$ (III, p. 237, exemple). Par suite, le couple $(\mathbf{B}_n, \mathbf{S}_{n-1})$ possède la propriété d'extension des homotopies.

COROLLAIRE 2. — *Soient* X *et* Y *des espaces topologiques, soit* A *un sous-espace fermé de* X, *soit* B *un sous-espace fermé de* Y. *Si les couples* (X, A) *et* (Y, B) *possèdent la propriété d'extension des homotopies, il en est de même du couple* $(\mathrm{X} \times \mathrm{Y}, (\mathrm{X} \times \mathrm{B}) \cup (\mathrm{A} \times \mathrm{Y}))$.

Soient $\varphi \colon \mathrm{X} \to \mathbf{R}_+$ et $\sigma \colon \overset{-1}{\varphi}(\mathbf{I}) \times \mathbf{I} \to \mathrm{X}$, resp. $\varphi' \colon \mathrm{Y} \to \mathbf{R}_+$ et $\sigma' \colon \overset{-1}{\psi}(\mathbf{I}) \times \mathbf{I} \to \mathrm{Y}$, vérifiant les conditions de l'assertion (iv) du théorème 1 pour le couple (X, A), resp. pour le couple (Y, B). Soit $\psi \colon \mathrm{X} \times \mathrm{Y} \to \mathbf{R}_+$ l'application donnée par $(x, y) \mapsto \inf(\varphi(x), \varphi'(x))$; elle est continue ; on a aussi $\psi(x, y) = 0$ pour tout $(x, y) \in \mathrm{X} \times \mathrm{Y}$ tel que $x \in \mathrm{A}$ ou $y \in \mathrm{B}$. Pour $(x, y, t) \in \mathrm{X} \times \mathrm{Y} \times \mathbf{I}$ tel que $t + \psi(x) \geqslant 1$, on a $t + \varphi(x) \geqslant 1$ et $t + \varphi'(x) \geqslant 1$. On définit ainsi une application continue

$$\tau \colon \{(x, y, t) \in \mathrm{X} \times \mathrm{Y} \times \mathbf{I} \mid t + \psi(x) \geqslant 1\} \to \mathrm{X} \times \mathrm{Y}$$

en posant $\tau(x, y, t) = (\sigma(x, t), \sigma'(y, t))$. Pour tout $(x, y) \in \mathrm{X} \times \mathrm{Y}$, on a $\tau(x, y, 1) = (\sigma(x, 1), \sigma'(y, 1)) = (x, y)$. Si, de plus, $\psi(x, y) \leqslant 1$, alors $\varphi(x) \leqslant 1$ ou $\varphi'(y) \leqslant 1$, si bien que $\sigma(x, 1) \in \mathrm{A}$ ou $\sigma'(y, 1) \in \mathrm{B}$; cela entraîne que $\tau(x, y, 1 - \psi(x))$ appartient à $(\mathrm{A} \times \mathrm{Y}) \cup (\mathrm{X} \times \mathrm{B})$. Cela vérifie l'assertion (iv) du théorème 1, d'où le corollaire.

Exemple 2. — *Voici d'autres cas où le couple (X, A) possède la propriété d'extension des homotopies.

(i) L'espace X est une variété différentielle paracompacte de classe C^1 et A une sous-variété fermée de X. Compte tenu du corollaire1, cela découle de ce que X est parfaitement normal (IX, p. 103, exerc. 11) et que A possède un voisinage tubulaire dans X ;

(ii) L'espace X est un espace cellulaire et A un sous-espace plein relativement à une décomposition cellulaire donnée de X.*

8. Attachement d'un espace topologique

Soient X, B des espaces topologiques, soit A un sous-espace de B et soit $f \colon \mathrm{A} \to \mathrm{X}$ une application continue. Notons Y l'espace topologique somme des espaces $Y_1 = X$ et $Y_2 = B$ et identifions Y_1 et Y_2 à des sous-espaces de Y par les injections canoniques. Soit R la relation d'équivalence dans Y la plus fine pour laquelle les éléments a de Y_2 et $f(a)$ de Y_1 sont équivalents, pour tout $a \in A$. La relation R est la relation d'égalité dans Y_1. Soit $x \in Y_1$ et soit $b \in Y_2$; on a $x \mathrel{R} b$ si et seulement si $b \in A$ et $f(b) = x$. Soient $b, b' \in Y_2$; pour que l'on ait $b \mathrel{R} b'$, il faut et il suffit que $b = b'$, ou que $b, b' \in A$ et $f(b) = f(b')$.

DÉFINITION 9. — *L'espace topologique quotient* Y/R *est appelé* l'espace obtenu en attachant à l'espace X l'espace B le long de l'application f. *On le note* $X \cup_f B$.

Notons $\alpha_f \colon X \to X \cup_f B$ et $\beta_f \colon B \to X \cup_f B$ les restrictions à Y_1 et Y_2 de la surjection canonique de Y sur Y/R. On a $\alpha_f \circ f = \beta_f \mid A$.

Remarques. — 1) L'application α_f est injective. Pour toute partie U de X, on a $\overset{-1}{\alpha_f}(\alpha_f(U)) = U$ et $\overset{-1}{\beta_f}(\alpha_f(U)) = \overset{-1}{f}(U)$. Si A est une partie ouverte (resp. fermée) de B, ces relations entraînent que α_f est une application ouverte (resp. fermée) de X dans $X \cup_f B$.

Soit U une partie ouverte de X et soit V un ouvert de B tel que $\overset{-1}{f}(U) = V \cap A$. La réunion des parties U de Y_1 et V de Y_2 est un ouvert saturé de Y ; son image dans $X \cup_f B$ est donc ouverte et sa trace sur $\alpha_f(X)$ est $\alpha_f(U)$. Par suite, l'application α_f définit un homéomorphisme de X sur son image dans $X \cup_f B$.

2) Soit V une partie de B. On a $\overset{-1}{\alpha_f}(\beta_f(V)) = f(V \cap A)$ et $\overset{-1}{\beta_f}(\beta_f(V)) = V \cup \overset{-1}{f}(f(V \cap A))$. Si A est fermé dans B et si l'application f est fermée, l'application β_f est donc fermée. De même, si A est ouvert dans B et si l'application f est ouverte, l'application β_f est ouverte.

Dans ces deux cas, l'application β_f induit alors un homéomorphisme de $B - A$ sur son image.

3) Supposons que A soit fermé et que l'application f soit propre. On vient de voir que l'application β_f est fermée. Pour tout $x \in X$, $\overset{-1}{\beta_f}(\alpha_f(x)) = \overset{-1}{f}(x)$. C'est donc une partie quasi-compacte de A (TG, I, p. 75, théorème 1), donc aussi de B. Pour tout $b \in B$, $\overset{-1}{\beta_f}(\beta_f(b))$ égale $\{b\}$ si $b \in B - A$, et $\overset{-1}{f}(f(b))$ si $b \in A$; dans les deux cas, c'est

une partie quasi-compacte de B. Les fibres de l'application β_f sont donc quasi-compactes ; par suite (*loc. cit.*), l'application β_f est propre.

L'application α_f est également propre (TG, I, p. 72, prop. 2). Il en résulte que l'application canonique de Y sur $X \cup_f B$ est propre.

Exemples. — 1) Soient X et Y des espaces topologiques et $f: X \to Y$ une application continue. Le cylindre $\mathrm{Cyl}(f)$ n'est autre que l'espace obtenu en attachant à l'espace Y l'espace $X \times \mathbf{I}$ le long de l'application $f \circ \mathrm{pr}_1$ de $X \times \{1\}$ dans Y.

2) Soit X un espace topologique, soit B un espace topologique et soit A un sous-espace de B, soit $f: A \to X$ une application continue qui induit un homéomorphisme de A sur son image.

Posons $A' = f(A)$; soit f' l'application de A' dans B qui associe à tout $x \in A'$ l'unique antécédent de x par f. L'application $f' \circ f$ est continue ; comme f est stricte, l'application f' est continue. Il existe une unique application continue u de l'espace $X \cup_f B$ dans l'espace $B \cup_{f'} X$ qui applique $\alpha_f(x)$ sur $\beta_{f'}(x)$ pour $x \in X$ et $\beta_f(b)$ sur $\alpha_{f'}(b)$ pour $b \in B$; c'est un homéomorphisme qui applique le sous-espace $\alpha_f(X)$ sur le sous-espace $\beta_{f'}(X)$.

PROPOSITION 8. — *Soit Z un espace topologique.*

a) *Soient $u: X \to Z$ et $v: B \to Z$ des applications continues telles que $v(a) = u(f(a))$ pour tout $a \in A$. Il existe alors une unique application continue $w: X \cup_f B \to Z$ telle que $w \circ \alpha_f = u$ et $w \circ \beta_f = v$.*

b) *Soient $\sigma: X \times \mathbf{I} \to Z$ et $\tau: B \times \mathbf{I} \to Z$ des homotopies. On suppose que τ est fixe sur A et que $\sigma(f(a), t) = \tau(a, t)$ pour tout $a \in A$ et tout $t \in \mathbf{I}$. Il existe alors une unique homotopie $\eta: (X \cup_f B) \times \mathbf{I} \to Z$ telle que $\eta(\alpha_f(x), t) = \sigma(x, t)$ et $\eta(\beta_f(b), t) = \tau(b, t)$ pour $x \in X$, $b \in B$ et $t \in \mathbf{I}$. Cette homotopie est fixe sur $\beta_f(A)$.*

La proposition résulte immédiatement de la définition d'un espace quotient et de la prop. 10 (I, p. 19).

COROLLAIRE 1. — *Soit B' un espace topologique, soit A' un sous-espace de B' et soit $f': A' \to X$ une application continue. Soit $v: B \to B'$ une application continue telle que $v(A) \subset A'$ et $f = f' \circ (v \mid A)$. Soit $w: X \cup_f B \to X \cup_{f'} B'$ l'unique application continue telle que $w \circ \alpha_f = \alpha_{f'}$ et $w \circ \beta_f = \beta_{f'} \circ v$. Si v définit une homéotopie du couple (B, A) sur le couple (B', A'), alors w définit une homéotopie du couple $(X \cup_f B, \alpha_f(X))$ sur le couple $(X \cup_{f'} B', \alpha_{f'}(X))$.*

Soit $v'\colon \mathrm{B}' \to \mathrm{B}$ une application continue, soit $\tau\colon \mathrm{B} \times \mathbf{I} \to \mathrm{B}$ une homotopie fixe sur A reliant $\mathrm{Id_B}$ à $v' \circ v$ et soit $\tau'\colon \mathrm{B}' \times \mathbf{I} \to \mathrm{B}'$ une homotopie fixe sur A′ reliant $\mathrm{Id_{B'}}$ à $v \circ v'$. Pour $a' \in \mathrm{A}'$ et $a = v'(a')$, on a les relations $a' = v(a)$ et $\beta_f(v'(a')) = \beta_f(a) = \alpha_f(f(a)) = \alpha_f(f'(a'))$. D'après la prop. 8, *a*), il existe une unique application $w'\colon \mathrm{X} \cup_{f'} \mathrm{B}' \to \mathrm{X} \cup_f \mathrm{B}$ telle que $w' \circ \alpha_{f'} = \alpha_{f'}$ et $w' \circ \beta_{f'} = \beta_f \circ v'$. D'après la prop. 8, *b*), il existe une unique homotopie $\eta\colon (\mathrm{X} \cup_f \mathrm{B}) \times \mathbf{I} \to \mathrm{X} \cup_{f'} \mathrm{B}'$ telle que $\eta(\alpha_f(x), t) = \alpha_{f'}(x)$ et $\eta(\beta_f(b), t) = \beta_{f'}(\tau(b, t))$ pour $x \in \mathrm{X}$, $b \in \mathrm{B}$ et $t \in \mathbf{I}$. Il existe de même une unique homotopie $\eta'\colon (\mathrm{X} \cup_{f'} \mathrm{B}') \times \mathbf{I} \to \mathrm{X} \cup_f \mathrm{B}$ telle que $\eta'(\alpha_{f'}(x), t) = \alpha_f(x)$ et $\eta'(\beta_{f'}(b), t) = \beta_f(\tau'(b, t))$ pour $x \in \mathrm{X}$, $b \in \mathrm{B}'$ et $t \in \mathbf{I}$. L'application de $(\mathrm{X} \cup_f \mathrm{B}) \times \mathbf{I}$ dans $\mathrm{X} \cup_f \mathrm{B}$ donnée par $(x, t) \mapsto \eta'(\eta(x, t), t)$ est alors une homotopie fixe sur $\alpha_f(\mathrm{X})$ reliant l'application identique de $\mathrm{X} \cup_f \mathrm{B}$ à l'application $w' \circ w$. De même, l'application de $(\mathrm{X} \cup_{f'} \mathrm{B}') \times \mathbf{I}$ dans $\mathrm{X} \cup_{f'} \mathrm{B}'$ donnée par $(x, t) \mapsto \eta(\eta'(x, t), t)$ est une homotopie fixe sur $\alpha_{f'}(\mathrm{X})$ reliant l'application identique de $\mathrm{X} \cup_{f'} \mathrm{B}'$ à l'application $w \circ w'$. Le corollaire en résulte.

Exemple 3. — Notons i l'injection canonique de A dans B et prenons pour espace B′ le cylindre de l'application i ; notons $\alpha_i\colon \mathrm{A} \times \mathbf{I} \to \mathrm{Cyl}(i)$ et $\beta_i\colon \mathrm{B} \to \mathrm{Cyl}(i)$ les applications canoniques et $r_i\colon \mathrm{Cyl}(i) \to \mathrm{B}$ la rétraction canonique du cylindre $\mathrm{Cyl}(i)$ sur sa base. Soit A_0 le sous-espace $\alpha_i(\mathrm{A} \times \{0\})$ de $\mathrm{Cyl}(i)$ et notons $f_0\colon \mathrm{A}_0 \to \mathrm{X}$ l'application $f \circ r_i$. Pour $a \in \mathrm{A}$, on a

$$\beta_f \circ r_i(\alpha_i(a, 0)) = \beta_f(a) = \alpha_f(f_0(\alpha_i(a, 0))) = \alpha_f(f(a)).$$

Soit $\eta\colon \mathrm{X} \cup_{f_0} \mathrm{Cyl}(i) \to \mathrm{X} \cup_f \mathrm{B}$ l'unique application continue telle que $\eta \circ \alpha_{f_0} = \alpha_f$ et $\eta \circ \beta_{f_0} = \beta_f \circ r_i$. Supposons que le couple (B, A) possède la propriété d'extension des homotopies. Alors, l'application r_i définit une homéotopie du couple $(\mathrm{Cyl}(i), \mathrm{A}_0)$ sur le couple (B, A) (III, p. 243, th. 1). D'après le corollaire 1, l'application η définit alors une homéotopie du couple $(\mathrm{X} \cup_{f'} \mathrm{B}', \alpha_{f'}(\mathrm{X}))$ sur le couple $(\mathrm{X} \cup_f \mathrm{B}, \alpha_f(\mathrm{X}))$. En particulier, η est une homéotopie.

COROLLAIRE 2. — *Soit* X′ *un espace topologique, soit* $u\colon \mathrm{X} \to \mathrm{X}'$ *une application continue, posons* $f' = u \circ f$. *Soit* $w\colon \mathrm{X} \cup_f \mathrm{B} \to \mathrm{X}' \cup_{f'} \mathrm{B}$ *l'unique application continue telle que* $w \circ \alpha_f = \alpha_{f'} \circ u$ *et* $w \circ \beta_f = \beta_{f'}$. *Si* u *définit une homéotopie du couple* $(\mathrm{X}, f(\mathrm{A}))$ *sur le couple* $(\mathrm{X}', f'(\mathrm{A}))$, *alors* w *définit une homéotopie du couple* $(\mathrm{X} \cup_f \mathrm{B}, \beta_f(\mathrm{B}))$ *sur le couple* $(\mathrm{X}' \cup_{f'} \mathrm{B}, \beta_{f'}(\mathrm{B}))$.

La démonstration est analogue à celle du corollaire 1.

PROPOSITION 9. — *Soient* X *et* B *des espaces topologiques, soit* A *un sous-espace de* B *et soit* $f \colon \mathrm{A} \to \mathrm{X}$ *une application continue.*

a) *Si le couple* (B, A) *possède la propriété d'extension des homotopies, il en est de même du couple* $(\mathrm{X} \cup_f \mathrm{B}, \alpha_f(\mathrm{X}))$.

b) *Supposons que l'application* f *soit injective et stricte. Si le couple* $(\mathrm{X}, f(\mathrm{A}))$ *possède la propriété d'extension des homotopies, il en est de même du couple* $(\mathrm{X} \cup_f \mathrm{B}, \beta_f(\mathrm{B}))$.

a) Supposons que le couple (B, A) possède la propriété d'extension des homotopies. Soit Z un espace topologique, soit $u \colon \mathrm{X} \cup_f \mathrm{B} \to \mathrm{Z}$ une application continue et soit $\sigma \colon \alpha_f(\mathrm{X}) \times \mathbf{I} \to \mathrm{Z}$ une homotopie dont le terme est la restriction de u au sous-espace $\alpha_f(\mathrm{X})$.

Posons $v_1 = u \circ \alpha_f$ et notons $\tau_1 \colon \mathrm{X} \times \mathbf{I} \to \mathrm{Z}$ l'application donnée par $(x, t) \mapsto \sigma(\alpha_f(x), t)$. Posons $v_2 = u \circ \beta_f$. Comme $\beta_f \mid \mathrm{A} = \alpha_f \circ f$, l'application de $\mathrm{A} \times \mathbf{I}$ dans Z qui applique (a, t) sur $\sigma(\alpha_f(f(a)), t)$ pour $a \in \mathrm{A}$ et $t \in \mathbf{I}$ est une homotopie dont le terme est égal à l'application $v_2 \mid \mathrm{A}$. Puisque le couple (B, A) possède la propriété d'extension des homotopies, il existe une homotopie $\tau_2 \colon \mathrm{B} \times \mathbf{I} \to \mathrm{Z}$ dont le terme est l'application v_2 et telle que $\tau_2(a, t) = \sigma(\alpha_f(f(a)), t)$ pour $(a, t) \in \mathrm{A} \times \mathbf{I}$.

Pour $a \in \mathrm{A}$ et $t \in \mathbf{I}$, on a $\tau_2(a, t) = \tau_1(f(a), t)$. D'après la proposition 8, il existe une unique application continue $\sigma \colon (\mathrm{X} \cup_f \mathrm{B}) \times \mathbf{I} \to \mathrm{Z}$ telle que $\sigma(\alpha_f(x), t) = \sigma_1(x, t)$ et $\sigma(\beta_f(b), t) = \sigma_2(b, t)$, pour $x \in \mathrm{X}$, $b \in \mathrm{B}$ et $t \in \mathbf{I}$. C'est une homotopie de terme u qui prolonge τ, d'où l'assertion *a*).

b) Compte tenu de l'exemple 2 (III, p. 249), l'assertion *b*) résulte de l'assertion *a*).

9. Espace obtenu par contraction d'un sous-espace

Soit X un espace topologique et soit A une partie de X. Considérons la relation d'équivalence R dans X la plus fine pour laquelle tous les éléments de A sont équivalents : deux éléments de X sont équivalents suivant cette relation s'ils sont égaux ou s'ils appartiennent tous deux à A.

Définition 10. — *L'espace quotient de* X *par* R *se note* X/A *et s'appelle* l'espace obtenu à partir de X par contraction du sous-ensemble A.

Notons ρ: X → X/A la surjection canonique. Soit Y un espace topologique et soit f: X → Y une application continue. Pour qu'il existe une application continue g: X/A → Y telle que $g \circ \rho = f$, il faut et il suffit que f soit constante sur A.

Si l'ensemble A est fermé (resp. ouvert) dans X, l'application ρ est fermée (resp. ouverte) et induit un homéomorphisme de X − A sur son image. Si A est une partie fermée et quasi-compacte de X, l'application ρ est propre (TG, I, p. 75, th. 1).

Si l'ensemble A est vide, ρ est un homéomorphisme. S'il n'est pas vide, A est un point de X/A que l'on appelle le *point-base* de X/A et que l'on note $s_{X/A}$. L'espace X/A s'identifie alors à l'espace obtenu en attachant à l'espace $\{s_{X/A}\}$ l'espace X au moyen de l'unique application de A dans $\{s_{X/A}\}$.

Proposition 10. — *Soit* X *un espace topologique et soit* A *une partie de x. Supposons qu'il existe une homotopie* σ: X × **I** → X *d'origine* Id_X, *constante sur* A × {1} *et telle que* $\sigma(A \times \mathbf{I}) \subset A$. *Alors, l'application canonique* ρ *de* X *dans* X/A *est une homéotopie.*

Notons f le terme de σ. C'est une application continue de X dans X, homotope à Id_X. Elle est constante sur A ; il existe donc une unique application continue g: X/A → X telle que $g \circ \rho = f$. D'autre part, comme $\sigma(A \times \mathbf{I}) \subset A$, il existe une application σ' de X/A × **I** dans X/A telle que $\sigma'(\rho(x), t) = \rho(\sigma(x, t))$ pour tout $x \in X$ et tout $t \in \mathbf{I}$. D'après I, p. 19, prop. 10, l'application σ' est continue. C'est une homotopie reliant l'application identique de X/A à l'application $\rho \circ g$. Par suite, les applications g et ρ sont des homéotopies réciproques l'une de l'autre à homotopie près.

Remarques. — Soit X un espace topologique et soit A une partie de X.

1) Si l'application canonique de X sur X/A est une homéotopie, il existe une homotopie σ: X × **I** → X d'origine Id_X qui est constante sur A × {1}. Mais il se peut qu'il n'en existe aucune satisfaisant en outre à la condition $\sigma(A \times \mathbf{I}) \subset A$ (III, p. 322, exerc. 4).

2) Il peut exister une homotopie reliant l'application identique de X à une application de X dans X qui est constante sur A sans que les espaces X et X/A soient homéotopes (III, p. 325, exerc. 14).

3) Supposons que A soit contractile. Si le couple (X, A) possède la propriété d'extension des homotopies, l'application canonique de X sur X/A est une homéotopie. Soit en effet $\sigma\colon A \times \mathbf{I} \to A$ une homotopie dont l'origine est l'application identique de A et dont le terme est une application constante. Il existe alors une homotopie σ' d'origine Id_X qui étend σ. L'assertion résulte ainsi de la proposition 10.

4) Soient X et Y des espaces topologiques, soit A un sous-espace non vide de X et soit B un sous-espace de Y. Soit $f\colon X \to Y$ une application continue telle que $f(A) \subset B$. Notons $\varphi\colon X/A \to Y/B$ l'application continue déduite de f par passage aux quotients. Si f définit une homéotopie du couple (X, A) sur le couple (Y, B), l'application φ est une homéotopie du couple $(X/A, s_{X/A})$ sur le couple $(Y/B, s_{Y/B})$. Soit P un espace topologique réduit à un point, soient α et β les applications constantes de A et B dans P. Observons que l'application φ s'identifie à l'application de $P \cup_\alpha X$ dans $P \cup_\beta Y$ déduite de f et de l'application identique de P. L'assertion découle alors du corollaire 1 de III, p. 249.

10. Cône d'une application

Soient X et Y des espaces topologiques et soit f une application continue de X dans Y. Soit $\mathrm{Cyl}(f)$ le cylindre de l'application f. Notons α_f l'application canonique de $X \times \mathbf{I}$ dans $\mathrm{Cyl}(f)$ et f_0 l'application $x \mapsto \alpha_f(x, 0)$ de X dans $\mathrm{Cyl}(f)$; ces applications induisent des homéomorphismes de $X \times \mathbf{I}$ et X respectivement sur leurs images dans $\mathrm{Cyl}(f)$.

DÉFINITION 11. — *On appelle* cône de l'application f *et on note* $\mathrm{Côn}(f)$ *l'espace topologique déduit de* $\mathrm{Cyl}(f)$ *par contraction de* $f_0(X)$.

Notons $\beta'_f\colon Y \to \mathrm{Côn}(f)$ la composition de l'application canonique $\beta_f\colon Y \to \mathrm{Cyl}(f)$ et de la surjection canonique de $\mathrm{Cyl}(f)$ sur $\mathrm{Côn}(f)$. L'application β'_f est continue et définit un homéomorphisme de Y sur une partie fermée de $\mathrm{Côn}(f)$, appelée *base du cône*, et que nous identifierons ainsi à Y.

Notons $\alpha'_f\colon X \times \mathbf{I} \to \mathrm{Côn}(f)$ la composition de l'application α_f et de la surjection canonique de $\mathrm{Cyl}(f)$ sur $\mathrm{Côn}(f)$. L'application α'_f est une homotopie dont l'origine est une application constante et dont le terme est l'application $\beta'_f \circ f$.

Si X est vide, l'application β'_f est un homéomorphisme de Y sur Côn(f).

Supposons que X ne soit pas vide. Notons alors s le point-base de l'espace $\mathrm{Cyl}(f)/f_0(\mathrm{X})$; on dit que c'est le *sommet du cône* Côn(f). Comme $f_0(\mathrm{X})$ est fermé dans $\mathrm{Cyl}(f)$, l'application canonique $\pi\colon \mathrm{Cyl}(f) \to \mathrm{Côn}(f)$ induit un homéomorphisme de $\mathrm{Cyl}(f) - f_0(\mathrm{X})$ sur $\mathrm{Côn}(f) - \{s\}$ (III, p. 252). Le sommet du cône Côn(f) n'appartient pas à sa base ; l'injection canonique de Y dans $\mathrm{Côn}(f) - \{s\}$ est une homéotopie (III, p. 239, prop. 6).

Soit $\sigma_f\colon \mathrm{Cyl}(f) \times \mathbf{I} \to \mathrm{Cyl}(f)$ la contraction canonique du cylindre de f sur sa base. Pour $c \in \mathrm{Cyl}(f) - f_0(\mathrm{X})$ et $t \in \mathbf{I}$, on a $\sigma_f(c,t) \notin f_0(\mathrm{X})$. Par suite, il existe une unique application $\sigma'_f\colon (\mathrm{Côn}(f) - \{s\}) \times \mathbf{I} \to \mathrm{Côn}(f) - \{s\}$ telle que $\sigma'_f(\pi(c),t) = \pi(\sigma_f(c,t))$ pour $c \in \mathrm{Cyl}(f) - f_0(\mathrm{X})$ et $t \in \mathbf{I}$. Elle est continue et c'est une contraction forte de $\mathrm{Côn}(f) - \{s\}$ sur Y. On dit que c'est la *contraction canonique* de $\mathrm{Côn}(f) - \{s\}$ sur sa base. Son terme est une rétraction de $\mathrm{Côn}(f) - \{s\}$ sur Y qu'on appelle la *rétraction canonique* du cône privé de son sommet sur sa base.

PROPOSITION 11 (Propriété universelle des cônes)

Soit Z *un espace topologique, soit* $\beta\colon \mathrm{Y} \to \mathrm{Z}$ *une application continue et soit* $\alpha\colon \mathrm{X} \times \mathbf{I} \to \mathrm{Z}$ *une homotopie dont l'origine est une application constante et dont le terme est égal à* $\beta \circ f$. *Il existe une unique application continue* φ *de* Côn(f) *dans* Z *telle que* $\alpha = \varphi \circ \alpha'_f$ *et* $\beta = \varphi \circ \beta'_f$.

D'après la propriété universelle des cylindres (III, p. 238, prop. 4), il existe une unique application continue $h\colon \mathrm{Cyl}(f) \to \mathrm{Z}$ telle que $\alpha = h \circ \alpha_f$ et $\beta = h \circ \beta_f$. Comme l'origine de α est une application constante, la restriction de h au sous-espace $\alpha_f(\mathrm{X} \times \{0\})$ est constante. Il existe donc une unique application continue $\varphi\colon \mathrm{Côn}(f) \to \mathrm{Z}$ telle que $h = \varphi \circ \pi$, où π désigne la surjection canonique de Cyl(f) sur Côn(f). L'application φ vérifie $\alpha = \varphi \circ \alpha'_f$ et $\beta = \varphi \circ \beta'_f$ et c'est la seule ayant ces propriétés, car les images de α'_f et β'_f recouvrent Côn(f).

Exemple 1. — Soit X un espace topologique. On note C(X), et on appelle *cône de l'espace* X, le cône de l'application Id_{X} ; c'est l'espace déduit de $\mathrm{X} \times \mathbf{I}$ par contraction de $\mathrm{X} \times \{0\}$. Soit π l'application canonique de $\mathrm{X} \times \mathbf{I}$ dans C(X) ; l'image C′(X) de $\mathrm{X} \times [0,1[$ par π est appelé le *cône ouvert* de l'espace X.

Supposons que X n'est pas vide. Alors, le cône C(X) n'est pas vide et son point-base est encore appelé le *sommet* du cône.

L'application $((x,t),u) \mapsto (x, t(1-u))$ de $(\mathrm{X} \times \mathbf{I}) \times \mathbf{I}$ dans $\mathrm{X} \times \mathbf{I}$ est une homotopie reliant l'application identique de $\mathrm{X} \times \mathbf{I}$ à l'application $(x,t) \mapsto (x,0)$. On en déduit, par passage aux ensembles quotients, une application $\sigma \colon \mathrm{C(X)} \times \mathbf{I} \to \mathrm{C(X)}$ telle que $\sigma(\pi(x,t),u) = \pi(x,t(1-u))$ pour $x \in \mathrm{X}$, $t, u \in \mathbf{I}$. L'application σ est continue d'après I, p. 19, prop. 10. L'application σ est alors une homotopie pointée en s reliant l'application identique de C(X) à l'application constante d'image $\{s\}$. Par suite, *le cône* C(X) *est contractile en son sommet s*. Comme $\sigma(\mathrm{C'(X)} \times \mathbf{I})$ est contenu dans C′(X), l'application σ définit, par passage aux sous-espaces, une homotopie pointée en s reliant l'application identique de C′(X) à l'application constante d'image $\{s\}$; le cône ouvert C′(X) est donc contractile en s.

Remarques. — 1) Soit X un espace topologique et soit A un sous-espace de X ; notons i l'injection canonique de A dans X. La rétraction canonique r_i du cylindre Cyl(i) sur sa base applique le sous-espace $\alpha_i(\mathrm{A} \times \{0\})$ dans A. Soit $\rho \colon \mathrm{Côn}(i) \to \mathrm{X/A}$ l'application continue qui s'en déduit par passage aux quotients. Supposons que le couple (X, A) possède la propriété d'extension des homotopies. D'après III, p. 243, théorème 1, l'application r_i définit une homéotopie du couple $(\mathrm{Cyl}(i), \alpha_i(\mathrm{A} \times \{0\}))$ sur le couple (X, A). D'après la remarque 4 de III, p. 253, l'application ρ est alors une homéotopie du couple (Côn(i), s) sur le couple $(\mathrm{X}, s_{\mathrm{X/A}})$. C'est en particulier une homéotopie.

2) Soient X et Y des espaces topologiques et soit $f \colon \mathrm{X} \to \mathrm{Y}$ une application continue. L'application canonique $\alpha'_f \colon \mathrm{X} \times \mathbf{I} \to \mathrm{Côn}(f)$ est constante sur $\mathrm{X} \times \{0\}$ donc définit une application continue $\gamma_f \colon \mathrm{C(X)} \to \mathrm{Côn}(f)$. La restriction à C′(X) de l'application γ_f est injective et stricte et définit par passage aux sous-espaces un homéomorphisme du cône ouvert C′(X) sur le complémentaire de Y dans Côn(f).

Identifions la base du cône C(X) à l'espace X et notons u l'application continue de $\mathrm{Y} \cup_f \mathrm{C(X)}$ dans Côn(f) déduite des applications $\beta'_f \colon \mathrm{Y} \to \mathrm{Côn}(f)$ et $\gamma_f \colon \mathrm{C(X)} \to \mathrm{Côn}(f)$. Inversement, soit $v \colon \mathrm{Côn}(f) \to \mathrm{Y} \cup_f \mathrm{C(X)}$ l'unique application continue telle que $v \circ \alpha'_f$

soit l'application canonique de $X \times \mathbf{I}$ sur $C(X)$ et $v \circ \beta'_f$ soit l'application canonique de Y sur $Y \cup_f C(X)$. Les applications u et v sont des homéomorphismes réciproques l'un de l'autre.

§ 2. HOMOTOPIE ET CHEMINS

1. Chemins

DÉFINITION 1. — *Soit* X *un espace topologique. On appelle* chemin dans X *toute application continue* c *de* $\mathbf{I}$ *dans* X. *Le point* $c(0)$ *est appelé l'*origine, *le point* $c(1)$ *le* terme *du chemin* c. *On appelle* lacet *dans* X *un chemin dans* X *dont l'origine est égale au terme.*

Soient x et y des points de X. On dit qu'un chemin c dans X *relie* x *à* y si x est son origine et y son terme.

DÉFINITION 2. — *Soit* X *un espace topologique. On dit que des chemins* c *et* d *dans* X *sont* juxtaposables *si l'on a* $c(1) = d(0)$. *On appelle alors* chemin juxtaposé de c et d *le chemin* $c * d$ *défini par la formule :*

$$(1) \qquad (c * d)(t) = \begin{cases} c(2t) & \textit{pour } 0 \leqslant t \leqslant 1/2, \\ d(2t-1) & \textit{pour } 1/2 \leqslant t \leqslant 1. \end{cases}$$

Son origine est l'origine de c, *son terme celle de* d.

Soit c *un chemin dans* X ; *on appelle* chemin opposé à c *et on note* $\overline{c}$ *le chemin défini par* $\overline{c}(t) = c(1-t)$ *pour* $t \in \mathbf{I}$.

Si c et d sont deux chemins juxtaposables dans X, $\overline{d}$ et $\overline{c}$ le sont, et l'on a $\overline{c * d} = \overline{d} * \overline{c}$. Pour tout chemin c dans X, on a $\overline{\overline{c}} = c$.

Remarques. — 1) Soit X un espace topologique et soit P un espace topologique réduit à un point. Identifions $P \times \mathbf{I}$ à $\mathbf{I}$ par la projection pr_2. L'ensemble $\mathscr{C}(P \times \mathbf{I}; X)$ des homotopies entre applications (nécessairement continues) de P dans X s'identifie alors à l'ensemble $\mathscr{C}(\mathbf{I}; X)$ des chemins dans X. À une homotopie reliant l'application constante d'image x à l'application constante d'image y correspond un chemin d'origine x et de terme y. Les identifications précédentes sont compatibles avec les notions de juxtaposition et de passage à l'opposé (*cf.* III, p. 230).

2) Soient X et Y des espaces topologiques. L'application canonique

$$\mathscr{C}(\mathrm{X} \times \mathbf{I}; \mathrm{Y}) \to \mathscr{C}(\mathbf{I}; \mathscr{C}_c(\mathrm{X}; \mathrm{Y}))$$

associe à toute homotopie $\sigma \colon \mathrm{X} \times \mathbf{I} \to \mathrm{Y}$ reliant deux applications f et g de X dans Y un chemin d'origine f, de terme g, dans l'espace $\mathscr{C}_c(\mathrm{X}; \mathrm{Y})$. Si X est un espace localement compact, cette application canonique est bijective (TG, X, p. 28, théorème 3).

Soit X un espace topologique. On appelle *espace des chemins* de X, et on note $\Lambda(\mathrm{X})$, l'espace topologique $\mathscr{C}_c(\mathbf{I}; \mathrm{X})$ dont les éléments sont les chemins dans X et dont la topologie est celle de la convergence compacte (*cf.* TG, X, p. 27). Si x est un point de X, on note $\Lambda_x(\mathrm{X})$ le sous-espace de $\Lambda(\mathrm{X})$ formé des chemins d'origine x. Si y est un second point de X, on note $\Lambda_{x,y}(\mathrm{X})$ le sous-espace de $\Lambda(\mathrm{X})$ formé des chemins d'origine x et de terme y.

PROPOSITION 1. — *Soient* X *et* Z *des espaces topologiques. Pour qu'une application* φ *de* Z *dans l'espace des chemins* $\mathscr{C}_c(\mathbf{I}; \mathrm{X})$ *soit continue, il faut et il suffit que l'application* $(z, t) \mapsto \varphi(z)(t)$ *soit une application continue de* $\mathrm{Z} \times \mathbf{I}$ *dans* X*. En particulier, l'application* $(c, t) \mapsto c(t)$ *de* $\mathscr{C}_c(\mathbf{I}; \mathrm{X}) \times \mathbf{I}$ *dans* X *est continue.*

L'espace topologique $\mathbf{I}$ étant localement compact, la proposition résulte de TG, X, p. 28, th. 3.

On note o et on appelle *application origine* l'application $c \mapsto c(0)$ de $\Lambda(\mathrm{X})$ dans X ; on note e et on appelle *application terme* l'application $c \mapsto c(1)$ de $\Lambda(\mathrm{X})$ dans X. Les applications o et e sont continues (TG, X, p. 27, remarque 1). Les couples de chemins juxtaposables dans X sont les éléments du produit fibré des X-espaces $(\Lambda(\mathrm{X}), e)$ et $(\Lambda(\mathrm{X}), o)$.

PROPOSITION 2. — *Soit* X *un espace topologique. L'application qui à un chemin* c *associe le chemin opposé* $\overline{c}$ *est un homéomorphisme de* $\Lambda(\mathrm{X})$ *sur lui-même. La juxtaposition des chemins* $(c, d) \mapsto c * d$ *est un homéomorphisme de l'espace* $(\Lambda(\mathrm{X}), e) \times_{\mathrm{X}} (\Lambda(\mathrm{X}), o)$ *sur* $\Lambda(\mathrm{X})$.

L'application $t \mapsto 1 - t$ est un homéomorphisme de l'espace $\mathbf{I}$ sur lui-même ; la première assertion en résulte.

Notons C le produit fibré $(\Lambda(\mathrm{X}), e) \times_{\mathrm{X}} (\Lambda(\mathrm{X}), o)$. Notons $\gamma\colon \mathrm{C} \to \Lambda(\mathrm{X})$ l'application $(c,d) \mapsto c * d$ et $\delta\colon \mathrm{C} \times \mathbf{I} \to \mathrm{X}$ l'application $((c,d),t) \mapsto (c*d)(t)$. Les restrictions de l'application δ à $\mathrm{C} \times [0, \frac{1}{2}]$ et $\mathrm{C} \times [\frac{1}{2}, 1]$ sont continues en vertu de la formule (1) et de la prop. 1. L'application δ est donc continue (TG, I, p. 19, prop. 4), ainsi que l'application γ (prop. 1). On a $c(t) = (c*d)(\frac{t}{2})$ et $d(t) = (c*d)(\frac{1+t}{2})$, donc γ est injective.

Soit g un chemin dans X ; pour $t \in \mathbf{I}$, posons

$$c_g(t) = g(\frac{t}{2}) \quad \text{et} \quad d_g(t) = g(\frac{1+t}{2}).$$

Les applications c_g et d_g ainsi définies sont des chemins juxtaposables dans X et l'on a $c_g * d_g = g$. En outre, les applications $g \mapsto c_g$ et $g \mapsto d_g$ sont des applications continues de l'espace $\Lambda(\mathrm{X})$ dans lui-même (prop. 1). Il en résulte que l'application γ est un homéomorphisme.

Corollaire. — *Soit* X *un espace topologique et soient x, y, z des points de* X. *Les applications $c \mapsto \overline{c}$ de $\Lambda_{x,y}(\mathrm{X})$ dans $\Lambda_{y,x}(\mathrm{X})$ et $(c,d) \mapsto c*d$ de $\Lambda_{x,y}(\mathrm{X}) \times \Lambda_{y,z}(\mathrm{X})$ dans $\Lambda_{x,z}(\mathrm{X})$ sont continues.*

2. Espaces connexes par arcs

Définition 3. — *Un espace topologique* X *est dit* connexe par arcs *si pour tout couple (x,y) de points de* X, *il existe un chemin d'origine x et de terme y.*

Exemple 1. — Tout intervalle de $\mathbf{R}$, toute partie convexe d'un espace numérique ou, plus généralement, d'un espace vectoriel topologique sur $\mathbf{R}$ est connexe par arcs.

Proposition 3. — *L'image par une application continue d'un espace connexe par arcs est connexe par arcs.*

Soient X un espace connexe par arcs, $f\colon \mathrm{X} \to \mathrm{Y}$ une application continue. Soient x et y deux points de $f(\mathrm{X})$; soient x' et y' des points de X tels que $f(x') = x$ et $f(y') = y$. Il existe un chemin c dans X dont l'origine est x' et le terme y'. Alors, $f \circ c$ est un chemin dans $f(\mathrm{X})$ d'origine x et de terme y.

Proposition 4. — *Un espace topologique connexe par arcs est connexe.*

Comme tout intervalle de **R** est connexe, l'image d'un chemin est connexe (TG, I, p. 82, prop. 4). L'espace vide est connexe. Puisqu'un espace connexe par arcs non vide est réunion des images des chemins issus de l'un de ses points, il est connexe (TG, I, p. 81, prop. 2).

Compte tenu de l'identification (III, p. 256, remarque 1) des chemins dans X aux homotopies entre applications d'un espace topologique P réduit à un point dans X, la proposition 1 de III, p. 230 entraîne :

PROPOSITION 5. — *Dans un espace topologique, la relation « il existe un chemin d'origine x et de terme y » est une relation d'équivalence.*

On appelle *composantes connexes par arcs* d'un espace topologique X les classes d'équivalence pour la relation ci-dessus. Une composante connexe par arcs est un espace connexe par arcs. Soit x un point de X. La composante connexe par arcs de x est la réunion des sous-espaces connexes par arcs de X contenant x. C'est aussi la réunion des images des chemins d'origine x dans X.

Exemples. — 2) La réunion d'une famille d'ensembles connexes par arcs, dont l'intersection n'est pas vide, est connexe par arcs (cf. TG, I, p. 81, prop. 2).

3) Une partie d'un espace numérique (ou, plus généralement, un espace vectoriel topologique sur **R**) qui est étoilée en un de ses points est connexe par arcs.

Soit X un espace topologique. On désigne par $\pi_0(X)$ l'ensemble des composantes connexes par arcs de X. Soit P un espace topologique réduit à un point. L'application de X dans $[P; X]$ qui, à tout point x de X, associe la classe d'homotopie φ_x de l'application $f_x \colon P \to X$ d'image x, définit par passage au quotient une bijection, dite canonique, de $\pi_0(X)$ sur $[P; X]$. On a $\pi_0(\varnothing) = \varnothing$. Pour qu'un espace topologique non vide soit connexe par arcs, il faut et il suffit que $\pi_0(X)$ soit un ensemble à un élément.

Soient X et Y des espaces topologiques et $f \colon X \to Y$ une application continue. L'image $f(C)$ de toute composante connexe par arcs C de X est connexe par arcs (III, p. 258, prop. 3), donc contenue dans une composante connexe par arcs de Y. On note $\pi_0(f) \colon \pi_0(X) \to \pi_0(Y)$ l'application qui, à une composante connexe par arcs C de X, associe l'unique composante connexe par arcs C′ de Y telle que $f(C) \subset C'$. Si l'on identifie $\pi_0(\mathrm{X})$ et $\pi_0(\mathrm{Y})$ à $[\mathrm{P};\mathrm{X}]$ et $[\mathrm{P};\mathrm{Y}]$ respectivement, l'application $\pi_0(f)$ s'identifie à l'application $\chi \mapsto [f]\circ\chi$ de $[\mathrm{P};\mathrm{X}]$ dans $[\mathrm{P};\mathrm{Y}]$. En particulier, si f et g sont des applications homotopes de X dans Y, on a $\pi_0(f) = \pi_0(g)$ (III, p. 230, prop. 2).

Soit Z un espace topologique et soit $g\colon \mathrm{Y} \to \mathrm{Z}$ une application continue ; on a $\pi_0(g\circ f) = \pi_0(g)\circ\pi_0(f)$. En particulier, si $\mathrm{Z} = \mathrm{X}$ et *si f et g sont des homéotopies réciproques l'une de l'autre à homotopie près,* on a $\pi_0(g)\circ\pi_0(f) = \pi_0(\mathrm{Id_X}) = \mathrm{Id}_{\pi_0(\mathrm{X})}$ et $\pi_0(f)\circ\pi_0(g) = \pi_0(\mathrm{Id_Y}) = \mathrm{Id}_{\pi_0(\mathrm{Y})}$, ce qui prouve que $\pi_0(f)$ *et* $\pi_0(g)$ *sont des bijections réciproques l'une de l'autre.* Un espace homéotope à un espace connexe par arcs est donc lui-même connexe par arcs. En particulier, un espace homéotope à un point est connexe par arcs.

PROPOSITION 6. — *Soit $(\mathrm{Y}_j)_{j\in\mathrm{J}}$ une famille d'espaces topologiques. L'application*

$$(\pi_0(\mathrm{pr}_j))\colon \pi_0(\prod_{j\in\mathrm{J}} \mathrm{Y}_j) \to \prod_{j\in\mathrm{J}} \pi_0(\mathrm{Y}_j)$$

est bijective. En particulier, l'espace produit d'une famille d'espaces connexes par arcs est connexe par arcs.

Cela résulte de la proposition 3 de III, p. 231 où l'on prend pour X un espace réduit à un point.

3. Espaces localement connexes par arcs

DÉFINITION 4. — *Un espace topologique est dit* localement connexe par arcs *si chacun de ses points possède un système fondamental de voisinages connexes par arcs.*

PROPOSITION 7. — *Un espace topologique localement connexe par arcs est localement connexe. Ses composantes connexes coïncident avec ses composantes connexes par arcs. En particulier, si un espace topologique localement connexe par arcs est connexe, il est connexe par arcs.*

La première assertion résulte de la prop. 4. Démontrons la seconde assertion. Soit X un espace topologique localement connexe par arcs et soit C une composante connexe par arcs de X. Tout point de C possède un voisinage connexe par arcs, donc contenu dans C ; par suite, C est une partie ouverte de X. Les composantes connexes par arcs formant une partition de X, une telle composante est aussi fermée. Comme elle est connexe (III, p. 258, prop. 4), c'est une composante connexe (TG, I, p. 83). La troisième assertion résulte de la seconde.

Remarquons ainsi qu'il n'y a pas d'ambiguïté à dire qu'un espace topologique est connexe et localement connexe par arcs.

COROLLAIRE 1. — *Tout ouvert connexe d'un espace topologique localement connexe par arcs est connexe par arcs.*

COROLLAIRE 2. — *Soit* B *un espace topologique localement connexe par arcs et soit* E *un* B*-espace étalé. L'espace* E *est localement connexe par arcs. S'il est connexe, il est connexe par arcs.*

La première assertion découle aussitôt de la déf. 4 et de la définition d'une application étale (I, p. 28, déf. 2). La seconde s'en déduit par la prop. 7.

Pour qu'un espace topologique X soit localement connexe par arcs, il faut et il suffit que toute composante connexe par arcs d'un ensemble ouvert de X soit un ensemble ouvert de X (*cf.* I, p. 85, démonstration de la prop. 11). Si l'espace X est localement connexe par arcs, tout point de X possède donc un système fondamental de voisinages *ouverts* connexes par arcs.

PROPOSITION 8. — *Tout espace quotient d'un espace localement connexe par arcs est localement connexe par arcs.*

Soit X un espace localement connexe par arcs, soit R une relation d'équivalence dans X et soit $\varphi\colon X \to X/R$ l'application canonique. Il suffit de démontrer que les composantes connexes par arcs d'un ouvert de X/R sont ouvertes. Soit ainsi A une partie ouverte de X/R et soit C une composante connexe par arcs de A. Soit $x \in \overset{-1}{\varphi}(C)$, et soit K la composante connexe par arcs de x dans $\overset{-1}{\varphi}(A)$. L'ensemble $\varphi(K)$ est connexe par arcs (III, p. 258, prop. 3), contenu dans A et contient $\varphi(x)$; on a donc $\varphi(K) \subset C$, d'où $K \subset \overset{-1}{\varphi}(C)$. Cela prouve que $\overset{-1}{\varphi}(C)$ est réunion de composantes connexes par arcs de $\overset{-1}{\varphi}(A)$. Comme X est localement connexe par arcs et que $\overset{-1}{\varphi}(A)$ est ouvert dans X, $\overset{-1}{\varphi}(C)$ est ouvert dans X. Par suite, C est ouvert dans X/R. Cela démontre la proposition.

PROPOSITION 9. — *Le produit d'une famille d'espaces localement connexes par arcs, connexes à l'exception d'un nombre fini d'entre eux, est localement connexe par arcs.*

Soit $(X_j)_{j \in J}$ une famille d'espaces localement connexes par arcs qui soient connexes, à l'exception d'un nombre fini d'entre eux. Soit $x = (x_j)_{j \in J}$ un point de l'espace produit $X = \prod_{j \in J} X_j$. Par hypothèse, un système fondamental de voisinages de x dans X est constitué des ensembles de la forme $V = \prod_{j \in J} V_j$ où, pour tout $j \in J$, V_j est un voisinage connexe par arcs de x_j dans X_j et où $V_j = X_j$ sauf pour un ensemble fini d'indices $j \in J$ (TG, I, p. 24). Ces ensembles étant connexes par arcs (III, p. 260, prop. 6), X est localement connexe par arcs.

Corollaire. — *Toute partie ouverte d'un espace numérique est localement connexe par arcs.*

Tout point de **R** possède une base de voisinages formée d'intervalles ; par suite, **R** est localement connexe par arcs. D'après la proposition 9, l'espace numérique $\mathbf{R}^n$ est localement connexe par arcs, pour tout entier $n \geqslant 1$. En outre, un ouvert d'un espace topologique localement connexe par arcs est encore connexe par arcs, d'où le corollaire.

Exemple. — Soit G le sous-groupe de $\mathbf{GL}(n, \mathbf{R})$ formé des matrices carrées d'ordre n dont le déterminant est strictement positif. Le groupe G est connexe et localement connexe par arcs.

D'après A, III, p. 104, prop. 17, le groupe $\mathbf{SL}(n, \mathbf{R})$ est engendré par les éléments $B_{ij}(\lambda)$ (pour $1 \leqslant i, j \leqslant n$ tels que $i \neq j$ et $\lambda \in \mathbf{R}$). Les applications $\lambda \mapsto B_{ij}(\lambda)$ de **R** dans $\mathbf{GL}(n, \mathbf{R})$ sont continues, leurs images sont des parties connexes de $\mathbf{SL}(n, \mathbf{R})$; comme elles contiennent toutes la matrice identité I_n, leur réunion est connexe (TG, I, p. 81, prop. 2). Par suite, le groupe $\mathbf{SL}(n, \mathbf{R})$ est connexe (TG, III, p. 8, prop. 7). Soit A le sous-groupe de G formé des matrices de la forme $\operatorname{diag}(1, \ldots, 1, \lambda)$, avec $\lambda \in \mathbf{R}_+^*$; il est connexe et l'on a $\mathbf{GL}(n, \mathbf{R}) = A \cdot \mathbf{SL}(n, \mathbf{R})$. Il en résulte que le groupe G est connexe. Comme c'est l'image réciproque de $\mathbf{R}_+^*$ par l'application déterminant de $\mathbf{M}_n(\mathbf{R})$ dans **R**, c'est un ouvert de $\mathbf{M}_n(\mathbf{R})$; il est donc localement connexe par arcs (corollaire ci-dessus), ainsi que connexe par arcs (III, p. 261, corollaire 1).

Proposition 10. — *Soit* X *un espace topologique. L'application* (o, e) *de* $\Lambda(X) = \mathscr{C}_c(\mathbf{I}; X)$ *dans* $X \times X$, *qui à un chemin* c *dans* X *associe le couple* $(c(0), c(1))$, *est continue. Si l'espace* X *est* localement connexe par arcs, *cette application est ouverte.*

Nous savons déjà que les applications origine o et terme e de $\Lambda(X)$ dans X sont continues (III, p. 257), d'où la première assertion.

Lemme. — Soit $c\colon \mathbf{I} \to \mathrm{X}$ *un chemin et soit* W *un voisinage de* c *dans l'espace* $\mathscr{C}_c(\mathbf{I};\mathrm{X})$. *Il existe un nombre réel* $\varepsilon \in]0,1/2]$, *un voisinage* V_0 *de* $c(0)$ *et un voisinage* V_1 *de* $c(1)$ *dans* X *ayant les propriétés suivantes : on a* $c([0,\varepsilon]) \subset \mathrm{V}_0$, $c([1-\varepsilon,1]) \subset \mathrm{V}_1$, *et tout chemin* $c'\colon \mathbf{I} \to \mathrm{X}$ *tel que*

$$(2) \qquad \begin{cases} c'(t) \in \mathrm{V}_0 & \textit{pour } 0 \leqslant t \leqslant \varepsilon, \\ c'(t) = c(t) & \textit{pour } \varepsilon \leqslant t \leqslant 1-\varepsilon, \\ c'(t) \in \mathrm{V}_1 & \textit{pour } 1-\varepsilon \leqslant t \leqslant 1, \end{cases}$$

appartient à W.

Par définition de la topologie de la convergence compacte (TG, X, p. 26, déf. 1), il existe un ensemble fini J, une famille $(\mathrm{U}_j)_{j\in \mathrm{J}}$ d'ensembles ouverts dans X et une famille $(\mathrm{K}_j)_{j\in\mathrm{J}}$ de parties compactes de $\mathbf{I}$ tels que l'ensemble W′ des chemins c' vérifiant $c'(\mathrm{K}_j) \subset \mathrm{U}_j$ pour tout indice j soit un voisinage de c contenu dans W. Notons alors A_0 (resp. A_1) l'ensemble des indices j tels que $0 \in \mathrm{K}_j$ (resp. $1 \in \mathrm{K}_j$) ; posons $\mathrm{V}_0 = \bigcap_{j\in\mathrm{A}_0} \mathrm{U}_j$ et $\mathrm{V}_1 = \bigcap_{j\in\mathrm{A}_1}\mathrm{U}_j$.

Comme l'application c est continue, il existe un nombre réel $\varepsilon \in]0,1/2]$ tel que $c([0,\varepsilon]) \subset \mathrm{V}_0$, $c([1-\varepsilon,1]) \subset \mathrm{V}_1$, $[0,\varepsilon] \cap \mathrm{K}_j = \varnothing$ pour tout $j \notin \mathrm{A}_0$ et $[1-\varepsilon,1]\cap\mathrm{K}_j = \varnothing$ pour tout $j \notin \mathrm{A}_1$. Soit alors c' un chemin satisfaisant aux conditions (2). Démontrons que $c' \in \mathrm{W}'$. Soit $j \in \mathrm{J}$ et soit $t \in \mathrm{K}_j$. Si $\varepsilon \leqslant t \leqslant 1-\varepsilon$, $c'(t) = c(t)$ appartient à U_j. Si $0 \leqslant t \leqslant \varepsilon$, $c'(t) \in \mathrm{V}_0$; par le choix de ε, on a $j \in \mathrm{A}_0$, donc $c'(t) \in \mathrm{U}_j$. De même, si $1-\varepsilon \leqslant t \leqslant 1$, on a $j \in \mathrm{A}_1$ et $c'(t) \in \mathrm{V}_1 \subset \mathrm{U}_j$. Ainsi, $c'(\mathrm{K}_j) \subset \mathrm{U}_j$ et c' appartient à W′, donc à W.

Démontrons maintenant la seconde assertion de la prop. 10. Supposons l'espace X localement connexe par arcs. Soit c un chemin dans X et soit W un voisinage de c dans $\mathscr{C}_c(\mathbf{I};\mathrm{X})$. Soient ε, V_0 et V_1 comme dans le lemme. Soient T_0 et T_1 des voisinages connexes par arcs de $c(0)$ et $c(1)$ contenus dans V_0 et V_1 respectivement. Il existe un nombre réel θ tel que $0 < \theta < \varepsilon$ et tel que $c([0,\theta]) \subset \mathrm{T}_0$, $c([1-\theta,1]) \subset \mathrm{T}_1$. Soient $x_0 \in \mathrm{T}_0$ et $x_1 \in \mathrm{T}_1$; soit c_0 un chemin d'origine x_0 et de terme $c(\theta)$ dans T_0 et soit c_1 un chemin d'origine x_1 et de terme $c(1-\theta)$

dans T_1. Posons

$$c'(t) = \begin{cases} c_0(t/\theta) & \text{pour } 0 \leqslant t \leqslant \theta, \\ c(t) & \text{pour } \theta \leqslant t \leqslant 1-\theta, \\ c_1((1-t)/\theta) & \text{pour } 1-\theta \leqslant t \leqslant 1. \end{cases}$$

On définit ainsi un chemin c' reliant x_0 à x_1 et satisfaisant aux conditions (2). Cela prouve que l'image de W dans X × X par l'application (o, e) contient le voisinage $T_0 \times T_1$ de $(c(0), c(1))$, d'où la proposition.

COROLLAIRE. — *Soit* X *un espace topologique localement connexe par arcs et soit x un point de* X. *L'application $c \mapsto c(1)$ de $\Lambda_x(X)$ dans* X *est ouverte.*

D'après la proposition, l'application $\varphi\colon \Lambda(X) \to X \times X$ définie par $\varphi(c) = (c(0), c(1))$ est ouverte et l'on a $\Lambda_x(X) = \overset{-1}{\varphi}(\{x\} \times X)$. Par suite, l'application $\Lambda_x(X) \to \{x\} \times X$ déduite de φ est ouverte (TG, I, p. 30, prop. 2), ainsi que sa composée avec la seconde projection pr_2.

4. Liens entre connexité et connexité par arcs

Un espace connexe par arcs est connexe (III, p. 258, prop. 4). Il existe des espaces connexes, même localement connexes, qui ne sont pas connexes par arcs (*cf.* III, p. 331, exerc. 2 et 4). Cependant :

PROPOSITION 11. — *Un espace topologique connexe et localement connexe, dont la topologie peut être définie par une distance pour laquelle il est complet, est connexe par arcs.*

Soit X un espace topologique. Appelons *train* dans X toute suite finie non vide $T = (W_i)_{1 \leqslant i \leqslant n}$ de parties ouvertes connexes de X telles que $W_i \cap W_{i+1} \neq \varnothing$ pour $1 \leqslant i \leqslant n-1$. On dit que n est la *longueur* du train T et que les W_i sont ses *wagons*. Si X est muni d'une distance compatible avec sa topologie, on appelle *largeur* du train T le maximum des diamètres de ses wagons. On dit que le train *joint un point a à un point b* si a appartient au premier et b au dernier wagon. On appelle *raffinement* de T tout couple (T', f) formé d'un train $T' = (W'_j)_{1 \leqslant j \leqslant m}$ et d'une application strictement croissante $f\colon \{0, 1, \ldots, n\} \to \{0, 1, \ldots, m\}$ telle que $f(0) = 0$, $f(n) = m$ et $W'_j \subset W_i$ pour $1 \leqslant i \leqslant n$ et $f(i-1) < j \leqslant f(i)$.

Lemme 1. — *Soit* X *un espace métrique connexe et localement connexe, soient* a *et* b *des points de* X *et soit* ε *un nombre réel* > 0. *Il existe dans* X *un train de largeur* $\leqslant \varepsilon$ *joignant* a *à* b.

Plus précisément, tout train T *joignant* a *à* b *possède un raffinement* (T', f), *où* T' *est un train de largeur* $\leqslant \varepsilon$ *joignant* a *à* b.

La relation « il existe un train de largeur $\leqslant \varepsilon$ joignant x à y » est une relation d'équivalence entre x et y dans X. La classe d'équivalence d'un point x contient tout voisinage ouvert connexe de x de diamètre $\leqslant \varepsilon$, et x possède un tel voisinage puisque X est localement connexe. Les classes d'équivalence suivant cette relation sont donc ouvertes, et par suite aussi fermées. Il y en a au plus une, puisque X est connexe. Cela démontre la première assertion.

Soit $\mathrm{T} = (\mathrm{W}_i)_{1 \leqslant i \leqslant n}$ un train dans X joignant a à b. Posons $x_0 = a$, $x_n = b$ et choisissons pour $1 \leqslant i \leqslant n-1$ un point x_i dans l'ensemble non vide $\mathrm{W}_i \cap \mathrm{W}_{i+1}$. Pour $1 \leqslant i \leqslant n$, l'ensemble ouvert W_i est connexe et localement connexe et x_{i-1}, x_i sont deux de ses points ; il existe d'après l'alinéa précédent un train $(\mathrm{W}_{i,k})_{1 \leqslant k \leqslant m_i}$ dans W_i, de largeur $\leqslant \varepsilon$, joignant x_{i-1} à x_i.

Posons $m = m_1 + \cdots + m_n$. Pour $1 \leqslant j \leqslant m$, posons $\mathrm{W}'_j = \mathrm{W}_{i,k}$, où (i, k) est l'unique couple d'entiers tel que $1 \leqslant i \leqslant n$, $1 \leqslant k \leqslant m_i$ et $j = m_1 + \cdots + m_{i-1} + k$. Pour $0 \leqslant i \leqslant n$, posons $f(i) = m_1 + \cdots + m_i$. Alors $\mathrm{T}' = (\mathrm{W}'_j)_{1 \leqslant j \leqslant m}$ est un train de largeur $\leqslant \varepsilon$ dans X joignant a à b, et (T', f) est un raffinement de T.

Démontrons maintenant la proposition 11. Munissons l'espace connexe et localement connexe X d'une distance d, compatible avec sa topologie, pour laquelle il est complet. Soient a et b des points de X. Le lemme 1 permet de construire par récurrence des suites $(\mathrm{T}_s)_{s \geqslant 0}$ et $(f_s)_{s \geqslant 1}$ telles que, pour tout $s \geqslant 0$, $\mathrm{T}_s = (\mathrm{W}_{s,i})_{1 \leqslant i \leqslant n_s}$ soit un train de largeur $\leqslant 2^{-s}$ joignant a à b et $(\mathrm{T}_{s+1}, f_{s+1})$ soit un raffinement de T_s.

Nous pouvons choisir par récurrence, pour $s \geqslant 0$, une application strictement croissante $g_s \colon \{0, 1, \ldots, n_s\} \to \mathbf{I}$ telle que $g_s(0) = 0$ et $g_s(n_s) = 1$, de telle sorte que $g_{s+1} \circ f_s = g_s$. Définissons, pour $s \geqslant 0$, une partie A_s de $\mathbf{I} \times \mathrm{X}$ en posant

$$\mathrm{A}_s = \bigcup_{1 \leqslant i \leqslant n_s} ([g_s(i-1), g_s(i)] \times \mathrm{W}_{s,i}).$$

La suite $(A_s)_{s\geqslant 0}$ est décroissante : en effet, pour tout entier $j \in \{1,\ldots,n_{s+1}\}$, il existe un unique entier $i \in \{1,\ldots,n_s\}$ tel que $f_s(i-1) < j \leqslant f_s(i)$, et l'on a

$$[g_{s+1}(j-1), g_{s+1}(j)] \subset [g_s(i-1), g_s(i)], \qquad W_{s+1,j} \subset W_{s,i}.$$

Soit $t \in \mathbf{I}$. Pour tout $s \geqslant 0$, notons $A_s(t)$ l'ensemble des $x \in X$ tels que $(t,x) \in A_s$. L'ensemble $A_s(t)$ est soit l'un des wagons, soit la réunion de deux wagons consécutifs du train T_s ; c'est donc une partie non vide de X, de diamètre $\leqslant 2^{1-s}$. La suite $(A_s(t))_{s\geqslant 0}$ est décroissante. L'ensemble de ses termes est une base de filtre de Cauchy. Celle-ci converge vers un point $c(t)$ puisque l'espace métrique X est complet.

Comme a appartient à chacun des ensembles $A_s(0) = W_{s,1}$, on a $c(0) = a$; on a de même $c(1) = b$. Soit $t \in \mathbf{I}$ et soit s un entier $\geqslant 0$. Le point t possède dans $\mathbf{I}$ un voisinage V de l'une des formes suivantes : $[g_s(0), g_s(1)[$, $]g_s(i-1), g_s(i+1)[$ pour un entier i tel que $1 \leqslant i \leqslant n_s - 1$, ou $]g_s(n_s-1), g_s(n_s)]$. Suivant le cas, l'ensemble $c(V)$ est contenu dans l'adhérence du premier wagon, de la réunion de deux wagons consécutifs, ou du dernier wagon du train T_s. Il est donc de diamètre $\leqslant 2^{1-s}$, et l'on a $d(c(t), c(t')) \leqslant 2^{1-s}$ pour $t' \in V$. Cela prouve que l'application $c\colon \mathbf{I} \to X$ est continue. Ainsi c est un chemin dans X reliant a à b, et X est connexe par arcs.

COROLLAIRE 1. — *Un espace topologique localement connexe, dont la topologie peut être définie par une distance pour laquelle il est complet, est localement connexe par arcs.*

Soit X un tel espace et soit U une partie ouverte et connexe de X. D'après le lemme 2 ci-dessous, il existe une distance sur U compatible avec sa topologie pour laquelle U est complet. Comme U est localement connexe, il résulte de la proposition 11 que U est connexe par arcs.

Lemme 2. — Soit X *un espace métrique complet et soit* U *une partie ouverte de* X. *Il existe une distance sur* U *compatible avec sa topologie pour laquelle* U *est complet.*

Nous reprendrons les arguments de la démonstration de la prop. 2 de TG, IX, p. 57. Nous pouvons supposer U distinct de X. Soit V la partie du produit $\mathbf{R} \times X$ formée des points (t,x) tels que $t\,d(x, X - U) = 1$; le sous-espace V de $\mathbf{R} \times X$ est fermé et l'application $(t,x) \mapsto x$ de V dans U est un homéomorphisme (TG, IX, p. 13, prop. 3). Il existe sur $\mathbf{R} \times X$ une distance d' compatible avec sa topologie pour laquelle

$\mathbf{R} \times X$ est complet (TG, IX, p. 15, cor. 2 et TG, II, p. 17, prop. 10). L'espace V est complet pour la distance induite par d' (TG, II, p. 16, prop. 8), d'où le lemme.

COROLLAIRE 2. — *Un espace topologique localement compact, localement connexe et métrisable est localement connexe par arcs. S'il est connexe, il est connexe par arcs.*

Il suffit de démontrer la première assertion (III, p. 260, prop. 7). Soit X un espace métrique localement compact et localement connexe. Les ensembles ouverts, connexes et relativement compacts de X constituent une base de la topologie de X. Soit U un tel ensemble ; comme U est un ouvert de son adhérence, laquelle est un espace métrique compact, donc complet, il existe d'après le lemme 2 une distance sur U compatible avec sa topologie pour laquelle U est complet. Il résulte de la prop. 11 de III, p. 264 que U est connexe par arcs, d'où le corollaire.

5. Applications continues par arcs

DÉFINITION 5. — *Soient* X *et* Y *des espaces topologiques. On dit qu'une application* $f\colon X \to Y$ *est* continue par arcs *si, pour tout chemin* c *dans* X, *l'application* $f \circ c\colon \mathbf{I} \to Y$ *est continue.*

Remarque. — Supposons que l'espace X soit connexe par arcs. Soit x un point de X. Pour que f soit continue par arcs, il suffit que, pour tout chemin c d'origine x, l'application $f \circ c$ soit continue. Soit en effet d un chemin quelconque dans X et soit c un chemin dans X d'origine x et de terme $d(0)$. Si l'application $f \circ (c * d)$ est continue, il en est de même de l'application $f \circ d$ car on a $f \circ d(t) = f \circ (c * d)((t+1)/2)$.

Une application continue est continue par arcs. La réciproque n'est pas toujours vraie ; les propositions 12 et 13 ci-dessous fournissent des critères permettant d'affirmer qu'une application continue par arcs est continue.

PROPOSITION 12. — *Soient* X *et* Y *des espaces topologiques et soit* $f\colon X \to Y$ *une application. Supposons que l'espace* X *soit localement connexe par arcs et que tout point de* X *possède un système fondamental dénombrable de voisinages. Si l'application* f *est continue par arcs, elle est continue.*

D'après (TG, IX, p. 18), il suffit de démontrer que, pour tout point x de X et toute suite $(x_n)_{n \geqslant 1}$ de points de X qui tend vers x, la suite $(f(x_n))_{n \geqslant 1}$ tend vers $f(x)$. En supprimant éventuellement les premiers termes de la suite $(x_n)_{n \geqslant 1}$, on se ramène au cas où les termes de la suite appartiennent tous à un même voisinage connexe par arcs de x dans X. D'après le lemme ci-dessous, il existe alors un chemin $c\colon \mathbf{I} \to \mathrm{X}$ tel que $c(0) = x$ et $c(1/n) = x_n$ pour $n \geqslant 1$. Si l'application f est continue par arcs, l'application $f \circ c$ est continue et l'élément $f(x) = f(c(0))$ est limite de la suite $(f(c(1/n)))_{n \geqslant 1}$, c'est-à-dire de la suite $(f(x_n))_{n \geqslant 1}$, d'où le corollaire.

Lemme. — Soit X *un espace topologique connexe et localement connexe par arcs et soit x un point de* X. *Supposons que le point x possède un système fondamental dénombrable de voisinages. Alors, pour toute suite $(x_n)_{n \geqslant 1}$ de points de* X *tendant vers x, il existe un chemin c dans* X *tel que $c(0) = x$ et $c(1/n) = x_n$ pour $n \geqslant 1$.*

Soit $(\mathrm{W}_m)_{m \geqslant 1}$ un système fondamental de voisinages de x. Posons $\mathrm{V}_0 = \mathrm{X}$ et pour tout $m \geqslant 1$, soit V_m un voisinage connexe par arcs de x contenu dans $\mathrm{V}_{m-1} \cap \mathrm{W}_m$.

Pour tout entier $n \geqslant 1$, notons m_n le plus grand entier $m \leqslant n$ tel que $x_k \in \mathrm{V}_m$ pour tout $k \geqslant n$. La suite $(m_n)_{n \geqslant 1}$ est croissante par définition ; elle tend vers l'infini, car la suite $(x_n)_{n \geqslant 1}$ tend vers x. Pour tout entier $n \geqslant 1$, soit $c_n\colon \mathbf{I} \to \mathrm{V}_{m_n}$ un chemin d'origine x_{n+1} et de terme x_n dans V_{m_n}. Définissons une application $c\colon \mathbf{I} \to \mathrm{X}$ en posant $c(0) = x$ et $c(t) = c_n(n(n+1)t - n)$ si $1/(n+1) < t \leqslant 1/n$. On a $c(1/n) = x_n$ pour tout $n \geqslant 1$. L'application c est donc continue sur tout intervalle de la forme $[1/(n+1), 1/n]$ avec $n \geqslant 1$, donc sur l'intervalle $]0, 1]$. Si $t \leqslant 1/n$, le point $c(t)$ appartient à V_{m_n} ; l'application c est donc continue en 0.

PROPOSITION 13. — *Soit $p\colon \mathrm{E} \to \mathrm{B}$ une application étale et séparée et soit $s\colon \mathrm{B} \to \mathrm{E}$ une section de p. Si l'espace* B *est* localement connexe par arcs *et si la section s est continue par arcs, elle est continue.*

Soit b un point de B ; démontrons que s est continue au point b. Comme p est une application étale, il existe un voisinage V de b et une section locale continue s' de p définie dans V telle que $s'(b) = s(b)$ (I, p. 33, prop. 9). Comme B est localement connexe par arcs, on peut supposer que V est connexe par arcs. Pour tout chemin c dans V, d'origine b, les applications $s \circ c$ et $s' \circ c$ sont deux relèvements continus à B de l'application $c\colon \mathbf{I} \to X$ et l'on a $s \circ c(0) = s' \circ c(0) = s(b)$. D'après le corollaire 1 de I, p. 34, on a $s \circ c = s' \circ c$ et en particulier $s \circ c(1) = s' \circ c(1)$. Comme tout point de V est terme d'un chemin dans V d'origine b, les applications s et s' coïncident dans V. L'application s est donc continue dans V.

COROLLAIRE. — *Soit* B *un espace topologique, soient* (E, p) *et* (E', p') *deux* B*-espaces. On suppose que l'application* p *est étale et séparée et que l'espace* E' *est* localement connexe par arcs. *Alors toute application continue par arcs* $f\colon E' \to E$ *telle que* $p \circ f = p'$ *est continue.*

L'application $\mathrm{pr}_1\colon E' \times_B E \to E'$ est étale et séparée (I, p. 31, prop. 8 et I, p. 27, prop. 4) et l'application $x \mapsto (x, f(x))$ en est une section continue par arcs. D'après la proposition 13, elle est continue, donc f est continue.

6. Compléments sur les espaces topologiques compacts métrisables

Munissons l'ensemble à deux éléments $\{0, 1\}$ de la topologie discrète et l'ensemble $\{0, 1\}^{\mathbf{N}}$ de la topologie produit. L'espace topologique $\{0, 1\}^{\mathbf{N}}$ est compact (TG, I, p. 63, th. 3), métrisable (TG, IX, p. 15, cor. 2), non vide, totalement discontinu (TG, I, p. 84, prop. 10) et n'a pas de point isolé.

PROPOSITION 14. — *Tout espace topologique compact, métrisable, non vide, totalement discontinu et sans point isolé est homéomorphe à* $\{0, 1\}^{\mathbf{N}}$.

Soit X un tel espace topologique. Munissons-le d'une distance compatible avec sa topologie. Comme l'espace X est compact, il est complet pour cette distance (TG, II, p. 27, th. 1).

Lemme 3. — Soit ε *un nombre réel* > 0. *Il existe un entier* $m \geqslant 1$ *tel que, pour tout entier* $n \geqslant m$, X *admette une partition formée de* n *ensembles ouverts et fermés non vides de diamètre* $\leqslant \varepsilon$.

Tout point de X admet un voisinage ouvert et fermé de diamètre $\leqslant \varepsilon$ (TG, II, p. 32, corollaire de la prop. 6). Comme l'espace X est compact, il possède un recouvrement fini par de tels ensembles. Choisissons-en un, $(U_i)_{1 \leqslant i \leqslant m}$, pour lequel m est minimal. On a $m \geqslant 1$ puisque X n'est pas vide. Pour $1 \leqslant i \leqslant m$, notons V_i l'intersection de U_i et des

$X - U_k$ pour $k < i$. Alors $(V_i)_{1 \leqslant i \leqslant m}$ est une partition de X, formée de m ensembles ouverts et fermés non vides de diamètre $\leqslant \varepsilon$.

Puisque X n'a pas de point isolé, toute partie V ouverte et fermée, non vide, de X contient au moins deux points. Comme en outre X est compact et totalement discontinu, V est réunion de deux parties ouvertes et fermées non vides disjointes (*loc. cit.*). Il en résulte, par récurrence, que pour tout entier $n \geqslant m$, X admet une partition formée de n ensembles ouverts et fermés non vides de diamètre $\leqslant \varepsilon$.

Terminons maintenant la démonstration de la prop. 14. Tout sous-espace ouvert et fermé non vide de X est un espace métrique compact, totalement discontinu et sans point isolé. Le lemme 3 permet donc de construire par récurrence une suite $(J_n)_{n \geqslant 0}$ d'ensembles finis et pour tout $n \geqslant 0$ une application φ_n de l'ensemble $C_n = J_0 \times \cdots \times J_n$ dans l'ensemble des parties ouvertes et fermées non vides de X de diamètre $\leqslant 2^{-n}$, de manière que :

(i) Pour tout $n \geqslant 0$, il existe un entier $m_n \geqslant 1$ tel que $\mathrm{Card}(J_n) = 2^{m_n}$;

(ii) La famille $(\varphi_0(c))_{c \in C_0}$ soit une partition de X ;

(iii) Pour tout $n \geqslant 0$ et tout $c \in C_n$, la famille $(\varphi_{n+1}(c, j))_{j \in J_{n+1}}$ soit une partition de $\varphi_n(c)$.

Notons p_n la projection canonique de C_{n+1} sur C_n. La suite $C = (C_n, p_n)_{n \geqslant 0}$ est un crible (TG, IX, p. 63, déf. 8). L'espace topologique associé à ce crible (TG, IX, p. 63) s'identifie à l'espace topologique J, produit des espaces topologiques discrets J_n. Le crible C et la suite d'applications $(\varphi_n)_{n \geqslant 0}$ définissent un criblage strict de l'espace métrique X (TG, IX, p. 63 et p. 64). L'application $f \colon J \to X$ déduite de ce criblage est continue et bijective (TG, IX, p. 65). Comme l'espace topologique J est compact (TG, I, p. 63, th. 3) et que X est séparé, f est un homéomorphisme (TG, I, p. 63, cor. 2). Comme J_n est homéomorphe à $\{0,1\}^{m_n}$ pour tout $n \geqslant 0$, J est homéomorphe à $\{0,1\}^{\mathbf{N}}$ (TG, I, p. 25, prop. 2).

Exemple. — Soit K l'ensemble triadique de Cantor (TG, IV, p. 9, exemple). Pour tout $n \geqslant 0$, posons $J_n = \{0,1\}$ et définissons une application K_n de l'ensemble $C_n = J_0 \times \cdots \times J_n$ dans l'ensemble des intervalles fermés de $[0,1]$ de la manière suivante : on pose $K_0(0) = [0, \frac{1}{3}]$ et $K_0(1) = [\frac{2}{3}, 1]$; pour tout $n \geqslant 0$ et tout $c \in C_n$, $K_{n+1}(c, 0)$ et

$K_{n+1}(c, 1)$ sont respectivement le « tiers gauche » et le « tiers droit » de $K_n(c)$. Si $c = (j_0, j_1, \ldots, j_n) \in C_n$, $K_n(c)$ est l'intervalle noté $K_{n,p}$ dans *loc. cit.*, avec $p = 2^n j_0 + 2^{n-1} j_1 + \cdots + j_n + 1$, c'est aussi l'intervalle $[a, a + \frac{1}{3^{n+1}}]$, où $a = 2(\frac{j_0}{3} + \frac{j_1}{3^2} + \cdots + \frac{j_n}{3^{n+1}})$. Pour $n \geqslant 0$ et $c \in C_n$, posons $\varphi_n(c) = K_n(c) \cap K$. La famille $(\varphi_n(c))_{c \in C_n}$ est une partition de K formée d'ensembles fermés. Ces ensembles sont donc aussi ouverts dans K ; ils sont non vides et de diamètre $\frac{1}{3^{n+1}}$, car les extrémités des intervalles $K_n(c)$ appartiennent à K. La suite $C = (C_n, p_n)_{n \geqslant 0}$, où $p_n \colon C_{n+1} \to C_n$ est la projection canonique $(c, j) \mapsto c$, est un crible, et l'espace topologique associé à ce crible s'identifie à $\{0,1\}^{\mathbf{N}}$. Le crible C et la suite d'applications $(\varphi_n)_{n \geqslant 0}$ définissent un criblage strict de l'espace métrique K. L'application $f \colon \{0,1\}^{\mathbf{N}} \to K$ déduite de ce criblage est un homéomorphisme, donné par la formule

$$f((j_n)_{n \geqslant 0}) = 2 \sum_{n=0}^{\infty} \frac{j_n}{3^{n+1}}.$$

Corollaire. — *Soit* X *un espace topologique métrisable, compact et non vide. Il existe une application continue et surjective de* $\{0,1\}^{\mathbf{N}}$ *dans* X.

Tout espace topologique compact et métrisable est homéomorphe à un sous-espace, nécessairement fermé, de l'espace topologique $\mathbf{I}^{\mathbf{N}}$ (TG, IX, p. 18, prop. 12 et p. 21, prop. 16). Soient donc A un sous-espace fermé de $\mathbf{I}^{\mathbf{N}}$ et h un homéomorphisme de A sur X.

Posons $K = \{0,1\}^{\mathbf{N}}$ et, pour $\alpha = (a_n) \in K$, posons $f(\alpha) = \sum_{n=0}^{\infty} a_n 2^{-n-1}$; on a $f(\alpha) \in \mathbf{I}$. L'application $f \colon K \to \mathbf{I}$ ainsi définie est surjective (TG, IV, p. 42) et continue. En effet, si deux éléments α et β de K ont les mêmes coordonnées d'indice $< n$, on a $|f(\beta) - f(\alpha)| \leqslant 2^{-n}$. Notons g l'application $(\alpha_n) \mapsto (f(\alpha_n))$ de $K^{\mathbf{N}}$ dans $\mathbf{I}^{\mathbf{N}}$; elle est continue et surjective. L'espace topologique $K^{\mathbf{N}}$ est compact (TG, I, p. 63, th. 3), métrisable (TG, IX, p. 15, cor. 2) et totalement discontinu (TG, I, p. 84, prop. 10) et il en est de même de son sous-espace fermé $\overset{-1}{g}(A)$; ce dernier est non vide puisque les applications g et h sont surjectives.

Alors, l'espace $\overset{-1}{g}(A) \times K$ est homéomorphe à $\{0,1\}^{\mathbf{N}}$ (prop. 14), puisque c'est un espace topologique compact, métrisable, totalement discontinu et sans point isolé et l'application $(x, y) \mapsto h(g(x))$ de $\overset{-1}{g}(A) \times K$ dans X est continue surjective.

7. Propriétés topologiques de l'image d'un chemin

PROPOSITION 15. — *L'image d'un chemin dans un espace topologique séparé est un espace topologique compact, métrisable, connexe et localement connexe par arcs.*

Soient X un espace topologique séparé et $c \colon \mathbf{I} \to \mathrm{X}$ une application continue. Notons R la relation d'équivalence $c(s) = c(t)$ dans **I**. L'espace topologique $c(\mathbf{I})$ est séparé (TG, I, p. 63, cor. 1), l'espace $\mathbf{I}/\mathrm{R}$ est quasi-compact (TG, I, p. 62, th. 2), donc la bijection $\mathbf{I}/\mathrm{R} \to c(\mathbf{I})$ déduite de c est un homéomorphisme (TG, I, p. 63, cor. 2). Par suite, l'espace $c(\mathbf{I})$ est compact, métrisable (TG, IX, p. 22, prop. 17), connexe (TG, I, p. 82, prop. 6) et localement connexe par arcs (III, p. 261, prop. 8).

THÉORÈME 1 (Hahn et Mazurkiewicz). — *Tout espace topologique métrisable, compact, non vide, connexe et localement connexe, est homéomorphe à un espace quotient du segment* $[0, 1]$.

Lemme 4. — *Soit* K *un espace topologique compact et soit* $\mathscr{R}$ *un ensemble d'ouverts de* K *recouvrant* K. *Il existe un entourage* V *de la structure uniforme de* K (TG, II, p. 27, th. 1) *tel que, pour tout* $x \in \mathrm{K}$, $\mathrm{V}(x)$ *soit contenu dans l'un des ensembles appartenant à* $\mathscr{R}$.

Pour tout point x de K, il existe un entourage W_x de la structure uniforme de K tel que $\mathrm{W}_x(x)$ soit contenu dans un des ensembles appartenant à $\mathscr{R}$. Soit V_x un entourage de la structure uniforme de K tel que $\overset{2}{\mathrm{V}}_x$ soit contenu dans W_x. Les intérieurs des $\mathrm{V}_x(x)$ recouvrent K ; comme l'espace K est compact, il existe une partie finie F de K telle que la famille $(\mathrm{V}_y(y))_{y \in \mathrm{F}}$ soit un recouvrement de K (TG, I, p. 59). Notons V l'intersection de la famille $(\mathrm{V}_y)_{y \in \mathrm{F}}$; l'ensemble V est un entourage de la structure uniforme de K. Pour tout point $x \in \mathrm{K}$, il existe un point $y \in \mathrm{F}$ tel que x appartienne à $\mathrm{V}_y(y)$. Par suite, l'ensemble $\mathrm{V}(x)$ est contenu dans $\overset{2}{\mathrm{V}}_y(y)$, donc dans un des ensembles appartenant à $\mathscr{R}$.

Lemme 5. — *Soient* X *et* Y *des espaces uniformes et* f *une application de* X *dans* Y. *Soit* $\mathscr{F}$ *un ensemble de parties fermées de* X *recouvrant* X *et possédant les propriétés suivantes :*

(i) *Il existe un ensemble* $\mathrm{F}_0 \in \mathscr{F}$ *qui rencontre tous les ensembles* $\mathrm{F} \in \mathscr{F}$;

(ii) *Pour tout entourage* U *de la structure uniforme de* X, *il n'y a qu'un nombre fini d'ensembles* $F \in \mathscr{F}$ *qui ne sont pas petits d'ordre* U ;

(iii) *Pour tout entourage* V *de la structure uniforme de* Y, *il n'y a qu'un nombre fini d'ensembles* $F \in \mathscr{F}$ *tels que* $f(F)$ *ne soit pas petit d'ordre* V.

Alors, si la restriction de f *à chacun des ensembles* $F \in \mathscr{F}$ *est continue,* f *est continue.*

Soit x un point de X. Démontrons que f est continue en x. Il existe un ensemble $F_1 \in \mathscr{F}$ tel que $x \in F_1$. La restriction de f à $F_0 \cup F_1$ est continue (TG, I, p. 19, prop. 4). En remplaçant F_0 par $F_0 \cup F_1$, on se ramène au cas où $x \in F_0$.

Soit V un entourage de la structure uniforme de Y. Choisissons un entourage V′ de cette même structure uniforme tel que $\overset{2}{V'} \subset V$. Comme la restriction de f à F_0 est continue, il existe un entourage U de la structure uniforme de X tel que $f(z) \in V'(f(x))$ pour tout $z \in F_0 \cap U(x)$. Soit U′ un entourage de la structure uniforme de X tel que $\overset{2}{U'} \subset U$. Notons A la réunion de F_0, des ensembles $F \in \mathscr{F}$ qui ne sont pas petits d'ordre U′ et de ceux tels que $f(F)$ ne soit pas petit d'ordre V′. Par hypothèse, A est la réunion d'un nombre fini d'ensembles appartenant à $\mathscr{F}$, et la restriction de f à A est continue (*loc. cit.*). Il existe donc un voisinage W de x dans X, contenu dans $U'(x)$, tel que $f(y) \in V(f(x))$ pour $y \in A \cap W$. Pour conclure, il nous suffira de prouver que l'on a aussi $f(y) \in V(f(x))$ pour tout point $y \in (X - A) \cap W$. Soit y un tel point. Soit F un élément de $\mathscr{F}$ tel que $y \in F$. Par définition de A, F est petit d'ordre U′ et $f(F)$ est petit d'ordre V′. Par hypothèse, F rencontre F_0. Soit $z \in F \cap F_0$. On a $z \in U'(y)$ puisque F est petit d'ordre U′ et $y \in U'(x)$ puisque W est contenu dans $U'(x)$, d'où $z \in \overset{2}{U'}(x)$ et *a fortiori* $z \in U(x)$. Mais alors, comme z appartient à F_0, on a $f(z) \in V'(f(x))$. Par ailleurs $f(F)$ est petit d'ordre V′, d'où $f(y) \in V'(f(z))$. Il en résulte que l'on a $f(y) \in \overset{2}{V'}(f(x))$ et finalement $f(y) \in V(f(x))$. Cela conclut la preuve du lemme 5.

Démontrons maintenant le théorème 1. Soit X un espace métrique compact non vide, connexe et localement connexe. Un tel espace est connexe par arcs et localement connexe par arcs (III, p. 267, corollaire 2). D'après le corollaire et l'exemple de III, p. 270, il existe une application continue et surjective f de l'ensemble triadique de Cantor K (TG, IV, p. 9, exemple) dans X. Nous allons construire un prolongement continu g de f à $[0,1]$, ce qui démontrera le théorème 1.

Soit ε un nombre réel > 0. Les parties ouvertes et connexes par arcs de X de diamètre $\leqslant \varepsilon$ recouvrent X. Notons $\mathscr{R}$ l'ensemble de leurs images réciproques par f : c'est un ensemble d'ouverts de K recouvrant K. D'après le lemme 4 de III, p. 272, il existe un nombre réel $\alpha > 0$ tel que toute boule fermée de K de rayon α soit contenue dans un élément de $\mathscr{R}$. En particulier, si t et t' sont des points de K tels que $|t - t'| \leqslant \alpha$, il existe un chemin dans X reliant $f(t)$ à $f(t')$ dont l'image est de diamètre $\leqslant \varepsilon$.

L'alinéa précédent permet de construire par récurrence une suite strictement croissante $(n_k)_{k\geqslant 0}$ d'entiers $\geqslant 0$ possédant la propriété suivante : pour tout entier $k \geqslant 0$ et tout couple (t, t') de points de K tels que $|t - t'| \leqslant 3^{-n_k}$, il existe un chemin dans X reliant $f(t)$ à $f(t')$ dont l'image est de diamètre $\leqslant 2^{-k}$. Le complémentaire de K dans $[0,1]$ est la réunion d'une famille $(\mathrm{I}_{n,p})$ d'intervalles ouverts deux à deux disjoints, où n parcourt l'ensemble des entiers $\geqslant 0$ et p l'ensemble des entiers compris entre 1 et 2^n (TG, IV, p. 9, exemple). Considérons un de ces intervalles $\mathrm{I}_{n,p}$ et écrivons-le $]a, b[$. Les points a et b appartiennent à K et l'on a $b - a = 3^{-n-1}$. On définit la fonction g sur l'intervalle $\mathrm{I}_{n,p}$ de la façon suivante : on choisit un chemin c dans X reliant $f(a)$ à $f(b)$, dont l'image soit de diamètre $\leqslant 2^{-k}$ si $n_k \leqslant n < n_{k+1}$, et l'on pose $g(t) = c(\frac{t-a}{b-a})$ pour $t \in \mathrm{I}_{n,p}$. La fonction $g\colon [0,1] \to \mathrm{X}$ ainsi définie prolonge f. Elle est continue sur K ainsi que sur chacun des intervalles fermés $\overline{\mathrm{I}_{n,p}}$. Ces derniers rencontrent K. De plus, pour tout nombre réel $\varepsilon > 0$, il n'y a qu'un nombre fini d'intervalles $\overline{\mathrm{I}_{n,p}}$ de longueur $> \varepsilon$, et il n'y a qu'un nombre fini d'intervalles $\overline{\mathrm{I}_{n,p}}$ dont les images par g soient de diamètre $> \varepsilon$. D'après le lemme 5, l'application g est continue.

8. Caractérisations de l'intervalle

Lemme 6. — *Soit* D *un ensemble totalement ordonné dénombrable, non réduit à un élément, possédant un plus petit et un plus grand élément. On suppose que* D *est* sans trou (E, III, p. 73, exerc. 19), *c'est-à-dire que tout intervalle ouvert* $]x, y[$*, où* x *et* y *sont des éléments* *de* D *tels que* $x < y$, *est non vide. Il existe alors un isomorphisme d'ensembles ordonnés de* $\mathbf{I} \cap \mathbf{Q}$ *sur* D.

Soient a le plus petit élément et b le plus grand élément de D. Par hypothèse, on a $b \neq a$ et $]a, x[\neq \varnothing$ pour tout $x \in \mathrm{D} - \{a\}$. L'ensemble $\mathrm{D} - \{a\}$ est totalement ordonné, n'est pas vide et n'a pas de plus petit élément ; il est donc infini (E, III, p. 34, cor. 1 de la prop. 3). Les ensembles $\mathbf{I} \cap \mathbf{Q}$ et D, infinis et dénombrables, sont équipotents à $\mathbf{N}$.

Choisissons des bijections $n \mapsto a_n$ et $n \mapsto b_n$ de $\mathbf{N}$ sur $\mathbf{I} \cap \mathbf{Q}$ et D respectivement, telles que $a_0 = 0$, $a_1 = 1$, $b_0 = a$, $b_1 = b$. Il existe une unique application strictement croissante $f : \mathbf{I} \cap \mathbf{Q} \to \mathrm{D}$ possédant les propriétés suivantes : on a $f(0) = a$ et $f(1) = b$; pour $n \geqslant 2$, on a $f(a_n) = b_m$, où m est le plus petit entier naturel pour lequel l'application de $\{a_0, \ldots, a_n\}$ dans D qui coïncide avec f dans $\{a_0, \ldots, a_{n-1}\}$ et applique a_n sur b_m est strictement croissante. Ces propriétés définissent en effet $f(a_n)$ par récurrence sur n, l'existence de l'entier m étant assurée par le fait que D est sans trou.

Comme l'application f est strictement croissante et que $\mathbf{I} \cap \mathbf{Q}$ est totalement ordonné, f définit un isomorphisme d'ensembles ordonnés de $\mathbf{I} \cap \mathbf{Q}$ sur son image (E, III, p. 14, prop. 11). Il nous reste à démontrer que f est surjective. Pour cela, démontrons par récurrence que b_m appartient à l'image de f pour tout $m \in \mathbf{N}$.

On a $b_0 = f(0)$ et $b_1 = f(1)$. Supposons que l'on ait $m \geqslant 2$ et que, pour $0 \leqslant k \leqslant m-1$, il existe $c_k \in \mathbf{I} \cap \mathbf{Q}$ tel que $f(c_k) = b_k$. On a $c_0 = 0$ et $c_1 = 1$, car f est injective. Considérons le plus petit entier $n \in \mathbf{N}$ pour lequel a_n n'appartient pas à $\{c_0, \ldots, c_{m-1}\}$ et l'application g de $\{c_0, \ldots, c_{m-1}, a_n\}$ dans D qui coïncide avec f dans $\{c_0, \ldots, c_{m-1}\}$ et applique a_n sur b_m est strictement croissante ; un tel entier existe car $\mathbf{I} \cap \mathbf{Q}$ est sans trou. Soit f' l'application de $\{a_0, \ldots, a_n\}$ dans D qui coïncide avec f dans $\{a_0, \ldots, a_{n-1}\}$ et qui applique a_n sur b_m. Démontrons qu'elle est strictement croissante. Soit $j \in \{0, \ldots, n-1\}$; par définition de l'entier n, il existe $k \in \{0, \ldots, m-1\}$ tel que $a_j = c_k$, ou $a_j < c_k$ et $b_m \geqslant f(c_k)$, ou $a_j > c_k$ et $b_m \leqslant f(c_k)$. Supposons $b_k < b_m$; on a alors $g(c_k) = f(c_k) = b_k < b_m = g(a_n)$, d'où $c_k < a_n$ car g est strictement croissante, puis $a_j \leqslant c_k < a_n$; en outre, $f'(a_j) = f(a_j) \leqslant f(c_k) = b_k < b_m = f'(a_n)$. De même, si $b_k > b_m$, il vient $a_n < c_k \leqslant a_j$ et $f'(a_j) = f(a_j) \geqslant f(c_k) = b_k > b_m = f'(a_n)$. Comme f est elle-même strictement croissante, il en résulte que l'application f' est strictement croissante.

Si m' est l'entier tel que $f(a_n) = b_{m'}$, on a $m' \leqslant m$, par définition de f. Si l'on avait $m' < m$, on aurait $f(a_n) = b_{m'} = f(c_{m'})$, d'où $a_n = c_{m'}$, car f est injective, ce qui contredit la définition de a_n. Ainsi, $m' = m$ et $f(a_n) = b_m$, ce qui démontre que b_m appartient à l'image de f et termine par récurrence la démonstration de la surjectivité de f.

PROPOSITION 16. — *Soit* E *un ensemble totalement ordonné non réduit à un élément. On suppose que toute partie de* E *a une borne supérieure et qu'il existe une partie dénombrable de* E *qui rencontre tout intervalle ouvert* $]x, y[$, *où* x *et* y *sont des éléments de* E *tels que* $x < y$. *Il existe alors un isomorphisme d'ensembles ordonnés de* **I** *sur* E.

Comme $\varnothing$ et E ont chacun une borne supérieure dans E, E a un plus petit élément a et un plus grand élément b. Ceux-ci sont distincts puisque E n'est pas réduit à un élément. Soit D′ une partie dénombrable de E qui rencontre tout intervalle ouvert de E de la forme $]x, y[$, avec $x < y$. Posons $\mathrm{D} = \mathrm{D}' \cup \{a, b\}$. L'ensemble D est totalement ordonné et sans trou. D'après le lemme 6, il existe un isomorphisme d'ensembles ordonnés f de $\mathbf{I} \cap \mathbf{Q}$ sur D.

Pour tout $t \in \mathbf{I}$, soit $g(t)$ la borne supérieure de $f([0, t] \cap \mathbf{Q})$ dans E. Pour tout $x \in \mathrm{E}$, soit $h(x)$ la borne supérieure de $f^{-1}([a, x] \cap \mathrm{D})$ dans **I**. Les applications $g \colon \mathbf{I} \to \mathrm{E}$ et $h \colon \mathrm{E} \to \mathbf{I}$ ainsi définies sont croissantes, g coïncide avec f dans $\mathbf{I} \cap \mathbf{Q}$ et h coïncide avec f^{-1} dans D.

On a donc $g(h(y)) = y$ pour tout $y \in \mathrm{D}$. Soit $x \in \mathrm{E}$. Si l'on avait $g(h(x)) > x$, l'intervalle $]x, g(h(x))[$ contiendrait un point y de D et les relations $g(h(y)) = y < g(h(x))$ contrediraient le fait que $g \circ h$ est croissante. De même, on n'a pas $g(h(x)) < x$. On a donc $g(h(x)) = x$, ce qui démontre que $g \circ h$ est l'application identique de E. On démontre de même que $h \circ g$ est l'application identique de **I**. Ainsi, $g \colon \mathbf{I} \to \mathrm{E}$ et $h \colon \mathrm{E} \to \mathbf{I}$ sont des isomorphismes d'ensembles ordonnés réciproques l'un de l'autre.

Remarque. — Soit E un ensemble totalement ordonné. L'ensemble des intervalles ouverts de E (limités ou non) est stable par intersection finie. C'est une base d'une topologie $\mathscr{T}_0(\mathrm{E})$ sur E (TG, I, p. 91, exerc. 5). La topologie $\mathscr{T}_0(\mathbf{I})$ est identique à la topologie induite sur **I** par celle de **R**. Il s'ensuit que, dans la prop. 16, tout isomorphisme d'ensembles ordonnés de **I** sur E est un homéomorphisme de **I** sur l'espace topologique obtenu en munissant E de la topologie $\mathscr{T}_0(\mathrm{E})$.

Corollaire. — *Soit* R *une relation d'équivalence dans* **I**. *Les conditions suivantes sont équivalentes :*

(i) *Toute classe d'équivalence suivant* R *est un intervalle fermé de* **I**, *distinct de* **I** *;*

(ii) *Il existe une application croissante et surjective* $u\colon \mathbf{I} \to \mathbf{I}$ *telle que* R *soit la relation d'équivalence associée à* u.

Une telle application u, *lorsqu'elle existe, est continue et définit par passage au quotient un homéomorphisme de* $\mathbf{I}/\mathrm{R}$ *sur* **I**.

Nous noterons $p\colon \mathbf{I} \to \mathbf{I}/\mathrm{R}$ la surjection canonique.

Supposons la condition (i) satisfaite. Pour A et B des classes d'équivalence suivant R, écrivons $\mathrm{A} < \mathrm{B}$ si l'on a $a < b$ pour tout $a \in \mathrm{A}$ et tout $b \in \mathrm{B}$. Dans $\mathbf{I}/\mathrm{R}$, la relation « $\mathrm{A} = \mathrm{B}$ ou $\mathrm{A} < \mathrm{B}$ » est une relation d'ordre. En effet, elle est réflexive ; elle est antisymétrique car on ne peut avoir simultanément $\mathrm{A} < \mathrm{B}$ et $\mathrm{B} < \mathrm{A}$; elle est transitive car les relations $\mathrm{A} < \mathrm{B}$ et $\mathrm{B} < \mathrm{C}$ entraînent $\mathrm{A} < \mathrm{C}$. Si A et B sont des éléments distincts de $\mathbf{I}/\mathrm{R}$, ce sont des intervalles fermés de **I**, disjoints, et l'on a alors soit $\mathrm{A} < \mathrm{B}$, soit $\mathrm{B} < \mathrm{A}$. Muni de la relation d'ordre ainsi définie, $\mathbf{I}/\mathrm{R}$ est donc totalement ordonné. L'application $p\colon \mathbf{I} \to \mathbf{I}/\mathrm{R}$ est croissante.

L'ensemble $\mathbf{I}/\mathrm{R}$ n'est pas réduit à un élément, en vertu de (i).

Soit F une partie de $\mathbf{I}/\mathrm{R}$. Démontrons que F possède une borne supérieure dans $\mathbf{I}/\mathrm{R}$. Posons $\mathrm{F}' = \overset{-1}{p}(\mathrm{F})$; notons a la borne supérieure de F′ dans **I** et A la classe d'équivalence de a suivant R. Comme a majore F′ dans **I**, A majore F dans $\mathbf{I}/\mathrm{R}$. Inversement, soit $\mathrm{B} \in \mathbf{I}/\mathrm{R}$ un majorant de F ; posons $b = \sup(\mathrm{B})$. Tout élément de F′ est alors majoré par b. On a donc $a \leqslant b$. Comme les classes d'équivalence suivant R sont des intervalles fermés, a appartient à A et b à B. On a par suite $\mathrm{A} = p(a) \leqslant p(b) = \mathrm{B}$. Cela démontre que A est la borne supérieure de F.

Soient A et B des éléments de $\mathbf{I}/\mathrm{R}$ tels que $\mathrm{A} < \mathrm{B}$. Soit a la borne supérieure de A et b la borne inférieure de B. Comme $a \in \mathrm{A}$ et $b \in \mathrm{B}$, on a $a < b$. La classe d'équivalence suivant R d'un élément quelconque de $]a, b[$ est un élément de l'intervalle $]\mathrm{A}, \mathrm{B}[$ de $\mathbf{I}/\mathrm{R}$. Comme $\mathbf{I} \cap \mathbf{Q}$ rencontre $]a, b[$, son image par p rencontre $]\mathrm{A}, \mathrm{B}[$.

Nous avons ainsi démontré que l'ensemble totalement ordonné $\mathbf{I}/\mathrm{R}$ satisfait aux hypothèses de la prop. 16. Il existe donc un isomorphisme d'ensembles ordonnés $f\colon \mathbf{I}/\mathrm{R} \to \mathbf{I}$. L'application $u = f \circ p$ est une application surjective et croissante de **I** sur **I** et la relation d'équivalence associée à u est la relation R ; cela démontre que la condition (ii) est satisfaite.

Supposons inversement que la condition (ii) soit satisfaite. Soit $u\colon \mathbf{I} \to \mathbf{I}$ une application croissante et surjective telle que R soit la relation d'équivalence associée à u.

Soit a un point de $\mathbf{I}$. L'ensemble $\mathrm{A} = \overset{-1}{u}(a)$ est un intervalle de $\mathbf{I}$, car l'application u est croissante. Comme u est surjective, A n'est ni vide, ni égal à $\mathbf{I}$. Soit b la borne supérieure de A dans $\mathbf{I}$. On a $u(b) \geqslant a$. Si $u(b) > a$, il existe $c \in \,]a, u(b)[$ et $d \in \mathbf{I}$ tel que $u(d) = c$ puisque u est surjective. Comme u est croissante et que $a < u(d) < u(b)$, d majore tout élément de A et on a $d < b$, ce qui contredit l'hypothèse que b est la borne supérieure de A. On a donc $u(b) = a$, c'est-à-dire $b \in \mathrm{A}$. On démontre de même que A contient sa borne inférieure. L'ensemble A est donc un intervalle fermé de $\mathbf{I}$, distinct de $\mathbf{I}$. Cela démontre que la condition (i) est satisfaite.

Démontrons maintenant que l'application u est continue. Il suffit pour cela de démontrer que, pour tout $a \in \mathbf{I}$, les ensembles $\overset{-1}{u}(]a, \to[)$ et $\overset{-1}{u}(]\leftarrow, a[)$ sont ouverts. Soit b la borne supérieure de $\overset{-1}{u}(a)$; on a $u(b) = a$. Si $x \in \mathbf{I}$ vérifie $u(x) > a$, on a nécessairement $x > b$; inversement, si $x > b$, on a $u(x) \geqslant a$ et $u(x) \neq a$ puisque b est la borne supérieure de $\overset{-1}{u}(a)$. On a par conséquent $\overset{-1}{u}(]a, \to[) = \,]b, \to[$, ce qui démontre que l'image réciproque par u de l'intervalle $]a, \to[$ est ouverte. On démontre de même que celle de $]\leftarrow, a[$ est ouverte. Il s'ensuit que l'application u est continue.

L'application $v\colon \mathbf{I}/\mathrm{R} \to \mathbf{I}$ déduite de u par passage au quotient est alors continue et bijective. Comme $\mathbf{I}$ est compact, $\mathbf{I}/\mathrm{R}$ est quasi-compact (TG, I, p. 62, th. 2) et v est un homéomorphisme (TG, I, p. 63, cor. 2).

PROPOSITION 17. — *Soit* X *un espace topologique connexe et compact. Soit* a *un point de* X, *soit* U *une partie ouverte et fermée non vide de* $\mathrm{X} - \{a\}$.

a) *L'adhérence* $\overline{\mathrm{U}}$ *de* U *dans* X *est égale à* $\mathrm{U} \cup \{a\}$ *et est connexe.*

b) *Soit* a' *un point de* X *distinct de* a, *soit* U' *une partie ouverte et fermée non vide de* $\mathrm{X} - \{a'\}$. *Si* $a \notin \mathrm{U}'$ *et que* $\overline{\mathrm{U}} \cap \overline{\mathrm{U}'} \neq \varnothing$, *on a* $\overline{\mathrm{U}'} \subset \mathrm{U}$. *Inversement, si* $a \in \mathrm{U}'$ *et que* $\mathrm{X} \neq \mathrm{U} \cup \mathrm{U}'$, *on a* $\overline{\mathrm{U}} \subset \mathrm{U}'$.

c) *Il existe un point* b *de* U *tel que* $\mathrm{X} - \{b\}$ *soit connexe.*

Démontrons l'assertion a). Notons V le complémentaire de U dans $X - \{a\}$. Comme U est fermé dans $X - \{a\}$, V est ouvert dans $X - \{a\}$ et *a fortiori* dans X. On a donc $U \subset \overline{U} \subset X - V = U \cup \{a\}$. De même, U est une partie ouverte de X. Comme X est connexe, U n'est pas fermé dans X, d'où l'égalité $\overline{U} = U \cup \{a\}$. On a de même $\overline{V} = V \cup \{a\}$.

Soient F et G des parties fermées disjointes de $\overline{U}$ telles que $\overline{U} = F \cup G$. Supposons que $a \in G$ et démontrons que F est vide ; on raisonnerait de même si $a \in F$. L'ensemble $G \cup V = G \cup \overline{V}$ est une partie fermée de X, disjointe de F, et l'on a $X = \overline{U} \cup V = F \cup (G \cup V)$. Comme X est connexe et que G n'est pas vide, F est vide. Cela démontre que $\overline{U}$ est connexe.

Démontrons b). Supposons que $a \notin U'$ et que $\overline{U} \cap \overline{U'} \neq \varnothing$. D'après l'assertion a), on a $\overline{U} = U \cup \{a\}$ et $\overline{U'} = U' \cup \{a'\}$. Comme $a \notin U'$ et $a \neq a'$, les parties U et $\overline{U'}$ ont un point commun. Toujours d'après a), $\overline{U'}$ est une partie connexe de X ; comme elle est contenue dans $X - \{a\}$ et qu'elle en rencontre la partie ouverte et fermée U, on a $\overline{U'} \subset U$, ce qu'il fallait démontrer. La seconde assertion découle de la première en considérant les complémentaires dans X de $\overline{U}$ et $\overline{U'}$ respectivement.

Démontrons enfin l'assertion c). Supposons par l'absurde que, pour tout $x \in U$, l'ensemble $X - \{x\}$ ne soit pas connexe et choisissons des parties U_x et V_x, ouvertes et fermées dans $X - \{x\}$, disjointes et non vides, telles que $X - \{x\} = U_x \cup V_x$ et $a \in V_x$. D'après l'assertion b), appliquée aux parties ouvertes et fermées U, U_x de $X - \{a\}$ et $X - \{x\}$ respectivement, on a $\overline{U_x} \subset U$ pour tout $x \in U$. Soient x et y des points de U tels que $x \in U_y$; on a donc $x \neq y$. Toujours d'après l'assertion b), appliquée aux parties ouvertes et fermées U_x et U_y de $X - \{x\}$ et $X - \{y\}$, la relation $x \in U_y$ entraîne la relation $\overline{U_x} \subset \overline{U_y}$. Par suite, les relations $x \in U_y$ et $\overline{U_x} \subset \overline{U_y}$ sont équivalentes.

L'ensemble des parties S de U telles que $\bigcap_{x \in S} \overline{U_x} \neq \varnothing$ est de caractère fini (E, III, p. 34), car l'espace X est compact. D'après E, III, p. 35, th. 1, il existe une partie maximale S de U telle que $C = \bigcap_{x \in S} \overline{U_x}$ ne soit pas vide. Soit c un point de C. Pour tout élément x de S, on a $c \in \overline{U_x}$, d'où $c \in U$ puis $\overline{U_c} \subset \overline{U_x}$. Par conséquent, on a $\overline{U_c} \subset C$ puis, par maximalité de S, $C = \overline{U_c}$. Pour tout $x \in C$ tel que $x \neq c$, on a aussi $\overline{U_x} \subset \overline{U_c}$ et $\overline{U_x} \neq \overline{U_c}$. Par maximalité de S, $C = \{c\}$, donc $\overline{U_c} = \{c\}$, ce qui contredit l'hypothèse que U_c est une partie ouverte et fermée non vide de $X - \{c\}$.

COROLLAIRE. — *Soit* X *un espace topologique compact connexe, soit* N *l'ensemble des points de* X *dont le complémentaire est connexe. L'ensemble* X *est l'unique partie connexe et compacte de* X *qui contient* N.

Soit S une partie connexe et compacte de X telle que $N \subset S$. Supposons que $S \neq X$ et soit $x \in X - S$. Par hypothèse, $X - \{x\}$ n'est pas connexe ; il existe donc des parties U et V ouvertes et fermées de $X - \{x\}$, disjointes et non vides, telles que $X - \{x\} = U \cup V$. On peut supposer que $S \subset V$. On a $\overline{U} = U \cup \{x\}$ et $\overline{V} = V \cup \{x\}$ et ces espaces sont connexes (III, p. 278, prop. 17, a)). D'après l'assertion c) de cette proposition, il existe $y \in U$ tel que $X - \{y\}$ soit connexe, ce qui contredit les inclusions $N \subset S \subset V$.

Lemme 7. — *Soit* T *un espace topologique localement connexe. Soit* $\mathscr{U}$ *un ensemble filtrant croissant de parties ouvertes de* T, *de réunion* T. *Pour* $t \in T$ *et* $U \in \mathscr{U}$, *notons* U_t *la composante connexe de* t *dans* U *si* $t \in U$ *et posons* $U_t = \varnothing$ *si* $t \notin U$. *Pour tout* $t \in T$, $\bigcup_{U \in \mathscr{U}} U_t$ *est la composante connexe de* t *dans* T.

Pour $t \in T$, posons $C_t = \bigcup_{U \in \mathscr{U}} U_t$. On a $t \in C_t$. Les ensembles U_t sont ouverts et connexes et il en est de même de C_t car on a $t \in U_t$ si $U_t \neq \varnothing$ (TG, I, p. 81, prop. 2). Soient u, v des points de T tels que $C_u \cap C_v \neq \varnothing$. Soit t un point de $C_u \cap C_v$; soit $U \in \mathscr{U}$ tel que $t \in U_u$ et soit $V \in \mathscr{U}$ tel que $v \in V_v$. Comme $\mathscr{U}$ est filtrant croissant, il existe $W \in \mathscr{U}$ qui contient $U \cup V$. Alors, $W_u \cap W_v \neq \varnothing$, donc $W_u = W_v$. Plus généralement, on a $W'_u = W'_v$ pour tout $W' \in \mathscr{U}$ tel que $W \subset W'$, donc $C_u = C_v$. Cela démontre que les ensembles de la forme C_t forment une partition de T en sous-ensembles ouverts connexes. Par suite, pour tout $t \in T$, C_t est la composante connexe de t dans T.

THÉORÈME 2. — *Soit* X *un espace topologique connexe compact possédant une partie dénombrable partout dense. Soient* a, b *des points distincts de* X. *Les conditions suivantes sont équivalentes :*

(i) *Il existe un homéomorphisme* $f : \mathbf{I} \to X$ *tel que* $f(0) = a$ *et* $f(1) = b$;

(ii) *Tout sous-ensemble connexe de* X *qui contient* $\{a, b\}$ *est égal à* X ;

(iii) *L'espace* X *est localement connexe et tout sous-ensemble connexe et compact de* X *qui contient* $\{a, b\}$ *est égal à* X ;

(iv) *Pour tout* $x \in X - \{a, b\}$, *l'espace* $X - \{x\}$ *n'est pas connexe.*

L'assertion (i) entraîne toutes les autres.

Soit x un point de $X - \{a, b\}$. Comme $X - \{x\}$ contient $\{a, b\}$, l'assertion (ii) entraîne que ce n'est pas une partie connexe de X, si bien que (ii) implique (iv).

Montrons que (iii) entraîne (iv). Supposons satisfaites les hypothèses de (iii). Soit $x \in X - \{a, b\}$ et supposons que $X - \{x\}$ soit connexe. Soit T l'espace $X - \{x\}$ et soit $\mathscr{U}$ l'ensemble des parties de T de la forme $X - V$, où V est un voisinage compact de x. D'après le lemme 7, il existe un voisinage compact V de x tel que a et b appartiennent à une même composante connexe de $X - V$. Ils appartiennent en particulier à une même composante connexe de $X - \mathring{V}$; celle-ci est un ensemble compact, connexe de X, distinct de X, ce qui contredit l'hypothèse (iii).

Il reste à démontrer que l'assertion (iv) implique la condition (i).

Soit x un point de $X - \{a, b\}$ et soient U, V des parties ouvertes et fermées, disjointes et non vides, de $X - \{x\}$, telles que $X - \{x\} = U \cup V$. D'après III, p. 278, prop. 17, c), il existe un point de U (resp. de V) dont le complémentaire dans X est connexe. Comme X n'admet que deux tels points, a et b, l'un d'eux, disons a, est contenu dans U et l'autre dans V. D'après *loc. cit.*, une partie ouverte et fermée, non vide, U' de U, contient un point de $\{a, b\}$, donc contient a. Appliquant ceci à $U - U'$, il vient que $U = U'$. Par suite, U est connexe ; c'est la composante connexe de a dans $X - \{x\}$. De même, V est la composante connexe de b dans $X - \{x\}$.

Pour tout $x \in X - \{a, b\}$, notons ainsi U_x et V_x les composantes connexes de a et b dans $X - \{x\}$. D'après ce qui précède, elles sont ouvertes et fermées dans $X - \{x\}$, disjointes, et leur réunion est égale à $X - \{x\}$.

Notons $\preccurlyeq$ la relation dans X définie de la façon suivante : d'une part, $a \preccurlyeq x$ et $x \preccurlyeq b$ pour tout $x \in X$, d'autre part, si x et y appartiennent à $X - \{a, b\}$, alors $x \preccurlyeq y$ si $x \in \overline{U_y}$. Pour x et y dans $X - \{a, b\}$, les parties V_x et V_y, ont en commun le point b, la relation $x \preccurlyeq y$ équivaut en fait à l'assertion $\overline{U_x} \subset \overline{U_y}$ (III, p. 278, prop. 17, b)). Il en résulte que la relation $\preccurlyeq$ est une relation d'ordre dans X.

Soient x et y des points de X tels que l'on n'ait pas $x \preccurlyeq y$. Nécessairement, $x \neq a$ et $y \neq b$, et $x \in V_y$. Si $x = b$ ou $y = a$, on a $y \preccurlyeq x$. Supposons alors que x et y sont distincts de a et b. Comme les parties U_x et U_y ont en commun le point a, on a l'inclusion $\overline{V_x} \subset \overline{V_y}$ (*loc. cit.*), d'où, prenant les adhérences des complémentaires, $\overline{U_y} \subset \overline{U_x}$ et, *a fortiori*, $y \preccurlyeq x$. La relation $\preccurlyeq$ dans l'espace X est donc une relation d'ordre total. Pour tout $x \in X - \{a, b\}$, on a de plus $U_x =]\leftarrow, x[$ et $V_x =]x, \rightarrow[$; pour $x, y \in X - \{a, b\}$, on a $]x, y[= U_y \cap V_x$. Lorsque x, y parcourent les points de $X - \{a, b\}$, les ensembles $U_y \cap V_x$, les ensembles U_y et les ensembles V_x forment une base d'une topologie sur X. Notons $\widetilde{X}$ l'espace topologique correspondant et $i\colon X \to \widetilde{X}$ l'application identique de X. Comme, pour tout $x \in X$, les ensembles U_x et V_x sont ouverts dans X, l'application i est continue.

L'espace $\widetilde{X}$ est séparé. En effet, soient x et y des points distincts de $\widetilde{X}$ tels que $x \preccurlyeq y$. Les parties $]\leftarrow, y[$ et $]x, \rightarrow[$ sont des voisinages ouverts de x et y ; s'ils ont un point commun z, $]\leftarrow, z[$ et $]z, \rightarrow[$ sont alors des voisinages ouverts disjoints de x et y. Comme X est compact, l'application i est donc un homéomorphisme (TG, I, p. 63, cor. 2).

Par suite, l'image par i d'une partie dénombrable partout dense de X rencontre chaque intervalle ouvert non vide de l'ensemble ordonné $(X, \preccurlyeq)$. Il résulte alors de la prop. 16 de III, p. 276 qu'il existe un isomorphisme c de l'ensemble ordonné **I** sur $(X, \prec)$. D'après la remarque qui suit cette proposition, cet isomorphisme est un homéomorphisme de **I** sur l'espace topologique $\widetilde{X}$. L'application $f = i^{-1} \circ c$ est alors un homéomorphisme de **I** sur X qui applique 0 sur a et 1 sur b.

9. Chemins injectifs

Proposition 18. — *Soit* X *un espace topologique séparé. Soient a et b des points distincts de* X *qui appartiennent à la même composante connexe par arcs de* X. *Il existe un chemin* injectif *reliant a à b dans* X.

Soit $f\colon \mathbf{I} \to X$ un chemin reliant a à b dans X. Soit $\mathscr{U}$ l'ensemble des parties ouvertes U de $]0, 1[$ telles que $f(x) = f(y)$ pour toute composante connexe $]x, y[$ de U.

Lemme 8. — *L'ensemble $\mathscr{U}$, ordonné par inclusion, est inductif.*

Soit $\mathscr{V}$ une partie totalement ordonnée de $\mathscr{U}$. Démontrons que la réunion V des ensembles appartenant à $\mathscr{V}$ est un élément de $\mathscr{U}$, c'est-à-dire que, pour toute composante connexe $]u, v[$ de V, on a $f(u) = f(v)$.

Soit x un point de $]u, v[$. Soit $\mathscr{V}_x$ l'ensemble des $U \in \mathscr{V}$ tels que $x \in U$; pour un tel U, notons $]u_U, v_U[$ la composante connexe de x dans U. On a $u_{U'} \leqslant u_U < v_U \leqslant v_{U'}$ si U et U′ sont des éléments de $\mathscr{V}_x$ tels que $U \subset U'$. Comme la réunion pour $U \in \mathscr{U}_x$ des $]u_U, v_U[$

est égale à $]u, v[$ d'après le lemme 7 de III, p. 280, on a $u = \lim u_{\mathrm{U}}$ et $v = \lim v_{\mathrm{U}}$, où les limites sont prises suivant l'ensemble filtrant $\mathscr{V}_x$. Comme l'application f est continue et que l'espace topologique X est séparé, les égalités $f(u_{\mathrm{U}}) = f(v_{\mathrm{U}})$ pour tout $\mathrm{U} \in \mathscr{V}_x$ entraînent que $f(u) = f(v)$, ce qu'il fallait démontrer.

En vertu de E, III, p. 20, th. 2, il existe une partie ouverte U appartenant à $\mathscr{U}$ qui est maximale pour la relation d'inclusion.

Soit $g\colon \mathbf{I} \to \mathrm{X}$ l'application définie de la façon suivante. Si $t \notin \mathrm{U}$, on pose $g(t) = f(t)$; sinon, notant $]u, v[$ la composante connexe de t dans U, on pose $g(t) = f(u) = f(v)$, de sorte que l'application $g \mid [u, v]$ est constante d'image $f(u)$.

La prop. 18 résulte du lemme suivant.

Lemme 9. — *Il existe une application continue, croissante et surjective* $u\colon \mathbf{I} \to \mathbf{I}$ *et un chemin injectif* $c\colon \mathbf{I} \to \mathrm{X}$ *reliant* a *à* b *tels que* $g = c \circ u$.

Démontrons d'abord que l'application g est continue. Soit t un point de $\mathbf{I}$. Si $t \in \mathrm{U}$, g est constante au voisinage de t, donc continue en t. Supposons $t \notin \mathrm{U}$ et soit W un voisinage ouvert de $g(t)$ dans X. Soit V un intervalle ouvert dans $\mathbf{I}$ contenant t tel que $f(\mathrm{V}) \subset \mathrm{W}$; il en existe puisque f est continue en t. Démontrons que $g(\mathrm{V}) \subset \mathrm{W}$. Soit $x \in \mathrm{V}$; si $x \notin \mathrm{U}$, on a $g(x) = f(x)$, donc $g(x) \in \mathrm{W}$. Supposons alors $x \in \mathrm{U}$ et soit $]u, v[$ la composante connexe de x dans U. Observons que $]u, v[$ ne contient pas t. Par suite, si $x < t$, on a $x < v \leqslant t$ d'où $v \in \mathrm{V}$ et $g(x) = g(v) = f(v) \in f(\mathrm{V}) \subset \mathrm{W}$. On démontre de même que $g(x) \in \mathrm{W}$ si $x > t$. Ainsi, g est continue en t.

Soient u et v des points de $\mathbf{I}$ tels que $g(u) = g(v)$ et $u < v$. Démontrons que $]u, v[\subset \mathrm{U}$. Posons $\mathrm{U}' = \mathrm{U} \cup]u, v[$; c'est une partie ouverte de $]0, 1[$.

Si u appartient à U, notons u' la borne inférieure dans $\mathbf{I}$ de la composante connexe de u dans U ; posons $u' = u$ si u n'appartient pas à U. De même, si v appartient à U, notons v' la borne supérieure dans $\mathbf{I}$ de la composante connexe de v dans U ; posons $v' = v$ si v n'appartient pas à U. Alors, $]u', v'[$ est une composante connexe de U′ et l'on a $f(u') = g(u) = g(v) = f(v')$. Comme les composantes connexes de U′ distinctes de $]u', v'[$ sont des composantes connexes de U, l'ouvert U′ est un élément de $\mathscr{U}$. Puisque U est un élément maximal de $\mathscr{U}$ pour la relation d'inclusion, on a $\mathrm{U}' = \mathrm{U}$ et $]u, v[$ est contenu dans U. Cela démontre que g est constante sur l'intervalle $[u, v]$. Les fibres de g

sont donc des intervalles de $\mathbf{I}$, et ces intervalles sont fermés car g est continue.

Notons R la relation d'équivalence associée à g et p la surjection canonique de $\mathbf{I}$ sur $\mathbf{I}/\mathrm{R}$. Il existe une unique application continue g' de $\mathbf{I}/\mathrm{R}$ dans X telle que $g = g' \circ p$; cette application est injective. D'après le corollaire, III, p. 276, de la prop. 16, il existe une application u, croissante, continue et surjective, telle que R soit la relation d'équivalence associée à u. Comme l'espace $\mathbf{I}$ est compact et que l'espace X est séparé, l'application u est fermée, donc stricte (I, p. 18, exemple 2). Elle définit par passage au quotient un homéomorphisme u' de $\mathbf{I}/\mathrm{R}$ sur $\mathbf{I}$. Alors, l'application $g' \circ (u')^{-1}$ de $\mathbf{I}$ dans X est un chemin injectif d'origine a et de terme b.

10. Relèvement de chemins

Théorème 3. — *Soit* I *un intervalle de* $\mathbf{R}$ *et soit* X *un espace topologique non vide et séparé. Soit* $p\colon \mathrm{X} \to \mathrm{I}$ *une application continue, ouverte et propre dont les fibres sont totalement discontinues* (TG, I, p. 83). *L'application* p *est surjective. Pour tout point* x *de* X, *elle possède une section continue* s *telle que* $s(p(x)) = x$.

L'ensemble $p(\mathrm{X})$ est une partie ouverte, fermée (TG, I, p. 72, prop. 1), non vide de I. Comme I est connexe, on a $p(\mathrm{X}) = \mathrm{I}$; l'application p est donc surjective.

Pour tout couple $(a, b) \in \mathrm{I} \times \mathrm{I}$ tel que $a \leqslant b$, notons $\mathrm{F}_{a,b}$ l'ensemble des couples $(y, z) \in \overset{-1}{p}(a) \times \overset{-1}{p}(b)$ tels que y et z appartiennent à une même composante connexe de $\overset{-1}{p}([a, b])$.

Lemme 10. — *Soient* a, b *des points de* I *tels que* $a \leqslant b$.

a) *L'ensemble* $\mathrm{F}_{a,b}$ *est fermé dans* $\overset{-1}{p}(a) \times \overset{-1}{p}(b)$.

b) *On a* $\mathrm{pr}_1(\mathrm{F}_{a,b}) = \overset{-1}{p}(a)$ *et* $\mathrm{pr}_2(\mathrm{F}_{a,b}) = \overset{-1}{p}(b)$.

c) *Soit* $c \in \mathrm{I}$ *tel que* $b \leqslant c$. *Si* (y, z) *appartient à* $\mathrm{F}_{a,b}$ *et* (z, t) *appartient à* $\mathrm{F}_{b,c}$, *alors* (y, t) *appartient à* $\mathrm{F}_{a,c}$.

L'ensemble $\overset{-1}{p}([a, b])$ est compact (TG, I, p. 77, prop. 7). Par suite, pour qu'un couple $(y, z) \in \overset{-1}{p}(a) \times \overset{-1}{p}(b)$ appartienne à $\mathrm{F}_{a,b}$, il faut et il suffit que toute partie ouverte et fermée de $\overset{-1}{p}([a, b])$ qui contient y contienne z (TG, II, p. 32, prop. 6).

Posons $Y = \overset{-1}{p}([a, b])$. Pour toute partie ouverte et fermée U de Y, l'ensemble $((U \times U) \cup ((Y - U) \times (Y - U))) \cap (\overset{-1}{p}(a) \times \overset{-1}{p}(b))$ est fermé dans $\overset{-1}{p}(a) \times \overset{-1}{p}(b)$. L'intersection de ces ensembles est égale à $F_{a,b}$, d'où a).

Soit $y \in \overset{-1}{p}(a)$. Notons $\mathscr{U}$ l'ensemble des voisinages ouverts et fermés de y dans Y. L'application de Y dans $[a, b]$ déduite de p par passage aux sous-espaces est ouverte et propre (I, p. 17, prop. 8), donc aussi fermée. Il en résulte que, pour tout ensemble U appartenant à $\mathscr{U}$, $p(U)$ est une partie ouverte et fermée non vide de $[a, b]$; comme l'intervalle $[a, b]$ est connexe, on a $p(U) = [a, b]$ et en particulier $U \cap \overset{-1}{p}(b) \neq \varnothing$. Par suite, $(U \cap \overset{-1}{p}(b))_{U \in \mathscr{U}}$ est une famille filtrante décroissante de parties fermées non vides de l'espace compact $\overset{-1}{p}(b)$. L'intersection de cette famille n'est pas vide (TG, I, p. 59) ; soit z un de ses éléments. On a $(y, z) \in F_{a,b}$. Nous avons démontré la relation $\mathrm{pr}_1(F_{a,b}) = \overset{-1}{p}(a)$. La relation $\mathrm{pr}_2(F_{a,b}) = \overset{-1}{p}(b)$ s'en déduit en remplaçant p, I, a, b par $-p$, $-$I, $-b$, $-a$.

Sous les hypothèses de c), le couple (y, t) appartient à $\overset{-1}{p}(a) \times \overset{-1}{p}(c)$, l'ensemble $\{y, z\}$ est contenu dans une partie connexe C de $\overset{-1}{p}([a, b])$ et l'ensemble $\{z, t\}$ est contenu dans une partie connexe C′ de $\overset{-1}{p}([b, c])$. Alors, $C \cup C'$ est une partie connexe de $\overset{-1}{p}([a, c])$ (TG, I, p. 81, prop. 2) et contient $\{y, t\}$, d'où la relation $(y, t) \in F_{a,c}$.

Revenons à la démonstration du th. 3. Chaque fibre de l'application p est compacte (TG, I, p. 77, prop. 7). D'après le théorème de Tychonoff (TG, I, p. 63, th. 3), l'espace produit $K = \prod_{a \in I} \overset{-1}{p}(a)$ est compact. Soit K′ l'ensemble des éléments $(y_a)_{a \in I}$ de K tels que $y_{p(x)}$ soit égal à x et que l'on ait $(y_a, y_b) \in F_{a,b}$ pour tout couple (a, b) d'éléments de I tels que $a < b$. Le théorème 3 résulte du lemme suivant.

Lemme 11. — a) *L'ensemble* K′ *n'est pas vide.*

b) *Soit* $(s_a)_{a \in I}$ *un élément de* K′. *L'application* $s \colon a \mapsto s_a$ *de* I *dans* X *est une section continue de* p *telle que* $s(p(x)) = x$.

Pour toute partie finie S de I contenant le point $p(x)$, notons K_S l'ensemble des éléments $(y_a)_{a \in I}$ de K satisfaisant la relation $y_{p(x)} = x$ et les relations $(y_a, y_b) \in F_{a,b}$ pour tout couple (a, b) d'éléments de S tels que $a < b$. Les ensembles K_S sont fermés dans K (lemme 10, a)) et forment une famille filtrante décroissante de parties de K, d'intersection K′.

Pour démontrer que K′ n'est pas vide, il suffit de démontrer que, pour toute partie finie S de I contenant le point $p(x)$, l'ensemble K_S n'est pas vide (TG, I, p. 59).

Soit S une telle partie ; ordonnons ses éléments en une suite strictement croissante $(a_1, \ldots, a_n)$ et notons i l'entier tel que $p(x) = a_i$. Posons $y_{a_i} = x$. Le lemme 10, b), permet de construire par récurrence des éléments $y_{a_j} \in \overset{-1}{p}(a_j)$, pour $i < j \leqslant n$, et par récurrence descendante des éléments $y_{a_j} \in \overset{-1}{p}(a_j)$ pour $1 \leqslant j < i$, de sorte que l'on ait $(y_{a_j}, y_{a_{j+1}}) \in F_{a_j, a_{j+1}}$ pour tout entier j tel que $1 \leqslant j < n$. D'après le lemme 10, c), on a $(y_a, y_b) \in F_{a,b}$ pour tout couple (a, b) d'éléments de S tels que $a < b$. Comme l'application p est surjective, nous pouvons choisir pour tout $a \in I - S$ un élément $y_a \in \overset{-1}{p}(a)$. La famille $(y_a)_{a \in I}$ ainsi construite appartient à K_S, donc K_S n'est pas vide.

Démontrons b). Par définition de K′, s est une section de p telle que $s(p(x)) = x$. Soit $a \in I$; démontrons la continuité de s au point a. Soit U un voisinage ouvert de s_a dans X. Comme $\overset{-1}{p}(a)$ est un espace compact (TG, I, p. 77, prop. 7) et totalement discontinu, s_a possède dans $\overset{-1}{p}(a)$ un voisinage ouvert et fermé C, contenu dans U (TG, II, p. 32, corollaire). Les ensembles C et $\overset{-1}{p}(a) - C$ sont fermés dans $\overset{-1}{p}(a)$, donc compacts, et ils sont disjoints. Puisque X est séparé, ils possèdent dans X des voisinages ouverts et disjoints V et V′ (TG, I, p. 61, prop. 3). L'ensemble $(V \cap U) \cup V'$ est un voisinage ouvert de la fibre $\overset{-1}{p}(a)$ dans X ; comme l'application p est fermée (TG, I, p. 72, prop. 1), $(V \cap U) \cup V'$ contient un ensemble de la forme $\overset{-1}{p}(J)$, où $J \subset I$ est un intervalle ouvert contenant a (I, p. 75, lemme). Posons $W = V \cap U \cap \overset{-1}{p}(J)$. L'ensemble W est ouvert dans $\overset{-1}{p}(J)$; il est aussi fermé dans $\overset{-1}{p}(J)$ puisque l'on a $\overset{-1}{p}(J) - W = V' \cap \overset{-1}{p}(J)$. Soit $b \in J$. L'intervalle fermé de I d'extrémités a et b est contenu dans J. Par hypothèse, (s_a, s_b) appartient à $F_{a,b}$ si $a \leqslant b$ et (s_b, s_a) appartient à $F_{b,a}$ si $b \leqslant a$. Il existe donc une partie connexe de $\overset{-1}{p}(J)$ contenant $\{s_a, s_b\}$. Par suite, le point s_b appartient à toute partie ouverte et fermée de $\overset{-1}{p}(J)$ qui contient s_a, donc en particulier à W ; *a fortiori*, s_b appartient à U. On a donc $s(J) \subset U$, ce qui démontre la continuité de s au point a.

COROLLAIRE. — *Soient* X *et* B *des espaces topologiques et* $p\colon \mathrm{X} \to \mathrm{B}$ *une application continue, ouverte, propre et séparée dont les fibres sont totalement discontinues. Soit* I *un intervalle de* **R**, *soit* $f\colon \mathrm{I} \to \mathrm{B}$ *une application continue, soit* a *un point de* I *et soit* x *un point de* X *tel que* $f(a) = p(x)$. *Il existe une application continue* $g\colon \mathrm{I} \to \mathrm{X}$ *telle que* $p \circ g = f$ *et* $g(a) = x$.

Posons $\mathrm{X}' = \mathrm{I} \times_{\mathrm{B}} \mathrm{X}$ et notons $p'\colon \mathrm{X}' \to \mathrm{I}$ et $f'\colon \mathrm{X}' \to \mathrm{X}$ les projections canoniques. L'application p' est continue, ouverte, propre et séparée (I, p. 17, prop. 8 et p. 27, prop. 4). Comme l'espace I est séparé, l'espace X' est séparé (I, p. 26, remarque 3). Les fibres de p' sont totalement discontinues (I, p. 10, corollaire, a)). D'après le th. 3, il existe une section continue s' de p' qui prend en a la valeur (a, x). L'application $g = f' \circ s'$ de I dans X est continue, on a $p \circ g = p \circ f' \circ s' = f \circ p' \circ s' = f$ et $g(a) = x$, d'où le corollaire.

THÉORÈME 4. — *Soit* X *un espace topologique, soit* G *un groupe discret opérant proprement dans* X *et soit* $p\colon \mathrm{X} \to \mathrm{X}/\mathrm{G}$ *l'application canonique. Soit* I *un intervalle de* **R**, *soit* $f\colon \mathrm{I} \to \mathrm{X}/\mathrm{G}$ *une application continue, soit* a *un point de* I *et soit* x *un point de* X *tel que* $f(a) = p(x)$. *Il existe une application continue* $\varphi\colon \mathrm{I} \to \mathrm{X}$ *telle que* $p \circ \varphi = f$ *et* $\varphi(a) = x$.

Traitons d'abord le cas où I est un intervalle fermé borné de **R**.

D'après TG, III, p. 29, prop. 3, l'espace X est séparé.

Soit y un point de X/G et soit $x \in \mathrm{X}$ tel que $y = p(x)$. Le stabilisateur K_x de x est un sous-groupe fini de G ; de plus, il existe des voisinages U_x de x dans X et V_y de y dans X/G tels que U_x soit stable par K_x, $g\mathrm{U}_x \cap \mathrm{U}_x = \varnothing$ si $g \notin \mathrm{K}_x$ et p induise un homéomorphisme de $\mathrm{U}_x/\mathrm{K}_x$ sur V_y (TG, III, p. 32, proposition 8). De plus, pour tout $g \in \mathrm{G}$, p induit un homéomorphisme de $g\mathrm{U}_x$ sur V_y. Comme I est compact, il existe des entiers m et n tels que $m \leqslant 0 \leqslant n$ et une suite finie $(a_i)_{m \leqslant i \leqslant n}$ d'éléments de I tels que $a_0 = a$, $\mathrm{I} = [a_m, a_n]$, et tels que, pour tout $i \in \{m, \ldots, n-1\}$, $f([a_i, a_{i+1}])$ soit contenu dans un ouvert V_{y_i} de X/G construit comme ci-dessus.

Soit x_0 l'unique élément de $\overset{-1}{p}(y_0)$ tel que $x \in \mathrm{U}_{x_0}$. Soit q_0 l'application canonique de U_{x_0} sur $\mathrm{U}_{x_0}/\mathrm{K}_{x_0}$; par passage au quotient, l'application p induit un homéomorphisme i_0 de $\mathrm{U}_{x_0}/\mathrm{K}_{x_0}$ sur V_{y_0} tel que $i_0 \circ q_0 = p \mid \mathrm{U}_{x_0}$. L'application q_0 est propre (TG, III, p. 29, prop. 3), ouverte (TG, I, p. 31, exemple 1) et séparée, car X est séparé. Ses fibres sont totalement discontinues, car elles sont finies. D'après le corollaire, III, p. 286, il existe une application continue $\varphi_0 \colon [a_0, a_1] \to \mathrm{U}_{x_0}$ telle que $p \circ \varphi_0 = f \mid [a_0, a_1]$.

On construit de même, par récurrence sur l'entier $i \in \{0, \ldots, n-1\}$, un point $x_i \in \overset{-1}{p}(y_i)$, une application continue $\varphi_i \colon [a_i, a_{i+1}] \to \mathrm{X}$ dont l'image est contenue dans U_{x_i} telle que $p \circ \varphi_i = f \mid [a_i, a_{i+1}]$ et telle que $\varphi_i(a_{i+1}) = \varphi_{i+1}(a_{i+1})$ si $0 \leqslant i < n-1$.

De manière analogue, on construit par récurrence décroissante sur l'entier $i \in \{m, \ldots, -1\}$ un point $x_i \in \overset{-1}{p}(y_i)$, une application continue $\varphi_i \colon [a_i, a_{i+1}] \to \mathrm{X}$ dont l'image est contenue dans U_{x_i} telle que $p \circ \varphi_i = f \mid [a_i, a_{i+1}]$ et telle que $\varphi_i(a_{i+1}) = \varphi_{i+1}(a_{i+1})$ si $m \leqslant i < 0$.

Il existe une unique application $\varphi \colon \mathrm{I} \to \mathrm{X}$ qui coïncide avec φ_i dans $[a_i, a_{i+1}]$ pour $m \leqslant i < n$. Elle est continue (TG, I, p. 19, prop. 4). C'est un relèvement continu de f à X tel que $\varphi(a) = x$.

Cela prouve le théorème lorsque I est compact. Dans le cas général, il existe des suites $(a_n)_{n \in \mathbf{N}}$ et $(b_n)_{n \in \mathbf{N}}$ telles que (a_n) soit stationnaire de limite $\inf(\mathrm{I})$, (b_n) soit stationnaire de limite $\sup(\mathrm{I})$, $a = a_0 = b_0$, et telle que (a_n) (resp. (b_n)) soit constante si I possède un plus petit (resp. un plus grand) élément. D'après ce qui précède, il existe pour tout entier $n \in \mathbf{N}$ un relèvement continu φ_n de $f \mid [a_n, a_{n+1}]$ à X, un relèvement continu φ'_n de $f | [b_{n+1}], b_n]$ à X tels que $\varphi_0(a_0) = \varphi'_0(b_0) = x$ $\varphi_{n+1}(a_{n+1}) = \varphi_n(a_{n+1})$, $\varphi'_{n+1}(b_{n+1}) = \varphi'_n(b_{n+1})$. Il existe une unique application $\varphi \colon \mathrm{I} \to \mathrm{X}$ qui coïncide avec φ_n dans $[a_n, a_{n+1}]$ et avec φ'_n dans $[b_{n+1}, b_n]$, pour tout $n \in \mathbf{N}$. Elle est continue (*loc. cit.*) et c'est un relèvement continu de f à X tel que $phi(a) = x$. Le théorème est ainsi démontré.

Exemples. — 1) Soit X un espace topologique séparé et soit G un groupe fini, muni de la topologie discrète, qui opère continûment dans X. L'opération est alors propre (TG, III, p. 28, prop. 2). L'assertion du théorème 4 découle alors directement du corollaire du théorème 3.

2) Soit n un entier $\geqslant 0$. Notons P_n l'ensemble des polynômes $\mathrm{P} \in \mathbf{C}[\mathrm{X}]$ unitaires de degré n, muni de la topologie pour laquelle l'application $(c_0, \ldots, c_{n-1}) \mapsto \mathrm{X}^n + c_{n-1}\mathrm{X}^{n-1} + \cdots + c_0$ est un homéomorphisme de $\mathbf{C}^n$ sur P_n. L'application p de $\mathbf{C}^n$ dans P_n définie par $p(z_1, \ldots, z_n) = (\mathrm{X} - z_1) \ldots (\mathrm{X} - z_n)$ est continue. Le groupe symétrique $\mathfrak{S}_n$ opère sur $\mathbf{C}^n$ par permutation des facteurs et p définit par

passage au quotient un homéomorphisme de $\mathbf{C}^n/\mathfrak{S}_n$ sur P_n (TG, VIII, p. 22, prop. 1, I, p. 23, cor. 1 et TG, VIII, p. 20). On en déduit donc l'énoncé suivant :

Soit I *un intervalle de* $\mathbf{R}$, *soit* $(c_0, \ldots, c_{n-1})$ *une suite d'applications continues de* I *dans* $\mathbf{C}$, *soit* a *un point de* I *et soit* $(z_1, \ldots, z_n)$ *une suite de nombres complexes telle que l'on ait* $(\mathrm{X} - z_1)\ldots(\mathrm{X} - z_n) = \mathrm{X}^n + c_{n-1}(a)\mathrm{X}^{n-1} + \cdots + c_0(a)$. *Il existe une suite* $(\lambda_1, \ldots, \lambda_n)$ *d'applications continues de* I *dans* $\mathbf{C}$ *telle que l'on ait* $\lambda_i(a) = z_i$ *pour* $1 \leqslant i \leqslant n$ *et* $(\mathrm{X} - \lambda_1(t))\ldots(\mathrm{X} - \lambda_n(t)) = \mathrm{X}^n + c_{n-1}(t)\mathrm{X}^{n-1} + \cdots + c_0(t)$ *pour tout* $t \in \mathrm{I}$.

§ 3. GROUPOÏDE DE POINCARÉ

1. Groupoïde de Poincaré

DÉFINITION 1. — *Soit* X *un espace topologique, soient* c_0 *et* c_1 *des chemins dans* X *et* $\sigma\colon \mathbf{I} \times \mathbf{I} \to \mathrm{X}$ *une homotopie reliant* c_0 *à* c_1. *On dit que* σ *est une* homotopie stricte *si les applications* $s \mapsto \sigma(0, s)$ *et* $s \mapsto \sigma(1, s)$ *sont constantes.*

On dit que des chemins c_0 *et* c_1 *dans* X *sont* strictement homotopes *s'il existe une homotopie stricte reliant* c_0 *à* c_1.

Deux chemins strictement homotopes ont même origine et même terme.

Exemple. — Soit c un chemin dans X et soit $\varphi\colon \mathbf{I} \to \mathbf{I}$ une application continue telle que $\varphi(0) = 0$ et $\varphi(1) = 1$. Les chemins c et $c \circ \varphi$ sont strictement homotopes. En effet, l'application $\sigma\colon \mathbf{I} \times \mathbf{I} \to \mathrm{X}$ définie par $\sigma(t, s) = c((1 - s)t + s\varphi(t))$ est une homotopie stricte reliant c à $c \circ \varphi$.

Soit X un espace topologique. Rappelons (*cf.* III, p. 257) que $\Lambda(\mathrm{X})$ désigne l'espace topologique $\mathscr{C}_c(\mathbf{I}; \mathrm{X})$ des chemins de X et que pour x, $y \in \mathrm{X}$, $\Lambda_{x,y}(\mathrm{X})$ est le sous-espace de $\Lambda(\mathrm{X})$ formé des chemins d'origine x et de terme y. La famille des ensembles $\Lambda_{x,y}(\mathrm{X})$, pour x, $y \in \mathrm{X}$, est une partition de l'espace des chemins de X. Par la bijection canonique (III, p. 257, remarque 2) de $\mathscr{C}(\mathbf{I} \times \mathbf{I}; \mathrm{X})$ sur $\mathscr{C}(\mathbf{I}; \Lambda(\mathrm{X}))$, les homotopies strictes correspondent aux chemins $c\colon \mathbf{I} \to \Lambda(\mathrm{X})$ dont l'image est contenue dans un sous-espace de la forme $\Lambda_{x,y}(X)$. *La relation « les chemins* c_0 *et* c_1 *sont strictement homotopes » est donc une relation d'équivalence dans* $\Lambda(X)$ (III, p. 259, prop. 5) et les classes d'équivalence pour cette relation sont les composantes connexes par arcs des sous-espaces $\Lambda_{x,y}(X)$ de l'espace des chemins de X. On note $\varpi_{x,y}(X)$ l'ensemble $\pi_0(\Lambda_{x,y}(X))$ et on appelle *classe de chemins reliant* x *à* y tout élément de $\varpi_{x,y}(X)$.

DÉFINITION 2. — *On appelle* espace des lacets *de* X, *et on note* $\Omega(X)$,*le sous-espace de* $\Lambda(X)$ *constitué des lacets* (III, p. 256, déf. 1) *dans* X.

On note $\Omega_x(X)$ l'ensemble $\Lambda_{x,x}(X)$. Les éléments de $\Omega_x(X)$ sont appelés les *lacets dans* X *en* x et les éléments de $\varpi_{x,x}(X)$ sont appelés *classes de lacets dans* X *en* x. L'application $e_x \colon \mathbf{I} \to X$ constante d'image x est un lacet, appelé le *lacet constant en* x ; sa classe d'homotopie stricte est notée ε_x. L'application $x \mapsto e_x$ de X dans $\Lambda(X)$ est continue (III, p. 257, prop. 1).

Soit X un espace topologique et soient x, y, z des points de X. Par passage aux composantes connexes par arcs, on déduit de l'application continue $c \mapsto \overline{c}$ de $\Lambda_{x,y}(X)$ dans $\Lambda_{y,x}(X)$ (III, p. 258, corollaire) une application de $\varpi_{x,y}(X)$ dans $\varpi_{y,x}(X)$ que l'on note $\gamma \mapsto \overline{\gamma}$. Si $\gamma \in \varpi_{x,y}(X)$, $\overline{\gamma}$ s'appelle *l'inverse* de la classe de chemins γ.

De même, si l'on identifie les ensembles $\pi_0(\Lambda_{x,y}(X)) \times \pi_0(\Lambda_{y,z}(X))$ et $\pi_0(\Lambda_{x,y}(X) \times \Lambda_{y,z}(X))$ (III, p. 260, prop. 6), on déduit de l'application continue $(c, d) \mapsto c * d$ de $\Lambda_{x,y}(X) \times \Lambda_{y,z}(X)$ dans $\Lambda_{x,z}(X)$ (III, p. 258, corollaire), par passage aux composantes connexes par arcs, une application $C_{x,y,z} \colon \varpi_{x,y}(X) \times \varpi_{y,z}(X) \to \varpi_{x,z}(X)$. Pour $\gamma \in \varpi_{x,y}(X)$ et $\delta \in \varpi_{y,z}(X)$, on note $\gamma\delta$ la classe d'homotopie stricte $C_{x,y,z}(\gamma, \delta)$. On l'appelle la *composée* des classes de chemins juxtaposables γ et δ.

On a $\overline{\overline{\gamma}} = \gamma$ et $\overline{\gamma\delta} = \overline{\delta}\,\overline{\gamma}$.

PROPOSITION 1. — *Soit* X *un espace topologique, soient* x, y, z, u *des points de* X *et soient* $\gamma_1 \in \varpi_{x,y}(X)$, $\gamma_2 \in \varpi_{y,z}(X)$, $\gamma_3 \in \varpi_{z,u}(X)$ *des classes de chemins. On a*

$$\varepsilon_x\gamma_1 = \gamma_1\varepsilon_y = \gamma_1, \tag{1}$$

$$\gamma_1\overline{\gamma}_1 = \varepsilon_x, \qquad \overline{\gamma}_1\gamma_1 = \varepsilon_y, \tag{2}$$

$$(\gamma_1\gamma_2)\gamma_3 = \gamma_1(\gamma_2\gamma_3). \tag{3}$$

Soient $c_1 \in \Lambda_{x,y}(\mathrm{X})$, $c_2 \in \Lambda_{y,z}(\mathrm{X})$, $c_3 \in \Lambda_{z,u}(\mathrm{X})$ des représentants de γ_1, γ_2 et γ_3 respectivement. Soit $\varphi\colon \mathbf{I} \to \mathbf{I}$ la fonction définie par

$$(4) \qquad \varphi(t) = \begin{cases} t/2 & \text{pour } 0 \leqslant t \leqslant 1/2, \\ t - 1/4 & \text{pour } 1/2 \leqslant t \leqslant 3/4, \\ 2t - 1 & \text{pour } 3/4 \leqslant t \leqslant 1. \end{cases}$$

La fonction φ est affine sur chacun des trois intervalles $[0, 1/2]$, $[1/2, 3/4]$ et $[3/4, 1]$; elle est donc continue. On a $\varphi(0) = 0$ et $\varphi(1) = 1$. Il résulte de la formule (1) de III, p. 256 définissant la juxtaposition des chemins que

$$c_1 * (c_2 * c_3) = ((c_1 * c_2) * c_3) \circ \varphi.$$

D'après l'exemple de III, p. 289, les chemins $c_1 * (c_2 * c_3)$ et $(c_1 * c_2) * c_3$ sont strictement homotopes, d'où l'égalité (3).

De même, la fonction $\psi\colon \mathbf{I} \to \mathbf{I}$ définie par

$$(5) \qquad \psi(t) = \begin{cases} 2t & \text{pour } 0 \leqslant t \leqslant 1/2, \\ 1 & \text{pour } 1/2 \leqslant t \leqslant 1 \end{cases}$$

est continue et vérifie $\psi(0) = 0$, $\psi(1) = 1$. L'égalité $\gamma_1 \varepsilon_y = \gamma_1$ résulte alors de ce que

$$c_1 * e_y = c_1 \circ \psi$$

et l'égalité $\varepsilon_x \gamma_1 = \gamma_1$ se démontre de même, d'où (1).

L'application $\sigma\colon \mathbf{I} \times \mathbf{I} \to \mathrm{X}$ définie par

$$(6) \qquad \sigma(t, s) = \begin{cases} c_1(2ts) & \text{pour } 0 \leqslant t \leqslant 1/2, \\ c_1(2(1-t)s) & \text{pour } 1/2 \leqslant t \leqslant 1 \end{cases}$$

est continue ; c'est une homotopie stricte reliant le chemin e_x au chemin $c_1 * \overline{c_1}$, d'où la première égalité de (2). La seconde résulte de la première et du fait que, pour tout chemin c, on a $c = \overline{\overline{c}}$.

Remarque 1. — Soit X un espace topologique. Soit n un entier $\geqslant 1$ et soit $(c_1, \dots, c_n)$ une suite de chemins dans X telle que c_i et c_{i+1} soient juxtaposables pour $1 \leqslant i \leqslant n-1$ (une telle suite est appelée *suite de chemins juxtaposables*). Notons c le chemin

$$c_1 * (c_2 * (\cdots * (c_{n-1} * c_n) \dots))$$

et c' le chemin défini par $c'(t) = c_i(nt - i + 1)$ pour $1 \leqslant i \leqslant n$ et $t \in [\frac{i-1}{n}, \frac{i}{n}]$. Les chemins c et c' ont même image et sont strictement homotopes : l'un est le composé de l'autre avec un homéomorphisme de **I** laissant fixes 0 et 1 (*cf.* III, p. 289, exemple). On notera parfois $c_1 * c_2 * \cdots * c_n$ le chemin c'.

Il existe un unique graphe orienté $\varpi(X)$ dont l'ensemble des sommets est X et dont l'ensemble des flèches reliant un point x à un point y est $\varpi_{x,y}(X)$, et dans lequel les applications $C_{x,y,z}$ définissent une loi de composition. D'après la proposition 1, $\varpi(X)$ est un *groupoïde* (II, p. 162, déf. 4). Pour tout $x \in X$, l'élément neutre en le sommet x de ce groupoïde est la classe du lacet constant d'image x. L'inverse d'une flèche γ est la flèche $\overline{\gamma}$ que nous noterons aussi γ^{-1}. En particulier, la loi de composition $C_{x,x,x}$ munit, pour tout $x \in X$, l'ensemble $\varpi_{x,x}(X)$ d'une structure de groupe ; on note ce groupe $\pi_1(X, x)$.

DÉFINITION 3. — *Soit* X *un espace topologique. Le groupoïde* $\varpi(X)$ *est appelé* groupoïde de Poincaré, *ou* groupoïde fondamental, *de l'espace* X. *Soit x un point de* X *; le groupe* $\pi_1(X, x)$ *des classes de lacets en x est appelé* groupe de Poincaré, *ou* groupe fondamental, *de l'espace* X *au point x.*

Soit $\mathscr{U}$ un ensemble de parties de X dont les intérieurs recouvrent X. Les classes de chemins dans X dont l'image est contenue dans une des parties appartenant à $\mathscr{U}$ engendrent le groupoïde $\varpi(X)$ (lemme 4 de III, p. 272).

Les orbites du groupoïde $\varpi(X)$ (II, p. 162) coïncident avec les composantes connexes par arcs de l'espace X. En particulier (*loc. cit.*), on a :

PROPOSITION 2. — *Soit* X *un espace topologique.*

a) *Si l'espace* X *est connexe par arcs, les groupes* $\pi_1(X, x)$ *et* $\pi_1(X, y)$ *sont isomorphes pour tous points x et y de* X.

b) *Soit x un point de* X *; les conditions suivantes sont équivalentes :*

(i) *Le groupe* $\pi_1(X, x)$ *est trivial ;*

(ii) *Deux chemins d'origine x dans* X *qui ont le même terme sont strictement homotopes ;*

(iii) *Tout lacet d'origine x dans* X *est strictement homotope au lacet constant d'image x.*

Plus précisément, soit X un espace topologique connexe par arcs et soient x et y des points de X. Pour tout élément δ de $\varpi_{x,y}(X)$, l'application $u_\delta \colon \gamma \mapsto \delta\gamma\delta^{-1}$ de $\pi_1(\mathrm{X}, y)$ dans $\pi_1(\mathrm{X}, x)$ est un isomorphisme de groupes dont l'isomorphisme réciproque est $u_{\delta^{-1}}$. Pour $\delta \in \varpi_{x,y}(\mathrm{X})$ et $\gamma \in \pi_1(\mathrm{X}, y)$, on pose ${}^\delta\gamma = u_\delta(\gamma)$. Lorsque $x = y$, on a ${}^\delta\gamma = \mathrm{Int}(\delta)(\gamma)$, *i.e.* $u_\delta = \mathrm{Int}(\delta)$.

Soient x, y, z des points de X. Pour $\delta \in \varpi_{x,y}(\mathrm{X})$ et $\eta \in \varpi_{y,z}(\mathrm{X})$, on a $u_{\delta\eta} = u_\delta \circ u_\eta$, ce qui s'écrit aussi ${}^{\delta\eta}\gamma = {}^\delta({}^\eta\gamma)$ pour $\gamma \in \pi_1(\mathrm{X}, z)$.

Soient x, y des points de X et soient δ, δ' des éléments de $\varpi_{x,y}(\mathrm{X})$. On a

$$u_{\delta'} = u_\delta \circ \mathrm{Int}(\delta^{-1}\delta') = \mathrm{Int}(\delta'\delta^{-1}) \circ u_\delta. \tag{7}$$

Remarques. — 2) Soit X un espace topologique et soit C une composante connexe par arcs de X. Si x et y sont des points de C, l'espace topologique $\Lambda_{x,y}(\mathrm{C})$ s'identifie à l'espace topologique $\Lambda_{x,y}(\mathrm{X})$, de sorte que l'ensemble $\varpi_{x,y}(\mathrm{C})$ s'identifie à l'ensemble $\varpi_{x,y}(\mathrm{X})$. Ainsi, le groupoïde fondamental $\varpi(\mathrm{C})$ s'identifie au sous-groupoïde plein de $\varpi(\mathrm{X})$ ayant C pour ensemble de points. En particulier, pour tout point x de C, le groupe $\pi_1(\mathrm{C}, x)$ s'identifie au groupe $\pi_1(\mathrm{X}, x)$.

3) Soit X un espace topologique et soient x, y, z des points de X. L'application $(c, d) \mapsto c * d$ de $\Lambda_{x,y}(\mathrm{X}) \times \Lambda_{y,z}(\mathrm{X})$ dans $\Lambda_{x,z}(\mathrm{X})$ est continue (III, p. 258, corollaire de la prop. 2). On prendra garde que l'application de composition $\varpi_{x,y}(\mathrm{X}) \times \varpi_{y,z}(\mathrm{X}) \to \varpi_{x,z}(\mathrm{X})$ qui s'en déduit n'est pas nécessairement continue lorsqu'on munit les ensembles $\varpi_{x,y}(\mathrm{X})$, $\varpi_{y,z}(\mathrm{X})$ et $\varpi_{x,z}(\mathrm{X})$ des topologies quotient (*cf.* TG, I, p. 35 et III, p. 259). Cependant, pour tout $\gamma_0 \in \varpi_{x,y}(\mathrm{X})$ et tout $\delta_0 \in \varpi_{y,z}(\mathrm{X})$, les applications partielles $\gamma \mapsto \gamma\delta_0$ de $\varpi_{x,y}(\mathrm{X})$ dans $\varpi_{x,z}(\mathrm{X})$ et $\delta \mapsto \gamma_0\delta$ de $\varpi_{y,z}(\mathrm{X})$ dans $\varpi_{x,z}(\mathrm{X})$ sont des homéomorphismes. En effet, soit $c_0 \in \Lambda_{x,y}(\mathrm{X})$ un chemin de classe γ_0. L'application $d \mapsto c_0 * d$ est une application continue de $\Lambda_{y,z}(\mathrm{X})$ dans $\Lambda_{x,z}(\mathrm{X})$. L'application $\delta \mapsto \gamma_0\delta$ s'en déduit par passage aux quotients, donc est continue. Il en est de même de l'application $\delta' \mapsto \gamma_0^{-1}\delta'$ de $\varpi_{x,z}(\mathrm{X})$ dans $\varpi_{y,z}(\mathrm{X})$. Ces deux applications étant réciproques l'une de l'autre, ce sont des homéomorphismes. On raisonne de façon analogue pour l'application $\gamma \mapsto \gamma\delta_0$. Voir aussi IV, p. 374.

2. Fonctorialité du groupoïde de Poincaré

Soient X, Y des espaces topologiques et soit $f \colon \mathrm{X} \to \mathrm{Y}$ une application continue. L'application $c \mapsto f \circ c$ est une application continue, notée $\Lambda(f)$, de $\Lambda(\mathrm{X}) = \mathscr{C}_c(\mathbf{I};\mathrm{X})$ dans $\Lambda(\mathrm{Y}) = \mathscr{C}_c(\mathbf{I};\mathrm{Y})$ (I, p. 132, lemme). Elle définit par passage aux sous-ensembles des applications continues

$$\Lambda_x(f)\colon \Lambda_x(\mathrm{X}) \to \Lambda_{f(x)}(\mathrm{Y}),$$

pour $x \in \mathrm{X}$,

$$\Lambda_{x,y}(f)\colon \Lambda_{x,y}(\mathrm{X}) \to \Lambda_{f(x),f(y)}(\mathrm{Y}),$$

pour x, $y \in \mathrm{X}$ et

$$\Omega(f)\colon \Omega(\mathrm{X}) \to \Omega(\mathrm{Y}).$$

Pour $x \in \mathrm{X}$, l'application $\Lambda_{x,x}(f)$ est aussi notée $\Omega_x(f)$. Par passage aux composantes connexes par arcs (III, p. 290), on déduit de l'application $\Lambda_{x,y}(f)$ une application

$$\varpi_{x,y}(f)\colon \varpi_{x,y}(\mathrm{X}) \to \varpi_{f(x),f(y)}(\mathrm{Y}).$$

Soient x, y, z des points de X et soient $c \in \Lambda_{x,y}(\mathrm{X})$, $d \in \Lambda_{y,z}(\mathrm{X})$ des chemins ; par définition de la juxtaposition des chemins, on a

$$f \circ (c * d) = (f \circ c) * (f \circ d).$$

Par passage aux classes d'homotopie stricte, il en résulte la relation

$$\varpi_{x,z}(f)(\gamma\delta) = (\varpi_{x,y}(f)(\gamma))(\varpi_{y,z}(f)(\delta))$$

pour tout $\gamma \in \varpi_{x,y}(\mathrm{X})$ et tout $\delta \in \varpi_{y,z}(\mathrm{X})$. Ainsi, l'application continue f et les applications $\varpi_{x,y}(f)$, pour x et $y \in \mathrm{X}$, définissent un morphisme du groupoïde $\varpi(\mathrm{X})$ dans le groupoïde $\varpi(\mathrm{Y})$ (II, p. 161, déf. 3). On le note $\varpi(f)$ et on l'appelle le *morphisme de groupoïdes de Poincaré déduit de l'application continue* f. En particulier, si x est un point de X, l'application $\varpi_{x,x}(f)$ est un homomorphisme du groupe $\pi_1(\mathrm{X}, x)$ dans le groupe $\pi_1(\mathrm{X}, f(x))$; cet homomorphisme se note aussi $\pi_1(f, x)$.

Remarque 1. — L'homomorphisme $\varpi_{x,y}(f)$ est continu si l'on munit les ensembles $\varpi_{x,y}(\mathrm{X})$ et $\varpi_{f(x),f(y)}(\mathrm{Y})$ de la topologie quotient de la topologie de la convergence compacte sur $\mathscr{C}_c(\mathbf{I};\mathrm{X})$ et $\mathscr{C}_c(\mathbf{I};\mathrm{Y})$.

Pour simplifier l'écriture, si x, $y \in \mathrm{X}$ et $\gamma \in \varpi_{x,y}(\mathrm{X})$, on écrira parfois $f_*(\gamma)$ l'élément $\varpi_{x,y}(f)(\gamma)$ de $\varpi_{f(x),f(y)}(\mathrm{Y})$.

Soient X, Y, Z des espaces topologiques, soient $f\colon X \to Y$, $g\colon Y \to Z$ des applications continues. Pour tout chemin c dans X, on a $(g\circ f)\circ c = g \circ (f \circ c)$. Il en résulte que l'on a

$$\varpi(g \circ f) = \varpi(g) \circ \varpi(f).$$

Soient X et Y des espaces topologiques, soient f_0 et f_1 des applications continues de X dans Y et soit $\sigma\colon X \times \mathbf{I} \to Y$ une homotopie reliant f_0 à f_1. L'application $(c,t) \mapsto c(t)$ de $\mathscr{C}_c(\mathbf{I}; X) \times \mathbf{I}$ dans X (III, p. 257, prop. 1) étant continue, il en est de même de l'application de $\mathscr{C}_c(\mathbf{I}; X) \times \mathbf{I} \times \mathbf{I}$ dans Y donnée par $(c,t,s) \mapsto \sigma(c(t), s)$. Par suite, l'application $\Sigma\colon (c,s) \mapsto \sigma(c(\cdot), s)$ est une application continue de $\mathscr{C}_c(\mathbf{I}; X) \times \mathbf{I}$ dans $\mathscr{C}_c(\mathbf{I}; Y)$ (*loc. cit.*). L'application Σ est une homotopie reliant l'application $\Lambda(f_0)$ à l'application $\Lambda(f_1)$. Par restriction aux espaces de lacets, l'application Σ induit une homotopie $\Omega(X) \times \mathbf{I} \to \Omega(Y)$ reliant $\Omega(f_0)$ à $\Omega(f_1)$. Soit x un point de X ; supposons que l'homotopie σ soit une homotopie pointée en x et posons $y = f_0(x) = f_1(x)$. L'application Σ induit alors une application continue de $\Omega_x(X) \times \mathbf{I}$ dans $\Omega_y(Y)$ qui est une homotopie pointée en e_x, reliant l'application $\Omega_x(f_0)$ à l'application $\Omega_x(f_1)$.

PROPOSITION 3. — *Soient* X *et* Y *des espaces topologiques,* f_0 *et* f_1 *des applications continues de* X *dans* Y *et soit* $\sigma\colon X \times \mathbf{I} \to Y$ *une homotopie reliant* f_0 *à* f_1. *Soit* x *un point de* X ; *posons* $y_0 = f_0(x)$, $y_1 = f_1(x)$ *et notons* $\delta \in \varpi_{y_0,y_1}(Y)$ *la classe du chemin* d *défini par* $d(t) = \sigma(x,t)$ *pour* $t \in \mathbf{I}$. *Pour tout* $\gamma \in \pi_1(X,x)$, *on a* $(f_1)_*(\gamma) = \delta^{-1}((f_0)_*(\gamma))\delta$.

Soit c un lacet de X en x et soit γ sa classe d'homotopie stricte. Posons $\gamma_0 = (f_0)_*(\gamma)$ et $\gamma_1 = (f_1)_*(\gamma)$; ce sont les classes d'homotopie stricte de $f_0 \circ c$ et $f_1 \circ c$. Pour $(t,s) \in \mathbf{I} \times \mathbf{I}$, posons $\varphi(t,s) = \sigma(c(t), s)$. Pour tout $t \in \mathbf{I}$, on a $\varphi(t,0) = (f_0 \circ c)(t)$, $\varphi(t,1) = (f_1 \circ c)(t)$ et $\varphi(0,t) = \varphi(1,t) = d(t)$. La relation $\gamma_0\delta = \delta\gamma_1$ résulte donc du lemme suivant.

Lemme 1. — *Soit* Y *un espace topologique et soit* $\varphi\colon \mathbf{I} \times \mathbf{I} \to Y$ *une application continue. Pour* $t \in \mathbf{I}$, *posons* $c_0(t) = \varphi(t,0)$, $c_1(t) = \varphi(t,1)$, $d_0(t) = \varphi(0,t)$ *et* $d_1(t) = \varphi(1,t)$. *Les chemins* $c_0 * d_1$ *et* $d_0 * c_1$ *sont strictement homotopes.*

Notons c le chemin dans $\mathbf{I} \times \mathbf{I}$ obtenu en juxtaposant les chemins $t \mapsto (t,0)$ et $t \mapsto (1,t)$; notons d le chemin dans $\mathbf{I} \times \mathbf{I}$ obtenu en juxtaposant les chemins $t \mapsto (0,t)$ et $t \mapsto (t,1)$. Les chemins c et d ont même origine $(0,0)$ et même terme $(1,1)$. L'application $(t,s) \mapsto (1-s)c(t)+sd(t)$ de $\mathbf{I}\times\mathbf{I}$ dans $\mathbf{I}\times\mathbf{I}$ est une homotopie stricte reliant c à d. On a $c_0 * d_1 = \varphi \circ c$ et $d_0 * c_1 = \varphi \circ d$; ces deux chemins sont donc strictement homotopes.

COROLLAIRE 1. — *Soient* X *et* Y *des espaces topologiques et soit x un point de* X. *Soient f_0 et f_1 des applications continues de* X *dans* Y. *S'il existe une homotopie pointée en x reliant f_0 à f_1, on a $\pi_1(f_0,x) = \pi_1(f_1,x)$.*

Soit σ une homotopie pointée en x reliant f_0 à f_1. Avec les notations de la prop. 3, δ est la classe d'un chemin constant d'image $f_0(x) = f_1(x)$. L'assertion en résulte.

COROLLAIRE 2. — *Soient* X *et* Y *des espaces topologiques et soit $f\colon \mathrm{X} \to \mathrm{Y}$ une homéotopie. Pour tout point x de* X, *l'homomorphisme*

$$\pi_1(f,x)\colon \pi_1(\mathrm{X},x) \to \pi_1(\mathrm{Y},f(x))$$

est un isomorphisme.

Soit g une application continue de Y dans X, réciproque à homotopie près de f. Soit x un point de X. Il résulte de la prop. 3 appliquée aux applications homotopes Id_{X} et $g\circ f\colon \mathrm{X} \to \mathrm{X}$ que l'application $\pi_1(g\circ f,x)$ est un isomorphisme du groupe $\pi_1(\mathrm{X},x)$ sur le groupe $\pi_1(\mathrm{X},g\circ f(x))$. Puisque

$$\pi_1(g\circ f,x) = \pi_1(g,f(x))\circ\pi_1(f,x),$$

l'homomorphisme $\pi_1(f,x)$ est injectif et l'homomorphisme $\pi_1(g,f(x))$ est surjectif. Comme l'application g est aussi une homéotopie, l'homomorphisme $\pi_1(g,f(x))$ est injectif ; c'est donc un isomorphisme. Par suite, $\pi_1(f,x)$ est un isomorphisme.

Exemple. — Soit G un groupe topologique, soit e son élément neutre. Pour tout point g de G, les translations à gauche et à droite, $x \mapsto gx$ et $x \mapsto xg$, sont des homéomorphismes de G sur lui-même (TG, III, p. 2) qui appliquent e sur g. D'après le corollaire 2, elles induisent des isomorphismes de $\pi_1(\mathrm{G},e)$ sur $\pi_1(\mathrm{G},g)$. Ces isomorphismes ne sont pas nécessairement égaux (IV, p. 459, exerc. 1).

COROLLAIRE 3. — *Soit* X *un espace topologique homéotope à un point. Pour tout point x de* X, *le groupe $\pi_1(\mathrm{X},x)$ est réduit à l'élément neutre.*

Le cor. 3 s'applique en particulier quand X est l'espace numérique à n dimensions $\mathbf{R}^n$ et plus généralement quand X est une partie de l'espace $\mathbf{R}^n$ qui est étoilée (III, p. 234) par rapport à un de ses points.

PROPOSITION 4. — *Soit* X *l'espace produit d'une famille* $(\mathrm{X}_j)_{j\in \mathrm{J}}$ *d'espaces topologiques. Le morphisme du groupoïde* $\varpi(\mathrm{X})$ *dans le produit des groupoïdes* $\varpi(\mathrm{X}_j)$, *pour* $j \in \mathrm{J}$, *défini par la famille de morphismes* $(\varpi(\mathrm{pr}_j))_{j\in\mathrm{J}}$ *est un isomorphisme.*

Notons φ ce morphisme de groupoïdes. L'application qui s'en déduit par passage aux sommets est l'application identique $\mathrm{X} \to \prod_j \mathrm{X}_j$. Soient $x = (x_j)$ et $y = (y_j)$ deux points de X. Notons $\varphi_{x,y}$ l'application de $\varpi_{x,y}(\mathrm{X})$ dans $\prod_j \varpi_{x_j,y_j}(\mathrm{X}_j)$ déduite de φ. Si pour tout $j \in \mathrm{J}$, $c_j : \mathbf{I} \to \mathrm{X}_j$ est un chemin reliant x_j à y_j, l'application $t \mapsto (c_j(t))$ est un chemin dans X reliant x à y (TG, I, p. 25, prop. 1). Cela prouve que $\varphi_{x,y}$ est surjective. Soient c et d deux chemins dans X reliant x à y. Supposons qu'il existe pour tout $j \in \mathrm{J}$ une homotopie stricte $\sigma_j : \mathbf{I} \times \mathbf{I} \to \mathrm{X}_j$ reliant $\mathrm{pr}_j \circ c$ à $\mathrm{pr}_j \circ d$. Alors, l'application $(t,s) \mapsto (\sigma_j(t,s))$ de $\mathbf{I}\times\mathbf{I}$ dans X est une homotopie stricte reliant c à d (*loc. cit.*). Cela prouve que $\varphi_{x,y}$ est injective.

COROLLAIRE. — *Soit* $x = (x_j)_{j\in\mathrm{J}}$ *un point de* X. *L'application*

$$\pi_1(\mathrm{X}, x) \to \prod_{j\in\mathrm{J}} \pi_1(\mathrm{X}_j, x_j)$$

déduite des applications $\pi_1(\mathrm{pr}_j, x_j)$ *est un isomorphisme de groupes.*

Cet isomorphisme est dit *canonique*. Dans la suite, nous identifierons souvent $\pi_1(\mathrm{X}, x)$ à $\prod_{j\in\mathrm{J}} \pi_1(\mathrm{X}_j, x_j)$ au moyen de cet isomorphisme.

Remarques. — 2) Soit $(\mathrm{X}_j)_{j\in\mathrm{J}}$ une famille d'espaces topologiques. Notons X l'espace topologique produit $\prod_{j\in\mathrm{J}} \mathrm{X}_j$ et soit $x = (x_j)$ un point de X.

Pour tout $i \in \mathrm{J}$, soit $u_i : \mathrm{X}_i \to \mathrm{X}$ l'application telle que, pour $z \in \mathrm{X}_i$, $\mathrm{pr}_i \circ u_i(z) = z$ et, pour tout $j \in \mathrm{J}$ distinct de i, $\mathrm{pr}_j \circ u_i(z) = x_j$. L'application u_i est continue et l'application $\pi_1(u_i, x_i)$ s'identifie à l'injection canonique du facteur $\pi_1(\mathrm{X}_i, x_i)$ dans le groupe produit de la famille $(\pi_1(\mathrm{X}_j, x_j))_{j\in\mathrm{J}}$ (*cf.* A, I, p. 45).

Supposons que l'ensemble J soit fini et, pour tout $j \in \mathrm{J}$, soit γ_j un élément de $\pi_1(\mathrm{X}_j, x_j)$. L'élément (γ_j) de $\pi_1(\mathrm{X}, x)$ est le composé des classes de lacets $(u_j)_*(\gamma_j)$, $j \in \mathrm{J}$, ces classes étant deux à deux permutables.

3) Soit $(X_j)_{j\in J}$ une famille d'espaces topologiques. Notons X l'espace topologique produit $\prod_{j\in J} X_j$ et soit $x = (x_j)$ un point de X.

Munissons les ensembles $\pi_1(X, x)$ et $\pi_1(X_j, x_j)$ de la topologie quotient de la topologie de la convergence compacte sur les espaces $\Lambda_x(X)$ et $\Lambda_{x_j}(X_j)$. L'isomorphisme $\pi_1(X, x) \to \prod_{j\in J} \pi_1(X_j, x_j)$ est alors un homéomorphisme. Il est continu (III, p. 294, remarque 1). La topologie de la convergence compacte sur $\Lambda(X)$ est engendrée par les parties de la forme $\boldsymbol{T}(K, U)$, où K est une partie compacte de **I** et U un ouvert de X. Pour $j \in J$, soit U_j un ouvert de X_j, tels que $\prod_{j\in J} U_j \subset U$. Alors $(\mathrm{pr}_j)_*(\boldsymbol{T}(K, U))$ contient $\boldsymbol{T}(K, U_j)$. Cela montre que les applications $(\mathrm{pr}_j)_* : \Lambda_x(X) \to \Lambda_{x_j}(X_j)$ sont ouvertes, et les applications $\pi_1(\mathrm{pr}_j, x_j)$ sont aussi ouvertes. Comme elles sont surjectives, l'application $\pi_1(X, x) \to \prod_{j\in J} \pi_1(X_j, x_j)$ est ouverte (TG, I, p. 34, prop. 8). Étant continue et bijective, c'est un homéomorphisme (TG, I, p. 30, exemple 2).

PROPOSITION 5. — *Soit* X *un espace topologique et soit* $(A_i)_{i\in I}$ *une famille croissante de parties de* X, *indexée par un ensemble ordonné filtrant* I, *telle que toute partie quasi-compacte de* X *soit contenue dans l'un des* A_i. *Le morphisme de groupoïdes canonique*

$$\rho\colon \varinjlim_{i\in I} \varpi(A_i) \to \varpi(X),$$

déduit des injections canoniques de A_i *dans* X, *est un isomorphisme.*

Si $i \leqslant j$, notons $\rho_{j,i}$ le morphisme de groupoïdes $\varpi(A_i) \to \varpi(A_j)$ déduit de l'injection de A_i dans A_j. Comme l'application déduite de $\rho_{j,i}$ par passage aux sommets est l'injection $A_i \to A_j$ et que les A_i recouvrent X, l'application déduite de ρ par passage aux sommets est bijective.

Soient a et b des points de X et soit c un chemin reliant a à b dans X. L'image de c est une partie quasi-compacte de X (TG, I, p. 62, th. 2), car **I** est compact. Il existe donc un élément $i \in I$ tel que l'image de c soit contenue dans A_i. Par suite, l'application déduite de ρ par passage aux ensembles de flèches est surjective.

Soit $i \in I$, soient a et b des points de A_i, soient c, c' des chemins reliant a à b dans A_i ; soit h une homotopie stricte reliant c à c' dans X. Comme $\mathbf{I} \times \mathbf{I}$ est compact, $h(\mathbf{I} \times \mathbf{I})$ est une partie quasi-compacte de X (*loc. cit.*) et il existe un élément $i \in I$ tel que l'image de h soit contenue dans A_i. Les chemins c et c' sont strictement homotopes dans A_i ; *a fortiori*, les classes de chemins $[c]$ et $[c']$ ont même image dans $\varinjlim \varpi(A_i)$. Par suite, ρ est injectif.

COROLLAIRE. — *Soit a un point de X et soit J l'ensemble des $i \in I$ tels que $a \in A_i$. L'homomorphisme canonique*

$$\varinjlim_{i \in J} \pi_1(A_i, a) \to \pi_1(X, a)$$

est bijectif.

Remarque 4. — La proposition et son corollaire s'appliquent en particulier lorsque $(A_i)_{i \in I}$ est une famille croissante de parties de X indexée par un ensemble ordonné filtrant I telle que les intérieurs des A_i recouvrent X.

3. Lacets librement homotopes

DÉFINITION 4. — *Soit X un espace topologique et soient c et c' deux lacets dans X. On appelle* homotopie libre *reliant c à c' une homotopie σ reliant c à c' telle que $\sigma(0, s) = \sigma(1, s)$ pour tout $s \in \mathbf{I}$. On dit que c est* librement homotope *à c' s'il existe une homotopie libre reliant c à c'.*

Les homotopies libres reliant c à c' correspondent aux chemins reliant c à c' dans l'espace $\Omega(X)$ des lacets de X. Par suite, la relation « c est librement homotope à c' » est une relation d'équivalence dans $\Omega(X)$ dont les classes d'équivalence sont les composantes connexes par arcs de $\Omega(X)$.

Remarque. — Soit φ l'application canonique de $\mathbf{R}$ sur $\mathbf{T} = \mathbf{R}/\mathbf{Z}$ (TG, V, p. 2). L'application $f \mapsto f \circ \varphi | \mathbf{I}$ est un homéomorphisme de $\mathscr{C}_c(\mathbf{T}; X)$ sur $\Omega(X)$, d'où, par passage aux composantes connexes par arcs, une bijection de l'ensemble $[\mathbf{T}; X]$ (III, p. 230) sur l'ensemble des classes d'homotopie libre de lacets dans X.

PROPOSITION 6. — *Soit X un espace topologique connexe par arcs et soit x un point de X.*

a) *Tout lacet dans X est librement homotope à un lacet en x. Plus précisément, si c est un lacet en y et d un chemin d'origine y et de terme x, c est librement homotope au lacet $(\overline{d} * c) * d$ en x.*

b) *Deux lacets dans* X *en* x *sont librement homotopes si et seulement si leurs classes d'homotopie stricte sont conjuguées dans le groupe* $\pi_1(\mathrm{X}, x)$.

Démontrons *a*). Pour tout $s \in [0,1]$, notons d_s le chemin dans X défini par $d_s(t) = d(st)$ pour $t \in \mathbf{I}$; son origine est y. Comme l'application $(s,t) \mapsto d(st)$ est continue, l'application $s \mapsto d_s$ de $\mathbf{I}$ dans $\mathscr{C}_c(\mathbf{I}; \mathrm{X})$ est continue (III, p. 257, prop. 1). L'application $s \mapsto (\overline{d_s} * c) * d_s$ est alors un chemin dans $\Omega(\mathrm{X})$ (III, p. 257, prop. 2) reliant $(e_y * c) * e_y$ à $(\overline{d} * c) * d$, d'où *a*).

Soient c et c' deux lacets dans X en x. Si leurs classes d'homotopie stricte sont conjuguées dans $\pi_1(\mathrm{X}, x)$, il existe un lacet d en x tel que c' soit strictement homotope au lacet $(\overline{d} * c) * d$. Il résulte de *a*) que c et c' sont librement homotopes. Réciproquement, supposons qu'il existe une homotopie libre φ reliant c à c'. Posons $d(t) = \varphi(0,t)$, on a aussi $d(t) = \varphi(1,t)$ et d est un lacet en x. D'après le lemme 1 de III, p. 295, les lacets $c * d$ et $d * c'$ sont strictement homotopes. Les classes d'homotopie stricte de c et c' sont donc conjuguées dans $\pi_1(\mathrm{X}, x)$.

Scholie. — Soit X un espace topologique connexe par arcs et soit x un point de X. La proposition 6 permet de définir une bijection canonique de l'ensemble des classes d'homotopie libre de lacets dans X sur l'ensemble des classes de conjugaison dans $\pi_1(\mathrm{X}, x)$.

§ 4. HOMOTOPIE ET REVÊTEMENTS

1. Homotopie et revêtements

PROPOSITION 1. — *Soit* B *un espace topologique et soit* E *un revêtement de* B. *Soit* B' *un espace topologique et soient* f_0 *et* f_1 *des applications continues de* B' *dans* B. *Si les applications* f_0 *et* f_1 *sont homotopes, les revêtements* $f_0^*(\mathrm{E})$ *et* $f_1^*(\mathrm{E})$ *de* B' *sont isomorphes.*

Soit $\sigma \colon \mathrm{B}' \times \mathbf{I} \to \mathrm{B}$ une homotopie reliant f_0 à f_1. Notons i_0 et i_1 les applications $x \mapsto (x,0)$ et $x \mapsto (x,1)$ de B' dans $\mathrm{B}' \times \mathbf{I}$. Si $t \in \{0,1\}$, on a $f_t = \sigma \circ i_t$ et les revêtements $f_t^*(\mathrm{E})$ et $i_t^*(\sigma^*(\mathrm{E}))$ de B' sont donc isomorphes (I, p. 15). Comme l'espace topologique $\mathbf{I}$ est localement connexe et simplement connexe (I, p. 127, corollaire), les revêtements

$i_0^*(\sigma^*(\mathrm{E}))$ et $i_1^*(\sigma^*(\mathrm{E}))$ de B′ sont isomorphes (I, p. 130, cor. 1 de la prop. 8).

Corollaire. — *Un espace topologique homéotope à un espace topologique simplement connexe est simplement connexe.*

Soient B et B′ des espaces topologiques, soit $f\colon \mathrm{B} \to \mathrm{B}'$ une homéotopie et soit $g\colon \mathrm{B}' \to \mathrm{B}$ une application continue, réciproque à homotopie près de f. Soit E un revêtement de B. Comme $g \circ f$ est homotope à l'application identique de B, le revêtement B est isomorphe au revêtement $f^*(g^*(\mathrm{E}))$ (prop. 1). Si l'espace B′ est simplement connexe, le revêtement $g^*(\mathrm{E})$ est trivialisable. Par suite, le revêtement E est trivialisable. Cela prouve que l'espace B est simplement connexe.

Remarque. — Soit G un groupe topologique discret. Avec les notations de la proposition, supposons que E soit un revêtement principal de groupe G. Les revêtements $f_0^*(\mathrm{E})$ et $f_1^*(\mathrm{E})$ sont alors des revêtements principaux isomorphes (I, p. 131, remarque).

Proposition 2 (Relèvement des homotopies). — *Soit* B *un espace topologique et soit* E *un revêtement de* B. *Soit* B′ *un espace topologique et soient* f_0 *et* f_1 *des applications continues de* B′ *dans* B. *Soit* $\sigma\colon \mathrm{B}' \times \mathbf{I} \to \mathrm{B}$ *une homotopie reliant* f_0 *à* f_1. *Soit* $g_0\colon \mathrm{B}' \to \mathrm{E}$ *un relèvement continu de* f_0 *à* E. *Il existe une unique application continue* $\widetilde{\sigma}\colon \mathrm{B}' \times \mathbf{I} \to \mathrm{E}$ *relevant* σ *qui est une homotopie d'origine* g_0. *Son terme* $g_1\colon \mathrm{B}' \to \mathrm{E}$ *est un relèvement continu de* f_1 *à* E.

Cela résulte du corollaire 3 de la prop. 8 de I, p. 130, appliqué à l'espace topologique simplement connexe et localement connexe **I**.

2. Relèvement des chemins

Proposition 3. — *Soit* B *un espace topologique et soit* $p\colon \mathrm{E} \to \mathrm{B}$ *un revêtement. Notons* $\widetilde{p}\colon \mathscr{C}_c(\mathbf{I}; \mathrm{E}) \to \mathscr{C}_c(\mathbf{I}; \mathrm{B})$ *l'application* $c \mapsto p \circ c$. *Notons* $o_{\mathrm{E}}\colon \mathscr{C}_c(\mathbf{I}; \mathrm{E}) \to \mathrm{E}$ *(*resp. $o_{\mathrm{B}}\colon \mathscr{C}_c(\mathbf{I}; \mathrm{B}) \to \mathrm{B}$*) l'application définie par* $c \mapsto c(0)$. *Alors, le diagramme*

$$\begin{array}{ccc} \mathscr{C}_c(\mathbf{I}; \mathrm{E}) & \xrightarrow{o_{\mathrm{E}}} & \mathrm{E} \\ \Big\downarrow{\scriptstyle \widetilde{p}} & & \Big\downarrow{\scriptstyle p} \\ \mathscr{C}_c(\mathbf{I}; \mathrm{B}) & \xrightarrow{o_{\mathrm{B}}} & \mathrm{B} \end{array}$$

est un carré cartésien.

L'espace topologique **I** est localement connexe, localement compact et simplement connexe. La proposition résulte ainsi de la prop. 9 de I, p. 131, appliquée avec $\mathrm{T} = \mathbf{I}$ et $t = 0$.

COROLLAIRE 1. — *L'application* $\widetilde{p}\colon \mathscr{C}_c(\mathbf{I};\mathrm{E}) \to \mathscr{C}_c(\mathbf{I};\mathrm{B})$ *est un revêtement.*

Cela résulte de I, p. 71, cor. 2 de la prop. 1.

COROLLAIRE 2 (Relèvement des chemins). — *Soit* $p\colon \mathrm{E} \to \mathrm{B}$ *un revêtement, soit* x *un point de* E *et* $a = p(x)$. *L'application* $c \mapsto p \circ c$ *est un homéomorphisme de l'espace* $\Lambda_x(\mathrm{E})$ *des chemins dans* E *d'origine* x *sur l'espace* $\Lambda_a(\mathrm{B})$ *des chemins dans* B *d'origine* a.

Avec les notations de la proposition 3, on a $\Lambda_a(\mathrm{B}) = \overset{-1}{o_{\mathrm{B}}}(a)$ et $\Lambda_x(\mathrm{E}) = \overset{-1}{o_{\mathrm{E}}}(x)$. Le corollaire résulte alors de I, p. 10, cor. de la prop. 4.

On dira qu'une application continue $p\colon \mathrm{E} \to \mathrm{B}$ vérifie la *propriété de relèvement des chemins* si, pour tout chemin $c\colon \mathbf{I} \to \mathrm{B}$ et tout point x de E relevant $c(0)$, il existe un chemin c' dans E d'origine x qui relève c. Un tel chemin est alors unique si p est étale et séparée (I, p. 34, cor. 1 de la prop. 11). Soient E un revêtement et p sa projection ; l'application p est étale, séparée et possède la propriété de relèvement des chemins (corollaire 2). Pour une réciproque partielle, *cf.* III, p. 315, corollaire.

PROPOSITION 4. — *Soit* $p\colon \mathrm{E} \to \mathrm{B}$ *une application étale et séparée qui vérifie la propriété de relèvement des chemins. Soient* a *et* b *des points de* B *et soit* x *un point de* E *tel que* $p(x) = a$. *Soient* c_0 *et* c_1 *deux chemins strictement homotopes reliant* a *à* b *dans* B. *Les chemins d'origine* x *dans* E *qui relèvent respectivement* c_0 *et* c_1 *ont même terme et sont strictement homotopes.*

Soit $\sigma\colon \mathbf{I} \times \mathbf{I} \to \mathrm{B}$ une homotopie stricte reliant c_0 à c_1. Pour $s \in \mathbf{I}$, soit c'_s l'unique chemin d'origine x dans E qui relève le chemin $t \mapsto \sigma(t,s)$. Pour $(t,s) \in \mathbf{I} \times \mathbf{I}$, posons $\sigma'(t,s) = c'_s(t)$; on a $p \circ \sigma' = \sigma$. L'application σ' est constante sur $\{0\} \times \mathbf{I}$; par construction, elle est continue sur $\mathbf{I} \times \{s\}$ pour tout $s \in \mathbf{I}$. Elle est donc continue, d'après I, p. 37, cor. 1 du th. 1. En particulier, l'application de **I** dans E_b donnée par $s \mapsto \sigma'(1,s)$ est un relèvement continu du chemin constant d'image b ; elle est donc constante. Cela prouve que l'application σ' est une homotopie stricte reliant c'_0 à c'_1.

Corollaire 1. — *Soit* B *un espace topologique et soit* E *un revêtement de* B *; notons* p *sa projection. Pour tout couple* (x, y) *de points de* E*, l'application* $\varpi_{x,y}(p) \colon \varpi_{x,y}(\mathrm{E}) \to \varpi_{p(x),p(y)}(\mathrm{B})$ *est injective. En particulier, pour tout point* x *de* E*, l'homomorphisme* $\pi_1(p, x) \colon \pi_1(\mathrm{E}, x) \to \pi_1(\mathrm{B}, p(x))$ *est injectif.*

Corollaire 2. — *Soit* B *un espace topologique et soit* E *un revêtement de* B *; notons* p *sa projection. Soit* x *un point de* E*, posons* $b = p(x)$*. Pour que la classe dans* $\pi_1(\mathrm{B}, b)$ *d'un lacet* c *de* B *en* a *appartienne au sous-groupe image de l'homomorphisme* $\pi_1(p, x)$*, il faut et il suffit que le chemin* c' *d'origine* x *relevant* c *soit un lacet de* E *en* x.

La condition est évidemment suffisante. Inversement, soit c'_1 un lacet de E en x. Posons $c_1 = p \circ c'_1$ et supposons que les lacets c et c_1 soient strictement homotopes. D'après la prop. 4, le chemin c' a même terme que le chemin c'_1. C'est donc un lacet en x.

Corollaire 3. — *Soit* B *un espace topologique et soient* (E_1, p_1) *et* (E_2, p_2) *des revêtements de* B*. Notons* (E, p) *leur* B*-espace produit et soit* $x = (x_1, x_2)$ *un point de* E*. L'image de l'homomorphisme* $\pi_1(p, x)$ *est l'intersection des images des homomorphismes* $\pi_1(p_1, x_1)$ *et* $\pi_1(p_2, x_2)$.

Soit c un lacet de B en $p_1(x_1) = p_2(x_2)$ et, pour $i \in \{1, 2\}$, soit c'_i le chemin d'origine x_i dans E_i relevant c. Le B-espace $\mathrm{E} = \mathrm{E}_1 \times_{\mathrm{B}} \mathrm{E}_2$ est un revêtement de B (I, p. 72, cor. 3 de la prop. 2) et le chemin $c' \colon t \mapsto (c'_1(t), c'_2(t))$ est l'unique chemin d'origine x dans E qui relève c. Pour que c' soit un lacet, il faut et il suffit que c'_1 et c'_2 le soient. Le corollaire 3 résulte ainsi du corollaire 2.

3. Opérations du groupoïde de Poincaré dans les revêtements

Soit B un espace topologique et soit $p \colon \mathrm{E} \to \mathrm{B}$ une application étale et séparée qui vérifie la propriété de relèvement des chemins (III, p. 302) ; c'est le cas si l'application p fait de E un revêtement de B (*loc. cit.*). Soient b et b' des points de B et soit $c \in \Lambda_{b,b'}(\mathrm{B})$ un chemin dans B reliant b à b'. Pour tout point x de la fibre E_b, notons $x \cdot c$ le terme du chemin d'origine x dans E qui relève c. Le point $x \cdot c$

appartient à la fibre $E_{b'}$ et ne dépend que de la classe $\gamma \in \varpi_{b,b'}(B)$ du chemin c (III, p. 302, prop. 4) ; on écrira ainsi $x \cdot \gamma$ au lieu de $x \cdot c$.

Si c est le chemin constant en b, on a $x \cdot \gamma = x$ car le chemin constant d'origine x relève c.

Soit b'' un autre point de B et soit $c' \in \Lambda_{b',b''}(B)$. Pour tout point x de E_b, on a :

$$(x \cdot c) \cdot c' = x \cdot (c * c'). \tag{1}$$

En effet, notons $\widetilde{c}$ le relèvement d'origine x de c et $\widetilde{c'}$ le relèvement de c' d'origine $x \cdot c = \widetilde{c}(1)$. Les chemins $\widetilde{c}$ et $\widetilde{c'}$ sont juxtaposables et $\widetilde{c} * \widetilde{c'}$ est le chemin d'origine x relevant $c * c'$.

Notons $\varphi_{b,b'} \colon \varpi_{b,b'}(B) \to \mathscr{F}(E_b; E_{b'})$ l'application telle que, pour $\gamma \in \varpi_{b,b'}(B)$ et $x \in E_b$, on ait

$$\varphi_{b,b'}(\gamma)(x) = x \cdot \gamma.$$

Pour tout $\gamma \in \varpi_{b,b'}(B)$ et tout $\gamma' \in \varpi_{b',b''}(B)$, il résulte de la relation (1) que l'on a

$$\varphi_{b,b''}(\gamma\gamma') = \varphi_{b',b''}(\gamma') \circ \varphi_{b,b'}(\gamma). \tag{2}$$

La famille $\varphi = (\varphi_{b,b'})_{(b,b') \in B \times B}$ définit donc une loi d'opération à droite du groupoïde $\varpi(B)$ sur l'ensemble E relativement à l'application $p \colon E \to B$ (II, p. 167). On l'appelle l'*opération canonique du groupoïde* $\varpi(B)$ *associée à l'application* $p \colon E \to B$. L'application $\varphi_{b,b} \colon \pi_1(B, b) \to \mathscr{F}(E_b; E_b)$ définit une loi d'opération à droite du groupe $\pi_1(B, b)$ sur la fibre E_b de E. Cette opération est appelée *opération canonique de* $\pi_1(B, b)$ *sur la fibre* E_b.

Remarque. — Soient b et b' deux points de B, x un point de E_b, $c \in \Lambda_{b,b'}(B)$ un chemin dans B et $\widetilde{c}$ le chemin dans E d'origine x qui relève c. Pour tout $s \in \mathbf{I}$, notons c_s le chemin $t \mapsto c(st)$; le chemin dans E d'origine x relevant c_s est le chemin $t \mapsto \widetilde{c}(st)$ dont le terme est le point $\widetilde{c}(s)$. On a donc $\widetilde{c}(s) = x \cdot c_s$ pour tout $s \in \mathbf{I}$.

Soit B' un espace topologique et soit $p' \colon E' \to B'$ une application étale et séparée qui vérifie la propriété de relèvement des chemins. Soient $f \colon B \to B'$ et $g \colon E \to E'$ des applications continues telles que $p' \circ g = f \circ p$. Pour b, $b' \in B$, $\gamma \in \varpi_{b,b'}(B)$ et $x \in E_b$, on a :

$$g(x \cdot \gamma) = g(x) \cdot f_*(\gamma). \tag{3}$$

En effet, soit c un chemin dans B dont γ est la classe d'homotopie stricte, notons $\widetilde{c}$ le chemin dans E d'origine x qui relève c ; le chemin $g \circ \widetilde{c}$ est alors le relèvement d'origine $g(x)$ de $f \circ c$ dans E'.

En particulier, pour $B = B'$ et $f = \mathrm{Id}_B$, on a

$$g(x \cdot \gamma) = g(x) \cdot \gamma. \tag{4}$$

Soient $p \colon E \to B$ et $p' \colon E' \to B$ des applications étales et séparées qui vérifient la propriété de relèvement des chemins. Soit b un point de B. Si $f \colon E \to E'$ est un B-morphisme, l'application $f_b \colon E_b \to E'_b$ est un $\pi_1(B, b)$-morphisme.

THÉORÈME 1. — *Soit* B *un espace topologique, soit* (E, p) *un revêtement de* B*, soit* b *un point de* B *et soit* x *un point de la fibre* E_b.

a) *L'orbite de* x *pour l'opération canonique du groupe* $\pi_1(B, b)$ *est l'intersection de* E_b *et de la composante connexe par arcs de* x *dans* E. *En particulier, si l'espace* E *est connexe par arcs, cette opération est transitive.*

b) *Le fixateur* (A, I, p. 51) *de* x *est le sous-groupe* $p_*(\pi_1(E, x))$ *de* $\pi_1(B, b)$.

c) *Pour tout* $\gamma \in \pi_1(B, b)$*, on a* $p_*(\pi_1(E, x)) = \mathrm{Int}(\gamma)(p_*(\pi_1(E, x \cdot \gamma)))$.

d) *Si l'espace* B *est connexe et que le revêtement* E *est galoisien, le sous-groupe* $p_*(\pi_1(E, x))$ *est distingué dans* $\pi_1(B, b)$.

L'assertion a) est immédiate. L'assertion b) résulte du cor. 2 de la prop. 4 (III, p. 303). L'assertion c) résulte de b) et de la proposition 2 de A, I, p. 52. Supposons enfin que B soit connexe et que E soit un revêtement galoisien de B. Pour tout $\gamma \in \pi_1(B, b)$, il existe un B-automorphisme g de E tel que $g(x) = x \cdot \gamma$ (I, p. 102, th. 2, c)). On a $p = p \circ g$, d'où $p_*(\pi_1(E, x)) = p_*(\pi_1(E, x \cdot \gamma))$. L'assertion d) résulte donc de c).

4. Cas des revêtements associés à un revêtement principal

Soit B un espace topologique, soit G un groupe topologique discret et soit E un revêtement de B, principal de groupe G. Notons p la projection du B-espace E. Soit b un point de B et soit x un point de E_b.

PROPOSITION 5. — *L'application* $h_{(E,x)}$ *de* $\pi_1(B,b)$ *dans* G *qui, à* $\gamma \in \pi_1(B,b)$, *associe l'unique élément* g *de* G *tel que* $x \cdot g = x \cdot \gamma^{-1}$, *est un homomorphisme de groupes, de noyau le sous-groupe* $p_*(\pi_1(E,x))$ *de* $\pi_1(B,b)$. *Si* E *est connexe, cet homomorphisme est surjectif.*

Pour tout $g \in G$, *on a* $h_{(E,x\cdot g)} = \mathrm{Int}(g^{-1}) \circ h_{(E,x)}$.

Soit E un revêtement de B, principal de groupe G, soit x un point de E_b et notons p la projection de E. Pour tout $g \in G$, l'application $y \mapsto y \cdot g$ est un B-automorphisme de E. On a donc, pour tout $g \in G$, tout $y \in E_b$ et tout $\gamma \in \pi_1(B,b)$, la relation $(y \cdot g) \cdot \gamma = (y \cdot \gamma) \cdot g$ (*cf.* III, p. 305, relation (4)). Par suite, pour $\gamma, \delta \in \pi_1(B,b)$, on a

$$\begin{aligned} x \cdot h_{(E,x)}(\gamma\delta) &= x \cdot \delta^{-1}\gamma^{-1} \\ &= (x \cdot h_{(E,x)}(\delta)) \cdot \gamma^{-1} \\ &= (x \cdot \gamma^{-1}) \cdot h_{(E,x)}(\delta) \\ &= x \cdot h_{(E,x)}(\gamma) h_{(E,x)}(\delta), \end{aligned}$$

ce qui prouve que $h_{(E,x)}$ est un homomorphisme de groupes.

Son noyau est le fixateur de x pour l'opération canonique de $\pi_1(B,b)$, donc est égal à $p_*(\pi_1(E,x))$ d'après le théorème 1 de III, p. 305. L'application $g \mapsto x \cdot g$ est une bijection de G sur E_b. L'image de l'homomorphisme $h_{(E,x)}$ est donc l'ensemble des $g \in G$ tels que $x \cdot g$ appartienne à l'orbite de x pour cette opération. Si E est connexe, $\pi_1(B,b)$ opère transitivement sur E_b (*loc. cit.*) et l'homomorphisme $h_{(E,x)}$ est surjectif.

Soit $g \in G$; pour tout $\gamma \in \pi_1(B,b)$, on a

$$x \cdot g h_{(E,x\cdot g)}(\gamma) = (x \cdot g) \cdot \gamma^{-1} = (x \cdot \gamma^{-1}) \cdot g = x \cdot h_{(E,x)}(\gamma) g,$$

d'où $h_{(E,x\cdot g)}(\gamma) = g^{-1} h_{(E,x)}(\gamma) g$. Cela termine la preuve de la proposition.

Exemples. — 1) Soit F un ensemble discret muni d'une opération de G et soit $X = E \times^G F$ le revêtement de B associé. Notons $\varphi \colon E \times F \to X$ le B-morphisme canonique. C'est un morphisme de revêtements. Pour tout $\gamma \in \pi_1(B,b)$ et tout $f \in F$, on a alors

(5)
$$\varphi(x,f) \cdot \gamma = \varphi(x \cdot \gamma, f) = \varphi(x \cdot h_{(E,x)}(\gamma)^{-1}, f) = \varphi(x, h_{(E,x)}(\gamma^{-1}) \cdot f).$$

Si l'on identifie F à X_b par l'application bijective $f \mapsto \varphi(x,f)$, il en résulte que l'opération à droite $\pi_1(B,b) \to \mathrm{Aut}(X_b)^\circ$ est la composée de l'homomorphisme $h_{(E,x)}$, de l'antihomomorphisme $g \mapsto g^{-1}$ de G dans lui-même et de l'homomorphisme $G \to \mathrm{Aut}(F)$ déduit de l'opération de G sur F.

2) Soit H un groupe topologique discret, soit $f\colon G \to H$ un morphisme de groupes. Munissons H de l'opération à gauche de G donnée par $g \cdot h = f(g)h$, pour $g \in G$ et $h \in H$. Soit $E' = E \times^{G} H$ le revêtement associé ; c'est un revêtement principal de groupe H (I, p. 107, exemple 6). Notons $q\colon E \times H \to E \times^{G} H$ l'application canonique et posons $x' = q(x, e)$. On a $h_{(E',x')} = f \circ h_{(E,x)}$.

En effet, soit c un lacet en b dans B, soit γ sa classe dans $\pi_1(B, b)$ et soit $g = h_{(E,x)}$; on a donc $x \cdot \gamma = x \cdot g^{-1}$. Soit $\widetilde{c}$ un chemin d'origine x dans E ; alors, $t \mapsto q(\widetilde{c}(t), e)$ est un chemin d'origine x' dans E′ qui relève le chemin $p \circ \widetilde{c}$ dans B, si bien que

$$x' \cdot \gamma = q(x \cdot \gamma, e) = q(x \cdot g^{-1}, e) = q(x, f(g)^{-1}) = q(x, e) \cdot f(g)^{-1},$$

ce qui démontre que $h_{(E',x')}(\gamma) = f(g)$.

§ 5. HOMOTOPIE ET REVÊTEMENTS (CAS DES ESPACES LOCALEMENT CONNEXES PAR ARCS)

1. Condition homotopique de relèvement des applications continues

PROPOSITION 1. — *Soit* B *un espace topologique et soit* (E, p) *un revêtement de* B. *Soit* Y *un espace topologique et soit* $f\colon \mathrm{Y} \to \mathrm{B}$ *une application continue. Soient* $y \in \mathrm{Y}$, $x \in \mathrm{E}$, $b \in \mathrm{B}$ *des points tels que* $f(y) = p(x) = b$. *Supposons l'espace* Y *connexe et* localement connexe par arcs. *Pour qu'il existe un relèvement continu* $g\colon \mathrm{Y} \to \mathrm{E}$ *de* f *tel que* $g(y) = x$, *il faut et il suffit que l'image de l'homomorphisme* $\pi_1(f, y)\colon \pi_1(\mathrm{Y}, y) \to \pi_1(\mathrm{B}, b)$ *soit contenue dans l'image de l'homomorphisme* $\pi_1(p, x)\colon \pi_1(\mathrm{E}, x) \to \pi_1(\mathrm{B}, b)$.

La condition est nécessaire sans hypothèse sur l'espace Y. En effet, si un tel relèvement g existe, on a $\pi_1(f, y) = \pi_1(p, x) \circ \pi_1(g, y)$.

Démontrons qu'elle est suffisante. Notons $s\colon \Lambda_b(\mathrm{B}) \to \Lambda_x(\mathrm{E})$ l'homéomorphisme réciproque de l'homéomorphisme $c \mapsto p \circ c$ (III, p. 302, cor. 2 de la prop. 3) et soit $\varphi\colon \Lambda_y(\mathrm{Y}) \to \Lambda_x(\mathrm{E})$ l'application $d \mapsto s(f \circ d)$. L'application φ est continue (I, p. 132, lemme).

Soient d et $d' \in \Lambda_y(\mathrm{Y})$ des chemins d'origine y ayant le même terme ; démontrons que les chemins $\varphi(d)$ et $\varphi(d')$ ont même terme. Posons $c = f \circ d$, $c' = f \circ d'$. Comme le chemin $d * \overline{d'}$ est un lacet dans Y en y, le chemin $c * \overline{c'}$ est un lacet dans B en b et sa classe appartient à l'image de l'homomorphisme $\pi_1(f, y)$, donc à l'image de l'homomorphisme $\pi_1(p, x)$ par hypothèse. D'après le cor. 2 de la prop. 4 (III, p. 303), le chemin $s(c * \overline{c'})$ est un lacet dans E en x. Il en est de même du chemin $s(c' * \overline{c})$ qui, par unicité du relèvement des chemins, est égal à $\overline{s(c * \overline{c'})}$. On a donc $s(c' * \overline{c})(\frac{1}{2}) = s(c')(1) = s(c)(1)$, ce qu'on voulait démontrer.

Notons respectivement $e_{\mathrm{E}}\colon \Lambda_x(\mathrm{E}) \to \mathrm{E}$ et $e_{\mathrm{Y}}\colon \Lambda_y(\mathrm{Y}) \to \mathrm{Y}$ les applications terme. Comme l'espace Y est supposé connexe et localement connexe par arcs, l'application e_{Y} est surjective et ouverte (III, p. 262, prop. 10). D'après l'alinéa précédent, il existe une unique application $g\colon \mathrm{Y} \to \mathrm{E}$ telle que $e_{\mathrm{E}} \circ \varphi = g \circ e_{\mathrm{Y}}$. Elle est continue, car l'application e_{Y} stricte (I, p. 18, exemple 2).

Vérifions enfin que l'application g relève l'application f et que $g(y) = x$. Tout point z de Y est le terme d'un chemin c d'origine y. Le chemin $\varphi(c)$ est un relèvement de $f \circ c$ d'origine x et de terme le point $g(z)$. On a donc $p(g(z)) = f(z)$. Pour $z = y$ et $c = e_y$, on a $\varphi(e_y) = e_x$, d'où $g(y) = x$.

Corollaire 1. — *Soit* B *un espace topologique connexe et* localement connexe par arcs, *et soit b un point de* B. *Pour qu'un revêtement* (E, p) *de* B *soit trivialisable, il faut et il suffit que, pour tout point x de la fibre* E_b, *l'homomorphisme* $\pi_1(p, x)$ *soit bijectif.*

Rappelons que l'homomorphisme $\pi_1(p, x)$ est injectif (III, p. 303, cor. 1 de la prop. 4). L'énoncé résulte donc de la prop. 1 et de I, p. 81, cor. 4 de la prop. 6.

Remarque. — Soit B un espace topologique localement connexe par arcs, soit b un point de B et soit V un voisinage ouvert et connexe de b tel que l'homomorphisme de $\pi_1(\mathrm{V}, b)$ dans $\pi_1(\mathrm{B}, b)$ ait pour image le sous-groupe réduit à l'élément neutre. D'après le cor. 1, tout revêtement de B est trivialisable au-dessus de V, et *a fortiori* au-dessus de toute partie de B contenue dans V.

Corollaire 2. — *Soit* B *un espace topologique connexe et* localement connexe par arcs. *Si, pour un point b de* B, *le groupe* $\pi_1(\mathrm{B}, b)$ *est réduit à l'élément neutre, l'espace* B *est simplement connexe.*

En effet, il résulte du corollaire 1 que, sous ces hypothèses, tout revêtement de B est trivialisable.

Corollaire 3. — *Soit*

$$\begin{array}{ccc} \mathrm{E}' & \xrightarrow{f'} & \mathrm{E} \\ \big\downarrow{\scriptstyle p'} & & \big\downarrow{\scriptstyle p} \\ \mathrm{B}' & \xrightarrow{f} & \mathrm{B} \end{array}$$

un carré cartésien. Supposons que E *soit un revêtement de* B *et que l'espace* B′ *soit connexe et* localement connexe par arcs. *Soient b' un point de* B′ *et $b = f(b')$. Pour que* (E', p') *soit un revêtement trivialisable de* B′, *il faut et il suffit que, pour tout point x de la fibre* E_b, *l'image de* $\pi_1(p, x)$ *contienne l'image de* $\pi_1(f, b)$.

Cela résulte de la prop. 1 et de I, p. 81, cor. 5 de la prop. 6.

2. Opérations du groupe de Poincaré et morphismes de revêtements

Soit B un espace topologique connexe et localement connexe par arcs et soit b un point de B.

Soit E un revêtement de B. Comme l'espace B est supposé connexe, la fibre E_b n'est pas vide si E n'est pas vide (I, p. 74, prop. 4). D'après l'assertion *a*) du théorème 1 de III, p. 305, le revêtement E est connexe et non vide si et seulement si le groupe $\pi_1(B, b)$ opère transitivement sur E_b.

PROPOSITION 2. — *Soient* E *et* E′ *des revêtements de* B.

a) *Soit* $f: E \to E'$ *un* B*-morphisme. L'application* $f_b: E_b \to E'_b$ *déduite de* f *est compatible avec les opérations de* $\pi_1(B, b)$ *sur* E_b *et* E'_b *respectivement. Elle est bijective si et seulement si* f *est un isomorphisme.*

b) *L'application* $f \mapsto f_b$ *est une bijection de l'ensemble* $\mathscr{C}_B(E; E')$ *des* B*-morphismes de* E *dans* E′ *sur l'ensemble* $\mathscr{F}_{\pi_1(B,b)}(E_b; E'_b)$ *des* $\pi_1(B, b)$*-morphismes de* E_b *dans* E'_b.

Si f est un B-morphisme de E dans E′, l'application $f_b: E_b \to E'_b$ est un $\pi_1(B, b)$-morphisme (*cf.* III, p. 305). De plus, deux B-morphismes de E dans E′ qui coïncident sur la fibre E_b sont égaux (I, p. 80, cor. 3 de la prop. 6).

Soit $\varphi: E_b \to E'_b$ un morphisme de $\pi_1(B, b)$-ensembles ; démontrons qu'il existe un B-morphisme f de E dans E′ tel que $f_b = \varphi$. On peut supposer les espaces E et E′ connexes et non vides, de sorte que E_b et E'_b sont des $\pi_1(B, b)$-ensembles homogènes. Soit x un point de E_b ; son fixateur G est l'image de l'application $\pi_1(p, x)$ (III, p. 305, théorème 1). Comme l'application φ est un $\pi_1(B, b)$-morphisme, le groupe G fixe le point $x' = \varphi(x)$ de E'_b, donc est contenu dans l'image de l'application $\pi_1(p', x')$. D'après la prop. 1 de III, p. 308, il existe un B-morphisme f de E dans E′ tel que $f(x) = x'$. Les applications f_b et φ sont des $\pi_1(B, b)$-morphismes du $\pi_1(B, b)$-ensemble homogène E_b dans E'_b qui coïncident au point x ; elles sont donc égales.

Si $f: E \to E'$ est un B-isomorphisme, l'application $f_b: E_b \to E'_b$ est bijective. Inversement, supposons l'application f_b bijective et soit $g: E' \to E$ un B-morphisme tel que $g_b = (f_b)^{-1}$. Le B-morphisme $g \circ f: E \to E$ induit sur E_b l'application identique ; il résulte donc de la proposition que $g \circ f = \mathrm{Id}_{\mathrm{E}}$. De même, $f \circ g = \mathrm{Id}_{\mathrm{E}'}$, ce qui prouve que f est un B-isomorphisme.

COROLLAIRE 1. — *Les revêtements* E *et* E' *sont isomorphes si et seulement si les* $\pi_1(\mathrm{B}, b)$*-ensembles* E_b *et* E'_b *sont isomorphes.*

COROLLAIRE 2. — *Soient* (E, p) *et* (E', p') *des revêtements connexes de* B. *Soient* x *un point de* E_b *et* x' *un point de* E'_b. *Pour qu'il existe un* B*-morphisme* $g \colon \mathrm{E} \to \mathrm{E}'$ *tel que* $g(x) = x'$, *il faut et il suffit que l'on ait* $p_*(\pi_1(\mathrm{E}, x)) \subset p'_*(\pi_1(\mathrm{E}', x'))$. *Un tel morphisme est alors unique et est un isomorphisme si et seulement si les sous-groupes* $p_*(\pi_1(\mathrm{E}, x))$ *et* $p'_*(\pi_1(\mathrm{E}', x'))$ *de* $\pi_1(\mathrm{B}, b)$ *sont égaux.*

D'après III, p. 305, théorème 1, l'application de $\pi_1(\mathrm{B}, b)$ sur E_b définie par $\gamma \mapsto x \cdot \gamma$ induit par passage au quotient un isomorphisme du $\pi_1(\mathrm{B}, b)$-ensemble $p_*(\pi_1(\mathrm{E}, x))\backslash\pi_1(\mathrm{B}, b)$ sur E_b. De même, il existe un unique isomorphisme de $\pi_1(\mathrm{B}, b)$-ensembles de $p_*(\pi_1(\mathrm{E}', x'))\backslash\pi_1(\mathrm{B}, b)$ sur E'_b. D'après la proposition 2, il existe un B-morphisme $g \colon \mathrm{E} \to \mathrm{E}'$ tel que $g(x) = x'$ si et seulement s'il existe un morphisme de $\pi_1(\mathrm{B}, b)$-ensembles de $p_*(\pi_1(\mathrm{E}, x))\backslash\pi_1(\mathrm{B}, b)$ sur $p'_*(\pi_1(\mathrm{E}', x'))\backslash\pi_1(\mathrm{B}, b)$ qui envoie la classe $p_*(\pi_1(\mathrm{E}, x))$ sur la classe $p'_*(\pi_1(\mathrm{E}', x'))$. Un tel morphisme existe si et seulement si l'on a $p_*(\pi_1(\mathrm{E}, x)) \subset p'_*(\pi_1(\mathrm{E}', x'))$. Il est alors unique, car l'espace E est supposé connexe (I, p. 34, cor. 2 de la prop. 11). C'est un isomorphisme si et seulement si les sous-groupes $p_*(\pi_1(\mathrm{E}, x))$ et $p'_*(\pi_1(\mathrm{E}', x'))$ de $\pi_1(\mathrm{B}, b)$ sont égaux.

COROLLAIRE 3. — *Soit* (E, p) *un revêtement connexe de* B *et soit* x *un point de la fibre* E_b. *Notons* N *le normalisateur de* $p_*(\pi_1(\mathrm{E}, x))$ *dans* $\pi_1(\mathrm{B}, b)$. *Pour tout élément* γ *de* N, *il existe un unique* B*-automorphisme* g *de* E *tel que* $g(x) = x \cdot \gamma$, *et l'application* $\gamma \mapsto g$ *définit par passage au quotient un isomorphisme de groupes de* $\mathrm{N}/p_*(\pi_1(\mathrm{E}, x))$ *sur* $\mathrm{Aut}_{\mathrm{B}}(\mathrm{E})$.

Soit $\gamma \in \pi_1(\mathrm{B}, b)$; on a $p_*(\pi_1(\mathrm{E}, x)) = \mathrm{Int}(\gamma)(p_*(\pi_1(\mathrm{E}, x \cdot \gamma)))$ (III, p. 305, théorème 1, c)). D'après le corollaire 2, pour qu'il existe un B-automorphisme g de E tel que $g(x) = x \cdot \gamma$, il faut et il suffit que γ appartienne à N. Un tel isomorphisme est alors unique. Notons $\alpha \colon \mathrm{N} \to \mathrm{Aut}_{\mathrm{B}}(\mathrm{E})$ l'application $\gamma \mapsto g$ ainsi définie.

Soient γ et γ' deux éléments de N. Posons $g = \alpha(\gamma)$, $g' = \alpha(\gamma')$; on a $g(g'(x)) = g(x \cdot \gamma') = g(x) \cdot \gamma' = (x \cdot \gamma) \cdot \gamma' = x \cdot (\gamma\gamma')$ d'après les relations (4), III, p. 305 et (1), p. 304. Par suite, α est un homomorphisme de groupes. Pour que $\alpha(\gamma) = \mathrm{Id}_{\mathrm{E}}$, il faut et il suffit que l'on ait

$x \cdot \gamma = x$, en vertu de l'unicité de $\alpha(\gamma)$, c'est-à-dire $\gamma \in p_*(\pi_1(\mathrm{E}, x))$ (III, p. 305, théorème 1, b)). Enfin, si g est un B-automorphisme de E, il existe un chemin c joignant x à $g(x)$ dans E (qui est connexe par arcs), et l'on a alors $g(x) = x \cdot \gamma$, où γ est la classe du chemin $p \circ c$. Cela prouve que l'homomorphisme α est surjectif.

Le groupe $\mathrm{Aut}_{\mathrm{B}}(\mathrm{E})$ opère sur la fibre E_b et s'identifie au groupe des automorphismes du $\pi_1(\mathrm{B}, b)$-ensemble (à droite) homogène E_b (*cf.* A, I, p. 56, prop. 5 et 6).

COROLLAIRE 4. — *Soit* (E, p) *un revêtement connexe de* B *et soit* x *un point de la fibre* E_b. *Pour que* E *soit un revêtement galoisien de* B, *il faut et il suffit que* $p_*(\pi_1(\mathrm{E}, x))$ *soit un sous-groupe distingué de* $\pi_1(\mathrm{B}, b)$. *Le groupe* $\mathrm{Aut}_{\mathrm{B}}(\mathrm{E})$ *est alors isomorphe au groupe quotient* $\pi_1(\mathrm{B}, b)/p_*(\pi_1(\mathrm{E}, x))$.

Si $p_*(\pi_1(\mathrm{E}, x))$ est un sous-groupe distingué de $\pi_1(\mathrm{B}, b)$, le groupe $\mathrm{Aut}_{\mathrm{B}}(\mathrm{E})$ opère transitivement sur la fibre E_b d'après le corollaire 3, de sorte que E est un revêtement galoisien de B (I, p. 102, th. 2). La réciproque est l'assertion d) du théorème 1 (III, p. 305). La dernière assertion résulte du corollaire 3.

3. Opérations sans monodromie locale du groupoïde de Poincaré

Lemme 1. — *Soit* B *un espace topologique* localement connexe par arcs, *soient* $p \colon \mathrm{E} \to \mathrm{B}$ *et* $p' \colon \mathrm{E}' \to \mathrm{B}$ *des applications étales et séparées qui vérifient la propriété de relèvement des chemins* (III, p. 302). *Soit* $g \colon \mathrm{E} \to \mathrm{E}'$ *une application telle que* $p' \circ g = p$. *On suppose que* g *est compatible avec les opérations canoniques du groupoïde* $\varpi(\mathrm{B})$ *sur* E *et* E'. *Alors,* g *est continue.*

Soit c un chemin dans E ; posons $c' = g \circ c$ et démontrons que l'application c' est continue. Notons d le chemin $p \circ c$ dans B et, pour tout $t \in \mathbf{I}$, notons d_t le chemin $s \mapsto d(st)$. Pour tout $t \in \mathbf{I}$, on a $c(t) = c(0) \cdot d_t$ (III, p. 304, remarque 3), d'où $c'(t) = c'(0) \cdot d_t$ d'après l'hypothèse faite sur g, ce qui prouve que c' est un chemin relevant le chemin d, d'après cette même remarque. Cela prouve que l'application g est continue par arcs. Comme l'espace E est localement connexe par arcs (III, p. 261, cor. 2), l'application g est continue (III, p. 269, corollaire de la prop. 13).

Soit B un espace topologique. Considérons une opération $\varphi = (\varphi_{a,b})_{(a,b)\in \mathrm{B}\times\mathrm{B}}$ du groupoïde $\varpi(\mathrm{B})$ sur un ensemble E, relativement à une application $p\colon \mathrm{E} \to \mathrm{B}$. On dit que $\varpi(\mathrm{B})$ opère sans monodromie sur E (*cf.* II, p. 168) si pour tout $b \in \mathrm{B}$ et toute classe de lacet $\gamma \in \pi_1(\mathrm{B}, b)$, l'action de γ sur la fibre E_b est triviale. Si B est connexe par arcs, il suffit qu'il en soit ainsi pour *un* point de B (*loc. cit.*). Nous dirons que l'opération φ du groupoïde $\varpi(\mathrm{B})$ est *sans monodromie locale* si tout point de B possède un voisinage V tel que $\varpi(\mathrm{V})$ opère sans monodromie sur l'ensemble $\mathrm{E_V} = \overset{-1}{p}(\mathrm{V})$ relativement à l'application $p_\mathrm{V} = p \mid \overset{-1}{p}(\mathrm{V})$.

Remarque. — Soit B un espace topologique localement connexe par arcs et supposons que tout point b de B possède un voisinage V tel que l'image de $\pi_1(\mathrm{V}, b)$ dans $\pi_1(\mathrm{B}, b)$ soit réduite à l'élément neutre (*cf.* IV, p. 340, déf. 2). Alors, toute opération du groupoïde $\varpi(\mathrm{B})$ est sans monodromie locale.

En effet, considérons un ensemble E, une application $p\colon \mathrm{E} \to \mathrm{B}$ et une opération φ du groupoïde $\varpi(\mathrm{B})$ sur E relativement à p. Soit a un point de B et soit V un voisinage de a tel que l'image de $\pi_1(\mathrm{V}, a)$ dans $\pi_1(\mathrm{B}, a)$ soit réduite à l'élément neutre. Soit U un voisinage connexe par arcs de a contenu dans V. Soit b un point de U et soit $\gamma \in \pi_1(\mathrm{U}, b)$. Soit δ la classe d'un chemin reliant a à b dans U. Alors, $\delta\gamma\delta^{-1}$ est la classe d'un lacet en a dans U ; son image dans $\pi_1(\mathrm{B}, a)$ est donc triviale. On a ainsi $\varphi_{a,a}(\delta\gamma\delta^{-1}) = \mathrm{Id}_{\mathrm{E}_a}$, d'où $\varphi_{b,b}(\gamma) = \mathrm{Id}_{\mathrm{E}_b}$. Cela démontre que l'opération de $\varpi(\mathrm{U})$ sur le U-espace $\mathrm{E_U}$ est sans monodromie. Par suite, l'opération φ est sans monodromie locale.

PROPOSITION 3. — *Soit* B *un espace topologique* localement connexe par arcs *et soit* E *un ensemble muni d'une opération sans monodromie locale* φ *du groupoïde* $\varpi(\mathrm{B})$, *relativement à une application* $p\colon \mathrm{E} \to \mathrm{B}$. *Il existe alors sur* E *une unique topologie pour laquelle les conditions suivantes sont satisfaites :*

(i) *L'ensemble* E *muni de cette topologie et de l'application* p *est un revêtement de* B ;

(ii) *L'opération canonique de* $\varpi(\mathrm{B})$ *sur ce revêtement est identique à l'opération* φ.

L'unicité d'une telle topologie résulte du lemme 1 de III, p. 312, où l'on prend pour g l'application identique de E. Pour démontrer son existence, on peut en outre supposer que B est connexe et non vide.

Supposons tout d'abord que l'opération $\varphi = (\varphi_{a,b})_{(a,b)\in \mathrm{B}\times\mathrm{B}}$ du groupoïde $\varpi(\mathrm{B})$ sur l'ensemble E, relativement à p, soit sans monodromie.

Soit a un point de B. Pour tout point $b \in \mathrm{B}$, il existe un chemin c dans B joignant a à b. Si $\gamma \in \varpi_{a,b}(\mathrm{B})$ désigne la classe du chemin c, la bijection $\varphi_{a,b}(\gamma)\colon \mathrm{E}_a \to \mathrm{E}_b$ est indépendante du chemin c, car l'opération est sans monodromie ; on note $f_{a,b}$ cette bijection. L'application $\Phi_a\colon \mathrm{B} \times \mathrm{E}_a \to \mathrm{E}$ définie par $(b,x) \mapsto f_{a,b}(x)$ est une bijection ; la bijection réciproque associe à $x \in \mathrm{E}$ le couple $(p(x), f_{p(x),a}(x))$. Munissons l'ensemble E_a de la topologie discrète, de sorte que le B-espace $\mathrm{B} \times \mathrm{E}_a$ est un revêtement trivial de B. Par transport de structure, la bijection Φ_a munit E d'une topologie qui en fait un revêtement de B.

Démontrons que l'opération canonique de $\varpi(\mathrm{B})$ sur E est identique à l'opération φ. Soient x un point de E_a et b un point de B. Soit c un chemin dans B qui joint le point a au point b ; l'application $t \mapsto \Phi_a(c(t), x)$ est alors un chemin dans E qui joint le point x au point $\Phi_a(b,x) = f_{a,b}(x)$. Si $\gamma \in \varpi_{a,b}(\mathrm{B})$ désigne la classe du chemin c, on a ainsi $x \cdot \gamma = f_{a,b}(x)$. Cela démontre que l'opération canonique de $\varpi(\mathrm{B})$ sur le revêtement E et l'opération φ coïncident sur les classes de chemins d'origine a. Comme ces classes engendrent le groupoïde $\varpi(\mathrm{B})$, les deux opérations sont égales.

Traitons maintenant le cas général. Soit $\mathscr{B}$ l'ensemble des parties ouvertes V de E telles que $\varpi(\mathrm{V})$ opère sans monodromie sur $\overset{-1}{p}(\mathrm{V})$. Par hypothèse, les éléments de $\mathscr{B}$ recouvrent B. D'après ce qui précède, il existe pour tout $\mathrm{V} \in \mathscr{B}$, une unique topologie sur l'ensemble $\overset{-1}{p}(\mathrm{V})$ telle que $(\overset{-1}{p}(\mathrm{V}), p_{\mathrm{V}})$ soit un revêtement de V et que l'opération canonique de $\varpi(\mathrm{V})$ sur ce revêtement coïncide avec l'opération induite par φ.

Soient V et $\mathrm{V}' \in \mathscr{B}$. La topologie de $\overset{-1}{p}(\mathrm{V} \cap \mathrm{V}')$ induite par la topologie de $\overset{-1}{p}(\mathrm{V})$ (resp. de $\overset{-1}{p}(\mathrm{V}')$) définie ci-dessus en fait un revêtement de $\mathrm{V} \cap \mathrm{V}'$ sur lequel l'opération canonique de $\varpi(\mathrm{V} \cap \mathrm{V}')$ est induite par l'opération φ. Ces topologies coïncident donc avec celle de $\overset{-1}{p}(\mathrm{V} \cap \mathrm{V}')$. Il existe alors une unique topologie sur E induisant sur chaque $\overset{-1}{p}(\mathrm{V})$ la topologie précédemment définie (*cf.* I, § 2, p. 16).

Lorsque E est muni de cette topologie, l'application p est continue et le B-espace E est un revêtement. L'opération canonique de $\varpi(\mathrm{B})$ sur ce revêtement coïncide avec l'opération φ sur les classes de chemins dont l'image est contenue dans un des ouverts de $\mathscr{B}$. D'après le lemme 4 de

III, p. 272, ces classes engendrent le groupoïde $\varpi(\mathrm{B})$. Il en résulte que ces deux opérations sont égales (II, p. 167).

Corollaire. — *Soit* B *un espace topologique connexe et* localement connexe par arcs, *soit* (E, p) *un* B*-espace dont la projection* p *est étale, séparée et possède la propriété de relèvement des chemins. Si l'opération canonique de* $\varpi(\mathrm{B})$ *sur l'ensemble* E, *relativement à* p, *est sans monodromie locale, alors* E *est un revêtement de* B.

Munissons E de l'opération canonique de $\varpi(\mathrm{B})$ définie par le relèvement des chemins (III, p. 303, n° 3). Il existe une topologie sur E pour laquelle les conditions (i) et (ii) de la prop. 3 sont satisfaites. Cette topologie coïncide avec la topologie donnée sur E d'après le lemme 1 de III, p. 312.

4. Topologie admissible des groupes de Poincaré

Soit B un espace topologique et soit a un point de B. On dit qu'un sous-groupe H de $\pi_1(\mathrm{B}, a)$ est *admissible* si tout point b de B a un voisinage V tel que l'on ait $\gamma i_*(\delta)\gamma^{-1} \in \mathrm{H}$ pour tout $\gamma \in \varpi_{a,b}(\mathrm{B})$ et tout $\delta \in \pi_1(\mathrm{V}, b)$, où $i \colon \mathrm{V} \to \mathrm{B}$ est l'injection canonique. Si H est un sous-groupe distingué de $\pi_1(\mathrm{B}, a)$, il suffit, pour que H soit admissible, que cette condition soit vérifiée pour *une* classe de chemins $\gamma \in \varpi_{a,b}(\mathrm{B})$.

Proposition 4. — *Il existe une unique topologie sur* $\pi_1(\mathrm{B}, a)$, *compatible avec sa structure de groupe, pour laquelle les sous-groupes distingués admissibles de* $\pi_1(\mathrm{B}, a)$ *forment un système fondamental de voisinages de l'élément neutre. Pour cette topologie, les sous-groupes ouverts sont exactement les sous-groupes admissibles.*

Les faits suivants résultent de la définition d'un sous-groupe admissible :

a) Le groupe $\pi_1(\mathrm{B}, a)$ est admissible ;

b) Un sous-groupe contenant un sous-groupe admissible est admissible ;

c) L'intersection d'une famille finie de sous-groupes admissibles est admissible ;

d) Pour tout sous-groupe admissible H de $\pi_1(\mathrm{B}, a)$ l'intersection des sous-groupes $\gamma\mathrm{H}\gamma^{-1}$, lorsque γ parcourt $\pi_1(\mathrm{B}, a)$, est admissible.

En particulier, l'ensemble des sous-groupes distingués admissibles est une base de filtre formée de sous-groupes de $\pi_1(\mathrm{B}, a)$ vérifiant l'axiome ($\mathrm{GV}'_{\mathrm{III}}$) de III, p. 4, d'où la première partie de la proposition d'après TG, III, p. 5, exemple. La seconde partie est alors immédiate (*cf.* TG, III, p. 7, corollaire de la prop. 4).

La topologie sur le groupe $\pi_1(\mathrm{B}, a)$ caractérisée dans la proposition 4 est appelée la *topologie admissible.*

Remarques. — 1) Si B_0 désigne la composante connexe par arcs de a dans B, l'isomorphisme canonique $\pi_1(\mathrm{B}_0, a) \to \pi_1(\mathrm{B}, a)$ est un isomorphisme de groupes topologiques lorsque ces groupes sont munis de la topologie admissible.

2) Soit B un espace topologique. Soient b et b' des points de B qui appartiennent à la même composante connexe par arcs et soit γ un élément de $\varpi_{b,b'}(\mathrm{B})$. Il résulte de la définition d'un sous-groupe admissible que, pour tout sous-groupe admissible H de $\pi_1(\mathrm{B}, b')$, le sous-groupe $\gamma \mathrm{H} \gamma^{-1}$ de $\pi_1(\mathrm{B}, b)$ est admissible. Par suite, l'isomorphisme $u_\gamma \colon \delta \mapsto \gamma\delta\gamma^{-1}$ de $\pi_1(\mathrm{B}, b')$ sur $\pi_1(\mathrm{B}, b)$ (*cf.* III, p. 292) est un homéomorphisme lorsqu'on munit ces groupes des topologies admissibles.

3) Soient A et B des espaces topologiques, soit a un point de A et soit $f \colon \mathrm{A} \to \mathrm{B}$ une application continue. Posons $b = f(a)$. Si H est un sous-groupe admissible de $\pi_1(\mathrm{B}, b)$, son image réciproque par l'homomorphisme $\pi_1(f, a)$ est un sous-groupe admissible de $\pi_1(\mathrm{A}, a)$. Par conséquent, l'homomorphisme de groupes $\pi_1(f, a) \colon \pi_1(\mathrm{A}, a) \to \pi_1(\mathrm{B}, b)$ est continu, lorsque ces groupes sont munis de la topologie admissible.

PROPOSITION 5. — *Soit* B *un espace topologique localement connexe par arcs et soit a un point de* B. *Pour qu'un sous-groupe* H *de* $\pi_1(\mathrm{B}, a)$ *soit admissible, il faut et il suffit qu'il existe un revêtement* (E, p) *de* B *et un point* $x \in \mathrm{E}_a$ *tel que* $\mathrm{H} = p_*(\pi_1(\mathrm{E}, x))$.

Soit (E, p) un revêtement de B et soit x un point de E_a ; posons $\mathrm{H} = p_*(\pi_1(\mathrm{E}, x))$ et montrons que c'est un sous-groupe admissible de $\pi_1(\mathrm{B}, a)$. Soit b un point de B et soit V un voisinage de b tel que $\mathrm{E}_\mathrm{V} = (\overset{-1}{p}(\mathrm{V}), p_\mathrm{V})$ soit un revêtement trivialisable de V. Soit $\gamma \in \varpi_{a,b}(\mathrm{B})$; nous allons démontrer que pour tout élément $\delta \in \pi_1(\mathrm{V}, b)$, la classe de chemins $\gamma\delta\gamma^{-1}$ appartient à H.

D'après III, p. 301, prop. 3, il existe une unique classe d'homotopie stricte γ' de chemin d'origine x dans E telle que $p_*(\gamma') = \gamma$ Soit y le terme de γ' ; on a $p(y) = b$ (III, p. 302, prop. 4). Soit alors δ' l'unique classe de chemin d'origine y dans E telle que $p_*(\delta') = \delta$. Comme E_V est trivialisable, δ' est la classe d'un lacet en y. Alors, $\gamma'\delta'(\gamma')^{-1}$ est la classe d'un lacet en a dans E dont l'image par p_* est la classe $\gamma\delta\gamma^{-1}$, ce qu'il fallait démontrer.

Inversement, soit H un sous-groupe admissible de $\pi_1(B, a)$. Soit $\lambda_a(B)$ le quotient de l'espace $\Lambda_a(B)$ des chemins d'origine a pour la relation d'homotopie stricte ; comme deux chemins strictement homotopes ont même terme, l'application terme $e\colon \Lambda_a(B) \to B$ définit par passage au quotient une application $\varepsilon\colon \lambda_a(B) \to B$. La composition des classes de chemins munit l'ensemble $\lambda_a(B)$ d'une action à gauche du groupe $\pi_1(B, a)$. Munissons-le de l'action du groupe H déduite par restriction et notons $H\backslash\lambda_a(B)$ l'ensemble de ses orbites.

L'application $\varepsilon\colon \lambda_a(B) \to B$ induit, par passage au quotient, une application $q\colon H\backslash\lambda_a(B) \to B$. La composition des classes de chemins munit l'ensemble $H\backslash\lambda_a(B)$ d'une opération à droite du groupoïde $\varpi(B)$ relativement à l'application q.

Cette opération est sans monodromie locale. Soit en effet b un point de B et soit V un voisinage de b tel que $\gamma i_*(\pi_1(V, b))\gamma^{-1} \subset H$ pour toute classe de chemins γ reliant a à b dans B, où i désigne l'inclusion de V dans B. Comme B est localement connexe par arcs, on peut en outre supposer que V est connexe par arcs. Soit $c \in V$, soit δ la classe dans $\pi_1(B, c)$ d'un lacet en c contenu dans V et soit δ' un élément de $\lambda_a(B)$ tel que $\varepsilon(\delta') = c$. Soit δ'' un élément de $\varpi_{c,b}(V)$ et posons $\gamma = \delta'\delta''$. Par définition de V, l'élément $\delta'\delta(\delta')^{-1} = \gamma((\delta'')^{-1}\delta\delta'')\gamma^{-1}$ de $\pi_1(B, a)$ appartient à H. Alors, $H\delta' \cdot \delta = H\delta'$; cela démontre que $\pi_1(V, c)$ agit trivialement sur l'ensemble $\overset{-1}{q}(c)$.

D'après III, p. 313, prop. 3, il existe une unique topologie sur $H\backslash\lambda_a(B)$ pour laquelle q est continue et le B-espace $(H\backslash\lambda_a(B), q)$ est un revêtement tel que l'opération canonique de $\varpi(B)$ sur ce revêtement soit l'opération définie ci-dessus. D'après l'assertion b) du théorème 1 de III, p. 305, le groupe $q_*(\pi_1(H\backslash\lambda_a(B), H))$ est égal à H.

Nous dirons qu'une opération du groupe $\pi_1(B, b)$ sur un ensemble X est *admissible* si le noyau de l'application canonique $\pi_1(B, b) \to \mathfrak{S}_X$ est un sous-groupe ouvert de $\pi_1(B, b)$. Cela revient à dire que l'homomorphisme $\pi_1(B, b) \to \mathfrak{S}_X$ est continu si le groupe $\mathfrak{S}_X$ est muni de la topologie discrète. L'application $\pi_1(B, b) \times X \to X$ est alors continue, lorsque X est muni de la topologie discrète. Inversement, considérons une opération continue de $\pi_1(B, b)$ sur un espace discret X. Soit x un point de X ; son fixateur est un sous-groupe ouvert H de $\pi_1(B, b)$ par hypothèse. Pour $\gamma \in \pi_1(B, b)$, le fixateur de $\gamma \cdot x$ est le sous-groupe $\gamma H \gamma^{-1}$, de sorte que le sous-groupe de $\pi_1(B, b)$ fixant chaque élément de l'orbite de x est l'intersection des sous-groupes $\gamma H \gamma^{-1}$, pour γ parcourant $\pi_1(B, b)$. C'est un sous-groupe ouvert car les sous-groupes ouverts distingués de $\pi_1(B, b)$ forment une base de sa topologie (III, p. 315, prop. 4). Cela entraîne qu'une opération continue de $\pi_1(B, b)$ sur un espace discret X est admissible si elle est transitive ou, plus généralement, si l'ensemble des orbites des éléments de X est fini.

Pour tout groupe discret G, tout revêtement E de B principal de groupe G et tout point $x \in E_b$, rappelons que l'application $h_{(E,x)}$ de $\pi_1(B, b)$ dans G qui, à $\gamma \in \pi_1(B, b)$, associe l'unique élément $g \in G$ tel que $x \cdot g = x \cdot \gamma^{-1}$ est un homomorphisme de groupes (III, p. 306, prop. 5).

Proposition 6. — *Soit* B *un espace topologique et soit* b *un point de* B. *Munissons le groupe* $\pi_1(B, b)$ *de la topologie admissible.*

a) *Pour tout groupe discret* G, *tout revêtement* E *de* B, *principal de groupe* G *et tout* $x \in E_b$, *l'homomorphisme* $h_{(E,x)}$ *est un homomorphisme continu de groupes topologiques.*

b) *Pour tout revêtement* E *de* B, *l'opération canonique de* $\pi_1(B, b)$ *sur la fibre* E_b *est admissible.*

Il suffit de démontrer la seconde assertion. Soit K l'ensemble des éléments $k \in \pi_1(B, b)$ tels que $x \cdot k = x$ pour tout $x \in E_b$; démontrons que K est un sous-groupe admissible de $\pi_1(B, b)$.

Soit b' un point de B et soit V′ un voisinage de b' dans B au-dessus duquel le revêtement E est trivialisable. Soit γ la classe d'un chemin c reliant b à b' dans B et soit c' l'unique chemin d'origine x dans E qui relève c. Pour tout $\delta \in \pi_1(V', b')$ et tout $x' \in E_{b'}$, on a $x' \cdot \delta = x'$. Par suite, pour $x \in E_b$ et $\delta \in \pi_1(V', b')$, on a

$$x \cdot \gamma\delta\gamma^{-1} = ((x \cdot \gamma) \cdot \delta) \cdot \gamma^{-1} = (x \cdot \gamma) \cdot \gamma^{-1} = x,$$

si bien que $\gamma\delta\gamma^{-1}$ appartient à K. Autrement dit, K est un sous-groupe admissible, d'où la proposition.

PROPOSITION 7. — *Soit* B *un espace topologique connexe et* localement connexe par arcs *et soit* b *un point de* B. *Munissons le groupe* $\pi_1(\mathrm{B}, b)$ *de la topologie admissible.*

a) *Soit* G *un groupe topologique discret. Pour tout homomorphisme continu* $f : \pi_1(\mathrm{B}, b) \to \mathrm{G}$, *il existe un revêtement* E *de* B, *principal de groupe* G *et un point* x *de* E_b *tels que* $h_{(\mathrm{E},x)} = f$.

b) *Pour tout espace topologique discret* F *muni d'une opération à droite, admissible, du groupe* $\pi_1(\mathrm{B}, b)$, *il existe un revêtement* E *de* B *tel que les* $\pi_1(\mathrm{B}, b)$*-ensembles* F *et* E_b *soient isomorphes.*

Démontrons a). Soit f un homomorphisme continu de $\pi_1(\mathrm{B}, b)$ dans un groupe discret G. Son noyau est un sous-groupe ouvert distingué K de $\pi_1(\mathrm{B}, b)$; notons H le groupe $\pi_1(\mathrm{B}, b)/\mathrm{K}$ et $\overline{f} : \mathrm{H} \to \mathrm{G}$ l'homomorphisme de groupes déduit de f par passage au quotient. D'après III, p. 316, prop. 5, il existe un revêtement connexe E′ de B tel que le sous-groupe K soit le fixateur de tout point de la fibre E'_b ; le revêtement E′ est principal de groupe $\mathrm{H} = \pi_1(\mathrm{B}, b)/\mathrm{K}$. Soit x' un point de E'_b ; l'homomorphisme $h_{(\mathrm{E}',x')} : \pi_1(\mathrm{B}, b) \to \mathrm{H}$ est surjectif de noyau K (III, p. 306, prop. 5). Soit donc $\varphi : \mathrm{H} \to \mathrm{G}$ l'unique homomorphisme de groupes tel que $\varphi \circ h_{(\mathrm{E}',x')} = f$. Le revêtement associé $\mathrm{E} = \mathrm{E}' \times^{\mathrm{H}} \mathrm{G}$ de B est principal de groupe G et l'on a $h_{(\mathrm{E},x)} = \varphi \circ h_{(\mathrm{E}',x')} = f$ (III, p. 307, exemple 2). Cela démontre l'assertion a).

Démontrons b). Soit F un ensemble muni d'une opération à droite, admissible, du groupe $\pi_1(\mathrm{B}, b)$. Notons $f : \pi_1(\mathrm{B}, b) \to \mathfrak{S}_{\mathrm{F}}$ cette opération et munissons le groupe $\mathfrak{S}_{\mathrm{F}}$ de la topologie discrète. D'après a), il existe un revêtement E de B, principal de groupe $\mathfrak{S}_{\mathrm{F}}$, et un point $x \in \mathrm{E}$ tels que l'homomorphisme $h_{(\mathrm{E},x)}$ soit égal à f. L'opération canonique du groupe $\pi_1(\mathrm{B}, b)$ sur la fibre en b du revêtement associé $\mathrm{E} \times^{\mathfrak{S}_{\mathrm{F}}} \mathrm{F}$ de B s'identifie à l'opération de $\pi_1(\mathrm{B}, b)$ sur F (III, p. 306, exemple 1).

Remarques. — 4) La topologie admissible sur $\pi_1(\mathrm{B}, b)$ est la topologie la moins fine pour laquelle l'opération de $\pi_1(\mathrm{B}, b)$ sur E_b est continue pour tout revêtement connexe E de B (prop. 6 de III, p. 318 et prop. 7 de III, p. 318). Si E est un revêtement connexe de B et x un point de la fibre E_b, l'application $c' \mapsto c'(1)$ de $\Lambda_x(\mathrm{E})$ dans E est continue Par conséquent, l'application $c \mapsto x \cdot c$ de $\Lambda_b(\mathrm{B})$ dans E est continue (III, p. 302, cor. 2 de la prop. 3). Par restriction à $\Omega_b(\mathrm{B})$ et passage au quotient, on en déduit que l'application $\gamma \mapsto x \cdot \gamma$ est continue lorsqu'on munit le groupe $\pi_1(\mathrm{B}, b)$ de la topologie d'espace quotient de $\Omega_b(\mathrm{B})$. La topologie admissible sur $\pi_1(\mathrm{B}, b)$ est donc moins fine que la topologie quotient de la topologie de la convergence compacte. Elle peut être strictement moins fine (III, p. 337, exerc. 7).

5) Soit B un espace topologique connexe et localement connexe par arcs, soit a un point de B et soit H un sous-groupe de $\pi_1(\mathrm{B}, a)$. D'après la remarque précédente, si H est admissible, il est aussi ouvert pour la topologie quotient de la topologie de la convergence compacte. Inversement, supposons que H soit un sous-groupe *distingué* de $\pi_1(\mathrm{B}, a)$ qui est ouvert pour la topologie quotient de la topologie de la convergence compacte. Soit x un point de B et soit $\gamma \in \varpi_{a,x}(\mathrm{B})$. Le sous-groupe $\gamma^{-1}\mathrm{H}\gamma$ de $\pi_1(\mathrm{B}, x)$ est encore ouvert pour la topologie quotient de la topologie de la convergence compacte (III, p. 293, remarque 3). Il existe donc un voisinage V de x dans B tel que $\gamma^{-1}\mathrm{H}\gamma$ contienne la classe de tout lacet en x dont l'image est contenue dans V. On a ainsi $\gamma\pi_1(\mathrm{V}, x)\gamma^{-1} \subset \mathrm{H}$; comme H est distingué, cela entraîne que H est un sous-groupe admissible de $\pi_1(\mathrm{B}, a)$.

Exercices

§1

1) Pour tout $\theta \in \mathbf{R}$, soit C_θ le segment du plan d'extrémités $(0,0)$ et $(\cos(2\pi\theta), \sin(2\pi\theta))$; posons

$$C = \bigcup_{\theta \in \mathbf{Q} \cap [1/6, 1/4]} C_\theta.$$

a) L'espace C est contractile en 0, mais en aucun autre point.

b) Soit D la réunion des translatés $(0, n) + C$ de C, pour $n \in \mathbf{Z}$. Démontrer que l'espace D est homéotope à un point mais qu'il n'est contractile en aucun de ses points.

2) Soit B une partie de $\mathbf{R}^n$, soit a un point intérieur à B ; notons S la frontière de B. Supposons que B soit étoilée en a et que toute demi-droite d'origine a rencontre S en un point unique. Soit $f \colon \mathbf{R}_+^* \times S \to \mathbf{R}^n - \{a\}$ l'application définie par $f(t, y) = ty + (1-t)a$. Démontrer que f est un homéomorphisme tel que $f(]0,1] \times S) = B - \{a\}$ et $f(\{1\} \times S) = S$.

Ce résultat s'applique notamment lorsque B est un ensemble convexe, fermé et borné de $\mathbf{R}^n$ et a un point adhérent à B (*cf.* I, p. 123, prop. 2 et EVT, II, p. 15, prop. 16).

3) Soit X l'espace topologique obtenu à partir de l'espace $\mathbf{R}$ par contraction du sous-ensemble $\mathbf{Q}$ (III, p. 252, déf. 10). La surjection canonique $p \colon \mathbf{R} \to X$ n'est ni ouverte ni fermée.

4) Soit X l'intervalle $[-1,1]$ de $\mathbf{R}$ et soit $A = X - \{0\}$. L'application canonique de X sur X/A est une homéotopie mais il n'existe pas d'homotopie σ d'origine Id_X vérifiant les hypothèses de la prop. 10 de III, p. 252.

5) Soit A l'adhérence dans $\mathbf{R}$ de l'ensemble des nombres réels de la forme $1/n$, où n parcourt l'ensemble des entiers $\geqslant 1$. Soit i l'injection canonique de A dans $\mathbf{R}$. L'application canonique de Côn(i) sur $\mathbf{R}$/A n'est pas une homéotopie.

6) Soit X un espace topologique métrisable de type dénombrable. On dit que X est un *rétracte absolu* [1] si pour tout espace topologique métrisable de type dénombrable Y et toute partie fermée B de Y, toute application continue $f \colon B \to X$ s'étend en une application continue de Y dans X.

a) Soit X un espace topologique métrisable de type dénombrable. Pour que X soit un rétracte absolu, il faut et il suffit que, pour tout espace métrisable de type dénombrable Y et toute application continue, injective et fermée f de X dans Y, il existe une application continue $g \colon Y \to X$ telle que $g \circ f = \mathrm{Id}_X$.

b) Démontrer que les espaces $\mathbf{I}$ et $\mathbf{R}$ sont des rétractes absolus.

c) Démontrer que l'espace produit d'une famille dénombrable de rétractes absolus est un rétracte absolu.

d) Soit X un rétracte absolu, soit A un sous-espace de X qui est un rétracte de X. Démontrer que A est un rétracte absolu.

7) Soit X un espace topologique métrisable de type dénombrable. On dit que X est un *rétracte absolu de voisinage* si pour tout espace topologique métrisable de type dénombrable Y et toute partie fermée B de Y, toute application continue $f \colon B \to X$ s'étend en une application continue d'un voisinage de B dans X.

a) Soit X un espace topologique métrisable de type dénombrable. Pour que X soit un rétracte absolu de voisinage, il faut et il suffit que pour tout espace métrisable de type dénombrable Y et toute application continue, injective et fermée f de X dans Y, il existe un voisinage U de $f(X)$ et une application continue $g \colon U \to X$ tels que $g \circ f = \mathrm{Id}_X$.

b) Soit X un rétracte absolu de voisinage et soit A une partie de X. Si A possède un voisinage U dont il est rétracte, alors A est un rétracte absolu de voisinage. En particulier, tout ouvert de X, tout rétracte de X, est un rétracte absolu de voisinage.

[1] Cet exercice et les suivants reprennent les articles de K. Borsuk, « Sur les rétractes », *Fund. Math.* 17 (1931), p. 152–170 ; « Über eine Klasse von lokal zusammenhängenden Räumen », *Fund. Math.* 19 (1932), p. 220–242 ; O. Hanner, « Some theorems on absolute neighborhood retracts », *Ark. Mat.* 1, (1951), p. 389–408.

c) Démontrer que l'espace produit d'une famille finie de rétractes absolus de voisinage est un rétracte absolu de voisinage.

d) Démontrer que la sphère $\mathbf{S}_n$ est un rétracte absolu de voisinage.

e) Soit X un espace topologique métrisable de type dénombrable, soient A_1 et A_2 des parties fermées de X telles que $X = A_1 \cup A_2$. On suppose que $A_1 \cap A_2$ est un rétracte absolu de voisinage. Pour que X soit un rétracte absolu de voisinage, il faut et il suffit qu'il en soit de même de A_1 et de A_2.

f) Soit X un espace topologique métrisable de type dénombrable. Si X est réunion de deux parties ouvertes qui sont des rétractes absolus de voisinage, alors X est un rétracte absolu de voisinage.

g) Soit X un espace topologique métrisable de type dénombrable dont tout point possède un voisinage qui est un rétracte absolu de voisinage. Démontrer que X est un rétracte absolu de voisinage.

8) Soit X un espace topologique métrisable ; soit d une distance qui définit sa topologie. Soit $\mathscr{C}_b(X; \mathbf{R})$ l'espace vectoriel des fonctions à valeurs réelles sur X qui sont continues et bornées ; on le munit de la norme définie par $\|f\| = \sup_{x \in X} |f(x)|$ pour $f \in \mathscr{C}_b(X; \mathbf{R})$.

a) On définit une application $j \colon X \to \mathscr{C}_b(X; \mathbf{R})$ en posant $j(x) \colon y \mapsto d(x, y)/(1 + d(x, y))$. Démontrer que l'application j induit un homéomorphisme de X sur son image.

b) Soit V l'intersection de toutes les parties convexes de $\mathscr{C}_b(X; \mathbf{R})$ qui contiennent $j(X)$. Démontrer que $j(X)$ est fermé dans V.

c) Soit X un espace métrisable de type dénombrable. Démontrer qu'il existe une partie convexe Z de $\mathbf{I}^{\mathbf{N}}$ telle que X soit homéomorphe à une partie fermée de Z.

9) Si X et Y sont des espaces topologiques et $\mathscr{U}$ un ensemble de parties de X, on dit que des applications $f, g \colon Y \to X$ sont $\mathscr{U}$-proches si pour tout point $y \in Y$, il existe $U \in \mathscr{U}$ tel que $f(y)$ et $g(y)$ appartiennent à U ; on dit qu'une homotopie $\sigma \colon Y \times \mathbf{I} \to X$ est $\mathscr{U}$-petite si pour tout point $y \in Y$, il existe $U \in \mathscr{U}$ tel que $\sigma(y, t) \in U$ pour tout $t \in \mathbf{I}$.

Soit X un sous-espace fermé d'une partie convexe Z de $\mathbf{I}^{\mathbf{N}}$ (*cf.* exercice 8) ; on suppose que X est un rétracte absolu de voisinage.

a) Soit $\mathscr{U}$ un recouvrement de X par des parties ouvertes de $\mathbf{I}^{\mathbf{N}}$. Démontrer qu'il existe une famille $\mathscr{V}$ de parties ouvertes et convexes de $\mathbf{I}^{\mathbf{N}}$ telle que, pour tout ouvert $v \in \mathscr{V}$, il existe un ouvert $u \in \mathscr{U}$ tel que $v \cap X \subset u$, et une rétraction continue r de l'injection canonique de X dans la réunion V de la famille $\mathscr{V}$.

b) Soit Y un espace topologique et soit B un sous-espace fermé de Y. Soient $f, g\colon \mathrm{Y} \to \mathrm{X}$ des applications continues qui sont $\mathscr{V}$-proches, soit $\sigma\colon \mathrm{B}\times\mathbf{I} \to \mathrm{X}$ une homotopie $\mathscr{V}$-petite dont l'origine est égale à $f|_{\mathrm{B}}$.

Démontrer qu'il existe un voisinage W de B dans Y et une application continue h du sous-espace $(\mathrm{Y} \times \{0,1\}) \cup (\mathrm{W} \times \mathbf{I})$ de $\mathrm{Y} \times \mathbf{I}$. dans X telle que $h(y,0) = f(y)$ et $h(y,1) = g(y)$ pour tout $y \in \mathrm{Y}$, et $h(y,t) = \sigma(y,t)$ pour tout $y \in \mathrm{B}$ et tout $t \in \mathbf{I}$. Démontrer qu'il existe un voisinage W′ de B contenu dans W tel que $h \mid \mathrm{W}' \times \mathbf{I}$ soit une homotopie $\mathscr{V}$-petite.

c) Soit $u\colon \mathrm{Y} \to \mathbf{I}$ une application continue telle que $u(y) = 1$ pour $y \in \mathrm{B}$ et $u(y) = 0$ au voisinage de $\mathrm{Y} - \mathrm{W}$; poser

$$h'(y,t) = \begin{cases} (1-u(y))((1-t)f(y) + tg(y)) + u(y)h(y,t) & \text{si } y \in \mathrm{V} \\ (1-t)f(y) + tg(y) & \text{sinon.} \end{cases}$$

Démontrer que h' est continue et que son image est contenue dans V.

d) En déduire qu'il existe une homotopie $\widetilde{\sigma}\colon \mathrm{Y} \times \mathbf{I} \to \mathrm{X}$ d'origine f, de terme g, et qui est $\mathscr{U}$-petite.

10) Soit X un espace topologique. On suppose qu'il existe un recouvrement ouvert $\mathscr{U}$ de X tel que pour tout espace topologique Y et tout sous-espace fermé B de Y, deux applications f_0, f_1 de Y dans X qui sont $\mathscr{U}$-proches sont homotopes s'il existe une homotopie $\mathscr{U}$-petite reliant $f_0 \mid \mathrm{B}$ à $f_1 \mid \mathrm{B}$.

a) Soit a un point de X et soit U un élément de $\mathscr{U}$ tel que $a \in \mathrm{U}$. Démontrer qu'il existe une homotopie $\sigma\colon \mathrm{U} \times \mathbf{I} \to \mathrm{X}$ tel que $\sigma(x,0) = a$, $\sigma(x,1) = x$ et $\sigma(a,t) = a$ pour tout $x \in \mathrm{X}$ et tout $t \in \mathbf{I}$.

b) Soit V un voisinage ouvert de a tel que $\sigma(\mathrm{V} \times \mathbf{I}) \subset \mathrm{U}$. Démontrer que V est un rétracte absolu de voisinage.

c) Démontrer que X est un rétracte absolu de voisinage.

11) Soit X un rétracte absolu de voisinage.

a) Démontrer que X est « *semi-localement contractile* », c'est-à-dire que tout point x de X possède un voisinage V tel que l'injection canonique de (V, x) dans X soit strictement homotope à l'application constante d'image x. (Utiliser l'exercice 9.)

b) Soit A un espace topologique compact. Démontrer que les composantes connexes par arcs de l'espace $\mathscr{C}_c(\mathrm{A}; \mathrm{X})$ sont ouvertes.

c) Démontrer que X est localement connexe par arcs.

12) Soient X et Y des espaces topologiques ; on dit que la propriété d'extension des homotopies vaut pour les applications continues de but X et de source Y si pour toute application continue $\mathrm{F}\colon \mathrm{Y} \to \mathrm{X}$, tout sous-espace

fermé B de Y et toute homotopie $\sigma\colon B \times \mathbf{I} \to X$ d'origine $F \mid B$, il existe une homotopie $\widetilde{\sigma}\colon Y \times \mathbf{I} \to X$ d'origine F qui prolonge σ.

a) Soit X un espace topologique qui est un rétracte absolu de voisinage. Démontrer que la propriété d'extension des homotopies vaut pour les applications continues de but X et de source un espace métrisable de type dénombrable.

b) Démontrer l'équivalence des deux propriétés suivantes :

(i) L'espace X est un rétracte absolu de voisinage ;

(ii) Tout point de X possède un voisinage V tel que pour tout espace topologique métrisable de type dénombrable Y, tout sous-espace fermé B de Y, toute application continue de B dans V s'étend en une application continue de Y dans X.

c) On suppose que X est semi-localement contractile (*cf.* exercice 9) et que la propriété d'extension des homotopies vaut pour les applications continues de but X. Démontrer que X est un rétracte absolu de voisinage. [2]

d) Démontrer que l'espace $X = \mathbf{Q}$ n'est pas un rétracte absolu de voisinage mais que la propriété d'extension des homotopies vaut pour les applications continues de but X.

13) Soit X un espace topologique qui est un rétracte absolu de voisinage. Soit A une partie de X telle que l'injection canonique de A dans X soit une homéotopie et une cofibration. Il existe une contraction de X sur A.

14) Soit X l'espace topologique $\mathbf{I}$ et posons $A = \{0, 1\}$. Démontrer qu'il existe une homotopie reliant l'application identique de X à une application constante mais que l'application canonique $X \to X/A$ n'est pas une homéotopie.

15) Soit X le sous-espace de $[0, 1] \times [0, 1]$ formé des couples (x, y) tels que $x \in \{0, 1\}$, ou $y \in \{0, 1\}$, ou $x \neq 0$ et $1/x \in \mathbf{N}$. Soit $A = \{0\} \times [0, 1]$. Démontrer que l'application canonique de X sur X/A n'est pas une homéotopie, bien que A soit contractile.

16) Soient X et Y des espaces topologiques et soit $f\colon X \to Y$ une application continue. Notons $\varphi\colon C(X) \to \text{Côn}(f)$ l'application canonique. Démontrer que les espaces $Y/f(X)$ et $\text{Côn}(f)/\varphi(C(X))$ sont homéomorphes.

17) Soit X un espace topologique et soit A un sous-espace de X. Notons $i\colon A \to X$ et $j\colon \text{Cyl}(i) \to X \times \mathbf{I}$ les injections canoniques.

[2] K. Borsuk a construit un espace semi-localement contractile qui n'est pas un rétracte absolu de voisinage, voir « Sur un espace localement contractile qui n'est pas un rétracte absolu de voisinage », *Fund. Math.* 35, (1948), p. 175–180.

a) On suppose que $X = \mathbf{R}$ et $A =]0,1[$; démontrer que l'application j n'est pas stricte.

b) Supposons que tout point de X a une base dénombrable de voisinages fermés. Pour que l'application j soit stricte, il faut et il suffit que A soit fermé.

c) On suppose que A est la demi-droite d'Alexandroff (TG, IV, p. 49, exerc. 12) et que X est son compactifié d'Alexandroff. Montrer que l'application j est stricte bien que A ne soit pas fermé dans X.

18) On dit qu'un espace topologique X est localement équiconnexe si l'application diagonale de X dans $X \times X$ est une cofibration.

a) Démontrer que le produit d'une famille finie d'espaces localement équiconnexes est localement équiconnexe.

Soit X un espace localement équiconnexe.

b) Démontrer qu'il existe un recouvrement de X par une suite $(U_n)_{n\in\mathbf{N}}$ de parties ouvertes de X telles que, pour tout n, l'injection de U_n dans X soit homotope à une application constante.

c) Démontrer que X est séparé.

d) Soit $u\colon X \to \mathbf{I}$ une application continue et soit U l'ensemble des points $x \in X$ tels que $u(x) > 0$. Démontrer que les composantes connexes par arcs de U sont ouvertes. En particulier, les composantes connexes par arcs de X sont ouvertes.

e) Soit A un sous-espace fermé de X qui est un rétracte de X. Démontrer que A est localement équiconnexe et que le couple (X, A) possède la propriété d'extension des homotopies. (« *Théorème de Dyer et Eilenberg* ».)

f) Soit A un sous-espace de X tel que le couple (X, A) possède la propriété d'extension des homotopies. Démontrer que A est localement équiconnexe.

19) Soit B un espace topologique, soit $u\colon X \to \mathbf{I}$ une application continue et soit $A = \overset{-1}{u}(0)$.

a) Démontrer que l'application p de $X \times \mathbf{I}$ dans lui-même donnée par $p(x,t) = (x, tu(x))$ est fermée.

b) Soit Y un espace topologique et soit $\sigma\colon X \times \mathbf{I} \to Y$ une homotopie fixe sur A. Soit $\tau\colon X \times \mathbf{I} \to Y$ l'application donnée par $\tau(x,t) = \sigma(x, \inf(1, t/u(x)))$ si $u(x) > 0$ et $\tau(x,t) = \sigma(x,1)$ sinon. Démontrer que τ est continue.

c) Soit C un sous-espace de X ; on suppose que le couple (X, C) jouit de la propriété d'extension des homotopies. Soit $f\colon X \to Y$ une application continue et soit $\sigma\colon C \times \mathbf{I} \to Y$ une homotopie d'origine $f \mid C$ qui est fixe sur $A \cap C$. Démontrer qu'il existe une homotopie $\tau\colon X \times \mathbf{I} \to Y$ d'origine f qui prolonge σ et qui est fixe sur A.

20) Soit X un espace topologique et soient A, B et C des sous-espaces fermés de X tels que $A = B \cap C$.

a) Si les couples (X, B), (X, C) et (X, A) jouissent de la propriété d'extension des homotopies, démontrer qu'il en est de même du couple $(X, B \cup C)$.

b) On suppose que les couples (X, A) et $(X, B \cup C)$ jouissent de la propriété d'extensions des homotopies. Démontrer qu'il en est de même des couples (X, B) et (X, C).

c) On suppose que X est un espace normal et que $A \subset \mathring{B} \cup \mathring{C}$. Si les couples (X, B) et (X, C) jouissent de la propriété d'extensions des homotopies, démontrer qu'il en est de même du couple (X, A).

21) Soit X un espace topologique paracompact, soit $\mathscr{A}$ un ensemble de parties fermées de X tel que $B \cap C \in \mathscr{A}$ pour tout couple (B, C) d'éléments de $\mathscr{A}$. Soit $A = \bigcup_{C \in \mathscr{A}} C$; on suppose que, pour tout point x de X, il existe un voisinage V de x et une partie finie $\mathscr{A}_x$ de $\mathscr{A}$ tels que $V \cap A = V \cap \bigcup_{C \in \mathscr{A}_x} C$.

a) Démontrer que A est une partie fermée de X.

b) On suppose que, pour tout $B \in \mathscr{A}$, le couple (X, B) jouit de la propriété d'extension des homotopies. Démontrer qu'il en est de même du couple (X, A).

22) Soient X et Y des espaces topologiques, soit A un sous-espace de X et soit B un sous-espace de Y.

a) On suppose que les couples (X, A) et (Y, B) sont homéotopes. Si le couple (X, A) jouit de la propriété d'extension des homotopies, démontrer qu'il en est de même du couple (Y, B).

b) On suppose inversement que les couples (X, A) et (Y, B) jouissent de la propriété d'extension des homotopies. Soit $f \colon X \to Y$ une homéotopie qui induit, par passage aux sous-espaces, un homéomorphisme de A sur B. Prouver que f est une homéotopie du couple (X, A) sur le couple (Y, B).

23) Soient X et Y des espaces topologiques. On dit qu'une homotopie $\sigma \colon X \times \mathbf{I} \to Y$ est stationnaire s'il existe un nombre réel $\delta > 0$ tel que $\sigma(x, t) = \sigma(x, 0)$ pour tout $x \in X$ et tout $t \in [0, \delta]$. Soit A un sous-espace fermé de X ; on note j l'injection canonique de A dans X. On dit que le couple (X, A) possède la propriété d'extension des homotopies stationnaires si, pour tout espace topologique Y, toute application continue $f \colon X \to Y$ et toute homotopie stationnaire $\sigma \colon A \times \mathbf{I} \to Y$ dont l'origine est égale à $f \mid A$, il existe une homotopie $\widetilde{\sigma} \colon X \times \mathbf{I} \to Y$ d'origine f qui étend σ.

a) Démontrer que les propriétés suivantes sont équivalentes :

(i) Le couple (X, A) a la propriété d'extension des homotopies stationnaires ;

(ii) Les couples (X, A) et $(\mathrm{Cyl}(j), \alpha_j(A \times \{0\})$ sont homéotopes ;

(iii) Il existe une application continue $\varphi\colon \mathrm{X} \to \mathbf{I}$ telle que $\varphi(a) = 0$ pour tout $a \in \mathrm{A}$ et une homotopie $\sigma\colon \mathrm{X} \times \mathbf{I} \to \mathrm{X}$ telle que $\sigma(x, 0) = x$ pour $x \in \mathrm{X}$, $\sigma(a, t) = a$ pour $(a, t) \in \mathrm{A} \times \mathbf{I}$, et $\sigma(x, 1) \in \mathrm{A}$ si $\varphi(x) < 1$.

(iv) Il existe une application continue $\varphi\colon \mathrm{X} \to \mathbf{I}$, un sous-espace V de X et une homotopie $\sigma\colon \mathrm{V} \times \mathbf{I} \to \mathrm{X}$ tels que $\varphi(x) = 1$ si $x \notin \mathrm{V}$, $\varphi(a) = 0$ pour $a \in \mathrm{A}$, $\sigma(x, 0) = x$ pour $x \in \mathrm{V}$, $\sigma(a, t) = a$ pour $(a, t) \in \mathrm{A} \times \mathbf{I}$, $\sigma(x, 1) \in \mathrm{A}$ si $\varphi(x) < 1$.

b) On suppose que le couple (X, A) possède la propriété d'extension des homotopies stationnaires et qu'il existe une fonction continue $u\colon \mathrm{X} \to \mathbf{I}$ telle que $\overset{-1}{u}(0) = \mathrm{A}$. Démontrer que le le couple (X, A) possède la propriété d'extension des homotopies.

24) Soit M un ensemble non dénombrable, soit X l'espace $\mathbf{I}^{\mathrm{M}}$ et soit A le sous-espace $\{0\}^{\mathrm{M}}$ de X.

a) Démontrer que le couple (X, A) a la propriété d'extension des homotopies stationnaires (exerc. 23).

b) Démontrer que le couple (X, A) n'a pas la propriété d'extension des homotopies. (Prouver que l'ensemble A n'est pas l'intersection d'une famille dénombrable d'ouverts.)

c) Démontrer que le couple $(\mathrm{X} \times \mathbf{I}, \mathrm{X} \times \{0\} \cup \mathrm{A} \times \mathbf{I})$ n'a pas la propriété d'extension des homotopies stationnaires.

25) *a*) Soient X et Y des espaces topologiques, soit A un sous-espace fermé de X et soit B un sous-espace fermé de Y. Soit $f\colon \mathrm{X} \to \mathrm{Y}$ une application continue ; on suppose que f induit, par passage aux sous-espaces, un homéomorphisme de A sur B. Si f possède un inverse à gauche à homéotopie près et si (Y, B) possède la propriété d'extension des homotopies stationnaires (exerc. 23), il en est de même de (X, A).

b) Si les couples (X, A) et (Y, B) sont homéotopes, alors (X, A) a la propriété d'extension des homotopies stationnaires si et seulement s'il en est de même de (Y, B).

c) Soit C l'ensemble des points du plan de la forme $(t/n, t)$, pour $t \in \mathbf{I}$ et $n \in \mathbf{N}^*$, soit X son adhérence et soit $\mathrm{A} = \{0\} \times \mathbf{I}$. Démontrer que le couple (X, A) ne possède pas la propriété d'extension des homotopies stationnaires.

26) On munit l'ensemble $\mathrm{X} = \{0, 1\}$ de la topologie pour laquelle les ensembles ouverts sont $\varnothing$, $\{0\}$ et X. On pose $\mathrm{A} = \{0\}$. Démontrer que le couple (X, A) possède la propriété d'extension des homotopies mais que le couple $(\mathrm{X} \times \mathrm{X}, (\mathrm{X} \times \mathrm{A}) \cup (\mathrm{A} \times \mathrm{X}))$ ne la possède pas.

27) Soit X un espace topologique et soit A un sous-espace (non nécessairement fermé) de X ; on note C le sous-espace $(X \times \{0\}) \cup (A \times \mathbf{I})$ de $X \times \mathbf{I}$. On suppose que C est un rétracte de $X \times \mathbf{I}$. Soit U une partie de C telle que $U \cap (X \times \{0\})$ et $U \cap (A \times \mathbf{I})$ soient ouverts dans $X \times \{0\}$ et $A \times \mathbf{I}$ respectivement.

a) Soit V_0 l'ensemble des $x \in X$ tels que $(x, 0) \in U$; pour $n \geqslant 1$, soit V_n la réunion des ouverts W de X tels que $(W \cap A) \times [0, 1/n[$ soit contenu dans U.

Démontrer que $A \cap V_0 = \bigcup_{n \geqslant 1} A \cap V_n$; prouver aussi que tout ouvert W de X tel que $W \cap A \subset V_n$ est contenu dans V_n.

b) Démontrer que $V \subset \bigcup_{n \geqslant 1} V_n$.

c) Démontrer que U est ouvert dans C.

d) Démontrer que le couple (X, A) possède la propriété d'extension des homotopies.

28) Soit X un espace topologique, soit A un sous-espace de X tel que le couple (X, A) possède la propriété d'extension des homotopies. Démontrer qu'il en est de même du couple $(X, \overline{A})$.

29) Soit B un espace topologique. On dit qu'un recouvrement $(V_i)_{i \in I}$ de B est *numérique* s'il existe une partition continue de l'unité $(g_j)_{j \in J}$ sur B, localement finie, telle que pour tout $j \in J$, $\overset{-1}{g_j}(]0, 1])$ est contenu dans l'un des V_i.

a) Démontrer que B est paracompact si et seulement si tout recouvrement ouvert de B est numérique.

b) Démontrer que B est normal si et seulement si tout recouvrement ouvert localement fini de B est numérique.

c) Soit (V_i) un recouvrement numérique de B, soit B′ un espace topologique et soit $f \colon B' \to B$ une application continue. Démontrer que le recouvrement $(\overset{-1}{f}(V_i))$ de B′ est numérique.

30) Soit B un espace topologique paracompact, soit F un espace topologique contractile, soit E un espace fibré localement trivial de base B et de fibre-type F. Démontrer que le faisceau des germes de sections continues de E est mou.

31) Soit B un espace topologique. Soient A et V des sous-espaces de B ; on dit que V est un halo de A s'il existe une application continue $\varphi \colon B \to \mathbf{I}$ qui est égale à 1 en tout point A et à 0 en tout point de $\complement V$. On dit qu'un B-espace (E, p) possède la *propriété d'extension des sections* si, pour tout sous-espace A de B, tout halo V de A et toute section s de E_V, il existe une section s' de E telle que $s' \mid A = s \mid A$.

a) Soient (E,p) et (E',p') des B-espaces ; on suppose qu'il existe des morphismes de B-espaces, $f\colon E \to E'$ et $g\colon E' \to E$, et une homotopie $\sigma\colon E \times \mathbf{I} \to E$ d'origine Id_E et de terme $g \circ f$ telle que $p(\sigma(x,t)) = p(x)$ pour tout $(x,t) \in E \times \mathbf{I}$. Si le B-espace E' possède la propriété d'extension des sections, il en est de même du B-espace E.

b) Soit E un B-espace et soit A un sous-espace de B qui est un rétracte de B. On suppose que le A-espace induit E_A possède la propriété d'extension des sections ; démontrer qu'il en est de même du B-espace E.

c) Soit E un B-espace qui possède la propriété d'extension des sections. Soit $f\colon B \to \mathbf{I}$ une application continue et soit $V = \overset{-1}{f}(]0,1])$. Démontrer que le V-espace E_V possède la propriété d'extension des sections. (Soit A un sous-espace de V et soit W un halo de A dans V ; construire des suites (A_n) et (V_n) de sous-espaces de B vérifiant les propriétés suivantes : pour tout n, A_n est contenu dans W, V_n est un halo de A_n, et l'intersection des A_n est égale à A.)

32) Soit B un espace topologique et soit (E,p) un B-espace. Soit $(V_i)_{i\in I}$ un recouvrement numérique de B tel que, pour tout $i \in I$, le V_i-espace E_{V_i} possède la propriété d'extension des sections.

a) On suppose qu'il existe une partition continue de l'unité (f_i) sur B, localement finie, telle que $V_i = \overset{-1}{f_i}(]0,1])$ pour tout i. Soit $g\colon B \to [0,1]$ une application continue. On pose $A = \overset{-1}{g}(1)$ et $W = \overset{-1}{g}(]0,1])$; soit s une section de E sur W. Démontrer qu'il existe une section de E qui coïncide avec s sur A. (Considérer un élément maximal de l'ensemble des couples (J,t), où J est une partie de I et t est une section de E sur $W \cup \bigcup_{i\in J} V_i$ qui coïncide avec s sur A, muni de la relation d'ordre donnée par $(J,t) \prec (J',t')$ si $J \subset J'$ et t' prolonge t.)

b) Démontrer que le B-espace E possède la propriété d'extension des sections.

§2

1) Soit X un espace topologique et soient x, y des points de X. Démontrer que les applications p_x et p_y constantes d'image respectivement x et y sont homotopes si et seulement si x et y appartiennent à la même composante connexe par arcs de X.

2) Soit S le graphe de la fonction de $]0,1]$ dans $\mathbf{R}$ donnée par $x \mapsto \sin(\pi/x)$; soit $\overline{\mathrm{S}}$ son adhérence dans $\mathbf{R}^2$.

a) Démontrer que les espaces S et $\overline{\mathrm{S}}$ sont connexes.

b) Démontrer qu'une partie connexe et compacte de $\overline{\mathrm{S}}$ contenant les points $(1,0)$ et les points $(0,1)$ est nécessairement égale à S, mais qu'il n'existe pas d'homéomorphisme de $\mathbf{I}$ sur $\overline{\mathrm{S}}$ appliquant 0 sur $(1,0)$ et 1 sur $(0,1)$.

c) Déterminer les composantes connexes par arcs de l'espace $\overline{\mathrm{S}}$.

d) Démontrer que l'espace $\overline{\mathrm{S}}$ n'est pas localement connexe.

3) Soit $a \in \overline{\mathrm{S}}$. Démontrer que l'espace pointé $(\overline{\mathrm{S}}, a)$ possède un revêtement universel si et seulement si $a \in \{0\} \times [-1,1]$.

4) Soit $\mathrm{D} = [0,1] \cap (\mathbf{R} - \mathbf{Q})$.

a) Soit φ une application de D dans $[0,1]$ et soit X le complémentaire dans $[0,1]^2$ de l'ensemble formé des $(x, \varphi(x))$ pour $x \in \mathrm{D}$. Démontrer que X est connexe.

b) Démontrer qu'il existe une application bijective Φ de D sur l'ensemble des chemins d'origine $(0,0)$ et de terme $(1,1)$ dans $[0,1]^2$. Pour tout $x \in \mathrm{D}$, soit $\psi(x)$ un point d'abscisse x sur le chemin $\Phi(x)$. Soit alors Y le complémentaire dans $[0,1]^2$ de l'ensemble formé des $\psi(x)$ pour $x \in \mathrm{D}$. Démontrer que l'espace Y est connexe, localement connexe mais qu'il n'est pas connexe par arcs.

5) Soit r un élément de $\mathbf{N} \cup \{\infty, \omega\}$, soient n et d des entiers, soit X une sous-variété de classe C^r de $\mathbf{R}^n$, fermée, purement de dimension d.[(3)]

a) Démontrer qu'il existe un voisinage U de X dans $\mathbf{R}^n$ et un isomorphisme de classe C^r de $\mathrm{X} \times]-1;1[^{n-d}$ sur U.

b) Tout chemin dans X est strictement homotope à un chemin de classe C^r.

c) Si deux chemins de classe C^r dans X sont homotopes, ils sont reliés par une homotopie de classe C^r.

6) Soit U un ouvert d'un espace numérique $\mathbf{R}^n$. On dit qu'un chemin $c\colon \mathbf{I} \to \mathrm{U}$ est affine par morceaux s'il existe une suite finie $(t_0, \ldots, t_n)$ telle que $0 = t_0 < t_1 < \cdots < t_n = 1$ et telle que la restriction de c à chaque intervalle $[t_{i-1}, t_i]$ est affine. Démontrer que tout chemin dans U est strictement homotope à un chemin affine par morceaux.

[(3)]D'après des théorèmes de Whitney et Grauert, toute variété de classe C^r, de dimension finie et dont la topologie est de type dénombrable est isomorphe à une sous-variété fermée d'un espace numérique.

7) *a*) Soit R un ensemble. Si S est une partie de R, on note j_S l'application de $\mathbf{I}^S$ dans $\mathbf{I}^R$ qui applique une fonction $f\colon S \to \mathbf{I}$ sur l'unique fonction de R dans $\mathbf{I}$ dont la restriction à S égale f et qui est nulle en tout point de $R - S$.

Démontrer que j_S est un homéomorphisme de $\mathbf{I}^S$ sur le sous-espace de $\mathbf{I}^R$ formé des fonctions nulles hors de S.

b) Soit X l'ensemble des applications de R dans $\mathbf{I}$ qui sont nulles en dehors d'un sous-ensemble dénombrable de R. On note Y la limite inductive de la famille d'espaces $(\mathbf{I}^S)$, où S parcourt l'ensemble des parties dénombrables de R, et on le munit de la topologie limite inductive des topologies produits.

Les applications canoniques de $\mathbf{I}^S$ dans $\mathbf{I}^R$ induisent une bijection continue j de Y dans X. Cette bijection n'est pas un homéomorphisme si R n'est pas dénombrable.

c) Démontrer que, pour tout chemin $c\colon \mathbf{I} \to X$, il existe un sous-ensemble dénombrable S de R tel que $c(t)(s) = 0$ pour tout $t \in \mathbf{I}$ et tout $s \in R - S$.

d) En déduire que l'application j^{-1} est continue par arcs.

8) Soit X un espace topologique connexe compact de cardinal $\geqslant 2$. On suppose que pour tout couple (x, y) de points distincts de X, l'espace $X - \{x, y\}$ n'est pas connexe.

a) Démontrer que pour tout $x \in X$, l'espace $X - \{x\}$ est connexe.

b) Soient a, b des points distincts de X et soient U, V des parties ouvertes et fermées, non vides, de X telles que $X - \{a, b\} = U \cup V$. Démontrer que l'on a $\overline{U} = U \cup \{a, b\}$, $\overline{V} = V \cup \{a, b\}$ et que ces ensembles sont connexes.

c) On suppose que X possède une partie dénombrable partout dense. Démontrer alors que X est homéomorphe au cercle $\mathbf{S}_1$. (Prouver qu'il existe un homéomorphisme de $\mathbf{I}$ sur $\overline{U}$ qui applique 0 sur a et 1 sur b.)

9) Soit A un ensemble bien ordonné non dénombrable dont tout segment $[u, v]$ est dénombrable.

a) Démontrer que l'ensemble $L = A \times [0, 1[$, totalement ordonné par l'ordre lexicographique et muni de la topologie $\mathscr{T}_0(L)$ (TG, I, p. 91, exerc. 5), est connexe (TG, IV, p. 48, exerc. 7). L'espace L est appelé *droite d'Alexandroff*.

b) Démontrer que, pour tout point $x \in L$, l'espace topologique $L - \{x\}$ n'est pas connexe.

c) Soit $\overline{L}$ l'ensemble ordonné obtenu en adjoignant à L des points $-\infty$ et $+\infty$ tels que $-\infty < x < +\infty$ pour tout $x \in L$. Munissons-le de la topologie $\mathscr{T}_0(\overline{L})$; on l'appelle la droite d'Alexandroff achevée. Démontrer que $\overline{L}$ est compact et connexe.

d) Démontrer qu'il n'existe pas d'homéomorphisme de $[0, 1]$ sur $\overline{L}$ qui applique 0 sur $-\infty$ et 1 sur $+\infty$.

10) Soit $\overline{\mathrm{L}}$ la droite d'Alexandroff achevée et soit S l'espace topologique déduit de $\overline{\mathrm{L}}$ par identification des points $-\infty$ et $+\infty$.

a) Démontrer que l'espace S est compact et connexe, de cardinal au moins 2.

b) Démontrer que pour tout couple (x, y) de points distincts de S, l'espace topologique $\mathrm{S} - \{x, y\}$ n'est pas connexe.

c) Démontrer que l'espace S n'est pas homéomorphe à un cercle.

11) *a*) Soit X l'espace quotient de l'espace $\mathbf{R} \times \{1, 2\}$ par la relation d'équivalence la plus fine pour laquelle $(t, 1)$ est équivalent à $(t, 2)$ si $t \in \mathbf{R}^*$. Démontrer qu'il n'existe pas de chemin injectif dans X dont les extrémités soient les images des points $(0, 1)$ et $(0, 2)$.

b) Soit $c \colon \mathbf{I} \to \mathbf{S}^1$ le chemin défini par $c(t) = e^{3\pi i t}$; il relie le point 1 au point -1. Démontrer qu'il n'y a pas de chemin injectif dans $\mathbf{S}_1$ qui soit strictement homotope au chemin c.

12) Soit X un espace paracompact dans lequel tout point possède un voisinage homéomorphe à un espace métrique complet. Démontrer qu'il existe une distance sur X, compatible avec sa topologie, qui en fait un espace métrique complet (*cf.* TG, IX, p. 110, exerc. 34).

13) Soit X un espace topologique séparé ; on suppose que tout point de X possède un voisinage U tel que tout couple de points de U soit relié par un chemin injectif dans U. Si X est connexe, démontrer (sans faire usage de la proposition 18 de III, p. 282) que X est connexe par arcs et que tout couple de points de X est relié par un chemin injectif.

14) Soit X un ensemble et soit $\mathfrak{c}$ un cardinal infini tel que $\mathfrak{c} < \mathrm{Card}(\mathrm{X})$.

a) Soit $\mathscr{U}_{\mathfrak{c}}$ l'ensemble des parties V de X telles que $\mathrm{Card}(\mathrm{X} - \mathrm{V}) \leqslant \mathfrak{c}$ ou $\mathrm{V} = \varnothing$. Démontrer que $\mathscr{U}_{\mathfrak{c}}$ est une topologie sur X.

b) Montrer que l'ensemble X, muni de cette topologie, est connexe et localement connexe, mais que ses composantes connexes par arcs sont réduites à un élément.

c) Montrer que le cône C(X) est connexe par arcs, localement connexe, mais n'est pas localement connexe par arcs. Cela démontre que dans le corollaire 2 de III, p. 267, on ne peut omettre l'hypothèse que l'espace est localement compact et métrisable.

§3

1) Soit X un espace topologique, soit $\sigma\colon X \times \mathbf{I} \to X$ une homotopie dont l'origine et le terme sont égaux à l'application identique de X. Soit $x \in X$ et soit $\delta \in \pi_1(X, x)$ la classe du lacet $t \mapsto \sigma(x, t)$ en x. Démontrer que δ appartient au centre du groupe $\pi_1(X, x)$.

2) Soient (X, a) et (Y, b) des espaces topologiques pointés ; on suppose que le sous-espace $\{a\}$ de X est fermé et que le couple $(X, \{a\})$ possède la propriété d'extension des homotopies.

a) Soit $f\colon X \to Y$ une application continue et soit c un chemin dans Y. Démontrer qu'il existe une homotopie $\sigma\colon X \times \mathbf{I} \to Y$ telle que $\sigma(a, t) = c(t)$ pour tout $t \in \mathbf{I}$ et $\sigma(x, 0) = f(x)$ pour tout $x \in X$.

b) Démontrer qu'il existe une unique action à droite du groupe $\pi_1(Y, b)$ sur l'ensemble $[(X, a); (Y, b)]$ telle que $[f] \cdot [c]$ soit la classe de l'application $x \mapsto \sigma(x, 1)$, pour toute application continue pointée $f\colon (X, a) \to (Y, b)$, tout lacet c dans Y en b, et toute homotopie σ comme ci-dessus.

c) On suppose que Y est connexe par arcs. Démontrer que toute application continue de X dans Y est homotope à une application continue pointée de (X, a) dans (Y, b).

d) Soient f et g des applications continues pointées de (X, a) dans (Y, b). Pour que f et g soient l'origine et le terme d'une homotopie pointée, il faut et il suffit qu'il existe une classe de lacet $\gamma \in \pi_1(Y, b)$ telle que $[f] \cdot \gamma = [g]$.

§4

1) On considère le revêtement (E, p) introduit dans l'exercice 4 de I, p. 148. Démontrer qu'il n'est pas galoisien, mais que le sous-groupe $p_*(\pi_1(E, x))$ de $\pi_1(B, b)$ est distingué. Cela fournit un contre-exemple à la réciproque du théorème 1 (III, p. 305).

§5

1) Soit X un espace connexe par arcs, soit x un point de x, et soit $\mathscr{U} = (U_i)$ un recouvrement ouvert de X ; pour tout i, soit c_i la classe d'un chemin

dans X d'origine un point u_i de U_i et de terme x. Notons $\mathrm{G}_{\mathscr{U}}$ le plus petit sous-groupe distingué de $\pi_1(\mathrm{X}, x)$ tel que $\mathrm{Int}(c_i)(\mathrm{G}_{\mathscr{U}})$ contient la classe de tout lacet dans U_i en u_i. Alors $\mathrm{G}_{\mathscr{U}}$ est un sous-groupe ouvert de $\pi_1(\mathrm{X}, x)$ pour la topologie admissible.

2) Soit X un espace topologique et soit a un point de X. On dit qu'un sous-groupe H de $\pi_1(\mathrm{X}, a)$ est *adéquat* si, pour tout $b \in \mathrm{X}$ et toute classe de chemin $\gamma \in \varpi_{a,b}(\mathrm{X})$, il existe un voisinage V de b tel que pour tout lacet $c \in \Omega_b(\mathrm{V})$, la classe du lacet $\gamma[c]\gamma^{-1}$ appartient à H.

a) Montrer qu'il existe une unique topologie de groupe sur $\pi_1(\mathrm{X}, a)$ pour laquelle les sous-groupes adéquats sont les sous-groupes ouverts.

b) Montrer que cette topologie est plus fine que la topologie de la convergence compacte mais que ces deux topologies ont mêmes sous-groupes ouverts distingués.

c) Si X est localement connexe par arcs, la topologie adéquate et la topologie de la convergence compacte ont mêmes sous-groupes ouverts.

3) Soit C le cercle de diamètre $((0,0),(0,1))$ dans $\mathbf{R}^2$ et soit P la réunion des $2^n\mathrm{C}$, pour $n \in \mathbf{Z}$. Soit E le quotient de l'espace $\mathrm{P} \times \mathbf{R}$ par la relation d'équivalence la moins fine pour laquelle $(x,t) \sim (2x, t+1)$ pour tout $(x,t) \in \mathrm{P} \times \mathbf{R}$. Notons p la surjection canonique de $\mathrm{P} \times \mathbf{R}$ sur E. Soit a le point $(0,0)$ de P et posons $e = p(a, 0)$.

a) Montrer que p fait de $\mathrm{P} \times \mathbf{R}$ un revêtement galoisien de groupe $\mathbf{Z}$. Montrer que $p_*(\pi_1(\mathrm{P} \times \mathbf{R}, (a,0)))$ est un sous-groupe distingué ouvert de $\pi_1(\mathrm{E}, e)$, de quotient $\mathbf{Z}$.

b) Soit $\varphi\colon \mathrm{P} \to \mathrm{P}$ l'application définie par $\varphi(x) = x$ si $x \in \mathrm{C}$ et $\varphi(x) = (0,0)$ sinon. Montrer qu'elle est continue.

c) Montrer que le noyau de l'homomorphisme $\varphi_* = \pi_1(\varphi, (a,0))$ est un sous-groupe de $\pi_1(\mathrm{P} \times \mathbf{R}, (a,0))$ qui est ouvert pour la topologie de la convergence compacte.

d) Soit $u\colon \mathbf{I} \to \mathrm{C}$ le lacet donné par $t \mapsto \frac{1}{2}(1 - \cos(2\pi t), \sin(2\pi t))$ et soit $c \in \Omega_e(\mathrm{E})$ le lacet donné par $t \mapsto (u(t), 0)$. Montrer que l'image de φ_* est un sous-groupe ouvert de $\pi_1(\mathrm{E}, e)$ qui ne contient pas la classe du lacet c.

e) Soit $c_n\colon \mathbf{I} \to \mathrm{E}$ le lacet défini par $c_n(t) = p(2^{-n}u(t), 0)$ et soit $d\colon \mathbf{I} \to \mathrm{E}$ le lacet donné par $t \mapsto p(a,t)$. Montrer que $d^n c_n \overline{d}^n$ est strictement homotope à c. En déduire que la classe $[c]$ est contenue dans tout sous-groupe admissible de $\pi_1(\mathrm{E}, e)$.

f) Montrer que la topologie admissible sur $\pi_1(\mathrm{E}, e)$ est strictement moins fine que la topologie de la convergence compacte.

4) Soit L la demi-droite d'Alexandroff (TG, IV, p. 49, exerc. 12) et soit L^* son compactifié d'Alexandroff; soit ω l'unique point de $L^* - L$. Soit A un ensemble ayant au moins deux éléments et soit a un point de A ; on pose $X = L^* \times A$ et $Y = X - \{(\omega, a)\}$.

a) Démontrer que l'injection canonique j de Y dans X est étale, séparée, et possède la propriété de relèvement des chemins.

b) Démontrer que l'application j ne fait pas de Y un revêtement de X.

5) Soit X_0 le cercle unité du plan numérique $\mathbf{R}^2$; soit X_1 la réunion des segments reliant le point $(1,0)$ aux points $(3, 1/n)$, pour $n \in \mathbf{N}^*$; soit X_2 l'ensemble des points (x, y) du plan tels que $(x-2)^2 + y^2 = 1$ et $y \leqslant 0$; on pose $X = X_0 \cup X_1 \cup X_2$.

a) Soit $Y = X \cup (-X)$. Soit $p \colon Y \to X$ l'application définie comme suit : on a $p(\cos(t), \sin(t)) = (\cos(2t), \sin(2t))$ pour $t \in \mathbf{R}$ et $p(z) = p(-z) = z$ pour $z \in X_1 \cup X_2$. Démontrer que p fait de Y un revêtement de degré 2 de X.

b) Soit Z_2 l'ensemble des points du plan tels que $(x-1)^2 + y^2 = 4$ et $y \leqslant 0$; on pose $Z = X_0 \cup X_1 \cup (-X_1) \cup Z_2 \cup (-Z_2)$. Soit $q \colon Z \to X$ l'application définie par $q(\cos(t), \sin(t)) = (\cos(2t), \sin(2t))$ pour $t \in \mathbf{R}$, $q(z) = q(-z) = z$ pour $z \in X_1$ et $q(z) = q(-z) = 1 + \frac{1}{2}z$ pour $z \in Z_2$. Démontrer que q fait de Z un revêtement de degré 2 de X.

c) Démontrer que $q_*\pi_1(Z, (1,0)) = p_*\pi_1(Y, (1,0))$ mais qu'il n'existe pas d'application continue $f \colon Z \to Y$ telle que $p \circ f = q$.[(4)]

6) Pour tout entier $n \geqslant 1$, on pose $x_n = (1/n, 0)$ et on note C_n le cercle du plan numérique de diamètre $(0, x_n)$. Soit P la réunion des espaces C_n, pour $n \in \mathbf{N}$ (« boucle d'oreille hawaïenne », *cf.* I, p. 146, exerc. 5) ; pour tout entier $n \geqslant 1$, on note P_n la réunion des espaces C_m, pour $1 \leqslant m \leqslant n$ et P^n la réunion des espaces C_m, pour $m > n$.

a) Soit n un entier $\geqslant 1$ et soit r_n l'application de P dans P_n qui applique un point $x \in P$ sur lui-même si $x \in P_n$, et sur 0 sinon. Démontrer que r_n est une rétraction continue de l'injection canonique de P_n dans P.

b) Démontrer que P_n est localement contractile. En déduire que tout point de P distinct de l'origine a un voisinage contractile en ce point.

c) Démontrer que les inclusions canoniques de P_n et P^n dans P induisent un isomorphisme de groupes du produit libre $\pi_1(P_n, 0) * \pi_1(P^n, 0)$ sur $\pi_1(P, 0)$. (Démontrer que l'injection canonique de P^n dans le complémentaire U_n de l'ensemble $\{x_1, \ldots, x_n\}$ est une homéotopie. Appliquer alors la proposition 2 de IV, p. 422 au recouvrement (P_n, U_n) de P.)

---

(4) Cet exemple est dû à E. C. Zeeman.

d) Soit $\gamma \in \pi_1(\mathrm{P}, 0)$ une classe de lacets telle que $(r_n)_*(\gamma) = \varepsilon_0$ pour tout entier $n \geqslant 1$; démontrer que $\gamma = \varepsilon_0$.

e) L'homomorphisme canonique de $\pi_1(\mathrm{P}, 0)$ dans $\varprojlim_n \pi_1(\mathrm{P}_n, 0)$ déduit de la famille $((r_n)_*)$ est injectif et la topologie admissible sur $\pi_1(\mathrm{P}, 0)$ est l'image réciproque de la topologie de la limite projective sur $\varprojlim_n \pi_1(\mathrm{P}_n, 0)$, les groupes $\pi_1(\mathrm{P}_n, 0)$ étant munis de la topologie discrète.

f) Démontrer que les composantes connexes par arcs de $\Omega_0(\mathrm{P})$ sont fermées, de même que celles de $\Omega_{(0,0)}(\mathrm{P} \times \mathrm{P})$.

7) On reprend les notations de l'exercice 6.

a) Pour tout entier $n \geqslant 1$, soit $\alpha_n \in \pi_1(\mathrm{P}, 0)$ la classe d'un lacet dans C_n dont la classe engendre $\pi_1(\mathrm{C}_n, 0)$. Posons alors $\beta_n = \alpha_1 \alpha_n \alpha_1^{-1} \alpha_n^{-1}$ et $\gamma_n = \beta_n^n$. La suite (γ_n) tend vers ε_0 pour la topologie admissible.

b) Soit $n \in \mathbf{N}^*$. Pour tout $c \in \Omega_0(\mathrm{P})$, on note $\omega_n(c)$ la borne supérieure des entiers k tels qu'il existe une suite strictement croissante $(t_1, \ldots, t_{2k})$ d'éléments de $\mathbf{I}$ tels que $c(t_{2i}) = 0$ et $c(t_{2i-1}) = x_n$ pour $i \in \{1, \ldots, k\}$. Prouver que $\omega_n(c)$ est un entier. Démontrer que l'application ω_n de $\Omega_0(\mathrm{P})$ dans $\mathbf{N}$ est semi-continue supérieurement.

c) Pour tout entier $n \geqslant 1$, soit c_n un chemin dont la classe est γ_n. Démontrer que $\omega_1(c_n) \geqslant 4n$. En déduire que la suite (c_n) n'a pas de limite dans $\mathscr{C}_c(\mathbf{I}; \mathrm{P})$.

d) La topologie admissible sur le groupe $\pi_1(\mathrm{P}, 0)$ est séparée, non discrète, et strictement moins fine que la topologie de la convergence compacte. *L'espace P n'est en particulier pas délaçable.$_*$

8) On reprend les notations des exercices 6 et 7; soit aussi $p \colon \Omega_0(\mathrm{P}) \to \pi_1(\mathrm{P}, 0)$ la surjection canonique.

a) Pour tout couple (m, n) d'entiers $\geqslant 1$ tels que $m \neq n$, on pose $\lambda_{m,n} = (\alpha_m \alpha_n \alpha_m^{-1} \alpha_n^{-1})^{m+n}$ et $\lambda_{m,n} = (\alpha_1 \alpha_m \alpha_1^{-1} \alpha_m^{-1})^n$; soit S l'ensemble des couples de la forme $(\lambda_{m,n}, \mu_{m,n})$ dans $\pi_1(\mathrm{P}, 0) \times \pi_1(\mathrm{P}, 0)$. Démontrer que S n'est pas fermé mais que son image réciproque dans $\Omega_0(\mathrm{P}) \times \Omega_0(\mathrm{P})$ l'est. En déduire que l'application $p \times p \colon \Omega_0(\mathrm{P})^2 \times \pi_1(\mathrm{P}, 0)^2$ n'est pas stricte.

b) Soit T l'ensemble des classes de lacets de la forme $\lambda_{m,n}\mu_{m,n}$ dans $\pi_1(\mathrm{P}, 0)$. Démontrer que T est fermé.

c) Démontrer que la loi de composition de $\pi_1(\mathrm{P}, 0)$ n'est pas continue lorsqu'on munit le groupe $\pi_1(\mathrm{P}, 0)$ de la topologie quotient de la convergence compacte.[5]

[5] Cet exemple est dû à P. Fabel, « Multiplication is discontinuous in the Hawaiian earring group (with the quotient topology) », *Bull. Polish Acad. Sci. Math.* **59** (2011), p. 77-83.

9) Reprenons les notations de l'exercice 6. Pour tout entier $n \in \mathbf{N}^*$, soit $c_n : \mathbf{I} \to \mathrm{C}_n$ le lacet en l'origine défini par $t \mapsto \frac{1}{2n}(1 - \cos(2\pi t), \sin(2\pi t))$.

a) Pour toute suite $\alpha \in \{0,1\}^{\mathbf{N}^*}$, soit c_α l'application définie par $c_\alpha(0) = 0$ par $c_\alpha(t) = \alpha_n c_n(2^n t - 1)$ pour tout entier $n \geqslant 1$ et tout $t \in \mathbf{I}$ tel que $2^{-n} \leqslant t \leqslant 2^{1-n}$. Montrer que c'est un lacet en l'origine. Montrer que l'application $\alpha \mapsto [c_\alpha]$ de $\{0,1\}^{\mathbf{N}^*}$ dans $\pi_1(\mathrm{P}, 0)$ est injective.

b) Pour tout entier $n \geqslant 1$, soit q_n l'application de P dans C_n donnée par $q_n(x) = x$ si $x \in \mathrm{C}_n$ et $q_n(x) = 0$ sinon. Elle est continue. Montrer que l'homomorphisme de groupes $\psi : \pi_1(\mathrm{P}, 0) \to \prod_{n \geqslant 1} \pi_1(\mathrm{C}_n, 0)$ donné par $\psi(\gamma) = ((q_n)_*(\gamma))_n$ admet une section.

10) Pour tout entier $n \geqslant 1$, soit C_n le cercle du plan numérique de centre $(1/n, 0)$ et de rayon $1/n$; soit P la réunion des espaces C_n, pour $n \geqslant 1$. Pour tout entier $n \geqslant 1$, soit B_n l'ensemble des points (x, y) du plan tels que $(nx-1)^2 + n^2y^2 \leqslant 1 \leqslant ((n+1)x-1)^2 + (n+1)^2y^2$; soit B l'ensemble des points (x, y) du plan tels que $(x-1)^2 + y^2 \leqslant 1$. Posons $\mathrm{B}_0 = \mathrm{P}$ et soit A l'espace quotient de l'espace somme de la famille $(\mathrm{B}_n)_{n \geqslant 0}$ par la relation d'équivalence la moins fine qui identifie (b, n) et $(b, 0)$ si $b \in \mathrm{C}_n \cup \mathrm{C}_{n+1}$.

a) Démontrer qu'il existe une unique application continue $p : \mathrm{A} \to \mathrm{B}$ qui, pour tout entier $n \geqslant 0$ et tout $b \in \mathrm{B}_n$, associe le point b à la classe de (b, n). Démontrer que p est bijective mais que ce n'est pas un homéomorphisme.

b) Démontrer que l'espace A est localement connexe par arcs.

c) Soit a la classe du point $(0, 0)$. Démontrer que la topologie quotient de la topologie de la convergence compacte sur $\pi_1(\mathrm{A}, a)$ est la topologie grossière.

d) Démontrer que l'espace A est simplement connexe.

e) Soit j l'application canonique de $\mathrm{C} = \mathrm{B}_0$ dans A. Démontrer que l'application $j_* : \pi_1(\mathrm{C}, 0) \to \pi_1(\mathrm{A}, j(0))$ est surjective et que son noyau a la puissance du continu.

f) Démontrer que le groupe $\pi_1(\mathrm{A}, j(0))$ a la puissance du continu. *En particulier, l'espace A n'est pas délaçable.$_*$

CHAPITRE IV

Espaces délaçables

§ 1. ESPACES DÉLAÇABLES

1. Espaces simplement connexes par arcs

DÉFINITION 1. — *On dit qu'un espace topologique* X *est* simplement connexe par arcs *s'il est connexe par arcs et si tout lacet dans* X *est strictement homotope à un lacet constant.*

L'espace vide est simplement connexe par arcs. Pour qu'un espace connexe par arcs X soit simplement connexe par arcs, il faut et il suffit que le groupe $\pi_1(X, x)$ soit réduit à l'élément neutre pour tout point x de X (III, p. 292, prop. 2). Il suffit qu'il en soit ainsi pour un point x de X (*loc. cit.*).

Tout espace topologique homéotope à un espace simplement connexe par arcs est simplement connexe par arcs. En effet, il est connexe par arcs (III, p. 260) et, en tout point, son groupe de Poincaré est réduit à l'élément neutre (III, p. 296, cor. 2 de la prop. 6). En particulier, un espace topologique homéotope à un point est simplement connexe par arcs.

Un espace topologique simplement connexe par arcs et localement connexe par arcs est simplement connexe (III, p. 309, cor. 2 de la prop. 1).

2. Espaces délaçables

DÉFINITION 2. — *On dit qu'un espace topologique* B *est* délaçable *s'il est localement connexe par arcs et si tout point b de* B *possède un voisinage* V *tel que l'homomorphisme de $\pi_1(V, b)$ dans $\pi_1(B, b)$ déduit de l'injection canonique ait pour image l'élément neutre.*

Un espace topologique localement connexe par arcs est délaçable si et seulement si chacune de ses composantes connexes l'est.

Soit B un espace topologique localement connexe par arcs. Supposons que tout point de B possède un voisinage V qui est délaçable. Alors, B est délaçable.

Tout espace topologique localement connexe par arcs et simplement connexe par arcs est délaçable. C'est en particulier le cas d'un espace localement connexe par arcs homéotope à un point.

Remarques. — 1) Il existe des espaces topologiques B, connexes et localement connexes par arcs tels que certains points a de B, mais pas tous, possèdent un voisinage V tel que l'homomorphisme de $\pi_1(V, a)$ dans $\pi_1(B, a)$ soit trivial (III, p. 336, exerc. 6).

2) Soit B un espace délaçable ; toute opération du groupoïde $\varpi(B)$ sur un B-espace est sans monodromie locale (*cf.* III, p. 313, remarque). En particulier, pour qu'une application $p \colon E \to B$ fasse de E un revêtement de B, il faut et il suffit qu'elle soit étale, séparée et qu'elle vérifie la propriété de relèvement des chemins (III, p. 315, corollaire 3).

PROPOSITION 1. — *L'espace produit d'une famille finie d'espaces délaçables est délaçable.*

Il suffit de démontrer que, si A et B sont deux espaces délaçables, il en est de même de leur produit $A \times B$. Sous ces conditions, l'espace $A \times B$ est en effet localement connexe par arcs (III, p. 261, prop. 9). Soit (a, b) un point de $A \times B$. Il existe par hypothèse un voisinage U de a (resp. un voisinage V de b) tels que l'image de l'homomorphisme $i_* \colon \pi_1(U, a) \to \pi_1(A, a)$ déduit de l'injection canonique $i \colon U \to A$ (resp. de l'homomorphisme $j_* \colon \pi_1(V, b) \to \pi_1(B, b)$ déduit de l'injection canonique $j \colon V \to B$) soit réduite à l'élément neutre. Alors, $U \times V$ est un voisinage de (a, b) dans $A \times B$. L'homomorphisme $\pi_1(U \times V, (a, b)) \to \pi_1(A \times B, (a, b))$ s'identifie à l'homomorphisme (i_*, j_*) (III, p. 297, corollaire de la prop. 4). Son image est donc réduite à l'élément neutre. Cela prouve que $A \times B$ est délaçable.

PROPOSITION 2. — a) *Tout revêtement d'un espace délaçable est délaçable.*

b) *Inversement, soit* $p \colon E \to B$ *une application étale et surjective et supposons que* E *soit un espace délaçable. Alors,* B *est délaçable.*

a) Soit B un espace topologique délaçable et soit (E, p) un revêtement de B. L'espace E est alors localement connexe par arcs. Soit x un point de E, notons $b = p(x)$, et soit V un voisinage de b dans B tel que l'homomorphisme canonique $\pi_1(V, b) \to \pi_1(B, b)$ soit trivial. Notons $i \colon V \to B$ et $j \colon \overset{-1}{p}(V) \to E$ les injections canoniques. Par hypothèse, l'image de l'homomorphisme $\pi_1(i, b)$ est réduite à l'élément neutre. Puisque $p \circ i = j \circ p$ et que $\pi_1(p, x)$ est injectif, l'image de l'homomorphisme $\pi_1(j, x)$ est réduite à l'élément neutre. Cela prouve que E est délaçable.

b) L'espace B est localement connexe par arcs. Soit b un point de B et soit x un point de E_b. Comme p est étale, il existe un voisinage U de x dans E tel que p induise un homéomorphisme de U sur $p(U)$. Soit V un voisinage de x dans E contenu dans U tel que l'homomorphisme $\pi_1(j, x)$ soit trivial, où $j\colon V \to E$ désigne l'injection canonique. Notons $q\colon V \to p(V)$ l'application déduite de p par passage aux sous-espaces ; c'est un homéomorphisme. Notons aussi i l'injection canonique de $p(V)$ dans B. On a $p \circ j = i \circ q$, donc $\pi_1(i, b) \circ \pi_1(q, x) = \pi_1(p, x) \circ \pi_1(j, x)$ est l'homomorphisme trivial. Comme l'homomorphisme $\pi_1(q, x)$ est un isomorphisme, l'homomorphisme $\pi_1(i, b)$ est trivial. Il en résulte que l'espace B est délaçable.

PROPOSITION 3. — *Soit* B *un espace topologique délaçable. Soit* (Y, q) *un revêtement de* B *et soit* (Z, p) *un revêtement de* Y. *L'espace topologique* Z, *muni de l'application* $q \circ p$, *est alors un revêtement de* B.

En effet, l'application $q \circ p$ est étale (I, p. 29, prop. 6) et séparée (I, p. 25, prop. 2). D'après la remarque 2 ci-dessus, il suffit donc de montrer qu'elle vérifie la propriété de relèvement des chemins. Soit z un point de Z et soit $c\colon \mathbf{I} \to B$ un chemin dans B d'origine $q(p(z))$. Il existe un chemin c' d'origine $p(z)$ dans Y qui relève c, car Y est un revêtement de B (III, p. 302, cor. 2). Comme Z est un revêtement de Y, il existe un chemin c'' d'origine z dans Z qui relève c' ; le chemin c'' relève c. Cela démontre la proposition.

3. Revêtement universel d'un espace délaçable

Soit B un espace topologique et soit b un point de B. Rappelons que $\Lambda_b(B)$ désigne le sous-espace de $\mathscr{C}_c(\mathbf{I}; B)$ formé des chemins d'origine b, muni de la topologie quotient de la topologie de la convergence compacte. On note $e_B\colon \Lambda_b(B) \to B$ l'application qui, à un chemin, associe son terme ; elle est continue. Notons $\lambda_b(B)$ l'espace quotient de $\Lambda_b(B)$ pour la relation d'homotopie stricte et munissons-le de la topologie quotient. Comme deux chemins strictement homotopes ont même terme, l'application e_B définit, par passage au quotient, une application continue $\varepsilon_B\colon \lambda_b(B) \to B$, dite application terme.

THÉORÈME 1. — *Soit* B *un espace topologique* connexe et localement connexe par arcs *et soit* b *un point de* B. *Les propriétés suivantes sont équivalentes :*

(i) *L'espace* B *est délaçable.*

(ii) *Il existe un revêtement non vide de* B *qui est simplement connexe par arcs.*

(iii) *L'espace* $\lambda_b(\mathrm{B})$*, muni de l'application terme,* $\varepsilon_{\mathrm{B}} \colon \lambda_b(\mathrm{B}) \to \mathrm{B}$*, est un revêtement de* B.

(iv) *Le groupe* $\pi_1(\mathrm{B}, b)$ *est discret pour la topologie admissible.*

(v) *Le groupe* $\pi_1(\mathrm{B}, b)$ *est discret pour la topologie quotient de la topologie de la convergence compacte.*

De plus, lorsque ces conditions sont satisfaites, l'espace $\lambda_b(\mathrm{B})$ *est simplement connexe par arcs, simplement connexe, galoisien de groupe* $\pi_1(\mathrm{B}, b)^{\circ}$*, et le revêtement pointé* $(\lambda_b(\mathrm{B}), \varepsilon_b)$ *est un revêtement universel de l'espace pointé* (B, b).

Il résulte de la définition d'un espace délaçable que le sous-groupe de $\pi_1(\mathrm{B}, b)$ réduit à l'élément neutre est admissible si et seulement si B est délaçable. Cela démontre l'équivalence (i)$\Leftrightarrow$(iv). Par ailleurs, l'équivalence des propriétés (iv) et (v) découle des remarques 4 et 5 de III, p. 320.

(iv)$\Rightarrow$(ii). D'après III, p. 316, prop. 5, il existe un revêtement (E, p) de B et un point $x \in \mathrm{E}_b$ tel que $p_*(\pi_1(\mathrm{E}, x)) = \{e\}$; en particulier, $\pi_1(\mathrm{E}, x)$ est réduit à l'élément neutre. La composante connexe par arcs de x dans E est alors un revêtement non vide de B (I, p. 80, cor. 1 de la prop. 6), simplement connexe par arcs.

(ii)$\Rightarrow$(iii). Soit E un revêtement de B non vide et simplement connexe par arcs. Soit x un point de E_b (il en existe car B est connexe, I, p. 74, prop. 4). La projection $q \colon \mathrm{E} \to \mathrm{B}$ induit un homéomorphisme $\Lambda_x(\mathrm{E}) \to \Lambda_b(\mathrm{B})$ (III, p. 302, cor. 2 de la prop. 3), d'où, par passage aux composantes connexes par arcs, un homéomorphisme $q_* \colon \lambda_x(\mathrm{E}) \simeq \lambda_b(\mathrm{B})$. L'application terme $\Lambda_x(\mathrm{E}) \to \mathrm{E}$ est continue et ouverte, car E est localement connexe par arcs (III, p. 264, corollaire). L'application $\varepsilon_{\mathrm{E}} \colon \lambda_x(\mathrm{E}) \to \mathrm{E}$ qu'elle définit par passage aux composantes connexes par arcs est donc continue et ouverte. L'application $\varepsilon_{\mathrm{E}} \circ (q_*)^{-1} \colon \lambda_b(\mathrm{B}) \to \mathrm{E}$ est bijective, continue et ouverte. Cela démontre que l'espace topologique $\lambda_b(\mathrm{B})$, muni de la topologie de la convergence compacte et de l'application terme, est un revêtement de B.

(iii)$\Rightarrow$(v). En effet, l'ensemble $\pi_1(\mathrm{B}, b)$, muni de la topologie quotient de la topologie de la convergence compacte s'identifie à la fibre du B-espace $\lambda_b(\mathrm{B})$ de B en la classe du lacet constant en b. Si $\lambda_b(\mathrm{B})$ est un revêtement de B, alors $\pi_1(\mathrm{B}, b)$ est discret pour la topologie de la convergence compacte.

Supposons que ces assertions soient vérifiées. D'après ce qui précède, l'espace $\lambda_b(\mathrm{B})$ est alors un revêtement de B qui est simplement connexe par arcs, donc simplement connexe. L'espace pointé $(\lambda_b(\mathrm{B}), \varepsilon_b)$ est par conséquent un revêtement universel de (B, b) (I, p. 126, corollaire de la prop. 3) et le revêtement $\lambda_b(\mathrm{B})$ est un revêtement galoisien de B (I, p. 120, prop. 1). L'homomorphisme canonique $h_{(\lambda_b(\mathrm{B}),\varepsilon_b)}\colon \pi_1(\mathrm{B}, b) \to \mathrm{Aut}_{\mathrm{B}}(\lambda_b(\mathrm{B}))$ est alors un isomorphisme (III, p. 306, prop. 5).

Remarque 1. — Soit B un espace délaçable connexe et soit b un point de B. Il résulte du théorème 1, (iv), que toute opération du groupe $\pi_1(\mathrm{B}, b)$ est admissible. Par suite, tout $\pi_1(\mathrm{B}, b)$-ensemble est isomorphe à un $\pi_1(\mathrm{B}, b)$-ensemble E_b, où E est un revêtement de B (III, p. 318, prop. 7). Rappelons aussi (III, p. 310, prop. 2) que si E et E′ sont des revêtements de B, l'application $f \mapsto f_b$ induit une bijection de l'ensemble des morphismes de B-espaces de E dans E′ sur l'ensemble des morphismes de $\pi_1(\mathrm{B}, b)$-ensembles de E_b dans E'_b.

$_*$Dans le langage des catégories, on dit que le foncteur qui, à un revêtement E de B, associe la fibre E_b est une équivalence de catégories de la catégorie des revêtements de B dans la catégorie des $\pi_1(\mathrm{B}, b)$-ensembles.$_*$

COROLLAIRE 1. — *Soit* B *un espace topologique délaçable et soit b un point de* B. *Soit* E *un revêtement connexe de* B *et soit x un point de la fibre* E_b. *Les propriétés suivantes sont équivalentes :*

(i) *Le groupe* $\pi_1(\mathrm{E}, x)$ *est trivial.*

(ii) *L'espace* E *est simplement connexe.*

(iii) *L'espace pointé* (E, x) *est un revêtement universel de* (B, b).

L'implication (i)$\Rightarrow$(ii) a déjà été démontrée sous la seule hypothèse que l'espace B soit connexe et localement connexe par arcs (III, p. 309, cor. 2 de la prop. 1) et l'implication (ii)$\Rightarrow$(iii) sans aucune hypothèse (I, p. 126, corollaire).

Démontrons (iii)$\Rightarrow$(i). D'après le théorème 1 de IV, p. 342, il existe un revêtement E′ de B et un point x' de la fibre E'_b tel que le groupe $\pi_1(\mathrm{E}', x')$ soit réduit à l'élément neutre. Sous l'hypothèse (iii), il existe un B-morphisme pointé $f\colon (\mathrm{E}, x) \to (\mathrm{E}', x')$. Notons $p\colon \mathrm{E} \to \mathrm{B}$ et $p'\colon \mathrm{E}' \to \mathrm{B}$ les projections des revêtements E et E′ ; on a $p = p' \circ f$ donc $\pi_1(p, x) = \pi_1(p', x') \circ \pi_1(f, x)$. Comme le groupe $\pi_1(\mathrm{E}', x')$ est trivial, l'homomorphisme injectif $\pi_1(p, x)$ a pour image l'élément neutre. Cela prouve que le groupe $\pi_1(\mathrm{E}, x)$ est réduit à l'élément neutre.

COROLLAIRE 2. — *Soit* B *un espace topologique délaçable et soit* b *un point de* B. *Soit* (E, x) *un revêtement universel de l'espace pointé* (B, b). *Pour tout revêtement* E′ *de* B *et tout point* x' *de* E'_b, *l'unique* B-*morphisme* $f\colon \mathrm{E} \to \mathrm{E}'$ *tel que* $f(x) = x'$ *fait de* E *un revêtement de* E′. *L'espace pointé* (E, x) *est alors un revêtement universel de* (E', x').

D'après la prop. 7 de I, p. 81, l'espace E, muni de l'application f, est un revêtement de E′. La dernière assertion résulte alors du corollaire 1.

Soit B un espace topologique délaçable et soient a, b deux points de B. L'espace topologique quotient $\varpi_{a,b}(\mathrm{B})$ est homéomorphe à l'espace $\pi_1(\mathrm{B}, a)$, muni de la topologie quotient de la topologie de la convergence compacte (III, p. 293, remarque 3), donc est discret d'après le théorème 1 de IV, p. 342. Par suite, la classe d'homotopie stricte de tout chemin dans B joignant a à b est une partie ouverte de $\Lambda_{a,b}(\mathrm{B})$. Plus généralement :

PROPOSITION 4. — *Soit* B *un espace topologique délaçable. La relation d'homotopie stricte est une relation d'équivalence ouverte dans l'espace topologique* $\mathscr{C}_c(\mathbf{I}; \mathrm{B})$.

Supposons d'abord que l'espace B soit simplement connexe par arcs. Notons $\varphi\colon \Lambda(\mathrm{B}) \to \mathrm{B} \times \mathrm{B}$ l'application qui, à un chemin c dans B, associe le couple $(c(0), c(1))$ formé de son origine et de son terme. Pour que deux chemins dans B soient strictement homotopes, il faut et il suffit qu'ils aient même origine et même terme (III, p. 292, prop. 2). L'espace B étant connexe et localement connexe par arcs, l'application φ est surjective, continue et ouverte (III, p. 262, prop. 10). La relation d'homotopie stricte est donc ouverte (TG, I, p. 32, prop. 3).

Dans le cas général, soit E un revêtement simplement connexe par arcs de B, non vide si $\mathrm{B} \neq \varnothing$. Ce revêtement est surjectif car B est connexe (I, p. 74, prop. 4). Notons p la projection du B-espace E et soit $\widetilde{p}\colon \Lambda(\mathrm{E}) \to \Lambda(\mathrm{B})$ l'application qui, à un chemin c dans E, associe le chemin $p \circ c$. Muni de l'application $\widetilde{p}$, $\Lambda(\mathrm{E})$ est un revêtement de $\Lambda(\mathrm{B})$ (III, p. 302, cor. 1 de la prop. 3). Pour que deux chemins dans B soient strictement homotopes, il faut et il suffit qu'ils soient les images par l'application $\widetilde{p}$ de deux chemins strictement homotopes dans E (III, p. 302, prop. 4). Soit U une partie ouverte de l'espace $\Lambda(\mathrm{B})$. L'ensemble $\overset{-1}{(\widetilde{p})}(\mathrm{U})$ est ouvert dans $\Lambda(\mathrm{E})$; d'après la première partie de la démonstration, l'ensemble U' saturé de $\overset{-1}{(\widetilde{p})}(\mathrm{U})$ pour la relation d'homotopie stricte est ouvert dans $\Lambda(\mathrm{E})$. Comme $\Lambda(\mathrm{E})$ est un revêtement de $\Lambda(\mathrm{B})$, l'ensemble $\widetilde{p}(\mathrm{U}')$ est ouvert dans $\Lambda(\mathrm{B})$. Cela prouve la proposition, car $\widetilde{p}(\mathrm{U}')$ est le saturé de U pour la relation d'homotopie stricte.

4. Exemples

1) *Espaces localement contractiles*

DÉFINITION 3. — *On dit qu'un espace topologique* B *est* localement contractile *si tout point b de* B *possède un voisinage* V *tel que l'espace pointé* (V, b) *soit contractile* (III, p. 234, exemple 3).

PROPOSITION 5. — *Un espace topologique localement contractile est délaçable.*

Soit B un espace localement contractile. Soit b un point de B et soit V un voisinage de b tel que (V, b) soit un espace pointé contractile. L'espace V est homéotope à un point, donc $\pi_1(\mathrm{V}, b) = \{\varepsilon_b\}$ (III, p. 296, corollaire 3).

Pour démontrer la proposition, il reste à démontrer que l'espace B est localement connexe par arcs. Soit $\sigma\colon \mathrm{V} \times \mathbf{I} \to \mathrm{V}$ une homotopie pointée en b reliant l'application constante d'image b à l'application Id_{V}. Pour tout voisinage W de b contenu dans V, l'ensemble $\sigma(\mathrm{W} \times \mathbf{I})$ est un voisinage de b car il contient $\mathrm{W} = \sigma(\mathrm{W} \times \{1\})$, et il est connexe par arcs car pour tout $(a, s) \in \mathrm{W} \times \mathbf{I}$, l'application $t \mapsto \sigma(a, ts)$ est un chemin reliant $b = \sigma(a, 0)$ à $\sigma(a, s)$ dans $\sigma(\mathrm{W} \times \mathbf{I})$. Démontrons que les ensembles de la forme $\sigma(\mathrm{W} \times \mathbf{I})$ forment un système fondamental de voisinages de b. Soit V' un voisinage ouvert de b dans B ; alors, $\overset{-1}{\sigma}(\mathrm{V}')$ est un voisinage ouvert de $\{b\} \times \mathbf{I}$ dans $\mathrm{V} \times \mathbf{I}$. Comme l'espace $\mathbf{I}$ est compact, la projection $\mathrm{pr}_1 : \mathrm{V} \times \mathbf{I} \to \mathrm{V}$ est propre (TG, I, p. 77, cor. 5) et $\mathrm{pr}_1(\complement \overset{-1}{\sigma}(\mathrm{V}'))$ est une partie fermée de V ne contenant pas b. Son complémentaire W est ainsi un voisinage ouvert de b dans V tel que $\mathrm{W} \times \mathbf{I} \subset \overset{-1}{\sigma}(\mathrm{V}')$, d'où $\sigma(\mathrm{W} \times \mathbf{I}) \subset \mathrm{V}'$.

Toute partie ouverte d'un espace numérique ou d'un espace projectif, réel ou complexe, à n dimensions (*cf.* chapitres VI et VIII) est délaçable, de même que les sphères euclidiennes $\mathbf{S}_n$ (TG, VI, p. 11, prop. 4). Plus généralement, toute variété topologique (VAR R, seconde partie, p. 7, *Notations et Conventions*) est délaçable. En effet, ces espaces sont localement contractiles.

2) *Groupe de Poincaré du cercle.* — L'espace topologique $\mathbf{R}$ est homéotope à un point (III, p. 234, exemple 4), donc simplement connexe par arcs (IV, p. 340). La surjection canonique p de $\mathbf{R}$ sur $\mathbf{T} = \mathbf{R}/\mathbf{Z}$ en fait un revêtement principal de groupe $\mathbf{Z}$ (I, p. 100, exemple 4). L'espace topologique $\mathbf{T}$ est délaçable et $(\mathbf{R}, 0)$ est un revêtement universel de $(\mathbf{T}, 0)$. On en déduit un isomorphisme canonique de groupes $\pi_1(\mathbf{T}, 0) \to \mathbf{Z}$: il applique la classe du lacet $t \mapsto p(nt)$ en 0 sur l'élément n de $\mathbf{Z}$. Compte tenu de l'exemple 6 (I, p. 101), on en déduit la proposition suivante.

Proposition 6. — *L'application $p \colon x \mapsto e^{2\pi i x}$ de $\mathbf{R}$ dans $\mathbf{S}_1$ fait de $(\mathbf{R}, 0)$ un revêtement universel de $(\mathbf{S}_1, 1)$. Le groupe $\pi_1(\mathbf{S}_1, 1)$ est isomorphe à $\mathbf{Z}$; la classe du lacet $t \mapsto e^{2\pi i t}$ en est un générateur. Pour tout entier $n > 0$, l'application $z \mapsto z^n$ fait de $\mathbf{S}_1$ un revêtement galoisien de groupe $\mathbf{Z}/n\mathbf{Z}$ de $\mathbf{S}_1$. Tout revêtement connexe et non vide de $\mathbf{S}_1$ est isomorphe à l'un de ces revêtements.*

Seule la dernière assertion reste à démontrer. La fibre E_1 en 1 d'un revêtement connexe et non vide E de $\mathbf{S}_1$ est munie d'une opération transitive du groupe $\pi_1(\S_1, 1)$. Puisque les sous-groupes de $\mathbf{Z}$ sont les ensembles $n\mathbf{Z}$, pour $n \geqslant 0$, on constate que E_1 est isomorphe à l'un des ensembles homogènes associés aux revêtements décrits précédemment. Comme $\mathbf{S}_1$ est connexe et localement connexe par arcs, E est isomorphe à l'un de ces revêtements.

Corollaire. — *L'application $z \mapsto e^z$ de $\mathbf{C}$ dans $\mathbf{C}^*$ fait de $(\mathbf{C}, 0)$ un revêtement universel de $(\mathbf{C}^*, 1)$. Le groupe $\pi_1(\mathbf{C}^*, 1)$ est isomorphe à $\mathbf{Z}$; la classe du lacet $t \mapsto e^{2\pi i t}$ en est un générateur. Pour tout entier $n > 0$, l'application $z \mapsto z^n$ fait de $\mathbf{C}^*$ un revêtement galoisien de groupe $\mathbf{Z}/n\mathbf{Z}$ de $\mathbf{C}^*$. Tout revêtement connexe et non vide de $\mathbf{C}^*$ est isomorphe à l'un de ces revêtements.*

L'application $z \mapsto (|z|, z/|z|)$ est un homéomorphisme de l'espace $\mathbf{C}^*$ sur l'espace $\mathbf{R}_+^* \times \mathbf{S}^1$ (TG, VI, p. 10, prop. 3) ; en particulier, $\mathbf{C}^*$ est connexe par arcs. Comme l'application $x \mapsto e^x$ de $\mathbf{R}$ dans $\mathbf{R}_+^*$ est un homéomorphisme, il résulte de la proposition 6 que l'application $(x, y) \mapsto e^x e^{2\pi i y}$ fait de $\mathbf{R}^2$ un revêtement de $\mathbf{C}^*$. En identifiant $\mathbf{R}^2$ à $\mathbf{C}$ par l'application $(x, y) \mapsto x + iy$, on en conclut que l'espace $\mathbf{C}$, muni de l'application $z \mapsto e^z$, est un revêtement de $\mathbf{C}^*$. Comme l'espace $\mathbf{C}$ est connexe et simplement connexe par arcs, le revêtement pointé $(\mathbf{C}, 0)$ est un revêtement universel de l'espace pointé $(\mathbf{C}^*, 1)$.

Il découle aussi du corollaire, III, p. 297, que le groupe de Poincaré de $\mathbf{C}^*$ en 1 est isomorphe à $\mathbf{Z}$ et que la classe γ du lacet $t \mapsto e^{2\pi i t}$ en est un générateur.

Soit n un entier > 0. L'application $x \mapsto x^n$ de $\mathbf{R}_+^*$ dans lui-même est un homéomorphisme ; on en déduit comme précédemment que l'application $z \mapsto z^n$ fait de $\mathbf{C}^*$ un revêtement de degré n de $\mathbf{C}^*$. Il est galoisien de groupe $\mathbf{Z}/n\mathbf{Z}$. La dernière assertion se démontre comme dans la preuve de la prop. 6.

Pour tout entier $n \geqslant 0$, le tore $(\mathbf{S}_1)^n$ est un espace délaçable (IV, p. 341, prop. 1) et son groupe de Poincaré en tout point est isomorphe à $\mathbf{Z}^n$ (III, p. 297, prop. 4).

Nous généraliserons ces résultats dans le paragraphe 3 consacré aux revêtements des groupes topologiques.

3) *Espaces projectifs réels.* — Soit n un entier > 0. Les espaces $\mathbf{S}_n$ et $\mathbf{P}_n(\mathbf{R})$ sont connexes, non vides et l'application canonique (TG, VI, p. 13) $\varphi \colon \mathbf{S}_n \to \mathbf{P}_n(\mathbf{R})$ fait de $\mathbf{S}_n$ un revêtement principal de $\mathbf{P}_n(\mathbf{R})$ de groupe $\{+1, -1\}$ (I, p. 99, exemple 1). Pour $n \geqslant 2$, la sphère $\mathbf{S}_n$ est simplement connexe (I, p. 127, exemple 3) et délaçable, donc simplement connexe par arcs (IV, p. 344, corollaire 1). Pour $n = 1$, l'application $z \mapsto z^2$ de $\mathbf{S}_1$ dans $\mathbf{S}_1$ définit une relation d'équivalence dans $\mathbf{S}_1$ dont les classes sont les couples de points opposés de $\mathbf{S}_1$. L'application $\varphi \colon \mathbf{S}_1 \to \mathbf{P}_1(\mathbf{R})$ définit par passage au quotient une bijection continue $\psi \colon \mathbf{S}_1 \to \mathbf{P}_1(\mathbf{R})$ telle que $\psi(z^2) = \varphi(z)$. Comme $\mathbf{S}_1$ est un espace compact, l'application ψ est un homéomorphisme (TG, I, p. 63, cor. 2).

PROPOSITION 7. — *L'application $x \mapsto \varphi(e^{2\pi i x})$ de $\mathbf{R}$ sur $\mathbf{P}_1(\mathbf{R})$ fait de $(\mathbf{R}, 0)$ un revêtement universel de $(\mathbf{P}_1(\mathbf{R}), \varphi(1))$. Soit*

$c\colon \mathbf{I} \to \mathbf{S}_1$ le chemin $t \mapsto e^{\pi i t}$; la classe de $\varphi(c)$ est un générateur du groupe $\pi_1(\mathbf{P}_1(\mathbf{R}), \varphi(1))$ qui est isomorphe à $\mathbf{Z}$.

Pour tout entier $n \geqslant 2$ et tout point x de $\mathbf{S}_n$, l'application canonique $\varphi\colon \mathbf{S}_n \to \mathbf{P}_n(\mathbf{R})$ fait de $(\mathbf{S}_n, x)$ un revêtement universel de $(\mathbf{P}_n(\mathbf{R}), \varphi(x))$. Pour tout chemin c dans $\mathbf{S}_n$ reliant x à $-x$, la classe de $\varphi \circ c$ engendre le groupe $\pi_1(\mathbf{P}_n(\mathbf{R}), \varphi(x))$ qui est isomorphe à $\mathbf{Z}/2\mathbf{Z}$.

4) *Quotient d'un espace par l'opération propre d'un groupe discret*

Lemme 1. — *Soit* X *un espace topologique, soit* G *un groupe discret opérant proprement dans* X *et soit p la projection canonique de* X *sur* X/G.

Soit x un point de X, *soit* K_x *son fixateur dans* G. *Soit* U_1 *un voisinage de x dans* X ; *il existe un voisinage* U *de x dans* X, *stable par* K_x *et contenu dans* U_1 *tel que* $g \cdot \mathrm{U} \cap \mathrm{U} = \varnothing$ *si* $g \notin \mathrm{K}_x$ *et tel que l'application canonique p induise un homéomorphisme de* U/K_x *sur un voisinage* V *de $p(x)$ dans* X/G.

D'après la prop. 8 de TG, III, p. 32, il existe un voisinage U_2 de x dans X, stable par K_x, tel que $g \cdot \mathrm{U}_2 \cap \mathrm{U}_2 = \varnothing$ si $g \notin \mathrm{K}_x$ et tel que l'application canonique p induise un homéomorphisme de $\mathrm{U}_2/\mathrm{K}_x$ sur un voisinage de $p(x)$ dans X/G.

Comme l'application canonique $\mathrm{U}_2 \to \mathrm{U}_2/\mathrm{K}_x$ est fermée (TG, III, p. 28, prop. 2), il existe un voisinage ouvert U de x contenu dans $\mathrm{U}_1 \cap \mathrm{U}_2$ qui est stable par K_x (I, p. 75, lemme). La relation d'équivalence dans U_2 définie par K_x est aussi ouverte (TG, III, p. 10, lemme 2). Il résulte alors de TG, I, p. 32, prop. 4, que l'application canonique induit un homéomorphisme de U/K_x sur un voisinage ouvert de $p(x)$ dans X/G, d'où le lemme.

Proposition 8. — *Soit* X *un espace topologique et soit* G *un groupe discret opérant proprement dans* X. *Notons p la projection canonique de* X *sur* X/G.

a) *Supposons que* X *soit connexe par arcs et que le groupe* G *soit engendré par les fixateurs des points de* X. *Alors, l'homomorphisme canonique $\pi_1(\mathrm{X}, x) \to \pi_1(\mathrm{X}/\mathrm{G}, p(x))$ est surjectif pour tout point x de* X. *En particulier,* X/G *est simplement connexe par arcs si* X *l'est.*

b) *Si l'espace* X *est délaçable, l'espace* X/G *est délaçable.*

a) L'ensemble N des éléments $g \in \mathrm{G}$ pour lesquels il existe un chemin $c_g\colon \mathbf{I} \to \mathrm{X}$ tel que $c_g(0) = x$, $c_g(1) = g \cdot x$ et tel que le lacet $p \circ c_g$

dans X/G soit strictement homotope à un lacet constant est un sous-groupe de G. Si $g \in \mathrm{G}$ et s'il existe un point y de X tel que $g \cdot y = y$, choisissons un chemin $c\colon \mathbf{I} \to \mathrm{X}$ reliant x à y ; alors le chemin $c' = c * \overline{(g \cdot c)}$ vérifie $c'(0) = x$, $c'(1) = g \cdot x$ et $[p \circ c'] = [p \circ c][p \circ (g \cdot c)]^{-1} = e_{p(x)}$, donc $p \circ c'$ est strictement homotope à un lacet constant. Comme G est engendré par les fixateurs des points de X, il en résulte que N = G.

Soit c un lacet dans X/G en $p(x)$. D'après le théorème 4 de III, p. 287, il existe un chemin $\widetilde{c}\colon \mathbf{I} \to \mathrm{X}$ relevant c tel que $\widetilde{c}(0) = x$. Comme $p(\widetilde{c}(1)) = c(1) = p(x)$, il existe $g \in \mathrm{G}$ tel que $\widetilde{c}(1) = g \cdot x$. Choisissons un chemin $c_g\colon \mathbf{I} \to \mathrm{X}$ reliant x à $g \cdot x$ et tel que $p \circ c_g$ soit strictement homotope à un lacet constant. Alors, le chemin $c' = \widetilde{c} * \overline{c_g}$ est un lacet en x dans X tel que $[p \circ c'] = [c]$. Cela montre que l'homomorphisme $\pi_1(\mathrm{X}, x) \to \pi_1(\mathrm{X}/\mathrm{G}, p(x))$ est surjectif. L'autre assertion en découle immédiatement.

Démontrons maintenant l'assertion *b*). L'espace X/G est localement connexe par arcs (III, p. 261, prop. 8).

Soit x un point de X et soit K_x son fixateur dans G. Soit U_1 un voisinage ouvert de x, contenu dans U, tel que l'image de l'homomorphisme canonique $\pi_1(\mathrm{U}_1, x) \to \pi_1(\mathrm{X}, x)$ soit réduite à l'élément neutre. D'après le lemme 1 (IV, p. 349), il existe un voisinage U de x dans X, contenu dans U_1, stable par K_x, tel que $g \cdot \mathrm{U} \cap \mathrm{U} = \varnothing$ si $g \notin \mathrm{K}_x$ et tel que l'application canonique p induise un homéomorphisme de U/K_x sur un voisinage V de $p(x)$ dans X/G.

Soit c un lacet en x dans V ; d'après le théorème 4 (III, p. 287), appliqué à l'espace topologique U et au groupe K_x, il existe un chemin $\widetilde{c}\colon \mathbf{I} \to \mathrm{U}$ tel que $\widetilde{c}(0) = x$ et qui relève c. On a nécessairement $\widetilde{c}(1) = x$, si bien que $\widetilde{c}$ est un lacet en x dans U. Par hypothèse, $\widetilde{c}$ est strictement homotope à un lacet constant dans X ; par suite, il en est de même de c et l'homomorphisme canonique $\pi_1(\mathrm{V}, p(x)) \to \pi_1(\mathrm{X}/\mathrm{G}, p(x))$ est trivial. Cela démontre que X/G est délaçable si X l'est.

5) Dans le plan euclidien $\mathbf{R}^2$, soit P l'espace topologique réunion des cercles de centre $(1/n, 0)$ passant par l'origine (pour $n \in \mathbf{N}^*$). L'espace P est compact, connexe et localement connexe par arcs, mais n'est pas délaçable. Le groupe $\pi_1(\mathrm{P}, 0)$, muni de la topologie admissible, est séparé et non discret (III, p. 337, exerc. 7).

Remarque 1. — Le théorème 4 de III, p. 287 et la prop. 8 (IV, p. 349) restent valables sous l'hypothèse plus générale que G est un groupe de Lie de dimension finie sur **R** opérant proprement dans X. Pour plus de détails, *cf.* D. MONTGOMERY et C. T. YANG, « The existence of a slice », *Annals of mathematics* 65 (1957), p. 108–116 ; R. PALAIS, « On the existence of slices for actions of non-compact Lie groups », *Annals of mathematics* 73 (1961), p. 295–323 ; et G. BREDON, *Introduction to compact transformation groups*, Academic Press, 1972.

§ 2. GROUPES DE POINCARÉ DES ESPACES DÉLAÇABLES

1. Propriétés des homomorphismes $\pi_1(f, a)$

Soient A et B des espaces topologiques, soit (E, p) un revêtement de A, soit (E', p') un revêtement de B, soient $f : \mathrm{A} \to \mathrm{B}$ et $g : \mathrm{E} \to \mathrm{E}'$ des applications continues telles que $p' \circ g = f \circ p$. Soit a un point de A et soit $b = f(a)$. Pour tout $\gamma \in \pi_1(\mathrm{A}, a)$ et tout $x \in \mathrm{E}_a$, on a $g(x \cdot \gamma) = g(x) \cdot f_*(\gamma)$, d'après la relation (3), III, p. 304. Si le diagramme

$$\begin{array}{ccc} \mathrm{E} & \xrightarrow{g} & \mathrm{E}' \\ \downarrow{\scriptstyle p} & & \downarrow{\scriptstyle p'} \\ \mathrm{A} & \xrightarrow{f} & \mathrm{B} \end{array}$$

est un carré cartésien, l'application g induit une bijection de E_a sur E'_b. L'opération de $\pi_1(\mathrm{A}, a)$ dans la fibre E_a est alors la composée de l'opération du groupe $\pi_1(\mathrm{B}, b)$ dans E'_b et de l'homomorphisme $\pi_1(f, a)$ de $\pi_1(\mathrm{A}, a)$ dans $\pi_1(\mathrm{B}, b)$.

PROPOSITION 1. — *Soient* A *un espace topologique délaçable,* B *un espace topologique localement connexe par arcs et soit* $f : \mathrm{A} \to \mathrm{B}$ *une application continue. Soient* a *un point de* A *et* $b = f(a)$. *Supposons que tout revêtement de* A *soit isomorphe à l'image réciproque par* f *d'un revêtement de* B. *Alors, l'homomorphisme* $\pi_1(f, a) : \pi_1(\mathrm{A}, a) \to \pi_1(\mathrm{B}, b)$ *est injectif.*

Comme l'espace A est délaçable, il existe un revêtement E de A dont la fibre E_a est un $\pi_1(A, a)$-ensemble principal homogène (IV, p. 342, théorème 1). Par hypothèse, cette opération se déduit par l'homomorphisme $\pi_1(f, a)$ d'une opération de $\pi_1(B, b)$ sur $\pi_1(A, a)$. Ceci implique l'injectivité de l'homomorphisme $\pi_1(f, a)$.

PROPOSITION 2. — *Soient* A *un espace topologique connexe et localement connexe par arcs,* B *un espace topologique délaçable, et soit* $f\colon A \to B$ *une application continue. Soient* a *un point de* A *et* $b = f(a)$. *Les assertions suivantes sont équivalentes :*

(i) *L'homomorphisme* $\pi_1(f, a)\colon \pi_1(A, a) \to \pi_1(B, b)$ *est surjectif.*

(ii) *Pour tout couple* (E, E') *de revêtements de* B, *l'application*

$$f^*\colon \mathscr{C}_B(E; E') \to \mathscr{C}_A(A \times_B E; A \times_B E')$$

qui, à un B*-morphisme* $g\colon E \to E'$, *associe le* A*-morphisme*

$$f^*(g)\colon A \times_B E \to A \times_B E', \quad (x, y) \mapsto (x, g(y))$$

est bijective.

Au moyen de l'homomorphisme $\pi_1(f, a)$, tout $\pi_1(B, b)$-ensemble est muni d'une structure de $\pi_1(A, a)$-ensemble. La condition (i) est alors équivalente à la condition (i′) suivante :

(i′) Pour tout couple (F, F') de $\pi_1(B, b)$-ensembles, tout $\pi_1(A, a)$-morphisme de F dans F′ est un $\pi_1(B, b)$-morphisme.

En effet, si l'homomorphisme $\pi_1(f, a)$ est surjectif, tout $\pi_1(A, a)$-morphisme de $\pi_1(B, b)$-ensembles est un $\pi_1(B, b)$-morphisme. Inversement, prenons un $\pi_1(B, b)$-ensemble F réduit à un point et posons $F' = \pi_1(B, b)/f_*(\pi_1(A, a))$. L'application de F dans F′ dont l'image est $f_*(\pi_1(A, a))$ est un $\pi_1(A, a)$-morphisme mais n'est pas un $\pi_1(B, b)$-morphisme si F′ n'est pas réduit à un point, c'est-à-dire si $\pi_1(f, a)$ n'est pas surjectif.

Comme l'espace B est délaçable, tout $\pi_1(B, b)$-ensemble est isomorphe au $\pi_1(B, b)$-ensemble E_b, où E est un revêtement de B (IV, p. 344, remarque 1). L'équivalence de (i′) et (ii) résulte donc de la prop. 2 de III, p. 310.

PROPOSITION 3. — *Soit* B *un espace topologique délaçable et soit* A *un sous-espace connexe et localement connexe par arcs de* B *(par exemple une partie ouverte et connexe). Soit* a *un point de* A. *Les propriétés suivantes sont équivalentes :*

(i) *Tout revêtement de* B *est trivialisable au-dessus de* A.

(ii) *L'image de l'homomorphisme de* $\pi_1(\mathrm{A}, a)$ *dans* $\pi_1(\mathrm{B}, a)$ *déduit de l'injection canonique est réduite à l'élément neutre.*

L'implication (ii)⇒(i) résulte du corollaire 3 (III, p. 309).

Inversement, supposons que tout revêtement de B soit trivialisable au-dessus de A. C'est en particulier le cas du revêtement simplement connexe par arcs $(\lambda_a(\mathrm{B}), \varepsilon_\mathrm{B})$ (IV, p. 342, th. 1), si bien que l'homomorphisme $\pi_1(\mathrm{A}, a) \to \pi_1(\mathrm{B}, a)$ est trivial (III, p. 309, cor. 3 de la prop. 1).

2. Applications relativement connexes

Définition 1. — *Soient* X *et* Y *des espaces topologiques et soit f une application continue de* X *dans* Y. *On dit que l'application f est* relativement connexe *si tout point de* Y *possède un système fondamental de voisinages constitué d'ensembles* V *tels que* $\overset{-1}{f}(\mathrm{V})$ *soit connexe et non vide.*

Soit $f\colon \mathrm{X} \to \mathrm{Y}$ une application continue ; pour que f soit relativement connexe, il faut et il suffit que tout point de Y possède un voisinage V tel que l'application $f_\mathrm{V}\colon \overset{-1}{f}(\mathrm{V}) \to \mathrm{V}$ déduite de f soit relativement connexe.

Soient X et Y des espaces topologiques et soit $f\colon \mathrm{X} \to \mathrm{Y}$ une application continue relativement connexe. L'image de f est dense dans Y. Pour toute partie *ouverte* de Y, l'application $f_\mathrm{V}\colon \overset{-1}{f}(\mathrm{V}) \to \mathrm{V}$ est relativement connexe.

Proposition 4. — *Soient* X *et* Y *des espaces topologiques et soit* $f\colon \mathrm{X} \to \mathrm{Y}$ *une application continue relativement connexe.*

a) *Pour toute composante connexe* U *de* X, $\overline{f(\mathrm{U})}$ *est une partie connexe, ouverte et fermée de* Y, *et l'on a* $\overset{-1}{f}(\overline{f(\mathrm{U})}) = \mathrm{U}$.

b) *Pour toute composante connexe* V *de* Y, *il existe une composante connexe* U *de* X *telle que* $\mathrm{V} = \overline{f(\mathrm{U})}$. *L'application de* U *dans* V *déduite de f par passage aux sous-ensembles est relativement connexe.*

c) *Les composantes connexes de* X (resp. *de* Y) *sont ouvertes et fermées.*

a) Soit V l'ensemble des $y \in \mathrm{Y}$ qui possèdent un voisinage W tel que $\overset{-1}{f}(\mathrm{W})$ soit connexe et rencontre U ; c'est un ouvert de Y. Il contient

$\overline{f(\mathrm{U})}$ car f est relativement connexe. Inversement, soit $y \in \mathrm{V}$; soit W un voisinage de y tel que $\overset{-1}{f}(\mathrm{W})$ soit connexe et rencontre U. Pour tout voisinage W′ de y tel que $\overset{-1}{f}(\mathrm{W}')$ soit connexe, $\overset{-1}{f}(\mathrm{W} \cap \mathrm{W}')$ n'est pas vide, donc $\overset{-1}{f}(\mathrm{W} \cup \mathrm{W}')$ est connexe (TG, I, p. 81, prop. 2). Par hypothèse, $\overset{-1}{f}(\mathrm{W} \cup \mathrm{W}')$ rencontre U ; on a donc $\overset{-1}{f}(\mathrm{W} \cup \mathrm{W}') \subset \mathrm{U}$ et, *a fortiori*, $\mathrm{W}' \cap f(\mathrm{U}) \neq \varnothing$. Cela démontre que $y \in \overline{f(\mathrm{U})}$; par suite, $\mathrm{V} = \overline{f(\mathrm{U})}$. En particulier, l'ensemble $\overline{f(\mathrm{U})}$ est ouvert et fermé dans Y ; la prop. 1 (TG, I, p. 81) entraîne en outre qu'il est connexe.

Les arguments qui précèdent montrent de plus que $\overset{-1}{f}(\overline{f(\mathrm{U})}) \subset \mathrm{U}$, d'où l'égalité $\overset{-1}{f}(\overline{f(\mathrm{U})}) = \mathrm{U}$, l'autre inclusion étant évidente. En particulier, U est ouvert et fermé dans X.

b) Soit V la composante connexe d'un point y de Y, soit W un voisinage de y tel que $\overset{-1}{f}(\mathrm{W})$ soit connexe et non vide et soit U la composante connexe de X qui contient $\overset{-1}{f}(\mathrm{W})$. Comme $y \in \overline{f(\mathrm{U})}$, il résulte de *a*) et de la définition de la composante connexe de y que $\mathrm{V} = \overline{f(\mathrm{U})}$. Par suite, V est ouvert et fermé dans Y.

COROLLAIRE 1. — *Soient* X *et* Y *des espaces topologiques et soit* $f : \mathrm{X} \to \mathrm{Y}$ *une application continue et relativement connexe. Par passage aux composantes connexes, l'application* f *induit une bijection de l'ensemble des composantes connexes de* X *sur l'ensemble des composantes connexes de* Y.

COROLLAIRE 2. — *Soient* X *et* Y *des espaces topologiques et soit* $f : \mathrm{X} \to \mathrm{Y}$ *une application continue. Pour que* f *soit relativement connexe, il faut et il suffit que les trois propriétés suivantes soient satisfaites :*

a) *L'image* $f(\mathrm{X})$ *est dense dans* Y *;*

b) *L'espace* Y *est localement connexe ;*

c) *Pour tout ensemble ouvert et connexe* V *de* Y, *l'ensemble* $\overset{-1}{f}(\mathrm{V})$ *est connexe.*

Supposons que l'application f soit relativement connexe. La densité de $f(\mathrm{X})$ dans Y résulte de la définition d'une application relativement connexe. Soit V un ouvert de Y ; l'application $f_{\mathrm{V}} : \overset{-1}{f}(\mathrm{V}) \to \mathrm{V}$ est relativement connexe. D'après la prop. 4, les composantes connexes de V sont ouvertes et fermées dans V. Il en résulte que Y est localement connexe (TG, I, p. 85, prop. 11). Pour démontrer l'assertion c), il suffit de démontrer que X est connexe si Y l'est. D'après le lemme, il existe une composante connexe U de X telle que $\mathrm{Y} = \overline{f(\mathrm{U})}$ et $\overset{-1}{f}(\overline{f(\mathrm{U})}) = \mathrm{U}$, d'où U = X et X est connexe.

Inversement, supposons que les conditions a), b), c) sont vérifiées et montrons que f est relativement connexe. Soit y un point de Y ; puisque Y est localement connexe, y admet un système fondamental de voisinages ouverts connexes. Si W est un tel voisinage, les conditions c) et a) impliquent que $\overset{-1}{f}(\mathrm{W})$ est connexe et non vide. Par suite, l'application f est relativement connexe.

COROLLAIRE 3. — *Soient* X *et* Y *des espaces topologiques et soit* $f\colon \mathrm{X} \to \mathrm{Y}$ *une application continue et relativement connexe. Soit* F *un ensemble et soit* $g\colon \mathrm{X} \to \mathrm{F}$ *une application localement constante. Il existe une unique application localement constante* $h\colon \mathrm{Y} \to \mathrm{F}$ *telle que* $g = h \circ f$.

La restriction de g à toute composante connexe de X est constante. D'après le corollaire 1, il existe une application $h\colon \mathrm{Y} \to \mathrm{F}$, constante sur chaque composante connexe de Y, telle que $g = h \circ f$. L'application h est localement constante, car les composantes connexes de Y sont ouvertes. L'unicité d'une telle application résulte de ce que $f(\mathrm{X})$ est dense dans Y.

Exemples. — 1) Soit X un espace topologique et soit R une relation d'équivalence dans X. Notons Y l'espace topologique quotient X/R et $f\colon \mathrm{X} \to \mathrm{Y}$ l'application canonique. Supposons que les classes d'équivalences de R soient connexes. Alors, pour toute partie ouverte et connexe V de Y, l'ensemble $\overset{-1}{f}(\mathrm{V})$ est connexe (TG, I, p. 23, corollaire 1 et p. 82, proposition 7). Si l'espace Y est localement connexe, l'application f est ainsi relativement connexe.

2) Soit Y un espace topologique *localement connexe par arcs* et soit X une partie ouverte de Y. L'espace $\mathscr{C}_c(\mathbf{I}; \mathrm{X})$ des chemins dans X s'identifie à un sous-espace de l'espace $\mathscr{C}_c(\mathbf{I}; \mathrm{Y})$ des chemins dans Y ; supposons qu'il soit dense. L'injection canonique de X dans Y est alors une application relativement connexe.

Il suffit en effet de démontrer que, pour tout ouvert connexe et non vide V de Y, l'ensemble $\mathrm{V} \cap \mathrm{X}$ est connexe et non vide. L'espace $\mathscr{C}_c(\mathbf{I}; \mathrm{V})$ est un ouvert non vide de $\mathscr{C}_c(\mathbf{I}; \mathrm{Y})$; il rencontre $\mathscr{C}_c(\mathbf{I}; \mathrm{X})$, ce qui prouve que $V \cap X \neq \varnothing$. Soient x et x' des points de $V \cap X$. Comme $V \cap X$ est localement connexe par arcs, les points x et x' ont des voisinages ouverts U et U′, connexes par arcs et contenus dans $V \cap X$. Comme V est connexe par arcs (III, p. 260, prop. 7), il existe un chemin dans V qui relie x à x'. Par l'hypothèse de densité et la définition de la topologie de la convergence compacte, il existe un chemin dans $V \cap X$ reliant un point de U à un point de U′. Il existe alors un chemin reliant x à x' dans $V \cap X$, ce qui prouve que l'ensemble $V \cap X$ est connexe.

PROPOSITION 5. — *Soient* X *et* Y *des espaces topologiques et soit* $f\colon X \to Y$ *une application continue et relativement connexe. Pour tout couple* (T, T′) *de revêtements de* Y, *l'application* $f^*\colon \mathscr{C}_Y(T;T') \to \mathscr{C}_X(X \times_Y T; X \times_Y T')$ *est bijective.*

Soient $\mathscr{F}$ le faisceau sur X des X-morphismes de $X \times_Y T$ dans $X \times_Y T'$ et soit $\mathscr{G}$ le faisceau sur Y des Y-morphismes de T dans T′ (I, p. 45, exemple 4). Pour tout ouvert U de Y, posons $\varphi_U = (f_U)^*\colon \mathscr{G}(U) \to \mathscr{F}(\overset{-1}{f}(U))$. Les applications φ_U définissent un morphisme de faisceaux $\varphi\colon \mathscr{G} \to \varphi_*(\mathscr{F})$ et il suffit de démontrer que φ est un isomorphisme de faisceaux.

Comme Y est localement connexe (IV, p. 354, cor. 2), les ensembles ouverts connexes au-dessus desquels T et T′ sont trivialisables forment une base de la topologie de Y. D'après le corollaire 2 de I, p. 55, il suffit de démontrer que pour un tel ouvert U, l'application φ_U est bijective, ce qui nous permet de supposer que Y est connexe et que les revêtements T et T′ sont les revêtements triviaux $Y \times F$ et $Y \times F'$ où F et F′ sont des ensembles munis de la topologie discrète. L'application $(x,(y,t)) \mapsto (x,t)$ identifie le X-espace $X \times_Y (Y \times F)$ à $X \times F$ (resp. le X-espace $X \times_Y (Y \times F')$ à $X \times F'$). Comme l'espace X est connexe (IV, p. 354, cor. 2), les ensembles $\mathscr{C}_Y(Y \times F; Y \times F')$ et $\mathscr{C}_X(X \times F; X \times F')$ s'identifient tous deux à l'ensemble $\mathscr{F}(F;F')$ des applications de F dans F′, et l'application f^* s'identifie à l'application identique de $\mathscr{F}(F;F')$. Cela conclut la démonstration.

COROLLAIRE 1. — *Soient* X *et* Y *des espaces topologiques et soit* $f\colon X \to Y$ *une application continue relativement connexe. Soient* T *et* T′ *des revêtements de* Y. *Si les revêtements* $X \times_Y T$ *et* $X \times_Y T'$ *de* X *sont isomorphes, les revêtements* T *et* T′ *sont isomorphes.*

Soient en effet $h\colon X \times_Y T \to X \times_Y T'$ et $h'\colon X \times_Y T' \to X \times_Y T$ des X-isomorphismes réciproques l'un de l'autre. D'après la proposition 5, il existe des Y-morphismes $g\colon \mathrm{T} \to \mathrm{T}'$ et $g'\colon \mathrm{T}' \to \mathrm{T}$ tels que $f^*(g) = h$ et $f^*(g') = h'$. On a alors $f^*(g' \circ g) = f^*(g') \circ f^*(g) = \mathrm{Id}_{\mathrm{X}\times_{\mathrm{Y}}\mathrm{T}}$, donc $g' \circ g = \mathrm{Id}_{\mathrm{T}}$, car l'application f^* est injective. De même, $g \circ g' = \mathrm{Id}_{\mathrm{T}'}$. Les revêtements T et T′ sont donc isomorphes.

COROLLAIRE 2. — *Soient* X *et* Y *des espaces topologiques et soit* $f\colon \mathrm{X} \to \mathrm{Y}$ *une application continue et relativement connexe. Si l'espace* X *est simplement connexe, il en est de même de l'espace* Y.

D'après le corollaire 1, tout revêtement de Y est en effet trivialisable.

COROLLAIRE 3. — *Soient* X *un espace topologique localement connexe par arcs,* Y *un espace topologique délaçable et soit* $f\colon \mathrm{X} \to \mathrm{Y}$ *une application continue relativement connexe. Pour tout point* x *de* X, *l'homomorphisme* $\pi_1(f, x)\colon \pi_1(\mathrm{X}, x) \to \pi_1(\mathrm{Y}, f(x))$ *est surjectif.*

D'après IV, p. 353, prop. 4, on peut supposer que les espaces X et Y sont connexes. Le corollaire résulte alors de la proposition 5 et de la proposition 2 de IV, p. 352.

PROPOSITION 6. — *Soient* X *et* Y *des espaces topologiques et soit* $f\colon \mathrm{X} \to \mathrm{Y}$ *une application continue et relativement connexe. Supposons que tout point de* Y *possède un voisinage ouvert* V *dont l'image réciproque* $\overset{-1}{f}(\mathrm{V})$ *soit simplement connexe. Alors, pour tout revêtement* Z *de* X, *il existe un revêtement* T *de* Y *tel que* $\mathrm{X} \times_{\mathrm{Y}} \mathrm{T}$ *soit* X*-isomorphe à* Z.

Soit $\mathscr{U}$ l'ensemble des ouverts de Y dont l'image réciproque dans X est simplement connexe. Pour tout $\mathrm{V} \in \mathscr{U}$, le revêtement $\overset{-1}{f}(\mathrm{V}) \times_{\mathrm{X}} \mathrm{Z}$ de $\overset{-1}{f}(\mathrm{V})$ est trivialisable ; il existe ainsi un espace discret F_{V} et un isomorphisme de revêtements $g_{\mathrm{V}}\colon \overset{-1}{f}(\mathrm{V}) \times_{\mathrm{X}} \mathrm{Z} \to \overset{-1}{f}(\mathrm{V}) \times \mathrm{F}_{\mathrm{V}}$. Pour tout couple $(\mathrm{V}, \mathrm{V}')$ d'ouverts appartenant à $\mathscr{U}$, l'application $f_{\mathrm{V}\cap\mathrm{V}'}\colon \overset{-1}{f}(\mathrm{V} \cap \mathrm{V}') \to \mathrm{V} \cap \mathrm{V}'$ est relativement connexe. D'après la proposition 5 de IV, p. 356, il existe un unique isomorphisme de revêtements de $\mathrm{V} \cap \mathrm{V}'$, $h_{\mathrm{V}',\mathrm{V}}\colon (\mathrm{V} \cap \mathrm{V}') \times \mathrm{F}_{\mathrm{V}} \to (\mathrm{V} \cap \mathrm{V}') \times \mathrm{F}_{\mathrm{V}'}$, tel que l'on ait $f^*(h_{\mathrm{V}',\mathrm{V}})(x, t) = g_{\mathrm{V}'}(g_{\mathrm{V}}^{-1}(x, t))$ pour tout $x \in \mathrm{V} \cap \mathrm{V}'$ et tout $t \in \mathrm{F}_{\mathrm{V}}$. Si V, V′, V″ sont des éléments de $\mathscr{U}$, on a $h_{\mathrm{V}'',\mathrm{V}}(x, t) = h_{\mathrm{V}'',\mathrm{V}'}(h_{\mathrm{V}',\mathrm{V}}(x, t))$ pour tout $x \in \mathrm{V} \cap \mathrm{V}' \cap \mathrm{V}''$ et tout $t \in \mathrm{F}_{\mathrm{V}}$. Il existe alors un unique Y-espace T et, pour tout $\mathrm{V} \in \mathscr{U}$, un isomorphisme $h_{\mathrm{V}}\colon \mathrm{T}_{\mathrm{V}} \to \mathrm{V} \times \mathrm{F}_{\mathrm{V}}$, tel que l'on ait $h_{\mathrm{V}',\mathrm{V}}(x, t) = h_{\mathrm{V}'} \circ h_{\mathrm{V}}^{-1}(x, t)$ pour tout couple $(\mathrm{V}, \mathrm{V}')$ d'ouverts appartenant à $\mathscr{U}$, tout $x \in \mathrm{V} \cap \mathrm{V}'$ et tout $t \in \mathrm{F}_{\mathrm{V}}$ (*cf.* TG, I, p. 16).

L'espace T est en particulier un revêtement de Y. Il existe en outre une unique application de $X \times_Y T$ sur Z dont la restriction à $\overset{-1}{f}(V) \times_Y T$ est donnée par $g_V^{-1} \circ f^*(h_V)$ et c'est un isomorphisme de X-espaces, d'où la proposition.

COROLLAIRE. — *Soient* X *et* Y *des espaces topologiques délaçables et soit* $f : X \to Y$ *une application continue et relativement connexe. Supposons que tout point de* Y *possède un voisinage* V *dont l'image réciproque* $\overset{-1}{f}(V)$ *soit simplement connexe. Alors, pour tout point* x *de* X, *l'homomorphisme* $\pi_1(f, x) : \pi_1(X, x) \to \pi_1(Y, f(x))$ *est bijectif.*

On peut supposer les espaces X et Y connexes (IV, p. 353, prop. 4). D'après le corollaire 3 (IV, p. 357), l'homomorphisme $\pi_1(f, x)$ est surjectif. La proposition 6 et la proposition 1 de IV, p. 351 entraînent qu'il est injectif.

Remarque. — Soit Y un espace topologique, soient X, X′ et Y′ des sous-espaces de Y tels que $X \subset X' \subset Y' \subset Y$. Supposons que l'injection canonique de X dans Y soit relativement connexe. Pour toute partie ouverte connexe V de Y, l'ensemble $V \cap X$ est connexe et dense dans V (IV, p. 354, cor. 2) ; par suite, l'ensemble $V \cap X'$ est connexe (TG, I, p. 81, prop. 1). Cela démontre que l'injection canonique de X′ dans Y′ est relativement connexe.

Soit V une partie ouverte de Y ; d'après ce qui précède, l'injection canonique de $V \cap X$ dans $V \cap X'$ est relativement connexe. Si l'ensemble $V \cap X$ est simplement connexe, $V \cap X'$ l'est aussi, en vertu du corollaire 2 de IV, p. 357. Par suite, si l'injection canonique de X dans Y satisfait aux hypothèses de la proposition 6, il en est de même de l'injection canonique de X′ dans Y′.

Exemple. — Soit Y une variété différentielle localement de dimension finie et soit Z une sous-variété fermée de Y (VAR, R, 5.8.3). Posons $X = Y - Z$.

a) Si la codimension de Z est au moins 2 en tout point, l'injection canonique de X dans Y est relativement connexe. Soit en effet z un point de Z ; il existe un voisinage ouvert V de z dans Y et un homéomorphisme φ de V sur un espace vectoriel E de dimension finie sur **R** tel que $\varphi(V \cap Z)$ soit un sous-espace vectoriel F de E dont la codimension est $\geqslant 2$. L'ensemble $E - F$ est connexe (TG, VI, p. 5, proposition 4), d'où l'assertion.

b) Supposons de plus que la codimension de Z soit au moins égale à 3 en tout point ; les hypothèses de la proposition 6 et de son corollaire sont alors satisfaites car, avec les notations de l'alinéa précédent, E $-$ F est simplement connexe (I, p. 128, exemple 4).

Les variétés différentielles étant des espaces délaçables (IV, p. 347), les résultats de ce n° admettent le cas particulier suivant.

Soient Y *une variété différentielle localement de dimension finie,* Z *une sous-variété fermée de* Y *et* i *l'injection canonique de* Y $-$ Z *dans* Y.

a) *Si la codimension de* Z *dans* Y *est* $\geqslant 1$ *en tout point, la variété* Y $-$ Z *est dense dans* Y *et l'application* $\pi_0(i)$ *est surjective.*

b) *Si la codimension de* Z *dans* Y *est* $\geqslant 2$ *en tout point, l'application* $\pi_0(i)$ *est bijective et, pour tout point* x *de* Y $-$ Z*, l'application* $\pi_1(i, x)$ *est surjective.*

c) *Si la codimension de* Z *dans* Y *est* $\geqslant 3$ *en tout point, les applications* $\pi_0(i)$ *et* $\pi_1(i, x)$ *sont bijectives, pour tout point* x *de* Y $-$ Z.

3. Présentation des groupes de Poincaré

THÉORÈME 1. — *Soit* X *un espace topologique compact délaçable et soit* x *un point de* X. *Le groupe de Poincaré* $\pi_1(\mathrm{X}, x)$ *est de présentation finie.*

La composante connexe par arcs de x dans X est ouverte, fermée et est délaçable ; cela permet de supposer que l'espace X est connexe. Comme l'espace X est délaçable, le X-espace E = $\lambda_x(\mathrm{X})$, muni de l'application terme, est un revêtement non vide et simplement connexe par arcs (IV, p. 342, th. 1). Le groupe G = $\mathrm{Aut}_{\mathrm{X}}(\mathrm{E})$ est isomorphe à $\pi_1(\mathrm{X}, x)$; il s'agit donc de démontrer que le groupe G est de présentation finie.

Comme X est compact, tout point x de X possède un voisinage compact K_x au-dessus duquel le revêtement E est trivialisable (TG, I, p. 65, corollaire). Comme X est localement connexe, tout $x \in$ X possède un voisinage ouvert W_x, connexe et contenu dans K_x. Soit F une partie finie de X telle que les W_x, pour $x \in$ F, recouvrent X. Soit n le cardinal de F.

Montrons par récurrence qu'il existe, pour tout entier k tel que $1 \leqslant k \leqslant n$, une partie A de cardinal k contenue dans F et, pour

$x \in \mathrm{A}$, une section s_x de p au-dessus de K_x, telles que la réunion des $s_x(\mathrm{W}_x)$, pour $x \in \mathrm{A}$, soit une partie connexe de E. L'assertion est vraie pour $k = 1$. Supposons-la vraie pour un entier k tel que $1 \leqslant k < n$ et démontrons qu'elle est vraie pour $k + 1$. Soit A une partie de F de cardinal k et, pour tout $x \in \mathrm{A}$, soit s_x une section de E au-dessus de K_x, telles que $\bigcup_{x \in \mathrm{A}} s_x(\mathrm{W}_x)$ soit connexe. Les ouverts $\bigcup_{x \in \mathrm{A}} \mathrm{W}_x$ et $\bigcup_{x \in \mathrm{F}-\mathrm{A}} \mathrm{W}_x$ ne sont pas vides et recouvrent X ; leur intersection n'est donc pas vide, car X est connexe. Il existe ainsi $x \in \mathrm{A}$, $y \in \mathrm{F} - \mathrm{A}$ et $z \in \mathrm{W}_x \cap \mathrm{W}_y$. Posons $\mathrm{A}' = \mathrm{A} \cup \{y\}$ et choisissons une section s_y de E au-dessus de K_y telle que $s_y(z) = s_x(z)$. Les ouverts connexes $\bigcup_{p \in \mathrm{A}} s_p(\mathrm{W}_p)$ et $s_y(\mathrm{W}_y)$ ne sont pas vides et ont un point commun ; leur réunion est donc connexe. Cela démontre l'assertion pour $k + 1$. Par récurrence, elle est donc vraie pour tout entier $k \in \{1, \ldots, n\}$.

Appliquons ce qui précède à $k = n$; il existe alors, pour tout $x \in \mathrm{F}$, une section s_x de E au-dessus de K_x, de sorte que $\mathrm{U} = \bigcup_{x \in \mathrm{F}} s_x(\mathrm{W}_x)$ soit un ouvert connexe de E. On a $p(\mathrm{U}) = \mathrm{X}$. Comme le groupe G opère transitivement dans chaque fibre du revêtement E, on a $\mathrm{GU} = \mathrm{E}$.

L'adhérence de U est contenue dans $\bigcup_{x \in \mathrm{F}} s_x(\mathrm{K}_x)$ donc est compacte. L'opération de G dans E est propre (I, p. 96, cor. 1), donc l'ensemble des couples $(g, x) \in \mathrm{G} \times \mathrm{E}$ tels que $x \in \overline{\mathrm{U}}$ et $gx \in \overline{\mathrm{U}}$ est une partie compacte de $\mathrm{G} \times \mathrm{E}$ (TG, I, p. 77, prop. 6). Il s'ensuit que l'ensemble des $g \in \mathrm{G}$ tels que $\overline{\mathrm{U}} \cap g\overline{\mathrm{U}} \neq \varnothing$ est compact. Comme il est discret, il est fini. *A fortiori,* l'ensemble des $g \in \mathrm{G}$ tels que $\mathrm{U} \cap g\mathrm{U} \neq \varnothing$ est fini. Le théorème découle ainsi de la prop. 10 de I, p. 136.

4. Compléments sur les espaces polonais

Lemme 1. — *Soit* X *un espace topologique et soit* A *une partie de* X. *Pour que* A *soit maigre, il faut et il suffit qu'il existe un recouvrement ouvert* $(\mathrm{U}_i)_{i \in \mathrm{I}}$ *de* X *tel que* $\mathrm{A} \cap \mathrm{U}_i$ *soit maigre dans* U_i *pour tout* $i \in \mathrm{I}$.

Soit $\mathscr{O}$ l'ensemble des parties ouvertes U de X telles que $\mathrm{A} \cap \mathrm{U}$ soit maigre. L'ensemble des parties de $\mathscr{O}$ formées d'ouverts deux à deux disjoints, ordonné par l'inclusion, est inductif. Soit $\mathfrak{U}$ un élément maximal ; il en existe d'après E, III, p. 20, th. 2.

Soit O la réunion des ouverts de X appartenant à $\mathfrak{U}$. Pour tout ouvert $\mathrm{U} \in \mathfrak{U}$, soit $(\mathrm{B}_{\mathrm{U},n})$ une suite de parties rares de U dont $\mathrm{A} \cap \mathrm{U}$ soit la réunion. Pour tout entier n, la réunion B_n des parties $\mathrm{B}_{\mathrm{U},n}$, pour

U parcourant $\mathfrak{U}$, est rare relativement à O (TG, IX, p. 52, prop. 1). D'après TG, IX, p. 53, prop. 2, B_n est une partie rare de X, car O est ouvert dans X. Par conséquent, l'ensemble $A \cap O$, égal à la réunion des B_n, est une partie maigre de X.

Soit F le complémentaire de O. C'est une partie fermée de X ; démontrons qu'elle est d'intérieur vide. Dans le cas contraire, soit x un point intérieur de F. Par hypothèse, il existe un voisinage ouvert V de x, qu'on peut supposer contenu dans F, tel que $A \cap V$ soit maigre. Alors V est disjoint des ouverts de X appartenant à $\mathfrak{U}$ et $\mathfrak{U} \cup \{V\}$ est un ensemble d'ouverts deux à deux disjoints appartenant à $\mathscr{O}$, ce qui contredit la maximalité de $\mathfrak{U}$. La relation

$$A = (A \cap F) \cup (A \cap O)$$

entraîne alors que A est maigre, ce qu'il fallait démontrer.

Soit X un espace topologique.

Rappelons (TG, IX, p. 69) qu'une partie A de X est dite *approchable* s'il existe un ouvert U de X tel que $U \cap \complement A$ et $A \cap \complement U$ soient maigres dans X. L'ensemble des parties approchables de X est une tribu qui contient la tribu borélienne (TG, IX, p. 69, lemme 8 et sa démonstration). Une partie maigre est approchable.

Pour toute partie A de X, soit D(A) l'ensemble des points $x \in X$ tels que pour tout voisinage V de x, $A \cap V$ ne soit pas maigre. On pose aussi $D^*(A) = A \cup D(A)$.

Lemme 2. — Soit X *un espace topologique et soit* A *une partie de* X.

a) *L'ensemble* D(A) *est fermé dans* X ; *son complémentaire est le plus grand ouvert* U *de* X *tel que* $A \cap U$ *soit un ensemble maigre.*

b) *Pour que* A *soit maigre, il faut et il suffit que* D(A) *soit vide.*

c) *L'ensemble* $D^*(A)$ *est approchable.*

d) *Pour tout ensemble approchable* B *de* X *contenant* A, $D^*(A) \cap \complement B$ *est maigre.*

Soit U la réunion des ouverts V de X tels que $A \cap V$ soit maigre. Pour qu'un point x appartienne à U, il faut et il suffit qu'il possède un voisinage V tel que $A \cap V$ soit maigre. On a ainsi $U = \complement D(A)$ et D(A) est donc une partie fermée de X. Par construction, le sous-espace U possède un recouvrement par des parties ouvertes dont l'intersection avec A est maigre. D'après le lemme 1, appliqué à l'espace topologique U et au sous-ensemble $A \cap U$, $A \cap U$ est maigre dans U, donc aussi dans X. Cela démontre l'assertion *a*), car, par construction, tout ouvert V de X tel que $A \cap V$ soit maigre est contenu dans U.

L'assertion *b*) en découle immédiatement.

c) On a $D^*(A) = A \cup D(A) = (A \cap U) \cup D(A)$. L'ensemble D(A) est fermé, donc approchable (IV, p. 361) ; la partie maigre $A \cap U$ l'est aussi. Par suite, $D^*(A)$ est approchable (*loc. cit.*).

d) Soit B une partie approchable de X qui contient A. Son complémentaire $\complement B$ est alors une partie approchable de X (*loc. cit.*) et il existe donc un ouvert V de X tel que $V \cap B$ et $\complement V \cap \complement B$ soient maigres. Comme $A \subset B$, $V \cap A$ est encore maigre, d'où $V \subset U$. Puisque $\complement U \cap \complement B$ est contenu dans $\complement V \cap \complement B$, c'est aussi une partie maigre de X. Finalement, les inclusions

$$D^*(A) \cap \complement B = ((A \cap U) \cap \complement B) \cup (\complement U \cap \complement B) \subset (A \cap U) \cup (\complement U \cap \complement B)$$

démontrent que $D^*(A) \cap \complement B$ est une partie maigre de X.

Remarque 1. — Soit G un groupe topologique et soit A une partie maigre de G. Supposons que A contienne un ouvert non vide U de G et soit y un point de U. Alors, U est maigre et pour tout $x \in G$, $xy^{-1}U$ est un voisinage de x dans G. Par suite, tout point de G possède un voisinage maigre, donc G est maigre (IV, p. 360, lemme 1).

Inversement, si G n'est pas maigre, toute partie maigre est d'intérieur vide et G est un espace de Baire. Comme un espace de Baire n'est pas maigre, cela démontre l'assertion suivante : *Pour qu'un groupe topologique soit un espace de Baire, il faut et il suffit qu'il ne soit pas maigre.*

PROPOSITION 7. — *Soit* X *un espace séparé. Tout sous-espace souslinien* (TG, IX, p. 59, déf. 2) *de* X *est approchable.*

Soit S un sous-espace souslinien de X. Par définition, il existe un espace métrique complet de type dénombrable P et une application continue et surjective g de P dans S. D'après TG, IX, p. 64, lemme 3, il existe un criblage $C = (C_n, p_n, \varphi_n)_{n \in \mathbf{N}}$ de l'espace métrique P.

Pour tout entier n et tout $c \in C_n$, notons $F_n(c)$ l'image de l'ensemble $\varphi_n(c)$ par g ; posons aussi $F_n^*(c) = D^*(F_n(c))$ et

$$G_n(c) = F_n^*(c) \cap \complement \left(\bigcup_{c' \in \overset{-1}{p_n}(c)} F_{n+1}^*(c') \right). \tag{1}$$

Pour tout $c \in \mathrm{C}_n$, $\mathrm{F}_n^*(c)$ est approchable (IV, p. 361, lemme 2, c)). Comme C_{n+1} est dénombrable, la réunion des parties approchables $\mathrm{F}_{n+1}^*(c')$, pour c' parcourant $\overset{-1}{p_n}(c)$, est encore une partie approchable de X. Elle contient la réunion des $\mathrm{F}_{n+1}(c')$ qui est égale à $\mathrm{F}_n(c)$. Par suite (*loc. cit.*, d)), $\mathrm{G}_n(c)$ est une partie maigre de X. La réunion G des parties $\mathrm{G}_n(c)$, pour $n \in \mathbf{N}$ et $c \in \mathrm{C}_n$, est donc une partie maigre de X.

Soit $c_0 \in \mathrm{C}_0$ et soit x un élément de $\mathrm{F}_0^*(c_0) \cap \complement\mathrm{G}$; démontrons que $x \in \mathrm{F}_0(c_0)$. Puisque $x \notin \mathrm{G}_0(c_0)$ et que $x \in \mathrm{F}_0^*(c_0)$, il existe $c_1 \in \overset{-1}{p_0}(c_0)$ tel que $x \in \mathrm{F}_1^*(c_1)$, d'après la relation (1). Par récurrence, il existe un élément $c = (c_n)_n$ de $\prod_n \mathrm{C}_n$ tel que, pour tout entier $n \in \mathbf{N}$, on ait $x \in \mathrm{F}_n^*(c_n)$ et $p_n(c_{n+1}) = c_n$.

Les parties $\varphi_n(c_n)$ forment une base d'un filtre de Cauchy dans P ; ce filtre converge vers un point p de P, puisque P est complet. L'image de ce filtre par g est un filtre F sur X, de base l'ensemble des $\mathrm{F}_n(c_n)$ pour $n \in \mathbf{N}$, qui converge vers $g(p)$. Comme $\mathrm{F}_n^*(c_n)$ est contenu dans $\overline{\mathrm{F}_n(c_n)}$ et que x appartient à chacun des $\mathrm{F}_n(c_n)$, x est un point adhérent à F, donc $x = g(p)$ car l'espace X est séparé (TG, I, p. 52, prop. 1). Le point p appartient à $\overline{\varphi_1(c_1)}$, donc à $\varphi_0(c_0)$. Par suite, $x \in \mathrm{F}_0(c_0)$.

Par conséquent, l'ensemble $\mathrm{F}_0^*(c_0) - \mathrm{F}_0(c_0)$ est contenu dans G. C'est ainsi une partie maigre de X, donc aussi une partie approchable. Puisque $\mathrm{F}_0(c_0) = \mathrm{F}_0^*(c_0) - (\mathrm{F}_0^*(c_0) - \mathrm{F}_0(c_0))$ et que $\mathrm{F}_0^*(c_0)$ est approchable, $\mathrm{F}_0(c_0)$ est approchable, car les parties approchables de X forment une tribu. Comme C_0 est dénombrable, l'ensemble S qui est la réunion des $\mathrm{F}_0(c_0)$, pour $c_0 \in \mathrm{C}_0$, est encore approchable.

5. Relations d'équivalence maigres dans les espaces polonais

Lemme 3. — Soit $(\mathrm{U}_i)_{i\in\mathrm{I}}$ *une famille finie d'ouverts non vides d'un espace topologique* X *et soit* O *une partie ouverte et dense de* $\mathrm{X} \times \mathrm{X}$. *Il existe une famille* $(\mathrm{V}_i)_{i\in\mathrm{I}}$ *d'ouverts non vides de* X *tels que* $\mathrm{V}_i \subset \mathrm{U}_i$ *pour tout* $i \in \mathrm{I}$ *et tels que* $\mathrm{V}_i \times \mathrm{V}_{i'} \subset \mathrm{O}$ *pour tout couple* (i, i') *d'éléments distincts de* I.

Pour tout couple (j_1, j_2) d'éléments distincts de I, l'ensemble des familles $(x_i) \in \mathrm{X}^{\mathrm{I}}$ tels que $(x_{j_1}, x_{j_2}) \in \mathrm{O}$ est un ouvert dense de X^{I}. L'intersection Ω de ces ouverts, lorsque (j_1, j_2) parcourt l'ensemble fini des couples d'éléments distincts de I est donc un ouvert dense de X^{I}.

Par suite, $\Omega \cap \prod_{i\in \mathrm{I}} \mathrm{U}_i$ est un ouvert non vide de X^{I}, donc contient un ouvert de X^{I} de la forme $\prod_{i\in \mathrm{I}} \mathrm{V}_i$, où pour tout $i \in \mathrm{I}$, V_i est une partie ouverte, non vide, de U_i. Cela démontre le lemme.

PROPOSITION 8. — *Soit* P *un espace topologique polonais non vide et soit* R *une relation d'équivalence dans* P *dont le graphe est une partie maigre de* P × P. *Il existe une application continue injective de l'ensemble* $\{0,1\}^{\mathbf{N}}$, *muni de la topologie produit des topologies discrètes, dans* P *dont l'image rencontre chaque classe d'équivalence suivant* R *en au plus un point.*

Munissons l'espace P d'une distance d compatible avec sa topologie pour laquelle il est complet. Soit $(\mathrm{A}_n)_{n\in\mathbf{N}}$ une suite croissante de parties fermées de P × P, d'intérieurs vides, telles que le graphe Γ_{R} de la relation R soit contenue dans la réunion des A_n.

Soit $\mathscr{O}$ l'ensemble des parties ouvertes non vides de P. Nous allons construire par récurrence une suite $(f_n)_{n\in\mathbf{N}}$, où pour tout n, f_n est une application de $\{0,1\}^n$ dans $\mathscr{O}$, vérifiant les propriétés suivantes :

(i) Pour tout $n \geqslant 1$, tout $x \in \{0,1\}^{n-1}$ et tout $t \in \{0,1\}$, l'adhérence de l'ouvert $f_n(x,t)$ est contenue dans $f_{n-1}(x)$;

(ii) Pour tout $x \in \{0,1\}^n$, on a $\operatorname{diam}(f_n(x)) \leqslant 2^{-n}$;

(iii) Pour tout $n \geqslant 1$ et tout couple (x,x') d'éléments distincts de $\{0,1\}^n$, $f_n(x) \times f_n(x')$ ne rencontre pas A_{n-1}.

On choisit un ouvert non vide U de X de diamètre $\leqslant 1$ et on définit f_0 comme l'application constante d'image $\{\mathrm{U}\}$. Supposons les applications $f_0, \ldots, f_n$ construites.

Soit $p\colon \{0,1\}^{n+1} \to \{0,1\}^n$ l'application définie par $p(x_0,\ldots,x_n) = (x_0,\ldots,x_{n-1})$. D'après le lemme 3 ci-dessus, appliqué à la famille des ouverts $(f_n(p(x)))$ pour $x \in \{0,1\}^{n+1}$ et à l'ouvert dense $\complement \mathrm{A}_n$ de P×P, il existe une famille $(g(x))_{x\in\{0,1\}^{n+1}}$ d'ouverts non vides de P telle que $g(x) \subset f_n(p(x))$ pour tout x et telle que $(g(x) \times g(x')) \cap \mathrm{A}_n$ soit vide pour tout couple (x,x') d'éléments distincts de $\{0,1\}^{n+1}$. On définit alors l'application f_{n+1} en choisissant, pour chaque élément $x \in \{0,1\}^{n+1}$, une partie ouverte et non vide de $g(x)$ dont le diamètre est $\leqslant 2^{-n-1}$ et dont l'adhérence est contenue dans $g(x)$.

Pour tout élément $x = (x_n)_{n\in\mathbf{N}}$ de $\{0,1\}^{\mathbf{N}}$, la suite d'ensembles $(f_n(x_0,\ldots,x_{n-1}))_{n\in\mathbf{N}}$ est une suite décroissante de parties ouvertes de X dont chacune contient l'adhérence de la suivante et dont le diamètre tend vers 0 ; l'intersection de cette suite d'ensembles est donc réduite à un point (TG, II, p. 15) que l'on note $f(x)$. Si deux points x, x' de $\{0,1\}^{\mathbf{N}}$ vérifient $x_i = x'_i$ pour $i \leqslant n$, on a $d(f(x), f(x')) \leqslant 2^{-n}$. Par conséquent, l'application $f\colon \{0,1\}^{\mathbf{N}} \to \mathrm{P}$ est continue. Soient x et x' des éléments distincts de $\{0,1\}^{\mathbf{N}}$. Pour $n \in \mathbf{N}$ tel que $(x_0, \dots, x_n) \neq (x'_0, \dots, x'_n)$, l'ouvert $f_{n+1}(x_0, \dots, x_n) \times f_{n+1}(x'_0, \dots, x'_n)$ est disjoint de A_n, par définition de f_{n+1}, donc le couple $(f(x), f(x'))$ n'appartient pas à A_n. Il en résulte que $f(x)$ et $f(x')$ ne sont pas équivalents pour la relation R. Par conséquent, f est injective et son image rencontre chaque classe d'équivalence suivant R en au plus un point. La proposition est ainsi démontrée.

6. Cardinal des groupes de Poincaré

PROPOSITION 9. — *Soit* X *un espace topologique délaçable et soit* $\mathscr{W}$ *une base de la topologie de* X. *Pour tout point* x *de* X, *le cardinal du groupe* $\pi_1(\mathrm{X}, x)$ *est majoré par* $\sup(\mathrm{Card}(\mathscr{W}), \mathrm{Card}(\mathbf{N}))$. *En particulier, le groupe de Poincaré d'un espace métrique de type dénombrable et délaçable est dénombrable.*

En effet, l'espace $\lambda_x(\mathrm{X})$ muni de l'application terme est un revêtement connexe de X dont la fibre en x est $\pi_1(\mathrm{X}, x)$. L'assertion résulte alors de I, p. 40, th. 3.

Lemme 4. — *Soit* X *un espace de Baire, soit* G *un groupe topologique opérant continûment dans* X *et soit* B *une partie approchable de* X *qui n'est pas maigre. L'ensemble des points* $g \in \mathrm{G}$ *tels que* $\mathrm{B} \cap g\mathrm{B} \neq \varnothing$ *est un voisinage de l'élement neutre de* G.

Comme B est approchable, $\complement\mathrm{B}$ est aussi approchable, car l'ensemble des parties approchables de X est une tribu. Il existe donc une partie ouverte U de X telle que $\mathrm{U} \cap \complement\mathrm{B}$ et $\mathrm{B} \cap \complement\mathrm{U}$ soient maigres dans X.

Soient V un voisinage de l'élément neutre de G et W un ouvert non vide de X contenu dans U tels que $\mathrm{V} \cdot \mathrm{W} \subset \mathrm{U}$. Pour tout $g \in \mathrm{V}$, $\mathrm{U} \cap g\mathrm{U}$ n'est pas vide.

Soit $g \in \mathrm{G}$ tel que $\mathrm{B} \cap g\mathrm{B}$ soit vide. Les relations

$$\begin{aligned}
\mathrm{U} \cap g\mathrm{U} &= (\mathrm{U} \cap g\mathrm{U}) \cap \complement(\mathrm{B} \cap g\mathrm{B}) \\
&= (\mathrm{U} \cap g\mathrm{U}) \cap (\complement\mathrm{B} \cup g\complement\mathrm{B}) \\
&= (\mathrm{U} \cap g\mathrm{U} \cap \complement\mathrm{B}) \cup (\mathrm{U} \cap g\mathrm{U} \cap g\complement\mathrm{B}) \\
&\subset (\mathrm{U} \cap \complement\mathrm{B}) \cup g(\mathrm{U} \cap \complement\mathrm{B})
\end{aligned}$$

entraînent que $\mathrm{U} \cap g\mathrm{U}$ est maigre dans X. Comme c'est une partie ouverte et que X est un espace de Baire, elle est vide. On a donc $g \notin \mathrm{V}$, d'où le lemme.

THÉORÈME 2 (Shelah[(2)]). — *Soit* X *un espace polonais connexe et localement connexe par arcs et soit x un point de* X. *Si* X *n'est pas délaçable, le groupe $\pi_1(\mathrm{X}, x)$ a la puissance du continu.*

Soit d une distance définissant la topologie de X pour laquelle il est complet. Supposons que X n'est pas délaçable. Il existe alors un point $a \in \mathrm{X}$ et, pour tout entier $n \geqslant 0$, un lacet c_n en a dans X dont l'image est de diamètre $\leqslant 2^{-n}$ et dont la classe dans $\pi_1(\mathrm{X}, a)$ n'est pas triviale.

Notons K l'ensemble $\{0,1\}^{\mathbf{N}}$ et munissons-le de la topologie produit, l'espace $\{0,1\}$ étant muni de la topologie discrète. Pour tout élément $\varepsilon = (\varepsilon_n)$ de K, soit c_ε l'application de $\mathbf{I}$ dans X définie par $c_\varepsilon(0) = a$ et, pour $2^{-n-1} \leqslant t \leqslant 2^{-n}$, $c_\varepsilon(t) = c_n(2^{n+1}t - 1)$ si $\varepsilon_n = 1$ et $c_\varepsilon(t) = a$ sinon. On a $c_\varepsilon(0) = c_\varepsilon(1) = a$. L'application c_ε est continue en tout point $t \in \,]0,1]$. Elle l'est aussi en 0 car $d(a, c_\varepsilon(t)) \leqslant 2^{-n}$ si $t \in [0, 2^{-n}]$. L'application c_ε est donc un lacet dans X en a.

Si ε et ε' sont des éléments de K tels que $(\varepsilon_0, \ldots, \varepsilon_n) = (\varepsilon'_0, \ldots, \varepsilon'_n)$, alors $c_\varepsilon(t) = c_{\varepsilon'}(t)$ pour tout $t \in [2^{-n-1}, 1]$ et $d(c_\varepsilon(t), c_{\varepsilon'}(t)) \leqslant d(a, c_\varepsilon(t)) + d(a, c_{\varepsilon'}(t)) \leqslant 2^{-n}$ si $t \in [0, 2^{-n-1}]$. Il en résulte que l'application $\varepsilon \mapsto c_\varepsilon$ de K dans l'espace $\Omega_a(\mathrm{X})$ est continue, lorsqu'on munit l'espace $\Omega_a(\mathrm{X})$ de la topologie de la convergence compacte.

Notons $\Gamma \subset \mathrm{K} \times \mathrm{K}$ l'ensemble des couples $(\varepsilon, \varepsilon')$ tels que c_ε soit strictement homotope à $c_{\varepsilon'}$. C'est le graphe d'une relation d'équivalence R dans K.

(2) Voir « Can the fundamental (homotopy) group of a space be the rationals ? », *Proc. Amer. Math. Soc.* 103 (1988), no. 2, p. 627–632. La preuve qui suit est basée sur l'article de J. PAWLIKOWSKI, « The fundamental group of a compact metric space », *Proc. Amer. Math. Soc.* 126 (1998), no. 10, p. 3083–3087.

Lemme 5. — L'ensemble Γ *est une partie maigre de* $K \times K$.

Notons Z l'espace $K \times K \times \mathscr{C}_c(\mathbf{I} \times \mathbf{I}; X)$. La topologie de l'espace $\mathscr{C}_c(\mathbf{I} \times \mathbf{I}; X)$ est définie par la distance δ donnée par $\delta(h, h') = \sup_{u \in \mathbf{I} \times \mathbf{I}} d(h(u), h'(u))$ et il est complet pour cette distance (TG, X, p. 20, corollaire et TG, X, p. 9, cor. 1) ; d'après TG, X, p. 24, th. 1, cette topologie est de type dénombrable. L'espace $\mathscr{C}_c(\mathbf{I} \times \mathbf{I}; X)$ est donc un espace polonais. Il en est de même de l'espace Z, car K est un espace polonais (TG, IX, p. 57, prop. 1).

Soit H le sous-ensemble de Z formé des triplets $(\varepsilon, \varepsilon', h)$ tels que h soit une homotopie stricte reliant c_ε à $c_{\varepsilon'}$. Les applications de Z dans X^2 données par $a_t \colon (\varepsilon, \varepsilon', h) \mapsto (c_\varepsilon(t), h(t, 0))$, $b_t \colon (\varepsilon, \varepsilon', h) \mapsto (c_{\varepsilon'}(t), h(t, 1))$ et $c_t \colon (\varepsilon, \varepsilon', h) \mapsto (h(0, t), h(1, t))$ sont continues, pour tout $t \in \mathbf{I}$, car l'application $\varepsilon \mapsto c_\varepsilon$ de K dans $\Omega_a(X)$ est continue, de même que les applications $h \mapsto h(s, t)$ de $\mathscr{C}_c(\mathbf{I} \times \mathbf{I}; X)$ dans X. Par définition, H est l'intersection des ensembles $\overset{-1}{a_t}(\Delta_X)$, $\overset{-1}{b_t}(\Delta_X)$ et $\overset{-1}{c_t}((a, a))$, pour $t \in \mathbf{I}$, où Δ_X désigne la diagonale de X. Cela démontre que H est une partie fermée de Z.

Par suite, H est un espace polonais. Soit $p \colon Z \to K \times K$ la projection canonique ; on a $\Gamma = p(H)$ par définition. Comme $K \times K$ est séparé, Γ est un sous-ensemble souslinien de $K \times K$ (TG, IX, p. 59, déf. 2). D'après IV, p. 362, prop. 7, c'est une partie approchable de $K \times K$.

Supposons que Γ ne soit pas maigre. L'espace $K \times K$ est un espace topologique compact donc un espace de Baire (TG, IX, p. 55, th. 1). Munissons le groupe G_0 des permutations de l'ensemble $\{0, 1\}$ de la topologie discrète ; faisons opérer diagonalement le groupe topologique produit $G = G_0^{\mathbf{N}}$ dans $K = \{0, 1\}^{\mathbf{N}}$. Le groupe G opère alors continûment dans $K \times K$ par l'application $(g, (x, y)) \mapsto (x, g \cdot y)$. D'après le lemme 4, l'ensemble V des éléments $g \in G$ tels que $\Gamma \cap g \cdot \Gamma \neq \varnothing$ est un voisinage de l'élément neutre de G.

Soit $g \in V$; soit $(\varepsilon, \varepsilon') \in \Gamma \cap g\Gamma$. Comme $(\varepsilon, \varepsilon') \in \Gamma$, on a $R\{\varepsilon, \varepsilon'\}$; comme $(\varepsilon, \varepsilon') \in g\Gamma$, $g^{-1} \cdot (\varepsilon, \varepsilon') = (\varepsilon, g^{-1}\varepsilon') \in \Gamma$, si bien que $R\{\varepsilon, g^{-1}\varepsilon'\}$. Nous avons ainsi démontré que, pour tout $g \in V$, il existe $\varepsilon \in K$ tel que ε et $g\varepsilon$ soient équivalents pour R.

Pour $m \in \mathbf{N}$, désignons par τ_m l'élément de G dont tous les termes sont égaux à e sauf celui d'indice m qui est égal à l'élément non trivial τ de G_0. Il existe un entier m tel que τ_m appartienne à V ; soit alors $\varepsilon \in K$ tel que ε et $\varepsilon' = \tau_m \cdot \varepsilon$ soient équivalents pour R. Cela entraîne que les lacets c_ε et $c_{\varepsilon'}$ sont strictement homotopes. Par construction, ces lacets coïncident sur les intervalles $[0, 2^{-m-1}]$ et $[2^{-m}, 1]$; sur l'intervalle $[2^{-m-1}, 2^{-m}]$, l'un est l'application constante d'image a et l'autre est l'application $t \mapsto c_m(2^{m+1}t - 1)$. Il en résulte que c_m est strictement homotope au lacet constant d'image $\{a\}$, d'où une contradiction. Le lemme 5 est ainsi démontré.

Terminons maintenant la démonstration du théorème 2. D'après la prop. 8, il existe une application continue injective γ de $\{0,1\}^{\mathbf{N}}$ dans K dont l'image rencontre toute classe d'équivalence suivant R en au plus un point. Si k et k' sont des éléments distincts de $\{0,1\}^{\mathbf{N}}$, les lacets $c_{\gamma(k)}$ et $c_{\gamma(k')}$ ne sont pas strictement homotopes dans X et l'application $\{0,1\}^{\mathbf{N}} \to \pi_1(\mathrm{X}, a)$ donnée par $k \mapsto [c_{\gamma(k)}]$ est injective. En particulier, $\mathrm{Card}(\pi_1(\mathrm{X}, a)) \geqslant \mathrm{Card}(\{0,1\}^{\mathbf{N}}) = \mathrm{Card}(\mathfrak{P}(\mathbf{N}))$. Comme X est un espace topologique métrisable de type dénombrable, il en est de même de $\Omega_a(\mathrm{X})$ (TG, X, p. 24, th. 1). Par suite, $\Omega_a(\mathrm{X})$ est homéomorphe à un sous-espace de $[0,1]^{\mathbf{N}}$ (TG, IX, p. 18, prop. 12) et

$$\begin{aligned}\mathrm{Card}(\Omega_a(\mathrm{X})) \leqslant \mathrm{Card}([0,1]^{\mathbf{N}}) &= \mathrm{Card}(\mathfrak{P}(\mathbf{N})^{\mathbf{N}}) \\ &= \mathrm{Card}(\mathfrak{P}(\mathbf{N} \times \mathbf{N})) = \mathrm{Card}(\mathfrak{P}(\mathbf{N})).\end{aligned}$$

A fortiori, $\mathrm{Card}(\pi_1(\mathrm{X}, a)) \leqslant \mathrm{Card}(\mathfrak{P}(\mathbf{N}))$. Il résulte alors du cor. 2 de E, III, p. 25, que $\pi_1(\mathrm{X}, a)$ a la puissance du continu, ce qu'il fallait démontrer.

Exemple. — Soit P l'espace topologique réunion des cercles de centre $(2/n, 0)$ passant par l'origine du plan $\mathbf{R}^2$, pour $n \geqslant 1$ (III, p. 336, exerc. 6). Le groupe de Poincaré de P a la puissance du continu (III, p. 338, exerc. 9).

§ 3. GROUPES DE POINCARÉ DES GROUPES TOPOLOGIQUES

1. Prolongement des homomorphismes locaux de groupes

DÉFINITION 1. — *Étant donnés un groupe topologique* G *et un groupe* G′, *on appelle* homomorphisme local de G dans G′ *une application f d'un voisinage* V *de l'élément neutre de* G *dans* G′ *telle que, pour tout couple de points x, y de* V *tels que $xy \in$* V, *on ait* $f(xy) = f(x)f(y)$.

Si G′ *est un groupe topologique et si f est une application continue, on dit que f est un* homomorphisme local continu *(ou* morphisme local de groupes topologiques*)*.

Si G et G′ sont des groupes topologiques, on a défini (TG, III, p. 6, déf. 2) la notion d'*isomorphisme local* de G à G′. Un isomorphisme local de G à G′ est un homéomorphisme f d'un voisinage V de l'élément neutre de G sur un voisinage V′ de l'élément neutre de G′ tel que f et l'application réciproque de f soient des homomorphismes locaux.

PROPOSITION 1. — *Soient* G *et* G′ *des groupes topologiques et soit* $p\colon$ G $\to$ G′ *un homomorphisme de groupes. Pour que p fasse de* G *un revêtement de* G′, *il faut et il suffit que la restriction de p à un voisinage convenable de l'élément neutre de* G *soit un isomorphisme local de* G *à* G′.

La condition est nécessaire d'après la proposition 3 de TG, III, p. 6. Inversement, supposons que p induise un homéomorphisme d'un voisinage ouvert V de l'élément neutre e de G sur un voisinage V′ de l'élément neutre de G′. L'application p est alors continue (TG, III, p. 15, prop. 23) et ouverte (TG, III, p. 16, prop. 24). L'image H de p est un sous-groupe de G′ contenant V, donc ouvert et fermé dans G′ (TG, III, p. 7, corollaire). Soit N le noyau de p ; on a $\mathrm{N} \cap \mathrm{V} = \{e\}$, donc N est discret (*loc. cit.*, prop. 5). Par suite, p fait de G un revêtement de H, principal de groupe N (I, p. 100, cor. 3 du th. 1). Comme H est ouvert et fermé dans G′, le G′-espace (G, p) est un revêtement.

PROPOSITION 2. — *Soit* G *un groupe topologique connexe, soit* G′ *un groupe et soit $f\colon$* V $\to$ G′ *un homomorphisme local de* G *dans* G′, *où* V *est un voisinage* connexe *de l'élément neutre de* G. *Il existe alors* *un groupe topologique connexe* H, *un morphisme de groupes topologiques* $p\colon \mathrm{H} \to \mathrm{G}$ *tel que* (H, p) *soit un revêtement de* G *et un homomorphisme de groupes* $\varphi\colon \mathrm{H} \to \mathrm{G}'$ *tel que l'ensemble des* $y \in \overset{-1}{p}(\mathrm{V})$ *vérifiant* $f(p(y)) = \varphi(y)$ *soit un voisinage de l'élément neutre dans* H.

Si G′ *est un groupe topologique et si l'application* f *est continue, un tel homomorphisme* φ *est continu.*

Lemme 1. — *Soit* G *un groupe topologique et soit* V *un voisinage connexe de l'élément neutre* e *de* G. *Pour tout voisinage* U *de* e *dans* G *et tout* $x \in \mathrm{V}$, *il existe un entier* $n \in \mathbf{N}$ *et des éléments* $u_1, \ldots, u_n$ *dans* U *tels que* $u_1 \ldots u_n = x$ *et* $u_1 \ldots u_k \in \mathrm{V}$ *pour tout entier* k *tel que* $1 \leqslant k \leqslant n$.

On peut supposer que U est ouvert et contenu dans V. Notons A l'ensemble des $x \in \mathrm{V}$ satisfaisant la condition du lemme. Si $x \in \mathrm{A}$ et si $y \in x\mathrm{U} \cap \mathrm{V}$, alors $y \in \mathrm{A}$, d'où $\mathrm{AU} \cap \mathrm{V} \subset \mathrm{A}$; cela montre que A est ouvert dans V. Soit $x \in \mathrm{V}$ tel que $x\mathrm{U}^{-1} \cap \mathrm{A} \neq \varnothing$; on a alors $x \in \mathrm{AU} \cap \mathrm{V}$, donc $x \in \mathrm{A}$. Par conséquent, si $x \in \mathrm{V}$ et $x \notin \mathrm{A}$, $x\mathrm{U}^{-1} \cap \mathrm{A} = \varnothing$ et A est fermé dans V. Comme $e \in \mathrm{A}$ et que V est connexe, il en résulte que $\mathrm{A} = \mathrm{V}$.

Démontrons maintenant la proposition. Notons j l'application $g \mapsto (g, f(g))$ de V dans $\mathrm{G} \times \mathrm{G}'$ et soit H le sous-groupe de $\mathrm{G} \times \mathrm{G}'$ engendré par $j(\mathrm{V})$.

Soit U un voisinage de e dans G, contenu dans V. Soit $x \in \mathrm{V}$; d'après le lemme 1, il existe $u_1, \ldots, u_n \in \mathrm{U}$ tels que $x = u_1 \ldots u_n$ et tels que $u_1 \ldots u_k \in \mathrm{V}$ pour tout entier k tel que $1 \leqslant k \leqslant n$. Par récurrence, on a $f(u_1 \ldots u_k) = f(u_1) \ldots f(u_k)$ pour tout entier k, $1 \leqslant k \leqslant n$. En particulier, $j(x)$ appartient au sous-groupe engendré par $j(\mathrm{U})$. Il en résulte que H est engendré par $j(\mathrm{U})$.

Soit $\mathscr{B}$ l'ensemble des parties de H de la forme $j(\mathrm{U})$, où U est un voisinage de e dans V. Montrons qu'il existe une unique topologie sur H, compatible avec sa structure de groupe, pour laquelle $\mathscr{B}$ est une base du filtre des voisinages de l'élément neutre. Pour cela, il suffit de démontrer que l'ensemble $\mathscr{B}$ satisfait aux conditions $(\mathrm{GV}'_{\mathrm{I}})$, $(\mathrm{GV}'_{\mathrm{II}})$ et $(\mathrm{GV}'_{\mathrm{III}})$ de III, p. 4.

Soit donc U un voisinage de e dans G, contenu dans V ; il existe un voisinage U′ de e tel que $\mathrm{U}' \cdot \mathrm{U}' \subset \mathrm{U}$. Pour tout couple x, y de points de U′, on a $xy \in \mathrm{V}$ et $f(xy) = f(x)f(y)$. Par suite, $j(\mathrm{U}') \in \mathscr{B}$ et $j(\mathrm{U}') \cdot j(\mathrm{U}') \subset j(\mathrm{U})$. Cela montre que la condition $(\mathrm{GV}'_{\mathrm{I}})$ est vérifiée.

L'ensemble $U'' = V \cap U^{-1}$ est alors un voisinage de e dans V et, pour $x \in U''$, on a $x^{-1} \in U$ et $f(x^{-1}) = f(x)^{-1}$. Par suite, $j(U'')^{-1} \subset j(U)$, ce qui montre la condition (GV'_{II}).

Fixons enfin un voisinage U de e dans V tel que $U = U^{-1}$ et $U^3 \subset V$. Soit W un voisinage de e dans U et soit $h = (g, f(g))$ un élément de $j(U)$. Il existe un voisinage W′ de e contenu dans W tel que $gW'g^{-1} \subset W$. Alors, $j(W') \in \mathscr{B}$ et $hj(W')h^{-1} \subset j(W)$, car on a $f(gxg^{-1}) = f(g)f(x)f(g^{-1})$, pour $x \in W'$.

Soit $h \in H$. Comme U est un voisinage de e contenu dans V, $j(U)$ engendre H ; puisque U est symétrique, il existe des éléments $u_1, \ldots, u_n$ dans U tels que $h = j(u_1)\ldots j(u_n)$. Par récurrence sur n, il existe un voisinage W′ de e contenu dans W tel que $hj(W')h^{-1} \subset j(W)$. Par suite, la condition (GV'_{III}) est vérifiée.

Munissons alors le groupe G de cette topologie.

Notons $p \colon H \to G$ la restriction à H de la première projection $G \times G' \to G$. C'est un homomorphisme de groupes. Pour tout voisinage U de e contenu dans V, l'ensemble $\overset{-1}{p}(U)$ contient le voisinage $j(U)$ de l'élément neutre de H, donc p est un homomorphisme continu de groupes topologiques. Pour tout voisinage U de e contenu dans V, on a $p(j(U)) = U$, donc p est une application ouverte. Comme G est connexe, p est surjective. Son noyau est discret car il ne rencontre $j(V)$ qu'en l'élément neutre. Il résulte alors du corollaire 3 (I, p. 100) que le G-espace (H, p) est un revêtement.

Soit φ la restriction à H de la seconde projection $G \times G' \to G'$. Si $g \in V$, on a $(g, f(g)) = j(g) \in j(V)$ et $\varphi(g, f(g)) = f(g)$, si bien que $\varphi(y) = f(p(y))$ pour $y \in j(V)$.

Supposons de plus que G′ soit un groupe topologique et que l'application f soit continue en e. Alors, l'homomorphisme φ est continu en l'élément neutre de H, donc est continu (TG, III, p. 15, prop. 23).

COROLLAIRE 1. — *Soit* G *un groupe topologique* simplement connexe *et soit* G′ *un groupe. Soit* V *un voisinage connexe de l'élément neutre dans* G *et soit* $f \colon V \to G'$ *un homomorphisme local. Il existe un unique homomorphisme de groupes* $h \colon G \to G'$ *prolongeant* f. *Si* G′ *est un groupe topologique et si l'application* f *est continue, l'homomorphisme* h *est continu.*

Le groupe G est connexe. Soient H, φ et p comme dans la proposition 2. Comme G est simplement connexe, H est un revêtement trivialisable de G (I, p. 124, déf. 3) ; comme H est connexe et non vide, l'application p est un isomorphisme de groupes topologiques. Posons $h = \varphi \circ p^{-1}$; l'application h est un homomorphisme de groupes et il existe un voisinage ouvert U de l'élément neutre e de G contenu dans V tel que $f \,|\, \mathrm{U} = h \,|\, \mathrm{U}$. Il résulte du lemme 1 que f et h coïncident sur V. Autrement dit, l'application h prolonge l'application f.

Si G′ est un groupe topologique et si l'application f est continue, l'homomorphisme φ est continu donc h l'est aussi.

Démontrons l'unicité d'un tel prolongement. L'ensemble des points de G où coïncident deux homomorphismes de G dans G′ est un sous-groupe de G. Comme le groupe G est connexe, tout sous-groupe de G contenant un voisinage de l'élément neutre est égal à G (TG, III, p. 8, prop. 6). L'unicité de h en résulte.

Remarque 1. — Lorsque $\mathrm{G} = \mathbf{R}$, ce corollaire résulte de la proposition 6 de TG, V, p. 3.

COROLLAIRE 2. — *Deux groupes topologiques localement connexes et simplement connexes qui sont localement isomorphes sont isomorphes.*

Soient G et G′ des groupes topologiques localement connexes, soient V et V′ des voisinages connexes de l'élément neutre de G et de G′ respectivement et soit $f : \mathrm{V} \to \mathrm{V}'$ un homéomorphisme qui est un isomorphisme local de G à G′. D'après le corollaire 1, il existe un unique homomorphisme de groupes continu $\varphi : \mathrm{G} \to \mathrm{G}'$ qui prolonge f et un unique homomorphisme de groupes continu $\varphi' : \mathrm{G}' \to \mathrm{G}$ qui prolonge f^{-1}. Les homomorphismes $\varphi' \circ \varphi$ et Id_{G} coïncident sur un voisinage de e dans G, donc sont égaux, car G est connexe. De même, $\varphi \circ \varphi' = \mathrm{Id}_{\mathrm{G}'}$, d'où le corollaire.

COROLLAIRE 3. — *Soit* G *un groupe topologique simplement connexe et soit* V *un voisinage connexe de l'élément neutre de* G. *On définit une présentation de* G *en prenant pour ensemble générateur l'ensemble* V *et pour ensemble* $\mathbf{r}$ *de relateurs la famille des* xyz^{-1}, *où* (x, y, z) *parcourt les triplets d'éléments de* V *tels que* $xy = z$.

Soit $\mathrm{F}(\mathrm{V}, \mathbf{r})$ le groupe quotient du groupe libre $\mathrm{F}(\mathrm{V})$ par le plus petit sous-groupe distingué contenant les éléments xyz^{-1}, où $(x, y, z) \in \mathrm{V} \times \mathrm{V} \times \mathrm{V}$ et $xy = z$ (A, I, p. 86). Notons $f : \mathrm{V} \to \mathrm{F}(\mathrm{V}, \mathbf{r})$ et $g : \mathrm{F}(\mathrm{V}, \mathbf{r}) \to \mathrm{G}$ les applications canoniques. Par construction, l'application f est un homomorphisme local de G dans $\mathrm{F}(\mathrm{V}, \mathbf{r})$. D'après le corollaire 1, il existe un unique homomorphisme de groupes $\overline{f} : \mathrm{G} \to \mathrm{F}(\mathrm{V}, \mathbf{r})$ prolongeant f.

Comme le groupe $F(V, \mathbf{r})$ est engendré par $f(V)$, l'homomorphisme $\overline{f}$ est surjectif. Pour $x \in V$, on a $g(\overline{f}(x)) = g(f(x)) = x$; comme V engendre G, $g \circ \overline{f} = \mathrm{Id}_G$, ce qui démontre que $\overline{f}$ est injectif. C'est donc un isomorphisme.

2. Espaces de Hopf

DÉFINITION 2. — *On appelle* espace de Hopf *un espace topologique pointé* (X, e) *muni d'une loi de composition continue* $m\colon X \times X \to X$ *telle que*

(i) $m(e, e) = e$;

(ii) *il existe des homotopies pointées en e reliant les applications* $x \mapsto m(x, e)$ *et* $x \mapsto m(e, x)$ *à l'application* Id_X.

On exprime parfois les propriétés (i) et (ii) en disant que e est un *élément neutre à homotopie près* pour la loi de composition m.

On notera qu'il peut exister plusieurs éléments neutres à homotopie près pour une loi de composition continue m sur un espace topologique X. Par exemple, pour $X = \mathbf{R}$ et $m(x, y) = (x + y)/2$, tout $x \in \mathbf{R}$ est élément neutre à homotopie près.

Exemples. — 1) Soient G un groupe topologique et m sa loi de composition. L'élément neutre e de G est élément neutre à homotopie près et (G, e) est un espace de Hopf.

2) Soient X un espace topologique et x un point de X. Muni de la juxtaposition des lacets en x, l'espace pointé $(\Omega_x(X), e_x)$ est un espace de Hopf. En effet, on a d'abord $e_x * e_x = e_x$. D'autre part, soit $\psi\colon \mathbf{I} \to \mathbf{I}$ la fonction définie par $\psi(t) = 2t$ pour $0 \leqslant t \leqslant \frac{1}{2}$ et $\psi(t) = 1$ pour $\frac{1}{2} \leqslant t \leqslant 1$ (*cf.* III, p. 291) et soit $\sigma\colon \mathbf{I} \times \mathbf{I} \to \mathbf{I}$ une homotopie stricte reliant ψ à $\mathrm{Id}_{\mathbf{I}}$ (III, p. 289, exemple). Alors, pour tout lacet $c \in \Omega_x(X)$, l'application $c \circ \sigma\colon \mathbf{I} \times \mathbf{I} \to X$ est une homotopie stricte reliant $c * e_x$ à c dans $\Omega_x(X)$.

Soit τ l'application $\Omega_x(X) \times \mathbf{I} \to \Omega_x(X)$ définie par $\tau(c, s)(t) = c \circ \sigma(s, t)$. Démontrons que τ est continue. D'après la proposition 1 de III, p. 257, il suffit de montrer que l'application $(c, s, t) \mapsto c(\sigma(s, t))$ de $\Omega_x(X) \times \mathbf{I} \times \mathbf{I}$ dans X est continue, soit encore puisque $\mathbf{I} \times \mathbf{I}$ est compact, que l'application $c \mapsto c \circ \sigma$ de $\mathscr{C}_c(\mathbf{I}; X)$ dans $\mathscr{C}_c(\mathbf{I} \times \mathbf{I}; X)$ est continue. Cette dernière assertion résulte alors du lemme, I, p. 132, *b*). Par suite, l'application τ est une homotopie reliant l'application $c \mapsto c * e_x$ à l'application identique de $\Omega_x(\mathrm{X})$. On a $\tau(e_x, s)(t) = x$ pour tous s, $t \in \mathbf{I}$, donc τ est une homotopie pointée en e_x. On raisonne de même pour l'application $c \mapsto e_x * c$.

PROPOSITION 3. — *Soient* (X, e) *un espace de Hopf et* $m\colon \mathrm{X} \times \mathrm{X} \to \mathrm{X}$ *sa loi de composition. Pour tous lacets* c, c' *de* X *en* e, *on a :*

$$c' * c \sim c * c' \sim m \circ (c, c'),$$

où $\sim$ *désigne la relation d'homotopie stricte. La loi de composition du groupe* $\pi_1(\mathrm{X}, e)$ *est l'homomorphisme composé de l'isomorphisme canonique* $\pi_1(\mathrm{X}, e) \times \pi_1(\mathrm{X}, e) \to \pi_1(\mathrm{X} \times \mathrm{X}, (e, e))$ (III, p. 297, corollaire) *et de l'homomorphisme* $\pi_1(m, (e, e))$ *de* $\pi_1(\mathrm{X} \times \mathrm{X}, (e, e))$ *dans* $\pi_1(\mathrm{X}, e)$. *Le groupe* $\pi_1(\mathrm{X}, e)$ *est commutatif.*

Soit $\mu\colon \pi_1(\mathrm{X}, e) \times \pi_1(\mathrm{X}, e) \to \pi_1(\mathrm{X}, e)$ l'homomorphisme de groupes composé de l'isomorphisme canonique de $\pi_1(\mathrm{X}, e) \times \pi_1(\mathrm{X}, e)$ sur $\pi_1(\mathrm{X} \times \mathrm{X}, (e, e))$ et de l'homomorphisme $\pi_1(m, (e, e))$. Il s'agit de démontrer que l'on a

$$\mu(\gamma, \gamma') = \gamma\gamma' = \gamma'\gamma \tag{1}$$

pour tous γ, $\gamma' \in \pi_1(\mathrm{X}, e)$. Compte tenu de la remarque 2 de III, p. 297, on a :

$$\mu(\gamma, \gamma') = \mu(\gamma, \varepsilon_e)\mu(\varepsilon_e, \gamma') = \mu(\varepsilon_e, \gamma')\mu(\gamma, \varepsilon_e). \tag{2}$$

Soit $c \in \Omega_e(\mathrm{X})$ un lacet de classe γ, notons $m_1\colon \mathrm{X} \to \mathrm{X}$ l'application définie par $m_1(x) = m(x, e)$; alors, $\mu(\gamma, \varepsilon_e)$ est la classe de $m_1 \circ c$. Par définition d'un espace de Hopf, les applications pointées en e, m_1 et Id_X, ont même classe d'homotopie pointée en e. Par suite, les lacets en e, $m_1 \circ c$ et c sont strictement homotopes (III, p. 296, cor. 1 de la prop. 3) et l'on a $\mu(\gamma, \varepsilon_e) = \gamma$. On démontre de façon analogue que l'on a $\mu(\varepsilon_e, \gamma') = \gamma'$. La relation (1) résulte alors de la relation (2).

Remarque. — Soit (X, e) un espace de Hopf. D'après la prop. 3, l'application de composition des classes de chemins, $\pi_1(\mathrm{X}, e) \times \pi_1(\mathrm{X}, e) \to \pi_1(\mathrm{X}, e)$ est continue si $\pi_1(\mathrm{X}, e)$ est muni de la topologie quotient de la topologie de la convergence compacte sur $\Lambda_e(\mathrm{X})$. C'est en effet la composée de l'isomorphisme continu $\pi_1(\mathrm{X}, e) \times \pi_1(\mathrm{X}, e) \to \pi_1(\mathrm{X} \times \mathrm{X}, (e, e))$ (III, p. 298, remarque 3) et de l'application continue $m_*\colon \pi_1(\mathrm{X} \times \mathrm{X}, (e, e)) \to \pi_1(\mathrm{X}, e)$ (III, p. 294, remarque 1).

3. Groupe de Poincaré des groupes topologiques

Si G est un groupe topologique, pour tout $g \in \mathrm{G}$, la translation à gauche $x \mapsto gx$ est un homéomorphisme de G sur lui-même (TG, III, p. 2) et elle induit un isomorphisme de $\pi_1(\mathrm{G}, e)$ sur $\pi_1(\mathrm{G}, g)$.

Soit G un groupe topologique, soit e son élément neutre et notons G_0 la composante connexe par arcs de e dans G. Notons R la relation d'équivalence dans G dont les classes d'équivalence sont les composantes connexes par arcs de G et soit $p\colon \mathrm{G} \to \pi_0(\mathrm{G})$ l'application canonique. Puisque toute translation, à gauche ou à droite, est un homéomorphisme de G, la relation R est compatible à gauche et à droite avec la loi de groupe de G. D'après le th. 2 de A, I, p. 35, le groupe G_0 est un sous-groupe distingué de G, le groupe quotient G/G_0 est égal à $\pi_0(\mathrm{G})$ muni de la loi de composition quotient de celle de G et l'application p est un homomorphisme de groupes.

On appelle *groupe de Poincaré* de G, et on note $\pi_1(\mathrm{G})$, le groupe $\pi_1(\mathrm{G}, e)$. L'injection canonique de G_0 dans G induit un isomorphisme de $\pi_1(\mathrm{G}_0)$ sur $\pi_1(\mathrm{G})$ (III, p. 293, remarque 2).

Soit g un élément de G ; la translation à droite $\boldsymbol{\delta}_g\colon x \mapsto xg$ induit un isomorphisme $(\boldsymbol{\delta}_g)_*\colon \pi_1(\mathrm{G}) \to \pi_1(\mathrm{G}, g)$. Supposons que g appartienne à G_0 et soit b un chemin reliant e à g. L'application $\sigma\colon \mathrm{G} \times \mathbf{I} \to \mathrm{G}$ définie par $\sigma(x, t) = xb(t)$ est une homotopie reliant Id_G à $\boldsymbol{\delta}_g$. D'après la prop. 3 de III, p. 295, on a donc, pour tout $\alpha \in \pi_1(\mathrm{G})$, $(\boldsymbol{\delta}_g)_*(\alpha) = \beta^{-1}\alpha\beta$, où $\beta \in \varpi_{e,g}(\mathrm{G})$ est la classe du chemin b. Si l'on désigne par $\boldsymbol{\gamma}_g$ la translation à gauche, $x \mapsto gx$, on a de même $(\boldsymbol{\gamma}_g)_*(\alpha) = \beta^{-1}\alpha\beta$.

Pour tout $g \in \mathrm{G}$, l'application $\mathrm{Int}(g)\colon \mathrm{G} \to \mathrm{G}$ induit un automorphisme $\pi_1(\mathrm{Int}(g))$ de $\pi_1(\mathrm{G})$. On définit ainsi une loi d'opération de G sur $\pi_1(\mathrm{G})$. Pour tout $g \in \mathrm{G}$, on a $\pi_1(\mathrm{Int}(g)) = (\boldsymbol{\gamma}_{g^{-1}})_* \circ (\boldsymbol{\delta}_g)_*$, si bien que le sous-groupe G_0 opère trivialement ; il en résulte une loi d'opération de $\pi_0(\mathrm{G})$ sur $\pi_1(\mathrm{G})$. Lorsque G est un groupe commutatif, cette opération est triviale, mais ce n'est pas toujours le cas (IV, p. 459, exerc. 1).

4. Revêtements des groupes topologiques

PROPOSITION 4. — *Soit* (X, e) *un espace de Hopf* (IV, p. 373, définition 2) *et soit* $m\colon \mathrm{X} \times \mathrm{X} \to \mathrm{X}$ *sa loi de composition. On suppose l'espace* X *connexe et localement connexe par arcs. Soit* X′ *un revêtement connexe de* X *; notons* p *sa projection et soit* e' *un point de la fibre* X'_e.

a) *Le revêtement* X′ *est galoisien et le groupe de ses automorphismes est commutatif.*

b) *Il existe une loi de composition continue* $m' \colon \mathrm{X}' \times \mathrm{X}' \to \mathrm{X}'$ *et une seule telle que l'on ait* $p \circ m' = m \circ (p, p)$ *et* $m'(e', e') = e'$. *Muni de cette loi de composition, l'espace pointé* (X', e') *est un espace de Hopf.*

c) *Munie de la loi de composition induite par* m', *la fibre* X'_e *est un groupe d'élément neutre* e'. *L'application de* $\pi_1(\mathrm{X}, x)$ *dans* X'_e *donnée par* $\gamma \mapsto e' \cdot \gamma$ *est un homorphisme de groupes surjectif de noyau* $p_*(\pi_1(\mathrm{X}', e'))$. *L'application* $g \mapsto g(e')$ *est un isomorphisme du groupe* $\mathrm{Aut}_{\mathrm{X}}(\mathrm{X}')$ *sur le groupe* X'_e.

a) Le groupe $\pi_1(\mathrm{X}, e)$ est commutatif (prop. 3). Comme le revêtement X′ de X est connexe, c'est alors un revêtement galoisien et le groupe $\mathrm{Aut}_{\mathrm{X}}(\mathrm{X}')$ est isomorphe au groupe quotient $\pi_1(\mathrm{X}, e)/p_*(\pi_1(\mathrm{X}', e'))$ (III, p. 312, corollaire 4 de la proposition 2); ce groupe est commutatif.

b) Notons $q \colon \mathrm{X}' \times \mathrm{X}' \to \mathrm{X}$ l'application $m \circ (p, p)$. L'application m' requise est un relèvement continu de q à X′ tel que $m'(e', e') = e'$. L'espace $\mathrm{X}' \times \mathrm{X}'$ est localement connexe par arcs; il suffit donc, pour démontrer l'existence d'un tel relèvement continu, de vérifier que $q_*(\pi_1(\mathrm{X}' \times \mathrm{X}', (e', e')))$ est contenu dans $p_*(\pi_1(\mathrm{X}', e'))$ (III, p. 308, prop. 1). D'après la prop. 3, l'application $\pi_1(m, (e, e))$ s'identifie à la loi de composition du groupe $\pi_1(\mathrm{X}, e)$ lorsqu'on identifie $\pi_1(\mathrm{X} \times \mathrm{X}, (e, e))$ à $\pi_1(\mathrm{X}, e) \times \pi_1(\mathrm{X}, e)$. Le groupe $q_*(\pi_1(\mathrm{X}' \times \mathrm{X}', (e', e')))$ est donc égal au groupe $p_*(\pi_1(\mathrm{X}', e'))$, d'où l'existence de m'. Comme $\mathrm{X}' \times \mathrm{X}'$ est connexe, l'unicité de m' résulte de I, p. 34, corollaire 1 de la prop. 11.

Démontrons que l'application m' munit l'espace pointé (X', e') d'une structure d'espace de Hopf. Soit $m_1 \colon \mathrm{X} \to \mathrm{X}$ l'application $g \mapsto m(g, e)$ et soit $\sigma_1 \colon \mathrm{X} \times \mathbf{I} \to \mathrm{X}$ une homotopie pointée en x reliant m_1 à Id_{X}. Posons $\tau = \sigma_1 \circ (p, \mathrm{Id}_{\mathbf{I}}) \colon \mathrm{X}' \times \mathbf{I} \to \mathrm{X}$. L'application $m'_1 \colon \mathrm{X}' \to \mathrm{X}'$ définie par $h \mapsto m'(h, e')$ relève l'application $\tau(\cdot, 0)$; soit $\tau' \colon \mathrm{X}' \times \mathbf{I} \to \mathrm{X}'$ le relèvement de τ qui est une homotopie d'origine m'_1 (III, p. 301, prop. 2). L'application $t \mapsto \tau'(e', t)$ est un relèvement à X′ de l'application constante $t \mapsto e$; comme $\tau'(e', 0) = e'$, on a donc $\tau'(e', t) = e'$ pour tout $t \in \mathbf{I}$. L'application $\tau'(\cdot, 1)$ est alors un relèvement à X′ de l'application p qui applique e' sur e'. Comme X′ est connexe, $\mathrm{Id}_{\mathrm{X}'}$ est l'unique X-morphisme de X′ dans lui-même qui fixe le point e' ; on a donc $\tau'(\cdot, 1) = \mathrm{Id}_{X'}$. Cela montre que τ' est une homotopie pointée en e' qui relie l'application m'_1 à l'application $\mathrm{Id}_{X'}$. De même, il existe une homotopie pointée en e' reliant l'application $m'_2\colon h \mapsto m'(e', h)$ à l'application $\mathrm{Id}_{X'}$. Ceci prouve que l'espace pointé (X', e'), muni de la loi de composition m', est un espace de Hopf.

c) Comme X′ est un revêtement connexe de X, l'application orbitale de e' induite par l'opération de $\pi_1(X, e)$ sur X'_e est surjective et induit une bijection de $\pi_1(X, e)/p_*(\pi_1(X', e'))$ sur X'_e (III, p. 305, théorème 1).

Soient c et d des lacets de X en e, soient γ et $\delta \in \pi_1(X, e)$ leurs classes. Soient c' et d' les chemins d'origine e' dans X′ qui relèvent c et d. On a $e' \cdot \gamma = c'(1)$ et $e' \cdot \delta = d'(1)$ (III, p. 304). D'après la proposition 3 de IV, p. 374, le lacet $m \circ (c, d)$ est strictement homotope au lacet $c * d$; on a donc $e' \cdot (\gamma\delta) = e' \cdot (m \circ (c, d))$. Or, le chemin $m' \circ (c', d')$ est un relèvement d'origine e' du chemin $m \circ (c, d)$; on a donc

$$e' \cdot (\gamma\delta) = m'(c'(1), d'(1)) = m'(e' \cdot \gamma, e' \cdot \delta).$$

L'application $\gamma \mapsto e' \cdot \gamma$ est donc un homomorphisme de $\pi_1(X, e)$ dans l'ensemble X'_e muni de la loi de composition induite par m'. Par suite, X'_e est un groupe pour la loi de composition induite par m' et l'application orbitale de e' est un isomorphisme du groupe quotient sur $\pi_1(X, e)/p_*(\pi_1(X', e'))$ sur X'_e.

La dernière partie de l'assertion *c*) résulte alors du corollaire 3 de III, p. 311.

PROPOSITION 5. — *Conservons les notations et les hypothèses de la proposition 4.*

a) *Si m est une loi de composition associative (*resp. *commutative), il en est de même de m'.*

b) *Si e est élément neutre à droite (*resp. *à gauche) pour la loi m, alors e' est élément neutre à droite (*resp. *à gauche) pour la loi m'.*

c) *Si X est un groupe topologique, m sa loi de composition et e son élément neutre, la loi de composition m' munit X′ d'une structure de groupe compatible avec la topologie de X′ dont e' est l'élément neutre. L'application $p\colon X' \to X$ est un homomorphisme de groupes dont le noyau est discret et contenu dans le centre de X′.*

a) Supposons que la loi m est associative. Alors les applications de $X' \times X' \times X'$ dans X qui appliquent (h_1, h_2, h_3) sur

$m(p(h_1), m(p(h_2), p(h_3)))$ et $m(m(p(h_1), p(h_2)), p(h_3))$ respectivement sont égales. Les applications $(h_1, h_2, h_3) \mapsto m'(h_1, m'(h_2, h_3))$ et $(h_1, h_2, h_3) \mapsto m'(m'(h_1, h_2), h_3)$ de $X' \times X' \times X'$ dans X′ en sont des relèvements continus qui coïncident au point (e', e', e'). Comme $X' \times X' \times X'$ est connexe, elles sont égales (I, p. 34, cor. 1 de la prop. 11), ce qui montre que la loi m' est associative.

Supposons maintenant la loi m commutative ; les applications $(h_1, h_2) \mapsto m'(h_1, h_2)$ et $(h_1, h_2) \mapsto m'(h_2, h_1)$ sont des relèvements continus à X′ de l'application $(h_1, h_2) \mapsto m(p(h_1), p(h_2))$ qui coïncident au point (e', e'). Comme $X' \times X'$ est connexe, elles sont égales (*loc. cit.*) et la loi m' est commutative.

Si e est élément neutre à droite (resp. à gauche) pour la loi m, l'application $h \mapsto m'(h, e')$ (resp. $h \mapsto m'(e', h)$) de X′ dans X′ est un X-morphisme de revêtements qui coïncide avec $\mathrm{Id}_{X'}$ au point e', donc en tout point de X′, puisque X′ est connexe (*loc. cit.*), d'où *b*).

Démontrons enfin *c*). Supposons que X soit un groupe topologique. D'après ce qui précède, la loi m' est associative et e' en est un élément neutre. Notons $i \colon X \to X$ l'application $g \mapsto g^{-1}$. Elle est continue (TG, III, p. 1) et l'homomorphisme $\pi_1(i, e) \colon \pi_1(X, e) \to \pi_1(X, e)$ n'est autre que l'application $\gamma \mapsto \gamma^{-1}$ (IV, p. 374, prop. 3). Par suite, le sous-groupe $(i \circ p)_*(\pi_1(X', e'))$ est égal à $p_*(\pi_1(X', e'))$. D'après la prop. 1 de III, p. 308, il existe donc une application continue $i' \colon X' \to X'$ telle que $p \circ i' = i \circ p$ et $i'(e') = e'$. Les applications $h \mapsto m'(h, i'(h))$ et $h \mapsto m'(i'(h), h)$ de X′ dans X′ sont des relèvements à X′ de l'application constante d'image e de X′ dans X. Elles sont donc constantes et leur image est $e' = m'(e', e')$. Ainsi, tout élément h de X′ est inversible, d'inverse $i'(h)$, ce qui montre que X′, muni de la loi de composition m', est un groupe. Par construction de la loi m', l'application $p \colon X' \to X$ est un homomorphisme de groupes. Comme les applications m' et i' sont continues, la structure de groupe de X′ est compatible avec sa topologie (TG, III, p. 1). La fibre $\overset{-1}{p}(e)$ est un sous-groupe discret de X′ qui est contenu dans le centre de X′ (I, p. 100, cor. 3) et X est isomorphe au groupe topologique quotient $X'/\overset{-1}{p}(e)$.

COROLLAIRE. — *Soit* G *un groupe topologique connexe et* localement connexe par arcs. *Soit* G′ *un revêtement connexe de* G, *soit p sa projection et soit e' un élément de la fibre* N *de l'élément neutre e de* G. *Munissons* G′ *de l'unique loi de composition continue* $m' \colon G' \times G' \to G'$

telle que $p \circ m' = m \circ (p, p)$ *et* $m'(e', e') = e'$. *Si* $i \colon \mathrm{N} \to \mathrm{G}'$ *désigne l'injection canonique,* (G', p, i) *est une extension centrale de* G *par* N (A, I, p. 63).

5. Revêtement universel d'un groupe topologique délaçable

Soit G un groupe topologique localement connexe par arcs. Les translations de G sont des homéomorphismes (TG, III, p. 2). Pour que l'espace G soit délaçable (IV, p. 340, déf. 2), il faut et il suffit que G possède la propriété suivante :

Il existe un voisinage V *de l'élément neutre* e *de* G *tel que l'image de l'homomorphisme de* $\pi_1(\mathrm{V}, e)$ *dans* $\pi_1(\mathrm{G}, e)$ *déduit de l'injection canonique soit réduite à l'élément neutre.*

Proposition 6. — *Soit* G *un groupe topologique connexe et délaçable. Il existe un groupe topologique* $\widetilde{\mathrm{G}}$, *d'élément neutre* $\widetilde{e}$, *et un homomorphisme continu* $p \colon \widetilde{\mathrm{G}} \to \mathrm{G}$ *qui vérifie les assertions suivantes :*

a) *L'espace* $\widetilde{\mathrm{G}}$ *est simplement connexe et simplement connexe par arcs. Muni de l'application* p, *l'espace pointé* $(\widetilde{\mathrm{G}}, \widetilde{e})$ *est un revêtement universel de l'espace pointé* (G, e).

b) *Le noyau* N *de* p *est un sous-groupe discret de* $\widetilde{\mathrm{G}}$, *contenu dans le centre de* $\widetilde{\mathrm{G}}$. *L'homomorphisme* $\mathrm{N} \to \mathrm{Aut}_{\mathrm{G}}(\widetilde{\mathrm{G}})$ *qui, à* $n \in \mathrm{N}$, *associe la translation à droite dans* $\widetilde{\mathrm{G}}$, *est un isomorphisme de groupes. L'homomorphisme de* $\pi_1(\mathrm{G})$ *dans* N *qui, à* $\gamma \in \pi_1(\mathrm{G})$, *associe l'unique élément* n *de* N *tel que* $\widetilde{e} \cdot \gamma = n$, *est un isomorphisme de groupes.*

c) *Si* G' *est un groupe topologique, d'élément neutre* e' *et si* $p' \colon \mathrm{G}' \to \mathrm{G}$ *est un homomorphisme de groupes qui fait de* G' *un revêtement de* G, *l'unique application continue* $u \colon \widetilde{\mathrm{G}} \to \mathrm{G}'$ *telle que* $u(\widetilde{e}) = e'$ *et* $p' \circ u = p$ *est un homomorphisme de groupes. Muni de l'application* u, $(\widetilde{\mathrm{G}}, \widetilde{e})$ *est un revêtement universel de* (G', e').

D'après IV, p. 342, théorème 1, il existe un revêtement $(\widetilde{\mathrm{G}}, p)$ de G, simplement connexe et simplement connexe par arcs, galoisien de groupe $\pi_1(\mathrm{G})^{\circ}$, et un point $\widetilde{e}$ de $\overset{-1}{p}(e)$ tel que le revêtement pointé $(\widetilde{\mathrm{G}}, \widetilde{e})$ soit un revêtement universel de (G, e).

D'après IV, p. 375, prop. 4 et IV, p. 377, prop. 5, il existe sur l'espace $\widetilde{\mathrm{G}}$ une unique structure de groupe compatible avec sa topologie pour laquelle p soit un homomorphisme de groupes et $\widetilde{e}$ un élément neutre. Il résulte de la prop. 4 que le groupe $\widetilde{\mathrm{G}}$ vérifie les assertions *a*) et *b*).

Démontrons l'assertion *c*). Soit G′ un groupe topologique et soit $p'\colon \mathrm{G}' \to \mathrm{G}$ un homomorphisme de groupes qui fait de G′ un revêtement de G. Soit e' l'élément neutre de G′. L'existence et l'unicité d'une application $u\colon \widetilde{\mathrm{G}} \to \mathrm{G}'$ telle que $p = p' \circ u$ et $u(\widetilde{e}) = e'$ résultent de ce que $(\widetilde{\mathrm{G}}, \widetilde{e})$ est un revêtement universel de l'espace pointé (G, e). Comme les applications p et p' sont des homomorphismes de groupes surjectifs, u est un homomorphisme de groupes. Muni de l'application u, $\widetilde{\mathrm{G}}$ est un revêtement de G′ (I, p. 81, prop. 7), donc $(\widetilde{\mathrm{G}}, \widetilde{e})$ est un revêtement universel de (G', e') (IV, p. 345, cor. 2 du th. 1).

Sous les hypothèses de la proposition, on dira, par abus, que $\widetilde{\mathrm{G}}$ est un revêtement universel de G.

Exemple. — La proposition 6 s'applique notamment lorsque G est un groupe de Lie connexe sur **R** ou **C**. Il existe alors sur $\widetilde{\mathrm{G}}$ une unique structure de variété analytique telle que la projection $p\colon \widetilde{\mathrm{G}} \to \mathrm{G}$ soit un morphisme étale de variétés analytiques (VAR R, §1, 5.8.2, p. 48). Pour cette structure de variété, $\widetilde{\mathrm{G}}$ est un groupe de Lie (LIE, III, p. 113, corollaire).

Scholie. — Soit G un groupe topologique connexe et délaçable, soit e son élément neutre. Soit $\widetilde{\mathrm{G}}$ un groupe topologique simplement connexe par arcs, d'élément neutre $\widetilde{e}$, et $p\colon \widetilde{\mathrm{G}} \to \mathrm{G}$ un homomorphisme de groupes qui fait de $\widetilde{\mathrm{G}}$ un revêtement universel de G. Notons N le noyau de p.

La translation à droite $\boldsymbol{\delta}_h$ (resp. à gauche) par un élément $h \in \mathrm{N}$ est un G-automorphisme du revêtement principal $\widetilde{\mathrm{G}}$ et l'application $h \mapsto \boldsymbol{\delta}_h$ est un isomorphisme du groupe N sur le groupe des automorphismes de ce revêtement principal.

Pour tout sous-groupe K de N, l'application $p'\colon \widetilde{\mathrm{G}}/\mathrm{K} \to \mathrm{G}$ déduite de p est un revêtement galoisien de G, et $\mathrm{Aut}_{\mathrm{G}}(\mathrm{G}/\mathrm{K})$ s'identifie au groupe N/K. Lorsqu'on identifie comme ci-dessus les groupes N et $\pi_1(\mathrm{G})$, le groupe $p'_*(\pi_1(\widetilde{\mathrm{G}}/\mathrm{K}))$ s'identifie au sous-groupe K de N. En outre, $\widetilde{\mathrm{G}}$ est un revêtement de $\widetilde{\mathrm{G}}/\mathrm{K}$, car G est localement connexe (I, p. 81, prop. 7).

Inversement, tout revêtement connexe non vide E de G est G-isomorphe à un revêtement de ce type (I, p. 113, th. 3 et I, p. 111, prop. 10). Considérons en effet un point x de la fibre E_e et soit f l'unique homomorphisme de $\widetilde{\mathrm{G}}$ dans E qui applique $\widetilde{e}$ sur x. Muni de f, $\widetilde{\mathrm{G}}$ est un revêtement galoisien de E ; le sous-groupe $\mathrm{Aut}_{\mathrm{E}}(\widetilde{\mathrm{G}})$

de $\mathrm{Aut}_{\mathrm{G}}(\widetilde{\mathrm{G}})$ s'identifie à $f^{-1}(x)$ qui est donc un sous-groupe de N. Par suite, f induit un G-isomorphisme de $\widetilde{\mathrm{G}}/f^{-1}(x)$ sur E. Par transport de structure, il en résulte une structure de groupe topologique sur E pour laquelle x est élément neutre et pour laquelle l'application f est un homomorphisme surjectif. La projection du G-espace E est alors un homomorphisme de groupes et la loi de composition de E est donc la loi de composition définie par la prop. 4 de IV, p. 375.

Soient (E, q) et (E', q') des revêtements connexes de G, soient x un point de E_e et x' un point de E'_e. Pour qu'il existe un G-morphisme de E dans E′, il faut et il suffit que $p_*(\pi_1(\mathrm{E}, x))$ soit contenu dans $p'_*(\pi_1(\mathrm{E}', x'))$. Si cette condition est satisfaite, il existe alors un unique G-morphisme $f\colon \mathrm{E} \to \mathrm{E}'$ tel que $g(x) = x'$ (III, p. 311, cor. 2 de la prop. 1). Si l'on munit E et E′ des lois de composition de groupes pour lesquelles q et q' sont des homomorphismes et x et x' des éléments neutres, l'application g est un homomorphisme de groupes. En effet, g s'identifie à l'homomorphisme canonique $\widetilde{\mathrm{G}}/p_*(\pi_1(\mathrm{E}, x)) \to \widetilde{\mathrm{G}}/p'_*(\pi_1(\mathrm{E}', x'))$.

PROPOSITION 7. — *Pour que deux groupes topologiques connexes et délaçables soient localement isomorphes, il faut et il suffit que leurs revêtements universels soient des groupes topologiques isomorphes.*

Un groupe topologique connexe et délaçable est localement isomorphe à son revêtement universel (IV, p. 369, prop. 1) ; la condition est donc suffisante. Elle est nécessaire d'après le corollaire 2 de la proposition 2 (IV, p. 372), car le revêtement universel d'un groupe topologique connexe et délaçable est simplement connexe (IV, p. 379, prop. 6).

PROPOSITION 8. — *Soit* G *un groupe topologique connexe et délaçable et soit* $\widetilde{\mathrm{G}}$ *un revêtement universel de* G. *Soit* V *un voisinage ouvert connexe de l'élément neutre* e *de* G *tel que l'image de l'homomorphisme canonique de* $\pi_1(\mathrm{V}\cdot\mathrm{V}, e)$ *dans* $\pi_1(\mathrm{G}, e)$ *soit réduite à l'élément neutre. Notons* $\mathrm{F}(\mathrm{V}, \mathbf{r})$ *le groupe défini par l'ensemble générateur* V *et par l'ensemble* $\mathbf{r}$ *des relateurs* xyz^{-1}, *où* (x, y, z) *parcourt l'ensemble des éléments de* $\mathrm{V} \times \mathrm{V} \times \mathrm{V}$ *tels que* $xy = z$. *Notons* $j\colon \mathrm{V} \to \mathrm{F}(\mathrm{V}, \mathbf{r})$ *l'application canonique.*

Il existe un unique isomorphisme f *du groupe* $\mathrm{F}(\mathrm{V}, \mathbf{r})$ *sur* $\widetilde{\mathrm{G}}$ *tel que* $f \circ j$ *soit un relèvement à* $\widetilde{\mathrm{G}}$ *de l'injection canonique de* V *dans* G.

L'ensemble V · V est connexe et ouvert, donc localement connexe par arcs. Soit p la projection de $\widetilde{\mathrm{G}}$. Il existe une section continue s de p au-dessus de V · V telle que $s(e) = \widetilde{e}$, où $\widetilde{e}$ désigne l'élément neutre de $\widetilde{\mathrm{G}}$ (III, p. 308, prop. 1). Posons $\widetilde{\mathrm{V}} = s(\mathrm{V})$; l'ensemble $\widetilde{\mathrm{V}}$ est un voisinage ouvert connexe de $\widetilde{e}$ dans $\widetilde{\mathrm{G}}$ et s est un homéomorphisme de V · V sur $\widetilde{\mathrm{V}} \cdot \widetilde{\mathrm{V}}$. Les applications $(x, y) \mapsto s(x)s(y)$ et $(x, y) \mapsto s(xy)$ sont des relèvements à $\widetilde{\mathrm{G}}$ de l'application $(x, y) \mapsto xy$ de V × V dans G qui coïncident en (e, e) ; comme V × V est connexe, elles coïncident sur V × V (I, p. 34, cor. 1). En outre, si $(\widetilde{x}, \widetilde{y}, \widetilde{z}) \in \widetilde{\mathrm{V}} \times \widetilde{\mathrm{V}} \times \widetilde{\mathrm{V}}$, les conditions $\widetilde{x}\widetilde{y} = \widetilde{z}$ et $p(\widetilde{x})p(\widetilde{y}) = p(\widetilde{z})$ sont équivalentes. L'existence d'un isomorphisme $f \colon \mathrm{F}(\mathrm{V}, \mathbf{r}) \to \widetilde{\mathrm{G}}$ résulte alors du corollaire 3 (IV, p. 372) de la proposition 2.

Soit g un isomorphisme de $\mathrm{F}(\mathrm{V}, \mathbf{r})$ vérifiant les conditions de la proposition. L'égalité $e \cdot e = e$ entraîne que $eee^{-1} \in \mathbf{r}$, si bien que $j(e)$ est l'élément neutre de $\mathrm{F}(\mathrm{V}, \mathbf{r})$. Comme V est connexe, $g \circ j$ est l'unique relèvement continu à $\widetilde{\mathrm{G}}$ de l'injection canonique de V dans G. Par suite, f et g coïncident sur $j(\mathrm{V})$. Comme $j(\mathrm{V})$ engendre le groupe $\mathrm{F}(\mathrm{V}, \mathbf{r})$, $f = g$.

§ 4. THÉORIE DE LA DESCENTE

1. Données de descente

Soient X et Y des espaces topologiques et soit $f \colon \mathrm{X} \to \mathrm{Y}$ une application continue. Soit (Z, p) un X-espace.

DÉFINITION 1. — *On appelle* donnée de descente *relative à f sur le* X-*espace* (Z, p) *une application* continue $\tau \colon \mathrm{Z} \times_{\mathrm{Y}} \mathrm{X} \to \mathrm{Z}$ *vérifiant les deux propriétés suivantes :*

(i) *Pour tout couple* $(x, x') \in \mathrm{X} \times_{\mathrm{Y}} \mathrm{X}$, *l'application* $z \mapsto \tau(z, x')$ *induit par restriction une bijection* $\tau_{x,x'}$ *de* Z_x *sur* $\mathrm{Z}_{x'}$ *;*

(ii) *Pour tout triplet* (x, x', x'') *de points de* X *tels que* $f(x) = f(x') = f(x'')$, *on a*

$$\tau_{x,x''} = \tau_{x',x''} \circ \tau_{x,x'}.$$

Si τ est une donnée de descente sur (Z, p), la famille $(\tau_{x,x'})$, pour $(x, x') \in X \times_Y X$, est ainsi une loi d'opération (à droite) du groupoïde $X \times_Y X$ sur le X-espace (Z, p) (II, p. 167). En particulier, on a $\tau_{x,x} = \mathrm{Id}_{Z_x}$ pour tout $x \in X$, ce qui s'écrit aussi $\tau(z, p(z)) = z$ pour tout $z \in Z$. Inversement, étant donnée une loi d'opération (à droite) du groupoïde $X \times_Y X$ sur (Z, p), l'application de $Z \times_Y X$ dans Z définie par $(z, x) \mapsto z \cdot (p(z), x)$ vérifie les relations (i) et (ii) de la définition.

Soient X et Y des espaces topologiques, $f \colon X \to Y$ une application continue et soit (Z, p) un X-espace. Si τ est une donnée de descente relative à f sur (Z, p), la relation $R_\tau\{z_1, z_2\}$ définie par « $f(p(z_1)) = f(p(z_2))$ et $\tau(z_1, p(z_2)) = z_2$ » est la relation d'équivalence dans Z déduite de l'opération du groupoïde $X \times_Y X$ définie par τ ; elle est compatible avec l'application $f \circ p$. On dit que c'est la *relation d'équivalence associée à la donnée de descente* τ. La bijection canonique $(z_1, z_2) \mapsto (z_1, p(z_2))$ du graphe Γ de la relation d'équivalence R_τ sur $Z \times_Y X$ est un homéomorphisme, l'homéomorphisme réciproque applique un élément $(z_1, x_2) \in Z \times_Y X$ sur $(z_1, \tau(z_1, x_2))$.

Inversement, soit R une relation d'équivalence dans Z compatible avec l'application $f \circ p \colon Z \to Y$ et soit Γ le graphe de R. Supposons de plus que l'application $p_2 \colon (z_1, z_2) \mapsto (z_1, p(z_2))$ définisse un homéomorphisme de Γ sur $Z \times_Y X$. L'application $\tau \colon Z \times_Y X \to Z$ donnée par $\mathrm{pr}_2 \circ p_2^{-1}$ est continue ; c'est une donnée de descente relative à f sur (Z, p) et la relation R est la relation d'équivalence associée à τ.

Exemples. — 1) Soient X et Y des espaces topologiques, soit $f \colon X \to Y$ une application continue et soit (T, q) un Y-espace. Posons $Z = X \times_Y T$. L'application τ de $Z \times_Y X$ dans Z qui, à $((x, t), x')$ associe (x', t), est une donnée de descente relative à f sur le X-espace $(X \times_Y T, \mathrm{pr}_1)$, appelée *donnée de descente canonique.* Pour $z_1 = (x_1, t_1)$ et $z_2 = (x_2, t_2) \in Z$, la relation $R_\tau\{z_1, z_2\}$ équivaut à $t_1 = t_2$.

2) Soient Y un espace topologique, $(V_i)_{i \in I}$ une famille de parties de Y, et pour tout $i \in I$, soit (Z_i, p_i) un V_i-espace. Notons X l'espace topologique somme de la famille $(V_i)_{i \in I}$ et (Z, p) le X-espace somme de la famille $(Z_i)_{i \in I}$. Soit $f \colon X \to Y$ l'application canonique.

L'espace $X \times_Y X$ s'identifie alors à l'espace somme de la famille $(V_i \cap V_j)_{(i,j) \in I \times I}$ (I, p. 4, exemple 5). Soit τ une donnée de descente relative à f sur (Z, p). Pour tout couple $(i, j) \in I \times I$, on définit une application continue $\tau_{i,j} \colon \overset{-1}{p_i}(\mathrm{V}_i \cap \mathrm{V}_j) \to \overset{-1}{p_j}(\mathrm{V}_i \cap \mathrm{V}_j)$ par $z \mapsto \tau(z, (p_i(z), j))$. La famille $(\tau_{i,j})$ vérifie les propriétés suivantes :

(i) Pour tout $i \in \mathrm{I}$, on a $\tau_{i,i} = \mathrm{Id}_{\mathrm{Z}_i}$;

(ii) Pour tout couple $(i, j) \in \mathrm{I} \times \mathrm{I}$, $\tau_{i,j}$ est un isomorphisme de $(\mathrm{V}_i \cap \mathrm{V}_j)$-espaces ;

(iii) Pour tout triplet $(i, j, k) \in \mathrm{I}\times\mathrm{I}\times\mathrm{I}$ et tout $z \in \overset{-1}{p_i}(\mathrm{V}_i\cap\mathrm{V}_j\cap\mathrm{V}_k)$, on a $\tau_{j,k}(\tau_{i,j}(z)) = \tau_{i,k}(z)$.

Inversement, toute famille $(\tau_{i,j})$ possédant les propriétés ci-dessus provient d'une unique donnée de descente relative à f sur (Z, p).

2. Données de descente effectives

Soient X et Y des espaces topologiques, $f \colon \mathrm{X} \to \mathrm{Y}$ une application continue et (Z, p) un X-espace. Soit τ une donnée de descente relative à f sur (Z, p), soit R_τ la relation d'équivalence associée et soit $g \colon \mathrm{Z} \to \mathrm{Z}/\mathrm{R}_\tau$ l'application canonique. Comme la relation R_τ est compatible avec l'application $f \circ p$, il existe une unique application continue $q \colon \mathrm{Z}/\mathrm{R}_\tau \to \mathrm{Y}$ telle que le diagramme

$$\begin{array}{ccc} \mathrm{Z} & \xrightarrow{\ g\ } & \mathrm{Z}/\mathrm{R}_\tau \\ {\scriptstyle p}\big\downarrow & & \big\downarrow{\scriptstyle q} \\ \mathrm{X} & \xrightarrow{\ f\ } & \mathrm{Y} \end{array} \tag{1}$$

soit un carré commutatif. Le Y-espace $(\mathrm{Z}/\mathrm{R}_\tau, q)$ est appelé *l'espace quotient de* (Z, p) *par la donnée de descente* τ. Notons $h \colon \mathrm{Z} \to \mathrm{X} \times_{\mathrm{Y}} (\mathrm{Z}/\mathrm{R}_\tau)$ l'application définie par $h(z) = (p(z), g(z))$ pour $z \in \mathrm{Z}$. Elle est continue. Soit $(x, u) \in \mathrm{X} \times_{\mathrm{Y}} (\mathrm{Z}/\mathrm{R}_\tau)$ et soit $z \in \mathrm{Z}$ tel que $g(z) = u$; on a $(z, x) \in \mathrm{Z} \times_{\mathrm{Y}} \mathrm{X}$ et le point $z' = \tau(z, x)$ est l'unique élément de Z tel que $h(z') = (x, u)$; par suite, l'application h est bijective.

On dit que la donnée de descente τ relative à f sur (Z, p) est *effective* si le diagramme (1) est un carré cartésien, c'est-à-dire si la bijection continue h est un homéomorphisme. Pour que la donnée de descente τ soit effective, il faut et il suffit que les ensembles $\overset{-1}{p}(\mathrm{U}) \cap \mathrm{V}$, où U est une partie ouverte de X et V une partie ouverte de Z saturée pour R_τ, constituent une base de la topologie de Z. En particulier, la condition, pour une donnée de descente relative à f, d'être effective est de nature locale dans Y.

Exemples. — 1) Soient X et Y des espaces topologiques et $f \colon \mathrm{X} \to \mathrm{Y}$ une application continue. Soit (T, q) un Y-espace. Soit Z le X-espace $\mathrm{X} \times_{\mathrm{Y}} \mathrm{T}$, muni de l'application pr_1 ; notons τ sa donnée de descente canonique relative à f (IV, p. 383, exemple 1). Les parties de Z de la forme $\mathrm{X} \times_{\mathrm{Y}} \mathrm{V}$, où V est une partie ouverte de T, sont ouvertes dans Z et saturées pour la relation R_τ (*loc. cit.*). Par définition de la topologie produit, les ensembles $\mathrm{U} \times_{\mathrm{Y}} \overset{-1}{\mathrm{pr}_2}(\mathrm{V})$, où U est ouvert dans X et V est ouvert dans T, forment une base de la topologie de $\mathrm{X} \times_{\mathrm{Y}} \mathrm{Z}$. Par conséquent, la donnée de descente canonique sur un produit fibré $\mathrm{X} \times_{\mathrm{Y}} \mathrm{T}$ est effective.

L'application canonique $\mathrm{Z}/\mathrm{R}_\tau \to \mathrm{T}$ est injective et continue. Elle n'est toutefois pas forcément surjective, ni stricte (IV, p. 462, exerc. 1).

2) Reprenons les notations de l'exemple 2 (IV, p. 383). L'espace topologique $\mathrm{Z}/\mathrm{R}_\tau$ est alors l'espace topologique obtenu par recollement des espaces Z_i le long des $\overset{-1}{p_i}(\mathrm{V}_i \cap \mathrm{V}_j)$ au moyen des bijections $\tau_{i,j}$ (TG, I, p. 16). Par suite, si pour tout $i \in \mathrm{I}$, l'ensemble V_i est ouvert (resp. fermé) dans Y, l'ensemble $g(\mathrm{Z}_i)$ est ouvert (resp. fermé) dans $\mathrm{Z}/\mathrm{R}_\tau$ et la restriction de g à Z_i induit un homéomorphisme de Z_i sur $g(\mathrm{Z}_i)$ (TG, I, p. 17, prop. 9). L'espace Z est l'espace somme des espaces Z_i ; l'espace $\mathrm{X} \times_{\mathrm{Y}} (\mathrm{Z}/\mathrm{R}_\tau)$ est l'espace somme des espaces $\mathrm{V}_i \times_{\mathrm{Y}} (\mathrm{Z}/\mathrm{R}_\tau) = g(\mathrm{Z}_i)$. L'application h s'identifie à l'application somme des applications $g \,|\, \mathrm{Z}_i \colon \mathrm{Z}_i \to g(\mathrm{Z}_i)$. C'est donc un homéomorphisme, ce qui démontre que la donnée de descente τ est effective.

Sans hypothèse particulière sur les parties V_i, il n'est pas toujours vrai que la restriction de g à Z_i induise un homéomorphisme de Z_i sur son image ; dans ce cas, la donnée de descente τ n'est pas effective (IV, p. 462, exerc. 2).

PROPOSITION 1. — *Soient* X *et* Y *des espaces topologiques, soit* $f \colon \mathrm{X} \to \mathrm{Y}$ *une application continue. Supposons que tout point de* Y *possède un voisinage au-dessus duquel il existe une section continue de l'application* f*. Toute donnée de descente relative à* f *sur un* X*-espace est alors effective.*

Soit (Z, p) un X-espace et soit τ une donnée de descente relative à f sur (Z, p). L'assertion que τ est une donnée de descente effective est locale dans Y, ce qui permet de supposer que l'application f possède une section continue s. Notons $g\colon \mathrm{Z} \to \mathrm{Z}/\mathrm{R}_\tau$ et $q\colon \mathrm{Z}/\mathrm{R}_\tau \to \mathrm{Y}$ les applications canoniques et soit $h\colon \mathrm{Z} \to \mathrm{X} \times_{\mathrm{Y}} (\mathrm{Z}/\mathrm{R}_\tau)$ l'application donnée par $z \mapsto (p(z), g(z))$. L'application h est bijective et continue ; il suffit de montrer qu'elle est un homéomorphisme.

L'application de Z dans Z qui, à z, associe $\tau(z, s(f(p(z))))$ est continue et applique tout élément de Z sur l'unique élément z' de Z qui lui est équivalent pour la relation R_τ et tel que $p(z')$ appartienne à l'image de s. Elle définit donc par passage au quotient une application continue $t\colon \mathrm{Z}/\mathrm{R}_\tau \to \mathrm{Z}$ qui est une section de l'application g. En particulier, on a $f \circ p \circ t = q \circ g \circ t = q$.

Pour tout $(x, u) \in \mathrm{X} \times_{\mathrm{Y}} (\mathrm{Z}/\mathrm{R}_\tau)$, on a $f(p(t(u))) = f(x)$; posons alors $h'(x, u) = \tau(t(u), x)$. L'application h' de $\mathrm{X} \times_{\mathrm{Y}} (\mathrm{Z}/\mathrm{R}_\tau)$ dans Z ainsi définie est continue. Pour tout $(x, u) \in \mathrm{X} \times_{\mathrm{Y}} (\mathrm{Z}/\mathrm{R}_\tau)$, on a

$$\begin{aligned} h(h'(x,u)) &= (p(h'(x,u)), g(h'(x,u))) \\ &= (p(\tau(t(u),x)), g(\tau(t(u),x))) \\ &= (x,u), \end{aligned}$$

car $\tau(t(u), x)$ est équivalent à $t(u)$ pour la relation R_τ. Cela démontre que l'application $h \circ h'$ est l'application identique de $\mathrm{X} \times_{\mathrm{Y}} (\mathrm{Z}/\mathrm{R}_\tau)$. Pour $z \in \mathrm{Z}$, on a alors $t(g(z)) = \tau(z, s(f(p(z)))$ et $f(p(t(g(z)))) = f(p(z))$, d'où $z = \tau(t(g(z)), p(z))$, par définition de la relation d'équivalence R_τ. On a donc $h'(h(z)) = z$ et $h' \circ h = \mathrm{Id}_{\mathrm{Z}}$. L'application h est donc un homéomorphisme, ce qu'il fallait démontrer.

Proposition 2. — *Soit $f\colon \mathrm{X} \to \mathrm{Y}$ une application continue, soit (Z, p) un* X*-espace et soit τ une donnée de descente relative à f sur* Z*. La relation d'équivalence R_τ est fermée si f est propre ; elle est ouverte si f est ouverte.*

L'application $\widetilde{\tau}\colon \mathrm{Z} \times_{\mathrm{Y}} \mathrm{X} \to \mathrm{X} \times_{\mathrm{Y}} \mathrm{Z}$ donnée par $(z, x) \mapsto (p(z), \tau(z, x))$ est un homéomorphisme, d'application réciproque $(x, z) \mapsto (\tau(z, x), p(z))$. On a $\tau = \mathrm{pr}_2 \circ \widetilde{\tau}$, où $\mathrm{pr}_2\colon \mathrm{X} \times_{\mathrm{Y}} \mathrm{Z} \to \mathrm{Z}$ est la seconde projection. Si f est propre, pr_2 est propre ; si f est ouverte, pr_2 est ouverte (I, p. 17, prop. 8). Il en résulte que τ est propre (resp. ouverte) si f l'est. Le saturé d'une partie A de Z par la relation R_τ est l'image de $\mathrm{A} \times_{\mathrm{Y}} \mathrm{X}$ par τ. Par suite, si f est propre, le saturé d'une partie fermée est fermé ; si f est ouverte, le saturé d'une partie ouverte est ouvert.

3. Descente de morphismes

Soient X et Y des espaces topologiques et soit f une application continue de X dans Y. Soient (Z, p) et (Z', p') des X-espaces munis de données de descente relatives à f, notées respectivement τ et τ'. On dit qu'un X-morphisme $\varphi\colon \mathrm{Z} \to \mathrm{Z}'$ est *compatible avec les données de descente* τ et τ' si l'on a

$$\tau'(\varphi(z), x) = \varphi(\tau(z, x))$$

pour tout $(z, x) \in \mathrm{Z} \times_{\mathrm{Y}} \mathrm{X}$. Il revient au même de dire que les images par φ de deux points équivalents suivant la relation R_τ sont équivalents suivant la relation $\mathrm{R}_{\tau'}$. Un tel morphisme φ définit, par passage aux quotients, une application continue $\overline{\varphi}\colon \mathrm{Z}/\mathrm{R}_\tau \to \mathrm{Z}'/\mathrm{R}_{\tau'}$; c'est un morphisme de Y-espaces.

Notons $\mathscr{C}_{\tau,\tau'}(\mathrm{Z}; \mathrm{Z}')$ l'ensemble des X-morphismes de Z dans Z' qui sont compatibles avec les données de descente τ et τ'.

Proposition 3. — *Soient* X *et* Y *des espaces topologiques et soit* $f\colon \mathrm{X} \to \mathrm{Y}$ *une application continue. Soient* (Z, p) *et* (Z', p') *des* X-*espaces munis de données de descente relatives à* f, *notées respectivement* τ *et* τ'. *Si la donnée de descente* τ' *est effective, l'application* $\varphi \mapsto \overline{\varphi}$ *est une bijection de* $\mathscr{C}_{\tau,\tau'}(\mathrm{Z}; \mathrm{Z}')$ *sur* $\mathscr{C}_{\mathrm{Y}}(\mathrm{Z}/\mathrm{R}_\tau; \mathrm{Z}'/\mathrm{R}_{\tau'})$.

Pour tout X-morphisme φ de Z dans Z' compatible avec les données de descente, l'application $\overline{\varphi}$ est un Y-morphisme. Inversement, notons $g\colon \mathrm{Z} \to \mathrm{Z}/\mathrm{R}_\tau$ et $g'\colon \mathrm{Z}' \to \mathrm{Z}'/\mathrm{R}_{\tau'}$ les applications canoniques et soit $\psi\colon \mathrm{Z}/\mathrm{R}_\tau \to \mathrm{Z}'/\mathrm{R}_{\tau'}$ un Y-morphisme. Les applications $p\colon \mathrm{Z} \to \mathrm{X}$ et $\psi \circ g\colon \mathrm{Z} \to \mathrm{Z}'/\mathrm{R}_{\tau'}$ sont des Y-morphismes. L'hypothèse que la donnée de descente τ' est effective signifie que le diagramme

$$\begin{array}{ccc} \mathrm{Z}' & \xrightarrow{\;g'\;} & \mathrm{Z}'/\mathrm{R}_{\tau'} \\ {\scriptstyle p'}\downarrow & & \downarrow{\scriptstyle q'} \\ \mathrm{X} & \xrightarrow{\;f\;} & \mathrm{Y} \end{array}$$

est un carré cartésien. Il existe donc une unique application continue $\varphi\colon \mathrm{Z} \to \mathrm{Z}'$ telle que $p' \circ \varphi = p$ et $g' \circ \varphi = \psi \circ g$. La première égalité signifie que φ est un X-morphisme, la seconde égalité signifie que φ est compatible avec les données de descente et que $\overline{\varphi} = \psi$, d'où la proposition.

4. Descente : cas des espaces étalés

Soient X et Y des espaces topologiques et soit $f\colon X \to Y$ une application continue. Soient T et T′ des Y-espaces ; munissons les X-espaces $X \times_Y T$ et $X \times_Y T'$ de leurs données de descente canoniques et notons $\mathscr{C}_f(X \times_Y T; X \times_Y T')$ l'ensemble des X-morphismes de $X \times_Y T$ dans $X \times_Y T'$ qui sont compatibles avec ces données de descente. Pour tout Y-morphisme $\varphi\colon T \to T'$, le X-morphisme $f^*(\varphi)\colon (x,t) \mapsto (x, \varphi(t))$ de $X \times_Y T$ dans $X \times_Y T'$ est compatible aux données de descente canoniques. On notera $f^*\colon \mathscr{C}_Y(T;T') \to \mathscr{C}_f(X \times_Y T; X \times_Y T')$ l'application ainsi définie.

PROPOSITION 4. — *Supposons que l'application f soit stricte et surjective et que T soit un Y-espace étalé. Alors, l'application $f^*\colon \mathscr{C}_Y(T;T') \to \mathscr{C}_f(X \times_Y T; X \times_Y T')$ est bijective.*

Notons τ (resp. τ') la relation d'équivalence sur $X \times_Y T$ (resp. sur $X \times_Y T'$) qui est associée à la donnée de descente canonique. Comme l'application f est surjective, la projection $\mathrm{pr}_2\colon X \times_Y T \to T$ est surjective et l'application canonique $(X \times_Y T)/R_\tau \to T$ est bijective. En particulier, l'application f^* est injective. Démontrons qu'elle est surjective. Soit $\varphi\colon X \times_Y T \to X \times_Y T'$ un X-morphisme compatible avec les données de descente canoniques. Pour $(x,t) \in X \times_Y T$, on a donc $\varphi(x,t) = (x, \overline{\varphi}(t))$, où $\overline{\varphi}$ est une application de T dans T′.

Par définition de $\overline{\varphi}$, l'application $\overline{\varphi} \circ \mathrm{pr}_2\colon X \times_Y T \to T'$ est égale à $\mathrm{pr}_2 \circ \varphi$, elle est donc continue. Comme l'application f est surjective et stricte et que T est un Y-espace étalé, la projection $\mathrm{pr}_2\colon X \times_Y T \to T$ est stricte (I, p. 32, remarque 3). D'après la proposition 9 de I, p. 18, l'application $\overline{\varphi}$ est donc continue. C'est un Y-morphisme tel que $f^*(\overline{\varphi}) = \varphi$, ce qui démontre la proposition.

COROLLAIRE. — *Soient X et Y des espaces topologiques et soit $f\colon X \to Y$ une application stricte et surjective. Soient T et T′ des Y-espaces étalés. S'il existe un X-isomorphisme $X \times_Y T \to X \times_Y T'$ qui est compatible aux données de descente canoniques, les Y-espaces T et T′ sont isomorphes.*

Soit $\psi\colon X \times_Y T \to X \times_Y T'$ un X-isomorphisme d'espaces étalés. D'après la proposition 4, il existe un unique morphisme de Y-espaces

$\varphi\colon \mathrm{T} \to \mathrm{T}'$ tel que $\psi = f^*(\varphi)$. Comme f est surjective, l'application φ est bijective. Il résulte alors du cor. 2 de I, p. 30 que φ est un isomorphisme, car les Y-espaces T et T′ sont étalés.

PROPOSITION 5. — *Soient* X *et* Y *des espaces topologiques et soit* $f\colon \mathrm{X} \to \mathrm{Y}$ *une application continue. Supposons que l'application* f *soit propre et séparée, ou bien ouverte. Toute donnée de descente relative à* f *sur un* X*-espace étalé est effective. En outre, si* f *est surjective, l'espace quotient est un* Y*-espace étalé.*

Soit (Z, p) un X-espace étalé et soit τ une donnée de descente relative à f sur (Z, p). Notons R_τ la relation d'équivalence dans Z associée à τ, soit $g\colon \mathrm{Z} \to \mathrm{Z}/\mathrm{R}_\tau$ la surjection canonique et notons h l'application de Z dans $\mathrm{X} \times_\mathrm{Y} (\mathrm{Z}/\mathrm{R}_\tau)$ définie par $z \mapsto (p(z), g(z))$. Elle est continue et bijective ; démontrons que c'est un homéomorphisme.

a) Supposons d'abord que l'application f soit ouverte.

Soit z_0 un point de Z ; posons $x_0 = p(z_0)$. Comme p est étale, il existe un voisinage U de x_0 dans X et une section continue $s\colon \mathrm{U} \to \mathrm{Z}$ de p au-dessus de U telle que $s(x_0) = z_0$. L'application $p \times p\colon \mathrm{Z} \times_\mathrm{Y} \mathrm{Z} \to \mathrm{X} \times_\mathrm{Y} \mathrm{X}$ est étale, et les applications de $\mathrm{U} \times_\mathrm{Y} \mathrm{U}$ dans $\mathrm{Z} \times_\mathrm{Y} \mathrm{Z}$ définies par $(x, x') \mapsto (s(x), s(x'))$ et $(x, x') \mapsto (s(x), \tau(s(x), x'))$ en sont des sections continues au-dessus de $\mathrm{U} \times_\mathrm{Y} \mathrm{Y}$. Comme elles coïncident en tout point de $\mathrm{U} \times_\mathrm{Y} \mathrm{U}$ de la forme (x, x), elles coïncident alors sur un voisinage ouvert V de Δ_U contenu dans $\mathrm{U} \times_\mathrm{Y} \mathrm{U}$. Soit U_0 un voisinage de x_0 dans X tel que $\mathrm{U}_0 \times_\mathrm{Y} \mathrm{U}_0$ soit contenu dans V. Soit (x, u) un point de $\mathrm{U}_0 \times_\mathrm{Y} g(s(\mathrm{U}_0))$; soit $x' \in \mathrm{U}_0$ tel que $u = g(s(x'))$. On a donc $s(x) = \tau(s(x'), x)$, d'où $\mathrm{R}_\tau\{s(x), s(x')\}$ et $(x, u) = (x, g(s(x'))) = (x, g(s(x))) = h(s(x))$.

Comme l'application g est ouverte (IV, p. 386, prop. 2), l'ensemble $\mathrm{U}_0 \times_\mathrm{Y} g(s(\mathrm{U}_0))$ est une partie ouverte de $\mathrm{X} \times_\mathrm{Y} (\mathrm{Z}/\mathrm{R}_\tau)$ sur laquelle l'application h^{-1} est égale à l'application continue $s \circ \mathrm{pr}_1$. L'application h est donc un homéomorphisme.

b) Supposons maintenant que l'application f soit propre et séparée.

Soit z_0 un point de Z ; posons $x_0 = p(z_0)$ et $y_0 = f(x_0)$. L'application s donnée par $x \mapsto \tau(z_0, x)$ est une section de p au-dessus de $\overset{-1}{f}(y_0)$. L'ensemble $\overset{-1}{f}(y_0)$ est compact (TG, I, p. 75, th. 1 et I, p. 26, remarque 2) et deux points distincts de $\overset{-1}{f}(y_0)$ possèdent des voisinages disjoints dans X, car f est séparée (I, p. 25, prop. 1). D'après le théorème 2 de I, p. 37, il existe donc un voisinage U_0 de $\overset{-1}{f}(y_0)$ dans X et une section s_0 de p au-dessus de U_0 qui prolonge s. L'ensemble $s_0(\mathrm{U}_0)$ est un ouvert de Z, car p est étale (I, p. 30, cor. 3), et contient le saturé de l'ensemble $\{z_0\}$ pour la relation R_τ. L'application g est fermée (IV, p. 386, prop. 2). Il existe alors un ouvert V de $\mathrm{Z}/\mathrm{R}_\tau$ tel que $\mathrm{W} = \overset{-1}{g}(\mathrm{V}) \cap \overset{-1}{p}(\mathrm{U}_0)$ soit un voisinage de z_0 contenu dans $s_0(\mathrm{U}_0)$ (I, p. 75, lemme).

Soit alors $(x, u) \in \mathrm{U}_0 \times_\mathrm{Y} \mathrm{V}$ et soit z l'unique point de Z tel que $h(z) = (x, u)$; par définition, on a $z \in \mathrm{W}$. Puisque $\mathrm{W} \subset s_0(\mathrm{U}_0)$, on a $z = s_0(p(x))$. Cela montre que la restriction de h^{-1} à l'ouvert $\mathrm{U}_0 \times_\mathrm{Y} \mathrm{V}$ de $\mathrm{X} \times_\mathrm{Y} (\mathrm{Z}/\mathrm{R}_\tau)$ est égale à $s_0 \circ p \circ \mathrm{pr}_1$. Par suite, h est un homéomorphisme.

Nous avons ainsi montré que la donnée de descente τ est effective. L'application f est universellement stricte (I, p. 20, corollaire). Sous l'hypothèse que f est surjective, il résulte alors de la prop. 8 de I, p. 31 que $q \colon \mathrm{Z}/\mathrm{R}_\tau \to \mathrm{Y}$ est étale.

5. Descente : cas des revêtements

Soient X, Y des espaces topologiques et soit $f \colon \mathrm{X} \to \mathrm{Y}$ une application continue surjective. Soit (Z, p) un revêtement de X et soit τ une donnée de descente relative à f sur Z.

Si f est propre et séparée (resp. si f est ouverte), la donnée de descente τ est effective et le Y-espace $\mathrm{Z}/\mathrm{R}_\tau$ est un espace étalé (IV, p. 389, prop. 5). C'est même un revêtement de Y si f possède une section continue au voisinage de chaque point (I, p. 72, prop. 3) ou si Z est un revêtement localement fini de X (I, p. 77, cor. 4). Ce numéro est consacré à mettre en évidence d'autres conditions sous lesquelles $\mathrm{Z}/\mathrm{R}_\tau$ est un revêtement de Y.

Démontrons au préalable un lemme.

Lemme 1. — *Soient* B, B′ *des espaces topologiques et soit* $f \colon \mathrm{B}' \to \mathrm{B}$ *une application continue. Si le carré fibré* $\mathrm{B}' \times_\mathrm{B} \mathrm{B}'$ *est localement connexe, l'espace topologique* B′ *est localement connexe.*

Soit a un point de B′ et soit V un voisinage de a. Supposons que le carré fibré $B' \times_B B'$ soit localement connexe et soit W un voisinage connexe de (a, a) dans $B' \times_B B'$ qui est contenu dans $V \times V$. Posons $U = \mathrm{pr}_1(W)$. L'ensemble U est contenu dans V, et est connexe puisque l'image d'un ensemble connexe par une application continue est connexe. Si $\Delta_{B'}$ désigne la diagonale de $B' \times_B B'$, l'application $\mathrm{pr}_1 \mid \Delta_{B'} \colon \Delta_{B'} \to B'$ est un homéomorphisme. Comme U contient $\mathrm{pr}_1(W \cap \Delta_{B'})$ et que $W \cap \Delta_{B'}$ est un voisinage de (a, a) dans $\Delta_{B'}$, U est un voisinage de a dans B′. Cela prouve le lemme.

PROPOSITION 6. — *Soit*

$$\begin{array}{ccc} E' & \xrightarrow{f'} & E \\ {\scriptstyle p'}\downarrow & & \downarrow{\scriptstyle p} \\ B' & \xrightarrow{f} & B \end{array}$$

un carré cartésien. On suppose que l'application f est propre, séparée et surjective, et on fait l'une des hypothèses suivantes :

(i) *Les fibres de f sont localement connexes et le carré fibré* $B' \times_B B'$ *est localement connexe.*

(ii) *Les fibres de f sont finies, la diagonale* $\Delta_{B'}$ *de* $B' \times_B B'$ *est ouverte dans* $B' \times_B B'$ *et* $B' \times_B B' - \Delta_{B'}$ *est un espace localement connexe.*

Alors, si (E', p') *est un revêtement,* (E, p) *est un revêtement.*

Comme l'application f est universellement stricte (I, p. 20, corollaire), l'application p est étale (I, p. 31, prop. 8) et séparée (I, p. 27, prop. 4). Nous supposerons, ce qui est loisible, que $E' = B' \times_B E$.

Soit a un point de B ; il s'agit de démontrer que le point a possède un voisinage W tel que le W-espace (E_W, p_W) soit un revêtement trivialisable. Posons $B'_a = \overset{-1}{f}(a)$ et notons $E'_a = \overset{-1}{(p')}(E_a)$. L'application $t_a \colon E'_a \to B'_a \times E_a$ définie par $t_a(y) = (p'(y), f'(y))$ est un B'_a-isomorphisme (I, p. 9, prop. 4), donc E'_a est un revêtement trivialisable de B'_a et t_a est une trivialisation de ce revêtement.

Démontrons qu'il existe un voisinage V′ de B'_a dans B′ et une trivialisation continue t du revêtement $(E'_{V'}, p_{V'})$ qui prolonge t_a. Sous l'hypothèse (ii), B'_a est fini et ses points possèdent des voisinages ouverts deux à deux disjoints au-dessus desquels le revêtement E′ est trivialisable, d'où l'assertion dans ce cas. Sous l'hypothèse (i), B'_a est localement connexe, de même que B′ (IV, p. 390, lemme 1) ; comme l'application f est propre et séparée, B'_a est compact et deux points distincts possèdent des voisinages disjoints dans B′, si bien que le couple (B', B'_a) satisfait la propriété (PCV) (I, p. 37, lemme 1). L'assertion résulte donc du cor. 2 de I, p. 90.

Comme f est propre, il existe un voisinage V de a dans B tel que V′ contienne $\overset{-1}{f}(V)$ (lemme, I, p. 75). On peut ainsi supposer que $V' = \overset{-1}{f}(V)$.

Munissons les V′-espaces $V' \times E_a$ et $E'_{V'} = V' \times_B E$ de leurs données de descente canoniques relatives à $f_V \colon V' \to V$. Nous allons montrer que, quitte à diminuer V et V′, l'isomorphisme de V′-espaces $t \colon E'_{V'} \to V' \times E_a$ que nous venons de définir est compatible aux données de descentes, c'est-à-dire que l'on a $t(b'_1, x) = t(b'_2, x)$ si $(b'_1, b'_2) \in V' \times_V V'$ et $x \in E_{f(b'_1)}$. Notons $\widetilde{t}$ l'application $pr_2 \circ t \colon E'_{V'} \to E_a$.

Posons $V'' = V' \times_V V'$; considérons-le comme un V′-espace au moyen de la première projection. L'application $((b'_1, b'_2), x) \mapsto ((b'_1, b'_2), (b'_1, x))$ de $V'' \times_V E$ dans $V'' \times_{V'} E'$ est un isomorphisme de V″-espaces ; cela montre que $V'' \times_V E$ est un revêtement de V″.

Pour $i = 1, 2$, définissons une application $u_i \colon V'' \times_V E \to V'' \times E_a$ en posant $u_i(b'_1, b'_2, x) = (b'_1, b'_2, \widetilde{t}(b'_i, x))$; ce sont des trivialisations du revêtement $V'' \times_V E$. Soit W″ l'ensemble des points $w \in V''$ au-dessus desquels ces trivialisations u_1 et u_2 coïncident ; il contient $B'_a \times B'_a$, ainsi que la diagonale $\Delta_{V'}$. Démontrons que W″ est un voisinage de $B'_a \times B'_a$. Sous l'hypothèse (i), cela résulte du cor. 2 de I, p. 80, car $B' \times B'$ est localement connexe. Sous l'hypothèse (ii), W″ contient un voisinage de $(B'_a \times B'_a) - \Delta_{B'_a}$ dans $(B' \times_B B') - \Delta_{B'}$, car cet ensemble est localement connexe (*loc. cit.*). Comme $\Delta_{V'}$ est ouvert dans $B' \times_B B'$, W″ est un voisinage de $B'_a \times B'_a$ dans V″.

Comme f est propre, l'application canonique f'' de $B' \times_B B'$ dans B est propre, car c'est la composée de la projection $pr_1 \colon B' \times_B B' \to B'$ et de l'application f.

D'après le lemme de I, p. 75, il existe un voisinage W de a dans V tel que $(\overset{-1}{f''})(W)$ soit contenu dans W″ ; posons $W' = (\overset{-1}{f'})(W)$, c'est une partie de V′ et l'isomorphisme d'espaces étalés $t \colon E'_{W'} \to W' \times E_a$ est compatible aux données de descente canoniques relatives à l'application $f_W \colon W' \to W$. Il résulte du corollaire (IV, p. 388) que les

W-espaces étalés E_W et $W \times E_a$ sont isomorphes. En particulier, E_W est un revêtement trivialisable, d'où la proposition.

COROLLAIRE 1. — *Soient* E *et* B *des espaces topologiques,* $p\colon E \to B$ *une application continue et* $(A_i)_{i\in I}$ *un recouvrement fermé localement fini de* B *tel que pour tout couple* $(i,j) \in I \times I$, $i \neq j$, *l'intersection* $A_i \cap A_j$ *soit un espace localement connexe. Alors, pour que le* B-*espace* (E,p) *soit un revêtement, il faut et il suffit que, pour tout* $i \in I$, *le* A_i-*espace* $(\overset{-1}{p}(A_i), p_{A_i})$ *soit un revêtement de* A_i.

La condition est nécessaire (*cf.* I, p. 69). Inversement, notons B′ l'espace topologique somme de la famille $(A_i)_{i\in I}$ et $f\colon B' \to B$ l'application canonique. L'application f est fermée (TG, I, p. 6, prop. 4), séparée (I, p. 27, remarque 5), à fibres finies, donc propre (TG, I, p. 75, th. 1), elle est aussi surjective. La diagonale $\Delta_{B'}$, étant égale à $\bigcup_{i\in I} A_i \times_B A_i$, est ouverte dans $B' \times_B B'$. Enfin, l'espace $(B' \times_B B') - \Delta_{B'}$ est homéomorphe à l'espace somme de la famille $(A_i \cap A_j)$, $(i,j) \in I \times I$, $i \neq j$; il est donc localement connexe. L'hypothèse (ii) de la proposition 6 est satisfaite. Si pour tout i, $\overset{-1}{p}(A_i)$ est un revêtement de A_i, E′ est alors un revêtement de B′, donc E est un revêtement de B.

COROLLAIRE 2. — *Soient* X *et* Y *des espaces topologiques et soit* $f\colon X \to Y$ *une application propre, séparée et surjective. On fait de plus l'une des hypothèses suivantes :*

(i) *Les fibres de* f, *ainsi que l'espace* $X \times_Y X$, *sont localement connexes ;*

(ii) *Les fibres de* f *sont finies, la diagonale* Δ_X *de* $X \times_Y X$ *est ouverte dans* $X \times_Y X$ *et l'espace* $(X \times_Y X) - \Delta_X$ *est localement connexe. Alors, toute donnée de descente relative à* f *sur un revêtement de* X *est effective, et l'espace quotient est un revêtement de* Y.

Soit Z un revêtement de X et soit τ une donnée de descente relative à f sur Z. D'après la proposition 5 (IV, p. 389), la donnée de descente τ est effective, autrement dit le carré

$$\begin{array}{ccc} Z & \longrightarrow & Z/R_\tau \\ \big\downarrow & & \big\downarrow \\ X & \xrightarrow{\ f\ } & Y \end{array}$$

est un carré cartésien. Les hypothèses de la proposition 6 (IV, p. 391) sont alors satisfaites. Par conséquent, Z/R_τ est un revêtement de Y.

Proposition 7. — *Soient* X *et* Y *des espaces topologiques et soit* $f\colon X \to Y$ *une application continue et surjective. Supposons que l'espace* Y *soit délaçable et que l'application* f *soit ouverte et possède la propriété de relèvement des chemins. Alors, toute donnée de descente relative à* f *sur un revêtement de* X *est effective, et l'espace quotient est un revêtement de* Y.

Soit (Z, p) un revêtement de X et soit τ une donnée de descente relative à f sur Z. Comme l'application f est surjective et ouverte, il résulte de la prop. 5 de IV, p. 389, que la donnée de descente τ est effective. Notons $T = Y/R_\tau$ le Y-espace quotient ; sa projection q est étale (*loc. cit.*), elle est aussi séparée (I, p. 27, prop. 4).

Par hypothèse, l'application f possède la propriété de relèvement des chemins, de même que l'application p, car Z est un revêtement de X (III, p. 302, corollaire 2 de la prop. 3). Il en est par suite de même de l'application $p \circ f$, donc de l'application q. Par conséquent (*cf.* IV, p. 341, remarque 2), T est un revêtement de Y. La proposition est ainsi démontrée.

Remarque. — Soient X et Y des espaces topologiques et soit $f\colon X \to Y$ une application. Pour que toute donnée de descente relative à f sur un revêtement de X soit effective, et que l'espace quotient soit un revêtement de Y, il est nécessaire que f soit stricte et que $f(X)$ soit une partie ouverte et fermée de X.

En effet, identifions le X-espace X à $X \times_Y Y$ et munissons-le de sa donnée de descente canonique relative à f. L'espace quotient s'identifie à $f(X)$, muni de la topologie quotient de la topologie de X pour la relation d'équivalence définie par f. Si c'est un revêtement de Y, l'espace $f(X)$ s'identifie alors à une partie ouverte et fermée de Y et l'application f est stricte.

6. Descente de groupoïdes

Soient X et Y des espaces topologiques et soit $f\colon X \to Y$ une application continue. Notons p_1 et p_2 les deux projections de $X \times_Y X$ dans X, $\mathrm{Coeg}(f)$ le groupoïde coégalisateur du couple $(\varpi(p_1), \varpi(p_2))$ de morphismes de groupoïdes de $\varpi(X \times_Y X)$ dans $\varpi(X)$ et $\gamma\colon \varpi(X) \to \mathrm{Coeg}(f)$ le morphisme de groupoïdes canonique (II, p. 199, déf. 2). Comme $f \circ p_1 = f \circ p_2$, on a $\varpi(f) \circ \varpi(p_1) = \varpi(f) \circ \varpi(p_2)$. Il résulte alors de la propriété universelle des coégalisateurs (II, p. 199, prop. 3) qu'il existe un unique morphisme de groupoïdes $\varpi'(f)\colon \mathrm{Coeg}(f) \to \varpi(\mathrm{Y})$ tel que $\varpi(f) = \varpi'(f) \circ \gamma$.

L'ensemble des sommets de $\mathrm{Coeg}(f)$ est l'ensemble quotient de l'ensemble $\mathrm{X} = \mathrm{Som}(\varpi(\mathrm{X}))$ par la relation d'équivalence définie par f (II, p. 200, remarque 1). On l'identifie à $f(\mathrm{X})$.

Proposition 8. — *Soient* X *et* Y *des espaces topologiques non vides et soit f une application continue de* X *dans* Y. *On suppose que l'espace* X *est localement connexe par arcs, que l'espace* Y *est connexe et que l'application f est stricte et surjective. Alors, le groupoïde* $\mathrm{Coeg}(f)$ *est transitif.*

Soit Γ le carquois dont l'ensemble des sommets est X et dont l'ensemble des flèches est l'ensemble somme de $\mathrm{Fl}(\varpi(\mathrm{X}))$ et de $\mathrm{X} \times_{\mathrm{Y}} \mathrm{X}$, les applications origine et terme étant celles de $\varpi(\mathrm{X})$ dans $\mathrm{Fl}(\varpi(\mathrm{X}))$ et les applications p_1 et p_2 dans $\mathrm{X} \times_{\mathrm{Y}} \mathrm{X}$. D'après la définition de l'armature du couple $(\varpi(\mathrm{pr}_1), \varpi(\mathrm{pr}_2))$ (II, p. 185, déf. 3) et la remarque 2 de II, p. 200, l'ensemble des orbites de $\mathrm{Coeg}(f)$ s'identifie à l'ensemble des composantes connexes du carquois Γ. Comme l'espace X n'est pas vide, il suffit de prouver que le graphe Γ est connexe.

Les composantes connexes de Γ sont saturées pour la relation d'équivalence « il existe un chemin joignant x à x' », donc sont ouvertes dans X, car X est localement connexe par arcs. Elles sont alors également fermées. Elles sont aussi saturées pour la relation d'équivalence R définie par f. Par hypothèse, l'application f induit un homéomorphisme de X/R sur Y, si bien que l'image par f de toute composante connexe de Γ est une partie ouverte et fermée de Y, donc est égale à Y puisque l'espace Y est supposé connexe.

Soit C une composante connexe de Γ, soit x un point de X. D'après ce qui précède, il existe un point $x' \in \mathrm{C}$ tel que $f(x') = f(x)$. Par définition du carquois Γ, on a $x' \in \mathrm{C}$. On a ainsi $\mathrm{C} = \mathrm{X}$ et le carquois Γ est donc connexe.

Proposition 9. — *Soient* X *et* Y *des espaces topologiques et soit f une application continue de* X *dans* Y. *On suppose que l'espace* X *est localement connexe par arcs, que l'espace* Y *est délaçable et que l'application f est stricte et surjective. Alors, le groupoïde $\varpi(\mathrm{Y})$ est engendré par l'image de $\varpi(\mathrm{X})$ par $\varpi(f)$.*

On peut supposer que les espaces X et Y sont non vides. Notons G le sous-groupoïde de $\varpi(Y)$ engendré par l'image de $\varpi(X)$ par $\varpi(f)$. Comme l'application f est surjective, l'ensemble des sommets de G est égal à Y. D'après la prop. 8, $\mathrm{Coeg}(f)$ est un groupoïde transitif. Comme $\varpi'(f)$ induit l'identité sur les sommets, l'image de $\mathrm{Coeg}(f)$ par $\varpi'(f)$ est un sous-groupoïde transitif de $\varpi(Y)$. L'image de $\varpi(X)$ par γ engendre $\mathrm{Coeg}(f)$ (II, p. 200, corollaire) ; comme on a $\varpi(f) = \varpi'(f) \circ \gamma$, le groupoïde G est transitif.

Soit y_0 un point de Y et notons H le sous-groupe G_{y_0} de $\pi_1(Y, y_0)$. D'après le th. 1 de IV, p. 342, il existe un revêtement connexe (T, p) de Y et un point t_0 de la fibre T_{y_0} dont H soit le fixateur.

Si x est un point de X, l'ensemble $\mathrm{Fl}_{y_0, f(x)}(G)$ n'est pas vide, car G est transitif. Pour $u \in \mathrm{Fl}_{y_0, f(x)}(G)$, le point $t_0 \cdot u$ est un point de la fibre $T_{f(x)}$, indépendant de u puisque le groupe H, groupe d'isotropie de G en y_0, fixe t_0. Notons $\sigma(x)$ ce point ; notons $\sigma \colon X \to T$ l'application ainsi définie et $s \colon X \to X \times_Y T$ l'application $x \mapsto (x, \sigma(x))$. Par construction, l'application s est compatible avec les opérations canoniques de $\varpi(X)$ dans X et $X \times_Y T$. Il résulte alors du lemme 1 de III, p. 312 que s est continue. L'application σ est donc continue ; elle est en outre compatible à la relation d'équivalence définie par f, car $\sigma(x)$ ne dépend que de $f(x)$. Puisque f est stricte et surjective, il existe une unique application continue $\overline{\sigma} \colon Y \to T$ telle que $\overline{\sigma} \circ f = \sigma$, si bien que le revêtement T admet une section. Comme T est connexe, l'application $p \colon T \to Y$ est un homéomorphisme (I, p. 31, cor. 4 de la prop. 6) et l'on a $H = \pi_1(Y, y_0)$, d'où $G_{y_0} = \pi_1(Y, y_0)$. Comme G est transitif, il en résulte que $G = \varpi(Y)$.

PROPOSITION 10. — *Soient* X *et* Y *des espaces topologiques et soit* f *une application continue de* X *dans* Y. *On suppose que l'espace* X *est délaçable, que l'espace* $X \times_Y X$ *est localement connexe par arcs, et que toute donnée de descente relative à* f *sur un revêtement de* X *est effective et l'espace quotient est un revêtement de* Y. *Alors, le morphisme de groupoïdes* $\varpi'(f)$ *de* $\mathrm{Coeg}(f)$ *dans* $\varpi(Y)$ *est injectif.*

Sous les hypothèses de la proposition, f est stricte (IV, p. 394, remarque) ; on peut en outre supposer qu'elle est surjective.

Lemme 2. — *Conservons les notations et les hypothèses de la proposition. Soit* T *un ensemble muni d'une opération du groupoïde* $\mathrm{Coeg}(f)$ *relativement à une application* $q \colon T \to Y$. *Il existe alors une unique* *topologie sur* T *pour laquelle* q *fait de* T *un revêtement de* Y *de sorte que pour toute classe de chemin d'origine* c *dans* X *et tout point* t *de* T*, on ait* $t \cdot \gamma(c) = t \cdot f_*(c)$*. En particulier, l'opération de* Coeg(f) *sur* T *se factorise par une opération du groupoïde* $\varpi(\mathrm{Y})$*.*

L'unicité d'une telle topologie sur T résulte du lemme 1 (III, p. 312) ; démontrons son existence. Munissons l'ensemble $\mathrm{X} \times_{\mathrm{Y}} \mathrm{T}$ d'une loi d'opération de $\varpi(\mathrm{X})$ en posant $(x,t) \cdot u = (x \cdot u, t \cdot \gamma(u))$ pour tout $(x,t) \in \mathrm{X} \times_{\mathrm{Y}} \mathrm{T}$ et toute flèche u d'origine x dans $\varpi(\mathrm{X})$. Comme l'espace X est délaçable, cette loi d'opération de $\varpi(\mathrm{X})$ est sans monodromie locale (III, p. 313, remarque). Il existe donc sur l'ensemble $\mathrm{X} \times_{\mathrm{Y}} \mathrm{T}$ une unique topologie qui fasse du X-espace $(\mathrm{X} \times_{\mathrm{Y}} \mathrm{T}, \mathrm{pr}_1)$ un revêtement de X et telle que l'opération canonique de $\varpi(\mathrm{X})$ dans ce revêtement coïncide avec l'opération donnée (III, p. 313, prop. 3). Notons (Z, p) ce revêtement. Montrons que l'application $\tau\colon ((x_1,t),x_2) \mapsto (x_2,t)$ de $\mathrm{Z} \times_{\mathrm{Y}} \mathrm{X}$ dans Z est une donnée de descente sur Z relative à l'application f. Il suffit de vérifier qu'elle est continue, les autres conditions de la définition 1 de IV, p. 382, étant évidentes.

L'application τ est un relèvement de l'application $\mathrm{pr}_2\colon \mathrm{Z} \times_{\mathrm{Y}} \mathrm{X} \to \mathrm{X}$ au revêtement Z de X. Comme l'espace $\mathrm{X} \times_{\mathrm{Y}} \mathrm{X}$ est localement connexe par arcs, l'espace $\mathrm{Z} \times_{\mathrm{Y}} \mathrm{X}$, qui en est un revêtement, est aussi localement connexe par arcs. D'après le corollaire (III, p. 269), pour montrer que l'application τ est continue, il suffit de démontrer qu'elle est continue par arcs.

Soit donc $\widetilde{c} = ((c,g),c')$ un chemin dans $\mathrm{Z} \times_{\mathrm{Y}} \mathrm{X}$ et montrons que l'application $\tau \circ \widetilde{c}\colon t \mapsto (c'(t), g(t))$ de $\mathbf{I}$ dans Z est continue. Pour tout $s \in [0,1]$, notons c_s et c'_s les chemins dans X définis par $t \mapsto c(st)$ et $t \mapsto c'(st)$. Pour tout $s \in [0,1]$, on a ainsi $c(s) = c(0) \cdot [c_s]$, $c'(s) = c'(0) \cdot [c'_s]$ et $(c,g)(s) = (c(0), g(0)) \cdot [c_s]$, où $[u]$ désigne la classe d'homotopie stricte d'un chemin u (III, p. 304, remarque). L'application $t \mapsto (c_s(t), c'_s(t))$ est un chemin dans $\mathrm{X} \times_{\mathrm{Y}} \mathrm{X}$; par définition du coégalisateur Coeg(f), on a donc $\gamma([c_s]) = \gamma([c'_s])$ et $g(s) = g(0) \cdot \gamma([c_s]) = g(0) \cdot \gamma([c'_s])$. Par définition de l'opération de $\varpi(\mathrm{X})$ sur Z, on a donc

$$\begin{aligned}(\tau \circ \widetilde{c})(s) &= (c'(s), g(s)) = (c'(0) \cdot [c'_s], g(0) \cdot \gamma([c'_s])) \\ &= (c'(0), g(0)) \cdot [c'_s] = (\tau \circ \widetilde{c})(0) \cdot [c'_s].\end{aligned}$$

Cela montre que $\tau \circ \widetilde{c}$ est un relèvement continu à Z du chemin c' (*loc. cit.*). Par suite, l'application τ est continue par arcs, donc continue ; c'est une donnée de descente relative à f sur le X-espace Z.

Désignons par R_τ la relation d'équivalence définie par la donnée de descente τ. L'application f étant surjective, l'application $pr_2 \colon Z \to T$ induit, par passage au quotient, une bijection de Z/R_τ sur T. Munissons T de la topologie déduite de celle de Z/R_τ par transport de structure, de sorte que (T, q) est un Y-espace. Par hypothèse, T est donc un revêtement de Y et le diagramme

$$\begin{array}{ccc} Z & \xrightarrow{pr_2} & T \\ {\scriptstyle p}\downarrow & & \downarrow{\scriptstyle q} \\ X & \xrightarrow{f} & Y \end{array}$$

est un carré cartésien.

Soient (x, t) un point de Z, c un chemin d'origine x dans X et soit $\widetilde{c}$ le relèvement continu de c à Z d'origine (x, t). Le chemin $pr_2 \circ \widetilde{c}$ est le relèvement d'origine t du chemin $f \circ c$ de Y, de sorte que $t \cdot \gamma([c]) = t \cdot [f \circ c] = t \cdot f_*([c])$. Cela conclut la démonstration du lemme.

Démontrons maintenant la proposition. Soient u et v deux flèches de $Coeg(f)$ dont les images dans $\varpi(Y)$ sont égales. Le morphisme de groupoïdes $\varpi'(f)$ étant l'identité sur les ensembles de sommets, les flèches u et v ont même origine et même terme. Notons y l'origine de u ; soit T l'ensemble des flèches de $Coeg(f)$ d'origine y et soit $q \colon T \to Y$ la restriction à T de l'application terme. Le groupoïde $Coeg(f)$ opère par composition à droite sur l'ensemble T, relativement à q. D'après le lemme 2, les actions de u et v sur T sont identiques. On a donc $u = e_y \cdot u = e_y \cdot v = v$. Cela prouve que le morphisme de groupoïdes $\varpi'(f)$ est injectif.

THÉORÈME 1. — *Soient* X *et* Y *des espaces topologiques, soit* $f \colon X \to Y$ *une application continue et surjective. Supposons que les espaces* X *et* Y *soient délaçables. Supposons enfin que l'une des propriétés suivantes soit satisfaite :*

(i) *L'application f est propre, séparée, à fibres localement connexes, l'espace* $X \times_Y X$ *est localement connexe par arcs ;*

(ii) *L'application f est propre, séparée, à fibres finies, la diagonale* Δ_X *est ouverte dans* $X \times_Y X$ *et son complémentaire est localement connexe ;*

(iii) *L'application f est ouverte et possède la propriété de relèvement des chemins.*

Alors, le morphisme de groupoïdes $\varpi'(f)$ *est un isomorphisme du groupoïde* $\mathrm{Coeg}(f)$ *sur le groupoïde de Poincaré* $\varpi(\mathrm{Y})$.

Notons d'abord que sous ces hypothèses, l'application f est surjective et stricte (I, p. 18, exemple 2). De plus, toute donnée de descente relative à f sur un revêtement de X est effective, et l'espace quotient est un revêtement de Y ; cela résulte en effet de IV, p. 393, corollaire 2 de la prop. 4 sous les hypothèses (i) et (ii), et de la prop. 7 de IV, p. 394 sous l'hypothèse (iii). D'après la prop. 10, le morphisme de groupoïdes $\varpi'(f)$ est donc injectif et son image est un sous-groupoïde de $\varpi(\mathrm{Y})$.

D'après la prop. 9 de IV, p. 395, cette image est égale à $\varpi(\mathrm{Y})$ sous les hypothèses (i) et (ii), mais aussi sous l'hypothèse (iii) puisque le morphisme de groupoïdes $\varpi(f)$ est alors surjectif.

Par suite, $\varpi'(f)$ est un isomorphisme.

Exemples. — Voici deux exemples où les hypothèses du théorème 1 sont satisfaites.

1) Soit Y un espace topologique délaçable. Soit $(\mathrm{A}_i)_{i\in\mathrm{I}}$ un recouvrement localement fini de Y par des ensembles fermés. On suppose que, pour tout $i \in \mathrm{I}$, l'espace A_i est délaçable et que, pour tout couple $(i, j) \in \mathrm{I}\times\mathrm{I}$, l'espace $\mathrm{A}_i \cap \mathrm{A}_j$ est localement connexe par arcs. On peut prendre pour X l'espace somme de la famille $(\mathrm{A}_i)_{i\in\mathrm{I}}$ et pour $f\colon \mathrm{X} \to \mathrm{Y}$ l'application déduite de la famille des injections canoniques.

2) Soit G un groupe discret opérant proprement dans un espace topologique délaçable X, posons $\mathrm{Y} = \mathrm{X}/\mathrm{G}$ et soit $f\colon \mathrm{X} \to \mathrm{Y}$ l'application canonique. Elle est ouverte (TG, III, p. 10, lemme 2) et possède la propriété de relèvement des chemins en vertu du théorème 4 de III, p. 287. L'espace Y est délaçable d'après IV, p. 349, prop. 8, *b*). Par hypothèse, l'application de $\mathrm{G} \times \mathrm{X}$ dans $\mathrm{X} \times \mathrm{X}$ donnée par $(g, x) \mapsto (g \cdot x, x)$ est propre, donc stricte (I, p. 18, exemple 2) et son image est $\mathrm{X} \times_{\mathrm{Y}} \mathrm{X}$. Il résulte alors de III, p. 261, prop. 8 que $\mathrm{X} \times_{\mathrm{Y}} \mathrm{X}$ est localement connexe par arcs.

7. Descente par une application étale et surjective

Soient X et Y des espaces topologiques et soit f une application continue de X dans Y. On conserve les notations du n° précédent.

THÉORÈME 2. — *Supposons que tout point de* Y *possède un voisinage au-dessus duquel il existe une section continue de l'application f. Le morphisme de groupoïdes $\varpi'(f)$ de* Coeg(f) *dans* ϖ(Y) *est un isomorphisme.*

Par hypothèse, il existe un recouvrement $(\mathrm{U}_j)_{j\in\mathrm{J}}$ de Y par des ensembles ouverts et, pour tout $j \in \mathrm{J}$, une section continue s_j de f_{U_j}.

Si c est un chemin dans X, on notera $[c]$ sa classe d'homotopie stricte dans $\varpi(\mathrm{X})$ et $\{c\}$ l'image de $[c]$ dans Coeg(f) par le morphisme de groupoïdes $\varpi'(f)$. Si c et c' sont deux chemins dans X, $\{c\}$ et $\{c'\}$ sont composables dans Coeg(f) si et seulement si les chemins $f\circ c$ et $f\circ c'$ dans Y sont juxtaposables.

Soit c' un chemin dans Y. D'après le lemme 4 de III, p. 272, appliqué à l'espace compact **I** et au recouvrement $(\overset{-1}{(c')}(\mathrm{U}_j))_{j\in\mathrm{J}}$ de **I**, il existe un entier n tel que, pour tout entier k vérifiant $1 \leqslant k \leqslant n$, l'image de l'intervalle $[\frac{k-1}{n}, \frac{k}{n}]$ par c' soit contenue dans un ouvert $\mathrm{U}_{j(k)}$. Pour tout entier k, $1 \leqslant k \leqslant n$, soit c'_k le chemin dans Y défini par $s \mapsto c'(\frac{k+s-1}{n})$; on a $[c'] = [c'_1][c'_2]\dots[c'_n]$ (*cf.* III, p. 291, remarque 1), et c' est le chemin noté $c'_1 * c'_2 * \dots * c'_n$. Pour tout $k \in \{1,\dots,n\}$, notons c_k le chemin $s_{j(k)}\circ c'_k$ dans X et posons $\{c_k\} = \gamma([c_k])$. Comme pour tout k, les chemins $c'_{k-1} = f\circ c_{k-1}$ et $c'_k = f\circ c_k$ sont juxtaposables, la suite $(\{c_1\},\dots,\{c_n\})$ est composable dans Coeg(f). Par construction,

$$\begin{aligned}\varpi'(f)(\{c_1\}\dots\{c_n\}) &= \varpi'(f)(\{c_1\})\dots\varpi'(f)(\{c_n\})\\ &= \varpi(f)([c_1])\dots\varpi(f)([c_n])\\ &= [f\circ c_1]\dots[f\circ c_n]\\ &= [c'_1]*\dots*[c'_n] = [c'],\end{aligned}$$

ce qui prouve que le morphisme de groupoïdes $\varpi'(f)$ est surjectif.

Soient u et v des flèches de Coeg(f). Comme le groupoïde Coeg(f) est engendré par l'image de $\varpi(\mathrm{X})$ (II, p. 200, corollaire), il existe des suites finies $(c_1,\dots,c_n)$ et $(d_1,\dots,d_n)$ de chemins dans X telles que l'on ait $u = \{c_1\}\dots\{c_n\}$ et $v = \{d_1\}\dots\{d_n\}$. Les chemins $(f\circ c_1,\dots,f\circ c_n)$ dans Y sont alors juxtaposables et l'on a $\varpi'(f)(u) = [(f\circ c_1)]\dots[(f\circ c_n)]$; de même, $\varpi'(f)(v) = [(f\circ d_1)]\dots[(f\circ d_n)]$.

Supposons que l'on ait $\varpi'(f)(u) = \varpi'(f)(v)$. Il existe alors une homotopie stricte σ reliant $(f\circ c_1)*\dots*(f\circ c_n)$ à $(f\circ d_1)*\dots*(f\circ d_n)$. D'après le lemme 4 de III, p. 272, appliqué à l'espace compact $\mathbf{I}\times\mathbf{I}$ et au recouvrement $(\overset{-1}{\sigma}(\mathrm{U}_i))_{i\in\mathrm{I}})$ de $\mathbf{I}\times\mathbf{I}$, il existe un entier $m \geqslant 1$ tel que, pour tout couple d'entiers (j, k) vérifiant $1 \leqslant j \leqslant m$ et $1 \leqslant k \leqslant m$, l'image de $[\frac{j-1}{m}, \frac{j}{m}] \times [\frac{k-1}{m}, \frac{k}{m}]$ par σ soit contenue dans un ouvert $\mathrm{U}_{i(j,k)}$ du recouvrement $(\mathrm{U}_i)_{i \in \mathrm{I}}$.

Tout chemin c dans X est de la forme $c_1 * \cdots * c_m$, où c_k est le chemin $t \mapsto c(\frac{k-1+t}{m})$. Quitte à remplacer les entiers m et n par leur produit mn, on peut donc supposer que $m = n$.

Pour tout couple (j, k) d'entiers de $\{1, \ldots, n\}$ et tout couple $(s, t) \in \mathbf{I} \times \mathbf{I}$, posons

$$\sigma_{j,k}(s, t) = s_{i(j,k)} \circ \sigma\Big(\frac{s + j - 1}{n}, \frac{t + k - 1}{n}\Big).$$

Pour $t \in \mathbf{I}$, posons aussi $h^0_{j,k}(t) = \sigma_{j,k}(t, 0)$, $h^1_{j,k}(t) = \sigma_{j,k}(t, 1)$, $v^0_{j,k}(t) = \sigma_{j,k}(0, t)$ et $v^1_{j,k}(t) = \sigma_{j,k}(1, t)$. D'après le lemme 1 de III, p. 295, les chemins $h^0_{j,k} * v^1_{j,k}$ et $v^0_{j,k} * h^1_{j,k}$ sont strictement homotopes, d'où la relation

$$(2) \qquad [h^0_{j,k}][v^1_{j,k}] = [v^0_{j,k}][h^1_{j,k}]$$

dans $\varpi(\mathrm{X})$, pour tout couple $(j, k) \in \{1, \ldots, n\}^2$. D'autre part, pour tout couple d'entiers (j, k), avec $2 \leqslant j \leqslant n$ et $1 \leqslant k \leqslant n$, on a $f \circ v^0_{j,k} = f \circ v^1_{j-1,k}$, d'où la relation

$$(3) \qquad \{v^0_{j,k}\} = \{v^1_{j-1,k}\}$$

dans $\mathrm{Coeg}(f)$. De même, pour tout couple d'entiers (j, k) tels que $1 \leqslant j \leqslant n$ et $2 \leqslant k \leqslant n$, on a

$$(4) \qquad \{h^0_{j,k}\} = \{h^1_{j,k-1}\}.$$

Pour $j \in \{1, \ldots, n\}$, les chemins $f \circ c_j$ et $f \circ h^0_{j,1}$ coïncident. Par définition du coégalisateur $\mathrm{Coeg}(f)$, on a donc $\{c_j\} = \{h^0_{j,1}\}$. De même, pour tout $j \in \{1, \ldots, n\}$, $\{d_j\} = \{h^1_{j,n}\}$. Par suite, on a les relations

$$u = \{h^0_{1,1}\} \ldots \{h^0_{n,1}\}, \quad v = \{h^1_{1,n}\} \ldots \{h^1_{n,n}\}.$$

D'après le lemme 3 ci-dessous, on a

$$\{h^0_{1,1}\} \ldots \{h^0_{1,n}\}\{v^1_{1,n}\} \ldots \{v^1_{n,n}\} = \{v^0_{1,1}\} \ldots \{v^0_{n,1}\}\{h^1_{n,1}\} \ldots \{h^1_{n,n}\}.$$

Comme les chemins $t \mapsto \sigma(0, t)$ et $t \mapsto \sigma(1, t)$ sont constants, on a, pour $1 \leqslant k \leqslant n$, $\{v^0_{1,k}\} = e_a$ et $\{v^1_{n,k}\} = e_b$ où a et $b \in \mathrm{Y}$ sont l'origine et le terme des flèches u et v de $\mathrm{Coeg}(f)$. Il en résulte l'égalité

$$\{h^0_{1,1}\} \ldots \{h^0_{1,n}\} = \{h^0_{n,1}\} \ldots \{h^1_{n,n}\},$$

c'est-à-dire $u = v$.

Lemme 3. — *Soit* G *un groupoïde et soient* p, q *des entiers* $\geqslant 1$. *Pour tout couple* (j, k) *d'entiers tels que* $0 \leqslant j \leqslant p$ *et* $0 \leqslant k \leqslant q$, *soit* $x_{j,k}$ *un sommet de* G ; *pour tout couple* (j, k) *tel que* $1 \leqslant j \leqslant p$ *et* $0 \leqslant k \leqslant q$, *soit* $h_{j,k}$ *une flèche de* G *reliant* $x_{j-1,k}$ *à* $x_{j,k}$; *pour tout couple* (j, k) *tel que* $0 \leqslant j \leqslant p$ *et* $1 \leqslant k \leqslant q$, *soit* $v_{j,k}$ *une flèche de* G *reliant* $x_{j,k-1}$ *à* $x_{j,k}$.

On suppose que, pour tout couple (j, k) *d'entiers tels que* $1 \leqslant j \leqslant p$ *et* $1 \leqslant k \leqslant q$, *les flèches* $v_{j-1,k}$ *et* $h_{j,k}$ *sont composables, de même que les flèches* $h_{j,k-1}$ *et* $v_{j,k}$, *et que l'on a* $v_{j-1,k}h_{j,k} = h_{j,k-1}v_{j,k}$. *Alors,*

$$h_{1,0}h_{2,0}\dots h_{p,0}v_{p,1}v_{p,2}\dots v_{p,q} = v_{0,1}v_{0,2}\dots v_{0,q}h_{1,q}h_{2,q}\dots h_{p,q}.$$

Traitons d'abord le cas particulier où $q = 1$ et démontrons le résultat par récurrence sur p. Si $p = 1$, l'assertion à démontrer est vérifiée par hypothèse ; supposons-la vérifiée pour $p - 1$; on a alors

$$h_{1,0}h_{2,0}\dots h_{p,0}v_{p,1} = h_{1,0}h_{2,0}\dots h_{p-1,0}v_{p-1,1}h_{p,1} = v_{0,1}h_{1,1}\dots h_{p,1}$$

par l'hypothèse de récurrence, d'où la relation pour p.

Démontrons maintenant le résultat par récurrence sur q. Il est vrai pour $q = 1$ d'après ce qui précède ; s'il est vrai pour $q - 1$, on a alors

$$h_{1,0}h_{2,0}\dots h_{p,0}v_{p,1}v_{p,2}\dots v_{p,q} = v_{0,1}v_{0,2}\dots v_{0,q-1}h_{1,q-1}\dots h_{p,q-1}v_{p,q}.$$

D'après le cas $q = 1$, on a

$$h_{1,q-1}\dots h_{p,q-1}v_{p,q} = v_{0,q}h_{1,q}\dots h_{p,q},$$

d'où la relation voulue.

Exemples. — 1) Le théorème s'applique lorsque l'application f est étale et surjective.

2) Il s'applique aussi lorsque l'espace X est l'espace somme d'une famille $(\mathrm{V}_i)_{i\in\mathrm{I}}$ de parties de Y dont les intérieurs recouvrent Y, et que f est l'application déduite des injections canoniques de chacun des V_i dans Y.

8. Groupoïde de Poincaré d'un espace quotient

Soit X un espace topologique muni d'une opération continue d'un groupe discret G ; posons $\mathrm{Y} = \mathrm{X}/\mathrm{G}$ et notons $f : \mathrm{X} \to \mathrm{Y}$ l'application canonique. Notons $|\mathrm{G}|$ le groupoïde $\varpi(\mathrm{G})$; l'ensemble de ses sommets est G ; pour $g, g' \in G$, il existe une unique flèche reliant g à g' si $g' = g'$, et aucune sinon. Par passage aux groupoïdes fondamentaux, l'opération $m\colon G \times X \to X$ induit un morphisme de groupoïdes $\varpi(m)\colon |G| \times \varpi(X) \to \varpi(X)$. Soit $\varpi(X)/G$ le coégalisateur des deux morphismes de groupoïdes $\varpi(m)$ et $\varpi(\mathrm{pr}_2)$ de $|G| \times \varpi(X)$ dans $\varpi(X)$; notons $\beta\colon \varpi(X) \to \varpi(X)/G$ le morphisme de groupoïdes canonique. On a $f \circ m = f \circ \mathrm{pr}_2$, donc $\varpi(f) \circ \varpi(m) = \varpi(f) \circ \varpi(\mathrm{pr}_2)$. D'après la propriété universelle des coégalisateurs, il existe donc un unique morphisme de groupoïdes $\varpi''(f)\colon \varpi(X)/G \to \varpi(Y)$ tel que l'on ait $\varpi(f) = \varpi''(f) \circ \beta$.

THÉORÈME 3. — *Soit* X *un espace topologique délaçable et soit* G *un groupe discret opérant proprement dans* X *; soit* $f\colon X \to X/G$ *la surjection canonique. Le morphisme de groupoïdes canonique* $\varpi''(f)\colon \varpi(X)/G \to \varpi(X/G)$ *introduit ci-dessus est un isomorphisme.*

Notons $\mathrm{Coeg}(f)$ le coégalisateur des deux morphismes de groupoïdes de $\varpi(X \times_Y X)$ dans $\varpi(X)$ induits par les projections pr_1 et pr_2 ; soit $\gamma\colon \varpi(X) \to \mathrm{Coeg}(f)$ le morphisme de groupoïdes canonique. L'image de l'application $(m, \mathrm{pr}_2)\colon G \times X \to X \times X$ étant le sous-espace $X \times_Y X$ de $X \times X$, les deux morphismes de groupoïdes $\gamma \circ \varpi(m)$ et $\gamma \circ \varpi(\mathrm{pr}_2)$, de $|G| \times \varpi(X)$ dans $\mathrm{Coeg}(f)$ sont égaux. D'après la propriété universelle de $\varpi(X)/G$, il existe un unique morphisme de groupoïdes $\alpha\colon \varpi(X)/G \to \mathrm{Coeg}(f)$ tel que $\gamma = \alpha \circ \beta$.

Notons aussi $\varpi'(f)$ l'unique morphisme de groupoïdes de $\mathrm{Coeg}(f)$ dans $\varpi(Y)$ tel que $\varpi(f) = \varpi'(f) \circ \gamma$. D'après IV, p. 399, exemple 2, les hypothèses du th. 1 de IV, p. 398 sont vérifiées et le morphisme $\varpi'(f)$ est un isomorphisme. Comme

$$\varpi(f) = \varpi'(f) \circ \gamma = \varpi'(f) \circ \alpha \circ \beta = \varpi''(f) \circ \beta,$$

on a $\varpi''(f) = \varpi'(f) \circ \alpha$. Ainsi, pour démontrer le théorème 3, il suffit de prouver que le morphisme α est un isomorphisme.

Lemme 4. — *Pour tout chemin* $c = (c_1, c_2)$ *dans* $X \times_Y X$, *on a* $\beta([c_1]) = \beta([c_2])$.

Soit c un tel chemin.

Soit $x \in X$, soit K_x son fixateur dans G. D'après TG, III, p. 32, prop. 8, il existe un voisinage ouvert U_x de x dans X tel que $K_x \cdot U_x =$

U_x, $g \cdot U_x \cap U_x = \varnothing$ pour tout $g \in G - K_x$, et tel que l'application f induise un homéomorphisme de U_x/K_x sur un voisinage ouvert V_x de $f(x)$ dans Y. Comme X est délaçable et que la restriction à U_x de l'application f est ouverte et fermée, on peut en outre supposer que U_x est connexe et que l'image de l'homomorphisme canonique $\pi_1(U_x, x) \to \pi_1(X, x)$ est réduite à l'élément neutre. Les ouverts $(V_x)_{x \in X}$ ainsi construits forment un recouvrement ouvert de Y. D'après le lemme 4 de III, p. 272, appliqué à l'espace compact **I** et aux ouverts $(f \circ c_1)^{-1}(V_x)$ pour $x \in X$, il existe un entier $n \geqslant 1$ tel que pour tout $i \in \{1, \ldots, n\}$, il existe un point x_i dans X tel que $c_1([\frac{i-1}{n}, \frac{i}{n}])$ soit contenu dans $\overset{-1}{f}(V_{x_i})$. Comme $f \circ c_1 = f \circ c_2$, $c_2([\frac{i-1}{n}, \frac{i}{n}])$ est aussi contenu dans $\overset{-1}{f}(V_{x_i})$.

Pour $j = 1$ ou 2 et pour $i \in \{1, \ldots, n\}$, notons $c_{j,i}$ le chemin dans X défini par $t \mapsto c_j(\frac{i+t-1}{n})$; on a $c_j = c_{j,1} * \cdots * c_{j,n}$ (III, p. 291, remarque 1). Par suite, pour montrer que $\beta([c_1]) = \beta([c_2])$, il suffit de montrer que $\beta([c_{1,i}]) = \beta([c_{2,i}])$ pour tout entier $i \in \{1, \ldots, n\}$. Quitte à remplacer le chemin (c_1, c_2) par le chemin $(c_{1,i}, c_{2,i})$, on suppose ainsi qu'il existe $x \in X$ tel que $(f \circ c_1)([0, 1]) \subset V_x$.

L'image réciproque de V_x par f est la réunion disjointe des parties connexes $g \cdot U_x$, où g parcourt un système de représentants dans G de G/K_x. Pour $i = 1$ ou 2, soit g_i un élément de G tel que le point $x_i = g_i \cdot c_i(0)$ appartienne à U_x. L'image du chemin $g_i \cdot c_i$ est alors contenue dans U_x. Par définition du groupoïde $\varpi(X)/G$, on a $\beta([g_i \cdot c_i]) = \beta([c_i])$, ce qui permet de supposer que les images des chemins c_1 et c_2 sont contenues dans U_x et que $g_1 = g_2 = e$.

Pour $s = 0$ ou 1, soit d_s un chemin dans U_x reliant x à $c_1(s)$ et soit g_s un élément de K_x tel que $g_s \cdot c_2(s) = c_1(s)$. Les chemins $d_0 * c_1 * \overline{d_1}$ et $d_0 * (g_0 \cdot c_2) * (g_0 g_1^{-1} \cdot \overline{d_1})$ sont des lacets en x dans U_x. Ils sont donc strictement homotopes dans X au lacet constant en x, car l'image de l'homomorphisme canonique $\pi_1(U_x, x) \to \pi_1(X, x)$ est réduite à l'élément neutre. Leurs classes ont en particulier même image par le morphisme de groupoïdes β, d'où

$$\beta([d_0])\beta([c_1])\beta([d_1])^{-1} = \beta([d_0])\beta([g_0 \cdot c_2])\beta([g_0 g_1^{-1} \cdot d_1])^{-1}.$$

Puisque $\beta([g \cdot c]) = \beta([c])$ pour tout élément $g \in G$ et tout chemin c dans X, il en résulte l'égalité $\beta([c_1]) = \beta([c_2])$, ainsi qu'il fallait démontrer.

D'après le lemme, les deux morphismes de groupoïdes $\beta \circ \varpi(\mathrm{pr}_1)$ et $\beta\circ\varpi(\mathrm{pr}_2)$ de $\varpi(\mathrm{X}\times_{\mathrm{Y}}\mathrm{X})$ dans $\mathrm{Coeg}(f)$ sont égaux. D'après la propriété universelle du coégalisateur, il existe donc un unique morphisme de groupoïdes $\alpha' \colon \mathrm{Coeg}(f) \to \varpi(\mathrm{X})/\mathrm{G}$ tel que $\beta = \alpha' \circ \gamma$. Le morphisme $\alpha' \circ \alpha$ est l'unique morphisme de groupoïdes φ de $\varpi(\mathrm{X})/\mathrm{G}$ dans lui-même tel que $\varphi \circ \beta = \beta$; on a donc $\alpha' \circ \alpha = \mathrm{Id}_{\varpi(\mathrm{X})/\mathrm{G}}$. De même, $\alpha \circ \alpha' = \mathrm{Id}_{\mathrm{Coeg}(f)}$. Par suite, α est un isomorphisme.

§ 5. THÉORÈME DE VAN KAMPEN

1. Coégalisateur des projections d'un carré fibré

Soient X et Y des espaces topologiques et soit f une application continue de X dans Y. On note Z le carré fibré $\mathrm{X} \times_{\mathrm{Y}} \mathrm{X}$ et p_1, p_2 les deux projections de Z dans X. On note W le produit fibré $\mathrm{X}\times_{\mathrm{Y}}\mathrm{X}\times_{\mathrm{Y}}\mathrm{X}$; pour tout couple (s, t) d'entiers égaux à 1, 2 ou 3, on note $q_{st} \colon \mathrm{W} \to \mathrm{Z}$ l'application définie par $q_{st}(x_1, x_2, x_3) = (x_s, x_t)$.

Notons $\mathrm{Coeg}(f)$ le groupoïde $\mathrm{Coeg}(\varpi(p_1), \varpi(p_2))$, coégalisateur des deux morphismes $\varpi(p_1)$, $\varpi(p_2)$ du groupoïde de Poincaré $\varpi(\mathrm{Z})$ dans le groupoïde de Poincaré $\varpi(\mathrm{X})$. Notons $\gamma \colon \varpi(\mathrm{X}) \to \mathrm{Coeg}(f)$ le morphisme de groupoïdes canonique. Comme $f \circ p_1 = f \circ p_2$, les morphismes de groupoïdes $\varpi(f) \circ \varpi(p_1)$ et $\varpi(f) \circ \varpi(p_2)$ de $\varpi(\mathrm{Z})$ dans $\varpi(\mathrm{Y})$ sont égaux ; il existe ainsi un unique morphisme de groupoïdes $\varpi'(f) \colon \mathrm{Coeg}(f) \to \varpi(\mathrm{Y})$ tel que $\varpi'(f) \circ \gamma = \varpi(f)$.

DÉFINITION 1. — *On dit que l'application f vérifie la propriété* (VK) *si elle est stricte, surjective et si le morphisme $\varpi'(f)$ est un isomorphisme.*

Exemple 1. — Cette propriété est vérifiée sous l'une des hypothèses suivantes :

(i) Les espaces X et Y sont délaçables, l'espace $\mathrm{X} \times_{\mathrm{Y}} \mathrm{X}$ est localement connexe par arcs, l'application f est surjective, propre, séparée, à fibres localement connexes ;

(ii) Les espaces X et Y sont délaçables, l'application f est surjective, propre, séparée, à fibres finies, la diagonale Δ_X de $X \times_Y X$ est ouverte et son complémentaire est localement connexe ;

(iii) Les espaces X et Y sont délaçables, l'application f est surjective, ouverte et possède la propriété de relèvement des chemins ;

(iv) Tout point de Y possède un voisinage au-dessus duquel il existe une section continue de l'application f.

En effet, sous chacune de ces hypothèses, l'application f est surjective ; elle est aussi stricte en vertu de I, p. 18, exemple 2. Enfin, le morphisme $\varpi'(f)$ est un isomorphisme, tant sous les hypothèses (i), (ii) ou (iii) d'après IV, p. 398, th. 1, que sous l'hypothèse (iv) (IV, p. 400, th. 2).

La prop. 5 de II, p. 208 décrit les groupes d'isotropie du groupoïde Coeg(f). Le but de ce n° est d'expliciter, lorsque f vérifie la propriété (VK), la description des groupes de Poincaré de Y qui s'en déduit par composition avec l'isomorphisme de groupoïdes $\varpi'(f)$. Les n^{os} suivants seront consacrés à des cas particuliers importants.

Supposons que l'application f satisfasse la propriété (VK).

Posons $\mathsf{I} = \pi_0(X)$, $\mathsf{J} = \pi_0(Z)$, $\mathsf{K} = \pi_0(W)$; pour $j \in \mathsf{J}$ et $s \in \{1, 2\}$, on pose $i_s(j) = \pi_0(p_s)(j)$; pour $k \in \mathsf{K}$ et s, $t \in \{1, 2, 3\}$, on pose $j_{st}(k) = \pi_0(q_{st})(k)$. Notons Γ l'armature du couple $(\varpi(p_1), \varpi(p_2))$ de morphismes de groupoïdes de $\varpi(Z)$ dans $\varpi(X)$ (II, p. 185, déf. 3). C'est le carquois $(\mathsf{I}, \mathsf{J}, \pi_0(p_1), \pi_0(p_2))$, car les orbites du groupoïde de Poincaré d'un espace topologique sont les composantes connexes par arcs de cet espace.

Supposons de plus que Y soit connexe par arcs et non vide. D'après II, p. 200, remarque 2, $\pi_0(\Gamma)$ est alors en bijection avec l'ensemble des orbites du groupoïde Coeg(f) ; puisque l'application f satisfait à la propriété (VK), le groupoïde Coeg(f) est isomorphe au groupoïde $\varpi(Y)$. *Le graphe* Γ *est ainsi connexe et non vide.*

Appelons *donnée de van Kampen de* f la donnée des éléments suivants :

(i) pour tout $i \in \mathsf{I}$, un point $\mathsf{a}(i)$ de la composante connexe par arcs i de X ;

(ii) pour tout $j \in \mathsf{J}$, un point $\mathsf{b}(j) = (\mathsf{b}_1(j), \mathsf{b}_2(j))$ de la composante connexe par arcs j de Z ;

(iii) pour tout $k \in \mathsf{K}$, un point $\mathsf{c}(k) = (\mathsf{c}_1(k), \mathsf{c}_2(k), \mathsf{c}_3(k))$ de la composante connexe par arcs k de W ;

(iv) pour tout $j \in \mathsf{J}$, la classe $\beta_1(j)$ d'un chemin dans X reliant $\mathsf{b}_1(j)$ à $\mathsf{a}(i_1(j))$ et la classe $\beta_2(j)$ d'un chemin dans X reliant $\mathsf{b}_2(j)$ à $\mathsf{a}(i_2(j))$;

(v) pour tout $k \in \mathsf{K}$ et pour tout couple (s,t) égal à $(1,2)$, $(2,3)$ ou $(1,3)$, la classe $\gamma_{st}(k)$ d'un chemin dans Z reliant $(\mathsf{c}_s(k), \mathsf{c}_t(k))$ à $\mathsf{b}(j_{st}(k))$;

(vi) un sous-carquois T de Γ dont le graphe associé est un arbre maximal du graphe $\widetilde{\Gamma}$;

(vii) un élément i_0 de I.

Choisissons une donnée de van Kampen de f. Alors, $(\mathsf{a}, \mathsf{b}, \beta_1, \beta_2, \mathsf{T}, i_0)$ est un *équipement de base* du couple $(\varpi(p_1), \varpi(p_2))$ de morphismes de groupoïdes de $\varpi(\mathrm{Z})$ dans $\varpi(\mathrm{X})$ (II, p. 192, déf. 4). Par ailleurs, les triplets

$$\mathsf{z} = ((q_{12}(\mathsf{c}(k)), 1), (q_{23}(\mathsf{c}(k)), 1), (q_{13}(\mathsf{c}(k)), -1))$$

et les classes de chemins $(\gamma_{1,2}(k), \gamma_{2,3}(k), \gamma_{1,3}(k))$, où k décrit K, définissent un *équipement complémentaire* du couple $(\varpi(p_1), \varpi(p_2))$ (II, p. 208, déf. 3 ; II, p. 205, exemple ; II, p. 205, remarque). Nous dirons que l'équipement complet du coégalisateur $\mathrm{Coeg}(f)$ ainsi défini est déduit de la donnée de van Kampen de f que nous avons choisie.

Pour tout $j \in \mathsf{J}$, notons $\varphi_j \colon \pi_1(\mathrm{Z}, \mathsf{b}(j)) \to \pi_1(\mathrm{X}, \mathsf{a}(i_1(j)))$ et $\psi_j \colon \pi_1(\mathrm{Z}, \mathsf{b}(j)) \to \pi_1(\mathrm{X}, \mathsf{a}(i_2(j)))$ les homomorphismes de groupes définis par

$$(1) \qquad \begin{aligned} \varphi_j &= \mathrm{Int}(\beta_1(j))^{-1} \circ (p_1)_*, \quad v \mapsto \beta_1(j)^{-1}((p_1)_*(v))\beta_1(j) \\ \psi_j &= \mathrm{Int}(\beta_2(j))^{-1} \circ (p_2)_*, \quad v \mapsto \beta_2(j)^{-1}((p_2)_*(v))\beta_2(j), \end{aligned}$$

pour $v \in \pi_1(\mathrm{Z}, \mathsf{b}(j))$. Pour tout $k \in \mathsf{K}$ et tout $s \in \{1,2,3\}$, notons $\lambda_s(k)$ la classe de lacet au point $\mathsf{a}(i_s(k))$ dans X définie par

(2)

$$\begin{aligned} \lambda_1(k) &= \beta_1(j_{13}(k))^{-1} \cdot ((p_1)_*(\gamma_{13}(k)))^{-1} \cdot ((p_1)_*(\gamma_{12}(k))) \cdot \beta_1(j_{12}(k)), \\ \lambda_2(k) &= \beta_2(j_{12}(k))^{-1} \cdot ((p_2)_*(\gamma_{12}(k)))^{-1} \cdot ((p_1)_*(\gamma_{23}(k))) \cdot \beta_1(j_{23}(k)), \\ \lambda_3(k) &= \beta_2(j_{23}(k))^{-1} \cdot ((p_2)_*(\gamma_{23}(k)))^{-1} \cdot ((p_2)_*(\gamma_{13}(k))) \cdot \beta_2(j_{13}(k)). \end{aligned}$$

Notons τ l'unique morphisme de groupoïdes de $\mathrm{Grp}(\Gamma)$ dans $\varpi(\mathrm{Y})$ tel que l'application $\mathrm{Som}(\tau)$ applique $i \in \mathsf{I}$ sur $f(\mathsf{a}(i))$ et $\mathrm{Fl}(\tau)$ applique $j \in \mathsf{J}$ sur la classe de chemins $f_*(\beta_1(j))^{-1} f_*(\beta_2(j))$ reliant $f(\mathsf{a}(i_1(j)))$

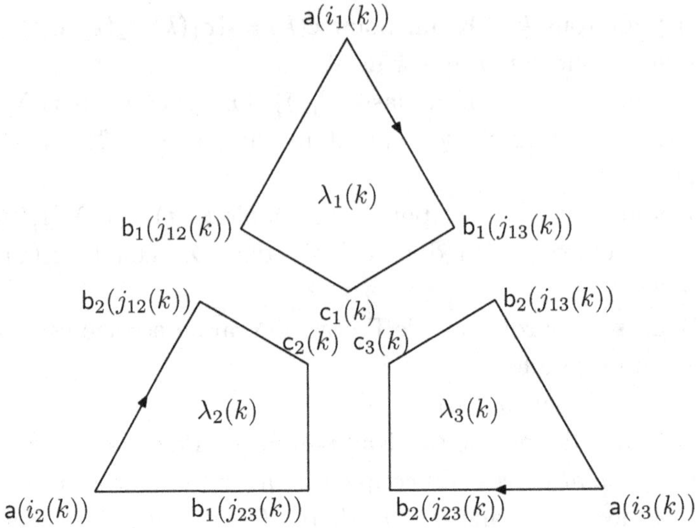

à $f(\mathsf{a}(i_2(j)))$ dans Y. Pour $i \in \mathsf{I}$, soit $d_i \in \mathrm{Grp}(\Gamma)$ la classe de l'unique chemin sans aller-retour reliant i_0 à i dans l'arbre $\widetilde{\mathsf{T}}$ et posons $\delta_i = \tau(d_i)$.

Si S est un ensemble, rappelons que F(S) désigne le groupe libre sur S ; l'image dans F(S) d'un élément $s \in \mathrm{S}$ par l'application canonique est notée $[s]$, voire s s'il n'y a pas de confusion possible.

THÉORÈME 1. — *Supposons que* Y *soit connexe par arcs et que* f *vérifie la propriété* (VK). *Avec les notations précédentes, il existe un unique homomorphisme de groupes*

$$\mathsf{L}\colon (\mathop{*}_{i\in \mathsf{I}} \pi_1(\mathrm{X}, \mathsf{a}(i))) * \mathrm{F}(\mathsf{J}) \to \pi_1(\mathrm{Y}, f(\mathsf{a}(i_0)))$$

tel que

$$\mathsf{L}(v) = \delta_i f_*(v)\delta_i^{-1} \qquad \textit{pour } i \in \mathsf{I} \textit{ et } v \in \pi_1(\mathrm{X}, \mathsf{a}(i)),$$

$$\mathsf{L}(j) = \delta_{i_1(j)}\tau(j)\delta_{i_2(j)}^{-1} \qquad \textit{pour } j \in \mathsf{J}.$$

De plus, l'homomorphisme L *est surjectif et son noyau est le plus petit sous-groupe distingué contenant les éléments suivants :*

(R₁) $\mathsf{r}_1(j) = j$ *pour* j *dans* $\mathrm{Fl}(\mathsf{T})$;

(R₂) $\mathsf{r}_2(j, v) = \varphi_j(v)j\psi_j(v)^{-1}j^{-1}$ *pour* $j \in \mathsf{J}$ *et* $v \in \pi_1(\mathrm{Z}, \mathsf{b}(j))$;

(R₃) $\mathsf{r}_3(k) = \lambda_1(k)j_{12}(k)\lambda_2(k)j_{23}(k)\lambda_3(k)j_{13}(k)^{-1}$, *pour* $k \in \mathsf{K}$.

L'existence et l'unicité de l'homomorphisme L résultent de la propriété universelle des produits libres et des groupes libres. Du reste, cet homomorphisme est le composé de l'homomorphisme $\varpi'(f)_{\gamma(\mathsf{a}(i_0))}$ déduit de $\varpi'(f)$ par passage aux groupes d'isotropie et de l'homomorphisme de groupes λ défini par la prop. 5 de II, p. 208, compte tenu de ce que la donnée de van Kampen choisie détermine un équipement complet du couple $(\varpi(p_1), \varpi(p_2))$ de morphismes de groupoïdes de $\varpi(\mathrm{Z})$ dans $\varpi(\mathrm{X})$. D'après cette proposition, l'homomorphisme λ a pour image le groupe $\mathrm{Coeg}(f)_{\gamma(\mathsf{a}(i_0))}$ et son noyau est le plus petit sous-groupe distingué contenant les éléments définis par les relations (R_1), (R_2) et (R_3). D'autre part, le morphisme de groupoïdes $\varpi'(f) \colon \mathrm{Coeg}(f) \to \varpi(\mathrm{Y})$ est un isomorphisme, par définition de la propriété (VK). Le théorème est donc démontré.

2. Recouvrements

Soit Y un espace topologique connexe par arcs, non vide, et soit $(\mathrm{A}_i)_{i\in \mathrm{I}}$ un recouvrement de Y par des parties connexes par arcs non vides, indexé par un ensemble totalement ordonné I. Soit $\mathrm{X} = \bigsqcup_{i\in\mathrm{I}} \mathrm{A}_i$ l'espace somme de la famille (A_i) et soit $f \colon \mathrm{X} \to \mathrm{Y}$ l'application déduite de la famille des injections canoniques de chaque A_i dans Y. *Supposons que l'application f satisfait à la propriété* (VK). Cela a lieu notamment dans les deux cas suivants :

(i) les intérieurs des ensembles A_i, pour $i \in \mathrm{I}$, recouvrent Y (*cf.* IV, p. 402, exemple 2) ;

(ii) l'espace Y est délaçable, ainsi que les espaces A_i, pour $i \in \mathrm{I}$, la famille $(\mathrm{A}_i)_{i\in\mathrm{I}}$ est localement finie, les A_i sont fermés dans Y et leurs intersections deux à deux sont localement connexes par arcs (*cf.* IV, p. 399, exemple 1).

Soit J′ l'ensemble des triplets (i, i', V), où i et i' sont des éléments de I et où V est une composante connexe par arcs de $\mathrm{A}_i \cap \mathrm{A}_{i'}$. Si $j = (i, i', \mathrm{V}) \in \mathrm{J}'$, on pose $i_1(j) = i$, $i_2(j) = i'$ et $\overline{j} = (i', i, \mathrm{V})$. Soit J le sous-ensemble de J′ formé des triplets tels que $i < i'$. On appelle *armature du recouvrement* le carquois Γ dont l'ensemble des sommets est I, dont l'ensemble des flèches est J et les applications origine et terme sont respectivement les applications $j \mapsto i_1(j)$ et $j \mapsto i_2(j)$. Nous identifierons le graphe associé à Γ au graphe $\widetilde{\Gamma}$ dont l'ensemble des sommets est I, l'ensemble des flèches est $\mathrm{J} \cup \overline{\mathrm{J}}$, les applications origine et terme sont les applications $j \mapsto i_1(j)$ et $j \mapsto i_2(j)$ et l'involution est l'application $j \mapsto \overline{j}$.

Notons p_1 et p_2 les projections du carré fibré $X \times_Y X$ vers X ; soit $\mathsf{\Gamma}$ l'armature du couple $(\varpi(p_1), \varpi(p_2))$ de morphismes de groupoïdes de $\varpi(X \times_Y X)$ dans $\varpi(X)$.

Lemme 1. — *Le carquois* Γ *s'identifie à un sous-carquois de* $\mathsf{\Gamma}$ *; les carquois* Γ *et* $\mathsf{\Gamma}$ *sont connexes.*

Les composantes connexes par arcs de X sont les A_i, pour $i \in I$. Les composantes connexes par arcs de $X \times_Y X$ sont les $(V \times \{i\}) \times_Y (V \times \{i'\})$, pour $(i, i', V) \in J'$. Par suite, l'armature $\mathsf{\Gamma}$ du couple $(\varpi(p_1), \varpi(p_2))$ est isomorphe au carquois dont l'ensemble des sommets est I, l'ensemble des flèches est J', les applications origine et terme étant respectivement les applications $j \mapsto i_1(j)$ et $j \mapsto i_2(j)$. Le carquois $\mathsf{\Gamma}$ est connexe (IV, p. 406). En outre, cette description identifie Γ à un sous-carquois de $\mathsf{\Gamma}$. Observons aussi que pour tout flèche j de $\mathsf{\Gamma}$, ou bien $j \in \mathrm{Fl}(\widetilde{\Gamma})$, ou bien il existe $i \in I$ tel que $j = (i, i, A_i)$. Il s'ensuit que l'application $\pi_0(\Gamma) \to \pi_0(\mathsf{\Gamma})$ déduite de l'injection de Γ dans $\mathsf{\Gamma}$ est bijective, si bien que Γ est connexe.

Pour tout élément i de I, choisissons un point $a(i)$ de A_i.

Pour tout élément $j = (i, i', V)$ de J, choisissons un point $b(j)$ dans V, un chemin $B_1(j)$ reliant $b(j)$ à $a(i)$ dans A_i et un chemin $B_2(j)$ reliant $b(j)$ à $a(i')$ dans $A_{i'}$. Soit $j = (i, i', V)$ un élément de $\overline{J}$; alors $\overline{j} = (i', i, V)$ appartient à J et l'on pose $b(\overline{j}) = b(j)$, $B_1(j) = B_2(\overline{j})$ et $B_2(j) = B_1(\overline{j})$. Pour $j \in J' \cup \overline{J'}$, les chemins $\overline{B_1(j)}$ et $B_2(j)$ dans Y sont juxtaposables. Posons

$$B(j) = \overline{B_1(j)} * B_2(j). \tag{3}$$

C'est un chemin qui relie $a(i_1(j))$ à $a(i_2(j))$ dans Y ; on a la relation $B(\overline{j}) = \overline{B(j)}$.

Pour tout $j = (i, i', V) \in J'$, notons $p_{j,1} \colon V \to A_i$ et $p_{j,2} \colon V \to A_{i'}$ les injections canoniques ; notons aussi $\varphi_j \colon \pi_1(V, b(j)) \to \pi_1(A_i, a(i))$ et $\psi_j \colon \pi_1(V, b(j)) \to \pi_1(A_{i'}, a(i'))$ les homomorphismes de groupes définis par

$$\varphi_j(v) = [B_1(j)]^{-1}(p_{j,1})_*(v)[B_1(j)]$$

et

$$\psi_j(v) = [B_2(j)]^{-1}(p_{j,2})_*(v)[B_2(j)],$$

pour $v \in \pi_1(V, b(j))$ (*cf.* IV, p. 407).

Fixons un élément i_0 de I, ainsi qu'un sous-carquois T dans le carquois Γ dont le graphe associé $\widetilde{\mathrm{T}}$ est un arbre maximal du graphe $\widetilde{\Gamma}$.

Pour $i \in \mathrm{I}$, soit $(i_0, j_1, i_1, \ldots, j_n, i)$ l'unique chemin sans aller-retour reliant i_0 à i dans l'arbre $\widetilde{\mathrm{T}}$ et posons

$$\delta(i) = [\mathrm{B}(j_1)][\mathrm{B}(j_2)] \ldots [\mathrm{B}(j_n)] \;;$$

c'est la classe d'un chemin reliant $a(i_0)$ à $a(i)$ dans Y. Notons α_i l'homomorphisme de $\pi_1(\mathrm{A}_i, a(i))$ dans $\pi_1(\mathrm{Y}, a(i))$ déduit de l'injection canonique et soit $\mu_i \colon \pi_1(\mathrm{A}_i, a(i)) \to \pi_1(\mathrm{Y}, a(i_0))$ l'homomorphisme de groupes défini par

$$\mu_i(v) = \delta(i)\alpha_i(v)\delta(i)^{-1}.$$

Soit enfin $\mu \colon \mathrm{F}(\mathrm{J}) \to \pi_1(\mathrm{Y}, a(i_0))$ l'unique homomorphisme de groupes tel que l'on ait

$$\mu(j) = \delta(i_1(j))[\mathrm{B}(j)]\delta(i_2(j))^{-1}$$

pour tout $j \in \mathrm{J}$. Il existe un unique homomorphisme de groupes

$$\mathsf{M} \colon (\mathop{*}_{i \in \mathrm{I}} \pi_1(\mathrm{A}_i, a(i))) * \mathrm{F}(\mathrm{J}) \to \pi_1(\mathrm{Y}, a(i_0))$$

qui coïncide avec μ_i dans $\pi_1(\mathrm{A}_i, a(i))$, pour tout $i \in \mathrm{I}$, et avec μ dans $\mathrm{F}(\mathrm{J})$.

Notons K′ l'ensemble des quadruplets $(i_1, i_2, i_3, \mathrm{U})$, où i_1, i_2, i_3 sont des éléments de I et où U est une composante connexe par arcs de $\mathrm{A}_{i_1} \cap \mathrm{A}_{i_2} \cap \mathrm{A}_{i_3}$. Pour tout élément $k = (i_1, i_2, i_3, \mathrm{U})$ de K′ et tout couple (s, t) d'éléments de $\{1, 2, 3\}$, on pose $j_{st}(k) = (i_s, i_t, \mathrm{V})$, où V est la composante connexe par arcs de $\mathrm{A}_{i_s} \cap \mathrm{A}_{i_t}$ qui contient U ; c'est un élément de J′.

Notons K le sous-ensemble de K′ formé des quadruplets $(i_1, i_2, i_3, \mathrm{U})$ tels que $i_1 < i_2 < i_3$. Pour tout élément $k = (i_1, i_2, i_3, \mathrm{U})$ de K, choisissons un point $c(k)$ de U, ainsi que des chemins $\mathrm{C}_{12}(k)$, $\mathrm{C}_{23}(k)$ et $\mathrm{C}_{13}(k)$, tels que $\mathrm{C}_{st}(k)$ relie $c(k)$ à $b(j_{st}(k))$ dans $\mathrm{A}_{i_s} \cap \mathrm{A}_{i_t}$ pour $s, t \in \{1, 2, 3\}$ avec $s < t$.

Posons alors, pour $k \in \mathrm{K}$,

$$\begin{aligned}
&\mathrm{L}_1(k) = \overline{\mathrm{B}_1(j_{13}(k))} * \overline{\mathrm{C}_{13}(k)} * \mathrm{C}_{12}(k) * \mathrm{B}_1(j_{12}(k)),\\
(4)\qquad &\mathrm{L}_2(k) = \overline{\mathrm{B}_2(j_{12}(k))} * \overline{\mathrm{C}_{12}(k)} * \mathrm{C}_{23}(k) * \mathrm{B}_1(j_{23}(k)),\\
&\mathrm{L}_3(k) = \overline{\mathrm{B}_2(j_{23}(k))} * \overline{\mathrm{C}_{23}(k)} * \mathrm{C}_{13}(k) * \mathrm{B}_2(j_{13}(k)).
\end{aligned}$$

Pour $s \in \{1, 2, 3\}$, on note $\lambda_s(k)$ la classe dans $\pi_1(\mathrm{A}_{i_s}, a(i_s))$ du lacet $\mathrm{L}_s(k)$.

PROPOSITION 1. — *Soit* Y *un espace topologique connexe par arcs et soit* $(A_i)_{i \in I}$ *un recouvrement de* Y *par des parties non vides, connexes par arcs, indexé par un ensemble totalement ordonné* I. *Supposons que l'application canonique de l'espace somme de la famille* $(A_i)_{i\in I}$ *vers* Y *satisfait à la propriété* (VK). *Alors, l'homomorphisme* M *introduit ci-dessus est surjectif et son noyau est le plus petit sous-groupe distingué contenant les éléments suivants :*

(R_1) $r_1(j) = j$ *pour* j *dans* $\mathrm{Fl}(T)$;

(R_2) $r_2(j,v) = \varphi_j(v) j \psi_j(v)^{-1} j^{-1}$

pour $j = (i, i', V) \in J$ *et* $v \in \pi_1(V, b(j))$;

(R_3) $r_3(k) = \lambda_1(k) j_{12}(k) \lambda_2(k) j_{23}(k) \lambda_3(k) j_{13}(k)^{-1}$

pour $k \in K$.

Soit X l'espace topologique somme de la famille $(A_i)_{i\in I}$ et soit $f\colon X \to Y$ l'application déduite de la famille des injections canoniques de chaque A_i dans Y. L'application f satisfait à la propriété (VK) par hypothèse; nous allons ainsi lui appliquer le th. 1 du n° 1. Nous reprenons donc les notations de ce n° et commençons par définir une donnée de van Kampen de l'application f.

Les composantes connexes par arcs de X sont les ensembles $X_i = A_i \times \{i\}$ pour $i \in I$. On identifie ainsi $\pi_0(X)$ à l'ensemble I. Pour tout $i \in I$, notons $\mathsf{a}(i)$ le point $(a(i), i)$ de X_i.

Posons $Z = X \times_Y X$. Les composantes connexes par arcs de Z sont les ensembles $Z_j = (V \times \{i\}) \times_Y (V \times \{i'\})$, où $j = (i, i', V)$ parcourt J'. On identifie ainsi $\pi_0(Z)$ à l'ensemble J'. Soit J_0 l'ensemble des éléments de J de la forme (i, i, A_i), de sorte que la famille $(J_0, J, \overline{J})$ est une partition de J'. Pour $i \in I$ et $j = (i, i, A_i) \in J_0$, posons $\mathsf{b}(j) = (\mathsf{a}(i), \mathsf{a}(i))$ et prenons pour $\beta_1(j)$ et $\beta_2(j)$ la classe du chemin constant en $\mathsf{a}(i)$. Pour $j = (i, i', V) \in J \cup \overline{J}$, notons $\mathsf{b}(j)$ le point $((b(j), i), (b(j), i'))$ de Z_j et notons $\beta_1(j)$ et $\beta_2(j)$ les classes des chemins $t \mapsto (B_1(j)(t), i)$ et $t \mapsto (B_2(j)(t), i')$ dans X.

Posons $W = X \times_Y X \times_Y X$. Les composantes connexes par arcs de W sont les ensembles $W_k = (U \times \{i_1\}) \times_Y (U \times \{i_2\}) \times_Y (U \times \{i_3\})$, où $k = (i_1, i_2, i_3, U)$ parcourt K'. On identifie ainsi $\pi_0(W)$ à l'ensemble K'.

Notons K_0 l'ensemble des éléments de K' de la forme $k = (i, i, i, A_i)$, pour $i \in I$. Pour un tel élément $k \in K_0$, on pose $\mathsf{c}(k) = (\mathsf{a}(i), \mathsf{a}(i), \mathsf{a}(i))$ et on choisit pour $\gamma_{st}(k)$ la classe du chemin constant en $(\mathsf{a}(i), \mathsf{a}(i))$.

Notons K_1 l'ensemble des éléments de K' de la forme $k = (i_1, i_2, i_3, \mathrm{V})$ pour lesquels l'ensemble $\{i_1, i_2, i_3\}$ a deux éléments. Soit k un élément de K' de la forme (i, i, i', V), de sorte que $j = (i, i', \mathrm{V})$ appartient à $\mathrm{J} \cup \overline{\mathrm{J}}$. On pose alors

$$\mathsf{c}(k) = ((b(j), i), (b(j), i), (b(j), i')), \qquad \gamma_{12}(k) = (\beta_1(j), \beta_1(j))$$

et l'on prend pour $\gamma_{13}(k)$ et $\gamma_{23}(k)$ la classe du chemin constant en $\mathsf{b}(j)$. On définit de façon analogue $c(k)$, $\gamma_{12}(k)$, $\gamma_{13}(k)$, $\gamma_{23}(k)$ pour tout élément k de K'.

Pour tout élément $k = (i_1, i_2, i_3, \mathrm{U})$ de K, posons

$$\mathsf{c}(k) = ((c(k), i_1), (c(k), i_2), (c(k), i_3))\ ;$$

pour tout couple (s, t) d'éléments distincts de $\{1, 2, 3\}$, prenons pour $\gamma_{st}(k)$ l'image par l'application $x \mapsto ((x, s), (x, t))$ de la classe du chemin $\mathrm{C}_{st}(k)$ dans $\mathrm{A}_{i_s(k)} \cap \mathrm{A}_{i_t(k)}$.

Pour tout point $x = (x_1, x_2, x_3)$ de $\mathrm{X} \times_{\mathrm{Y}} \mathrm{X} \times_{\mathrm{Y}} \mathrm{X}$ et toute permutation $\sigma \in \mathfrak{S}_3$, posons $\sigma(x) = (x_{\sigma^{-1}(1)}, x_{\sigma^{-1}(2)}, x_{\sigma^{-1}(3)})$. On définit ainsi une opération du groupe $\mathfrak{S}_3$ sur W. Pour tout $k = (i_1, i_2, i_3, \mathrm{U}) \in \mathrm{K}'$ et toute permutation $\sigma \in \mathfrak{S}_3$, posons de même $\sigma(k) = (i_{\sigma^{-1}(1)}, i_{\sigma^{-1}(2)}, i_{\sigma^{-1}(3)}, \mathrm{U})$; on a

$$\sigma(\mathrm{W}_k) = (\mathrm{U} \times \{i_{\sigma^{-1}(1)}\}) \times_{\mathrm{Y}} (\mathrm{U} \times \{i_{\sigma^{-1}(2)}\}) \times_{\mathrm{Y}} (\mathrm{U} \times \{i_{\sigma^{-1}(3)}\}) = \mathrm{W}_{\sigma(k)}.$$

Soit $k = (i_1, i_2, i_3, \mathrm{U})$ un élément de K' tel que i_1, i_2, i_3 soient deux à deux distincts. Il existe une unique permutation $\sigma \in \mathfrak{S}_3$ telle que $i_{\sigma^{-1}(1)} < i_{\sigma^{-1}(2)} < i_{\sigma^{-1}(3)}$, de sorte que $\sigma(k) = (i_{\sigma^{-1}(1)}, i_{\sigma^{-1}(2)}, i_{\sigma^{-1}(3)}, \mathrm{U})$ appartient à K. Pour $s \in \{1, 2, 3\}$, on pose alors $c_s(k) = c_{\sigma(s)}(\sigma(k))$ et $c(k) = (c_1(k), c_2(k), c_3(k))$, de sorte que $c(k) = \sigma^{-1}(c(\sigma(k)))$. Pour $(s, t) \in \{(1, 2), (1, 3), (2, 3)\}$, on définit $\mathrm{C}_{st}(k) = \mathrm{C}_{\sigma^{-1}(s)\sigma^{-1}(t)}(\sigma(k))$; c'est un chemin qui relie $c(k)$ à $b(j_{\sigma(s)\sigma(t)}(\sigma(k))) = b(j_{st}(k))$.

Notons g le morphisme de carquois de Γ dans $\mathsf{\Gamma}$ qui, à un sommet $i \in \mathrm{I}$ de Γ, associe le sommet $\mathrm{X}_i = \mathrm{A}_i \times \{i\}$ de $\mathsf{\Gamma}$ et, à une flèche $j = (i, i', \mathrm{V}) \in \mathrm{J}'$ de Γ, associe la flèche $\mathrm{Z}_j = (\mathrm{V} \times \{i\}) \times_{\mathrm{Y}} (\mathrm{V} \times \{i'\})$ de $\mathsf{\Gamma}$. L'application $\mathrm{Som}(g)$ est bijective ; l'application $\mathrm{Fl}(g)$ est injective et le graphe Γ est connexe (IV, p. 410, lemme 1) et l'image par g du sous-carquois T est un sous-carquois T de $\mathsf{\Gamma}$ dont le graphe associé est un arbre maximal du graphe $\widetilde{\mathsf{\Gamma}}$.

Les points $\mathsf{a}(i)$, pour $i \in \mathrm{I}$, les point $\mathsf{b}(j)$, pour $j \in \mathrm{J}'$, les points $\mathsf{c}(k)$, pour $k \in \mathrm{K}'$, les classes de chemins $\beta_1(j)$ et $\beta_2(j)$, pour $j \in \mathrm{J}'$, les classes de chemins $\gamma_{st}(k)$, pour $k \in \mathrm{K}'$, le sous-carquois $g(\mathrm{T})$ de Γ et l'élément i_0 de I définissent une donnée de van Kampen de f.

Notons ρ l'unique homomorphisme de groupes

$$\rho\colon \big(\mathop{*}_{i\in\mathrm{I}} \pi_1(\mathrm{X}, \mathsf{a}(i))\big) * \mathrm{F}(\mathrm{J}') \to \big(\mathop{*}_{i\in\mathrm{I}} \pi_1(\mathrm{A}_i, a(i))\big) * \mathrm{F}(\mathrm{J})$$

qui induit l'isomorphisme de $\pi_1(\mathrm{X}, \mathsf{a}(i))$ sur $\pi_1(\mathrm{A}_i, a(i))$ déduit de l'identification de $\mathrm{A}_i \times \{i\}$ et A_i, pour tout $i \in \mathrm{I}$, et tel que l'on ait

$$\rho(j) = 1 \qquad \text{pour } j \in \mathrm{J}_0$$
$$\rho(j) = j, \quad \rho(\overline{j}) = j^{-1} \qquad \text{pour } j \in \mathrm{J}.$$

Soit L l'homomorphisme de groupes défini dans le th. 1 de IV, p. 408. Pour $j = (i, i, \mathrm{A}_i) \in \mathrm{J}_0$, on a $\mathsf{L}(j) = 1 = \mathsf{M} \circ \rho(j)$. Soit $j = (i, i', \mathrm{V})$ un élément de J ; on a $\mathsf{L}(j) = (\mathsf{M} \circ \rho)(j)$ par définition. Enfin, si $j = (i, i', \mathrm{V})$ est un élément de $\overline{\mathrm{J}}$, $\overline{j} \in \mathrm{J}$ et l'on vérifie que

$$\mathsf{L}(j) = \mathsf{L}(\overline{j})^{-1} = \mathsf{M}(\rho(\overline{j}))^{-1} = \mathsf{M}(\rho(j)).$$

Par conséquent, on a $\mathsf{M} \circ \rho = \mathsf{L}$.

L'homomorphisme L est surjectif (*loc. cit.*), donc l'homomorphisme M l'est aussi. Comme l'homomorphisme ρ est surjectif, le noyau de M est le plus petit sous-groupe distingué de $\big(\mathop{*}_{i\in\mathrm{I}} \pi_1(\mathrm{A}_i, a(i))\big) * \mathrm{F}(\mathrm{J}_1)$ qui contient les images par ρ des éléments définis par les relations (R_1), (R_2), (R_3) du théorème 1 (IV, p. 408). La démonstration sera terminée une fois que nous aurons vérifié que ces images sont, outre les éléments définis par les relations (R_1), (R_2), (R_3) de la prop. 1, des éléments qui leur sont conjugués, ou qui sont conjugués à leurs inverses, ainsi que l'élément neutre.

Éléments R_1. — Une flèche de l'arbre orienté T est de la forme Z_j, avec $j = (i, i', \mathrm{V}) \in \mathrm{J}$; son image est l'élément j de $\mathrm{F}(\mathrm{J})$.

Éléments R_2. — Soit $j = (i, i', \mathrm{V}) \in \mathrm{J}'$. Si $i = i'$, on a $\rho(\mathsf{r}_2(j, v)) = 1$ pour tout $v \in \pi_1(\mathrm{A}_i, \mathsf{a}(i))$. Si $j \in \mathrm{J}$, l'image de $\mathsf{r}_2(j, v)$ est l'élément $r_2(j, v) = \varphi_j(v) j \psi_j(v)^{-1} j^{-1}$, pour tout $v \in \pi_1(\mathrm{Z}, \mathsf{b}(j))$. Dans le cas restant, on a $\overline{j} \in \mathrm{J}$ et l'égalité

$$\begin{aligned}\rho(\mathsf{r}_2(j, v)) &= \rho(\varphi_j(v) j \psi_j(v)^{-1} j^{-1})\\ &= [\mathrm{B}_1(j)]^{-1} v [\mathrm{B}_1(j)] \rho(j) [\mathrm{B}_2(j)]^{-1} v^{-1} [\mathrm{B}_2(j)] \rho(j)^{-1}\\ &= [\mathrm{B}_2(\overline{j})]^{-1} v [\mathrm{B}_2(\overline{j})] \overline{j}^{-1} [\mathrm{B}_1(\overline{j})]^{-1} v^{-1} [\mathrm{B}_1(\overline{j})] \overline{j}\end{aligned}$$

entraîne que $\rho(\mathsf{r}_2(j, v))$ est conjugué à $\rho(\mathsf{r}_2(\overline{j}, v^{-1}))$.

Éléments R_3. — Soit $k = (i_1, i_2, i_3, U)$ un élément de K'.

Si $k \in K_0$, $i_1 = i_2 = i_3$, $\lambda_s(k)$ est la classe du chemin trivial pour tout $s \in \{1,2,3\}$, $j_{st}(k) \in J_0$ pour tout couple $(s,t) \in \{(1,2),(1,3),(2,3)\}$. Alors, $\rho(\mathsf{r}_3(k))$ est l'élément neutre.

Supposons $k \in K_1$. Si $i_1 = i_2$, alors $j = (i_1, i_3, U) \in J \cup \overline{J}$ et l'on a

$$\mathsf{r}_3(k) = \beta_1(j)^{-1} j_{12} \beta_1(j) j_{23} \beta_2(j)^{-1} \beta_2(j) j_{13}^{-1}$$

dont l'image par ρ est l'élément neutre. Les autres cas se traitent de même.

Supposons que i_1, i_2, i_3 soient deux à deux distincts. Si $i_1 < i_2 < i_3$, $k \in K$ et l'image de $\rho(\mathsf{r}_3(k))$ est l'élément $r_3(k)$.

Soit $\sigma \in \mathfrak{S}_3$ la permutation qui applique 1 sur 2 et 2 sur 3. On a

$$\begin{aligned}
\lambda_1(\sigma(k)) &= \beta_1(j_{13}(\sigma(k)))^{-1} \cdot p_{1,*}(\gamma_{13}(\sigma(k)))^{-1} \cdot \\
&\qquad\qquad \cdot p_{1,*}(\gamma_{12}(\sigma(k))) \cdot \beta_1(j_{12}(\sigma(k))) \\
&= \beta_1(j_{32}(k))^{-1} \cdot p_{1,*}(\gamma_{32}(k))^{-1} \cdot p_{1,*}(\gamma_{31}(k)) \cdot \beta_1(j_{31}(k)) \\
&= \beta_2(j_{23}(k))^{-1} \cdot p_{2,*}(\gamma_{2,3}(k))^{-1} \cdot p_{2,*}(\gamma_{13}(k)) \cdot \beta_2(j_{13}(k)) \\
&= \lambda_3(k).
\end{aligned}$$

On vérifie de même que l'on a $\lambda_2(\sigma(k)) = \lambda_1(k)$ et $\lambda_3(\sigma(k)) = \lambda_2(k)$. Par suite,

$$\begin{aligned}
\rho(\mathsf{r}_3(\sigma(k))) &= \lambda_1(\sigma(k))\rho(j_{12}(\sigma(k)))\lambda_2(\sigma(k)) \cdot \\
&\qquad\qquad \cdot \rho(j_{23}(\sigma(k)))\lambda_3(\sigma(k))\rho(j_{13}(\sigma(k)))^{-1} \\
&= \lambda_3(k)\rho(j_{31}(k))\lambda_1(k)\rho(j_{12}(k))\lambda_2(k)\rho(j_{32}(k))^{-1} \\
&= \lambda_3(k) j_{13}(k)^{-1} \lambda_1(k) j_{12}(k) \lambda_2(k) j_{23}(k),
\end{aligned}$$

ce qui prouve que $\rho(\mathsf{r}_3(\sigma(k)))$ est conjugué à

$$\lambda_1(k) j_{12}(k) \lambda_2(k) j_{23}(k) \lambda_3(k) j_{13}(k)^{-1} = \rho(\mathsf{r}_3(k)).$$

Soit $\tau \in \mathfrak{S}_3$ la transposition de support $\{1,2\}$. On a

$$\lambda_1(\tau(k)) = \lambda_2(k)^{-1}, \quad \lambda_2(\tau(k)) = \lambda_1(k)^{-1} \quad \text{et} \quad \lambda_3(\tau(k)) = \lambda_3(k)^{-1}.$$

Les égalités

$$\begin{aligned}
\rho(\mathsf{r}_3(\tau(k))) &= \lambda_2(k)^{-1}\rho(j_{21}(k))\lambda_1(k)^{-1}\rho(j_{13}(k))\lambda_3(k)^{-1}\rho(j_{23}(k))^{-1} \\
&= \left(\rho(j_{23}(k))\lambda_3(k)\rho(j_{13}(k))^{-1}\lambda_1(k)\rho(j_{12}(k))\lambda_2(k)\right)^{-1}
\end{aligned}$$

montrent que $\rho(\mathsf{r}_3(\tau(k)))$ est conjugué à l'inverse de

$$\lambda_1(k)\rho(j_{12}(k))^{-1}\lambda_2(k)\rho(j_{23}(k))\lambda_3(k)\rho(j_{13}(k))^{-1} = \rho(\mathsf{r}_3(k)).$$

Comme le groupe $\mathfrak{S}_3$ est engendré par les permutations τ et σ, il s'ensuit que, pour tout $k \in \mathrm{K}$ et tout $\sigma \in \mathfrak{S}_3$, $\rho(\mathsf{r}_3(\sigma(k)))$ est conjugué à $\rho(\mathsf{r}_3(k))$ ou à son inverse.

La proposition 1 est ainsi démontrée.

COROLLAIRE 1. — *Sous les hypothèses de la proposition 1, supposons de plus que, pour tout $i \in \mathrm{I}$, l'image de l'homomorphisme de $\pi_1(\mathrm{A}_i, a(i))$ dans $\pi_1(\mathrm{Y}, a(i))$, déduit de l'injection canonique de A_i dans* Y, *soit triviale. L'homomorphisme* $\mathsf{M}' \colon \mathrm{F}(\mathrm{J}) \to \pi_1(\mathrm{Y}, a(i_0))$ *déduit de* M *par restriction est alors surjectif et son noyau est le plus petit sous-groupe distingué qui contient les éléments $j \in \mathrm{Fl}(\mathrm{T})$ et les éléments $j_{12}(k)j_{23}(k)j_{13}(k)^{-1}$ pour $k \in \mathrm{K}$.*

Soit $\pi \colon (\mathop{*}\limits_{i\in \mathrm{I}} \pi_1(\mathrm{A}_i, a(i))) * \mathrm{F}(\mathrm{J}) \to \mathrm{F}(\mathrm{J})$ l'unique homomorphisme qui induit l'homomorphisme trivial sur chaque $\pi_1(\mathrm{A}_i, a(i))$ et l'identité sur F(J) ; il est surjectif. Soit $i \in \mathrm{I}$. La définition de M et l'hypothèse que l'image de l'homomorphisme de $\pi_1(\mathrm{A}_i, a(i))$ dans $\pi_1(\mathrm{Y}, a(i))$ déduit de l'injection canonique soit triviale entraînent que, pour tout $v \in \pi_1(\mathrm{A}_i, a(i))$, $\mathsf{M}(v)$ est l'élément neutre de $\pi_1(\mathrm{Y}, a(i_0))$. On a donc $\mathsf{M} = \mathsf{M}' \circ \pi$. Par suite, l'homomorphisme M' est surjectif et son noyau est le plus petit sous-groupe distingué contenant les images par π des éléments $r_1(j)$, $r_2(j, v)$ et $r_3(k)$ définis dans la prop. 1. Pour $j \in \mathrm{Fl}(\mathrm{T})$, on a $\pi(r_1(j)) = j$. Pour tout $j \in \mathrm{J}$ et tout $v \in \pi_1(\mathrm{V}, b(j))$, on a $\pi(r_2(j, v)) = e$. Enfin, pour tout $k = (i_1, i_2, i_3, \mathrm{U}) \in \mathrm{K}$ et tout $s \in \{1, 2, 3\}$, $\lambda_s(k)$ est la classe d'un lacet dans A_{i_s} ; on a donc $\pi(\lambda_s(k)) = e$, si bien que $\pi(r_3(k)) = j_{12}(k)j_{23}(k)j_{13}(k)^{-1}$. Le corollaire en résulte.

COROLLAIRE 2. — *Sous les hypothèses de la proposition 1, supposons de plus que pour tout $i \in \mathrm{I}$, le groupe $\pi_1(\mathrm{A}_i, a(i))$ soit réduit à l'élément neutre et que, pour tout triplet (i_1, i_2, i_3) d'éléments de* I *deux à deux distincts, l'ensemble $\mathrm{A}_{i_1} \cap \mathrm{A}_{i_2} \cap \mathrm{A}_{i_3}$ soit vide. L'homomorphisme* $\mathsf{M}'' \colon \mathrm{F}(\mathrm{J} - \mathrm{Fl}(\mathrm{T})) \to \pi_1(\mathrm{Y}, a(i_0))$ *déduit de* M *par restriction est alors un isomorphisme.*

Soit $\pi' \colon \mathrm{F}(\mathrm{J}) \to \mathrm{F}(\mathrm{J} - \mathrm{Fl}(\mathrm{T}))$ l'homomorphisme qui applique $[j]$ sur $[j]$ si $j \in \mathrm{J} - \mathrm{Fl}(\mathrm{T})$ et qui applique $[j]$ sur l'élément neutre si $j \in \mathrm{Fl}(\mathrm{T})$; il est surjectif et l'on a $\mathsf{M}'' \circ \pi' = \mathsf{M}'$, où M' est l'homomorphisme surjectif défini dans le corollaire 1. Il en résulte que M'' est surjectif et que son noyau est le plus petit sous-groupe distingué de $\mathrm{F}(\mathrm{J} - \mathrm{Fl}(\mathrm{T}))$ qui contient les images par π' des éléments décrits dans *loc. cit.* Or, par construction, $\pi'(j) = e$ si $j \in \mathrm{Fl}(\mathrm{T})$ et l'ensemble K est vide, par hypothèse. L'homomorphisme M'' est donc un isomorphisme.

Exemples. — 1) Pour le cas d'un recouvrement formé de deux ensembles, voir le n° 3.

2) Soit G un graphe (II, p. 155, définition 1) ; notons S l'ensemble des sommets de G, A l'ensemble de ses arêtes orientées, o et t les applications origine et terme de A dans S ; pour toute arête orientée $a \in \mathrm{A}$, on note $\overline{a}$ l'arête orientée opposée. Munissons les ensembles S et A de la topologie discrète ; soit X l'espace somme de l'espace S et de l'espace $\mathbf{I} \times \mathrm{A}$ et soit $\sim$ la relation d'équivalence la plus fine dans X pour laquelle $(u, a) \sim (1-u, \overline{a})$, $(0, a) \sim o(a)$ et $(1, a) \sim t(a)$ pour tout $u \in \mathbf{I}$ et toute arête orientée $a \in \mathrm{A}$. L'espace quotient $|\mathrm{G}| = \mathrm{X}/\sim$ est appelé la *réalisation géométrique du graphe* G. On note p la projection canonique de X sur $|\mathrm{G}|$.

Démontrons que $|\mathrm{G}|$ est localement contractile. Soit $s \in \mathrm{S}$. Notons X_s la réunion de $\{s\}$ et des parties $[0, 1[\times \{a\}$ pour $a \in \overset{-1}{o}(s)$ et des parties $]0, 1] \times \{a\}$ pour $a \in \overset{-1}{t}(s)$. Soit U_s l'image de X_s dans $|\mathrm{G}|$; c'est un voisinage ouvert de $p(s)$ dans $|\mathrm{G}|$ car X_s est un voisinage ouvert saturé de s dans X. Soit f l'application de $\mathrm{X}_s \times \mathbf{I}$ dans X_s définie, pour $u, v \in \mathbf{I}$ et $a \in \mathrm{A}$, par les relations

$$f(s, v) = s$$

$$f((u, a), v) = \begin{cases} ((1-v)u, a) & \text{si } 0 \leqslant u < 1 \text{ et } o(a) = s, \\ (1-(1-v)(1-u), a) & \text{si } 0 < u \leqslant 1 \text{ et } t(a) = s. \end{cases}$$

Elle est continue et compatible à la relation d'équivalence $\sim$. Elle définit donc par passage au quotient une application $\varphi_s \colon \mathrm{U}_s \times \mathbf{I} \to \mathrm{U}_s$ qui est continue, car $\mathbf{I}$ est localement compact (I, p. 19, prop. 10). C'est une contraction forte de U_s sur $p(s)$ (III, p. 237, déf. 6).

Soit par ailleurs $x = (\tau, a) \in]0, 1[\times \mathrm{A}$. Notons $\mathrm{X}_x =]0, 1[\times \{a, \overline{a}\}$ et soit U_x son image dans $|\mathrm{G}|$ par p ; c'est un voisinage de $p(x)$ dans $|\mathrm{G}|$, homéomorphe à $]0, 1[$. L'application de $\mathrm{X}_x \times \mathbf{I}$ dans X_x donnée par $((u, a), v) \mapsto ((1-v)u + v\tau, a)$ et $((u, \overline{a}), t) \mapsto ((1-v)u + v(1-\tau), \overline{a})$ est continue. Elle définit par passage au quotient une application $\varphi_x \colon \mathrm{U}_x \times \mathbf{I} \to \mathrm{U}_x$ qui est continue (*loc. cit.*) et est une contraction forte en x.

Tout point de $|\mathrm{G}|$ est l'image d'un point $s \in \mathrm{S}$ ou d'un point de $\mathbf{I} \times \mathrm{A}$ de la forme (τ, a) où $0 < \tau < 1$. Il en résulte que tout point de $|\mathrm{G}|$

possède un voisinage contractile en ce point. Autrement dit, $|G|$ est localement contractile et, en particulier, délaçable (IV, p. 346, prop. 5).

Choisissons un ordre total sur S et considérons le recouvrement ouvert $(U_s)_{s\in S}$ de $|G|$. Soient s et s' des éléments distincts de S. L'intersection $U_s \cap U_{s'}$ est la réunion des $p(]0,1[,a)$ où a parcourt l'ensemble des arêtes orientées de G dont les extrémités sont s et s'. Par suite, l'armature du recouvrement $(U_s)_{s\in S}$ s'identifie au carquois G. En outre, pour tout $s \in S$, U_s est contractile en s, donc $\pi_1(U_s, p(s))$ est réduit à l'élément neutre. Il résulte alors du cor. 2 de IV, p. 416 que pour tout $s \in S$, $\pi_1(|G|, p(s))$ est un groupe libre (théorème de Nielsen-Schreier).

COROLLAIRE 3. — *Sous les hypothèses de la prop. 1, supposons de plus que l'armature du recouvrement $(A_i)_{i\in I}$ soit un arbre orienté. L'homomorphisme* $\mathsf{N}\colon \mathop{*}\limits_{i\in I} \pi_1(A_i, a(i)) \to \pi_1(Y, a(i_0))$ *déduit de* M *par restriction est alors surjectif; son noyau est le plus petit sous-groupe distingué de* $\mathop{*}\limits_{i\in I} \pi_1(A_i, a(i))$ *qui contient les éléments* $\varphi_j(v)\psi_j(v)^{-1}$, *pour tout* $j = (i_1, i_2, V) \in J$ *et tout* $v \in \pi_1(V, b(j))$.

Si les composantes connexes par arcs des intersections $A_i \cap A_{i'}$, *pour* $i \neq i'$ *sont en outre simplement connexes par arcs, l'homomorphisme* N *est alors un isomorphisme.*

Sous les hypothèses du corollaire, le graphe associé au carquois Γ est un arbre, d'où $T = \Gamma$. Il en résulte que l'image du groupe $F(J)$ par l'homomorphisme M est réduite à l'élément neutre.

Soit

$$\rho\colon (\mathop{*}\limits_{i\in I} \pi_1(A_i, a(i))) * F(J) \to \mathop{*}\limits_{i\in I} \pi_1(A_i, a(i))$$

l'unique homomorphisme de groupes qui induit l'homomorphisme identique sur $\pi_1(A_i, a(i))$ et dont le noyau contient $F(J)$. On a $\mathsf{M} = \mathsf{N} \circ \rho$. Par conséquent, l'homomorphisme N est surjectif et son noyau est le plus petit sous-groupe distingué de $\mathop{*}\limits_{i\in I} \pi_1(A_i, a(i))$ qui contient les images par ρ des éléments définis par les relations (R_1), (R_2) et (R_3) de la prop. 1. On a $\rho(j) = 1$ pour tout $j \in \mathrm{Fl}(\Gamma)$. Comme l'armature du recouvrement $(A_i)_{i\in I}$ est un arbre, on a $A_{i_1} \cap A_{i_2} \cap A_{i_3} = \varnothing$ pour tout triplet (i_1, i_2, i_3) d'éléments distincts de I. Il en résulte que le noyau de N est le plus petit sous-groupe distingué qui contient les éléments $\varphi_j(v)\psi_j(v)^{-1}$ pour tout $j = (i_1, i_2, V) \in J$ et tout $v \in \pi_1(V, b(j))$.

Exemple 3 (Plan privé de n points). — Le groupe fondamental de $\mathbf{R}^2 - \{0\}$ est isomorphe à $\mathbf{Z}$ et la classe du chemin $t \mapsto e^{2\pi it}$ en est un générateur (IV, p. 347, corollaire). Plus généralement, soit n un entier naturel et soit $\mathrm{A} = \{z_1, \ldots, z_n\}$ un ensemble de n points de $\mathbf{R}^2$. Soit Y l'espace $\mathbf{R}^2 - \mathrm{A}$; nous allons prouver que le groupe fondamental de Y est isomorphe au groupe libre F_n à n générateurs. Pour tout i, posons $z_i = (u_i, v_i)$. Quitte à remplacer z_i par $f(z_i)$, où $f \colon \mathbf{R}^2 \to \mathbf{R}^2$ est un homéomorphisme de la forme $(u, v) \mapsto (u + \alpha v, v)$, on peut supposer que les abscisses des z_i sont deux à deux distinctes. Il n'est pas non plus restrictif de supposer que l'on a $u_1 < \cdots < u_n$.

Posons $\mathrm{V}_1 =]-\infty, u_2[\times \mathbf{R}$, $\mathrm{V}_i =]u_{i-1}, u_{i+1}[\times \mathbf{R}$ pour $2 \leqslant i \leqslant n-1$, $\mathrm{V}_n =]u_{n-1}, +\infty[\times \mathbf{R}$. Pour $1 \leqslant i \leqslant n$, l'ensemble $\mathrm{U}_i = \mathrm{V}_i - \{z_i\}$ est ouvert dans le plan et homéomorphe à $\mathbf{R}^2 - \{0\}$. La famille $(\mathrm{U}_i)_{1 \leqslant i \leqslant n}$ est un recouvrement ouvert de l'espace $\mathrm{Y} = \mathbf{R}^2 - \mathrm{A}$. L'intersection $\mathrm{U}_i \cap \mathrm{U}_j$ est vide pour $|i-j| \geqslant 2$, homéomorphe à $\mathbf{R}^2$ pour $|i-j| = 1$. D'après le corollaire 3, le groupe fondamental de Y est isomorphe au groupe libre F_n.

Soit a un point de Y. Pour tout entier $i \in \{1, \ldots, n\}$, soir r_i un nombre réel strictement positif et strictement inférieur aux distances de z_i aux points z_j, pour $j \neq i$. Notons v_i la classe du lacet $t \mapsto z_i + r_i e^{2\pi it}$ au point $z_i + r_i$ de Y. Soit θ_i la classe d'un chemin γ_i reliant le point a au point $z_i + r_i$ dans Y. Si les chemins γ_i sont injectifs et que leurs images ne se rencontrent qu'en a, on peut démontrer que l'unique homomorphisme du groupe libre $\mathrm{F}(t_1, \ldots, t_n)$ dans $\pi_1(\mathrm{Y}, a)$ tel que $\varphi(t_i) = \theta_i v_i \theta_i^{-1}$ pour tout $i \in \{1, \ldots, n\}$ est un isomorphisme de groupes.

Un raisonnement analogue permet de démontrer que pour toute partie fermée *discrète* A du plan, le groupe fondamental de $\mathbf{R}^2 - \mathrm{A}$ est isomorphe à $\mathrm{F}(\mathrm{A})$ (IV, p. 463, exerc. 1).

COROLLAIRE 4. — *Sous les hypothèses de la proposition 1, supposons qu'il existe une partie* A *de* Y, *connexe par arcs et non vide, telle que l'intersection* $\mathrm{A}_i \cap \mathrm{A}_{i'}$ *soit égale à* A *pour tout couple* (i, i') *d'éléments distincts de* I. *Soit* a *un point de* A. *Il existe un unique homomorphisme* φ *de la somme de la famille de groupes* $(\pi_1(\mathrm{A}_i, a))_{i \in \mathrm{I}}$ *amalgamée par* $\pi_1(\mathrm{A}, a)$ *dans* $\pi_1(\mathrm{Y}, a)$ *qui coïncide avec l'homomorphisme déduit de l'injection canonique de* A_i *dans* Y, *pour tout* $i \in \mathrm{I}$. *L'homomorphisme* φ *est un isomorphisme.*

En particulier, si le groupe $\pi_1(A, a)$ *est réduit à l'élément neutre, l'homomorphisme canonique du produit libre de la famille de groupes* $(\pi_1(A_i, a))_{i\in I}$ *dans* $\pi_1(Y, a)$ *est un isomorphisme.*

Pour $i \in I$, notons $g_i\colon \pi_1(A, a) \to \pi_1(A_i, a)$ et $f_i\colon \pi_1(A_i, a) \to \pi_1(Y, a)$ les homomorphismes canoniques déduits des inclusions de A dans A_i et de A_i dans Y. Notons $\mathop{*}_{A} \pi_1(A_i, a)$ la somme des groupes $\pi_1(A_i, a)$ amalgamée par $\pi_1(A, a)$. Soit aussi p l'unique homomorphisme de $\mathop{*}_{i\in I} \pi_1(A_i, a)$ dans $\mathop{*}_{A} \pi_1(A_i, a)$ qui induit l'identité sur $\pi_1(A_i, a)$ (A, I, p. 80, prop. 4). L'homomorphisme p est surjectif et il découle de la définition du monoïde $\mathop{*}_{A} \pi_1(A_i, a)$ que son noyau est le plus petit sous-groupe distingué de $\mathop{*}_{i\in I} \pi_1(A_i, a)$ qui contient les éléments $g_i(v)g_{i'}(v)^{-1}$, pour $i, i' \in I$ et $v \in \pi_1(A, a)$.

Les homomorphismes $f_i \circ g_i\colon \pi_1(A, a) \to \pi_1(Y, a)$, pour $i \in I$, sont égaux. Il découle donc de la propriété universelle des sommes amalgamées de monoïdes (A, I, p. 80, prop. 4) qu'il existe un unique homomorphisme de groupes φ (resp. f) de $\mathop{*}_{A} \pi_1(A_i, a)$ (resp. de $\mathop{*}_{i\in I} \pi_1(A_i, a)$) dans $\pi_1(Y, a)$ qui induit l'homomorphisme f_i sur $\pi_1(A_i, a)$. On a $f = \varphi \circ p$.

Pour $i \in I$, notons u_i l'injection canonique de A dans A_i et v_i l'injection canonique de A_i dans Y. Notons aussi w l'injection canonique de A dans Y. Pour tout $i \in I$, on a $v_i \circ u_i = w$, donc $\pi_1(v_i, a) \circ \pi_1(u_i, a) = \pi_1(w, a)$. Il découle alors de la propriété universelle des sommes amalgamées de monoïdes (A, I, p. 80, prop. 4) qu'il existe un unique homomorphisme de groupes φ de $\mathop{*}_{i} \pi_1(A_i, a)$ dans $\pi_1(Y, a)$ qui induit l'homomorphisme $\pi_1(v_i, a)$ sur $\pi_1(A_i, a)$. Il s'agit de démontrer que φ est un isomorphisme.

L'ensemble J s'identifie à l'ensemble des couples (i, i') d'éléments de I tels que $i < i'$. L'ensemble K s'identifie à l'ensemble des triplets (i_1, i_2, i_3) d'éléments de I tels que $i_1 < i_2 < i_3$. Choisissons tous les points-base $a(i)$, $b(j)$ et $c(k)$ égaux à a et tous les chemins $B(j)$, $C_{st}(k)$ égaux au chemin constant d'image a. Fixons aussi un point $i_0 \in I$.

Pour tout couple (i, i') de points distincts de I, l'armature Γ du recouvrement (A_i) possède exactement une flèche d'extrémités i et i'. Les flèches de Γ dont une des extrémités est égale à i_0 sont les flèches d'un sous-arbre orienté maximal T.

Pour tout élément $k \in \mathrm{K}$, on a $r_3(k) = j_{12}(k)j_{23}(k)j_{13}(k)^{-1}$; soit R le sous-groupe distingué de F(J) engendré par les éléments $j \in \mathrm{Fl(T)}$ et les éléments $r_3(k)$, $k \in \mathrm{K}$. Prouvons que $\mathrm{R} = \mathrm{F(J)}$. Il suffit de montrer que tout élément $j = (i_1, i_2)$ de J appartient à R. C'est vrai, par hypothèse, si $i_1 = i_0$ ou $i_2 = i_0$. Supposons $i_0 < i_1$ et posons $k = (i_0, i_1, i_2)$. C'est un élément de K tel que $j = j_{23}(k) = j$. De plus, $j_{12}(k)$ et $j_{13}(k)$ appartiennent à Fl(T). Il en résulte que j appartient à R. Les cas où $i_1 < i_0 < i_2$ ou $i_2 < i_0$ se traitent de manière analogue.

Il résulte alors de la prop. 1 (IV, p. 412) que l'homomorphisme f est surjectif et que son noyau est le plus petit sous-groupe distingué qui contient les relateurs $r_2(j, v) = g_i(v)g_{i'}(v)^{-1}$, pour $j = (i, i', \mathrm{A}) \in \mathrm{J}$ et $v \in \pi_1(\mathrm{A}, a)$. Autrement dit, $\mathrm{Ker}(f) = \mathrm{Ker}(p)$. Cela entraîne que φ est un isomorphisme, ainsi qu'il fallait démontrer.

Si $\pi_1(\mathrm{A}, a)$ est réduit à l'élément neutre, p est un isomorphisme, d'où la seconde assertion.

Exemple 4. — Soit $((\mathrm{X}_i, x_i))_{i \in \mathrm{I}}$ une famille d'espaces topologiques pointés. On appelle *bouquet* de la famille $((\mathrm{X}_i, x_i))_{i \in \mathrm{I}}$, et on note $\bigvee_{i \in \mathrm{I}}(\mathrm{X}_i, x_i)$ l'espace topologique quotient de l'espace somme de la famille $(\mathrm{X}_i)_{i \in \mathrm{I}}$ par la relation d'équivalence qui identifie entre eux tous les points (x_i, i), pour $i \in \mathrm{I}$. Notons X cet espace topologique et x l'image commune des x_i. Supposons que, pour tout $i \in \mathrm{I}$, le point x_i soit fermé dans X_i et que les espaces X_i soient délaçables. Si I est fini, le corollaire 4 entraîne que l'homomorphisme canonique $\underset{i \in \mathrm{I}}{*} \pi_1(\mathrm{X}_i, x_i) \to \pi_1(\mathrm{X}, x)$ est un isomorphisme.

La remarque 1 de IV, p. 429 et l'exercice 3, IV, p. 463 donnent des conditions moins restrictives sous lesquelles cet homomorphisme est un isomorphisme. Voir néanmoins l'exercice 4, IV, p. 464.

3. Cas particulier d'un recouvrement formé de deux parties

Soit X un espace topologique connexe par arcs, soient B et C des parties non vides et connexes par arcs de X. On fait en outre l'une des deux hypothèses suivantes :

(i) Les intérieurs des ensembles B et C recouvrent X ;

(ii) Les ensembles B et C sont fermés dans X, leur réunion est égale à X, les espaces X, B, C sont délaçables et l'espace $B \cap C$ est localement connexe par arcs.

Sous ces hypothèses, l'application canonique de l'espace somme de la famille (B, C) sur l'espace X vérifie la propriété (VK) (*cf.* IV, p. 409).

Posons $A = B \cap C$. Comme l'espace X est connexe, l'ensemble A n'est pas vide. Soit a un point de A ; notons j_0 la composante connexe par arcs de a dans A. Pour toute composante connexe par arcs j de A distincte de j_0, choisissons un point a_j de j, la classe β_j d'un chemin dans B et la classe γ_j d'un chemin dans C, reliant tous deux a_j à a ; notons $\varphi_j \colon \pi_1(A, a_j) \to \pi_1(B, a)$ et $\psi_j \colon \pi_1(A, a_j) \to \pi_1(C, a)$ les homomorphismes de groupes définis par

$$\varphi_j(v) = \beta_j^{-1} v \beta_j \quad \text{et} \quad \psi_j(v) = \gamma_j^{-1} v \gamma_j$$

pour $v \in \pi_1(A, a_j)$. Notons aussi φ_0 et ψ_0 les homomorphismes de $\pi_1(A, a)$ dans $\pi_1(B, a)$ et $\pi_1(C, a)$ respectivement déduits des injections canoniques. Notons ι_B et ι_C les homomorphismes de $\pi_1(B, a)$ et $\pi_1(C, a)$ respectivement dans $\pi_1(X, a)$ déduits des injections canoniques. Soit enfin μ l'unique homomorphisme du groupe libre $F(\pi_0(A) - \{j_0\})$ dans $\pi_1(X, a)$ tel que $\mu(j) = \beta_j^{-1}\gamma_j$ pour tout $j \in \pi_0(A) - \{j_0\}$.

PROPOSITION 2. — *Il existe un unique homomorphisme de groupes*

$$\mathsf{M} \colon \pi_1(B, a) * \pi_1(C, a) * F(\pi_0(A) - \{j_0\}) \to \pi_1(X, a)$$

qui coïncide avec ι_B *dans* $\pi_1(B, a)$, ι_C *dans* $\pi_1(C, a)$ *et* μ *dans* $F(\pi_0(A) - \{j_0\})$. *Cet homomorphisme est surjectif et son noyau est le plus petit sous-groupe distingué contenant les éléments*

$$\varphi_j(v) j \psi_j(v)^{-1} j^{-1},$$

pour $j \in \pi_0(A) - \{j_0\}$ *et* $v \in \pi_1(A, a_j)$, *et les éléments*

$$\varphi_0(v) \psi_0(v)^{-1}$$

pour $v \in \pi_1(A, a)$.

L'armature Γ du recouvrement de X défini par la famille (B, C) a deux sommets b et c correspondant aux deux ensembles B et C. L'ensemble de ses flèches est égal à $\pi_0(A)$; elles relient le point b au point c. Le graphe associé au sous-carquois de Γ dont l'unique flèche est j_0 est un arbre maximal de $\widetilde{\Gamma}$. La proposition résulte alors de IV, p. 412, prop. 1.

Exemple. — Pour $n \geqslant 1$, la sphère $\mathbf{S}_n$ est réunion de deux hémisphères fermés, homéomorphes à la boule fermée $\mathbf{B}_{n-1}$ (TG, VI, p. 12), et dont l'intersection s'identifie à la sphère $\mathbf{S}_{n-1}$. Pour $n \geqslant 2$, la sphère $\mathbf{S}_{n-1}$ est connexe par arcs ; on en déduit que le groupe de Poincaré de $\mathbf{S}_n$ est trivial (*cf.* I, p. 127, exemple 3).

La sphère $\mathbf{S}_0$ a deux composantes connexes par arcs ; on retrouve ainsi que le groupe de Poincaré du cercle $\mathbf{S}_1$ est isomorphe à un groupe libre à un générateur. Plus précisément, soient B et C les intersections de $\mathbf{S}_1$ avec les demi-plans d'équations $y \geqslant 0$ et $y \leqslant 0$ dans le plan $\mathbf{R}^2$. Posons $a = (1, 0)$, $a' = (-1, 0)$; on a $\mathrm{B} \cap \mathrm{C} = \{a, a'\}$; ses composantes connexes sont $j_0 = \{a\}$ et $j = \{a'\}$. Soit β la classe du chemin $t \mapsto e^{\pi i t}$ dans $\mathbf{C}$; si l'on identifie $\mathbf{C}$ à $\mathbf{R}^2$, il relie a à a' dans B. De même, soit γ la classe du chemin $t \mapsto e^{-\pi i t}$ reliant a à a' dans C. Le chemin $\beta\gamma^{-1}$ est un lacet en a, donné par $t \mapsto e^{2\pi i t}$. D'après la proposition 2, sa classe engendre le groupe $\pi_1(\mathbf{S}_1, a)$.

Corollaire 1. — *L'homomorphisme μ est injectif. Plus précisément, il existe une rétraction associée à μ qui est un homomorphisme de groupes.*

Soit ρ l'unique homomorphisme de $\pi_1(\mathrm{B}, a) * \pi_1(\mathrm{C}, a) * \mathrm{F}(\pi_0(\mathrm{A}) - \{j_0\})$ dans $\mathrm{F}(\pi_0(\mathrm{A}) - \{j_0\})$ qui induit l'homomorphisme trivial dans $\pi_1(\mathrm{B}, a)$ et $\pi_1(\mathrm{C}, a)$ et l'identité dans $\mathrm{F}(\pi_0(\mathrm{A}) - \{j_0\})$. Soit N le noyau de l'homomorphisme M. D'après la proposition 2, $\rho(\mathrm{N})$ est réduit à l'élément neutre. il existe donc un unique homomorphisme r de $\pi_1(\mathrm{X}, a)$ dans $\mathrm{F}(\pi_0(\mathrm{A}) - \{j_0\})$ tel que $\rho = \mathsf{r} \circ \mathsf{M}$. Pour tout $v \in \mathrm{F}(\pi_0(\mathrm{A}) - \{j_0\})$, on a $\mathsf{M}(v) = \mu(v)$, donc $\mathsf{r} \circ \mu$ est l'homomorphisme identique. Le corollaire en résulte.

Corollaire 2. — *Si le groupe $\pi_1(\mathrm{X}, a)$ est trivial, l'ensemble $\mathrm{A} = \mathrm{B} \cap \mathrm{C}$ est connexe par arcs ; s'il est commutatif, l'ensemble A possède au plus deux composantes connexes par arcs.*

En effet, si S est un ensemble, le groupe libre F(S) n'est trivial que si S est vide et n'est commutatif que si $\operatorname{Card} \mathrm{S} \leqslant 1$.

Corollaire 3. — *Si les groupes $\pi_1(\mathrm{X}, a)$ et $\pi_1(\mathrm{A}, a)$ sont triviaux, il en est de même des groupes $\pi_1(\mathrm{B}, a)$ et $\pi_1(\mathrm{C}, a)$.*

D'après le corollaire 2, l'ensemble A est connexe par arcs. Le groupe $\pi_1(\mathrm{X}, a)$ est donc isomorphe au produit libre des groupes

$\pi_1(\mathrm{B}, a)$ et $\pi_1(\mathrm{C}, a)$. Il contient en particulier des sous-groupes isomorphes aux groupes $\pi_1(\mathrm{B}, a)$ et $\pi_1(\mathrm{C}, a)$ (A, I, p. 83). Ces deux groupes sont donc triviaux si $\pi_1(\mathrm{X}, a)$ l'est.

4. Espaces quotients

Soit X un espace topologique connexe par arcs muni d'une opération (à droite) propre d'un groupe discret G. Posons $\mathrm{Y} = \mathrm{X}/\mathrm{G}$ et notons $f\colon \mathrm{X} \to \mathrm{Y}$ l'application canonique. Si $g \in \mathrm{G}$ et $c\colon \mathbf{I} \to \mathrm{X}$ est un chemin dans X, on note g^*c le chemin $t \mapsto c(t) \cdot g$ et $g^*[c]$ sa classe d'homotopie stricte.

Soit o un point de X. Pour tout $g \in \mathrm{G}$, soit β_g la classe d'un chemin reliant $o \cdot g$ à o dans X. Pour tout $g \in \mathrm{G}$, soit X^g l'ensemble des points $x \in \mathrm{X}$ tels que $x \cdot g = x$; pour toute composante connexe par arcs j de X^g, soit a_j un point de j et soit γ_j la classe d'un chemin dans X reliant a_j à o. Soit $\nu\colon \mathrm{F}(\mathrm{G}) \to \pi_1(\mathrm{Y}, f(o))$ l'unique homomorphisme de groupes tel que $\nu(g) = f_*(\beta_g)$ pour $g \in \mathrm{G}$. Soit $\mathsf{N}\colon \pi_1(\mathrm{X}, o) * \mathrm{F}(\mathrm{G}) \to \pi_1(\mathrm{Y}, f(o))$ l'unique homomorphisme de groupes qui coïncide avec $\pi_1(f, o)$ dans $\pi_1(\mathrm{X}, o)$ et avec ν dans $\mathrm{F}(\mathrm{G})$.

Proposition 3. — *Supposons que* X *soit délaçable. L'homomorphisme* N *est alors surjectif et son noyau est le plus petit sous-groupe distingué de* $\pi_1(\mathrm{X}, o) * \mathrm{F}(\mathrm{G})$ *contenant les éléments*

$$(\mathrm{R}_2) \qquad r_2(k, v) = [k]^{-1} v [k] (\beta_k^{-1} k^*(v)^{-1} \beta_k) \quad \textit{pour } k \in \mathrm{G} \textit{ et } v \in \pi_1(\mathrm{X}, o)\,;$$

$$(\mathrm{R}'_3) \qquad r'_3(k, j) = [k] (\beta_k^{-1} k^*(\gamma_j)^{-1} \gamma_j) \quad \textit{pour } k \in \mathrm{G} \textit{ et } j \in \pi_0(\mathrm{X}^k)\,;$$

$$(\mathrm{R}''_3) \qquad r''_3(k, h) = [kh]^{-1} [k][h] (\beta_h^{-1} h^*(\beta_k^{-1}) \beta_{kh}) \quad \textit{pour } k \textit{ et } h \in \mathrm{G}.$$

Le morphisme de groupoïdes $\varpi(f)$ induit un morphisme

$$\varpi''(f)\colon \varpi(\mathrm{X})/\mathrm{G} \to \varpi(\mathrm{Y})$$

qui est un isomorphisme d'après le théorème 3 (IV, p. 403), car l'espace X est supposé délaçable. La proposition résulte alors de II, p. 211, prop. 6.

Les trois corollaires ci-dessous découlent des corollaires aussitôt correspondants de la prop. 6 de II, p. 211.

COROLLAIRE 1. — *Supposons que* X *soit délaçable et que le groupe* G *soit engendré par les fixateurs des points de* X. *Le morphisme canonique* $\pi_1(f, o) \colon \pi_1(X, o) \to \pi_1(Y, f(o))$ *est alors surjectif. En particulier, si* X *est simplement connexe par arcs, il en est de même de* Y.

Remarque. — Si X est délaçable, Y l'est aussi (IV, p. 349, prop. 8). Comme un espace délaçable connexe est simplement connexe par arcs si et seulement si il est simplement connexe (IV, p. 344, corollaire 1 du théorème 1), on retrouve ainsi la prop. 11 de I, p. 137.

Exemple 1. — Soit X un espace topologique connexe par arcs, délaçable et séparé, et soit a un point de X. Soit n un entier $\geqslant 2$ et soit Y le quotient de l'espace X^n par l'action du groupe $\mathfrak{S}_n$ opérant par permutation des facteurs ; notons $f \colon X^n \to Y$ l'application canonique ; notons $g \colon X \to Y$ l'application $x \mapsto f(x, a, \ldots, a)$. Il découle de la proposition que, pour tout i, l'homomorphisme $\pi_1(g, a)$ de $\pi_1(X, a)$ dans $\pi_1(Y, g(a))$ est surjectif et que son noyau est le sous-groupe dérivé de $\pi_1(X, a)$. En particulier, le groupe $\pi_1(Y, g(a))$ est abélien.

COROLLAIRE 2. — *Supposons que* X *soit délaçable et que le groupe* G *opère librement dans* X. *Il existe un unique homomorphisme de groupes* $p \colon \pi_1(Y, f(o)) \to G$ *dont le noyau contient l'image de* $\pi_1(X, o)$ *et tel que* $p(\mathsf{N}(g)) = g$ *pour tout* $g \in G$. *De plus,* $\pi_1(X, o) \to \pi_1(Y, f(o)) \xrightarrow{p} G$ *est une extension de* G *par* $\pi_1(X, o)$.

COROLLAIRE 3. — *Supposons que* X *soit simplement connexe par arcs. L'application de* G *dans* $\pi_1(Y, f(o))$ *qui, à* $g \in G$, *associe la classe de chemins* $f_*(\beta_g)$ *est un homomorphisme de groupes surjectif ; son noyau est le sous-groupe de* G *engendré par les fixateurs des points de* X.

5. Cônes ; contraction d'un sous-espace

Soient X et Y des espaces topologiques non vides et soit $f \colon X \to Y$ une application continue. Soit $\mathrm{Cône}(f)$ le cône de l'application f et soit s son sommet. Notons $\alpha'_f \colon X \times \mathbf{I} \to \mathrm{Cône}(f)$ et $\beta'_f \colon Y \to \mathrm{Cône}(f)$ les applications canoniques. La restriction de α'_f au sous-espace $X \times \{0\}$

de $X \times \mathbf{I}$ est l'application constante d'image $\{s\}$. L'application β'_f induit un homéomorphisme de Y sur la base du cône $\mathrm{Côn}(f)$ par lequel nous identifierons ces deux espaces. Notons aussi

$$\sigma'_f \colon (\mathrm{Côn}(f) - \{s\}) \times \mathbf{I} \to \mathrm{Côn}(f) - \{s\}$$

la contraction canonique et $\rho'_f \colon \mathrm{Côn}(f) - \{s\} \to \mathrm{Y}$ la rétraction canonique du cône privé de son sommet sur sa base.

Posons $\mathrm{J} = \pi_0(\mathrm{X})$; pour tout élément j de J, notons X_j la composante j de X, soit b_j un point de X_j et notons γ_j la classe du chemin $t \mapsto \alpha'_f(b_j, t)$ dans $\mathrm{Côn}(f)$ qui relie s à $f(b_j)$.

Soit I l'image de l'application $\pi_0(f)$: c'est l'ensemble des composantes connexes par arcs de Y qui rencontrent $f(\mathrm{X})$; notons $\varphi \colon \mathrm{J} \to \mathrm{I}$ l'application déduite de f par passage aux composantes connexes par arcs. Pour tout élément $i \in \mathrm{I}$, notons Y_i la composante i de Y et choisissons un point a_i dans Y_i.

Pour tout élément j de J, choisissons un chemin B_j reliant le point $f(b_j)$ au point $a_{\varphi(j)}$ dans $\mathrm{Y}_{\varphi(j)}$ et notons β_j sa classe. Désignons par ψ_j l'homomorphisme de $\pi_1(\mathrm{X}, b_j)$ dans $\pi_1(\mathrm{Y}, a_{\varphi(j)})$ défini par

$$\psi_j(v) = \beta_j^{-1} f_*(v) \beta_j$$

pour $v \in \pi_1(\mathrm{X}, a_j)$.

Soit $\sigma \colon \mathrm{I} \to \mathrm{J}$ une section de l'application φ. Posons $\mathrm{T} = \sigma(\mathrm{I})$ et $\tau = \sigma \circ \varphi$; observons que $\varphi \circ \tau = \varphi$.

PROPOSITION 4. — *Supposons que les composantes connexes par arcs de Y soient ouvertes. Pour tout $i \in \mathrm{I}$, soit G_i le quotient du groupe $\pi_1(\mathrm{Y}_i, b_i)$ par le plus petit sous-groupe distingué contenant l'image des homomorphismes ψ_j, pour $j \in \overset{-1}{\varphi}(i)$; notons p_i la surjection canonique de $\pi_1(\mathrm{Y}_i, b_i)$ sur G_i.*

Il existe un unique homomorphisme de groupes

$$\mathsf{P} \colon \mathop{*}_{i \in \mathrm{I}} \mathrm{G}_i * \mathrm{F}(\mathrm{J} - \mathrm{T}) \to \pi_1(\mathrm{Côn}(f), s)$$

tel que

$$\mathsf{P}(p_i(v)) = \mathrm{Int}(\gamma_{\sigma(i)}\beta_{\sigma(i)})(v) \qquad \textit{pour } i \in \mathrm{I} \textit{ et } v \in \pi_1(\mathrm{Y}_i, b_i),$$
$$\mathsf{P}(j) = \gamma_j \beta_j \beta_{\tau(j)}^{-1} \gamma_{\tau(j)}^{-1} \qquad \textit{pour } j \in \mathrm{J} - \mathrm{T}.$$

L'homomorphisme P *est un isomorphisme.*

Notons Y′ la réunion des composantes connexes par arcs de Y qui rencontrent $f(X)$ et soit $f' \colon X \to Y'$ l'application donnée par $x \mapsto f(x)$. L'ensemble Y′ est une partie ouverte de Y ; ses composantes connexes par arcs sont ouvertes. Le cône $\mathrm{Côn}(f')$ s'identifie à la composante connexe par arcs de s dans $\mathrm{Côn}(f)$. Cela permet de supposer que $Y = Y'$, autrement dit que l'application $\pi_0(f)$ est surjective et $I = \pi_0(Y)$.

Pour tout $j \in J$, posons $V_j = \alpha'_f(X_j \times]0,1[)$. Par passage aux sous-espaces, l'application α'_f induit un homéomorphisme de $X \times]0,1[$ sur le complémentaire de $Y \cup \{s\}$ dans $\mathrm{Côn}(f)$. Par suite, les ensembles V_j sont les composantes connexes par arcs de $\mathrm{Côn}(f) - (Y \cup \{s\})$.

Pour tout $i \in I$, posons $U_i = (\rho'_f)^{-1}(Y_i)$; c'est une partie ouverte de $\mathrm{Côn}(f)$, car Y_i est ouvert dans Y par hypothèse. Pour tout $j \in \overset{-1}{\varphi}(i)$, on a $f(X_j) \subset Y_i$ et

$$V_j \cup Y_i = \alpha'_f(X_j \times]0,1]) \cup Y_i,$$

si bien que $V_j \cup Y_i$ est une partie connexe par arcs de $\mathrm{Côn}(f)$ contenant Y_i. Comme U_i est la réunion de Y_i et des ensembles V_j, pour $j \in \overset{-1}{\varphi}(i)$, il en résulte que U_i est connexe par arcs.

Enfin, l'ensemble $C'(X) = \mathrm{Côn}(f) - Y$ est une partie ouverte de $\mathrm{Côn}(f)$; elle est contractile en s, donc connexe par arcs.

L'ensemble $C'(X)$ et les ensembles U_i, pour $i \in I$, constituent un recouvrement de $\mathrm{Côn}(f)$ par des parties ouvertes et connexes par arcs, recouvrement auquel nous allons appliquer la prop. 1 de IV, p. 412. Soit I′ l'ensemble obtenu par adjonction de s à I ; on le munit d'un ordre total pour lequel s est son plus petit élément.

Pour des éléments i, i' de I distincts, on a $U_i \cap U_{i'} = \varnothing$. Pour $i \in I$, $C'(X) \cap U_i$ est la réunion des ensembles V_j, pour $j \in \overset{-1}{\varphi}(i)$; ils sont connexes et deux à deux disjoints. L'intersection de trois ensembles distincts quelconques de ce recouvrement est vide.

L'armature Γ du recouvrement considéré a pour sommets l'ensemble I′. Ses flèches sont les triplets (s, i, V_j), pour $j \in J$ et $i = \varphi(j)$; on identifiera ainsi l'ensemble des flèches de Γ à l'ensemble J.

Pour $i \in I$, on choisit comme point-base $\mathsf{a}(i) = a_i \in U_i$; on pose aussi $\mathsf{a}(s) = s \in C'(X)$.

Pour $j \in J$, on pose $\mathsf{b}(j) = \alpha'_f(b_j, \frac{1}{2})$. On note $B_1(j)$ le chemin dans $C'(X)$ d'origine $\mathsf{b}(j)$ et de terme $\mathsf{a}(s)$ donné par

$t \mapsto \alpha'_f(b_j, (1-t)/2)$. On note $B_2(j)$ le chemin dans $U_{\varphi(j)}$ d'origine $\mathsf{b}(j)$ et de terme $\mathsf{a}(\varphi(j)) = a_{\varphi(j)}$, juxtaposition du chemin $t \mapsto \alpha'_f(b_j, (1+t)/2)$ et du chemin B_j. Alors, la classe du chemin $B(j) = \overline{B}_1(j) * B_2(j)$ est égale à $\gamma_j \beta_j$.

On choisit $i_0 = s$.

On prend pour arbre orienté maximal T l'unique arbre orienté de Γ dont l'ensemble des flèches est $\sigma(I)$. On a $\delta(s) = e$, tandis que pour $i \in I$, $\delta(i) = [B(\sigma(i))] = \gamma_{\sigma(i)} \beta_{\sigma(i)}$.

Soit $j \in J$ et soit $i = \varphi(j)$.

L'homomorphisme φ_j de $\pi_1(V_j, \mathsf{b}(j))$ dans $\pi_1(C'(X), s)$ est l'homomorphisme trivial car $C'(X)$ est contractile en s.

L'application α'_f induit un homéomorphisme de $X_j \times \left]0,1\right[$ sur V_j ; cet homéomorphisme induit un isomorphisme du groupe $\pi_1(V_j, \mathsf{b}(j))$ sur le groupe $\pi_1(X_j, b_j) = \pi_1(X, b_j)$. Par passage aux sous-espaces, l'application σ'_f induit une contraction forte de U_i sur Y_i, laquelle induit un isomorphisme du groupe $\pi_1(U_i, \mathsf{a}(i))$ sur le groupe $\pi_1(Y, a_i)$. Par ces isomorphismes, l'homomorphisme

$$\psi_j \colon \pi_1(V_j, \mathsf{b}(j)) \to \pi_1(U_{\varphi(j)}, \mathsf{a}(\varphi(j)))$$

s'identifie à l'homomorphisme $\mathrm{Int}(\beta_{\varphi(j)}^{-1}) \circ f_*$ de $\pi_1(X, b_j)$ dans $\pi_1(Y, a_i)$.

Comme $C'(X)$ est contractile en s, l'homomorphisme μ_s est l'homomorphisme trivial.

Soit $i \in I$. L'homomorphisme μ_i de $\pi_1(U_i, \mathsf{a}(i))$ dans $\pi_1(\mathrm{Côn}(f), s)$ s'identifie à l'homomorphisme de $\pi_1(Y, a_i)$ dans $\pi_1(\mathrm{Côn}(f), s)$ composé de l'homomorphisme $\mathrm{Int}(\delta(i))$ et de l'homomorphisme de $\pi_1(U_i, s)$ dans $\pi_1(\mathrm{Côn}(f), s)$ déduit de l'injection canonique de U_i dans $\mathrm{Côn}(f)$.

Enfin, l'homomorphisme $\mu \colon F(J) \to \pi_1(\mathrm{Côn}(f), s)$ est donné par

$$\mu(j) = \gamma_j \beta_j \beta_{\tau(j)}^{-1} \gamma_{\tau(j)}^{-1}.$$

Soit P' l'unique homomorphisme de groupes

$$\mathsf{P}' \colon \mathop{*}_{i \in I} \pi_1(Y_i, a_i) * F(J) \to \pi_1(\mathrm{Côn}(f), s)$$

qui coïncide avec l'homomorphisme $\mathrm{Int}(\delta(i)^{-1})$ dans $\pi_1(Y_i, a_i)$ et avec l'homomorphisme μ dans $F(J)$. D'après la prop. 1 de IV, p. 412, l'homomorphisme P' est surjectif et son noyau est le plus petit sous-groupe distingué de $\mathop{*}_{i} \pi_1(Y_i, a_i) * F(J)$ qui contient les éléments $\mathsf{r}_1(j)$, pour

$j \in \mathrm{T}$, et les éléments $\mathsf{r}_2(j,v)$, pour $j \in \mathrm{J}$ et $v \in \pi_1(\mathrm{V}_j, \mathsf{b}(j))$. (Il n'y a pas d'éléments $\mathsf{r}_3(k)$, car l'ensemble K est vide.)

Pour $j \in \mathrm{T}$, on a $r_1(j) = j$. Soit $j \in \mathrm{J}$ et soit $v \in \pi_1(\mathrm{V}_j, \mathsf{b}(j))$. Compte tenu de l'identification de $\pi_1(\mathrm{V}_j, \mathsf{b}(j))$ avec $\pi_1(\mathrm{X}, b_j)$, on a $\mathsf{r}_2(j,v) = j\psi_j(v)j^{-1}$. Notons p l'homomorphisme surjectif canonique de $\mathop{*}\limits_i \pi_1(\mathrm{Y}_i, a_i) * \mathrm{F}(\mathrm{J})$ sur $\mathop{*}\limits_i \mathrm{G}_i * \mathrm{F}(\mathrm{J} - \mathrm{T})$. Pour $j \in \mathrm{T}$, on a $p(\mathsf{r}_1(j)) = e$; pour $j \in \mathrm{J}$ et $v \in \pi_1(\mathrm{X}, b_j)$, on a $p(\psi_j(v)) = e$. Par suite, il existe un unique homomorphisme de groupes P de $\mathop{*}\limits_i \mathrm{G}_i * \mathrm{F}(\mathrm{J} - \mathrm{T})$ dans $\pi_1(\mathrm{Côn}(f), s)$ tel que $\mathsf{P}' \circ p = \mathsf{P}$; c'est un isomorphisme.

COROLLAIRE 1. — *Supposons de plus que les espaces* X *et* Y *soient connexes par arcs et soit* a *un point de* X. *L'application canonique de* $\pi_1(\mathrm{Y}, f(a))$ *dans* $\pi_1(\mathrm{Côn}(f), f(a))$ *est surjective, son noyau est le plus petit sous-groupe distingué qui contient l'image de l'homomorphisme* $\pi_1(f, a)$.

COROLLAIRE 2. — *Supposons de plus que les composantes connexes par arcs de* Y *soient simplement connexes par arcs. L'homomorphisme* $\mu \colon \mathrm{F}(\mathrm{J} - \mathrm{T}) \to \pi_1(\mathrm{Côn}(f), s)$ *est alors un isomorphisme.*

Remarque 1. — Soit X un espace topologique dont les composantes connexes par arcs sont ouvertes. Soit A un sous-espace fermé de X ; notons $\iota \colon \mathrm{A} \to \mathrm{X}$ l'injection canonique, X/A l'espace déduit de X par contraction de A sur un point o et $p \colon \mathrm{X} \to \mathrm{X/A}$ l'application canonique. Supposons en outre que le couple (X, A) possède la propriété d'extension des homotopies. L'application canonique $\overline{p} \colon \mathrm{Côn}(\iota) \to \mathrm{X/A}$ est alors une homéotopie (III, p. 255, remarque 1) et l'on déduit de la prop. 4 le calcul du groupe de Poincaré de X/A en son point-base o. En particulier, si les composantes connexes par arcs de X sont simplement connexes par arcs, le groupe $\pi_1(\mathrm{X/A}, o)$ est un groupe libre.

6. Éclatement et recollement

Soit C un espace topologique et soit $(\mathrm{B}_\ell)_{\ell \in \mathrm{L}}$ une famille finie de parties fermées de C, deux à deux disjointes. Soit B un espace topologique et, pour tout $\ell \in \mathrm{L}$, soit h_ℓ un homéomorphisme de B sur B_ℓ. On note B_L la réunion de la famille $(\mathrm{B}_\ell)_{\ell \in \mathrm{L}}$. Nous supposerons que B et L ne sont pas vides. Soit R la relation d'équivalence sur C définie de la manière suivante. La classe d'un élément x de $\mathrm{C} - \mathrm{B}_{\mathrm{L}}$ est l'ensemble $\{x\}$; si x est un élément de B_ℓ, où $\ell \in \mathrm{L}$, la classe de x est l'ensemble des éléments $h_k(\overset{-1}{h_\ell}(x))$, où k parcourt L. Notons A l'espace topologique quotient C/R et $f \colon \mathrm{C} \to \mathrm{A}$ la surjection canonique. On dit que *l'espace* A *est obtenu à partir de l'espace* C *par identification des ensembles* B_ℓ *au moyen des homéomorphismes* h_ℓ.

L'application $f \circ h_\ell$ de B dans A est indépendante de l'élément ℓ de L ; elle est fermée et injective ; elle induit donc un homéomorphisme de B sur une partie fermée de A. Nous identifierons ainsi B à $f \circ h_\ell(\mathrm{B})$ par l'homéomorphisme $f \circ h_\ell$; l'application f induit un homéomorphisme de $\mathrm{C} - \mathrm{B}_{\mathrm{L}}$ sur $\mathrm{A} - \mathrm{B}$.

Supposons de plus qu'il existe une famille $(\mathrm{N}_\ell)_{\ell \in \mathrm{L}}$ de parties ouvertes de C, deux à deux disjointes, telles que N_ℓ contienne B_ℓ pour tout $\ell \in \mathrm{L}$. La réunion U de la famille $(f(\mathrm{N}_\ell))_{\ell \in \mathrm{L}}$ est ouverte dans A et contient B. L'ensemble $\mathrm{U} - \mathrm{B}$ est la réunion des ensembles ouverts deux à deux disjoints $f(\mathrm{N}_\ell - \mathrm{B}_\ell)$, pour $\ell \in \mathrm{L}$.

Lemme 2. — *L'application* $f \colon \mathrm{C} \to \mathrm{A}$ *est propre et séparée ; ses fibres sont finies.*

Démontrons que f est fermée. Soit X une partie fermée de C. Prouvons que son image est fermée dans A. Pour tout $\ell \in \mathrm{L}$, $\mathrm{X} \cap \mathrm{B}_\ell$ est fermé dans B_ℓ donc l'espace $\mathrm{Y} = \bigcup_{\ell \in \mathrm{L}} \overset{-1}{h_\ell}(\mathrm{X} \cap \mathrm{B}_\ell)$ est fermé dans B puisque L est fini. Le saturé X^* de X pour la relation d'équivalence R est alors égal à $\mathrm{X} \cup \bigcup_{\ell \in \mathrm{L}} h_k(\mathrm{Y})$, donc est fermé dans C. Par suite, $f(\mathrm{X}) = f(\mathrm{X}^*)$ est fermé dans A, ce qu'il fallait démontrer.

Les fibres de f sont les classes d'équivalences de la relation R ; elles sont finies. Par suite, l'application f est propre (TG, I, p. 75, théorème 1).

Montrons enfin que f est séparée. Soient x et y des points distincts de C qui ont même image par f. Il existe donc un point $b \in \mathrm{B}$ et des éléments distincts ℓ et $m \in \mathrm{L}$ tels que $x = h_\ell(b)$ et $y = h_m(b)$. Par conséquent, N_ℓ et N_m sont des voisinages disjoints de x et y dans C, d'où l'assertion voulue en vertu de la prop. 1 de I, p. 25.

Faisons en outre les hypothèses suivantes :

– l'espace A est délaçable et connexe ;

– l'espace C est délaçable ;

– l'espace B est connexe et localement connexe par arcs.

Posons $I = \pi_0(C)$; si i est un élément de I, désignons par C_i la composante connexe i de C. Notons $\eta\colon L \to I$ l'application qui, à un élément $\ell \in L$, associe la composante connexe de C qui contient B_ℓ. L'application η est surjective. En effet, raisonnons par l'absurde et considérons une composante connexe X de C qui ne rencontre aucun ensemble B_ℓ. C'est une partie ouverte et fermée de C, saturée pour la relation d'équivalence R. Par suite, son image $f(X)$ est une partie ouverte et fermée de A, disjointe de B. Puisque A est supposé connexe et B non vide, $f(X)$ est vide, d'où une contradiction.

Soit $\sigma\colon I \to L$ une section de l'application η ; on pose $\tau = \sigma \circ \eta$ et $T = \sigma(I)$.

Choisissons un point b de B. Pour tout $\ell \in L$, posons $b_\ell = h_\ell(b)$ et choisissons la classe β_ℓ d'un chemin reliant b_ℓ à $b_{\tau(\ell)}$ dans C ; si $\ell = \tau(\ell)$, on choisit pour β_ℓ la classe du chemin constant d'image b_ℓ. Pour tout $\ell \in L$, on note ϑ_ℓ l'homomorphisme de $\pi_1(B, b)$ dans $\pi_1(C, b_{\tau(\ell)})$ défini par

$$\vartheta_\ell(v) = \mathrm{Int}(\beta_\ell)^{-1}((h_\ell)_*(v)) = \beta_\ell^{-1}(h_\ell)_*(v)\beta_\ell,$$

pour tout $v \in \pi_1(B, b)$. Fixons enfin un élément ℓ_0 de L tel que $\ell_0 = \tau(\ell_0)$.

Soit Q l'unique homomorphisme de groupes

$$Q\colon \big(\mathop{*}_{i\in I} \pi_1(C_i, b_{\sigma(i)})\big) * F(L - T) \to \pi_1(A, b)$$

tel que $Q(\ell) = f_*(\beta_\ell)$ pour tout $\ell \in L - T$ et qui coïncide avec $\pi_1(f, b_{\sigma(i)})$ dans $\pi_1(C_i, b_{\sigma(i)})$ pour tout $i \in I$.

PROPOSITION 5 (Van Kampen). — *L'homomorphisme Q est surjectif ; son noyau est le plus petit sous-groupe distingué contenant les éléments*

$$\vartheta_{\ell_0}(v)\vartheta_\ell(v)^{-1} \qquad \textit{pour } v \in \pi_1(B, b) \textit{ et } \ell \in T,$$
$$\vartheta_{\ell_0}(v)\ell\vartheta_\ell(v)^{-1}\ell^{-1} \qquad \textit{pour } v \in \pi_1(B, b) \textit{ et } \ell \in L - T.$$

L'application $f\colon C \to A$ est propre, séparée, à fibres finies (IV, p. 430, lemme 2) ; les espaces A et C sont délaçables. En outre, $C \times_A C$ est la réunion de la diagonale Δ_C et des parties disjointes $B_\ell \times_A B_k = (h_\ell, h_k)(B)$, pour $(\ell, k) \in L^2$ avec $\ell \neq k$. Pour un tel couple (ℓ, k), on a $B_\ell \times_A B_k = N_\ell \times_A N_k$; par suite, cette partie est ouverte et fermée dans $C \times_A C$. La diagonale Δ_C est ainsi ouverte et son complémentaire dans $C \times_A C$, réunion finie de parties disjointes homéomorphes à B, est localement connexe. Cela prouve que l'application f vérifie la propriété (VK) (cas (ii) de IV, p. 405). En vue d'appliquer le th. 1 de IV, p. 408, nous allons définir une donnée de van Kampen pour f.

Pour tout $i \in \mathrm{I}$, choisissons pour point-base dans C_i le point $\mathsf{a}(i) = b_{\sigma(i)}$.

Soit J l'ensemble des composantes connexes par arcs de $\mathrm{C} \times_{\mathrm{A}} \mathrm{C}$. Les ensembles Δ_{C_i}, pour $i \in \mathrm{I}$, sont les composantes connexes de la diagonale Δ_{C}, laquelle est ouverte et fermée dans $\mathrm{C} \times_{\mathrm{A}} \mathrm{C}$, donc ces ensembles appartiennent à J. De même, les ensembles $[\ell_1, \ell_2] = \mathrm{B}_{\ell_1} \times_{\mathrm{A}} \mathrm{B}_{\ell_2}$ pour ℓ_1 et ℓ_2 dans L avec $\ell_1 \neq \ell_2$, appartiennent à J. Comme ces ensembles forment une partition de $\mathrm{C} \times_{\mathrm{A}} \mathrm{C}$, ils décrivent l'ensemble J.

Soit j un élément de J de la forme Δ_{C_i}, pour $i \in \mathrm{I}$. Choisissons pour point-base $\mathsf{b}(j)$ le point $(\mathsf{a}(i), \mathsf{a}(i)) = (b_{\sigma(i)}, b_{\sigma(i)})$ et prenons pour classes de chemins $\beta_1(j)$ et $\beta_2(j)$ la classe du chemin constant en $b_{\sigma(i)}$. Soit j un élément de J de la forme $[\ell_1, \ell_2]$, où ℓ_1 et ℓ_2 sont des éléments de L, distincts. Posons alors $\mathsf{b}([\ell_1, \ell_2]) = (b_{\ell_1}, b_{\ell_2})$, $\beta_1([\ell_1, \ell_2]) = \beta_{\ell_1}$ et $\beta_2([\ell_1, \ell_2]) = \beta_{\ell_2}$.

Soit $\mathrm{K} = \pi_0(\mathrm{C} \times_{\mathrm{A}} \mathrm{C} \times_{\mathrm{A}} \mathrm{C})$.

Notons Δ'_{C} la diagonale de l'espace $\mathrm{C} \times_{\mathrm{A}} \mathrm{C} \times_{\mathrm{A}} \mathrm{C}$; c'est une partie fermée de $\mathrm{C} \times_{\mathrm{A}} \mathrm{C} \times_{\mathrm{A}} \mathrm{C}$, car f est séparée, elle est homéomorphe à C. Pour tout $i \in \mathrm{I}$, notons aussi Δ'_{C_i} l'image de C_i par l'application diagonale de C dans $\mathrm{C} \times_{\mathrm{A}} \mathrm{C} \times_{\mathrm{A}} \mathrm{C}$; ce sont des parties ouvertes et fermées dans Δ'_{C}. Pour tout triplet (ℓ_1, ℓ_2, ℓ_3) d'éléments de L, posons aussi $[\ell_1, \ell_2, \ell_3] = \mathrm{B}_{\ell_1} \times_{\mathrm{A}} \mathrm{B}_{\ell_2} \times_{\mathrm{A}} \mathrm{B}_{\ell_3}$; ce sont des parties fermées de $\mathrm{C} \times_{\mathrm{A}} \mathrm{C} \times_{\mathrm{A}} \mathrm{C}$, homéomorphes à B. Si l'ensemble $\{\ell_1, \ell_2, \ell_3\}$ a au moins deux éléments, on a $[\ell_1, \ell_2, \ell_3] = \mathrm{N}_{\ell_1} \times_{\mathrm{A}} \mathrm{N}_{\ell_2} \times_{\mathrm{A}} \mathrm{N}_{\ell_3}$, ce qui entraîne que $[\ell_1, \ell_2, \ell_3]$ est aussi ouvert dans $\mathrm{C} \times_{\mathrm{A}} \mathrm{C} \times_{\mathrm{A}} \mathrm{C}$. En outre, $\mathrm{C} \times_{\mathrm{A}} \mathrm{C} \times_{\mathrm{A}} \mathrm{C}$ est la réunion des parties deux à deux disjointes Δ'_{C} et $[\ell_1, \ell_2, \ell_3]$, où (ℓ_1, ℓ_2, ℓ_3) parcourt l'ensemble des triplets d'éléments de L qui ne sont pas tous égaux à un même élément. Ainsi, $\Delta_{\mathrm{C}'}$, puis les Δ'_{C_i}, pour $i \in \mathrm{I}$, sont ouvertes et fermées dans $\mathrm{C} \times_{\mathrm{A}} \mathrm{C} \times_{\mathrm{A}} \mathrm{C}$. Cela entraîne que l'ensemble K des composantes connexes de cet espace est la réunion des ensembles disjoints K_0 et K_1 suivants.

L'ensemble K_0 est l'ensemble des composantes de la forme Δ'_{C_i}. Soit $i \in \mathrm{I}$ et soit $k = \Delta'_{\mathrm{C}_i}$. On pose $\mathsf{c}(k) = (b_{\sigma(i)}, b_{\sigma(i)}, b_{\sigma(i)})$. Pour $(s,t) \in \{(1,2), (2,3), (1,3)\}$, on choisit pour $\gamma_{st}(k)$ la classe du chemin constant en $(b_{\sigma(i)}, b_{\sigma(i)})$.

L'ensemble K_1 est constitué des composantes de la forme $k = [\ell_1, \ell_2, \ell_3]$, où ℓ_1, ℓ_2, ℓ_3 sont trois éléments de B tels que l'ensemble

$\{\ell_1, \ell_2, \ell_3\}$ soit de cardinal $\geqslant 2$. On pose $\mathsf{c}(k) = (b_{\ell_1}, b_{\ell_2}, b_{\ell_3})$. Soit $(s,t) \in \{(1,2),(1,3),(2,3)\}$. Si $\ell_s = \ell_t$, on prend pour $\gamma_{st}(k)$ la classe $(\beta_{\ell_s}, \beta_{\ell_t})$; si $\ell_s \neq \ell_t$, on prend pour $\gamma_{st}(k)$ la classe du chemin constant en (b_{ℓ_s}, b_{ℓ_t}).

On vérifie alors que, pour tout $k \in \mathrm{K}$ et pour tout $s \in \{1,2,3\}$, la classe de lacets $\lambda_s(k)$ définie par la relation (2) de IV, p. 407, est triviale.

L'armature Γ du couple de morphismes de groupoïdes $(\varpi(p_1), \varpi(p_2))$ de $\varpi(\mathrm{C} \times_{\mathrm{A}} \mathrm{C})$ dans $\varpi(\mathrm{C})$ a pour sommets l'ensemble I et pour arêtes orientées l'ensemble J. Si $i \in \mathrm{I}$, la flèche $j = \Delta_{\mathrm{C}_i}$ a pour origine et terme i ; si (ℓ_1, ℓ_2) est un couple d'éléments de L distincts, la flèche $j = [\ell_1, \ell_2]$ a pour origine $\eta(\ell_1)$ et pour terme $\eta(\ell_2)$.

Soit T le sous-carquois de Γ dont l'ensemble de sommets est I et dont les flèches sont celles de la forme $[\ell_0, \ell]$, pour $\ell \in \mathrm{T} - \{\ell_0\}$. Le graphe associé à T est un arbre maximal de $\widetilde{\Gamma}$.

Posons $i_0 = \eta(\ell_0)$.

Si $i \in \mathrm{I} - \{i_0\}$, l'unique chemin de T reliant i_0 à i est $(i_0, [\ell_0, \sigma(i)], i)$. Le morphisme de groupoïdes de $\mathrm{Grp}(\Gamma)$ dans $\varpi(\mathrm{Y})$ défini p. 407 (et noté τ en *loc. cit.*) applique j sur l'élément neutre si $j = \Delta_{\mathrm{C}_i}$, pour $i \in \mathrm{I}$, et applique $j = [\ell_1, \ell_2]$ sur $f_*(\beta_{\ell_1})^{-1} f_*(\beta_{\ell_2})$, si ℓ_1 et ℓ_2 sont des éléments de L distincts. Pour tout $i \in \mathrm{I}$, la classe de chemins δ_i définie *loc. cit.* et reliant $b = f(b_{\sigma(i_0)})$ à $b = f(b_{\sigma(i)})$ est donnée par

$$\delta_i = f_*(\beta_{\ell_0})^{-1} f_*(\beta_{\sigma(i)}) = e,$$

car $\beta_\ell = e$ si $\ell \in \mathrm{T}$.

On a ainsi défini une donnée de van Kampen de l'application f. Considérons alors l'unique homomorphisme de groupes

$$\mathsf{Q}' \colon (\mathop{*}_{i \in \mathrm{I}} \pi_1(\mathrm{C}_i, b_{\sigma(i)})) * \mathrm{F}(\mathrm{J}) \to \pi_1(\mathrm{A}, b)$$

qui coïncide avec $\pi_1(f, b_{\sigma(i)})$ dans $\pi_1(\mathrm{C}, b_{\sigma(i)})$ et tel que

$$\mathsf{Q}'(j) = f_*(\beta_1(j))^{-1} f_*(\beta_2(j))$$

pour $j \in \mathrm{J}$. D'après IV, p. 408, th. 1, cet homomorphisme est surjectif et son noyau est le plus petit sous-groupe distingué contenant les relateurs $\mathsf{r}_1(j)$ (pour $j \in \mathrm{Fl}(\mathsf{T})$), $\mathsf{r}_2(j,v)$ (pour $j \in \mathrm{J}$ et $v \in \pi_1(\mathrm{C} \times_{\mathrm{A}} \mathrm{C}, \mathsf{b}(j))$) et $\mathsf{r}_3(k)$ (pour $k \in \mathrm{K}$) définis, *loc. cit.*, par les équations (R_1), (R_2) et (R_3).

Soit q' l'unique homomorphisme de F(L) dans F(L − T) tel que $q'(\ell) = \ell$ si $\ell \in \mathrm{L} - \mathrm{T}$ et $q'(\ell) = e$ sinon. Soit

$$q\colon (\mathop{*}_{i\in \mathrm{I}} \pi_1(\mathrm{C}_i, b_{\sigma(i)})) * \mathrm{F}(\mathrm{J}) \to (\mathop{*}_{i\in \mathrm{I}} \pi_1(\mathrm{C}_i, b_{\sigma(i)})) * \mathrm{F}(\mathrm{L} - \mathrm{T})$$

l'unique homomorphisme de groupes qui coïncide avec l'identité sur $\pi_1(\mathrm{C}_i, b_{\sigma(i)})$, pour $i \in \mathrm{I}$ et tel que l'on ait $q(j) = e$ si $j = \Delta_{\mathrm{C}_i}$, $q([\ell, \ell']) = q'(\ell)^{-1}q'(\ell')$ si ℓ et ℓ' sont des éléments de L, distincts. L'homomorphisme q est surjectif.

Si $i \in \mathrm{I}$ et $j = \Delta_{\mathrm{C}_i}$, on a $\mathsf{Q}'(j) = e_b = \mathsf{Q}'(q(j))$. Si $j = [\ell, \ell']$, pour ℓ et ℓ' dans L, distincts, on a

$$\begin{aligned} \mathsf{Q}'(j) &= f_*(\beta_\ell)^{-1} f_*(\beta_{\ell'}) = \mathsf{Q}(q'(\ell))^{-1}\mathsf{Q}(q'(\ell')) \\ &= \mathsf{Q}(q'(\ell)^{-1}q'(\ell')) = \mathsf{Q} \circ q([\ell, \ell']). \end{aligned}$$

Par suite, $\mathsf{Q}' = \mathsf{Q} \circ q$. Il en résulte que l'homomorphisme Q est surjectif et que son noyau est le plus petit sous-groupe distingué de $(\mathop{*}_{i\in \mathrm{I}} \pi_1(\mathrm{C}_i, b_{\sigma(i)})) * \mathrm{F}(\mathrm{L} - \mathrm{T})$ contenant les images par q des relateurs $\mathsf{r}_1(j)$ (pour $j \in \mathrm{Fl}(\mathsf{T})$), $\mathsf{r}_2(j, v)$ (pour $j \in \mathrm{J}$ et $v \in \pi_1(\mathrm{C} \times_{\mathrm{A}} \mathrm{C}, \mathsf{b}(j))$) et $\mathsf{r}_3(k)$ (pour $k \in \mathrm{K}$).

Si $\ell \in \mathrm{T} - \{\ell_0\}$ et $j = [\ell_0, \ell]$, on a $\mathsf{r}_1(j) = j$ et $q(\mathsf{r}_1(j)) = e$.

Soit $k \in \mathrm{K}$. On a $\mathsf{r}_3(k) = j_{12}(k) j_{23}(k) j_{13}(k)^{-1}$. Si $k = \Delta'_{\mathrm{C}_i}$, pour $i \in \mathrm{I}$, posons $j = \Delta_{\mathrm{C}_i}$; alors, on a

$$q(\mathsf{r}_3(k)) = q(jjj^{-1}) = q(j) = e.$$

Soient ℓ et ℓ' des éléments de L, distincts. Si $k = [\ell, \ell, \ell']$, on a donc

$$q(\mathsf{r}_3(k)) = q(\Delta_{\mathrm{C}_{\eta(\ell)}}[\ell, \ell'][\ell, \ell']^{-1}) = q(\Delta_{\mathrm{C}_{\eta(\ell)}}) = e.$$

Si $k = [\ell, \ell', \ell]$, il vient

$$\begin{aligned} q(\mathsf{r}_3(k)) &= q([\ell, \ell'][\ell', \ell]\Delta^{-1}_{\mathrm{C}_{\eta(\ell)}}) \\ &= q'(\ell)^{-1}q'(\ell')q'(\ell')^{-1}q'(\ell)q(\Delta_{\mathrm{C}_{\eta(\ell)}})^{-1} = e. \end{aligned}$$

En outre, si $k = [\ell', \ell, \ell]$, on a

$$\begin{aligned} q(\mathsf{r}_3(k)) &= q([\ell', \ell]\Delta_{\mathrm{C}_{\eta(\ell)}}[\ell', \ell]^{-1}) \\ &= q(\ell')^{-1}q(\ell)q(\Delta_{\mathrm{C}_{\eta(\ell)}})q(\ell)^{-1}q(\ell') = e. \end{aligned}$$

Enfin, si $k = [\ell_1, \ell_2, \ell_3]$, où ℓ_1, ℓ_2, ℓ_3 sont des éléments de L, deux à deux distincts, on a

$$q(\mathsf{r}_3(k)) = q([\ell_1, \ell_2])q([\ell_2, \ell_3])q([\ell_1, \ell_3])^{-1} = e.$$

Soit $i \in \mathrm{I}$ et posons $j = \Delta_{\mathrm{C}_i}$. Les homomorphismes de groupes φ_j et ψ_j, de $\pi_1(\mathrm{C} \times_{\mathrm{A}} \mathrm{C}, \mathsf{b}(j)) = \pi_1(\mathrm{C}_i, \mathsf{a}(i))$ dans $\pi_1(\mathrm{C}, \mathsf{a}(i))$ définis par les relations (1) de IV, p. 407, sont égaux respectivement à $(p_1)_*$ et à $(p_2)_*$. On a alors, pour $v \in \pi_1(\mathrm{C}_i, \mathsf{a}(i))$, $\mathsf{r}_2(j, v) = vjv^{-1}j^{-1}$, d'où $q(\mathsf{r}_2(j, v)) = e$.

Soit enfin $j = [\ell, \ell']$, où ℓ et ℓ' sont des éléments de L, distincts. L'homomorphisme de groupes $\varphi_j \colon \pi_1(\mathrm{B}_\ell \times_{\mathrm{A}} \mathrm{B}_{\ell'}, \mathsf{b}(j)) \to \pi_1(\mathrm{C}_{\eta(\ell)}, b_{\tau(\ell)})$ défini *loc. cit.* est l'homomorphisme ϑ_ℓ, et l'homomorphisme ψ_j est l'homomorphisme $\vartheta_{\ell'}$. On a alors, pour $v \in \pi_1(\mathrm{B}_\ell \times_{\mathrm{A}} \mathrm{B}_{\ell'}, \mathsf{b}(j))$

$$q(\mathsf{r}_2(j, v)) = \vartheta_\ell(v) q'(\ell)^{-1} q'(\ell') \vartheta_{\ell'}(v)^{-1} q'(\ell')^{-1} q'(\ell).$$

Distinguons quatre cas. Si ℓ et ℓ' appartiennent tous deux à T, on a

$$q(\mathsf{r}_2(j, v)) = \big(\vartheta_{\ell_0}(v)\vartheta_\ell(v)^{-1}\big)^{-1} \big(\vartheta_{\ell_0}(v)\vartheta_{\ell'}(v)^{-1}\big).$$

Lorsque $\ell' = \ell_0$, on obtient l'inverse de l'élément $\vartheta_{\ell_0}(v)\vartheta_\ell(v)^{-1}$. Si $\ell \in \mathrm{T}$ mais $\ell' \notin \mathrm{T}$, on a

$$\begin{aligned} q(\mathsf{r}_2(j, v)) &= \vartheta_\ell(v) \ell' \vartheta_{\ell'}(v)^{-1} (\ell')^{-1} \\ &= \big(\vartheta_{\ell_0}(v)\vartheta_\ell(v)^{-1}\big)^{-1} \vartheta_{\ell_0}(v) \ell' \vartheta_{\ell'}(v)^{-1} (\ell')^{-1}. \end{aligned}$$

De même, si $\ell \notin \mathrm{T}$ et $\ell' \in \mathrm{T}$, on a

$$\begin{aligned} q(\mathsf{r}_2(j, v)) &= \vartheta_\ell(v) \ell^{-1} \vartheta_{\ell'}(v)^{-1} \ell \\ &= \ell^{-1} \big(\vartheta_{\ell_0}(v) \ell \vartheta_\ell(v)^{-1} \ell^{-1}\big)^{-1} \big(\vartheta_{\ell_0}(v)\vartheta_{\ell'}(v)^{-1}\big) \ell. \end{aligned}$$

En prenant $\ell' = \ell_0$, on obtient un élément conjugué à l'inverse de $\vartheta_{\ell_0}(v) \ell \vartheta_\ell(v)^{-1} \ell^{-1}$. Enfin, si ni ℓ ni ℓ' n'appartiennent à T, on a

$$q(\mathsf{r}_2(j, v)) = \big(\vartheta_\ell(v) \ell^{-1} \vartheta_{\ell_0}(v)^{-1} \ell\big) \ell^{-1} \big(\vartheta_{\ell_0}(v) \ell' \vartheta_{\ell'}(v)^{-1} (\ell')^{-1}\big) \ell.$$

Ces relations démontrent, d'une part, que les éléments annoncés dans la proposition appartiennent au noyau de l'homomorphisme Q, et, d'autre part, que ces éléments $q(\mathsf{r}_2(j, v))$ appartiennent tous au plus petit sous-groupe distingué contenant les éléments annoncés par l'énoncé. La proposition en résulte.

Remarque. — Soit A un espace topologique, soit B une partie fermée de A et soit U un voisinage ouvert de B dans A. On suppose que l'ensemble $\mathrm{U} - \mathrm{B}$ est la réunion d'une famille finie $(\mathrm{M}_\ell)_{\ell \in \mathrm{L}}$ d'ensembles ouverts deux à deux disjoints. Pour tout $\ell \in \mathrm{L}$, on pose $\mathrm{N}'_\ell = \mathrm{M}_\ell \cup \mathrm{B}$. Notons C' l'espace topologique somme des espaces $\mathrm{A} - \mathrm{B}$ et N'_ℓ, pour $\ell \in \mathrm{L}$; on note aussi $\varphi \colon \mathrm{A} - \mathrm{B} \to \mathrm{C}'$ et $\varphi_\ell \colon \mathrm{N}'_\ell \to \mathrm{C}'$, pour $\ell \in \mathrm{L}$, les injections canoniques. Soit C l'espace topologique quotient de C′ par la relation d'équivalence S la plus fine pour laquelle les points $\varphi(x)$ et $\varphi_\ell(x)$ sont équivalents, pour tout $\ell \in \mathrm{L}$ et tout $x \in \mathrm{M}_\ell$; soit $\rho \colon \mathrm{C}' \to \mathrm{C}$ l'application canonique.

Démontrons que l'on retrouve l'espace A à partir de l'espace C par identification des ensembles B_ℓ au moyen des homéomorphismes $\rho \circ (\varphi_\ell \,|\, \mathrm{B}) \colon \mathrm{B} \to \mathrm{B}_\ell$.

Pour tout $\ell \in \mathrm{L}$, l'ensemble M_ℓ est ouvert dans $\mathrm{A} - \mathrm{B}$ et dans N'_ℓ. Les applications $\rho \circ \varphi$ et $\rho \circ \varphi_\ell$ sont des des homéomorphismes des espaces $\mathrm{A} - \mathrm{B}$ et N'_ℓ, pour $\ell \in \mathrm{L}$, sur des parties ouvertes de C (TG, I, p. 17, prop. 9). Pour tout $\ell \in \mathrm{L}$, l'ensemble $\varphi_\ell(\mathrm{B})$ est fermé dans C′ et saturé pour la relation d'équivalence S. Par suite, l'ensemble $\mathrm{B}_\ell = \rho(\varphi_\ell(\mathrm{B}))$ est fermé dans C et l'application $\rho \circ \varphi_\ell$ induit un homéomorphisme de B sur B_ℓ (*loc. cit.*). De même, pour tout $\ell \in \mathrm{L}$, l'ensemble $\mathrm{N}_\ell = \rho(\varphi_\ell(\mathrm{N}'_\ell))$ est un voisinage ouvert de B_ℓ ; les ensembles N_ℓ sont mutuellement disjoints.

Par passage au quotient, l'application $f' \colon \mathrm{C}' \to \mathrm{A}$ déduite des injections canoniques dans A des espaces $\mathrm{A} - \mathrm{B}$ et N_ℓ, pour $\ell \in \mathrm{L}$, induit une application continue $f \colon \mathrm{C} \to \mathrm{A}$. Si x est un point de B, la fibre $\overset{-1}{f}(x)$ est l'ensemble des points $\rho(\varphi_\ell(x))$, pour $\ell \in \mathrm{L}$. La relation d'équivalence sur C associée à l'application f est la relation R définie au début du numéro. Notons B_L la réunion de la famille $(\mathrm{B}_\ell)_{\ell \in \mathrm{L}}$. Par construction, l'application f induit un homéomorphisme de $\mathrm{C} - \mathrm{B}_\mathrm{L}$ sur $\mathrm{A} - \mathrm{B}$ et, pour $\ell \in \mathrm{L}$, un homéomorphisme de N'_ℓ sur N_ℓ. Nous allons démontrer que l'application f est fermée ; la topologie de A sera donc la topologie quotient de C par la relation d'équivalence R (I, p. 18, exemple 2). Pour cela, démontrons que si F est une partie de A telle que $\mathrm{F} \cap (\mathrm{A} - \mathrm{B})$ soit fermé dans $\mathrm{A} - \mathrm{B}$ et telle que $\mathrm{F} \cap \mathrm{N}'_\ell$ soit fermé dans N'_ℓ, pour $\ell \in \mathrm{L}$, l'ensemble F est fermé dans A. L'ensemble U, réunion de la famille $(\mathrm{N}'_\ell)_{\ell \in \mathrm{L}}$ est ouvert dans A et les ensembles N'_ℓ, pour $\ell \in \mathrm{L}$, en constituent un recouvrement fermé fini. Par suite, l'ensemble $\mathrm{F} \cap \mathrm{U}$ est fermé dans U (TG, I, p. 18, prop. 3). Les ensembles U et $\mathrm{A} - \mathrm{B}$ forment un recouvrement ouvert de A, l'ensemble F est donc fermé dans A (*loc. cit.*).

§ 6. ESPACES CLASSIFIANTS

1. Prolongement des homotopies

PROPOSITION 1. — *Soit* X′ *un espace topologique normal, soit* X *un sous-espace de* X′, *soit* A *un sous-espace fermé de* X′ *contenu dans* X *et soit* U *un voisinage de* A *dans* X.

Notons i_A *l'injection canonique de* A *dans* X, i_U *l'injection canonique de* U *dans* X ; *notons* j_A *et* j_U *les injections correspondantes de* $\mathrm{Cyl}(i_A)$ *et* $\mathrm{Cyl}(i_U)$ *dans* $X \times \mathbf{I}$.

Il existe une application continue $r \colon X \times \mathbf{I} \to \mathrm{Cyl}(i_U)$ *telle que* $j_U \circ r(x) = x$ *pour tout point* $x \in j_A(\mathrm{Cyl}(i_A))$.

Soit U′ un ouvert de X′ tel que $A \subset X \cap U' \subset U$. Par définition d'un espace normal (TG, IX, p. 41), il existe un voisinage ouvert V′ de A dans X′ tel que $A \subset V' \subset \overline{V'} \subset U'$ et une fonction continue $\varphi' \colon X' \to \mathbf{I}$ qui soit égale à 1 en tout point de A et à 0 en tout point de $\complement V'$. Posons $\varphi = \varphi' \mid X$ et $V = X \cap V'$. Notons aussi $\alpha \colon U \times \mathbf{I} \to \mathrm{Cyl}(i_U)$ et $\beta \colon X \to \mathrm{Cyl}(i_U)$ les applications canoniques (III, p. 238).

Soit r l'application de $X \times \mathbf{I}$ dans $\mathrm{Cyl}(i_U)$ donnée par

$$r(x,t) = \begin{cases} \alpha(x, 1-(1-t)\varphi(x)) & \text{pour } (x,t) \in U \times \mathbf{I}, \\ \beta(x) & \text{sinon.} \end{cases}$$

L'application r est continue sur $U \times \mathbf{I}$. Pour tout point $(x,t) \in U \times \mathbf{I}$ tel que $x \notin V$, on a $\varphi(x) = 0$, d'où $r(x,t) = \alpha(x,1) = \beta(x)$. Par suite, les applications r et $\beta \circ \mathrm{pr}_1$ coïncident sur $(X - V) \times \mathbf{I}$, ce qui entraîne que r est continue sur ce sous-espace. Comme U et l'intérieur de $X - V$ recouvrent X, l'application r est continue.

Soit y un point de $\mathrm{Cyl}(i_A)$; posons $(x,t) = j_A(y)$. Si $x \in A$, $\varphi(x) = 1$ et $r(x,t) = \alpha(x,t)$, d'où $j_U(r(x,t)) = (x,t)$. Sinon, $t = 1$ et l'on a $r(x,t) = \alpha(x,1)$ si $x \in U$ et $r(x,t) = \beta(x)$ sinon ; par suite, $j_U(r(x,t)) = (x,t)$ dans ce cas. Cela entraîne que $j_U \circ r$ applique tout point de $j_A(\mathrm{Cyl}(i_A))$ sur lui-même, d'où la proposition.

COROLLAIRE 1. — *Soit* X *un espace topologique normal, soit* f *une application continue de* X *dans un espace topologique* Z. *Soit* A *un sous-espace fermé de* X, *soit* U *un voisinage de* A *dans* X *et soit* $\sigma \colon U \times \mathbf{I} \to Z$ *une homotopie dont le terme est l'application* $f \mid U$. *Il existe une homotopie* $\widetilde{\sigma}\colon \mathrm{X} \times \mathbf{I} \to \mathrm{Z}$ *dont le terme est l'application* f *et qui coïncide avec* σ *dans* $\mathrm{A} \times \mathbf{I}$.

Posons $\mathrm{X}' = \mathrm{X}$ et soit $r\colon \mathrm{X} \times \mathbf{I} \to \mathrm{Cyl}(i_{\mathrm{U}})$ l'application continue donnée par la prop. 1. Avec les notations introduites dans la démonstration de cette proposition, il existe une unique application continue $\mathrm{F}\colon \mathrm{Cyl}(i_{\mathrm{U}}) \to \mathrm{Z}$ telle que $\mathrm{F}(\alpha(x,t)) = \sigma(x,t)$ pour $(x,t) \in \mathrm{U} \times \mathbf{I}$ et $\mathrm{F}(\beta(x)) = f(x)$ pour $x \in \mathrm{X}$ (III, p. 238, prop. 4). L'application $\mathrm{F} \circ r\colon \mathrm{X} \times \mathbf{I} \to \mathrm{Z}$ est une homotopie ; son terme applique un point $x \in \mathrm{X}$ sur $\mathrm{F}(r(x,1)) = \mathrm{F}(\beta(x)) = f(x)$. Si $(x,t) \in \mathrm{A} \times \mathbf{I}$, $\mathrm{F}(r(x,t)) = \mathrm{F}(\alpha(x,t)) = \sigma(x,t)$, donc cette homotopie coïncide avec σ sur $\mathrm{A} \times \mathbf{I}$.

COROLLAIRE 2. — *Soit* X *un espace topologique normal, soit* A *un sous-espace fermé de* X *et soit* U *un voisinage de* A *dans* X. *Soient* f *et* f' *des applications continues homotopes de* U *dans un espace topologique* Z. *Si* f *possède un prolongement continu à* X, *il en est de même de l'application* $f' \mid \mathrm{A}$.

Soit F une application continue de X dans Z telle que $\mathrm{F} \mid \mathrm{U} = f$. Choisissons une homotopie $\sigma\colon \mathrm{A} \times \mathbf{I} \to \mathrm{Z}$ reliant f' à f. D'après le cor. 1, il existe une homotopie $\widetilde{\sigma}\colon \mathrm{X} \times \mathbf{I} \to \mathrm{Z}$ de terme F qui prolonge σ. L'origine de $\widetilde{\sigma}$ est alors une application continue de X dans Z qui coïncide avec f' sur A.

COROLLAIRE 3. — *Soit* X *un espace topologique normal, soit* A *un sous-espace fermé de* X *et soit* U *un voisinage de* A *dans* X. *Soit* Z *un espace topologique homéotope à un point et soit* $g\colon \mathrm{U} \to \mathrm{Z}$ *une application continue. Il existe une application continue* $\widetilde{g}\colon \mathrm{X} \to \mathrm{Z}$ *qui coïncide avec* g *sur* A.

Puisque Z est homéotope à un point, l'application g est homéotope à une application constante f. L'application f se prolonge continûment à X ; l'assertion résulte donc du cor. 2.

COROLLAIRE 4. — *Soit* X *un espace topologique paracompact, soit* A *un sous-espace fermé de* X. *Soit* n *un entier* $\geqslant 0$ *et soit* V *un ouvert de* $\mathbf{R}^n$. *Soit* $f\colon \mathrm{X} \to \mathrm{V}$ *une application continue et soit* $\sigma\colon \mathrm{A} \times \mathbf{I} \to \mathrm{V}$ *une homotopie de terme* $f \mid \mathrm{A}$. *Il existe une homotopie* $\widetilde{\sigma}\colon \mathrm{X} \times \mathbf{I} \to \mathrm{V}$ *de terme* f *qui prolonge* σ.

Notons i_{A} l'injection canonique de A dans X, $\alpha_{\mathrm{A}}\colon \mathrm{A} \times \mathbf{I} \to \mathrm{Cyl}(i_{\mathrm{A}})$ et $\beta_{\mathrm{A}}\colon \mathrm{X} \to \mathrm{Cyl}(i_{\mathrm{A}})$ les applications canoniques ainsi que $j_{\mathrm{A}}\colon \mathrm{Cyl}(i_{\mathrm{A}}) \to \mathrm{X} \times \mathbf{I}$ l'injection canonique. Comme A est fermé dans X, j_{A} définit un homéomorphisme de $\mathrm{Cyl}(i_A)$ sur le sous-espace fermé $(A\times\mathbf{I})\cup(X\times\{1\})$ de $X\times\mathbf{I}$. Soit $\widetilde{\sigma}_0$ l'unique application de $\mathrm{Cyl}(i_A)$ dans V telle que $\widetilde{\sigma}_0\circ\alpha_A=\sigma$ et $\widetilde{\sigma}_0\circ\beta_A=f$; elle est continue (III, p. 238, prop. 4).

Comme X est paracompact et que $\mathbf{I}$ est compact, l'espace $X\times\mathbf{I}$ est paracompact (TG, I, p. 70, prop. 17), donc normal (TG, IX, p. 49, prop. 4). Il existe donc une application continue $k\colon X\times\mathbf{I}\to\mathbf{R}^n$ telle que $k\circ j_A=\widetilde{\sigma}_0$ (TG, IX, p. 45, corollaire).

L'ensemble U des points $x\in X$ tels que $k(x,t)\in V$ pour tout $t\in\mathbf{I}$ est ouvert dans X (IV, p. 439, lemme 1). C'est donc un voisinage de A. D'après le corollaire 1, appliqué à l'application f et à l'homotopie $k\,|\,U\times\mathbf{I}$, il existe une homotopie $\widetilde{\sigma}\colon X\times\mathbf{I}\to V$ d'origine f qui coïncide avec k, donc avec σ, sur $A\times\mathbf{I}$.

Lemme 1. — *Soient* Z *un espace topologique,* K *un espace topologique compact et* W *une partie ouverte de* $Z\times K$. *L'ensemble* U *des points* $z\in Z$ *tels que* $\{z\}\times K$ *soit contenu dans* W *est ouvert dans* Z.

La première projection $\mathrm{pr}_1\colon Z\times K\to Z$ est propre (TG, I, p. 77, cor. 5), donc fermée. Par suite, $\complement U=\mathrm{pr}_1(\complement W)$ est fermé dans Z et U est ouvert.

Corollaire 5. — *Soit* X′ *un espace topologique normal, soit* X *un sous-espace de* X′, *soit* A *un sous-espace fermé de* X′ *contenu dans* X *et soit* U *un voisinage de* A *dans* X.

Soient Y *et* Z *des espaces topologiques; soit* $f\colon X\times\{1\}\times Y\to X\times\{1\}\times Z$ *un* $X\times\{1\}$*-morphisme et soit* $g\colon U\times\mathbf{I}\times Y\to U\times\mathbf{I}\times Z$ *un* $U\times\mathbf{I}$*-morphisme qui coïncide avec* f *sur* $U\times\{1\}\times Y$.

Il existe alors un $X\times\mathbf{I}$*-morphisme* $h\colon X\times\mathbf{I}\times Y\to X\times\mathbf{I}\times Z$ *qui coïncide avec* f *sur* $X\times\{1\}\times Y$ *et avec* g *sur* $A\times\mathbf{I}\times Y$.

En outre, si f *et* g *sont des homéomorphismes, on peut choisir un homéomorphisme* h *ayant les propriétés requises.*

Soit U′ un voisinage ouvert de A dans X′ tel que $U'\cap X\subset U$. Comme l'espace X′ est normal, il existe un voisinage ouvert V′ de A dans X′ tel que $A\subset V'\subset\overline{V'}\subset U'$ (TG, IX, p. 41). Quitte à remplacer U par $\overline{V'}\cap X$, on peut ainsi supposer que U est fermé dans X. Reprenons alors les notations de la prop. 1 et de sa démonstration ; soit $r\colon X\times\mathbf{I}\to\mathrm{Cyl}(i_U)$ une application continue telle que $j_U\circ r(x)=x$ pour tout point $x\in j_A(\mathrm{Cyl}(i_A))$.

Posons aussi $f' = \mathrm{pr}_3 \circ f$ et $g' = \mathrm{pr}_3 \circ g$. Comme f' et g' coïncident sur $\mathrm{U} \times \{1\} \times \mathrm{Y}$, il existe une unique application

$$\varphi \colon \mathrm{Cyl}(i_{\mathrm{U}}) \times \mathrm{Y} \to \mathrm{Cyl}(i_{\mathrm{U}}) \times \mathrm{Z}$$

telle que $\varphi(\alpha(x,t),y) = (\alpha(x,t), g'(x,t,y))$ pour $(x,t,y) \in \mathrm{U} \times \mathbf{I} \times \mathrm{Y}$ et $\varphi(\beta(x),y) = (\beta(x), f'(x,1,y))$ pour $(x,y) \in \mathrm{X} \times \mathrm{Y}$. Comme U est fermé dans X, la surjection canonique π de $(\mathrm{U} \times \mathbf{I}) \cup \mathrm{X}$ dans $\mathrm{Cyl}(i_{\mathrm{U}})$ est universellement stricte (III, p. 239, remarque 2). Comme l'application $\varphi \circ (\pi \times \mathrm{Id}_{\mathrm{Y}})$ est continue, l'application φ est continue. C'est donc un morphisme de $\mathrm{Cyl}(i_{\mathrm{U}})$-espaces, et même un isomorphisme si f et g sont des homéomorphismes.

Soit alors $h \colon \mathrm{X} \times \mathbf{I} \times \mathrm{Y} \to \mathrm{X} \times \mathbf{I} \times \mathrm{Z}$ l'application $r^*(\varphi)$ déduite de φ par le changement de base r. Elle est donnée par $h(x,t,y) = (x,t,\mathrm{pr}_2(\varphi(r(x,t),y)))$ pour $(x,t,y) \in \mathrm{X} \times \mathbf{I} \times \mathrm{Y}$. C'est un morphisme de $\mathrm{X} \times \mathbf{I}$-espaces, et même un isomorphisme si φ l'est. Pour $(x,t,y) \in \mathrm{A} \times \mathbf{I} \times \mathrm{Y}$, on a $r(x,t) = (x,t)$, d'où

$$h(x,t,y) = (x,t,\mathrm{pr}_2(\varphi(x,t,y))) = (x,t,g'(x,t,y)) = g(x,t,y),$$

ce qui démontre que h coïncide avec g sur $\mathrm{A} \times \mathbf{I} \times \mathrm{Y}$. De même, pour $x \in \mathrm{X}$ et $y \in \mathrm{Y}$, on a $r(x,1) = (x,1)$, donc

$$h(x,1,y) = (x,1,\mathrm{pr}_2(\varphi(x,1,y))) = (x,1,f'(x,1,y)) = f(x,1,y)$$

si bien que h coïncide avec f sur $\mathrm{X} \times \{1\} \times \mathrm{Y}$. Le corollaire est ainsi démontré.

2. Espaces fibrés localement triviaux de base $\mathrm{B} \times \mathbf{I}$

PROPOSITION 2. — *Soit* B *un espace topologique paracompact et soit* (E, p) *un* $\mathrm{B} \times \mathbf{I}$*-espace fibré localement trivial. Posons* $\mathrm{E}_1 = \overset{-1}{p}(\mathrm{B} \times \{1\})$ *et notons* $p_1 \colon \mathrm{E}_1 \to \mathrm{B}$ *l'application* $\mathrm{pr}_1 \circ p \,|\, \mathrm{E}_1$. *Alors, les* $\mathrm{B} \times \mathbf{I}$*-espaces* (E, p) *et* $(\mathrm{E}_1 \times \mathbf{I}, p_1 \times \mathrm{Id}_{\mathbf{I}})$ *sont isomorphes.*

Démontrons d'abord deux lemmes.

Lemme 2. — *Soient* α, β, γ *des nombres réels tels que* $\alpha \leqslant \beta \leqslant \gamma$, *soit* B *un espace topologique et soit* $p \colon \mathrm{E} \to \mathrm{B} \times [\alpha, \gamma]$ *une application continue. Posons* $\mathrm{B}_0 = \mathrm{B} \times [\alpha, \beta]$, $\mathrm{B}_1 = \mathrm{B} \times [\beta, \gamma]$, $\mathrm{E}_0 = \overset{-1}{p}(\mathrm{B}_0)$, $\mathrm{E}_1 = \overset{-1}{p}(\mathrm{B}_1)$ *et notons* $p_0 \colon \mathrm{E}_0 \to \mathrm{B}_0$, $p_1 \colon \mathrm{E}_1 \to \mathrm{B}_1$ *les applications déduites de* p. *Si* (E_0, p_0) *et* (E_1, p_1) *sont des espaces fibrés trivialisables, il en est de même de* (E, p).

Soient $g_0 \colon E_0 \to B_0 \times F_0$ et $g_1 \colon E_1 \to B_1 \times F_1$ des trivialisations de E_0 et E_1 respectivement. Notons g'_0 et g'_1 les trivialisations du $B \times \{\beta\}$-espace fibré $\overset{-1}{p}(B \times \{\beta\})$ déduites de g_0 et g_1 par restriction. L'application $h = g'_0 \circ (g'_1)^{-1}$ est un $B \times \{\beta\}$-isomorphisme de $B \times \{\beta\} \times F_1$ sur $B \times \{\beta\} \times F_0$. On définit une application continue h' de $B \times F_1$ dans F_0 en posant $h'(a, y) = \mathrm{pr}_3 \circ h(a, \beta, y)$ pour $(a, y) \in B \times F_1$. Pour $(a, t, y) \in B \times [\beta, \gamma] \times F_1$, posons $H(a, t, y) = (a, t, h'(a, y))$. L'application H ainsi définie est un $(B \times [\beta, \gamma])$-isomorphisme de $B \times [\beta, \gamma] \times F_1$ sur $B \times [\beta, \gamma] \times F_0$, et l'on a $g_0 \mid \overset{-1}{p}(B \times \{\beta\}) = H \circ g_1 \mid \overset{-1}{p}(B \times \{\beta\})$. Il existe donc une application continue $g \colon E \to B \times [\alpha, \gamma] \times F_0$ telle que $g \mid E_0 = g_0$ et $g \mid E_1 = H \circ g_1$. L'application g est un isomorphisme de $B \times [\alpha, \gamma]$-espaces, donc E est trivialisable.

Lemme 3. — *Soit* B *un espace topologique et soit* (E, p) *un* $B \times \mathbf{I}$-*espace fibré localement trivial. Tout point* a *de* B *possède un voisinage* V *tel que le* $V \times \mathbf{I}$-*espace* $E_{V \times \mathbf{I}}$ *soit trivialisable.*

Soit a un point de B ; pour tout point t de $\mathbf{I}$, il existe un voisinage ouvert W_t de t dans $\mathbf{I}$ et un voisinage V_t de a dans B tels que E soit trivialisable au-dessus de $V_t \times W_t$. Il existe alors un entier $n > 0$ et, pour tout entier i tel que $1 \leqslant i \leqslant n$, un point t_i de $\mathbf{I}$ tel que l'intervalle $[\frac{i-1}{n}, \frac{i}{n}]$ soit contenu dans W_{t_i} (III, p. 272, lemme 4). Posons $V = \bigcap_{1 \leqslant i \leqslant n} V_{t_i}$. L'espace fibré E est trivialisable au-dessus de $V \times [\frac{i-1}{n}, \frac{i}{n}]$ pour tout entier i tel que $1 \leqslant i \leqslant n$. Le lemme 3 résulte alors du lemme 2 par récurrence sur n.

Démontrons maintenant la proposition. D'après le lemme 3, il existe un recouvrement ouvert $(U_j)_{j \in J}$ de B tel que, pour tout $j \in J$, E soit trivialisable au-dessus de $U_j \times \mathbf{I}$. Comme l'espace B est paracompact, on peut supposer le recouvrement $(U_j)_{j \in J}$ localement fini (TG, IX, p. 49) et choisir un recouvrement $(A_j)_{j \in J}$ de B où, pour tout $j \in J$, l'ensemble A_j est fermé dans B et contenu dans U_j (TG, IX, p. 49, prop. 4 et p. 48, cor. 1).

Pour toute partie ouverte U de B, notons $\mathscr{F}(U)$ l'ensemble des $U \times \mathbf{I}$-isomorphismes de $\overset{-1}{p}(U \times \mathbf{I})$ sur $\overset{-1}{p_1}(U) \times \mathbf{I}$ qui induisent l'application identique de $\overset{-1}{p}(U \times \{1\})$ sur $\overset{-1}{p_1}(U) \times \{1\}$. Pour tout couple (V, U)

d'ouverts de B tels que U ⊂ V, notons $r_{\mathrm{UV}}\colon \mathscr{F}(\mathrm{V}) \to \mathscr{F}(\mathrm{U})$ l'application qui, à un (V × **I**)-isomorphisme $g\colon \overset{-1}{p}(\mathrm{V}\times\mathbf{I}) \to \overset{-1}{p_0}(\mathrm{V})\times\mathbf{I}$, associe le (U × **I**)-isomorphisme déduit de g par passage aux sous-espaces. Le couple $\mathscr{F} = ((\mathscr{F}(\mathrm{U})), (r_{\mathrm{UV}}))$ est un faisceau sur B (I, p. 45, exemple 4). Pour démontrer la proposition, il suffit de démontrer que *le faisceau* $\mathscr{F}$ *est mou* (I, p. 64).

Soit $j \in \mathrm{J}$, soit A une partie fermée de A_j, soit V un ensemble ouvert dans B tel que $\mathrm{A} \subset \mathrm{V} \subset \mathrm{U}_j$ et soit g un élément de $\mathscr{F}(\mathrm{V})$. Il existe un voisinage ouvert W de A tel que $\overline{\mathrm{W}} \subset \mathrm{V}$, car un espace paracompact est normal (TG, IX, p. 49, prop. 4). Nous allons démontrer qu'il existe un élément g' de $\mathscr{F}(\mathrm{U}_j)$ tel que $g' \,|\, \mathrm{W} = g \,|\, \mathrm{W}$. Le corollaire 2 (I, p. 65) de la prop. 6 entraîne alors que le faisceau $\mathscr{F}$ est mou.

Comme le B × **I**-espace E est trivialisable au-dessus de $\mathrm{U}_j \times \mathbf{I}$, nous pouvons supposer que $\overset{-1}{p}(\mathrm{U}_j \times \mathbf{I}) = \mathrm{U}_j \times \mathbf{I} \times \mathrm{F}$, où F est un espace topologique. L'élément g de $\mathscr{F}(\mathrm{V})$ est alors un V × **I**-isomorphisme de V × **I** × F sur lui-même qui induit l'application identique de $\mathrm{V} \times \{1\} \times \mathrm{F}$. Appliquons le cor. 5 de IV, p. 439, aux espaces $\mathrm{X}' = \mathrm{X}$, $\mathrm{X} = \mathrm{U}_j$, $\mathrm{A} = \overline{\mathrm{W}}$, U = V, et Y = Z = F, à l'application $g\colon \mathrm{V}\times\mathbf{I}\times\mathrm{F} \to \mathrm{V}\times\mathbf{I}\times\mathrm{F}$ et à l'application identique de $\mathrm{U}_j \times \{1\} \times \mathrm{F}$. Il existe donc un $\mathrm{U}_j \times \mathbf{I}$-isomorphisme g' de $\mathrm{U}_j \times \mathbf{I} \times \mathrm{F}$ sur lui-même qui induit l'application identique de $\mathrm{U}_j \times \{1\} \times \mathrm{F}$ et qui coïncide avec g sur $\overline{\mathrm{W}} \times \mathbf{I} \times \mathrm{F}$, et *a fortiori* sur W × **I** × F. D'où la proposition.

COROLLAIRE 1. — *Soit* B *un espace topologique paracompact et soit* (E, p) *un* B × **I**-*espace fibré localement trivial (I, p. 71, corollaire 2). Pour* $t \in \mathbf{I}$, *notons* (E_t, p_t) *le* B-*espace fibré localement trivial* $i_t^*\mathrm{E}$, *où* $i_t\colon \mathrm{B} \to \mathrm{B} \times \{t\}$ *est l'application* $b \mapsto (b, t)$. *Les* B-*espaces fibrés localement triviaux* E_0 *et* E_t *sont isomorphes pour tout* $t \in \mathbf{I}$.

COROLLAIRE 2. — *Soient* B *et* B′ *des espaces topologiques, soit* E *un* B-*espace fibré localement trivial. Soient* f_0 *et* f_1 *des applications continues de* B′ *dans* B. *Supposons que l'espace* B′ *soit paracompact. Si les applications* f_0 *et* f_1 *sont homotopes, les* B′-*espaces fibrés localement triviaux* $f_0^*\mathrm{E}$ *et* $f_1^*\mathrm{E}$ *sont isomorphes.*

Soit $\sigma\colon \mathrm{B}' \times \mathbf{I} \to \mathrm{B}$ une homotopie reliant f_0 à f_1 et notons E′ le B′ × **I**-espace $\sigma^*\mathrm{E}$; c'est un espace fibré localement trivial. Notons i_0 et i_1 les applications de B′ dans B′ × **I** données par $x \mapsto (x, 0)$ et $x \mapsto (x, 1)$. D'après le cor. 1, les B′-espaces fibrés $i_0^*\mathrm{E}'$ et $i_1^*\mathrm{E}'$ sont isomorphes. Comme $\sigma \circ i_0 = f_0$, le B′-espace $i_0^*\mathrm{E}'$ s'identifie à $f_0^*\mathrm{E}$;

de même, le B′-espace $i_1^*\mathrm{E}'$ s'identifie à $f_1^*\mathrm{E}$. Par suite, les B′-espaces fibrés $f_0^*\mathrm{E}$ et $f_1^*\mathrm{E}$ sont isomorphes, ce qu'il fallait démontrer.

COROLLAIRE 3. — *Soit* B *un espace topologique paracompact. Si* B *est homéotope à un point, tout espace fibré localement trivial de base* B *est trivialisable.*

COROLLAIRE 4. — *Soient* B *et* B′ *des espaces topologiques, soit* (E, p) *un* B*-espace fibré localement trivial, soit* f *une application continue de* B′ *dans* B, *soit* $\sigma\colon \mathrm{B}' \times \mathbf{I} \to \mathrm{B}$ *une homotopie d'origine* f *et soit* $\widetilde{f}$ *un relèvement continu de* f *à* E. *Si l'espace* B′ *est paracompact, il existe une homotopie* $\widetilde{\sigma}\colon \mathrm{B}' \times \mathbf{I} \to \mathrm{E}$ *d'origine* $\widetilde{f}$ *qui est un relèvement de* σ *à* E.

Soit (E', p') le $\mathrm{B}' \times \mathbf{I}$-espace déduit de (E, p) par changement de base par l'application $\sigma\colon \mathrm{B}' \times \mathbf{I} \to \mathrm{B}$. C'est un espace fibré localement trivial (I, p. 71, cor. 2) et l'application $s\colon \mathrm{B}' \times \{0\} \to \mathrm{E}'$ définie par $s((a, 0)) = ((a, 0), \widetilde{f}(a))$ pour $a \in \mathrm{B}'$ est une section continue de p' au-dessus de $\mathrm{B}' \times \{0\}$. D'après la prop. 2, il existe une section continue $\widetilde{s}$ de p' qui prolonge s. L'application $\widetilde{\sigma} = \mathrm{pr}_2 \circ \widetilde{s}$ a la propriété requise.

3. Espaces fibrés principaux de base B × I

Soit G un groupe topologique. Nous allons voir que la proposition 2 et ses corollaires restent valables lorsqu'on remplace, dans chaque énoncé, « espace fibré localement trivial » par « espace fibré principal de groupe G ».

Lemme 4. — *Soit* B *un espace topologique, soit* G *un groupe topologique et soient* E, E′ *des espaces fibrés principaux de groupe* G *et de base* B. *Notons* F *l'espace topologique* G *muni de l'opération à gauche de* G×G *donnée par* $(g, g')\cdot f = g' f g^{-1}$ *et notons* $\mathrm{M} = (\mathrm{E} \times_{\mathrm{B}} \mathrm{E}') \times^{\mathrm{G} \times \mathrm{G}} \mathrm{F}$ *l'espace fibré localement trivial de fibre-type* F *et de base* B *associé.*

Le faisceau $\mathscr{S}$ *sur* B *des sections de* M *est isomorphe au faisceau sur* B *des isomorphismes d'espaces fibrés principaux de* E *dans* E′.

Notons p, p' et q les projections des B-espaces E, E′ et M. Pour $(x, x') \in \mathrm{E} \times_{\mathrm{B}} \mathrm{E}'$ et $f \in \mathrm{F}$, notons $[x, x', f]$ la classe dans M de l'élément $((x, x'), f) \in (\mathrm{E} \times_{\mathrm{B}} \mathrm{E}') \times \mathrm{F}$. Notons $\mathscr{M}$ le faisceau sur B des isomorphismes d'espaces fibrés principaux de E dans E′ ; ses sections au-dessus d'un ouvert U de B sont les isomorphismes d'espaces fibrés principaux de E_U dans E'_U.

Notons e l'élément neutre de G. Soit U un ouvert de B et soit $\varphi\colon E_U \to E'_U$ un isomorphisme d'espaces fibrés principaux de groupe G et de base U. L'application de E_U dans $(E \times_B E') \times^{G\times G} F$ définie par $x \mapsto [x, \varphi(x), e]$ est continue. Pour $g \in G$ et $x \in E_U$, elle applique $x \cdot g$ sur $[x \cdot g, \varphi(x \cdot g), e] = [x, \varphi(x), geg^{-1}] = [x, \varphi(x), e]$. Il existe donc une unique application continue $\alpha_U(\varphi)\colon U \to M$ telle que $\alpha_U(\varphi)(p(x)) = [x, \varphi(x), e]$ pour tout $x \in E_U$; on a $\alpha_U(\varphi) \in \mathscr{S}(U)$.

Il est immédiat que les applications α_U définissent un morphisme de faisceaux α de $\mathscr{M}$ dans $\mathscr{S}$.

Lemme 5. — *Le morphisme de faisceaux α est un isomorphisme.*

Supposons tout d'abord que les espaces fibrés principaux E et E′ soient tous deux trivialisables ; choisissons-en des sections $i\colon B \to E$ et $i'\colon B \to E'$. Il existe alors une unique application continue θ de M dans $B \times G$ telle que l'on ait

$$\theta([i(b) \cdot g, i'(b) \cdot g', f]) = (b, g'fg^{-1})$$

pour $b \in B$, $g \in G$, $g' \in G$ et $f \in F$; c'est un isomorphisme de B-espaces. Soit φ un isomorphisme d'espaces fibrés principaux de E dans E′ ; il existe une unique application continue $\gamma\colon B \to G$ telle que $\varphi(i(b)) = i'(b) \cdot \gamma(b)$ pour $b \in B$. L'image de φ par l'application α_B est l'application $b \mapsto \theta^{-1}(b, \gamma(b))$ de B dans M. Ceci entraîne que α_B est une bijection.

Par conséquent, α_U est une bijection pour tout ouvert U de B tel que les espaces fibrés principaux E_U et E'_U soient trivialisables. D'après le corollaire 2 de I, p. 55, cela entraîne que α est un isomorphisme de faisceaux.

PROPOSITION 3. — *Soit* G *un groupe topologique, soit* B *un espace topologique paracompact et soit* (E, p) *un espace fibré principal de groupe* G *et de base* $B \times \mathbf{I}$. *Posons* $E_1 = \overset{-1}{p}(B \times \{1\})$ *et soit* $p_1\colon E_0 \to B$ *l'application* $\mathrm{pr}_1 \circ p \mid E_1$. *Alors,* (E, p) *et* $(E_1 \times \mathbf{I}, p_1 \times \mathrm{Id}_{\mathbf{I}})$ *sont des espaces fibrés principaux de groupe* G *et de base* $B \times \mathbf{I}$ *isomorphes.*

Soit F l'espace topologique G muni de l'opération à gauche du groupe $G \times G$ donnée par $(g, g') \cdot f = g'fg^{-1}$. Soit (M, q) l'espace fibré localement trivial de base $B \times \mathbf{I}$ et de fibre-type F associé à l'espace fibré principal $E \times_{B\times \mathbf{I}} (E_1 \times \mathbf{I})$ de groupe $G \times G$. Posons $M_1 = \overset{-1}{q}(B \times \{1\})$

et $q_1 = \mathrm{pr}_1 \circ p | M_1$; le B-espace (M_1, q_1) s'identifie à l'espace fibré localement trivial de fibre-type F associé à $E_1 \times_B E_1$. D'après le lemme 4, où l'on prend pour espaces fibrés principaux E et E' égaux à E_1, le B-espace M_1 possède une section. Comme les $B \times \mathbf{I}$-espaces (M, q) et $(M_1 \times \mathbf{I}, q_1 \times \mathrm{Id}_{\mathbf{I}})$ sont isomorphes (IV, p. 440, prop. 2), le $B \times \mathbf{I}$-espace (M, q) possède une section, ce qui entraîne que les espaces fibrés principaux de groupe G, E et $E_1 \times \mathbf{I}$, sont isomorphes.

COROLLAIRE 1. — *Soit* B *un espace topologique paracompact, soit* G *un groupe topologique et soit* (E, p) *un* $B \times \mathbf{I}$*-espace fibré principal de groupe* G. *Pour* $t \in \mathbf{I}$, *notons* (E_t, p_t) *le* B*-espace fibré principal* $i_t^* E$, *où* $i_t \colon B \to B \times \{t\}$ *est l'application* $b \mapsto (b, t)$. *Les* B*-espaces fibrés principaux* E_0 *et* E_t *sont isomorphes pour tout* $t \in \mathbf{I}$.

COROLLAIRE 2. — *Soient* B *et* B' *des espaces topologiques, soit* G *un groupe topologique, soit* E *un* B*-espace fibré principal de groupe* G. *Soient* f_0 *et* f_1 *des applications continues de* B' *dans* B. *Supposons que l'espace* B' *soit paracompact. Si les applications* f_0 *et* f_1 *sont homotopes, les* B'*-espaces fibrés principaux* $f_0^* E$ *et* $f_1^* E$ *sont isomorphes.*

COROLLAIRE 3. — *Soit* B *un espace topologique paracompact et soit* G *un groupe topologique. Si* B *est homéotope à un point, tout espace fibré principal de groupe* G *est trivialisable.*

Remarque. — Une démonstration alternative de ces résultats consisterait à vérifier que les isomorphismes d'espaces fibrés construits dans la prop. 2 et ses corollaires sont des isomorphismes d'espaces fibrés principaux.

4. Espaces fibrés universels

Soit G un groupe topologique, soient B et B′ des espaces topologiques et soient (E, p) et (E', p') des espaces fibrés principaux de groupe G et de bases B et B′ respectivement.

Soit U une partie ouverte de B et soit $f' \colon \overset{-1}{p}(U) \to E'$ une application continue qui est compatible avec les opérations de G dans $\overset{-1}{p}(U)$ et E′ respectivement. Il existe alors une unique application continue $f \colon U \to B'$ telle que $f \circ p_U = p' \circ f'$ et le carré commutatif

$$\begin{array}{ccc} E_U & \xrightarrow{f'} & E' \\ \downarrow{\scriptstyle p_U} & & \downarrow{\scriptstyle p'} \\ U & \xrightarrow{f} & B' \end{array}$$

est alors cartésien (I, p. 94, exemple (FP)).

Pour toute partie ouverte U de B, notons alors $\mathscr{F}(U)$ l'ensemble des applications continues $g \colon E_U \to E'$ qui sont compatibles avec les opérations de G dans $\overset{-1}{p}(U)$ et E′ respectivement. Pour tout couple (U, V) d'ouverts de B tels que $U \subset V$, on note $r_{UV} \colon \mathscr{F}(V) \to \mathscr{F}(U)$ l'application définie par $r_{UV}(g) = g \mid E_U$. On vérifie immédiatement que l'on a défini ainsi un faisceau $\mathscr{F} = ((\mathscr{F}(U)), (r_{UV}))$ sur B. Nous appellerons ce faisceau le *faisceau sur* B *des morphismes d'espaces fibrés principaux de groupe* G *de* E *dans* E′.

PROPOSITION 4. — *Si l'espace* B *est paracompact et si l'espace* E′ *est homéotope à un point, le faisceau sur* B *des morphismes d'espaces fibrés principaux de groupe* G *de* E *dans* E′ *est un faisceau mou.*

Il existe un recouvrement ouvert $(U_j)_{j \in J}$ de B tel que, pour tout $j \in J$, l'espace fibré E_{U_j} soit trivialisable. Comme l'espace B est paracompact, on peut supposer le recouvrement $(U_j)_{j \in J}$ localement fini (TG, IX, p. 49) et choisir un recouvrement $(A_j)_{j \in J}$ de B où, pour tout $j \in J$, l'ensemble A_j est fermé dans B et contenu dans U_j (TG, IX, p. 49, prop. 4 et p. 48, cor. 1).

D'après I, p. 65, cor. 2 de la prop. 6, il suffit, pour démontrer la proposition, d'établir l'assertion suivante : soit U une partie ouverte de B telle que l'espace fibré principal (E_U, p_U) soit trivialisable, soit A une partie fermée de B contenue dans U, soit V un voisinage ouvert de A contenu dans U et soit f un élément de $\mathscr{F}(V)$, il existe alors un voisinage ouvert W de A dans V et un élément f' de $\mathscr{F}(\mathrm{U})$ tel que $r_{\mathrm{WU}}(f') = r_{\mathrm{WV}}(f)$. Démontrons cette assertion.

Soit W une partie ouverte de B telle que $\mathrm{A} \subset \mathrm{W} \subset \overline{\mathrm{W}} \subset \mathrm{V}$. Soit $s\colon \mathrm{U} \to \mathrm{E_U}$ une section de $(\mathrm{E_U}, p_{\mathrm{U}})$. Appliquons le corollaire 3 (IV, p. 438) à l'espace B, au fermé $\overline{\mathrm{W}}$ et au voisinage V de $\overline{\mathrm{W}}$ et à l'application $g = f \circ (s|_{\mathrm{V}})$ de $\mathrm{E_V}$ dans E'. Il existe donc une application continue $\widetilde{g}\colon \mathrm{B} \to \mathrm{E}'$ qui coïncide avec g sur $\overline{\mathrm{W}}$. Soit $h = \widetilde{g}|_{\mathrm{U}}$. On a $h|_{\mathrm{W}} = g|_{\mathrm{W}} = f \circ (s|_{\mathrm{W}})$.

L'application $\mathrm{H}\colon \mathrm{U} \times \mathrm{G} \to \mathrm{E}'$ définie par $\mathrm{H}(x, g) = h(x) \cdot g$ pour $(x, g) \in \mathrm{U} \times \mathrm{G}$ est continue et compatible avec les opérations de G dans U × G et E'. Posons $f' = \mathrm{H} \circ s^{-1}$; c'est un élément de $\mathscr{F}(\mathrm{U})$. Pour tout $x \in \mathrm{W}$, les applications f et f' coïncident au point $s(x)$, donc en tout point de $\overset{-1}{p}(x)$, car ce sont des morphismes d'espaces fibrés principaux. La proposition en résulte.

THÉORÈME 1. — *Soit* G *un groupe topologique, soit* $\mathrm{B_u}$ *un espace topologique, et soit* $(\mathrm{E_u}, p_{\mathrm{u}})$ *un espace fibré principal de groupe* G *et de base* $\mathrm{B_u}$. *On suppose que l'espace* $\mathrm{E_u}$ *est homéotope à un point.*

Soit B *un espace topologique paracompact.*

a) *Tout espace fibré principal de groupe* G *et de base* B *est isomorphe à un espace fibré principal de la forme* $f^*\mathrm{E_u}$, *où* $f\colon \mathrm{B} \to \mathrm{B_u}$ *est une application continue.*

b) *Soient* f_0 *et* f_1 *des applications continues de* B *dans* $\mathrm{B_u}$. *Pour que* $f_0^*\mathrm{E_u}$ *et* $f_1^*\mathrm{E_u}$ *soient des espaces fibrés principaux de groupe* G *et de base* B *isomorphes, il faut et il suffit que les applications* f_0 *et* f_1 *soient homotopes.*

En d'autres termes, il existe une application de $[\mathrm{B}, \mathrm{B_u}]$ *dans* P(B; G) *qui, à la classe d'homotopie d'une application continue* f *de* B *dans* $\mathrm{B_u}$, *associe la classe d'isomorphisme de l'espace fibré principal* $f^*\mathrm{E_u}$. *Cette application est bijective.*

Soit E un espace fibré principal de groupe G et de base B. D'après la prop. 4, le faisceau $\mathscr{F}$ sur B des morphismes d'espaces fibrés principaux de E dans $\mathrm{E_u}$ est mou. Par suite, $\mathscr{F}(\mathrm{B})$ n'est pas vide, d'où *a*).

Soient f_0 et f_1 des applications continues de B dans $\mathrm{B_u}$. Si les applications f_0 et f_1 sont homotopes, les espaces fibrés principaux $f_0^*\mathrm{E_u}$ et $f_1^*\mathrm{E_u}$ sont isomorphes (IV, p. 445, cor. 2). Démontrons la réciproque. Pour $\alpha \in \{0, 1\}$, notons E_α le $\mathrm{B_u}$-espace fibré principal $f_\alpha^*\mathrm{E_u}$,

$g_\alpha \colon \mathrm{E}_\alpha \to \mathrm{E}_\mathrm{u}$ la première projection et $p_\alpha \colon \mathrm{E}_\alpha \to \mathrm{B}$ la seconde projection. Soit $i \colon \mathrm{E}_0 \to \mathrm{E}_1$ un isomorphisme d'espaces fibrés principaux. Soit p l'application $p_0 \times \mathrm{Id}_\mathbf{I} \colon \mathrm{E}_0 \times \mathbf{I} \to \mathrm{B} \times \mathbf{I}$.

Comme l'espace $\mathrm{B} \times \mathbf{I}$ est paracompact (TG, IX, p. 70, prop. 17), le faisceau $\mathscr{G}$ sur $\mathrm{B} \times \mathbf{I}$ des morphismes d'espaces fibrés principaux de $\mathrm{E}_0 \times \mathbf{I}$ dans E_u est mou (IV, p. 446, prop. 4). Posons $\mathrm{A} = \mathrm{B} \times \{0, 1\}$, $\mathrm{U} = \mathrm{B} \times ([0, \frac{1}{2}[\cup]\frac{1}{2}, 1])$, et définissons un élément g de $\mathscr{G}(\mathrm{U})$ en posant

$$g(x,t) = \begin{cases} g_0(x) & \text{pour } (x,t) \in \mathrm{E}_0 \times [0, \frac{1}{2}[, \\ g_1 \circ i(x) & \text{pour } (x,t) \in \mathrm{E}_0 \times]\frac{1}{2}, 1]. \end{cases}$$

Comme le faisceau $\mathscr{G}$ est mou, il existe un élément $h \in \mathscr{G}(\mathrm{B} \times \mathbf{I})$ et un voisinage ouvert V de A dans U tel que $h \mid \mathrm{V} = g \mid \mathrm{V}$; un tel élément est une application continue $\mathrm{H} \colon \mathrm{E}_0 \times \mathbf{I} \to \mathrm{E}_\mathrm{u}$, compatible avec les opérations de G et telle que $\mathrm{H}(x, 0) = g_0(x)$, $\mathrm{H}(x, 1) = g_1(i(x))$ pour tout $x \in \mathrm{E}_0$. Il existe alors une application $h' \colon \mathrm{B} \times \mathbf{I} \to \mathrm{B}_\mathrm{u}$ telle que $h'(p_0(x), t) = p_\mathrm{u}(\mathrm{H}(x, t))$ pour $x \in \mathrm{E}_0$ et $t \in \mathbf{I}$; cette application est continue, c'est une homotopie reliant f_0 à f_1.

COROLLAIRE. — *Soit* G *un groupe topologique, soient* B *et* B′ *des espaces topologiques paracompacts. Soient* (E, p) *et* (E', p') *des espaces fibrés principaux de groupe* G *et de base* B *et* B′ *respectivement. Supposons que les espaces* E *et* E′ *soient tous deux homéotopes à un point. Les espaces* B *et* B′ *sont homéotopes.*

Il existe en effet une application continue $f \colon \mathrm{B} \to \mathrm{B}'$ telle que l'espace fibré principal E soit isomorphe à l'espace fibré principal $f^*\mathrm{E}'$ et une application continue $g \colon \mathrm{B}' \to \mathrm{B}$ telle que l'espace fibré principal E′ soit isomorphe à l'espace fibré principal $g^*\mathrm{E}$ (théorème 1, *a*)). Les espaces fibrés principaux $(g \circ f)^*\mathrm{E}$ et E sont alors isomorphes, donc l'application $g \circ f$ est homotope à l'application Id_B (théorème 1, *b*)). De même, l'application $f \circ g$ est homotope à l'application $\mathrm{Id}_{\mathrm{B}'}$.

Soit G un groupe topologique, soit B un espace topologique et soit E un espace fibré principal de groupe G et de base B. Supposons que l'espace E soit homéotope à un point. On dit que l'espace fibré principal E est *universel* pour les espaces fibrés principaux de groupe G et de base paracompacte, et on dit que l'espace B est un *espace classifiant* pour G. Si deux espaces classifiants pour G sont paracompacts, ils sont homéotopes. Lorsqu'il existe un espace classifiant, l'étude des classes d'isomorphisme d'espaces fibrés principaux de groupe G et de base paracompacte peut être considérée comme un problème d'homotopie.

Exemple. — Muni de l'application $p\colon \mathbf{R} \to \mathbf{S}^1$, $t \mapsto e^{2\pi i t}$, et de l'opération de $\mathbf{Z}$ par translation, l'espace $\mathbf{R}$ est un revêtement principal de groupe $\mathbf{Z}$. L'espace $\mathbf{S}^1$ est ainsi un espace classifiant pour le groupe $\mathbf{Z}$.

Pour tout groupe discret G, nous construirons dans le numéro suivant un espace métrisable qui est un espace classifiant pour G.

5. Espace classifiant pour un groupe discret

Soit G un groupe topologique ; notons e son élément neutre. Soit G^* l'ensemble des applications $h\colon [0,1[\to G$ pour lesquelles il existe une suite finie $(t_i)_{0\leqslant i\leqslant n}$ avec $0 = t_0 < t_1 < \cdots < t_n = 1$ telle que h soit constante sur les intervalles $[t_{i-1}, t_i[$ pour $1 \leqslant i \leqslant n$. Une telle suite sera dite adaptée à h. Pour toute partie finie de G^*, il existe une suite adaptée à chacun de ses éléments.

L'ensemble G^* est un sous-groupe de $G^{[0,1[}$. Nous notons e^* son élément neutre ; l'inverse d'un élément $h \in G^*$ est l'application $t \mapsto h(t)^{-1}$, notée h^{-1}.

Soit V un voisinage de e dans G. Soit $h \in G^*$ et soit $(t_i)_{0\leqslant i\leqslant n}$ une suite adaptée à h. L'ensemble des éléments $t \in [0,1[$ tels que $h(t) \notin V$ est réunion de certains des intervalles $[t_{i-1}, t_i[$; la somme des longueurs $t_i - t_{i-1}$ de ces intervalles ne dépend pas de la suite $(t_i)_{0\leqslant i\leqslant n}$ choisie ; notons-la $p_V(h)$. Pour tout nombre réel ε tel que $\varepsilon > 0$, notons alors V^*_ε l'ensemble des $h \in G^*$ tels que $p_V(h) < \varepsilon$.

PROPOSITION 5. — *Il existe une unique topologie sur* G^* *compatible avec sa structure de groupe pour laquelle les ensembles* V^*_ε *forment une base des voisinages de l'élément neutre.*

Vérifions que les ensembles V^*_ε satisfont aux axiomes (GV'_{I}), (GV'_{II}) et (GV'_{III}) de TG, III, p. 4.

Soit V un voisinage de e dans G et soit ε un nombre réel strictement positif. Soit W un voisinage de e dans G tel que $W \cdot W \subset V$. Soient h et h' des éléments de G^*. Si $t \in [0,1[$ tel $h(t)h'(t) \notin V$, on a $h(t) \notin W$ ou $h'(t) \notin W$. Il en résulte que $p_V(hh') \leqslant p_W(h) + p_W(h')$. Par conséquent, $W^*_{\varepsilon/2} \cdot W^*_{\varepsilon/2} \subset V^*_\varepsilon$, ce qui démontre l'axiome (GV'_{I}).

Soit W un voisinage de e dans G tel que $\mathrm{W}^{-1} \subset \mathrm{V}$. Alors $(\mathrm{W}^*_\varepsilon)^{-1} = (\mathrm{W}^{-1})^*_\varepsilon \subset \mathrm{V}^*_\varepsilon$, d'où l'axiome $(\mathrm{GV}'_{\mathrm{II}})$.

Soit k un élément de G^* ; comme la fonction k ne prend qu'un nombre fini de valeurs, il existe un voisinage W de e dans G tel que $k(t)\mathrm{W}k(t)^{-1} \subset \mathrm{V}$ pour tout $t \in [0,1[$. Soit alors h un élément de G^*. Pour $t \in [0,1[$, si $k(t)h(t)k(t)^{-1} \notin \mathrm{V}$, alors $h(t) \notin \mathrm{W}$. Par conséquent, $p_{\mathrm{V}}(khk^{-1}) \leqslant p_{\mathrm{W}}(h)$. Cela démontre que $k\mathrm{W}^*_\varepsilon k^{-1} \subset \mathrm{V}^*_\varepsilon$, d'où l'axiome $(\mathrm{GV}'_{\mathrm{III}})$.

PROPOSITION 6. — *L'espace* G^* *est contractile et localement contractile en chacun de ses points.*

Pour $h \in \mathrm{G}^*$ et $t \in \mathbf{I}$, notons $\sigma(h,t)$ l'application de $[0,1[$ dans G donnée par $\sigma(h,t)(x) = h(x)$ si $0 \leqslant x < t$ et $\sigma(h,t) = e$ sinon.

Montrons que l'application $\sigma\colon \mathrm{G}^* \times \mathbf{I} \to \mathrm{G}^*$ ainsi définie est continue. Soit en effet $k \in \mathrm{G}^*$, $u \in \mathbf{I}$, soit V un voisinage de e dans G et soit ε un nombre réel strictement positif. L'élément $\sigma(h,t)\sigma(k,u)^{-1}$ de G^* est l'application f de $[0,1[$ dans G donnée par

$$f(x) = \begin{cases} h(x)k(x)^{-1} & \text{si } 0 \leqslant x < \min(t,u)\,; \\ h(x) & \text{si } u \leqslant x < t\,; \\ k(x)^{-1} & \text{si } t \leqslant x < u\,; \\ e & \text{sinon.} \end{cases}$$

Par suite,

$$p_{\mathrm{V}}(\sigma(h,t)\sigma(k,u)^{-1}) \leqslant p_{\mathrm{V}}(hk^{-1}) + |t-u|\ ;$$

autrement dit, pour que $\sigma(h,t) \in \mathrm{V}^*_\varepsilon \sigma(k,u)$, il suffit que l'on ait $|t-u| \leqslant \frac{\varepsilon}{2}$ et $h \in \mathrm{V}^*_{\varepsilon/2}k$, ce qui démontre la continuité de σ en (k,u).

Pour tout $h \in \mathrm{G}^*$, $\sigma(h,0)$ est l'application constante d'image $\{e\}$, tandis que $\sigma(h,1) = h$. En outre, $\sigma(e,t) = e$ pour tout $t \in \mathbf{I}$. Par conséquent, σ est une homotopie pointée en $e \in \mathrm{G}^*$ reliant l'application constante d'image $\{e\}$ à l'application identique de G^*. Cela démontre que G^* est contractile en e^*.

En outre, pour tout voisinage V de e dans G et tout nombre réel $\varepsilon > 0$, on a $\sigma(\mathrm{V}^*_\varepsilon \times \mathbf{I}) \subset \mathrm{V}^*_\varepsilon$. Par suite, V^*_ε est aussi contractile en $e^* \in \mathrm{G}^*$, si bien que G^* est localement contractile en e^*.

Comme G^* est un groupe topologique, il est contractile et localement contractile en chacun de ses points.

Soit ι l'application de G dans G^* qui, à $g \in G$, associe l'application constante d'image $\{g\}$ de $[0, 1[$ dans G. L'application ι est un homomorphisme injectif de groupes. Soit V un voisinage de e dans G et soit ε un nombre réel strictement positif. On a $\overset{-1}{\iota}(V_\varepsilon^*) = V$ si $\varepsilon \leqslant 1$ et $\overset{-1}{\iota}(V_\varepsilon^*) = G$ sinon. L'image réciproque d'un voisinage de l'élément neutre de G^* est un voisinage de l'élément neutre de G, d'où la continuité de ι. De plus, $\iota(V) = V_1^* \cap \iota(G)$ pour tout voisinage V de e dans G. Par suite, ι définit un isomorphisme de groupes topologiques de G sur son image.

Remarque 1. — Si G est un groupe topologique séparé, $\iota(G)$ est fermé dans G^*.

Soit en effet $h \in G^*$ tel que $h \notin \iota(G)$, soit $(t_i)_{0 \leqslant i \leqslant n}$ une suite adaptée à h, posons $\varepsilon = \min_{1 \leqslant i \leqslant n} (t_i - t_{i-1})$. Soit V un voisinage de e dans G tel que $h(t_i)^{-1} h(t_j) \notin V$, pour tout couple (i, j) d'entiers tels que $0 \leqslant i, j \leqslant n - 1$ et $h(t_i) \neq h(t_j)$; il en existe car G est séparé. Soit W un voisinage de e dans G tel que $W \cdot W^{-1} \subset V$. Démontrons qu'alors hW_ε^* ne rencontre pas $\iota(G)$.

Raisonnons par l'absurde. Soient f un élément de W_ε^* et g un élément de G tels que $hf = \iota(g)$. On a donc $f(t) = h(t)^{-1} g$ pour tout $t \in [0, 1[$, si bien que la suite (t_i) est aussi adaptée à la fonction f. Si la valeur prise par f sur l'intervalle $[t_{i-1}, t_i[$ n'appartient pas à W, alors $t_i - t_{i-1} < \varepsilon$, car $f \in W_\varepsilon^*$. Cette inégalité étant fausse, par définition de ε, on a $f(t) \in W$ pour tout $t \in [0, 1[$. Soient alors i et j des éléments de $\{0, \ldots, n-1\}$ tels que $h(t_i) \neq h(t_j)$; on a

$$h(t_i)^{-1} h(t_j) = f(t_i) g^{-1} g f(t_j)^{-1} = f(t_i) f(t_j)^{-1} \in W \cdot W^{-1},$$

ce qui contredit le choix de W. Le sous-groupe $\iota(G)$ de G^* est donc fermé.

Supposons que G soit un groupe topologique métrisable et soit d une distance sur G qui définit sa topologie. Soient h et $h' \in G^*$ et soit $(t_i)_{0 \leqslant i \leqslant n}$ une suite adaptée à h et h'. Le nombre réel

$$\sum_{i=1}^{n} (t_i - t_{i-1}) d(h(t_{i-1}), h'(t_{i-1}))$$

ne dépend pas de la suite (t_i) choisie ; notons-le $d^*(h, h')$.

Démontrons que d^* est une distance sur G^*. On a $d^*(h,h') = d^*(h',h)$ pour h, $h' \in G^*$, et $d^*(h,h) = 0$ pour tout $h \in G^*$. Inversement, soient h et h' des éléments de G^* tels que $d^*(h,h') = 0$. Soit $(t_i)_{0\leqslant i\leqslant n}$ une suite adaptée à h et h'. Comme

$$0 = d^*(h,h') = \sum_{i=1}^{n}(t_i - t_{i-1})d(h(t_{i-1}), h'(t_{i-1}))$$

et que tous les termes de cette somme sont positifs ou nuls, on a $d(h(t_{i-1}), h'(t_{i-1})) = 0$ pour tout $i \in \{1,\ldots,n\}$, d'où $h = h'$. Enfin, soient h, h', h'' des éléments de G^* et soit $(t_i)_{0\leqslant i\leqslant n}$ une suite adaptée à chacune d'entre elles. Alors,

$$\begin{aligned} d^*(h,h'') &= \sum_{i=1}^{n}(t_i - t_{i-1})d(h(t_{i-1}), h''(t_{i-1})) \\ &\leqslant \sum_{i=1}^{n}(t_i - t_{i-1})\left(d(h(t_{i-1}), h'(t_{i-1})) + d(h(t_{i-1}), h''(t_{i-1}))\right) \\ &= d^*(h,h') + d^*(h,h''), \end{aligned}$$

donc d^* vérifie l'inégalité triangulaire.

Cette distance d^* est invariante par translations à droite (resp. à gauche) si d l'est.

PROPOSITION 7. — *Supposons que* G *soit un groupe topologique métrisable. Alors, le groupe topologique* G^* *est métrisable. Plus précisément, si d est une distance* bornée *sur* G *qui définit sa topologie, la topologie de* G^* *est définie par la distance* d^*.

Soit d une distance sur G qui définit sa topologie. Alors, l'application d' donnée par $d'(h,h') = \inf(d(h,h'),1)$ est une distance bornée sur G qui définit aussi sa topologie (TG, IX, p. 3). Il suffit donc de démontrer que d^* définit la topologie de G^* sous l'hypothèse que d est bornée.

Soit V un voisinage de e dans G et soit ε un nombre réel strictement positif. Soit δ un nombre réel strictement positif tel que V contienne la boule $B(e,\delta)$. Soit $h \in G^*$ et soit $(t_i)_{0\leqslant i\leqslant n}$ une suite adaptée à h.

Alors,

$$\begin{aligned} p_{\mathrm{V}}(h) &= \sum_{\substack{i=1 \\ h(t_{i-1})\notin \mathrm{V}}}^{n} (t_i - t_{i-1}) \\ &\leqslant \sum_{\substack{i=1 \\ d(h(t_{i-1}),e)\geqslant \delta}}^{n} (t_i - t_{i-1})\frac{d(h(t_{i-1}),e)}{\delta} \\ &\leqslant \frac{d^*(h,e^*)}{\delta}. \end{aligned}$$

Par conséquent, la boule $\mathrm{B}(e^*, \varepsilon\delta)$ dans G^* est contenue dans $\mathrm{V}^*_{\varepsilon}$.

Inversement, soit δ un nombre réel strictement positif et soit Δ un majorant strictement positif du diamètre de G. Soit V un voisinage de e dans G contenu dans la boule $\mathrm{B}(e, \delta/2)$. Pour une fonction $h \in \mathrm{G}^*$ et une suite $(t_i)_{0\leqslant i\leqslant n}$ adaptée à h, on a

$$\begin{aligned} d^*(h,e^*) &= \sum_{i=1}^{n}(t_i - t_{i-1})d(h(t_{i-1}),e) \\ &= \sum_{\substack{i=1 \\ d(h(t_{i-1}),e)\leqslant \delta/2}}^{n} (t_i - t_{i-1})d(h(t_{i-1}),e) \\ &\qquad + \sum_{\substack{i=1 \\ d(h(t_{i-1}),e)> \delta/2}}^{n} (t_i - t_{i-1})d(h(t_{i-1}),e) \\ &\leqslant \frac{\delta}{2} + \Delta \sum_{\substack{i=1 \\ h(t_{i-1})\notin \mathrm{V}}}^{n} (t_i - t_{i-1}) \\ &\leqslant \frac{\delta}{2} + \Delta p_{\mathrm{V}}(h). \end{aligned}$$

L'inégalité précédente entraîne que, pour tout élément h de $\mathrm{V}^*_{\delta/2\Delta}$, on a $d^*(h,e^*) \leqslant \delta$. Par conséquent, toute boule de G^* pour la distance d^* contient un voisinage de l'élément neutre.

Remarques. — 2) Soit d une distance bornée qui définit la topologie de G. Lorsque l'on munit le groupe topologique G^* de la distance d^*, l'homomorphisme $\iota\colon \mathrm{G} \to \mathrm{G}^*$ est une isométrie.

3) Supposons que G soit un groupe topologique discret. Le sous-groupe $\iota(\mathrm{G})$ est alors un sous-groupe discret de G^*. En effet, la topologie de G est définie par la distance d sur G donnée par $d(g, g') = 1$

si $g \neq g'$ et $d(g, g') = 0$ sinon. L'assertion résulte alors de la remarque précédente.

THÉORÈME 2. — *Soit* G *un groupe topologique discret. Faisons opérer* G *à droite dans* G^* *par* $h \cdot g = h\iota(g)$ *et notons* B *l'espace topologique quotient* G^*/G.

L'espace G^* *est un revêtement de* B*, principal de groupe* G *; il est simplement connexe par arcs.*

L'espace B *est un espace topologique métrisable, connexe par arcs, localement contractile et son groupe de Poincaré en tout point est isomorphe à* G.

Ainsi, l'espace B est un espace classifiant pour le groupe G.

Le groupe G^* est contractile en son élément neutre (IV, p. 450, prop. 6). Il est en particulier connexe par arcs (III, p. 260) et simplement connexe par arcs (IV, p. 340).

Le groupe $\iota(G)$ est fermé dans G^* (TG, III, p. 7, prop. 5), donc l'espace G^*/G est métrisable (TG, III, p. 13, prop. 18 et TG, IX, p. 25, prop. 4). Il est aussi connexe par arcs (III, p. 258, prop. 3). Comme le groupe $\iota(G)$ est discret, il résulte du corollaire 2 de I, p. 100, que G^* est un revêtement principal de groupe G de B. Le revêtement pointé (G^*, e^*) est alors un revêtement universel de l'espace B pointé en l'image de e^* ; le groupe de Poincaré de B (en chacun de ses points) est isomorphe à G.

Exercices

§1

1) Soit S le graphe de l'application de $]0,1[$ dans $\mathbf{R}$ donnée par $t \mapsto \sin(\pi/t)$. Soit W la réunion de S et de l'image d'un chemin dans $\mathbf{R}^2 - \mathrm{S}$ reliant les points $(0,0)$ et $(1,0)$ (« *cercle de Varsovie* »).

a) Démontrer que l'espace W est simplement connexe par arcs mais qu'il n'est pas simplement connexe.

b) Pour tout entier $n \geqslant 0$, on pose $\mathrm{X}_n = \mathbf{R}/2^n\mathbf{Z}$ et on note $f_n \colon \mathrm{X}_{n+1} \to \mathrm{X}_n$ la surjection canonique ; soit X l'espace $\varprojlim_n \mathrm{X}_n$. Démontrer que l'espace X est simplement connexe par arcs mais qu'il n'est pas simplement connexe.

2) Soit X l'espace topologique de l'exercice 4 de III, p. 331 et soit Y sa suspension (I, p. 149, exerc. 1). Démontrer que l'espace Y est simplement connexe mais que $\pi_1(\mathrm{Y}, y) \neq \{e_y\}$ pour tout $y \in \mathrm{Y}$.

3) Soit X un espace topologique et soit x un point de X.

Soit $\mathscr{R}$ une catégorie de revêtements de X et $\mathscr{E}$ une catégorie d'ensembles (*cf.* II, p. 160, exemple 2).

a) On suppose que pour tout revêtement E de X qui est un objet de $\mathscr{R}$, la fibre E_x de E en x est un objet de $\mathscr{E}$; on pose alors $\Phi_x(\mathrm{E}) = \mathrm{E}_x$. Pour tout morphisme $f \colon \mathrm{E}' \to \mathrm{E}$ de revêtements de B qui sont des objets de $\mathscr{R}$, on note $\Phi_x(f)$ l'application de E'_x dans E_x déduite de f par passage aux sous-ensembles. Démontrer que Φ_x est un foncteur de la catégorie $\mathscr{R}$ dans la catégorie $\mathscr{E}$.

b) Soit $G(x)$ l'ensemble des familles $\varphi = (\varphi_E)$ où, pour tout objet E de $\mathscr{R}$, φ_E est une permutation de l'ensemble $\Phi_x(E)$ telle que pour toute flèche $f\colon E' \to E$ de $\mathscr{R}$, on ait $f_* \circ \varphi_{E'} = \varphi_E \circ f_*$ (« automorphismes du foncteur Φ_x ».)

La relation donnée par $\varphi \cdot \psi = (\varphi_E \circ \psi_E)$ pour $\varphi, \psi \in G(x)$ munit l'ensemble $G(x)$ d'une structure de groupe. Pour tout objet E de $\mathscr{R}$, on note $G(x)_E$ l'ensemble des $\varphi \in G(x)$ tels que $\varphi_E = \mathrm{Id}_{\Phi_x(E)}$; c'est un sous-groupe de $G(x)$.

c) Démontrer qu'il existe une unique structure de groupe topologique sur $G(x)$ pour laquelle les groupes $G(x)_E$ forment une base de voisinages de l'élément neutre.

d) Soit T un sous-espace simplement connexe de X. Si x, y sont des points de T, les groupes topologiques $G(x)$ et $G(y)$ sont isomorphes.

e) Démontrer que le relèvement des chemins définit un homomorphisme de groupes continu de $\pi_1(X, x)$ vers $G(x)$. Cet homomorphisme n'est pas forcément surjectif (exerc. 1 ; I, p. 146, exerc. 6) ni injectif (exerc. 2). C'est un isomorphisme si X est délaçable et si tout revêtement connexe de X est isomorphe à un objet de $\mathscr{R}$.

4) Pour tout entier $n \geqslant 1$, soit X_n la réunion des trois segments du plan numérique $\mathbf{R}^2$ dont les extrémités sont $(0,1)$, $(1/2n, 0)$ et $(1/(2n-1), 0)$. Soit X_0 le segment d'extrémités $(0,1)$ et $(0,0)$. Soit X la réunion des ensembles X_n, pour $n \geqslant 1$, et soit $Y = \overline{X}$. Soit $a = (0,1)$.

a) Démontrer que $Y = X \cup X_0$.

b) Démontrer que X est localement contractile.

c) Démontrer que l'injection canonique de X dans Y induit un isomorphisme de groupes de $\pi_1(X, a)$ sur $\pi_1(Y, a)$.

d) Démontrer que la topologie quotient de la convergence compacte sur $\pi_1(Y, a)$ n'est pas discrète.

5) Soit X le sous-espace de $\mathbf{R}^2$ réunion de $[0,1] \times \{0,1\}$, de $\{0\} \times [0,1]$ et des segments $\{\frac{1}{n}\} \times [0,1]$, pour $n \geqslant 1$.

a) Démontrer que tout point a de X admet un voisinage V tel que l'image de $\pi_1(V, a)$ dans $\pi_1(X, a)$ soit triviale.

b) Démontrer que la topologie quotient de la topologie de la convergence compacte sur le groupe $\pi_1(X, a)$ n'est pas discrète.

6) Soit X l'espace $\mathbf{R}^2 - \mathbf{Q}^2$.

a) Démontrer que l'espace X est connexe par arcs.

b) Soient a, b des points de $\mathbf{R} - \mathbf{Q}$. Soit $c_{a,b} \colon \mathbf{I} \to \mathbf{R}^2$ l'unique application qui vérifie $c(0) = (a,a)$, $c(1/4) = (a,b)$, $c(1/2) = (b,b)$, $c(3/4) = (b,a)$ et $c(1) = (a,a)$ et dont les restrictions aux intervalles $[(m-1)/4, m/4]$ sont affines, pour $1 \leqslant m \leqslant 4$. Démontrer que $c_{a,b}$ est un lacet dans X.

c) Soient a, b, b' des éléments de $\mathbf{R} - \mathbf{Q}$ tels que $b \neq b'$. Démontrer que les lacets $c_{a,b}$ et $c_{a,b'}$ ne sont pas strictement homotopes.

d) En déduire que, pour tout $a \in \mathbf{R} - \mathbf{Q}$, le groupe $\pi_1(\mathrm{X}, (a,a))$ a la puissance du continu.

§2

1) Soit X un espace de Lindelöf (TG, IX, appendice 1, p. 75, déf. 1) délaçable. Démontrer que, pour tout point $x \in \mathrm{X}$, le groupe de Poincaré $\pi_1(\mathrm{X}, x)$ est dénombrable.

2) Soit Y un espace uniforme et soit X un sous-espace de Y. Soit $(\mathrm{U}_i)_{i \in \mathrm{I}}$ un recouvrement ouvert de X.

a) Démontrer qu'il existe un voisinage ouvert V de X dans Y et un recouvrement ouvert $(\mathrm{V}_i)_{i \in \mathrm{I}}$ de V vérifiant les propriétés suivantes :

(i) Pour tout i, $\mathrm{U}_i = \mathrm{V}_i \cap \mathrm{X}$;

(ii) Pour toute partie J de I telle que $\bigcap_{j \in \mathrm{J}} \mathrm{V}_j \neq \varnothing$, $\bigcap_{j \in \mathrm{J}} \mathrm{U}_j \neq \varnothing$.

b) On suppose que Y est localement connexe et que les U_i sont connexes. Démontrer qu'il existe un tel recouvrement où les V_i sont des ouverts connexes de Y.

c) Supposons que les U_i soient connexes et soit, pour tout $i \in \mathrm{I}$, un point $x_i \in \mathrm{U}_i$. Supposons que l'image de $\pi_1(\mathrm{U}_i, x_i)$ dans $\pi_1(\mathrm{X}, x_i)$ soit réduite à l'élément neutre. Montrer qu'il existe un voisinage V de X dans Y tel que, pour tout $x \in \mathrm{X}$, l'homomorphisme canonique $\pi_1(\mathrm{X}, x) \to \pi_1(\mathrm{V}, x)$ admette une rétraction.

3) [3] Soit X un espace topologique et soit x un point de X.

Soit G un groupe et soit $\varphi \colon \pi_1(\mathrm{X}, x) \to \mathrm{G}$ un homomorphisme de groupes. Soit $(\mathrm{U}_n)_{n \in \mathbf{N}}$ une suite décroissante de sous-espaces de X dont l'intersection est réduite au point x. Pour tout n, soit G_n l'ensemble des éléments de G qui sont image par φ de la classe d'un lacet contenu dans U_n.

[3] Les résultats de cet exercice et du suivant sont tirés de l'article de J. W. Cannon et G. R. Conner, « On the fundamental groups of one-dimensional spaces », *Topology and its Applications* **153** (2006), p. 2648–2672.

a) Si G est dénombrable, la suite (G_n) est stationnaire. (Se ramener au cas où $(G_n : G_{n+1}) \geqslant n+1$ pour tout n et considérer une énumération $(\gamma_n)_n$ de G ; construire par récurrence des éléments $\lambda_n \in G_n$ tels que, notant $w_n = \lambda_1 \ldots \lambda_n$, on ait $\gamma_i \notin w_n G_{n+1}$ pour $1 \leqslant i \leqslant n$. Montrer alors que l'intersection $\bigcap_i w_i G_{i+1}$ n'est pas vide.)

b) Supposons que G soit abélien et que son élément neutre soit le seul élément indéfiniment divisible de G. Alors $\bigcap_n G_n$ est réduit à l'élément neutre. (Soit a un élément de l'intersection ; pour tout n, soit $\gamma_n \in \pi_1(U_n, x)$ dont l'image par φ soit égale à a. Construire par récurrence des classes de chemins $\lambda_n \in \pi_1(U_n, x)$ telles que $\lambda_n = \gamma_n \lambda_{n+1}^d$, où d est un entier $\geqslant 2$ fixé. Montrer que $b = (d-1)\varphi(\lambda_1) + a$ est indéfiniment divisible. En déduire que $a = 0$.)

c) Plus généralement, si G est abélien et si tout élément indéfiniment divisible de G est de torsion, alors l'intersection des G_n est formée d'éléments de torsion.

4) Soit X un espace topologique connexe et localement connexe par arcs. Soit x un point de X qui possède un système fondamental dénombrable de voisinages. Soit S un ensemble et soit $\varphi\colon \pi_1(X, x) \to \mathbf{Z}^{(S)}$ un homomorphisme de groupes surjectif.

a) Démontrer que S est dénombrable.

b) On suppose que X est compact ; démontrer que S est fini.

c) On suppose que $\pi_1(X, x)$ est un groupe abélien libre ; démontrer que X est délaçable.

d) On suppose que $\pi_1(X, x)$ est un groupe libre ; démontrer que X est délaçable. (Utiliser le fait que l'intersection des sous-groupes de la suite centrale descendante d'un groupe libre est réduite à l'élément neutre.)

5) Soit P la boucle d'oreille hawaïenne (III, p. 336, exerc. 6, dont on reprend les notations). Pour $n \in \mathbf{N}^*$, soit $\alpha_n \in \pi_1(P, o)$ la classe d'un lacet dans C_n dont la classe engendre $\pi_1(C_n, 0)$.

a) Démontrer que l'application $\mathrm{Hom}(\pi_1(P, 0), \mathbf{Z}) \to \mathbf{Z}^{\mathbf{N}}$, $\varphi \mapsto (\varphi(\alpha_n))_{n \in \mathbf{N}}$ est un homomorphisme injectif de groupes et que son image est égale à $\mathbf{Z}^{(\mathbf{N})}$.[4]

b) Le groupe $\pi_1(P, 0)$ n'est pas un groupe libre ; le quotient de $\pi_1(P, 0)$ par son groupe dérivé n'est pas un groupe abélien libre.

c) Soit A l'archipel hawaïen (III, p. 338, exerc. 10). Démontrer que tout homomorphisme de $\pi_1(A, o)$ dans $\mathbf{Z}$ est trivial.

---

[4] Voir B. DE SMIT, « The fundamental group of the Hawaiian earring is not free », *International Journal of Algebra and Computation*, Vol. 2, No. 1 (1992), p. 33–37.

§3

1) Soit G le groupe topologique $O(2, \mathbf{R})$. On a $\pi_0(G) \simeq \mathbf{Z}/2\mathbf{Z}$ et $\pi_1(G) \simeq \mathbf{Z}$; l'élément non trivial de $\pi_0(G)$ agit sur $\pi_1(G)$ par l'application $t \mapsto -t$.

2) On note $\mathbf{H}$ l'algèbre des quaternions de Hamilton (TG, VIII, p. 4) et $(1, i, j, k)$ sa base canonique. On note N la forme quadratique norme de $\mathbf{H}$; l'ensemble des quaternions de norme 1 est la sphère $\mathbf{S}_3$. Soit $\mathbf{H}_0$ le sous-$\mathbf{R}$-espace vectoriel des quaternions de trace nulle et N_0 la restriction à $\mathbf{H}_0$ de N.

a) Démontrer que l'homomorphisme de la prop. 4 de TG, VIII, p. 4, fait de la sphère $\mathbf{S}_3$ un revêtement de degré 2 de $\mathbf{SO}(N_0)$.

b) En déduire que le groupe de Poincaré de $SO(3, \mathbf{R})$ est isomorphe à $\mathbf{Z}/2\mathbf{Z}$. Expliciter un lacet en I_3 dans $SO(3, \mathbf{R})$ dont la classe d'homotopie stricte est l'unique élément non trivial de ce groupe de Poincaré.

c) Soit φ l'application de $\mathbf{S}_3 \times \mathbf{S}_3$ dans $SO(4, \mathbf{R})$ donnée par $\varphi(\mathbf{q}_1, \mathbf{q}_2)(\mathbf{x}) = \mathbf{q}_1 \mathbf{x} \mathbf{q}_2^{-1}$. Démontrer que φ fait de $\mathbf{S}_3 \times \mathbf{S}_3$ un revêtement de degré 2.

d) En déduire que le groupe de Poincaré de $SO(4, \mathbf{R})$ est isomorphe à $\mathbf{Z}/2\mathbf{Z}$.

3) Soit n un entier naturel. On fait agir le groupe topologique $SO(n+1, \mathbf{R})$ sur la sphère $\mathbf{S}_n$ de $\mathbf{R}^{n+1}$.

a) Démontrer que le fixateur du vecteur $\mathbf{e}_{n+1}$ s'identifie au groupe topologique $SO(n, \mathbf{R})$.

b) Soit $f \colon \mathbf{I} \to \mathbf{S}_n$ une application continue. On suppose que $f(t) \neq (0, \ldots, 0, 1)$ pour tout $t \in \mathbf{I}$. Démontrer qu'il existe une application continue $g \colon \mathbf{I} \to SO(n+1, \mathbf{R})$ telle que $f(t) = g(t) \cdot \mathbf{e}_{n+1}$ pour tout $t \in \mathbf{I}$.

c) Si $n \geqslant 3$, démontrer que l'injection de $SO(n, \mathbf{R})$ dans $SO(n+1, \mathbf{R})$ induit un isomorphisme entre groupes de Poincaré.

4) Soit n un entier naturel. Soit B_0 le sous-groupe de $\mathbf{SL}(n, \mathbf{R})$ formé des matrices triangulaires supérieures dont les coefficients diagonaux sont tous strictement positifs.

a) Démontrer que l'application de $SO(n, \mathbf{R}) \times B_0$ dans $\mathbf{SL}(n, \mathbf{R})$ donnée par $(g, u) \mapsto g \cdot u$ est un homéomorphisme (*cf.* INT, VII, p. 91, prop. 7).

b) Démontrer que l'inclusion de $SO(n, \mathbf{R})$ dans $\mathbf{SL}(n, \mathbf{R})$ induit un isomorphisme entre groupes de Poincaré.

5) Soit G un groupe topologique connexe délaçable, soit $(\widetilde{G}, p)$ un revêtement universel de G ; on munit $\widetilde{G}$ de sa structure de groupe topologique pour laquelle p est un homomorphisme de groupes. On note Z le centre de G, e son élément neutre, $\widetilde{Z}$ le centre de $\widetilde{G}$ et $\widetilde{e}$ son élément neutre.

a) Soit f un automorphisme continu du groupe G. Démontrer qu'il existe une unique application continue $\widetilde{f}\colon \widetilde{\mathrm{G}} \to \widetilde{\mathrm{G}}$ telle que $\widetilde{f}(\widetilde{e}) = \widetilde{e}$ et $p \circ \widetilde{f} = f \circ p$. Démontrer que $\widetilde{f}$ est un automorphisme de groupes. Démontrer que l'application $\varphi\colon f \mapsto \widetilde{f}$ est un morphisme de groupes injectif de $\mathrm{Aut}(\mathrm{G})$ dans $\mathrm{Aut}(\widetilde{\mathrm{G}})$.

b) On note $\mathrm{Out}(\mathrm{G})$ le quotient du groupe $\mathrm{Aut}(\mathrm{G})$ par le sous-groupe des automorphismes intérieurs ; on définit $\mathrm{Out}(\widetilde{\mathrm{G}})$ de manière analogue. Démontrer que l'homomorphisme φ induit, par passage aux quotients, un homomorphisme de groupes injectif $\psi\colon \mathrm{Out}(\mathrm{G}) \to \mathrm{Out}(\widetilde{\mathrm{G}})$.

6) Soient G et H des groupes de Lie réels connexes et soit $f\colon \mathrm{G} \to \mathrm{H}$ un morphisme surjectif de groupes de Lie. On note $\mathrm{Z_G}$ le centre de G et $\mathrm{Z_H}$ celui de H.

a) Démontrer l'équivalence des assertions suivantes : (i) L'application f fait de G un revêtement de H ; (ii) $\mathrm{Ker}(f)$ est discret ; (iii) Le morphisme $\mathrm{L}(f)\colon \mathrm{L}(\mathrm{G}) \to \mathrm{L}(\mathrm{H})$ déduit de f par passage aux algèbres de Lie est un isomorphisme.

b) Démontrer qu'alors $f(\mathrm{Z_G}) = \mathrm{Z_H}$ et que $f^{-1}(\mathrm{Z_H}) = \mathrm{Z_G}$.

7) Soit G un groupe de Lie réel, notons G_0 sa composante neutre, Z_0 le centre de G_0 et $\pi_0(\mathrm{G}) = \mathrm{G}/\mathrm{G}_0$. Soit $(\widetilde{\mathrm{G}}_0, p_0)$ un revêtement universel de G_0, $\widetilde{\mathrm{Z}}_0$ le centre de $\widetilde{\mathrm{G}}_0$ et $\widetilde{e}$ son élément neutre.

a) Soit $\theta\colon \pi_0(\mathrm{G}) \to \mathrm{Out}(\mathrm{G}_0)$ l'homomorphisme associé à l'extension $\mathscr{E}\colon \mathrm{G}_0 \to \mathrm{G} \to \pi_0(\mathrm{G})$ (A, X, §7, exerc. 5). Démontrer que la classe de cohomologie $\omega(\pi_0(\mathrm{G}), \mathrm{Z}_0, \theta)$ de $\mathrm{H}^3(\pi_0(\mathrm{G}), \mathrm{Z}_0)$ définie dans *loc. cit.* est nulle.

b) On suppose qu'il existe un groupe de Lie $\widetilde{\mathrm{G}}$, une application surjective $p\colon \widetilde{\mathrm{G}} \to \mathrm{G}$ et un isomorphisme j de $\widetilde{\mathrm{G}}_0$ sur la composante neutre de $\widetilde{\mathrm{G}}$ tels que $p_0 = p \circ j$. Démontrer que l'on a $\omega(\pi_0(\mathrm{G}), \widetilde{\mathrm{Z}}_0, \psi \circ \theta) = 0$ dans $\mathrm{H}^3(\pi_0(\mathrm{G}), \widetilde{\mathrm{Z}}_0)$, où $\psi\colon \mathrm{Out}(\mathrm{G}_0) \to \mathrm{Out}(\widetilde{\mathrm{G}}_0)$ est l'homomorphisme défini dans l'exerc. 5.

c) On suppose que $\omega(\pi_0(\mathrm{G}), \widetilde{\mathrm{Z}}_0, \psi \circ \theta) = 0$. Soit $\widetilde{\mathscr{E}}\colon \widetilde{\mathrm{G}}_0 \to \mathrm{E} \to \pi_0(\mathrm{G})$ une extension de $\pi_0(\mathrm{G})$ par $\widetilde{\mathrm{G}}_0$ dont l'homomorphisme associé est égal à $\psi \circ \theta$. Démontrer que $\mathrm{E}/\pi_1(\mathrm{G}_0)$ est une extension de $\pi_0(\mathrm{G})$ par G_0 dont l'homomorphisme associé est égal à θ.

Soit alors γ l'unique élément de $\mathrm{H}^2(\pi_0(\mathrm{G}), \mathrm{G}_0)$ tel que $\gamma \cdot [\mathrm{E}/\pi_1(\mathrm{G}_0)] = [\mathrm{G}]$ (*loc. cit.*, *e*)). Considérons l'homomorphisme $\delta\colon \mathrm{H}^2(\pi_0(\mathrm{G}), \mathrm{Z}_0) \to \mathrm{H}^3(\pi_0(\mathrm{G}), \pi_1(\mathrm{G}))$ associé à la suite exacte de groupes abéliens $1 \to \pi_1(\mathrm{G}_0) \to \widetilde{\mathrm{Z}}_0 \to \mathrm{Z}_0 \to 1$ (exerc. 6). Démontrer que l'élément $\delta(\gamma)$ de $\mathrm{H}^3(\pi_0(\mathrm{G}), \pi_1(\mathrm{G}))$ ne dépend pas du choix de l'extension $\widetilde{\mathscr{E}}$; on le note $\delta(\mathrm{G})$.

d) On suppose que $\omega(\pi_0(\mathrm{G}), \widetilde{\mathrm{Z}}_0, \psi \circ \theta) = 0$. Pour qu'il existe un groupe de Lie $\widetilde{\mathrm{G}}$, une application surjective $p\colon \widetilde{\mathrm{G}} \to \mathrm{G}$ et un isomorphisme j de $\widetilde{\mathrm{G}}_0$ sur la composante neutre de $\widetilde{G}$ tels que $p_0 = p \circ j$, il faut et il suffit que l'on ait $\delta(G) = 0$. [5]

8) Soit G un groupe de Lie et soit H un sous-groupe fermé de G ; on note H_0 la composante neutre de H et $\pi_0(H)$ le groupe H/H_0. Notons aussi p la surjection canonique de G sur G/H.

a) L'application p possède la propriété de relèvement des chemins.

b) Si H est connexe, l'homomorphisme $p_* \colon \pi_1(G, e) \to \pi_1(G/H, p(e))$ est surjectif.

c) Il existe une unique application $\varphi \colon \pi_1(G/H, p(e)) \to \pi_0(H)$ qui, pour tout chemin $\widetilde{c}$ d'origine e dans G dont le terme appartient à H, associe à la classe du lacet $p \circ \widetilde{c}$ dans G/H la classe de $\widetilde{c}(1)$ modulo H_0 ; c'est un morphisme de groupes.

d) Si G est simplement connexe, alors φ est un isomorphisme. En particulier, H est connexe si et seulement si G/H est simplement connexe.

9) Soit G un groupe de Lie connexe, soit $(\widetilde{G}, q)$ un revêtement universel de G et soit $\widetilde{e}$ l'élément neutre de $\widetilde{G}$. Soit H un sous-groupe fermé connexe de G ; on note $i \colon H \to G$ l'injection canonique et $p \colon G \to G/H$ la surjection canonique.

a) Soit H_1 la composante neutre de $\overset{-1}{q}(H)$ et soit $q_1 \colon \widetilde{G}/H_1 \to G/H$ l'application déduite de q par passage aux quotients. Démontrer que q_1 fait de $\widetilde{G}/H_1$ un revêtement de G/H dont la fibre en $p(e)$ est isomorphe à $\pi_1(G/H, p(e))$.

b) En déduire qu'il existe une suite exacte de groupes

$$\pi_1(H_1, \widetilde{e}) \xrightarrow{q_*} \pi_1(H, e) \xrightarrow{i_*} \pi_1(G, e) \xrightarrow{p_*} \pi_1(G/H, p(e)).$$

10) *a)* Démontrer que, pour tout entier $n \geqslant 2$, le groupe $SU(n, \mathbf{C})$ est simplement connexe. (L'espace $SU(2, \mathbf{C})$ est homéomorphe à $\mathbf{S}_3$. Faire opérer $SU(n, \mathbf{C})$ sur la sphère unité de $\mathbf{C}^n$, identifier le fixateur du point $(0, \dots, 0, 1)$ au groupe $SU(n-1, \mathbf{C})$ et utiliser l'exercice 9.)

b) Démontrer que pour tout entier $n \geqslant 2$, le groupe $\mathbf{SL}(n, \mathbf{C})$ est simplement connexe. (Soit B_+ le sous-groupe de $\mathbf{SL}(n, \mathbf{C})$ formé des matrices triangulaires supérieures dont les coefficients diagonaux sont des nombres réels > 0. Démontrer que l'application de $SU(n, \mathbf{C}) \times B_+$ dans $\mathbf{SL}(n, \mathbf{C})$ donnée par $(g, u) \mapsto g \cdot u$ est un homéomorphisme.)

[5] Pour des exemples, voir l'article de R. L. TAYLOR, « Covering groups of nonconnected topological groups », *Proc. Amer. Math. Soc* **5** (1954), p. 753–768.

§4

1) Soient X et Y des espaces topologiques et soit $f\colon \mathrm{X} \to \mathrm{Y}$ une application continue. Soit (T, p) un Y-espace. La donnée de descente canonique τ sur le X-espace $\mathrm{Z} = \mathrm{X} \times_{\mathrm{Y}} \mathrm{T}$ est effective (IV, p. 385, prop. 1), l'application canonique $\mathrm{Z}/\mathrm{R}_\tau \to \mathrm{T}$ est injective et continue. Elle n'est toutefois pas forcément surjective, ni stricte.

2) Soit Y un espace topologique obtenu par recollement d'espaces X_i ; soit X l'espace topologique somme de la famille (X_i) et soit $f\colon \mathrm{X} \to \mathrm{Y}$ l'application canonique (TG, I, p. 16). Pour tout i, posons $\mathrm{Y}_i = f(\mathrm{X}_i)$ et soit $f_i\colon \mathrm{X}_i \to \mathrm{Y}_i$ l'application déduite de f par passage aux sous-espaces. L'application f_i est bijective et continue. Si l'application f_i n'est pas un homéomorphisme, la donnée de descente canonique sur X, relative à f, n'est pas effective. Pour un exemple, *cf.* TG, I, p. 94, exerc. 15.

3) Notons B l'ensemble des points (x, y) du carré $[0,1]^2$ vérifiant $x = 0$, ou $x = 1$, ou $y = 0$, ou $y = 1$, ou il existe $n \in \mathbf{N}$ tel que $nx = 1$. Soient B_1 et B_2 les sous-ensembles de B formés des points (x, y) de B pour lesquels $y \leqslant \frac{1}{2}$ et $y \geqslant \frac{1}{2}$ respectivement.

Construire un B-espace (E, p) qui n'est pas un revêtement mais tel que le B_1-espace $(\mathrm{E}_{\mathrm{B}_1}, p_{\mathrm{B}_1})$ et le B_2-espace $(\mathrm{E}_{\mathrm{B}_2}, p_{\mathrm{B}_2})$ soient des revêtements.

4) On dit qu'un espace topologique est localement simplement connexe par arcs si tout point possède une base de voisinages simplement connexes par arcs.

a) Donner un exemple d'espace topologique simplement connexe par arcs qui n'est pas localement simplement connexe par arcs.

b) Soit X un espace topologique et soit G un groupe discret agissant proprement sur X. Si X est localement simplement connexe par arcs, il en est de même de X/G.

5) Soit G un groupe de Lie opérant proprement sur un espace topologique délaçable et complètement régulier X. On pose $\mathrm{Y} = \mathrm{X}/\mathrm{G}$ et on note $f\colon \mathrm{X} \to \mathrm{Y}$ l'application canonique. Démontrer que le morphisme de groupoïdes canonique $\varpi(\mathrm{X})/\mathrm{G} \to \mathrm{Coeg}(f)$ est un isomorphisme. (Utiliser LIE, IX, §9, exerc. 17 pour adapter la preuve du théorème 3 de IV, p. 403.)

6) Soit X un espace topologique connexe par arcs, soit G un groupe opérant continûment dans X et soit x un point de X tel que $g \cdot x = x$ pour tout $g \in \mathrm{G}$. Notons p l'application canonique de X dans X/G. Soit H un groupoïde et soit $\varphi\colon \varpi(\mathrm{X}) \to \mathrm{H}$ un morphisme de groupoïdes. On suppose que pour tout

chemin c dans X et tout $g \in \mathrm{G}$, on a $\varphi([g \cdot c]) = \varphi([c])$, et que pour tout lacet $c \in \Omega_x(\mathrm{X})$, $\varphi([c]) = e_{\varphi(x)}$.

Soient c_1 et c_2 des chemins dans X tels que $p \circ c_1$ et $p \circ c_2$ aient même origine et même terme. Démontrer que l'on a $\varphi([c_1]) = \varphi([c_2])$.

7) Soit X un espace topologique délaçable et soit G un groupe discret opérant proprement dans X ; on note $m \colon \mathrm{G} \times \mathrm{X} \to \mathrm{X}$ l'opération de G, $\mathrm{pr}_2 \colon \mathrm{G} \times \mathrm{X} \to \mathrm{X}$ la seconde projection, et $f \colon \mathrm{X} \to \mathrm{X}/\mathrm{G}$ la surjection canonique.

a) Démontrer que le morphisme de groupoïdes $\varpi(f)$ est surjectif.

b) Soit H un groupoïde et soit $\varphi \colon \varpi(\mathrm{X}) \to \mathrm{H}$ un morphisme de groupoïdes tel que $\varphi \circ \varpi(m) = \varphi \circ \varpi(\mathrm{pr}_2)$.

Soient c_1 et c_2 des chemins dans X tels que les chemins $f \circ c_1$ et $f \circ c_2$ dans X/G soient strictement homotopes. Démontrer que l'on a $\varphi([c_1]) = \varphi([c_2])$.

c) Démontrer qu'il existe un unique morphisme de groupoïdes φ' de $\varpi(\mathrm{X}/\mathrm{G})$ dans H tel que $\varphi = \varphi' \circ \varpi(f)$. En déduire une nouvelle démonstration du théorème 3 de IV, p. 403.

§5

1) Soit A une partie fermée et discrète de $\mathbf{R}^2$.

a) Pour $\mathrm{R} > 0$, soit $\mathrm{D_R}$ l'ensemble des $z \in \mathbf{C}$ tels que $|z| < \mathrm{R}$; montrer que le groupe fondamental de $\mathrm{D_R} - (\mathrm{A} \cap \mathrm{D_R})$ est isomorphe au groupe libre sur $\mathrm{A} \cap \mathrm{D_R}$.

b) Démontrer qu'il existe un homéomorphisme f de $\mathbf{R}^2$ dans lui-même tel que $f(\mathrm{A}) \subset \mathbf{N} \times \{0\}$.

c) Montrer que le groupe fondamental de $\mathbf{R}^2 - \mathrm{A}$ est isomorphe à F(A).

2) Soit A l'ensemble des points de $\mathbf{R}^2$ de coordonnées $(1/n, 0)$, pour $n \in \mathbf{N}^*$. Montrer que le groupe fondamental de $\mathbf{R}^2 - \mathrm{A}$ a la puissance du continu. Il n'est en particulier pas isomorphe au groupe F(A).

3) Soit $((\mathrm{X}_i, x_i))_{i \in \mathrm{I}}$ une famille d'espaces topologiques pointés ; notons (X, x) le bouquet de cette famille (IV, p. 421, exemple 4). Supposons que, pour tout $i \in \mathrm{I}$, le point x_i soit fermé dans X_i et possède un système fondamental de voisinages V tel que le groupe $\pi_1(\mathrm{V}, x_i)$ soit réduit à l'élément neutre. Alors, l'homomorphisme canonique $\mathop{*}_{i \in \mathrm{I}} \pi_1(\mathrm{X}_i, x_i) \to \pi_1(\mathrm{X}, x)$ est un isomorphisme.

4) Soit P le sous-espace de $\mathbf{R}^2$ défini comme dans l'exercice 5, I, p. 146, *b*). Soit a le point $(0,0,1)$ de $\mathbf{R}^3$ et soit C la réunion des segments $[a,(x,0)]$, pour $x \in \mathrm{P}$.

a) Démontrer que l'espace C est localement connexe par arcs et simplement connexe par arcs.

b) Soit D la réunion de l'espace C et de son symétrique $-\mathrm{C}$. Démontrer que l'espace D est simplement connexe, mais qu'il n'est pas simplement connexe par arcs.

c) Démontrer que le groupe de Poincaré $\pi_1(\mathrm{D},0)$ a la puissance du continu.

5) Soit P le sous-espace de $\mathbf{R}^2$ défini comme dans l'exercice 5, I, p. 146, *b*) ; notons aussi P^+ (resp. P^-) l'ensemble des points $(x,y) \in \mathrm{P}$ tels que $y \geqslant 0$ (resp. $y \leqslant 0$). Soit a le point $(0,0,1)$ de $\mathbf{R}^3$ et soit A la réunion du segment $[a,0]$ et des segments $[a,(2r_n,0)]$, pour $n \in \mathbf{N}$, On pose $\mathrm{B}^+ = (\mathrm{P}^+ \times \{0\}) \cup \mathrm{A}$, $\mathrm{B}^- = (\mathrm{P}^- \times \{0\}) \cup \mathrm{A}$ et $\mathrm{B} = (\mathrm{P} \times \{0\}) \cup \mathrm{A}$.

a) Démontrer que l'espace B^+ est délaçable et que le groupe de Poincaré $\pi_1(\mathrm{B}^+,a)$ est un groupe libre sur $\mathbf{N}$.

b) Démontrer que A est contractile en a.

c) Démontrer que l'homomorphisme canonique de $\pi_1(\mathrm{B}^+,a) * \pi_1(\mathrm{B}^-,a)$ dans $\pi_1(\mathrm{B},a)$, déduit des inclusions canoniques de B^+ et B^- dans B, n'est pas surjectif.

6) Soit X la droite numérique $\mathbf{R}$ et soit A une partie de X. Soit Y l'espace déduit de X par contraction de A en un point.

a) Si A est discret, le groupe de Poincaré de Y est un groupe libre.

b) Si A a un point d'accumulation, le groupe de Poincaré de Y a la puissance du continu et n'est pas libre.

c) Si A est l'adhérence de l'ensemble des points $1/n$, pour $n \in \mathbf{N}^*$, l'espace X/A est homéomorphe à la boucle d'oreille hawaïenne.

7) Soit G un graphe, S l'ensemble de ses sommets et A l'ensemble de ses arêtes orientées. On note $|\mathrm{G}|$ sa réalisation géométrique ; on identifie S à une partie de $|\mathrm{G}|$ et on note $p \colon \mathbf{I} \times \mathrm{A} \to |\mathrm{G}|$ l'application canonique.

a) Démontrer que l'espace $|\mathrm{G}|$ est compact (resp. localement compact) si et seulement si le graphe G est fini (resp. localement fini).

b) Démontrer que l'application canonique de S dans $|\mathrm{G}|$ induit une bijection de $\pi_0(\mathrm{G})$ sur $\pi_0(|\mathrm{G}|)$.

c) Notons $\varpi(|\mathrm{G}|)_\mathrm{S}$ le sous-groupoïde plein de $\varpi(|\mathrm{G}|)$ d'ensemble de sommets S. Démontrer qu'il existe un unique isomorphisme de groupoïdes

$\varpi(G) \to \varpi(|G|)_S$ qui est l'identité sur l'ensemble des sommets et qui applique la classe d'une arête orientée $a \in A$ sur la classe du chemin $t \mapsto p(t, a)$

d) On suppose que le graphe G est connexe et fini ; soit $m = 1 + \mathrm{Card}(S) - \mathrm{Card}(A)$. Démontrer que le groupe de Poincaré de $|G|$ est un groupe libre à m générateurs.

8) Soit X l'espace quotient de l'espace $\mathbf{R} \times \{0, 1\}$ par la relation d'équivalence la moins fine qui identifie $(x, 0)$ et $(x, 1)$ pour tout $x \in \mathbf{R}^*$ (« droite numérique dont l'origine est dédoublée »).

a) Démontrer que $\pi_1(X, x)$ est isomorphe à $\mathbf{Z}$, pour tout point $x \in X$.

b) Soit $X^{(2)}$ l'espace quotient de l'espace X^2 par l'opération du groupe symétrique $\mathfrak{S}_2$ sur l'espace X^2 agissant par permutation des coordonnées. Démontrer que $\pi_1(X^{(2)}, y) = 0$ pour tout $y \in X^{(2)}$.

9) Soit X un espace topologique, soit R une relation d'équivalence dans X et soit $p \colon X \to X/R$ la surjection canonique. Soit $x \in X$.

a) On suppose que X est connexe et localement connexe par arcs, que les classes d'équivalence sont des ensembles connexes, et que l'espace X/R est délaçable. Démontrer que l'homomorphisme $p_* \colon \pi_1(X, x) \to \pi_1(X/R, p(x))$ est surjectif.

b) On suppose que $X = \mathbf{I}$ et que $\{0, 1\}$ est la seule classe d'équivalence qui ne soit pas réduite à un élément. Démontrer que l'homomorphisme p_* n'est pas surjectif.

10) Soit W le cercle de Varsovie, défini dans l'exercice 1, IV, p. 455, dont on reprend les notations.

a) Soit R la relation d'équivalence dans W dont les seules classes non réduites à un seul élément sont B et S ; soit $p \colon W \to W/R$ la surjection canonique. Démontrer que l'espace quotient W/R est homéotope, mais pas homéomorphe, au cercle $\mathbf{S}_1$. Démontrer que l'homomorphisme p_* n'est pas surjectif.

b) Soit R′ la relation d'équivalence dans W dont $B \cup S$ est la seule classe d'équivalence non réduite à un élément ; soit $p' \colon W \to W/R'$ la surjection canonique. Démontrer que l'espace W/R′ est homéomorphe à $\mathbf{S}_1$, que l'homomorphisme p_* n'est pas surjectif, mais que les classes d'équivalences de R′ sont connexes.

11) Soit X un espace topologique connexe par arcs et soit $f \colon X \to X$ un homéomorphisme. Soit T l'espace quotient de $X \times \mathbf{I}$ par la relation d'équivalence la plus fine pour laquelle les points $(x, 0)$ et $(f(x), 1)$ sont équivalents, pour tout $x \in X$. On note $p \colon X \times \mathbf{I} \to T$ l'application canonique ; on note

$j\colon \mathrm{X} \to \mathrm{T}$ l'application donnée par $x \mapsto p(x, 1/2)$. Soit a un point de X, soit $c \in \Lambda_{f(a),a}(\mathrm{X})$ un chemin d'origine $f(a)$ et de terme a, et soit $\gamma = [c]$.

a) Démontrer que l'application de $\mathbf{I}$ dans T donnée par $t \mapsto p(a, \frac{1}{2} - t)$ pour $t \in [0, \frac{1}{2}]$ et $t \mapsto p(c(2t-1), \frac{3}{2} - t)$ pour $t \in]\frac{1}{2}, 1]$ est un lacet en $j(a)$ dans T. On note δ sa classe.

b) Soit S l'unique homomorphisme de groupes de $\pi_1(\mathrm{X}, a) * \mathbf{Z}$ dans $\pi_1(\mathrm{T}, j(a))$ qui applique une classe $v \in \pi_1(\mathrm{X}, a)$ sur $j_*(v)$ et l'élément $t = 1$ de $\mathbf{Z}$ sur la classe δ. Démontrer que l'homomorphisme S est surjectif et que son noyau est le plus petit sous-groupe distingué qui contient les éléments $vt(\gamma^{-1} f_*(v)\gamma)^{-1} t^{-1}$, pour $v \in \pi_1(\mathrm{X}, a)$.

c) Pour $v \in \pi_1(\mathrm{X}, a)$, on pose $\varphi(v) = \gamma^{-1} f_*(v)\gamma$; démontrer que φ est un automorphisme du groupe $\pi_1(\mathrm{X}, a)$. Soit $\varphi\colon \mathbf{Z} \to \mathrm{Aut}(\pi_1(\mathrm{X}, a))$ l'unique homomorphisme de groupes qui applique 1 sur φ. Construire un isomorphisme du groupe $\pi_1(\mathrm{T}, j(a))$ sur le produit semi-direct externe de $\mathbf{Z}$ par $\pi_1(\mathrm{X}, a)$ relativement à φ.

12) *a*) Soit D une droite de $\mathbf{R}^3$ et soit $\mathrm{U} = \mathbf{R}^3 - \mathrm{D}$. Démontrer que U est connexe par arcs et que pour tout point $a \in \mathrm{U}$, le groupe $\pi_1(\mathrm{U}, a)$ est isomorphe à $\mathbf{Z}$.

b) Soit P un plan de $\mathbf{R}^3$, soit C un cercle contenu dans P et soit $\mathrm{V} = \mathbf{R}^3 - \mathrm{C}$. Démontrer que V est connexe par arcs et que, pour tout point $a \in \mathrm{V}$, le groupe $\pi_1(\mathrm{V}, a)$ est isomorphe à $\mathbf{Z}$. (Appliquer le théorème de van Kampen au recouvrement fermé de $\mathbf{R}^3$ formé des deux demi-espaces délimités par P ; on peut aussi remarquer que les espaces U et V sont homéomorphes.)

13) Soient D et D′ deux droites de $\mathbf{R}^3$, distinctes, et soit $\mathrm{U} = \mathbf{R}^3 - (\mathrm{D} \cup \mathrm{D}')$.

a) Démontrer que U est connexe par arcs.

b) On suppose que D et D′ sont disjointes ; démontrer que, pour tout point $a \in \mathrm{U}$, le groupe $\pi_1(\mathrm{U}, a)$ est un groupe libre à deux générateurs.

c) On suppose que D et D′ ont un point commun ; démontrer que, pour tout point $a \in \mathrm{U}$, le groupe $\pi_1(\mathrm{U}, a)$ est un groupe libre à trois générateurs.

14) Soit P un plan de $\mathbf{R}^3$, soit C un cercle contenu dans P et soit D une droite de $\mathbf{R}^3$. Soit $\mathrm{U} = \mathbf{R}^3 - (\mathrm{C} \cup \mathrm{D})$ et soit a un point de U.

a) Démontrer que U est connexe par arcs.

b) On suppose que D ne rencontre pas l'enveloppe convexe de C. Démontrer que $\pi_1(\mathrm{U}, a)$ est un groupe libre à deux générateurs.

c) On suppose que D ne rencontre pas C mais qu'elle rencontre l'enveloppe convexe de C. Démontrer que $\pi_1(\mathrm{U}, a)$ est isomorphe à $\mathbf{Z}^2$.

d) On suppose que D rencontre C en un unique point. Démontrer que $\pi_1(\mathrm{U}, a)$ est un groupe libre à deux générateurs.

e) On suppose que D rencontre C en deux points. Démontrer que $\pi_1(\mathrm{U}, a)$ est un groupe libre à trois générateurs.

15) On dit qu'un espace topologique X possède la propriété de Phragmén-Brouwer s'il est connexe et si, pour tout couple (A, B) de parties fermées de X, disjointes, telles que $\mathrm{X} - \mathrm{A}$ et $\mathrm{X} - \mathrm{B}$ soient connexes, alors $\mathrm{X} - (\mathrm{A} \cup \mathrm{B})$ est connexe.

a) Soit X un espace topologique localement connexe qui possède la propriété de Phragmén-Brouwer. Soit (A, B) un couple de parties fermées de X, disjointes, soit (a, b) un couple de points de $\mathrm{X} - (\mathrm{A} \cup \mathrm{B})$ qui appartiennent à une même composante connexe de $\mathrm{X} - \mathrm{A}$ (resp. de $\mathrm{X} - \mathrm{B}$). Démontrer que a et b appartiennent à une même composante connexe de $\mathrm{X} - (\mathrm{A} \cup \mathrm{B})$.

b) Soit X un espace topologique connexe et localement connexe par arcs qui ne possède pas la propriété de Phragmén-Brouwer. Démontrer que, pour tout point $x \in \mathrm{X}$, il existe un homomorphisme surjectif de $\pi_1(\mathrm{X}, x)$ dans $\mathbf{Z}$.

c) Soit X un espace topologique connexe et localement connexe par arcs qui est simplement connexe par arcs. Démontrer que X possède la propriété de Phragmén-Brouwer.

d) Soit X un espace topologique séparé et localement connexe tel que, pour tout point $x \in \mathrm{X}$, l'espace $\mathrm{X} - \{x\}$ possède la propriété de Phragmén-Brouwer. Soit A une partie de X qui est homéomorphe à $[0, 1]$; démontrer que $\mathrm{X} - \mathrm{A}$ est connexe. (Soit $c \colon \mathbf{I} \to \mathrm{A}$ un homéomorphisme. Raisonner par l'absurde et construire une suite (J_n) où, pour tout n, J_n est un intervalle de $\mathbf{I}$ de longueur 2^{-n}, contenu dans J_{n-1} si $n \geqslant 1$, tel que $\mathrm{X} - c(\mathrm{J}_n)$ ne soit pas connexe ; soit x l'unique point de X commun à tous les ensembles $c(\mathrm{J}_n)$. Démontrer alors que $\mathrm{X} - \{x\}$ n'est pas connexe.)

e) Soit n un entier $\geqslant 1$ et soit A une partie de $\mathbf{S}_n$ qui est homéomorphe à $[0, 1]$. Démontrer que $\mathbf{S}_n - \mathrm{A}$ est connexe.

16) Soit A une partie de $\mathbf{S}_2$ qui est homéomorphe à $\mathbf{S}_1$. Soient a et b des points distincts de A, on note A' et A'' les composantes connexes de $\mathrm{A} - \{a, b\}$ et l'on pose $\mathrm{X} = \mathbf{S}_2 - \{a, b\}$, $\mathrm{U} = \mathrm{X} - \mathrm{A}'$ et $\mathrm{V} = \mathrm{X} - \mathrm{A}''$.

a) Démontrer que U et V sont connexes. (Utiliser l'exercice 15.)

b) Démontrer que, pour tout point $x \in \mathrm{U}$, l'homomorphisme de $\pi_1(\mathrm{U}, x)$ dans $\pi_1(\mathrm{X}, x)$ déduit de l'inclusion de U dans X est trivial.

c) Démontrer que $\mathbf{S}_2 - \mathrm{A}$ possède exactement deux composantes connexes et que leur frontière est égale à A.

d) Soit S une partie de $\mathbf{R}^2$ qui est homéomorphe à $\mathbf{S}_1$; démontrer que $\mathbf{R}^2 - \mathrm{S}$ possède exactement deux composantes connexes et que leur frontière est égale à S (*théorème de Jordan*).

17) On identifie $\mathbf{S}_1$ à l'ensemble des nombres complexes de module 1, et la sphère $\mathbf{S}_3$ au sous-espace de $\mathbf{C}^2$ formé des points (z, w) tels que $|z|^2 + |w|^2 = 1$. Soient B et C les sous-espaces de $\mathbf{S}_3$ définis par $|z| \leqslant |w|$ et $|z| \geqslant |w|$ respectivement.

a) Démontrer que B et C sont homéomorphes à $\mathbf{B}_2 \times \mathbf{S}_1$.

b) Pour tout couple (m, n) d'entiers relatifs premiers entre eux, on note $\mathrm{K}_{m,n}$ l'image de l'application de $\mathbf{S}_1$ dans $\mathbf{S}_3$ donnée par $u \mapsto (u^m, u^n)$ (« nœud torique »).

c) Démontrer que $\mathbf{S}_3 - \mathrm{K}_{m,n}$ est connexe et que son groupe fondamental admet une présentation $\langle x, y\,;\, x^m = y^n \rangle$.

d) Démontrer qu'il existe un homéomorphisme φ de $\mathbf{S}_3$ dans lui-même tel que $\varphi(\mathrm{K}_{m,n}) = \mathrm{K}_{1,0}$ si et seulement si $|m| \leqslant 1$ ou $|n| \leqslant 1$.

18) Soit (m, n) un couple d'entiers naturels tels que $1 < m < n$. Soit G le groupe défini par la présentation $\langle x, y\,;\, x^m = y^n \rangle$. Soit $z = x^m$ et soit C le sous-groupe de G engendré par z.

a) Démontrer que C est contenu dans le centre de G.

b) Démontrer que G/C est isomorphe au produit libre $(\mathbf{Z}/m\mathbf{Z}) * (\mathbf{Z}/n\mathbf{Z})$.

c) En déduire que C est le centre de G.

d) Soit (p, q) un couple d'entiers naturels tels que $1 < p < q$. On suppose que le groupe G′ défini par la présentation $\langle x, y\,;\, x^p = y^q \}$ est isomorphe à G. Démontrer que $(p, q) = (m, n)$.

e) Démontrer que le quotient de G par son groupe dérivé est isomorphe à $\mathbf{Z}$.

19) Soit G un graphe; notons S l'ensemble de ses sommets, A celui de ses arêtes orientées et |G| sa réalisation géométrique. Notons $j\colon \mathrm{S} \to |\mathrm{G}|$ et $p\colon \mathbf{I} \times \mathrm{A} \to |\mathrm{G}|$ les applications canoniques. On suppose que les ensembles S et A sont finis.

On dit qu'une application $f\colon |\mathrm{G}| \to \mathbf{R}^n$ est affine (resp. affine par morceaux) si pour toute arête $a \in \mathrm{A}$, l'application $t \mapsto f \circ p(a, t)$ est affine (resp. affine par morceaux). (*Cf.* III, p. 331, exerc. 6.)

a) Démontrer qu'il existe une application injective et affine par morceaux de |G| dans $\mathbf{R}^3$. (Commencer par démontrer qu'il existe un entier $n \geqslant 1$ et une application injective et affine par morceaux de |G| dans $\mathbf{R}^n$.)

b) Pour toute application continue injective $f\colon |G| \to \mathbf{R}^n$, démontrer qu'il existe une application continue injective $g\colon |G| \to \mathbf{R}^n$ qui est affine par morceaux et homotope à f.

c) On suppose que l'application $(o,t)\colon A \to S \times S$ est injective. Soit f une application injective de S dans $\mathbf{R}$. Démontrer qu'il existe une unique application affine F de $|G|$ dans $\mathbf{R}^3$ qui applique tout sommet $s \in S$ sur le point $(f(s), f(s)^2, f(s)^3)$ de $\mathbf{R}^3$. Démontrer que F est injective.

On dit que le graphe G est *planaire* s'il existe une application continue injective de $|G|$ dans $\mathbf{R}^2$.

d) On suppose que le graphe G est planaire et que l'application $(o,t)\colon A \to S \times S$ est injective. Soit $f\colon |G| \to \mathbf{R}^2$ une application continue injective. Démontrer qu'il existe une application affine injective $g\colon |G| \to \mathbf{R}^2$ qui est homotope à f.

20) Soit $f\colon \mathbf{I} \to \mathbf{R}^2$ un lacet affine par morceaux dont la restriction à $[0,1[$ est injective ; notons $C = f(\mathbf{I})$.

a) Démontrer que $\mathbf{R}^2 - C$ a au plus deux composantes connexes.

b) Pour $x \in \mathbf{R}^2 - C$ et $v \in \mathbf{S}_1$, on note $n_v(x)$ le nombre de composantes connexes de $(\mathbf{R}^2 - C) \cap (x + \mathbf{R}_+ v)$. Démontrer qu'il existe une unique application localement constante $n\colon \mathbf{R}^2 - C \to \{0,1\}$ telle que $n(x) \equiv n_v(x)$ (mod. 2) pour tout $v \in \mathbf{S}_1$.

c) En déduire que $\mathbf{R}^2 - C$ possède exactement deux composantes connexes et que leurs frontières sont égales à C.

d) Soit $g\colon \mathbf{I} \to \mathbf{R}^2$ une application affine par morceaux, injective telle que $\overset{-1}{g}(C) = \{0,1\}$; on pose $P = g(\mathbf{I})$ et $D = C \cup P$. Démontrer que $C - (C \cap P)$ possède deux composantes connexes ; notons-les P_1 et P_2. Démontrer que $\mathbf{R}^2 - D$ possède trois composantes connexes et que leurs frontières sont égales à C, $P_1 \cup P$ et $P_2 \cup P$.

e) Soit G un graphe fini planaire ; soit S l'ensemble de ses sommets et A l'ensemble de ses arêtes orientées. Soit $f\colon |G| \to \mathbf{R}^2$ une application continue injective affine par morceaux et soit P son image. Démontrer que le nombre de composantes connexes de $\mathbf{R}^2 - P$ est égal à $1 + \mathrm{Card}(S) - \mathrm{Card}(A) + \mathrm{Card}(\pi_0(G))$.

21) Soit K le graphe associé au carquois dont l'ensemble des sommets est $\{1,2,3\} \times \{0,1\}$, l'ensemble des flèches est l'ensemble des couples de la forme $((a,0),(b,1))$, pour $a, b \in \{1,2,3\}$, et dont les applications origine et terme sont respectivment déduites de la première et de la seconde projection (« *graphe de Kuratowski* »). Démontrer que le graphe K n'est pas planaire.

22) Soit n un entier naturel et soit K_n un graphe complet dont l'ensemble des sommets est de cardinal n (II, p. 220, exerc. 5).

a) Démontrer que les graphes K_n, pour $1 \leqslant n \leqslant 4$, sont planaires.

b) Démontrer que le graphe K_5 n'est pas planaire.

23) Soient u et v deux points de $\mathbf{S}_1$ tels que $\mathscr{I}(v/u) > 0$; on définit une famille $(a_j)_{j \in \mathbf{Z}/4\mathbf{Z}}$ par $a_1 = u$, $a_2 = v$, $a_3 = -u$ et $a_4 = -v$. Notons Q_1 et Q_2 les deux segments $[a_1, a_3]$ et $[a_2, a_4]$ dans le disque unité $\mathbf{B}_2$ et posons $\mathrm{Q} = \mathrm{Q}_1 \cup \mathrm{Q}_2$.

a) Démontrer que, pour tout $j \in \mathbf{Z}/4\mathbf{Z}$, il existe une unique composante connexe par arcs $\mathrm{A}_j \in \pi_0(\mathbf{B}_2 - \mathrm{Q})$ dont l'adhérence contient a_j et a_{j-1}. Démontrer que la réunion de la famille (A_j) est égale à $\mathbf{B}_2 - \mathrm{Q}$.

Posons $\mathrm{C} = \mathbf{B}_2 \times [-1, 1]$, $\mathrm{N} = (0, 0, 1)$ et $\mathrm{S} = (0, 0, -1)$. Soit $f \colon [-1, 1] \to \mathbf{R}_+$ une application continue telle que $f(-1) = f(1) = 0$ et $0 < f(t) < 1$ pour tout $t \in \left]-1; 1\right[$. Notons alors L_1 et L_2 les images des applications de $[-1, 1]$ dans C données par $t \mapsto (ta_1, 0)$ et $t \mapsto (ta_2, f(t))$ respectivement ; on pose enfin $\mathrm{L} = \mathrm{L}_1 \cup \mathrm{L}_2$.

b) Démontrer que $\mathrm{C} - \mathrm{L}$ est connexe par arcs.

c) On dit qu'un chemin c dans $\mathrm{C} - \mathrm{L}$, d'origine N et de terme S, est franc s'il existe des chemins juxtaposables c_1 et c_2 dans $\mathbf{B}_2$ tels que c soit le chemin juxtaposé des chemins donnés par $t \mapsto (c_1(t), 1)$, $t \mapsto (c_1(1), 1 - 2t)$ et $t \mapsto (c_2(t), -1)$. Démontrer qu'alors $c_1(1) \notin \mathrm{Q}$; on note A_c la composante connexe par arcs de $\mathbf{B}_2 - \mathrm{Q}$ qui contient ce point.

d) Soient c et c' des chemins dans $\mathrm{C} - \mathrm{L}$, d'origine N et de terme S ; supposons qu'ils soient francs. Démontrer qu'ils sont strictement homotopes si et seulement si $\mathrm{A}_c = \mathrm{A}_{c'}$.

e) Pour tout $j \in \mathbf{Z}/4\mathbf{Z}$, soit c_j un chemin dans $\mathrm{C} - \mathrm{L}$, d'origine N et de terme S, franc et tel que $\mathrm{A}_{c_j} = \mathrm{A}_j$. Démontrer la relation

$$[c_1][c_4]^{-1} = [c_2][c_3]^{-1}$$

dans le groupe $\pi_1(\mathrm{C} - \mathrm{L}, \mathrm{N})$.

f) Démontrer que l'homomorphisme canonique du groupe libre à deux générateurs x, y dans $\pi_1(\mathrm{C} - \mathrm{L}, \mathrm{N})$ qui applique x et y sur $[c_1][c_2]^{-1}$ et $[c_2][c_3]^{-1}$ respectivement est un isomorphisme de groupes. (Appliquer le théorème de van Kampen au recouvrement de $\mathrm{C} - \mathrm{L}$ formé des huit ensembles fermés délimités par les trois plans vectoriels de $\mathbf{R}^3$ contenant deux des points de l'ensemble $\{a_1, a_2, \mathrm{N}\}$.)

24) Soit m un entier $\geqslant 1$ et soit $(\theta_j)_{1 \leqslant j \leqslant m}$ une suite de nombres réels telle que $0 \leqslant \theta_1 < \theta_2 < \cdots < \theta_n < 2\pi$. Pour $j \in \mathbf{Z}/m\mathbf{Z}$, on pose $a_j = \exp(i\theta_k)$, où

k est l'unique élément de $\{1, \ldots, n\}$ appartenant à la classe j ; on note aussi Q_j le segment $[0, a_j]$ de $\mathbf{B}_2$. On pose enfin $Q = Q_1 \cup \cdots \cup Q_m$.

a) Pour $j \in \mathbf{Z}/m\mathbf{Z}$, démontrer qu'il existe une unique composante connexe par arcs A_j de $\mathbf{B}_2 - Q$ qui contient tout point $b \in \mathbf{S}_1$ tel que $\mathscr{I}(b/a_j) > 0$ et $\mathscr{I}(b/a_{j+1}) < 0$. Démontrer que la famille (A_j) est formée d'ensembles deux à deux disjoints et que sa réunion est égale à $\mathbf{B}_2 - Q$.

b) On pose $C = \mathbf{B}_2 \times [-1, 1]$, $N = (0, 0, 1)$, $S = (0, 0, -1)$, et $L = Q \times \{0\}$. On dit qu'un chemin dans $C - L$, d'origine N et de terme S, est franc s'il existe des chemins c_1 et c_2 dans $\mathbf{B}_2$, juxtaposables, tels que c soit le chemin juxtaposé des chemins donnés par $t \mapsto (c_1(t), 1)$, $t \mapsto (c_1(1), 1 - 2t)$ et $t \mapsto (c_2(t), -1)$. Démontrer qu'alors $c_1(1) \notin Q$; on note A_c la composante connexe par arcs de $\mathbf{B}_2 - Q$ qui contient ce point.

c) Soient c et c' des chemins dans $C - L$, d'origine N et de terme S ; supposons qu'ils soient francs. Démontrer qu'ils sont strictement homotopes si et seulement si $A_c = A_{c'}$.

d) Pour tout $j \in \mathbf{Z}/m\mathbf{Z}$, soit c_j un lacet dans $C - L$, d'origine N et de terme S, qui est franc et tel que $A_{c_j} = A_j$. Démontrer que l'homomorphisme du groupe libre $F(\mathbf{Z}/m\mathbf{Z})$ dans $\pi_1(C - L, N)$ qui applique x_j sur $[c_j][c_{j+1}]^{-1}$, pour $j \in \mathbf{Z}/m\mathbf{Z}$, est surjectif, et que son noyau est le plus petit sous-groupe distingué qui contient le produit $x_1 x_2 \ldots x_m$.

25) On pose $C = \mathbf{B}_2 \times [-1, 1]$. Soit K un sous-espace fermé de $\mathbf{R}^3$ et soit P son image par la projection donnée par $(x, y, z) \mapsto (x, y)$. On suppose qu'il existe un ensemble fini I, une famille $(p_i)_{i \in I}$ de points de $\mathbf{R}^2$, une famille $(r_i)_{i \in I}$ de nombres réels strictement positifs et une famille $(m_i)_{i \in I}$ d'entiers naturels vérifiant les propriétés suivantes, où φ_i désigne l'application de $\mathbf{R}^3$ dans $\mathbf{R}^3$ donnée par $x \mapsto (p_i, 0) + r_i x$ et $C_i = \varphi_i(C)$:

– Les ensembles C_i sont deux à deux disjoints ;

– Pour tout $i \in I$, l'ensemble $L_i = \overset{-1}{\varphi_i}(C_i \cap K)$ est le sous-espace L défini dans l'exercice 23 si $m_i = 0$ et dans l'exercice 24 (où l'on pose $m = m_i$) si $m_i \geqslant 1$.

– L'ensemble $K' = K - \bigcup_i (\mathring{C}_i \cap K)$ est la réunion d'une famille finie de segments fermés deux à deux disjoints dans le plan $\mathbf{R}^2 \times \{0\}$.

Soient $N = (x_N, y_N, z_N)$ et $S = (x_S, y_S, z_S)$ des points de $\mathbf{R}^3$ tels que $z_N > \sup(r_i)_{i \in I}$ et $z_S < -\sup(r_i)_{i \in I}$.

a) On dit qu'un chemin c dans $\mathbf{R}^3 - K$ d'origine N et de terme S est franc s'il existe des chemins c_1 et c_2 dans $\mathbf{R}^2$, juxtaposables, tels que c soit le chemin juxtaposé des chemins donnés par $t \mapsto (c_1(t), z_N)$, $t \mapsto (c_1(1), (1-t)z_N + t z_S)$, et $t \mapsto (c_2(t), z_S)$.

Démontrer qu'alors le point $c_1(1)$ n'appartient pas à P ; on note A_c la composante connexe par arcs de $\mathbf{R}^2 - P$ qui contient ce point. Démontrer que deux chemins francs c et c' sont strictement homotopes si et seulement si $A_c = A_{c'}$.

Pour toute composante connexe par arcs α de $\mathbf{R}^2 - P$, on fixe un chemin $c(\alpha)$ dans $\mathbf{R}^2 - K$, d'origine N et de terme S qui est franc et tel que $A_{c(\alpha)} = \alpha$.

b) Soit $i \in I$ tel que $m_i = 0$, de sorte que $\overset{-1}{\varphi_i}(K \cap C_i)$ est l'ensemble L défini dans l'exercice 23, dont on reprend les notations ; on a $\overset{-1}{\varphi_i}(P \times \{0\} \cap C_i) = Q \times \{0\}$. Pour tout $j \in \mathbf{Z}/4\mathbf{Z}$, notons $\alpha_{i,j}$ la composante connexe par arcs de $\mathbf{R}^2 - P$ qui contient l'image par φ_i de la composante connexe A_j de $\mathbf{B}_2 - P$. Démontrer que l'on a $[c(\alpha_{i,1})][c(\alpha_{i,4})]^{-1} = [c(\alpha_{i,2})][c(\alpha_{i,3})]^{-1}$ dans $\pi_1(\mathbf{R}^3 - K, N)$.

c) Soit ω un élément de $\pi_0(\mathbf{R}^2 - P)$. Soit $\lambda_\omega \colon F(\pi_0(\mathbf{R}^2 - P)) \to \pi_1(\mathbf{R}^3 - K, N)$ l'unique homomorphisme de groupes qui, pour $\alpha \in \pi_0(\mathbf{R}^2 - P)$, applique l'élément x_α sur $[c(\alpha)][c(\omega)]^{-1}$.

Démontrer que l'homomorphisme λ_ω est surjectif et que son noyau est le plus petit sous-groupe distingué de $F(\pi_0(\mathbf{R}^2 - P))$ qui contient l'élément x_ω et les éléments $x_{\alpha_{i,1}}^{-1} x_{\alpha_{i,2}} x_{\alpha_{i,3}}^{-1} x_{\alpha_{i,4}}$, pour $i \in I$ tel que $m_i = 0$.

d) Pour tout segment s appartenant à $\pi_0(K')$, on choisit des éléments α_s et α'_s de $\pi_0(\mathbf{R}^2 - P)$ tels que l'ensemble des composantes connexes de $\mathbf{R}^2 - P$ dont l'adhérence contient s soit égal à $\{\alpha_s, \alpha'_s\}$. Soit $\mu \colon F(\pi_0(K')) \to \pi_1(\mathbf{R}^3 - K, N)$ l'unique homomorphisme de groupes qui, pour $s \in \pi_0(K')$, applique l'élément x_s sur $[c(\alpha_s)][c(\alpha'_s)]^{-1}$. Démontrer que μ est surjectif. Pour $i \in I$ tel que $m_i = 0$ et $j \in \{1, 2, 3, 4\}$, on note $s_{i,j}$ l'unique segment de $\pi_0(K')$ tel que $\varphi_i(a_j)$ rencontre $s_{i,j}$. Prouver qu'il existe des éléments u_i, v_i, w_i de $\{-1, 1\}$ tels que $\mu(x_{s_{i,4}}) = \mu(x_{s_{i,2}}^{w_i})$ et $\mu(x_{s_{i,3}}) = \mu(x_{s_{i,2}}^{-u_i} x_{s_{i,1}}^{v_i} x_{s_{i,2}}^{u_i})$. Démontrer que le noyau de μ est le plus petit sous-groupe distingué de $F(\pi_0(K'))$ qui contient les éléments $x_{s_{i,3}} x_{s_{i,2}}^{-u_i} x_{s_{i,1}}^{-v_i} x_{s_{i,2}}^{u_i}$ et $x_{s_{i,4}} x_{s_{i,2}}^{-w_i}$ pour $i \in I$.

e) On pose

$$k = \operatorname{Card}(\pi_0(K)) - \operatorname{Card}(\{i \in I \mid m_i > 0\}) + \frac{1}{2} \sum_{i \in I} m_i.$$

Prouver que $k \in \mathbf{N}$. Démontrer que le quotient de $\pi_1(\mathbf{R}^3 - K)$ par son sous-groupe dérivé est isomorphe à $\mathbf{Z}^k$.

26) Dans le plan numérique $\mathbf{R}^2$, on note D_0 le disque de centre $(0, 0)$ et de rayon 1 et C_0 sa frontière ; on pose $a_0 = (-1, 0)$. Soit g un entier naturel $\geqslant 1$, soit r un nombre réel strictement positif et soit $(v_1, \ldots, v_g)$ une suite de nombres réels telle que $r < \inf(v_1 + 1, (v_2 - v_1)/2, \ldots, (v_g - v_{g-1})/2, 1 - v_g)$. Pour tout $j \in \{1, \ldots, g\}$, on désigne par D_j le disque fermé de centre $(0, v_j)$

et de rayon r et par C_j le cercle de centre $(0, v_j)$ et de rayon r ; on pose aussi $a_j = (-r, v_j)$. Soit X l'espace $D - \bigcup_{j=1}^{g} \mathring{D}_j$.

Pour tout $j \in \{1, \dots, j\}$, on note u_j la classe dans $\varpi(X)$ d'un chemin d'origine a_0 et de terme a_j dont l'image est le segment $[a_0, a_j]$; notons aussi $c_j \in \pi_1(X, a_j)$ la classe du lacet donné par $t \mapsto (-r\cos(2\pi t), -r\sin(2\pi t) + v_j)$ et $\gamma_j = u_j c_j u_j^{-1}$.

a) Soit γ_0 la classe du lacet dans X donné par $t \mapsto (-\cos(2\pi t), -\sin(2\pi t))$. Démontrer que l'on a $\gamma_0 = \gamma_1 \dots \gamma_g$.

b) Démontrer que l'unique homomorphisme du groupe libre à g générateurs $x_1, \dots, x_j$ dans $\pi_1(X, a_0)$ qui applique x_j sur γ_j est un isomorphisme de groupes. (Appliquer le théorème de van Kampen au recouvrement de X défini par ses intersections avec les demi-plans $\mathbf{R}_+ \times \mathbf{R}$ et $\mathbf{R}_- \times \mathbf{R}$.)

c) Soit $f\colon X \to \mathbf{R}_+$ une fonction continue telle que $\overset{-1}{f}(0) = \bigcup_{j=0}^{g} C_j$ et soit Y le sous-espace de $\mathbf{R}^3$ formé des points (x, y, z) tels que $z^2 = f(x, y)$. On note i_+ (resp. i_-) l'application continue de X dans Y donnée par $(x, y) \mapsto (x, y, \sqrt{f(x, y)})$ (resp. $(x, y) \mapsto (x, y, -\sqrt{f(x, y)})$). Pour toute classe de chemin γ dans X, on définit des classes de chemins dans $\varpi(Y)$ par $\gamma^+ = (i_+)_*(\gamma)$ et $\gamma^- = (i_-)_*(\gamma)$.

Pour tout $j \in \{1, \dots, g\}$, on définit enfin un élément de $\pi_1(Y, a_0)$ par $\delta_j = u_j^+ u_j^-$. Démontrer que l'on a les relations $\gamma_j^+ \delta_j = \delta_j \gamma_j^-$ pour $1 \leqslant j \leqslant g$, et $\gamma_1^+ \dots \gamma_g^+ = \gamma_1^- \dots \gamma_g^-$.

d) Soit φ l'unique homomorphisme d'un groupe libre F à $2g$ générateurs $x_1, \dots, x_g, y_1, \dots, y_g$ dans $\pi_1(Y, a_0)$ qui applique x_j sur γ_j^+ et y_j sur δ_j. Démontrer que l'homomorphisme φ est surjectif et que son noyau est le plus petit sous-groupe distingué de F qui contient l'élément

$$(x_1^{-1} y_1 x_1)(x_2^{-1} y_2 x_2) \dots (x_g^{-1} y_g x_g)(y_1 \dots y_g)^{-1}.$$

(Appliquer le théorème de van Kampen au recouvrement de Y défini par ses intersections avec les demi-espaces $\mathbf{R}^2 \times \mathbf{R}_+$ et $\mathbf{R}^2 \times \mathbf{R}_-$.)

e) Soit φ' l'unique homomorphisme d'un groupe libre F à $2g$ générateurs $x_1, \dots, x_g, y_1, \dots, y_g$ dans $\pi_1(Y, a_0)$ qui, pour tout j, applique x_j sur

$$(\gamma_1^+ \dots \gamma_{j-1}^+)^{-1} \delta_j (\gamma_1^+ \dots \gamma_{j-1}^+)$$

et y_j sur γ_j^+. Démontrer que l'homomorphisme φ' est surjectif et que son noyau est le plus petit sous-groupe distingué de F qui contient l'élément

$$(x_1^{-1} y_1^{-1} x_1 y_1) \dots (x_g^{-1} y_g^{-1} x_g y_g).$$

27) Soit D le disque unité dans $\mathbf{C}$ et soit X un sous-espace de D qui est un voisinage de $\mathbf{S}_1$. Soit R la relation d'équivalence la moins fine dans X qui, pour $u, v \in \mathbf{S}_1$, identifie les points $f(u)$ et $f(v)$ si $f(u) = f(v)$. Soit

$p\colon X \to X/R$ la surjection canonique. Soit T un espace topologique compact et soit $f\colon \mathbf{S}_1 \to T$ une application continue surjective. On pose $a = f(1)$ et on note $\alpha \in \pi_1(T, a)$ la classe du lacet $t \mapsto f(e^{2\pi it})$ dans T.

a) Démontrer qu'il existe une unique application σ de T dans X/R telle que $\sigma \circ f = p|_{\mathbf{S}_1}$. Démontrer que σ définit un homéomorphisme de T sur son image $p(\mathbf{S}_1)$.

b) Soit r un nombre réel tel que $0 < r < 1$; on suppose que X est l'ensemble des $z \in D$ tels que $r \leqslant |z| \leqslant 1$. Démontrer que X/R est homéomorphe au cylindre de l'application f. En déduire que l'homomorphisme σ_* est un isomorphisme de groupes de $\pi_1(T, a)$ sur $\pi_1(X/R, p(1))$.

c) On suppose que $X = D$. Démontrer que X/R est homéomorphe au cône de l'application f. En déduire que l'homomorphisme de groupes $\sigma_*\colon \pi_1(T, a) \to \pi_1(X/R, p(1))$ est surjectif et que son noyau est le plus petit sous-groupe distingué de $\pi_1(T, a)$ qui contient α.

d) Soit r un nombre réel tel que $0 < r < 1$; soit X_1 l'ensemble des $z \in X$ tels que $|z| \leqslant r$ et X_2 l'ensemble des $z \in D$ tels que $r \leqslant |z| \leqslant 1$; on suppose que $X_2 \subset X$. Soit $\beta \in \pi_1(X_2, r)$ la classe du lacet donné par $t \mapsto re^{2\pi it}$; soit $\delta \in \varpi_{p(r),p(1))}$ la classe du chemin donné par $t \mapsto p((1-t)r + t)$.

Démontrer qu'il existe un unique homomorphisme de groupes μ de $\pi_1(T, a) * \pi_1(X_2, r)$ dans $\pi_1(X/R, p(1))$ qui coïncide avec l'homomorphisme σ_* dans $\pi_1(T, a)$ et avec l'homomorphisme $v \mapsto \delta^{-1} p_*(v)\delta$ dans $\pi_1(X_2, p(r))$. Démontrer que μ est surjectif et que son noyau est le plus petit sous-groupe distingué qui contient $\alpha\beta^{-1}$.

28) Soit X un espace topologique. On dit qu'une homotopie $\sigma\colon X \times \mathbf{I} \to X$ est une isotopie si, pour tout $t \in \mathbf{I}$, l'application $x \mapsto \sigma(x, t)$ déduite de σ par passage au sous-espace est un homéomorphisme de X sur lui-même.

a) Soit m un entier naturel et soit $f\colon X \to \mathbf{R}^n$ une application continue. Démontrer qu'il existe une isotopie dont l'origine est l'application identique de $X \times \mathbf{R}^n$ et dont le terme est l'application de $X \times \mathbf{R}^n$ dans $X \times \mathbf{R}^n$ donnée par $(x, y) \mapsto (x, y - f(x))$.

b) Soient A et B des sous-espaces de X ; on dit que A est isotope à B s'il existe une isotopie $\sigma\colon X \times \mathbf{I} \to X$ dont l'origine est l'application identique de X et telle que $f(A \times \{1\}) = B$.

Démontrer que la relation « A est isotope à B » est une relation d'équivalence dans l'ensemble des sous-espaces de X (resp. dans l'ensemble des sous-espaces fermés de X).

c) Soient m et n des entiers naturels, soit A un sous-espace fermé de $\mathbf{R}^m$ et soit B un sous-espace fermé de $\mathbf{R}^n$. On suppose que A et B sont homéomorphes. Démontrer que les sous-espaces $\mathrm{A} \times \{0\}$ et $\{0\} \times \mathrm{B}$ de $\mathbf{R}^{m+n}$ sont isotopes.

29) Soit A une partie fermée de $\mathbf{R}^2$ homéomorphe à une partie fermée B de $\mathbf{R}$.

a) Démontrer que les sous-espaces $\mathrm{A} \times \{0\}$ et $\{(0,0)\} \times \mathrm{B}$ de $\mathbf{R}^3$ sont isotopes.

b) On suppose que $\mathrm{B} \neq \mathbf{R}$; démontrer que $\mathbf{R}^2 - \mathrm{A}$ est connexe par arcs.

c) On suppose que $\mathrm{B} = \mathbf{R}$; démontrer que $\mathbf{R}^2 - \mathrm{A}$ possède exactement deux composantes connexes par arcs et que A est la frontière de chacune d'elles.

d) Soit A une partie de $\mathbf{S}_2$ homéomorphe à $\mathbf{S}_1$; démontrer que $\mathbf{S}_2 - \mathrm{A}$ possède exactement deux composantes connexes par arcs et que A est la frontière de chacune d'elles.

e) Soit A une partie de $\mathbf{R}^2$ homéomorphe à $\mathbf{S}_1$; démontrer que $\mathbf{R}^2 - \mathrm{A}$ possède exactement deux composantes connexes par arcs et que A est la frontière de chacune d'elles.

30) Soit $v = (v_1, \ldots, v_n) \colon \mathbf{R}^n \to \mathbf{R}^n$ une application de classe C^1 et soit δ un nombre réel > 0 ; on fait les hypothèses suivantes :

- Le support de v est contenu dans $[-\delta, 1+\delta] \times \mathring{\mathbf{B}}_{n-1}$;
- Pour tout $x \in [0, 1-\delta[$, on a $v_1(x, 0, \ldots, 0) > 0$, et $v_1(1, 0, \ldots, 0) = 0$;
- Pour tout $x \in [0,1]$, on a $v_2(x, 0, \ldots, 0) = \cdots = v_n(x, 0, \ldots, 0) = 0$.

Soit $\Phi \colon \mathbf{R}^n \times \mathbf{R} \to \mathbf{R}^n$ le flot intégral de l'application $(x,t) \mapsto v(x)$ (VAR, 9.1.3) ; pour $t \in \mathbf{R}$, on note Φ_t l'application $x \mapsto \Phi(x,t)$.

a) Démontrer qu'il existe un nombre réel τ tel que $\Phi_\tau([0,1] \times \{0\}) \subset [1-\delta, 1] \times \{0\}$.

b) Soit $j \colon [-\delta, 1+\delta] \times \mathbf{B}_{n-1} \to \mathbf{R}^n$ une application continue injective. Pour tout $t \in [0,1]$, on pose $\mathrm{A}_t = j([t,1] \times \{0\})$. Démontrer que, pour tout $t \in \,]0,1[$, les sous-espaces A_0 et A_t sont isotopes.

c) Soit P une partie de $\mathbf{R}^n$ homéomorphe à $[0,1]$ qui est la réunion d'une famille finie de segments. Démontrer que P est isotope à un segment.

31) Soit $f = (f_1, \ldots, f_n) \colon \mathbf{I} \to \mathbf{R}^n$ une application de classe C^1 telle que $f'(t) \neq 0$ pour tout $t \in \mathbf{I}$.

a) On fait l'hypothèse que $f_1'(t) > 0$ pour tout $t \in \mathbf{I}$. Pour tout $j \in \{2, \ldots, n\}$, démontrer qu'il existe une application continue $g_j \colon \mathbf{R} \to \mathbf{R}$ telle que $f_j(x) = g_j(f_1(x))$ pour tout $x \in \mathbf{I}$. En déduire que $f(\mathbf{I})$ est isotope à un segment.

b) Démontrer qu'il existe un nombre réel $\delta > 0$ et une application continue injective $j\colon [-\delta, 1+\delta] \times \mathbf{B}_{n-1} \to \mathbf{R}^n$ telle que $j(t,0) = f(t)$ pour tout $t \in \mathbf{I}$. Déduire de l'exercice 30 que, pour tout $\tau \in [0,1[$, l'ensemble $f(\mathbf{I})$ est isotope à $f([\tau,1])$.

c) Démontrer que $f(\mathbf{I})$ est isotope à un segment.

32) Soit A une partie fermée de $\mathbf{R}^3$ homéomorphe à $[0,1]$. Les extrémités de A sont les deux points p de A tels que $\mathrm{A} - \{p\}$ soit connexe (*cf.* III, p. 280, th. 2) ; les autres points de A seront dits intérieurs.

Soit p un point de A ; on dit que A est modéré en p s'il existe un voisinage V de p dans $\mathbf{R}^3$ et un homéomorphisme de V sur la boule unité de $\mathbf{R}^3$ qui applique $\mathrm{A} \cap \mathrm{V}$ sur un segment.

a) Soit p un point de A tel que A soit modéré en p. Soit (V_n) une suite décroissante de voisinages de p dans $\mathbf{R}^3$ telle que $\bigcap_n \mathrm{V}_n = \{p\}$; pour tout n, soit a_n un point de $\mathrm{V}_n - \mathrm{A}$ et notons $j_n\colon \pi_1(\mathrm{V}_n - \mathrm{A}, a) \to \pi_1(\mathrm{V}_1 - \mathrm{A}, a)$ l'homomorphisme de groupes déduit de l'injection de V_n dans V_1. Si p est une extrémité de A (resp. un point intérieur), démontrer qu'il existe un entier m tel que pour tout entier $n \geqslant m$, l'image de l'homomorphisme j_n soit réduite à l'élément neutre (resp. soit abélienne).

b) On suppose que A est modéré en tout point. Démontrer qu'il existe un homéomorphisme de $\mathbf{R}^3$ sur lui-même qui applique A sur un segment. En déduire que $\mathbf{R}^3 - \mathrm{A}$ est connexe et simplement connexe par arcs.

33) [(6)] Soit L un sous-espace de $\mathbf{R}^3$ comme défini dans l'exercice 23, où l'on prend $u = (1-i)/\sqrt{2}$ et $v = (1+i)/\sqrt{2}$. Soient a et r des nombres réels tels que $0 < 2r < a < 1 - 2r$. On pose $p_1 = (0,-a)$, $p_2 = (0,0)$ et $p_3 = (0,a)$; $q_1 = (-1,-a)$, $q_2 = (-1,0)$, $q_3 = (-1,a)$; $q'_1 = (1,-a)$, $q'_2 = (1,0)$, $q'_3 = (1,a)$. Soit K la réunion des ensembles $p_1 + r\mathrm{L}$, $p_2 + r\mathrm{L}$, $p_3 + r\mathrm{L}$ et des segments $[q_1, p_1 - rv]$, $[q_2, p_2 - ru]$, $[q_3, p_3 - ru]$, $[q'_1, p_1 + ru]$, $[q'_2, p_3 + ru]$, $[q'_3, p_3 + rv]$.

Soit $(x_n)_{n\in\mathbf{Z}}$ une famille strictement croissante de nombres réels telle que $\lim_{n\to-\infty} x_n = -1$ et $\lim_{n\to+\infty} x_n = 1$; pour $n \in \mathbf{Z}$, on pose $z_n = y_n = 1 - |x_n|$. Pour $n \in \mathbf{Z}$, on note f_n l'application de $[-1,1]^3$ dans $\mathbf{R}^3$ donnée par

$$f_n(x,y,z) = \frac{1-x}{2}(x_n, yy_n, zz_n) + \frac{1+x}{2}(x_{n+1}, yy_{n+1}, zz_{n+1})$$

et l'on pose $\mathrm{A}_n = f_n(\mathrm{K})$ et $\mathrm{B}_n = f_n([-1,1]^3)$. Soit A la réunion de la famille $(\mathrm{A}_n)_{n\in\mathbf{Z}}$.

a) Démontrer que A est homéomorphe à $[0,1]$.

[(6)] Cet exemple est dû à E. ARTIN et R. FOX, « Some wild cells and spheres in three-dimensional space », *Annals of Math.* 49 (1948), p. 979–990.

$b)$ Pour tout entier naturel m, on pose

$$\mathrm{A}'_m = \bigcup_{n<-m} \mathrm{B}_n \cup \bigcup_{-m\leqslant n\leqslant m} \mathrm{A}_m \cup \bigcup_{n>m} \mathrm{B}_n.$$

Démontrer que $\mathbf{R}^3 - \mathrm{A}'_m$ est connexe par arcs et que son groupe fondamental est engendré par des éléments a_n, b_n, c_n (pour $n \in \mathbf{Z}$ tel que $-m \leqslant n \leqslant m$) sujets aux relations $b_{-m} = c_{-m}a_{-m}$, $c_{n+1}a_{n+1} = c_nc_{n+1}$, $c_{n+1}b_n = a_nc_{n+1}$, $b_nc_{n+1} = b_{n+1}b_n$ (pour $n \in \mathbf{Z}$ tel que $-m \leqslant n < m$) et $c_ma_m = b_m$.

$c)$ Démontrer que $\mathbf{R}^3 - \mathrm{A}$ est connexe par arcs et que son groupe fondamental est engendré par des éléments a_n, b_n, c_n (pour $n \in \mathbf{Z}$) sujets aux relations

$$b_n = c_na_n, \quad c_{n+1}a_{n+1} = c_nc_{n+1}, \quad c_{n+1}b_n = a_nc_{n+1}, \quad b_nc_{n+1} = b_{n+1}b_n$$

pour $n \in \mathbf{Z}$.

$d)$ Démontrer qu'il existe un homomorphisme de $\pi_1(\mathbf{R}^3 - \mathrm{A})$ dans le groupe $\mathfrak{S}_5$ qui applique la classe de c_n sur la permutation $(1,2,3,4,5) \mapsto (2,3,4,5,1)$ si n est impair et sur la permutation $(1,2,3,4,5) \mapsto (4,3,5,2,1)$ si n est pair. En déduire que $\mathbf{R}^3 - \mathrm{A}$ n'est pas simplement connexe par arcs.

34) Soit X un espace topologique connexe par arcs, soit G un groupe discret opérant continûment à gauche dans X. Soit M une partie ouverte de X telle que $\mathrm{G}\cdot\mathrm{M} = \mathrm{X}$. On définit les ensembles S, T, le groupe F et l'homomorphisme de groupes $\varphi\colon \mathrm{F} \to \mathrm{G}$ comme dans la prop. 10 de I, p. 136. Soit a un point de M.

$a)$ Soit $c\colon \mathbf{I} \to \mathrm{X}$ un lacet en a. Démontrer qu'il existe un unique élément $g(c)$ de F vérifiant la propriété suivante : pour tout entier n et toute suite $(s_1, \ldots, s_n)$ d'éléments de S tels que $c([(k-1)/n, k/n]) \subset s_k\mathrm{M}$ pour tout entier $k \in \{1, \ldots, n\}$, on a $g(c) = x_{s_n^{-1}s_1}x_{s_1^{-1}s_2}\cdots x_{s_{n-1}^{-1}s_n}$.

$b)$ Démontrer qu'il existe un unique homomorphisme de groupes γ de $\pi_1(\mathrm{X}, a)$ dans F tel que $\gamma([c]) = g(c)$ pour tout lacet c dans X en a.

$c)$ Démontrer que le noyau de φ est égal à l'image de l'homomorphisme γ.

$d)$ Démontrer que le noyau de γ est engendré par la réunion des images des groupes $\pi_1(\mathrm{M} \cup s\cdot\mathrm{M}, a)$, pour $s \in \mathrm{S}$.

§6

1) Soit K l'un des corps topologiques $\mathbf{R}$, $\mathbf{C}$, $\mathbf{H}$. Soit V un K-espace vectoriel possédant un système générateur dénombrable, muni de sa topologie la plus fine d'espace vectoriel topologique (EVT, I, §1, p. 11, cor. 4). Pour tout

entier $n \geqslant 1$, on note $B_n(V)$ le sous-espace de V^n formé des suites libres et $G_n(V)$ l'ensemble des sous-espaces de dimension n de V. On note $p\colon B_n(V) \to G_n(V)$ l'application qui associe à une suite $v \in B_n(V)$ le sous-espace vectoriel qu'elle engendre et on munit l'ensemble $G_n(V)$ de la topologie la moins fine pour laquelle l'application p est continue.

a) Démontrer que l'on définit une action à droite du groupe $\mathbf{GL}(n, K)$ dans $B_n(V)$ en posant $v \cdot g = (\sum_{i=1}^n v_i a_{i,j})_{1 \leqslant j \leqslant n}$ pour $v = (v_1, \dots, v_n) \in B_n(V)$ et $g = (a_{i,j}) \in \mathbf{GL}(n, K)$.

b) Démontrer que l'application p induit un homéomorphisme de l'espace quotient $B_n(V)/\mathbf{GL}(n, K)$ sur $G_n(V)$. En déduire que l'espace $G_n(V)$ est paracompact, et métrisable si V est de dimension finie.

c) Démontrer que $B_n(V)$ est un espace fibré principal de groupe $\mathbf{GL}(n, K)$ et de base $G_n(V)$.

d) On suppose que V est de dimension infinie. Démontrer que l'espace $B_n(V)$ est contractile. En déduire que l'espace $G_n(V)$ est un espace classifiant pour le groupe $\mathbf{GL}(n, K)$.

2) Soit H un espace préhilbertien séparé de dimension infinie. Soit $(e_i)_{i \geqslant 0}$ une famille orthonormale de vecteurs de H qui engendre un sous-espace dense de H. Pour tout entier $n \geqslant 1$, on note $V_n(H)$ le sous-espace de H^n constitué des suites $(u_1, \dots, u_n)$ qui sont orthonormales.

a) Démontrer qu'il existe une application linéaire continue $T\colon H \to H$, et une seule, telle que $T(e_i) = e_{i+1}$ pour tout entier i. Démontrer que l'on a $\|T(x)\| = \|x\|$ pour tout $x \in H$.

b) Soit H′ le sous-espace de H formé des vecteurs orthogonaux à e_i, pour $i < n$. Démontrer que les conditions suivantes sont équivalentes : (i) x et $T^n(x)$ sont linéairement dépendants ; (ii) $T(x) = x$; (iii) $x \in H'$.

c) Démontrer qu'il existe une unique homotopie $\sigma\colon V_n(H) \times \mathbf{I} \to V_n(H)$ telle que, pour tout $(u_1, \dots, u_n) \in V_n(H)$ et tout $t \in \mathbf{I}$, $\sigma((u_1, \dots, u_n), t)$ soit la suite déduite de la famille $(1-t)(u_1, \dots, u_n) + t(T^n(u_1), \dots, T^n(u_n))$ par le procédé d'orthonormalisation (EVT, V, p. 23, prop. 6).

d) Démontrer qu'il existe une unique homotopie $\tau\colon V_n(H') \times \mathbf{I} \to V_n(H)$ telle que, pour tout $(u_1, \dots, u_n) \in V_n(H')$ et tout $t \in \mathbf{I}$, $\sigma((u_1, \dots, u_n), t)$ soit la suite déduite de la famille $(1-t)(u_1, \dots, u_n) + t(e_1, \dots, e_n)$ par le procédé d'orthonormalisation.

e) Démontrer que l'espace $V_n(H)$ est contractile.

3) Soit H un espace préhilbertien séparé. Soit n un entier $\geqslant 1$; on note $V_n(H)$ le sous-espace de H^n formé des suites orthonormales. Soit G un sous-groupe fermé de $O(n, \mathbf{R})$.

a) Démontrer que l'on fait opérer le groupe orthogonal $O(n, \mathbf{R})$ (LIE, IX, §3, n° 5, p. 22) proprement et librement dans l'espace $V_n(H)$ par la formule

$$(u_1, \dots, u_n) \cdot (a_{i,j}) = \Big(\sum_{i=1}^{n} a_{i,j} u_i\Big).$$

b) Soit G un sous-groupe fermé de $O(n, \mathbf{R})$. Prouver que la surjection canonique fait de $V_n(H)$ un espace fibré principal de groupe G et de base $V_n(H)/G$. (Commencer par traiter le cas où $G = O(n, \mathbf{R})$.)

c) Démontrer que l'espace quotient $V_n(H)/G$ est métrisable. (Munir H^n de sa structure naturelle d'espace préhilbertien et considérer l'écart d sur $V_n(H)$ donné par $d(u, v) = \inf_{g \in G} \|u - v \cdot g\|$.)

d) Démontrer que l'espace quotient $V_n(H)/G$ est un espace classifiant pour G.

e) En déduire que tout groupe de Lie compact possède un espace classifiant qui est un espace topologique métrisable. (Appliquer LIE, IX, §9, n° 2, p. 91, th. 1.)

4) En considérant un espace de Hilbert complexe, construire de manière analogue un espace classifiant métrisable pour le groupe unitaire $U(n, \mathbf{C})$ (LIE, IX, §, n° 4, p. 21)

5) *a*) Soit X un espace topologique paracompact. Démontrer que tout espace fibré principal de base X et de groupe **R** est trivialisable.

b) Soit X la demi-droite d'Alexandroff (TG, IV, p. 49, exerc. 12). Construire un espace fibré principal de base X et de groupe **R** qui n'est pas trivialisable.

6) Soit X l'espace quotient de l'espace $\mathbf{R} \times \{0, 1\}$ par la relation d'équivalence la plus fine pour laquelle les points $(t, 0)$ et $(t, 1)$ sont équivalents, pour tout $x \in \mathbf{R}_+^*$. On note $p \colon \mathbf{R} \times \{0, 1\} \to X$ la surjection canonique.

a) Démontrer que l'espace topologique X est homéotope à un point.

b) Pour quels points $x \in X$ l'espace pointé (X, x) est-il contractile ?

c) Soit $U = p(\mathbf{R} \times \{0\})$ et $V = p(\mathbf{R} \times \{V\})$. Soit G un groupe topologique. Construire une bijection de l'ensemble $\mathscr{C}(\mathbf{R}_+^*; G)$ des applications continues de $\mathbf{R}_+^*$ dans G sur l'ensemble des classes d'isomorphisme de fibrés principaux de base X et de groupe G.

d) En déduire qu'il existe des fibrés principaux de base X et de groupe **R** qui ne sont pas trivialisables.

7) Soit G un groupe topologique et soit E un espace fibré principal de base $\mathbf{S}_2$ et de groupe G. On note $\mathbf{S}_2^+$ et $\mathbf{S}_2^-$ les deux hémisphères, intersections de $\mathbf{S}_2$ et des demi-espaces définis par les conditions $z \geqslant 0$ et $z \leqslant 0$ respectivement ; on identifie $\mathbf{S}_2^+ \cap \mathbf{S}_2^-$ à $\mathbf{S}_1$.

a) Démontrer que le fibré E possède une section s^+ (resp. s^-) au-dessus de $\mathbf{S}_2^+$ (resp. $\mathbf{S}_2^-$). Démontrer qu'il existe une unique application continue $f\colon \mathbf{S}_1 \to \mathrm{G}$ telle que $s^+(x) = s^-(x) \cdot f(x)$ pour tout $x \in \mathbf{S}_1$.

b) Démontrer que la classe d'homotopie stricte de l'application de $\mathbf{S}_1$ dans G donnée par $x \mapsto c(x)c(1)^{-1}$ ne dépend pas du choix des sections s^+ et s^- ; on la note $c(\mathrm{E})$.

c) Démontrer que deux espaces fibrés principaux E et E′, de base $\mathbf{S}_2$ et de groupe G, sont isomorphes si et seulement si $c(\mathrm{E}) = c(\mathrm{E}')$.

d) Démontrer que, pour toute classe $c \in \pi_1(\mathrm{G}, e)$, il existe un espace fibré principal E, de base $\mathbf{S}_2$ et de groupe G tel que $c(\mathrm{E}) = c$.

8) Soit X un espace topologique paracompact et soit S(X) sa suspension (I, p. 149, exerc. 1) ; on note $p\colon \mathrm{X} \times [0,1] \to \mathrm{S}(\mathrm{X})$ la surjection canonique. Soit a un point de X.

a) Soit G un groupe topologique et soit E un espace fibré principal de groupe G et de base S(X). Démontrer que la restriction de E au sous-espace $p(\mathrm{X} \times [0,1/2])$ admet une section continue s_0, et que la restriction de E au sous-espace $p(\mathrm{X} \times [1/2,1])$ admet une section continue s_1.

b) Démontrer qu'il existe une unique application $f\colon \mathrm{X} \to \mathrm{G}$ telle que $s_1(x) = s_0(x) \cdot f(x)$ pour tout $x \in \mathrm{X}$.

c) Démontrer que la classe d'homotopie stricte dans $[(\mathrm{X}, a); (\mathrm{G}, e)]$ de l'application pointée $x \mapsto f(x)f(a)^{-1}$ ne dépend pas du choix des sections s_0 et s_1 ; on la note $c(\mathrm{E})$.

d) Démontrer que deux espaces fibrés principaux E et E′, de base S(X) et de groupe G, sont isomorphes si et seulement si $c(\mathrm{E}) = c(\mathrm{E}')$.

e) Démontrer que, pour toute classe $c \in [(\mathrm{X}, a); (\mathrm{G}, e)$, il existe un espace fibré principal E, de base S(X) et de groupe G, tel que $c(\mathrm{E}) = c$.

9) On identifie la droite projective complexe $\mathbf{P}^1(\mathbf{C})$ à l'ensemble des droites de $\mathbf{C}^2$. Soit E le sous-espace de $\mathbf{C}^2 \times \mathbf{P}^1(\mathbf{C})$ formé des couples $((u,v),x)$ tels que $v \in x$ et $|u|^2 + |v|^2 = 1$. On munit E de l'action du groupe $\mathbf{S}_1$ donnée par $((u,v),x) \cdot z = ((zu,zv),x)$.

a) Démontrer que la seconde projection $\mathrm{pr}_2\colon \mathrm{E} \to \mathbf{P}^1(\mathbf{C})$ munit E d'une structure d'espace fibré principal de base $\mathbf{P}^1(\mathbf{C})$ et de groupe $\mathbf{S}_1$.

b) Soit φ un homéomorphisme de $\mathbf{S}_2$ sur $\mathbf{P}^1(\mathbf{C})$; démontrer que le groupe $\pi_1(\mathbf{S}_1, e)$ est engendré par la classe $c(\varphi^*\mathrm{E})$.

INDEX DES NOTATIONS

INDEX TERMINOLOGIQUE

TABLE DES MATIÈRES

Printed in the United States
By Bookmasters